黄河流域生态保护和高质量发展
年度报告
（2022）

余东华　主编

山东大学出版社
SHANDONG UNIVERSITY PRESS
·济南·

图书在版编目(CIP)数据

黄河流域生态保护和高质量发展年度报告. 2022 / 余东华主编. — 济南 : 山东大学出版社, 2023.12
ISBN 978-7-5607-7959-1

Ⅰ. ①黄… Ⅱ. ①余… Ⅲ. ①黄河流域－生态环境保护－研究报告－2022 Ⅳ. ①X321.22

中国国家版本馆 CIP 数据核字(2023)第 200993 号

责任编辑 邵淑君
封面设计 王秋忆

黄河流域生态保护和高质量发展年度报告(2022)
HUANGHE LIUYU SHENGTAI BAOHU HE GAOZHILIANG FAZHAN NIANDU BAOGAO 2022

出版发行 山东大学出版社
社　　址 山东省济南市山大南路 20 号
邮政编码 250100
发行热线 (0531)88363008
经　　销 新华书店
印　　刷 东港股份有限公司
规　　格 787 毫米×1092 毫米 1/16
32.5 印张 620 千字
版　　次 2023 年 12 月第 1 版
印　　次 2023 年 12 月第 1 次印刷
定　　价 190.00 元

本项研究得到山东省科学技术协会和山东大学黄河国家战略研究院“黄河流域生态保护和高质量发展重大专项”的立项资助，特此致以谢意。

目　录

第一部分 黄河三角洲湿地和植物多样性现状及科学保护研究*

黄河三角洲是我国三大河口三角洲之一，位于山东省境内的渤海湾南岸和莱洲湾西岸，是黄河入海地带的扇形冲积平原和海陆交错带，呈扇状凸出于渤海湾与莱州湾之间。黄河三角洲拥有中国暖温带保存最完整、最广阔、最年轻的河口湿地生态系统，分布着中国沿海面积最大的新生湿地及湿地生态植被。

黄河作为中华民族的母亲河，黄河安澜关乎国家生态安全，黄河的生态保护和治理引起了党中央的高度重视。2019 年 9 月，习近平总书记亲自主持召开了黄河流域生态保护和高质量发展座谈会并发表重要讲话，提出要把黄河流域生态保护和高质量发展上升为国家战略。2020 年，国家确定建立黄河口国家公园，这表明黄河三角洲在国内、国际具有重要的生态地位。2021 年 10 月 8 日，中共中央、国务院发布《黄河流域生态保护和高质量发展规划纲要》。2021 年 10 月 22 日，习近平总书记在济南主持召开深入推动黄河流域生态保护和高质量发展座谈会，明确提出要把握好推动黄河流域生态保护和高质量发展的重大问题，咬定目标、脚踏实地，埋头苦干、久久为功。党的二十大报告提出了“提高生态系统多样性、稳定性和持续性”的要求，开展黄河三角洲生物多样性研究也是落实这一要求的重要举措。

黄河三角洲生物多样性保护既是黄河重大国家战略的重要内容之一，也是区域生态保护的首要任务。因此，加强黄河三角洲湿地生态和生物多样性

---

* 承担单位：山东大学黄河国家战略研究院、山东青岛森林生态系统国家定位观测研究站、青岛市森林和湿地生态研究重点实验室、山东黄河三角洲国家级自然保护区管理委员会；课题负责人：郑培明；技术指导：王仁卿；课题组成员：王蕙、崔可宁、孙淑霞、王乃仙、刘同庆、王宁、张晴、刘建、贺同利、张淑萍、范培先、王希明、高群、于琳倩、王安东、刘晓、刘静、赵亚杰。

的研究，探讨生物多样性的形成、维持和动态变化机制，对提高生物多样性、维持区域生态安全和可持续发展以及建设黄河口国家公园等具有重要的学术价值和指导意义。

2022年，本课题作为山东省智库高端人才成果研究转化项目“黄河流域生态保护和高质量发展”的子课题之一，获得山东省科学技术协会立项资助。课题组本着统一规范、客观科学、动态持续、实用可行、协同共享的原则，对黄河三角洲国家级自然保护区内湿地资源和植物资源进行了较为全面、系统的科学考察。课题组基于野外实地考察并参考了大量的相关资料和图件等，编制完成了《黄河三角洲湿地及植物多样性现状及科学保护研究》，以期了解该区域植物的基本状况以及湿地资源的动态变化等，为保护黄河三角洲地区生态环境、合理利用自然资源、实施可持续发展战略，为黄河口国家公园建设提供基础数据和科学依据。

课题的完成得益于课题组成员的共同努力与合作，得益于山东省科学技术协会和山东大学黄河国家战略研究院的统筹指导，同时课题也得到了山东青岛森林生态系统国家定位观测研究站、山东省植被生态示范工程技术研究中心、青岛市森林和湿地生态研究重点实验室、山东黄河三角洲国家级自然保护区管理委员会等有关单位的大力支持，在此一并表示衷心感谢。

由于疫情及防控管理方面的限制，加之水平所限，不足与错误之处在所难免，望专家和同仁不吝指正，使该报告臻于完善。

一、总论

(一)黄河三角洲的基本状况

黄河三角洲是我国三大河口三角洲之一，是黄河入海地带的扇形冲积平原和海陆交错带，呈扇状凸出于渤海湾与莱州湾之间，是全世界面积增长最快的大河三角洲，20世纪八九十年代，黄河每年携带的12亿～16亿吨泥沙，可形成1.5万～3万亩陆地(王仁卿等，2022)。黄河三角洲拥有中国暖温带保存最完整、最广阔、最年轻的河口湿地生态系统，分布着中国沿海面积最大的新生湿地及湿地植被，动植物资源也非常丰富且有特色，其中有为数众多的重要湿地鸟类(房用等，2009)。狭义的黄河三角洲是指地理意义上的黄河三角洲，包括近代黄河三角洲、现代黄河三角洲和新黄河三角洲(见图1)。近代黄河三角洲是指以垦利宁海镇为顶点，北起套尔河，南至支脉河的扇型形地域，总面积约 5400 km^2，主体在东营市，约 5200 km^2，少部分在滨州市，约 200 km^2。经济地理意义上的黄河三角洲主要包括东营和滨州两市及周边地区，面积约 2.1 万 km^2。

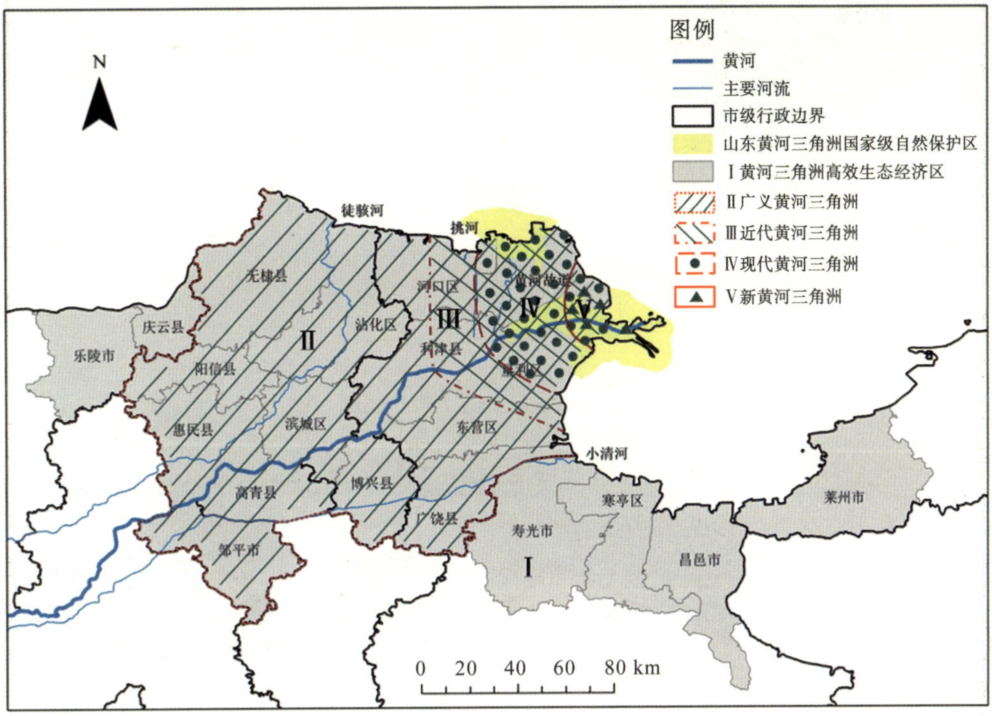

图 1　黄河三角洲不同含义及国家级保护区位置示意图

资料来源：全国地理信息资源目录服务系统（https://www.webmap.cn/main.do? method=index）。

山东黄河三角洲国家级自然保护区（以下简称“保护区”）地处渤海之滨，东营市境内，新、老黄河入海口两侧，地理坐标为东经 118°33′～119°20′，北纬 37°35′～38°12′，是以保护新生湿地生态系统和珍稀濒危鸟类为主的湿地类型自然保护区（崔保山等，2006）。保护区内设一千二、黄河口、大汶流三个管理站。保护区分为南北两个区域，南部区域位于现行黄河入海口，面积 10.45 万 hm^2；北部区域位于 1976 年改道后的黄河故道入海口，面积 4.85 万 hm^2；其中陆地面积 8.27 万 hm^2，潮间带面积 3.83 万 hm^2。保护区总面积 15.3 万 hm^2，其中核心区面积 5.8 万 hm^2，缓冲区面积 1.3 万 hm^2，实验区面积 8.2 万 hm^2（见图 2）。

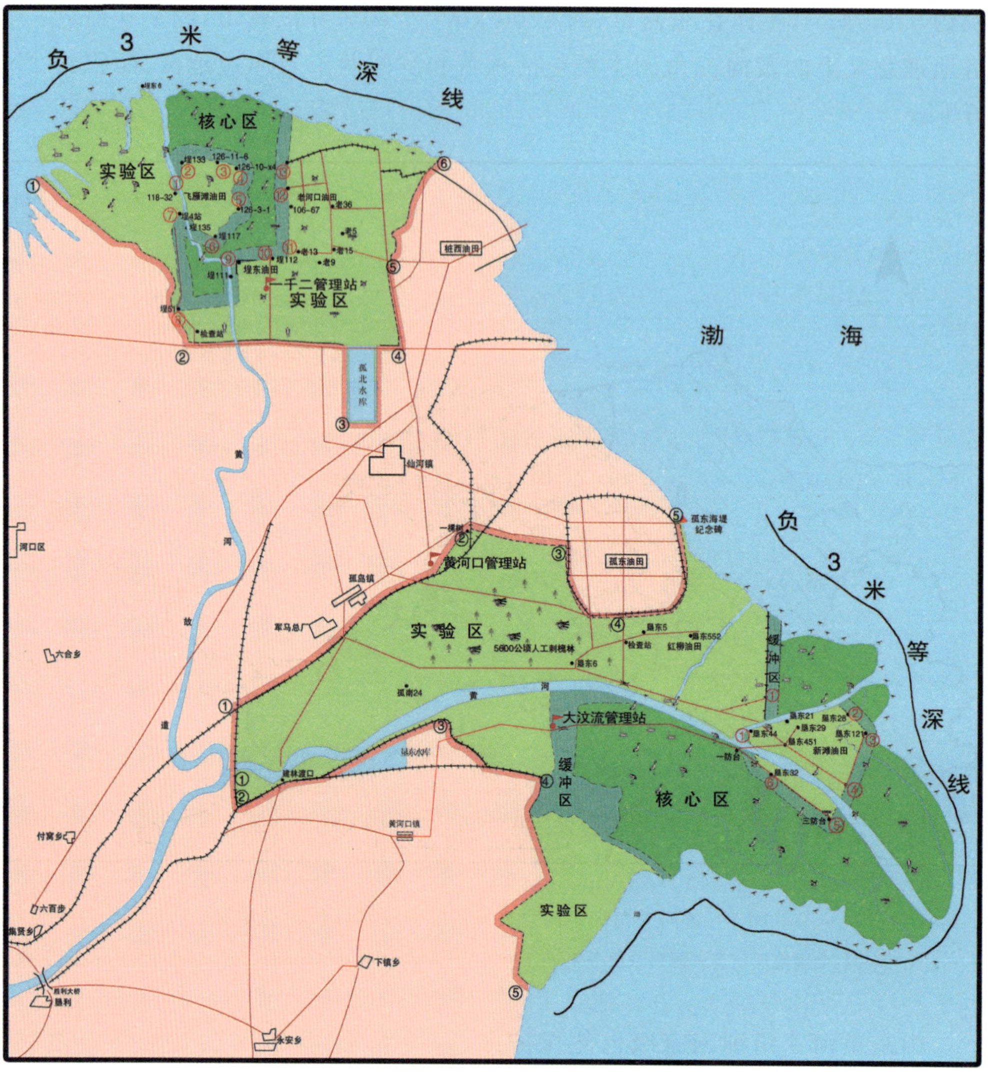

图2　黄河三角洲国家级自然保护区功能区划图(2010)

(二)黄河三角洲的自然条件

1.气候条件

黄河三角洲的气候属于暖温带半湿润大陆性气候，主要特点是春季少雨多风，夏季炎热湿润，秋季气候凉爽，冬季寒冷干燥。虽然地处沿海，但具有明显的大陆性气候特征(房用等，2008)。

热量条件是决定植被分布的主导因子之一。黄河三角洲年平均气温为12.1～13.1℃，地域差异不太明显。7月气温最高，平均气温为26.2～

26.8℃，极端高温为41.9℃；1月气温最低，平均气温为−3～4.5℃，极端低温达−24℃。年均无霜期为193～197d，最长为225d，最短为166d。≥10℃年积温为4200～4400℃。年平均日照时数为2609～2761h，日照百分率为60%～62%，太阳年辐射量为494～544KJ/cm^2，高于全国和山东的平均值（王仁卿等，2021）。由此可见，黄河三角洲的光能资源丰富，光照时间长，辐射强度大，且大部分生理辐射集中于植物生长季节，对植物的生长发育十分有利。

降水量是决定植被分布的另一个主导因子。黄河三角洲多年平均降水量为560～590mm，地域分配无明显差异，但年际变化较大，年降水最多达1000mm以上，最少仅300mm上下。降水季节分配也不均衡，夏季降水最多，占全年降水的66%～70%，秋季占15%～17%，春冬两季最低，分别占12%和4%。由于降水的季节差异，夏季易发生涝灾，春秋又常常出现旱情（张治国等，1993c）。因而，降水条件对黄河三角洲的植被形成和分布影响极大。

2.地质地貌

地质作为植被的生态条件，主要是通过成土母质的差异和地形形态的空间变化引起水热条件的再分配，从而间接影响植被的分布和动态。

黄河三角洲在地质构造上属于华北地台中的鲁西北凹陷的一部分，凹陷内褶皱变动较小，断裂活动频繁。成土母质主要是黄河冲积物，自第四纪以来，以黄河冲积物为主的堆积和填充，形成了今日地貌起伏的冲积平原，而且这一过程还在进行，使得黄河三角洲不断向渤海推进，堆积的厚度为250～400m（王仁卿等，1993b）。

在地貌地势上，黄河三角洲属于黄泛平原的一部分，但微地貌变化较为明显。由于黄河的作用和影响，黄河三角洲形成了岗、坡、洼相间排列的微地貌类型。具体可分为缓岗、河滩高地、缓平坡地、背河槽状洼地、河间浅平洼地和海滩地等类型，其中坡地和洼地占70%～75%。黄河三角洲的地势低平缓和，但西高东低，由西南向东北倾斜，坡降为1/5000～1/6000，海拔为1～20m（岳钧等，1993）。

3.土壤条件

土壤是植物生长的基质，也是物质和能量交换的主要场所，因而，土壤条件对于植被的形成和分布也十分重要，它往往成为非地带性植被类型的主导因素。黄河三角洲的成土母质为黄河冲积物，经过长期的物理、化学、生物和人为的作用，形成了以潮土、盐土为主的土壤类型。由于黄河三角洲的地下水位高，潜水矿化度高，土壤的明显特征是含盐量过高，一般为0.6%～3.0%甚至更高。土壤盐分以氯化物为主（占70%～90%），其次为硫酸盐（10%～

20%)以及少量的重碳酸盐(3%～10%)。但是,由于海陆交互作用的影响,区域内的土壤结构没有发育完全,加之受黄河侧渗及海水顶托,地下水位较高(贺强等,2008)。

4.水文条件

黄河是流经三角洲地区最长、影响最深的河流,是黄河三角洲的生命线,是形成独特生态环境的主导因素。黄河全长 5464km,流域面积约 752443km^2,被称为“母亲河”。黄河被认为是世界上泥沙含量最高的河流,在山东境内年总流量为 484 亿 m^3,入海口处年总流量 380 亿 m^3,年平均输沙量 10.49×10^8t,输沙量最大和最小值相差 8.7 倍。黄河的特点表现为水少沙多,径流量年际分配不均匀,主要集中在夏季,枯水期与丰水期径流量之比达到 1∶4.63。黄河水 pH 值介于 8.0～8.3,属于弱碱性水;总硬度介于 2.16～5.57,属于弱硬水;矿化度为 0.58g/L,全磷量介于 0.12%～0.15%,全钾量介于 1.0%～1.5%,全氮量介于 0.039%～0.074%,有机质含量介于 0.48%～0.76%,总体来说水质较好。

黄河三角洲地表水系除黄河外,还有淮河和海河,黄河以北属于海河流域,黄河以南属于淮河流域。小清河、支脉河、广利河、永丰河是淮河流域的主要河流,潮河、沾利河、马新河、挑河是海河流域的主要河流。由于人类的过度干扰,除黄河外的大部分河流已遭受不同程度的污染,污染物主要是石油、镉和挥发酚。随着各项污染治理措施的推进,近年来河流污染状况有明显改善。

地下水同样是黄河三角洲地区水循环的重要组成部分,表现出明显的埋深浅、矿化度高的特征,自西南向东北埋深变浅、矿化度升高。黄河三角洲地下水基本是松散岩类孔隙水,赋存于第四系上部冲积、海积层中,河积粉沙和潮汐沉积物是其主要赋存介质,分为咸水、微咸水、地下卤水及地下淡水透镜体。地下水不仅是影响土壤盐渍化的主要因素,而且还影响着黄河三角洲湿地生态系统的演化(贺强等,2008)。

除此之外,在海域方面,黄河三角洲海域为半封闭类型,渤海沿岸海底较为平坦,海水温度、盐度受季风气候和黄河径流影响较大。

(三)黄河三角洲的资源条件

1.土地资源

黄河三角洲作为中国最后一个未大规模开发的大河三角洲,有良好的开发条件,潜力巨大。该地区是我国东部沿海后备土地资源最多的区域,目前有近 800 万亩未利用土地,约占全省的 33%,人均未利用土地 0.81 亩,高出东部沿海地区45%，人均占地亦远远高于全省平均水平和我国东部沿海地区平均水平。这些未利用土地中包含盐碱地270万亩、荒草地148万亩、滩涂212万亩。在填海造陆的影响下，陆地面积每年保持增加的趋势，为工农业的发展奠定了良好的基础。海岸线近900km，浅海面积近1500万亩，是我国重要的海洋淡水渔业资源基地，有着得天独厚的条件来大规模发展生态种养殖业、培育生态农业产业链、发展生态旅游。

2.生物资源

黄河三角洲独特的区位条件孕育了大面积浅海滩涂和湿地，为保护黄河三角洲的生态环境，1992年10月国家批准建立了山东黄河三角洲国家级自然保护区。这是我国面积最大、最完整的湿地自然保护区，是鸟类迁徙的重要停歇地和越冬栖息地，每年有数百万只鸟在此越冬繁殖，有着重要的科研价值和生态意义。在人为作用下，该地区湿地总面积不断增加，但天然湿地面积在逐渐减少。

黄河三角洲属于暖温带落叶阔叶林区，植被类型主要是耐盐湿生植物，以野生植物为主。有393种野生植物能在此地采集到，高等植物277种，国家二类保护濒危植物野大豆在此地广泛分布。总体来说，该地区群落组成较为简单，无地带性植被类型，无明显经向、纬向分异现象(方精云等，2020a；吴大千等，2010；王仁卿等，1993a)。

黄河三角洲地区动物资源丰富，特别是珍稀鸟类资源。40种国家一级和二级重点保护珍稀鸟类均可在此观察到；世界上1/3的鹤种类均在此发现，超半数的丹顶鹤也栖息于此。水生动物繁多，潮间带生活着多种浮游生物、软体动物等。还有硅藻、金藻等浮游植物117种，软体动物108种，淡水鱼类108种，海洋鱼类85种。

3.矿产资源

黄河三角洲地处济阳坳陷东北部，是一个大型复式石油、天然气富集区，渤海中也有丰富的油气资源，是我国重要的能源基地。在山东省已探明的81种矿产中，黄河三角洲有40多种，石油储量达到50亿t，天然气储量达到2300亿m^3。世界石油勘探资料显示，在世界六大河口三角洲中，黄河三角洲拥有最多的石油储量。中国第二大油田——胜利油田产油量占全国的1/4以上，就位于黄河三角洲地区。

丰富的盐卤资源使黄河三角洲地区成为我国最大的海盐和盐化基地。地下卤水静态储量约135亿m^3，岩盐储量达5900亿t。此外，还存在大量石膏、贝壳矿、金属矿产资源等。

二、黄河三角洲湿地资源

(一)湿地资源调查方法

本项目主要通过卫星遥感解译结合野外实地调查的方式进行调查。

1.卫星遥感解译

(1)数据来源

采用 landsat8 卫星 OLI/TIRS 传感器 T1 级数据,来源于地理空间数据云(http://www.gscloud.cn/),且影像已经过几何校正与辐射校正。

(2)预处理

影像通过波段组合、图像剪裁等预处理,使用 eCognition 9.0 软件,利用以多尺度为基础的图像分割法,将黄河三角洲国家级自然保护区图像分割为 5890 个小斑块(见图 3)。

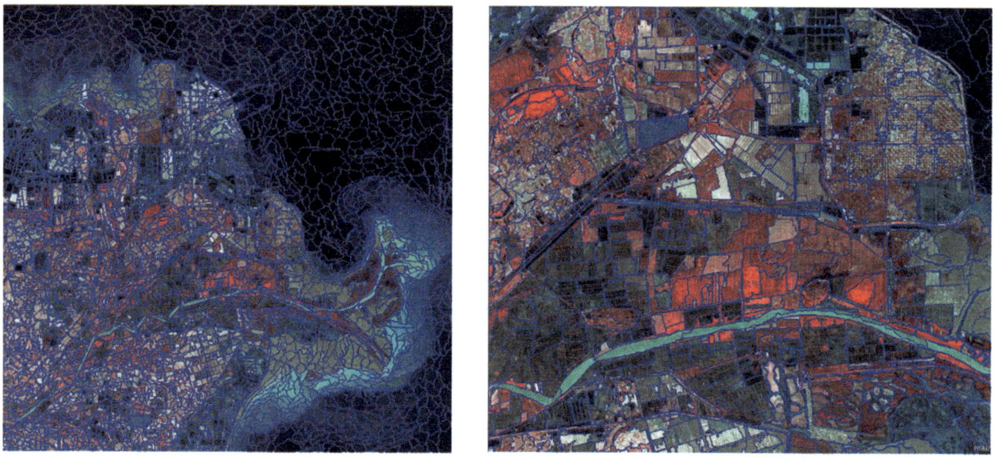

图 3　黄河三角洲湿地卫星影像斑块分割

(3)影像分类

通过阈值分类和监督分类等方法,提取水体(养殖场、库唐、永久性水体、运河等)、湿地植被(草本沼泽、灌丛沼泽等)和非水体。

2.野外实地调查

本项目通过卫星遥感解译,结合黄河三角洲无人机航拍、实地样线踏查的数据,对分类斑块进行修正。集中调查频次为 3 次,分别在春季(4 月 27 日～5 月7 日)、夏季(8 月 9～13 日)、秋季(10 月 20～25 日)开展(见图 4)。

图 4　黄河三角洲湿地资源调查

(二)湿地资源状况

1.湿地资源分类

根据《全国湿地资源调查技术规程》的规定，结合黄河三角洲湿地的实地情况，山东黄河三角洲国家级自然保护区的湿地分为近海与海岸湿地、河流湿地、沼泽湿地和人工湿地 4 个湿地类，浅海水域、淤泥质海滩等 12 种湿地型，具体湿地类型及划分标准见表 1。

表 1　自然保护区湿地类、湿地型及划分标准

湿地类	湿地型	划分标准
近海与海岸湿地	浅海水域	浅海湿地中，湿地底部基质为无机部分组成，植被盖度＜30%的区域，多数情况下低潮时水深小于 6m，包括海湾、海峡
	淤泥质海滩	由淤泥质组成的植被盖度＜30%的淤泥质海滩
	潮间盐水沼泽	潮间地带形成的植被盖度≥30%的潮间沼泽，包括盐碱沼泽、盐水草地和海滩盐沼
	河口水域	从近口段的潮区界(潮差为零)至口外海滨段的淡水舌锋缘之间的永久性水域
	三角洲/沙洲/沙岛	河口系统四周冲积的泥/沙滩，沙州、沙岛(包括水下部分)植被盖度＜30%
河流湿地	永久性河流	常年有河水径流的河流，仅包括河床部分
沼泽湿地	草本沼泽	由水生和沼生的草本植物组成优势群落的淡水沼泽
	灌丛沼泽	以灌丛植物为优势群落的淡水沼泽
人工湿地	库塘	以蓄水、发电、农业灌溉、城市景观、农村生活为主要目的而建造的，面积不小于 $8hm^2$ 的蓄水区
	运河、输水河	为输水或水运而建造的人工河流湿地，包括以灌溉为主要目的的沟、渠
	水产养殖场	以水产养殖为主要目的而修建的人工湿地
	盐田	为获取盐业资源而修建的晒盐场所或盐池，包括盐池、盐水泉
非湿地		除了湿地以外的土地利用类型，例如林地、农田、建筑用地等

2.湿地类型分布

通过卫星遥感解译，结合大量实地踏查数据，黄河三角洲主要湿地类型分布如图 5 所示。

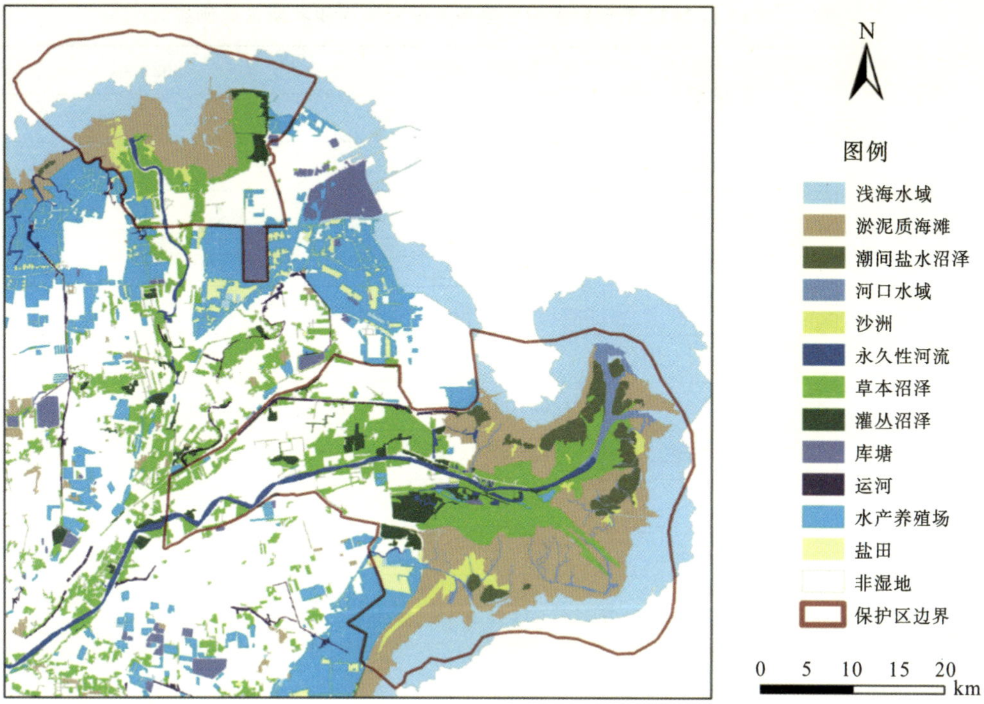

图 5　黄河三角洲湿地类型分布

3.湿地类型面积

一千二管理站所在区域形成于 1976 年黄河改道前，黄河口和大汶流管理站区域为 1976 年黄河改道后的现行黄河入海口，泥沙的造陆作用使本区处于极珍贵的自然界的原始“本底”状态。

(1)湿地类型及面积核算

根据《全国湿地资源调查技术规程》，本次调查监测发现保护区的湿地分为近海与海岸湿地、河流湿地、沼泽湿地和人工湿地 4 类，浅海水域、淤泥质海滩等 12 种湿地型，各类湿地总面积为 11.96 万 hm^2，占保护区总面积的 78.16%。其中，近海与海岸湿地面积 79259 hm^2，占湿地总面积的 66.27%；河流湿地 3388 hm^2，占湿地总面积的 2.83%；沼泽湿地 29068 hm^2，占湿地总面积的 24.30%；人工湿地 7882 hm^2，占湿地总面积的 6.59%。2014 和 2022 年具体各湿地型的面积见表 2。

在 12 种湿地型中，淤泥质海滩、浅海水域、草本沼泽面积最大，分别占保护区湿地总面积的 28.81%、27.52%、20.66%。其中，草本沼泽以芦苇沼泽为主。

表 2　2014 和 2022 年自然保护区湿地类型及其面积和所占比例统计

湿地类	湿地型	2014 年		2022 年	
		面积(hm^2)	比例(%)	面积(hm^2)	比例(%)
近海与海岸湿地	浅海水域	14951	13.22	32917	27.52
	淤泥质海滩	37544	33.20	34452	28.81
	潮间盐水沼泽	6005	5.31	5585	4.67
	河口水域	3763	3.33	3082	2.58
	三角洲/沙洲/沙岛	2846	2.52	3223	2.69
	小计	65109	57.58	79259	66.27
河流湿地	永久性河流	2536	2.24	3388	2.83
	小计	2536	2.24	3388	2.83
沼泽湿地	草本沼泽	27086	23.95	24705	20.66
	灌丛沼泽	2803	2.48	4363	3.65
	小计	29889	26.43	29068	24.30
人工湿地	库塘	1299	1.15	1417	1.18
	运河、输水河	791	0.70	495	0.41
	水产养殖场	11329	10.02	4884	4.08
	盐田	2131	1.88	1086	0.91
	小计	15550	13.75	7882	6.59
合计		113084	100.00	119597	100.00

(2)湿地面积变化分析

与 2014 年监测数据相比,保护区总面积有所增加,从 11.31 万 hm^2 增长到 11.96 万 hm^2。其中近海与海岸湿地面积增长较大,由 2014 年的 6.51 万 hm^2 增长到 2022 年的 7.93 万 hm^2。沼泽湿地面积基本维持不变(分别为 2.99 万 hm^2 和 2.91 万 hm^2),人工湿地面积减少较多(分别为 1.56 万 hm^2 和 0.79 万 hm^2),减少了近 50%。

一方面,近海与海岸湿地的面积增加主要与黄河泥沙沉积导致的造陆运动有关。黄河输沙量和水量决定着三角洲的淤积速度和程度,而河口水路的变更加大了泥沙的沉积量,有利于三角洲的形成和面积的扩大。黄河每年挟带 8 亿~10 亿 t 泥沙进入黄河河口地区,其中细颗粒(粒径小于 0.025mm)的沙量约占 56.9%,粗颗粒的沙量约占 43.1%。汛期输沙以细颗粒为主,非汛期粗细颗粒的输沙量基本相等,进入河口地区的泥沙约有 80%淤积在陆上及滨海地区，只有不到20%的沙量被输往外海，为黄河三角洲的形成提供了丰富的物质来源。

另一方面，河流动力与海洋动力共同作用，影响着近海与海岸湿地的面积变化。河流动力不仅为黄河三角洲提供丰富的沙源，而且河道、河口、尾闾和河床的变化使泥沙沉积范围扩大，沉积速度加快，促进了黄河三角洲的发育形成。海洋动力对黄河三角洲表现为强烈的冲刷、侵蚀和再沉积，总体上海洋动力作用越大，越不利于黄河三角洲的形成。

除了自然因素，人为干扰也是湿地面积变化的一个重要原因。特别是人工湿地的面积减少较多，2022年仅为2014年的一半左右。因此，加强湿地资源的保护与生态修复，合理布局人工湿地，持续改善近海与海岸湿地、河流湿地和沼泽湿地，对于进一步改善保护区湿地资源状况至关重要。

(三)湿地资源特点及存在的主要问题

1.湿地资源特点

(1)原生性

新生湿地是黄河三角洲最具特色、最有研究和保护价值的区域。在黄河径流泥沙和海洋动力的共同作用下，河口尾闾不断淤积延伸、摆动改道、循环演变，新生陆地不断出现。黄河三角洲的这种演变特点，使其湿地生态系统具有鲜明的原生性；许多新生湿地仍基本处于典型的自然演替中；湿地景观发育处于初始阶段，景观和生态系统在时空上都是年轻化的(贺强等，2008)。

(2)脆弱性

由于黄河三角洲特殊的地理位置和很短的成陆时间，其湿地生态系统具有明显的脆弱性。黄河三角洲新生土地成土历程短，熟化程度低，土壤养分少，但土壤含盐量高，地表蒸发快，极易盐碱化；湿地生态系统发育层次低，适应变化能力弱，既不成熟，也不稳定。这使得黄河三角洲湿地生态系统常常处于一种物质和能量、结构和功能的非均衡状态下，缺乏自我调节能力，抵抗外界干扰的能力差。因此，黄河三角洲属于脆弱的生态敏感区。

(3)稀有性及重要性

湿地良好的生态环境及独特的自然特征使其具有典型的湿地生物多样性，对珍稀鸟类的生存和发展具有重要作用。自然保护区的建设为湿地及其生物多样性的保护和可持续利用创造了良好的条件和平台。同时，典型的湿地生物多样性及对珍稀鸟类的作用更使其具有国际重要性。

2.存在的主要问题

(1)湿地类型的面积不均衡

根据前期已有资料及本次调查监测数据显示，近海与海岸湿地面积较大，占保护区总面积的 66.27%；其中淤泥质海滩、浅海水域面积较大，分别占保护区湿地总面积的 28.81%、27.52%。沼泽湿地、人工湿地和河流湿地面积较小。沼泽湿地占 24.30%，其中绝大部分为芦苇沼泽。人工湿地和河流湿地面积更小，分别占 6.59%和 2.83%。

(2)人工湿地面积减少

本次调查监测数据与 2014 年数据对比，人工湿地面积由 15550hm^2减少到 7882hm^2，其中水产养殖场和盐田面积减少较大，不及 2014 年的一半。

三、黄河三角洲植被资源

(一)植被资源调查方法

本项目主要通过卫星遥感解译，结合野外实地调查修正和绿途 App 众源数据采集的方式进行调查。

1.卫星遥感解译

卫星影像斑块分割如图 6 所示。

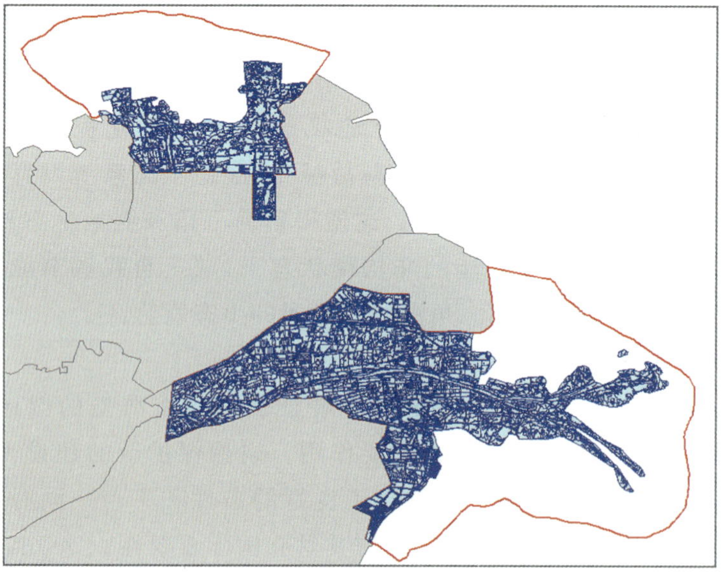

图 6　卫星影像斑块分割

(1)数据来源

采用 landsat8 卫星 OLI/TIRS 传感器 T1 级数据，来源于地理空间数据云，且影像已经过几何校正与辐射校正。

(2)斑块划分

影像通过波段组合、图像剪裁等预处理，使用 eCognition 9.0 软件，利用以多尺度为基础的图像分割法，将黄河三角洲国家级自然保护区图像分割为 2880 个斑块。

(3)影像分类

通过阈值分类和监督分类等方法，提取水体、建筑用地及裸地、农田、植被。

2.野外实地调查

结合卫星遥感解译，通过黄河三角洲实地调查，通过无人机、样线踏查、样方精查相结合的方式，对分类斑块进行手动修正。样方及样线踏查点如图 7 所示。

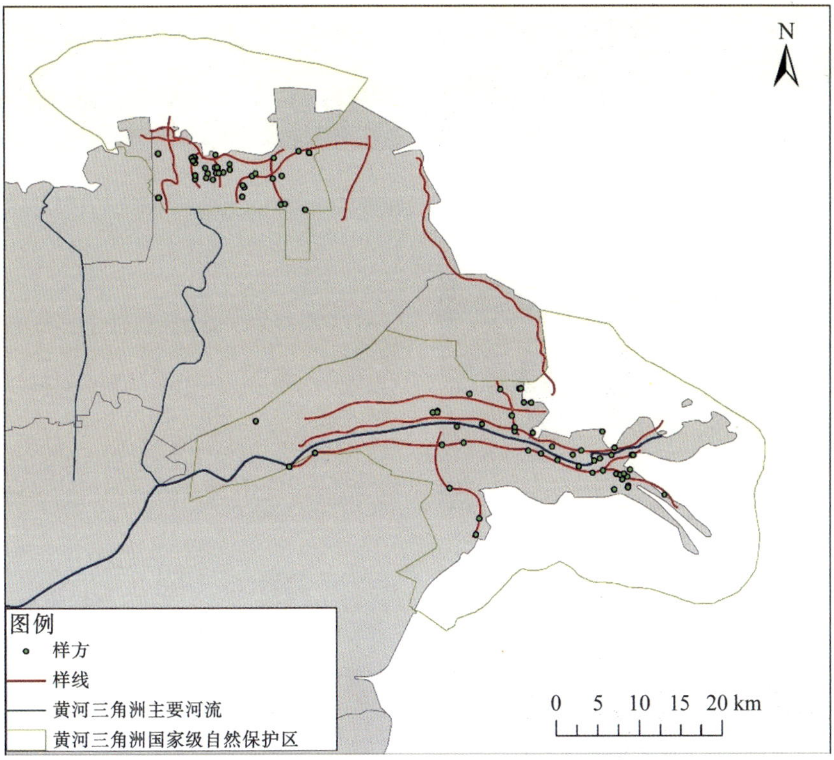

图 7　黄河三角洲实地踏查样线、样方分布图

根据相关规范和标准，结合调查区域实际情况，本次调查通过样线法和样方法相结合的方式开展面上调查，并辅以对重点区域和重点物种进行重点调查。通过点面结合的方式，对调查区域进行系统、全面的生物多样性调查，植被资源调查如图 8 所示。

图 8　黄河三角洲植被资源调查

(1)调查频次

本项目集中调查频次为3次,分别在春季(4月27日~5月7日)、夏季(8月9~13日)、秋季(10月20~25日)开展。共调查样线12条,调查样方94个。

(2)样线踏查(结合无人机航拍)

沿样线进行植物区系踏查,结合3S技术(即遥感技术、地理信息系统、全球定位系统)、无人机航拍等技术手段,主要调查样线上植物群落的建群种及主要物种、总体数量、总体分布等。

(3)样方精查

样方调查层次包括乔木层(刺槐林)、灌木层和草本层。乔木层样方面积为600 m^2,形状为20m×30m的长方形,可根据实际情况调整为6个10m×10m的小样方;灌木层调查样方大小为10m×10m;草本层调查样方大小为1m×1m。

3.绿途App众源数据采集

利用绿途App进行植被信息的众源采集。绿途App是一款提供植被信息数据采集服务的应用软件,还可以进行数据整理,智能地为用户带来便捷的数据采集服务,操作便捷快速,能够更好地实现植被数据的众源采集。通过绿途App,共采集到不同植被类型样点732个,样点如图9所示。

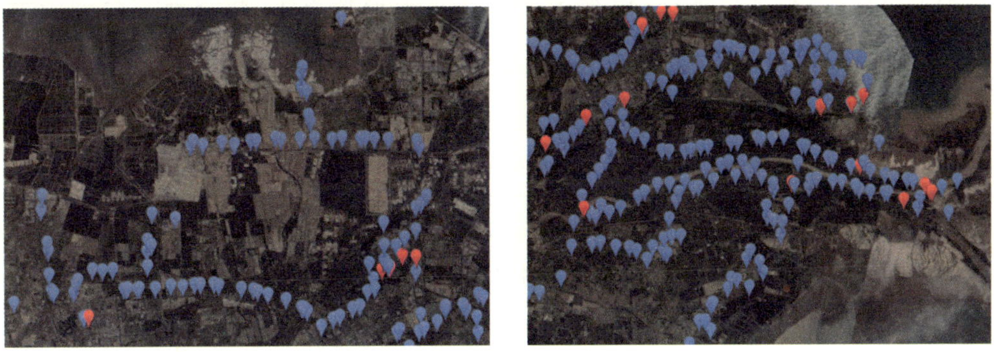

图9　绿途App不同植被类型样点分布

(二)植被与植物资源状况

1.植被与植物资源概况

在中国植被分区中,黄河三角洲属于暖温带落叶区域、暖温带北部栎林亚地带,地带性植被为落叶阔叶林。但由于受河水、海水和土壤盐渍化影响,原生植被类型没有天然的落叶栎林等森林类型,广泛分布的是温带盐生、中生草甸和落叶盐生灌丛,且具有盐生特点,自然分布的多是各类湿地植被。同时,因农业开垦、石油开发等,植被退化,次生植被普遍,尤其在自然保护区以外的地区更为广泛(宗美娟等,2002;王仁卿等,2000;张治国等,1993b;周光裕等,1989)。

根据实地调查和文献查阅,黄河三角洲国家级自然保护区的自然植被主要包括阔叶林、灌丛、草甸、水生植被、沼泽植被等植被型,保护区内没有真正意义上的森林植被,只有局部分布的旱柳林和其他人工林(如刺槐林、杨树林等)。组成黄河三角洲湿地植被的维管植物有 400 余种(含种下等级),初步统计各类保护植物和珍稀植物 5 种,包括野大豆、草麻黄、浮叶眼子菜、大叶藻和单叶蔓荆,其中国家二级重点保护濒危植物野大豆分布广泛。建群和优势种类较少,且多具盐生特点,以盐地碱蓬、獐毛、罗布麻、补血草、茵陈蒿、白茅、芦苇、柽柳、旱柳、互花米草为建群种形成的湿地植被具有代表性和典型性(贺强等,2009;王仁卿等,1993c;王清等,1993)。

2.植被资源状况

(1)植被分类

受黄河来水和海潮的共同影响,黄河三角洲地区土壤盐渍化较为普遍,自然植被以盐生草甸、盐生灌丛和盐地沼泽植被为主。根据野外调查样地的植物种类组成、植被外貌特征、植被生境的地貌地形特点等,将黄河三角洲国家级自然保护区的植被按照《中国植被》1980 年的分类系统划分为 5 个植被型组、9 个植被型、31 个群系(见表 3)。

表 3 自然保护区自然植被分类

植被型组	植被型	群系
阔叶林	落叶阔叶林	刺槐林、旱柳林、白杨林、白腊林
灌丛	盐生灌丛	柽柳灌丛
草甸	典型草甸	白茅草甸、茵陈蒿草甸、假苇拂子茅草甸、野大豆草甸
	盐生草甸	盐地碱蓬草甸、碱蓬草甸、獐毛草甸、罗布麻草甸、补血草草甸、蒙古鸦葱草甸、盐生芦苇草甸
	湿盐生草甸	湿盐生芦苇草甸、湿盐生盐地碱蓬草甸、盐角草草甸、互花米草草甸
沼泽植被	草本沼泽	芦苇沼泽、荻沼泽、酸模叶蓼沼泽

续表

植被型组	植被型	群系
水生植被	沉水水生植被	狐尾藻群落、眼子菜群落、菹草群落、川蔓藻群落
	浮水水生植被	浮萍-品藻群落、紫萍-浮萍群落
	挺水水生植被	莲群落、香蒲群落

(2)主要植被类型描述

黄河三角洲灌丛和草甸分布最广,沼泽植被和水生植被主要分布在季节性或永久性积水的湿地生境中。此外,天然分布的旱柳林在新黄河口附近也有分布(张治国等,1993a)。

①阔叶林

黄河三角洲在中国植被区划上属于暖温带落叶阔叶林区域,但由于土壤盐分高和地下水矿化度高,黄河三角洲缺少真正意义上的森林植被,只有零星分布的或呈条块状分布的旱柳林以及人工栽培而成的刺槐林等(见图 10)。它们都属于落叶阔叶林,其中旱柳林具有湿生性质。

图 10　黄河三角洲旱柳林、刺槐林

②灌丛

黄河三角洲灌丛群落主要是以柽柳为优势种的盐生灌丛(见图 11)。群落下的土壤以滨海盐土为主,土壤含盐量一般在 0.7%以上。组成柽柳灌丛的植物种类极为贫乏,除优势种柽柳外,还时常伴有盐地碱蓬、白茅、獐毛、芦苇等几种耐盐植物。群落结构较简单,可划分为灌木层和草本层两个层次。在垦利、利津等地有大片天然柽柳,覆盖度超过 40%的面积约 2.7 万 hm^2,为黄河三角洲面积最大的天然灌丛,一般作为编条林或薪炭林经营。天然柽柳灌丛在区内盐碱地上多呈块状或带状分布,疏密不均,林相不整。

图 11　黄河三角洲柽柳灌丛群落

③草甸

黄河三角洲草甸主要包括典型草甸、盐生草甸、湿盐生草甸,其中以盐生草甸为主。典型草甸主要包括白茅草甸、茵陈蒿草甸、假苇拂子茅草甸、野大豆草甸;盐生草甸主要包括盐地碱蓬草甸、碱蓬草甸、獐毛草甸、罗布麻草甸、补血草草甸、蒙古鸦葱草甸、盐生芦苇草甸;湿盐生草甸主要包括湿盐生芦苇草甸、湿盐生盐地碱蓬草甸、盐角草草甸、互花米草草甸(见图 12)。

图 12　黄河三角洲獐毛、盐地碱蓬、罗布麻草甸群落

④沼泽植被

在黄河三角洲地区,沼泽植被沿黄河、黄河故道、河汊、人工沟渠两岸、旧河床及湖滨、海滨地带的低洼地分布。沼泽植被均为草本植物,以芦苇、荻、香蒲、荆三棱等湿生高大草本植物为主。沼泽植被分布区地势低洼,排水不良,土壤水分常过分饱和,汛期有季节性积水。优势种类为芦苇、菰、薹草、莎草、泽泻、野慈姑等。主要的群落类型为芦苇沼泽(见图 13)、菰群落和薹草群落。

图 13　黄河三角洲芦苇沼泽

⑤水生植被

在黄河三角洲地区,水生植被多分布于小河沟和湖泊内,物种组成中眼子菜科和水鳖科占优势。水生植被的植物区系成分主要为世界和我国的广布种。主要群落类型有如下 3 种。

沉水水生植被:建群种为沉水植物,本区最常见的为苦草＋黑藻群落、菹草群落等。大多分布于水体内缘水深的地方,常以单优势种或两种以上组成植物群落。

浮水水生植被:建群种为浮叶植物或漂浮植物。常见的有浮萍群落。

挺水水生植被:建群种为挺水植物。最常见的为莲群落和香蒲群落(见图14)。

图 14 黄河三角洲香蒲群落

(3)主要植被资源分布及面积变化分析

通过本次调查监测数据,结合以往资料,黄河三角洲国家级自然保护区植被资源丰富,包含 5 个植被型组、9 个植被型、31 个群系。本次调查监测对主要的群系类型分布及面积进行了可视化(见图 15)和统计(见表 4)。

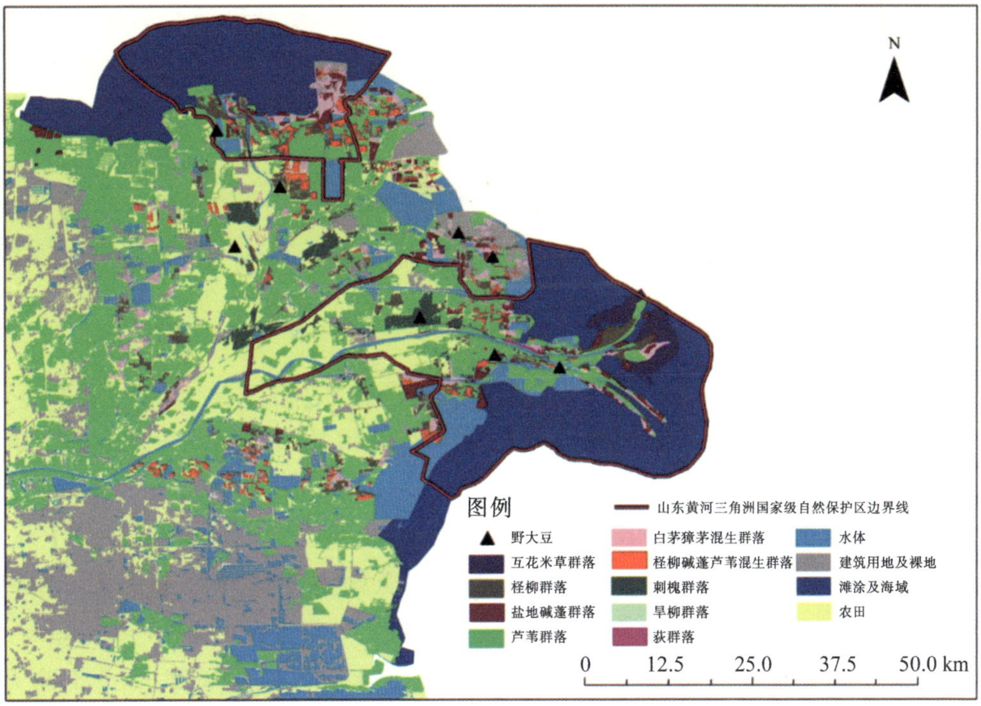

图 15 黄河三角洲国家级自然保护区主要植被类型分布

表 4　自然保护区主要植被类型及面积统计

群系	面积(hm²)	比例(%)
刺槐群落	3795.11	7.99
旱柳群落	417.18	0.88
柽柳群落	5584.50	11.76
柽柳芦苇碱蓬混生群落	3032.41	6.39
白茅獐毛混生群落	4675.43	9.85
荻群落	121.18	0.26
盐地碱蓬群落	4139.99	8.72
互花米草群落	4210.14	8.87
芦苇群落	21513.03	45.30
合计	47488.97	100.00

阔叶林类型中,刺槐林是主要群系类型,占保护区植被总面积的 7.99%,主要集中在黄河北岸、黄河口管理站西南方向,林下灌木和草本丰富,其中大面积分布国家二级保护植物野大豆。旱柳林是黄河三角洲的原生次生林,特色鲜明,主要分布在黄河新河道两侧,占保护区植被总面积的 0.88%。

芦苇群落是黄河三角洲的主要植被类型,占黄河三角洲植被总面积的 45.30%。柽柳、白茅獐毛群落也较为丰富,为 10%左右。

互花米草作为外来入侵种,在黄河三角洲特别是黄河入海口附近迅速繁殖,面积增长较快。近年来,保护区采取生物防治、机械防治等多种措施,情况有所好转。

①刺槐林

在黄河三角洲地区,刺槐林大面积分布在黄河故道和孤岛一带。在黄河三角洲国家级自然保护区内,刺槐林主要分布在黄河北岸、黄河口管理站西南方向,分布面积为 3795.11hm²。这些刺槐林自 20 世纪 60 年代起被种植于此,林龄超过 50 年。刺槐作为蜜源植物,吸引了全国各地的蜂农来黄河三角洲放蜂。

近年来,保护区内刺槐林长势较差,许多植株出现枯死现象,面积有所减少。保护区采取多项措施,包括栽种美国红梣等。林下野大豆资源等草本资源丰富,是保护区内仅有的面积较大的人工次生林生态系统。

②柽柳林

柽柳生于盐碱土的草地、滩涂、海滨砂地、沙漠等,具泌盐组织,有抗盐、抗旱、耐淹的特性，为典型的泌盐植物，是保护区内分布最多的耐盐碱灌木，总面积为 5584.50hm²，它不仅是黄河三角洲最大的天然灌丛，也是山东省面积最大的落叶灌丛。本次调查发现，天然柽柳灌丛在保护区内盐碱地多呈块状或带状分布，疏密不均，林相不整齐。

③白茅獐毛混生群落

白茅獐毛混生群落在保护区一千二管理站和大汶流管理站有集中成片的分布，总面积为 4675.43hm²。白茅的适应力极强，在土壤肥沃的地段常形成单优群落。20 世纪 50～70 年代，在黄河三角洲地区可以见到大面积的白茅群落；由于开垦农田及发展石油产业，本次调查时大面积的白茅群落已不多见，目前只是零星、片段化分布。

④芦苇群落

芦苇群落是黄河三角洲分布最为广泛的植被类型，通过本次调查，保护区内芦苇总面积为 2.15 万 hm²。无论是近海滩涂，还是黄河岸边，或者沟渠、水库、塘坝等浅水处都可见到，其中在一千二管理站和大汶流管理站最普遍和常见。

⑤盐地碱蓬群落

盐地碱蓬是盐生草甸中土壤盐分最高的一类，在保护区内，主要分布在平均海潮线以上的近海滩地和次生裸地，面积为 4139.99hm²。盐地碱蓬呈明显的带状或者圆圈状分布，时常与芦苇群落交替分布。土壤基质为河、海冲积物，由于经常受到海潮浸渍，土壤湿度大，含盐量高。此外，碱蓬也常与盐地碱蓬混生，或者单独形成小片群落。

⑥互花米草群落

互花米草是禾本科米草属多年生草本植物，也是典型的盐生植物，其发达的通气组织可使其在盐水环境下生长。20 世纪 70 年代，江苏省首先从北美引入了互花米草，目的是用于泥质海滩防护。由于互花米草的适应性极强，结果导致互花米草快速扩散，成为危害极大的入侵植物。本次调查发现，保护区内互花米草主要集中在黄河入海口区域，面积为 4210.14hm²，且面积有增加趋势。

3.植物资源状况

(1)植物区系

黄河三角洲濒临渤海，为暖温带季风气候。但是由于土壤多为盐渍土，加之人为活动影响强烈，以大面积的盐生草甸、柽柳灌丛和零星分布的旱柳林为主，在植物区系组成上也比较简单。根据多年调查并结合已有资料，参照

iPlant 植物智(www.iplant.cn)植物分类系统,对黄河三角洲地区的维管植物进行了初步统计。结果表明,维管植物有 4 门 105 科 363 属 668 种,其中野生种 368 种,栽培种 263 种,外来种 101 种,入侵种 22 种,建群种 38 种,珍稀种 5 种,绝大多数为草本植物。区系成分以各种温带成分为主;生活型组成上,地面芽、地下芽及二年生植物占优势。这也从侧面反映出这一地区冬季较为寒冷和土壤盐渍化的特征。

考虑到植被研究和利用方面的实际意义,将粮食、蔬菜、花卉、中草药、果树等栽培种类去除再行统计,计有 4 门 78 科 241 属 440 种(见本部分附录)。其中野生种 358 种,半自然种和栽培种 82 种,建群种 38 种,珍稀种 2 种。

(2)特色物种分布及动态

①野大豆

结合前期研究资料和本次实地调查发现,野大豆在黄河三角洲分布广泛,几乎在所有区域零星分布。保护区内种群密度较大的区域主要集中在一千二、黄河口和大汶流 3 个管理站(见图 16)。

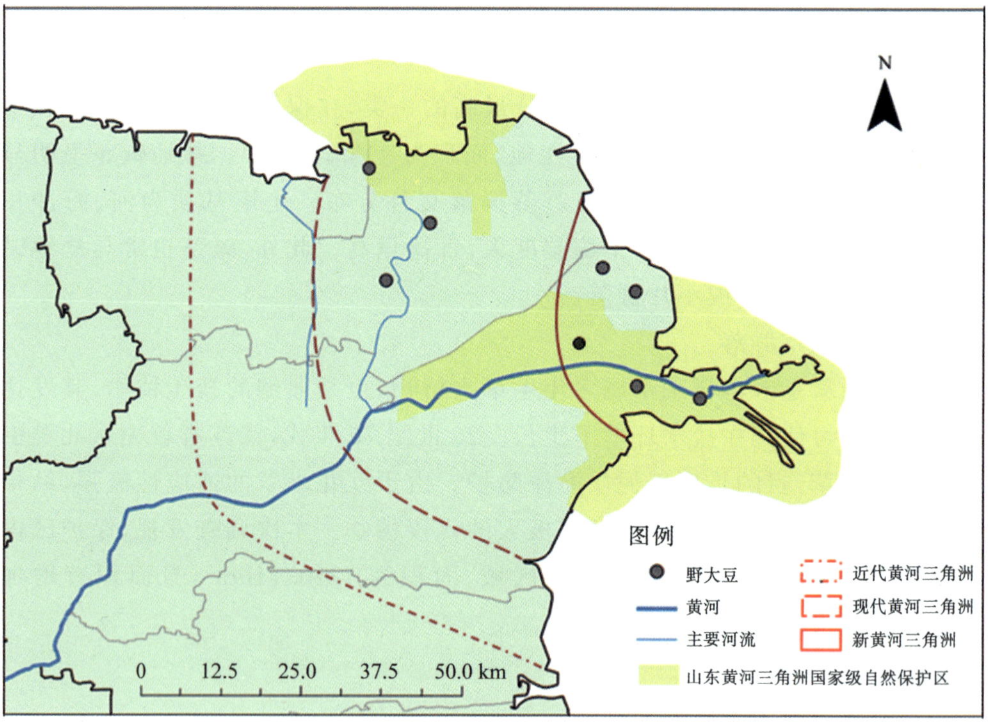

图 16　黄河三角洲野大豆分布位点

②罗布麻

罗布麻也称“茶棵子”，为直立半灌木，花冠呈圆筒状的钟形，颜色为紫红色或粉红色，是具有重要生态意义和经济价值的植被类型。它既是原生演替中反映土壤盐分降低的重要阶段，也是撂荒地次生演替中的一个类型。罗布麻生长在轻度盐渍化的潮湿盐土上。

20 世纪 80 年代以前，罗布麻在保护区内并没有形成大片群落。本次调查发现，罗布麻在保护区内分布非常广，在一千二管理站、大汶流等草甸和路边有大面积分布(见图 17)。

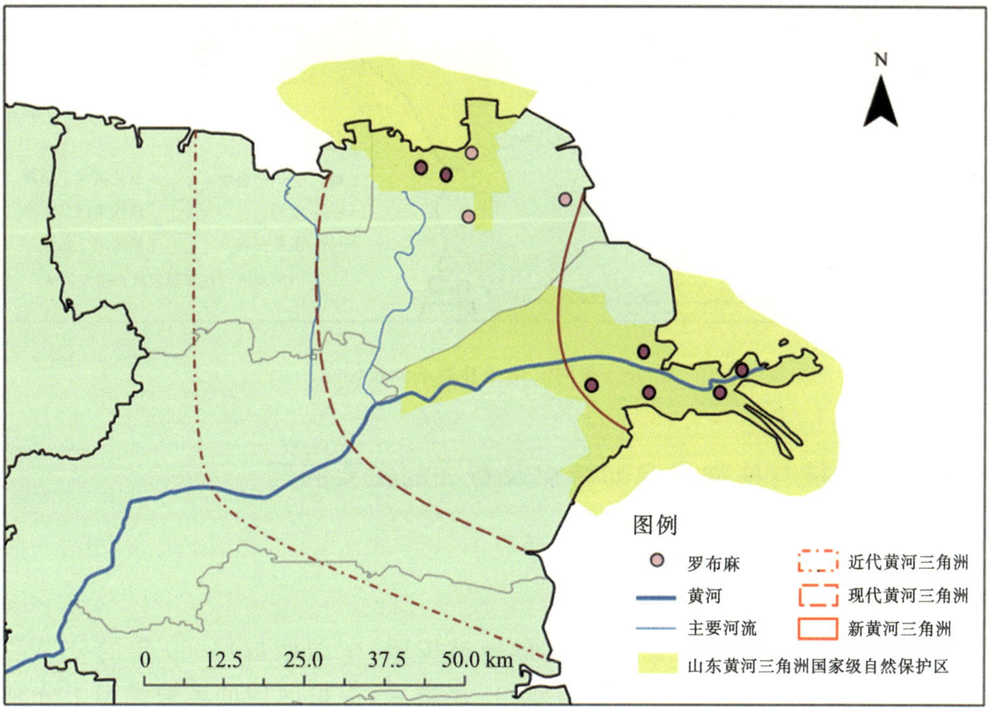

图 17　黄河三角洲罗布麻分布位点

③补血草

补血草是白花丹科多年生草本植物，为莲座状植物；花萼呈淡黄色，花冠呈蓝紫色；是典型的泌盐植物，茎叶表面有多细胞盐腺；茎直立，有分支，高度为 15～50 cm；根为直根系，有利于吸收盐分。偶尔可见到二色补血草，花为白色或淡黄色。在保护区内一千二林场有较大面积分布(见图 18)，多呈斑块状分布，或与柽柳、獐毛、蒙古鸦葱等混生。

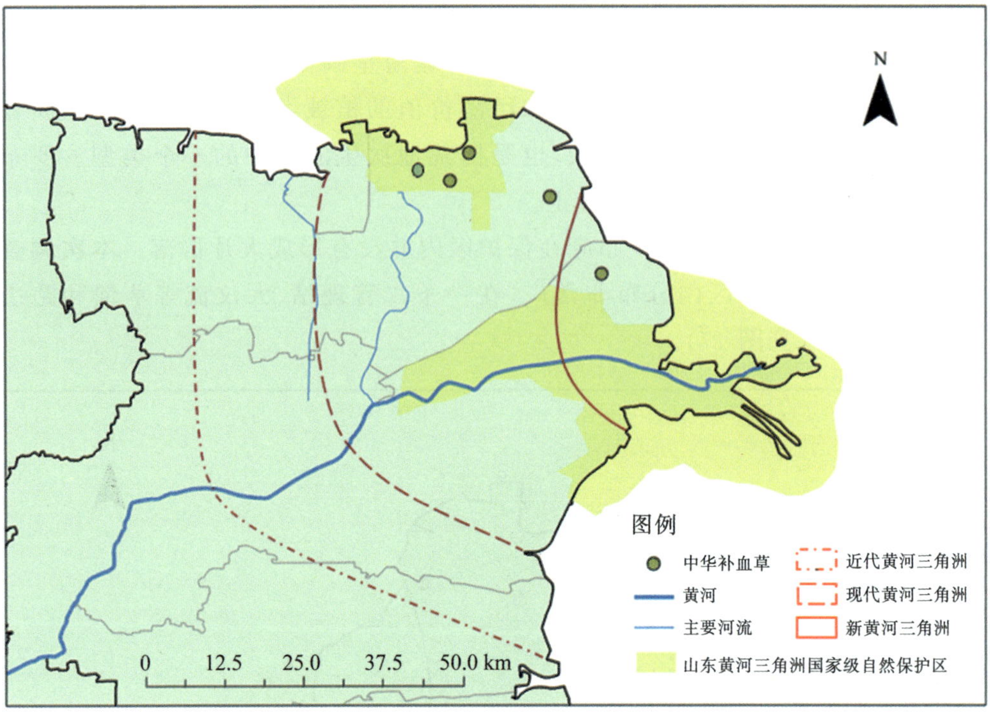

图 18　黄河三角洲补血草分布位点

(三)植被与植物资源的特点及存在的主要问题

1.植物与植被资源特点

(1)植被类型复杂多样

黄河三角洲国家级自然保护区的植被按照《中国植被》1980 年的分类系统,划分为 5 个植被型组、9 个植被型、31 个群系,保护区内的植被类型十分复杂多样(方精云等,2020b)。

(2)湿地植被类型占绝对优势

黄河三角洲是新生湿地这一特殊的自然条件和植物区系成分特点,决定了保护区内没有地带性植被,多是隐域性植被。其中,抗盐碱的湿地植被占绝对优势。森林仅有人工刺槐林、旱柳林、毛白杨林等。

(3)植被呈明显带状分布

植物种类的分布受周围生境的影响比较明显,土壤水分和盐分是影响本区植被分布的关键性因素,环境梯度的存在使黄河三角洲植被具有明显的带状分布的特点,从河岸高地到潮间带依次分布有芦苇、柽柳、盐地碱蓬和光滩裸地。

2.存在的主要问题

一是群落结构简单。保护区内植物群落结构较为简单，甚至单一优势物种形成群落（例如芦苇、互花米草等）。

二是互花米草入侵严重。近年来，互花米草入侵严重，面积增长较快，目前面积达 4210hm²，约占保护区内植被总面积的 9%。保护区采取生物防治和物理防治等措施，效果较为显著。

四、黄河三角洲湿地及植被资源保护

受自然因素和人为因素的影响，黄河三角洲近海与海岸湿地出现了很多问题，包括湿地修复、国家重点保护物种和濒危物种的保护以及生物多样性保护、外来物种入侵等。

（一）黄河三角洲湿地生态系统保护与恢复措施

针对上述问题，黄河三角洲实行了以补水为主体的湿地保护与恢复措施。黄河三角洲湿地保护与恢复工程起于 20 世纪 90 年代，在《中国 21 世纪议程》中，黄河三角洲开发被列为优先发展项目，而黄河三角洲湿地生态系统同时被列入中国湿地保护行动计划优先项目，因而如何处理好湿地开发与保护的关系显得尤为重要。

到目前为止，科技部、国家林业局、山东省、东营市和黄河三角洲自然保护区等有关部门针对黄河三角洲退化湿地相继启动了一系列恢复工程。2003 年，东营市垦利县（2016 年更改为垦利区）在保护区实施了野大豆保护与恢复工程。2003 年，国家林业局全面实施自然保护区湿地生态恢复工程，初期恢复面积 5 万亩。2006 年、2008 年分别恢复面积 10 万亩和 15 万亩。2005 年，中、日、韩三国实施的黑嘴鸥繁殖地保护与恢复工程启动，对鸟类食物补给区的部分退化湿地进行了恢复。2006 年，科技部启动“十一五”科技支撑计划“黄河三角洲生态系统综合整治技术与模式”，对主要退化湿地进行了恢复示范。2008 年，黄河水利委员会结合调水调沙，首次对黄河下游实施生态调度，增加河口湿地的淡水补给，扩大湿地恢复面积。近年来，国家林业局、山东省、东营市和黄河三角洲自然保护区等各级部门还通过实施湿地生态环境监测、人工湿地公园建设、油田滚动式开发、污染物总量控制以及提高公众参与等措施加强对现有湿地的保护与恢复。例如，无棣县围绕“生态无棣”建设主题，加大对湿地和河流的治理；东营市为防止滥垦土地破坏湿地作出规定，在保护区、小岛河及莱州湾滩涂等重要湿地内一律禁止开垦或随意变更土地用途。

上述措施对于黄河三角洲湿地保护以及生物多样性保护都有着极为重要的作用。如今保护区的生物多样性保护以及湿地修复都取得了一定的成效,并且成为建设黄河口国家公园的重要区域。

(二)黄河口国家公园建设

国家公园是我国自然保护地的主体,其首要功能是重要自然生态系统的原真性、完整性保护。2019年9月,习近平总书记在黄河流域生态保护和高质量发展座谈会上特别指出,下游的黄河三角洲是我国暖温带最完整的湿地生态系统,要做好保护工作,促进河流生态系统健康,提高生物多样性。而保护和提高生物多样性的最佳途径是建立国家公园。习近平总书记也多次提出尽快建设黄河口国家公园。

黄河三角洲及与其相连的入海口湿地生态系统,陆海交融,具有独特而丰富的生物多样性,是全球重要的鸟类迁徙通道和栖息地。建设黄河口国家公园是山东落实习近平总书记指示,在黄河流域生态保护和高质量发展中发挥引领作用的历史机遇,也是落实黄河国家战略的重要举措,还是保护和提高黄河三角洲植物多样性的最佳途径。

建设黄河口国家公园,首先要以湿地植被为基础,没有繁茂、健康、覆盖率高的植被,黄河三角洲或黄河口国家公园将缺少载体和支撑。而开展植被保护、进行植物多样性基础调查、开展长期植物及相关生态系统定位观测研究,是建设国家公园的科学基础。保护植物多样性、恢复植被应当与保护鸟类同等重要,甚至优于鸟类保护,因为缺少植被,鸟类的栖息、觅食、繁殖、迁徙、越冬就难以实现。虽然黄河三角洲拥有类型繁多的植被和植物资源,并且随着黄河三角洲生态保护与恢复的开展,芦苇沼泽、盐地碱蓬草甸等植被类型的范围逐渐扩大,覆盖率逐渐增加,随之鸟类种类和数量也大大增加,丹顶鹤、东方白鹳、黑嘴鸥等重点保护种类和数量也明显增加,但同时也面临着开发和自然条件变化带来的双重压力,植被破坏和退化的严峻问题不容忽视。需注意的是,互花米草的入侵挤占了芦苇群落、盐地碱蓬群落的分布空间,造成植物多样性降低,也严重影响了丹顶鹤等鸟类的栖息和觅食,控制和消除互花米草的危害是艰巨任务。加强植物多样性基础研究和植被保护与恢复,是建设国家公园的重要任务。

总而言之,建设黄河口国家公园在黄河下游生态保护中具有重大的生态和历史意义。国家林草局和山东省正在策划落实和推进黄河口国家公园的建设。

(三)对策建议

1.加大对湿地资源的保护,特别是对沼泽湿地的保护

沼泽湿地是保护区植物和动物最主要的分布区域,对于黄河三角洲生物多样性的维持和提高具有重要意义。进一步加强湿地资源保护,特别是对沼泽湿地的保护,对于整个黄河三角洲生态保护和生物多样性提升具有重要意义。

2.加强对特色植物的保护,特别是对原生物种的保护

原生植物是黄河三角洲生物多样性的一大特色,也是保护的重点之一。通过划定生态保护区等方式,进一步加强对野大豆、补血草、罗布麻、柽柳、旱柳等特色原生植物种群的保护,对维持黄河三角洲的原真性和多样性意义重大。

3.加强对互花米草等外来物种的防控,减少生态危害

互花米草近年来在黄河三角洲国家级自然保护区特别是黄河入海口附近繁殖迅速,面积增长较快,成为危害极大的入侵物种。加强对互花米草的防治,对于维持黄河三角洲生态系统稳定性、多样性具有重要意义。

4.持续开展定位和动态生态监测

持续开展生态条件和生物多样性研究与监测工作,建立黄河三角洲生态监测动态数据库,加强科研监测力度,为保护区的保护管理决策提供科学依据。选择典型的湿地、植被、植物资源等进行定位监测,通过长期、连续的定位观测,将获得大量规范、有说服力的数据;根据数据并参考遥感数据编制相关的动态变化图件,更直观地展示保护区生态动态变化现状和规律,以科学指导生态系统保护与恢复。

附录　黄河三角洲常见植物名录

一、被子植物

(一)杨柳科　Salicaceae

(1)小黑杨　*Populus*×*xiaohei*

(2)垂柳　*Salix babylonica*

(3)旱柳　*Salix matsudana*

(4)龙爪柳　*Salix matsudana* f. *tortuosa*

(5)杞柳　*Salix integra*

(6)毛白杨　*Populus tomentosa*

(7)小叶杨　*Populus simonii*

(8)加杨　*Populus*×*canadensis*

(二)榆科　Ulmaceae

(1)榆树　*Ulmus pumila*

(2)黑弹树大麻科　*Celtis bungeana*

(3)大叶朴大麻科　*Celtis koraiensis*

(三)桑科　Moraceae

(1)葎草大麻科　*Humulus scandens*

(2)构树　*Broussonetia papyrifera*

(3)柘　*Maclura tricuspidata*

(4)无花果　*Ficus carica*

(5)桑　*Morus alba*

(6)鸡桑　*Morus australis*

(7)大麻大麻科　*Cannabis sativa*

(四)蓼科　Polygonaceae

(1)萹蓄　*Polygonum aviculare*

(2)红蓼　*Polygonum orientale*

(3)酸模叶蓼　*Polygonum lapathifolium*

(4)水蓼　*Polygonum hydropiper*

(5)丛枝蓼　*Polygonum posumbu*

(6)两栖蓼　*Polygonum amphibium*

(7)酸模　*Rumex acetosa*

(8)羊蹄　*Rumex japonicus*

(9)荞麦　*Fagopyrum esculentum*

(10)拳参　*Polygonum bistorta*

(五)藜科　Chenopodiaceae

(1)灰绿藜苋科　*Chenopodium glaucum*

(2)藜苋科　*Chenopodium album*

(3)小藜苋科　*Chenopodium ficifolium*

(4)菠菜苋科　*Spinacia oleracea*

(5)滨藜苋科　*Atriplex patens*

(6)中亚滨藜苋科　*Atriplex centralasiatica*

(7)东亚市藜苋科　*Chenopodium urbicum* subsp.*sinicum*

(8)地肤　*Kochia scoparia*

(9)盐角草苋科　*Salicornia europaea*

(10)猪毛菜苋科　*Salsola collina*

(11)无翅猪毛菜苋科　*Salsola komarovii*

(12)刺沙蓬苋科　*Salsola tragus*

(13)盐地碱蓬(黄须菜)苋科　*Suaeda salsa*

(14)碱蓬苋科　*Suaeda glauca*

(15)西伯利亚滨藜苋科　*Atriplex sibirica*

(六)苋科　Amaranthaceae

(1)鸡冠花　*Celosia cristata*

(2)皱果苋　*Amaranthus viridis*

(3)反枝苋　*Amaranthus retroflexus*

(4)刺苋　*Amaranthus spinosus*

(5)凹头苋　*Amaranthus blitum*

(6)北美苋　*Amaranthus blitoides*

(7)牛膝　*Achyranthes bidentata*

(8)绿穗苋　*Amaranthus hybridus*

(9)青葙　*Celosia argentea*

(七)马齿苋科　Portulacaceae

(1)马齿苋　*Portulaca oleracea*

(2)土人参土人参科　*Talinum paniculatum*

(3)大花马齿苋　*Portulaca grandiflora*

(八)睡莲科　Nymphaeaceae

(1)莲莲科　*Nelumbo nucifera*

(2)芡实　*Euryale ferox*

(3)睡莲　*Nymphaea tetragona*

(九)金鱼藻科　Ceratophyllaceae

金鱼藻　*Ceratophyllum demersum*

(十)毛茛科　Ranunculaceae

(1)白头翁　*Pulsatilla chinensis*

(2)茴茴蒜　*Ranunculus chinensis*

(3)牡丹芍药科　*Paeonia suffruticosa*

(4)芍药芍药科　*Paeonia lactiflora*

(十一)十字花科　Brassicaceae

(1)野甘蓝　*Brassica oleracea*

(2)白菜　*Brassica rapa* var. *glabra*

(3)芸苔　*Brassica rapa* var. *oleifera*

(4)擘蓝　*Brassica oleracea* var. *gongylodes*

(5)芥菜　*Brassica juncea*

(6)花旗杆　*Dontostemon dentatus*

(7)葶苈　*Draba nemorosa*

(8)糖芥　*Erysimum amurense*

(9)独行菜　*Lepidium apetalum*

(10)宽叶独行菜　*Lepidium latifolium*

(11)北美独行菜　*Lepidium virginicum*

(12)播娘蒿　*Descurainia sophia*

(13)异果芥　*Diptychocarpus strictus*

(14)萝卜　*Raphanus sativus*

(15)蔊菜　*Rorippa indica*

(16)风花菜　*Rorippa globosa*

(十二)杜仲科　Eucommiaceae

杜仲　*Eucommia ulmoides*

(十三)蔷薇科　Rosaceae

(1)龙芽草　*Agrimonia pilosa*

(2)木瓜　*Chaenomeles sinensis*

(3)皱皮木瓜　*Chaenomeles speciosa*

(4)山里红　*Crataegus pinnatifida* var. *major*

(5)草莓　*Fragaria*×*ananassa*

(6)杜梨　*Pyrus betulifolia*

(7)苹果　*Malus pumila*

(8)桃　*Amygdalus persica*

(9)杏　*Armeniaca vulgaris*

(10)樱桃　*Cerasus pseudocerasus*

(11)委陵菜　*Potentilla chinensis*

(12)朝天委陵菜　*Potentilla supina*

(13)翻白草　*Potentilla discolor*

(14)玫瑰　*Rosa rugosa*

(15)月季花　*Rosa chinensis*

(16)野蔷薇　*Rosa multiflora*

(十四)豆科　Fabaceae

(1)合欢　*Albizia julibrissin*

(2)紫荆　*Cercis chinensis*

(3)皂荚　*Gleditsia sinensis*

(4)槐　*Styphnolobium japonicum*

(5)糙叶黄耆　*Astragalus scaberrimus*

(6)斜茎黄耆　*Astragalus laxmannii*

(7)蒙古黄耆　*Astragalus mongholicus*

(8)合萌　*Aeschynomene indica*

(9)紫穗槐　*Amorpha fruticosa*

(10)落花生　*Arachis hypogaea*

(11)决明　*Senna tora*

(12)扁豆　*Lablab purpureus*

(13)野大豆　*Glycine soja*

(14)田菁　*Sesbania cannabina*

(15)白车轴草　*Trifolium repens*

(16)红车轴草 *Trifolium pratense*

(17)短豇豆 *Vigna unguiculata* subsp. *cylindrica*

(18)豇豆 *Vigna unguiculata*

(19)紫藤 *Wisteria sinensis*

(20)大豆 *Glycine max*

(21)甘草 *Glycyrrhiza uralensis*

(22)刺果甘草 *Glycyrrhiza pallidiflora*

(23)少花米口袋 *Gueldenstaedtia verna*

(24)长萼鸡眼草 *Kummerowia stipulacea*

(25)鸡眼草 *Kummerowia striata*

(26)兴安胡枝子 *Lespedeza davurica*

(27)截叶铁扫帚 *Lespedeza cuneata*

(28)紫苜蓿 *Medicago sativa*

(29)小苜蓿 *Medicago minima*

(30)草木犀 *Melilotus officinalis*

(31)白花草木犀 *Melilotus albus*

(32)含羞草 *Mimosa pudica*

(33)绿豆 *Vigna radiata*

(34)赤豆 *Vigna angularis*

(35)菜豆 *Phaseolus vulgaris*

(36)刺槐 *Robinia pseudoacacia*

(37)细齿草木犀 *Melilotus dentatus*

(38)蔓黄芪 *Phyllolobium chinense*

(十五)苦木科 Simaroubaceae

臭椿 *Ailanthus altissima*

(十六)黄杨科 Buxaceae

(1)雀舌黄杨 *Buxus bodinieri*

(2)黄杨 *Buxus sinica*

(十七)蒺藜科 Zygophyllaceae

(1)小果白刺白刺科 *Nitraria sibirica*

(2)蒺藜 *Tribulus terrestris*

(十八)楝科 Meliaceae

香椿 *Toona sinensis*

(十九)大戟科　Euphorbiaceae

(1)蓖麻　*Ricinus communis*

(2)铁苋菜　*Acalypha australis*

(3)地锦葡萄科　*Parthenocissus tricuspidata*

(4)斑地锦　*Euphorbia maculata*

(5)猫眼草虎耳草科　*Chrysosplenium grayanum*

(6)乳浆大戟　*Euphorbia esula*

(二十)卫矛科　Celastraceae

冬青卫矛　*Euonymus japonicus*

(二十一)葡萄科　Vitaceae

(1)葡萄　*Vitis vinifera*

(2)白蔹　*Ampelopsis japonica*

(3)异叶爬山虎　*Parthenocissus heterophylla*

(二十二)锦葵科　Malvaceae

(1)锦葵　*Malva cathayensis*

(2)苘麻　*Abutilon theophrasti*

(3)蜀葵　*Alcea rosea*

(4)陆地棉　*Gossypium hirsutum*

(5)野西瓜苗　*Hibiscus trionum*

(6)朱槿　*Hibiscus rosa-sinensis*

(7)木槿　*Hibiscus syriacus*

(8)圆叶锦葵　*Malva pusilla*

(二十三)柽柳科　Tamaricaceae

柽柳　*Tamarix chinensis*

(二十四)龙胆科　Gentianaceae

荇菜睡菜科　*Nymphoides peltata*

(二十五)胡颓子科　Elaeagnaceae

(1)沙枣　*Elaeagnus angustifolia*

(2)沙棘　*Hippophae rhamnoides*

(二十六)千屈菜科　Lythraceae

紫薇　*Lagerstroemia indica*

(二十七)小二仙草科 Haloragaceae

(1)狐尾藻 *Myriophyllum verticillatum*

(2)乌苏里狐尾藻 *Myriophyllum ussuriense*

(二十八)石榴科 Punicaceae

石榴千屈菜科 *Punica granatum*

(二十九)柳叶菜科 Onagraceae

月见草 *Oenothera biennis*

(三十)伞形科 Apiaceae

(1)芫荽 *Coriandrum sativum*

(2)水芹 *Oenanthe javanica*

(3)旱芹 *Apium graveolens*

(4)蛇床 *Cnidium monnieri*

(5)胡萝卜 *Daucus carota* var.*sativa*

(6)茴香 *Foeniculum vulgare*

(7)珊瑚菜 *Glehnia littoralis*

(8)防风 *Saposhnikovia divaricata*

(9)窃衣 *Torilis scabra*

(三十一)百合科 Liliaceae

(1)葱石蒜科 *Allium fistulosum*

(2)洋葱石蒜科 *Allium cepa*

(3)韭石蒜科 *Allium tuberosum*

(4)蒜石蒜科 *Allium sativum*

(5)萱草阿福花科 *Hemerocallis fulva*

(6)黄花菜(金针菜)阿福花科 *Hemerocallis citrina*

(7)阔叶山麦冬天门冬科 *Liriope muscari*

(8)麦冬天门冬科 *Ophiopogon japonicus*

(三十二)鸭跖草科 Commelinaceae

鸭跖草 *Commelina communis*

(三十三)灯心草科 Juncaceae

灯心草 *Juncus effusus*

(三十四)美人蕉科 Cannaceae

美人蕉 *Canna indica*

(三十五)薯蓣科　Dioscoreaceae

薯蓣　*Dioscorea polystachya*

(三十六)姜科　Zingiberaceae

姜　*Zingiber officinale*

(三十七)鸢尾科　Iridaceae

(1)射干　*Belamcanda chinensis*

(2)马蔺　*Iris lactea*

(三十八)天南星科　Araceae

(1)菖蒲菖蒲科　*Acorus calamus*

(2)半夏　*Pinellia ternata*

(3)独角莲　*Typhonium giganteum*

(三十九)浮萍科　Lemnaceae

(1)浮萍天南星科　*Lemna minor*

(2)紫萍天南星科　*Spirodela polyrhiza*

(四十)谷精草科　Eriocaulaceae

长苞谷精草　*Eriocaulon decemflorum*

(四十一)莎草科　Cyperaceae

(1)萤蔺　*Schoenoplectus juncoides*

(2)三轮草　*Cyperus orthostachyus*

(3)球柱草　*Bulbostylis barbata*

(4)翼果薹草　*Carex neurocarpa*

(5)筛草　*Carex kobomugi*

(6)青绿薹草　*Carex breviculmis*

(7)香附子　*Cyperus rotundus*

(8)头状穗莎草　*Cyperus glomeratus*

(9)碎米莎草　*Cyperus iria*

(10)旋鳞莎草　*Cyperus michelianus*

(11)牛毛毡　*Eleocharis yokoscensis*

(12)羽毛荸荠　*Eleocharis wichurae*

(13)具槽秆荸荠　*Eleocharis valleculosa*

(14)烟台飘拂草　*Fimbristylis stauntonii*

(15)水虱草 *Fimbristylis littoralis*

(16)水莎草 *Cyperus serotinus*

(17)荆三棱 *Bolboschoenus yagara*

(18)水葱 *Schoenoplectus tabernaemontani*

(19)扁秆荆三棱 *Bolboschoenus planiculmis*

(20)三棱水葱 *Schoenoplectus triqueter*

(21)水毛花 *Schoenoplectus mucronatus* subsp. *robustus*

(四十二)禾本科 Poaceae

(1)野燕麦 *Avena fatua*

(2)海滨獐毛 *Aeluropus littoralis*

(3)看麦娘 *Alopecurus aequalis*

(4)羊草 *Leymus chinensis*

(5)拂子茅 *Calamagrostis epigeios*

(6)长芒棒头草 *Polypogon monspeliensis*

(7)虎尾草 *Chloris virgata*

(8)狗牙根 *Cynodon dactylon*

(9)升马唐 *Digitaria ciliaris*

(10)毛马唐 *Digitaria ciliaris* var. *chrysoblephara*

(11)马唐 *Digitaria sanguinalis*

(12)止血马唐 *Digitaria ischaemum*

(13)紫马唐 *Digitaria violascens*

(14)稗 *Echinochloa crus-galli*

(15)牛筋草 *Eleusine indica*

(16)画眉草 *Eragrostis pilosa*

(17)小画眉草 *Eragrostis minor*

(18)大画眉草 *Eragrostis cilianensis*

(19)野黍 *Eriochloa villosa*

(20)金茅 *Eulalia speciosa*

(21)牛鞭草 *Hemarthria sibirica*

(22)大麦 *Hordeum vulgare*

(23)白茅 *Imperata cylindrica*

(24)滨麦 *Leymus mollis*

(25)稻 *Oryza sativa*

(26)稷 *Panicum miliaceum*

(27)狼尾草 *Pennisetum alopecuroides*

(28)芦苇 *Phragmites australis*

(29)早熟禾 *Poa annua*

(30)硬质早熟禾 *Poa sphondylodes*

(31)碱茅 *Puccinellia distans*

(32)柯孟披碱草 *Elymus kamoji*

(33)狗尾草 *Setaria viridis*

(34)金色狗尾草 *Setaria pumila*

(35)大狗尾草 *Setaria faberi*

(36)粟 *Setaria italica* var. *germanica*

(37)高粱 *Sorghum bicolor*

(38)大米草 *Spartina anglica*

(39)普通小麦 *Triticum aestivum*

(40)玉蜀黍 *Zea mays*

(41)菰 *Zizania latifolia*

(42)结缕草 *Zoysia japonica*

(43)茅叶荩草 *Arthraxon prionodes*

(44)粟 *Setaria italica* var.*germanica*

(45)千金子 *Leptochloa chinensis*

(46)多秆画眉草 *Eragrostis multicaulis*

(47)虉草 *Phalaris arundinacea*

(四十三)菊科 Asteraceae

(1)牛蒡 *Arctium lappa*

(2)黄花蒿 *Artemisia annua*

(3)茵陈蒿 *Artemisia capillaris*

(4)艾 *Artemisia argyi*

(5)青蒿 *Artemisia caruifolia*

(6)野艾蒿 *Artemisia lavandulifolia*

(7)大籽蒿 *Artemisia sieversiana*

(8)婆婆针 *Bidens bipinnata*

(9)小花鬼针草 *Bidens parviflora*

(10)飞廉 *Carduus nutans*

(11)刺儿菜(小蓟) *Cirsium arvense* var. *integrifolium*

(12)蓟 *Cirsium japonicum*

(13)茼蒿 *Glebionis coronaria*

(14)小蓬草 *Erigeron canadensis*

(15)大丽花 *Dahlia pinnata*

(16)一年蓬 *Erigeron annuus*

(17)鳢肠 *Eclipta prostrata*

(18)向日葵 *Helianthus annuus*

(19)菊芋(洋姜) *Helianthus tuberosus*

(20)剪刀股 *Ixeris japonica*

(21)泥胡菜 *Hemisteptia lyrata*

(22)阿尔泰狗娃花(铁杆蒿) *Aster altaicus*

(23)旋覆花 *Inula japonica*

(24)中华苦荬菜 *Ixeris chinensis*

(25)苦荬菜 *Ixeris polycephala*

(26)沙苦荬菜 *Ixeris repens*

(27)尖裂假还阳参 *Crepidiastrum sonchifolium*

(28)蒙古鸦葱 *Scorzonera mongolica*

(29)鸦葱 *Scorzonera austriaca*

(30)马醉木(抢刀菜)杜鹃花科 *Pieris japonica*

(31)苦苣菜 *Sonchus oleraceus*

(32)蒲公英 *Taraxacum mongolicum*

(33)白缘蒲公英 *Taraxacum platypecidum*

(34)碱菀 *Tripolium pannonicum*

(35)苍耳 *Xanthium strumarium*

(36)紫菀 *Aster tataricus*

(37)飞蓬 *Erigeron acris*

(38)野菊 *Chrysanthemum indicum*

(39)菊花 *Chrysanthemum*×*morifolium*

(40)猪毛蒿 *Artemisia scoparia*

(41)莴苣 *Lactuca sativa*

(四十四)石竹科 Caryophyllaceae

(1)无心菜(鹅不食草) *Arenaria serpyllifolia*

(2)石竹 *Dianthus chinensis*

(3)鹅肠菜 *Myosoton aquaticum*

(4)麦瓶草(米瓦罐) *Silene conoidea*

(5)拟漆姑 *Spergularia marina*

(6)繁缕 *Stellaria media*

(7)麦蓝菜 *Vaccaria hispanica*

(四十五)蜡梅科 Calycanthaceae

蜡梅 *Chimonanthus praecox*

(四十六)兰雪科 Plumbaginacceae

(1)二色补血草白花丹科 *Limonium bicolor*

(2)补血草白花丹科 *Limonium sinense*

(四十七)木犀科 Oleaceae

(1)连翘 *Forsythia suspensa*

(2)白蜡树 *Fraxinus chinensis*

(3)小叶女贞 *Ligustrum quihoui*

(4)紫丁香 *Syringa oblata*

(5)小叶梣 *Fraxinus bungeana*

(6)白蜡树 *Fraxinus chinensis*

(7)杜氏毡毛梣 *Fraxinus velutina*

(四十八)夹竹桃科 Apocynaceae

(1)罗布麻 *Apocynum venetum*

(2)夹竹桃 *Nerium oleander*

(3)黄花夹竹桃 *Thevetia peruviana*

(4)络石 *Trachelospermum jasminoides*

(四十九)萝摩科 Asclepiadaceae

(1)鹅绒藤夹竹桃科 *Cynanchum chinens*

(2)地梢瓜夹竹桃科 *Cynanchum thesioides*

(3)徐长卿夹竹桃科 *Cynanchum paniculatum*

(4)白薇(白前)夹竹桃科 *Cynanchum atratum*

(5)萝藦夹竹桃科 *Metaplexis japonica*

(6)杠柳夹竹桃科 *Periploca sepium*

(五十)旋花科 Convolvulaceae

(1)肾叶打碗花 *Calystegia soldanella*

(2)打碗花 *Calystegia hederacea*

(3)藤长苗 *Calystegia pellita*

(4)田旋花 *Convolvulus arvensis*

(5)菟丝子 *Cuscuta chinensis*

(6)南方菟丝子 *Cuscuta australis*

(7)甘薯薯蓣科 *Dioscorea esculenta*

(8)牵牛 *Ipomoea nil*

(9)圆叶牵牛 *Ipomoea purpurea*

(五十一)紫草科 Boraginaceae

(1)斑种草 *Bothriospermum chinense*

(2)多苞斑种草 *Bothriospermum secundum*

(3)鹤虱 *LAppula myosotis*

(4)田紫草 *Lithospermum arvense*

(5)砂引草 *Tournefortia sibirica*

(6)附地菜 *Trigonotis peduncularis*

(7)钝萼附地菜 *Trigonotis peduncularis* var. *amblyosepala*

(五十二)马鞭草科 Verbenaceae

(1)马鞭草 *Verbena officinalis*

(2)单叶蔓荆唇形科 *Vitex rotundifolia*

(3)荆条唇形科 *Vitex negundo* var. *heterophylla*

(4)蔓荆唇形科 *Vitex trifolia*

(五十三)唇形科 Lamiaceae

(1)筋骨草 *Ajuga ciliata*

(2)水棘针 *Amethystea caerulea*

(3)活血丹 *Glechoma longituba*

(4)夏至草 *Lagopsis supina*

(5)益母草 *Leonurus japonicus*

(6)錾菜 *Leonurus pseudomacranthus*

(7)硬毛地笋 *Lycopus lucidus* var. *hirtus*

(8)薄荷 *Mentha canadensis*

(9)荆芥　*Nepeta cataria*

(10)石荠苎　*Mosla scabra*

(11)紫苏　*Perilla frutescens*

(12)夏枯草　*Prunella vulgaris*

(13)丹参　*Salvia miltiorrhiza*

(14)荔枝草　*Salvia plebeia*

(15)黄芩　*Scutellaria baicalensis*

(16)沙滩黄芩　*Scutellaria strigillosa*

(17)半枝莲　*Scutellaria barbata*

(18)一串红　*Salvia splendens*

(19)水苏　*Stachys japonica*

(20)甘露子　*Stachys sieboldii*

(21)地椒　*Thymus quinquecostatus*

(22)宝盖草　*Lamium amplexicaule*

(23)地笋　*Lycopus lucidus*

(五十四)茄科　Solanaceae

(1)曼陀罗　*Datura stramonium*

(2)辣椒　*Capsicum annuum*

(3)毛曼陀罗　*Datura inoxia*

(4)洋金花　*Datura metel*

(5)枸杞　*Lycium chinense*

(6)宁夏枸杞　*Lycium Barbarum*

(7)番茄　*Lycopersicon esculentum*

(8)烟草　*Nicotiana tabacum*

(9)酸浆　*Physalis alkekengi*

(10)茄　*Solanum melongena*

(11)龙葵　*Solanum Nigrum*

(12)青杞　*Solanum Septemlobum*

(13)白英　*Solanum lyratum*

(五十五)玄参科　Scrophulariaceae

(1)欧洲柳穿鱼车前科　*Linaria vulgaris*

(2)毛泡桐泡桐科　*Paulownia tomentosa*

(3)白花泡桐泡桐科　*Paulownia fortunei*

(4)地黄列当科　*Rehmannia glutinosa*

(5)阴行草列当科　*Siphonostegia chinensis*

(6)婆婆纳车前科　*Veronica polita*

(7)北水苦荬车前科　*Veronica anagallis-aquatica*

(8)水苦荬车前科　*Veronica undulata*

(五十六)芝麻科　Pedaliaceae

芝麻　*Sesamum indicum*

(五十七)车前科　Plantaginaceae

(1)车前　*Plantago asiatica*

(2)平车前　*Plantago depressa*

(3)大车前　*Plantago major*

(4)长叶车前　*Plantago lanceolata*

(五十八)列当科　Orobanchaceae

(1)列当　*Orobanche coerulescens*

(2)黄花列当　*Orobanche pycnostachya*

(五十九)紫葳科　Bignoniaceae

(1)凌霄　*Campsis grandiflora*

(2)厚萼凌霄　*Campsis radicans*

(3)梓　*Catalpa ovata*

(4)角蒿(羊角透骨草)　*Incarvillea sinensis*

(六十)茜草科　Rubiaceae

(1)四叶葎　*Galium bungei*

(2)蓬子菜　*Galium verum*

(3)猪殃殃　*Galium spurium*

(4)茜草　*Rubia cordifolia*

(六十一)忍冬科　Caprifoliaceae

忍冬　*Lonicera japonica*

(六十二)葫芦科　Cucurbitaceae

(1)冬瓜　*Benincasa hispida*

(2)假贝母　*Bolbostemma paniculatum*

(3)西瓜　*Citrullus lanatus*

(4)黄瓜　*Cucumis sativus*

(5)甜瓜　*Cucumis melo*

(6)南瓜　*Cucurbita moschata*

(7)西葫芦　*Cucurbita pepo*

(8)葫芦　*Lagenaria siceraria*

(9)丝瓜　*Luffa aegyptiaca*

(10)棱角丝瓜　*Luffa acutangula*

(11)栝楼　*Trichosanthes kirilowii*

(12)香瓜　*Cucumis melo* var. *makuwa*

(六十三)香蒲科　Typhaceae

(1)香蒲　*Typha orientalis*

(2)小香蒲　*Typha minima*

(3)长苞香蒲　*Typha domingensis*

(4)水烛　*Typha angustifolia*

(六十四)眼子菜科　Potamogetonaceae

(1)竹叶眼子菜　*Potamogeton wrightii*

(2)浮叶眼子菜　*Potamogeton natans*

(3)穿叶眼子菜　*Potamogeton perfoliatus*

(4)小眼子菜(丝藻)　*Potamogeton pusillus*

(5)眼子菜　*Potamogeton distinctus*

(6)菹草　*Potamogeton crispus*

(7)川蔓藻川蔓藻科　*Ruppia maritima*

(8)角果藻　*Zannichellia palustris*

(9)大叶藻大叶藻科　*Zostera marina*

(六十五)泽泻科　Alismataceae

(1)东方泽泻　*Alisma orientale*

(2)野慈姑　*Sagittaria trifolia*

(3)矮慈姑　*Sagittaria pygmaea*

(六十六)水鳖科　Hydrocharitaceae

(1)水鳖　*Hydrocharis dubia*

(2)黑藻　*Hydrilla verticillata*

(3)苦草　*Vallisneria natans*

(六十七)水麦冬科　Juncaginaceae

(1)水麦冬　*Triglochin palustris*
(2)海韭菜　*Triglochin maritima*

(六十八)景天科　Crassulaceae

(1)瓦松　*Orostachys fimbriata*
(2)垂盆草　*Sedum sarmentosum*
(3)费菜(土三七)　*Phedimus aizoon*

(六十九)罂粟科　Papaveraceae

(1)土元胡　*Corydalis humosa*
(2)地丁草　*Corydalis bungeana*

(七十)紫茉莉科　Nyctaginaceae

紫茉莉　*Mirabilis jalapa*

(七十一)马兜铃科　Aristolochiaceae

(1)北马兜铃　*Aristolochia contorta*
(2)汉城细辛　*Asarum Sieboldii*

(七十二)胡桃科　Juglandaceae

胡桃　*Juglans regia*

二、裸子植物

(一)柏科　Cupressaceae

(1)侧柏　*Platycladus orientalis*
(2)千头柏　*Platycladus orientalis* ‘*Sieboldii*’

(二)银杏科　Ginkgoaceae

银杏　*Ginkgo biloba*

(三)麻黄科　Ephedraceae

(1)草麻黄　*Ephedra sinica*
(2)木贼麻黄　*Ephedra equisetina*

三、蕨类植物

(一)木贼科　Equisetaceae

(1)问荆　*Equisetum arvense*

(2)草问荆 *Equisetum pratense*

(3)节节草 *Equisetum ramosissimum*

(4)木贼 *Equisetum hyemale*

(二)卷柏科 Selaginellaceae

(1)卷柏 *Selaginella tamariscina*

(2)中华卷柏 *Selaginella sinensis*

(3)鹿角卷柏 *Selaginella rossii*

(三)水龙骨科 Polypodiaceae

(1)瓦韦 *Lepisorus thunbergianus*

(2)乌苏里瓦韦 *Lepisorus ussuriensis*

(3)北京石韦 *Pyrrosia davidii*

(4)有柄石韦 *Pyrrosia petiolosa*

(四)蘋科 Marsileaceae

蘋 *Marsilea quadrifolia*

(五)蹄盖蕨科 Athyriaceae

日本安蕨 *Anisocampium niponicum*

参考文献

[1]王仁卿，郑培明，刘建. 黄河流域生态保护研究丛书·黄河三角洲生态保护卷[M]. 济南：山东科学技术出版社，2022.

[2]王仁卿，周光裕. 山东植被[M]. 济南：山东科学技术出版社，2000.

[3]吴大千. 黄河三角洲植被的空间格局、动态监测与模拟[D]. 济南：山东大学，2010.

[4]宗美娟. 黄河三角洲新生湿地植物群落与数字植被研究[D]. 济南：山东大学，2002.

[5]房用，梁玉，刘月良，等. 黄河三角洲湿地植被群落数量分类与排序[J]. 林业科学，2009，45(10)：152-154.

[6]贺强，崔保山，赵欣胜，等. 水、盐梯度下黄河三角洲湿地植物种的生态位[J]. 应用生态学报，2008，19(5)：969-975.

[7]贺强，崔保山，赵欣胜，等. 黄河河口盐沼植被分布、多样性与土壤化学因子的相关关系[J]. 生态学报，2009，29(2)：676-687.

[8]王清，王仁卿，张治国，等. 黄河三角洲的植物区系[J]. 山东大学学报(理学版)，1993，28（增刊：黄河三角洲植被专辑）：15-22.

[9]岳钧，王仁卿，张治国，等. 黄河三角洲的栽培植被[J]. 山东大学学报(自然科学版)，1993，28（增刊）：46-50.

[10]张治国，王仁卿，陆化梅. 黄河三角洲植被的发生及其演替规律[J]. 山东大学学报(自然科学版)，1993a，28（增刊）：51-55.

[11]张治国，王仁卿，王清，等. 黄河三角洲的沼泽植被和水生植被[J]. 山东大学学报(自然科学版)，1993b，28（增刊）：43-45.

[12]张治国，王仁卿，王清，等. 黄河三角洲植被的主要类型及其群落学特征[J]. 山东大学学报(自然科学版)，1993c，28（增刊）：29-42.

[13]周光裕，李兴东. 中国黄河三角洲的草地(英文)[J]. 宁波大学学报(理工版)，1989(2):25-28.

[14] 房用，王淑军，刘月良，等. 现代黄河三角洲的植被群落演替阶段[J]. 东北林业大学学报，2008，36(9)：89-93.

[15] 崔保山，赵欣胜，杨志峰，等. 黄河三角洲芦苇种群特征对水深环境梯度的响应[J]. 生态学报，2006，26(5)：1533-1541.

[16]王仁卿，王清，张治国. 黄河三角洲常见植物名录[J]. 山东大学学报(自然科学版)，1993a，28(增刊)：78-93.

[17]王仁卿，张煜涵，孙淑霞，等. 黄河三角洲植被研究回顾与展望[J]. 山东大学学报(理学版)，2021，56(10)：135-148.

[18]王仁卿，张治国. 黄河三角洲植被概论[J]. 山东大学学报(自然科学版)，1993b，28(增刊)：1-7.

[19]王仁卿，张治国，王清. 黄河三角洲植被的分类[J]. 山东大学学报(自然科学版)，1993c，28(增刊)：23-28.

[20]方精云，王国宏.《中国植被志》：为中国植被登记造册[J]. 植物生态学报，2020a，44(2)：93-95.

[21] 方精云，郭柯，王国宏，等.《中国植被志》的植被分类系统、植被类型划分及编排体系[J]. 植物生态学报，2020b，44(2)：96-110.

第二部分　落实“四水四定”优化水资源配置研究*

一、绪论

(一)研究背景及意义

黄河流域是资源型缺水流域,黄河流域人均水资源量仅为全国人均水资源量的27%,却承担着全国15%的耕地和12%人口的供水任务,同时要兼顾河道输沙、生态需水的任务。水资源短缺是制约黄河流域发展的重要因素,特别是城市化、产业化发展和脆弱的生态环境改善都受水资源短缺的约束,这给尤其对黄河流域山东段的发展带来巨大压力。

黄河流域山东段地处流域下游,黄河是山东省重要的供水水源,是菏泽、济宁、泰安、聊城、济南、德州、滨州、淄博、东营等沿黄河九市生活生产生态的重要供水水源,而且是胶东地区潍坊、青岛、烟台、威海四市的城市供水水源,通过胶东调水工程向胶东四市供水。随着沿黄各县(市、区)及胶东地区社会经济发展和生态环境保护需求增加,生活生产生态用水需求增大,水资源短缺问题更加突出,同时产业结构层次不高,特别是沿黄各县(市、区)产业低质低效问题突出,成为制约其高质量发展的突出短板。针对山东省面临的水资源短缺及产业低质低效问题,按照《黄河流域生态保护和高质量发展规划纲要》,亟须开展基于“四水四定”原则的水资源高效均衡的优化配置研究,实现以水定需、以水定发展,促进沿黄各地市和胶东四地市用水公平、各用水户用水高效,促进水资源高效公平利用,促进产业结构调整,进而实现黄河流域山东段

---

* 承担单位:山东大学黄河国家战略研究院、山东大学土建与水利学院;课题负责人:王好芳;课题组成员:张炯、赵然杭、王明栋、代晨洋。

生态环境保护和社会经济的高质量发展。黄河流域生态保护和高质量发展是一项复杂的大型系统工程，涉及多省区市、多用水户、多目标、多水源，山东省又是这一大系统工程中的重要组成部分，只有大系统中各组成部分按照《黄河流域生态保护和高质量发展规划纲要》认真组织实施，才能实现规划目标。因此，在黄河流域山东段开展基于“四水四定”原则的水资源高效均衡优化配置研究，可有效地促进黄河流域生态保护和高质量发展。

(二)国内外研究进展

1.“四水四定”原则研究进展

“以水定城、以水定地、以水定人、以水定产”的“四水四定”原则是习近平总书记在深入推动黄河流域生态保护和高质量发展座谈会上首次提出的。“四水四定”原则即根据流域或区域水资源情况，确定人口规模、建设用地、经济发展规模以及城市发展布局优化等，形成相对和谐的“水—人—城”关系。

自“四水四定”原则提出以来，各水利相关部门学习了该项原则的深刻内涵，并将其应用于城市发展规划。同时，不少学者基于“四水四定”原则，开展了不同区域水资源承载能力及评价的相关研究。杨舒媛等(2016)以水资源承载力为底线，探索“四水四定”的研究思路及相关规划指标，提出人口控制、用地减量、产业发展方向及城市空间发展布局的目标建议，为总体规划修订及北京落实量水发展提供技术支撑。宋志等(2021)在“四水四定”的基础上初步探索了水资源承载评价方法，引入了“综合定额”的概念。姜尚文等(2021)从“以水四定”的角度提出了兰州市城市发展的政策建议，为区域经济高质量发展和流域水安全保障提供技术支撑。刘章君等(2022)对南方丰水地区落实“四水四定”的方法进行了探讨，并提出了面向“四水四定”原则的水资源三次均衡分析方法。陈岩等(2022)深入解读了“四水四定”原则的内涵，以此分析了黄河流域高质量发展的战略性、综合性和区域性特征。张雅萱(2022)以“四水四定”原则对水资源承载力作出评价并对水资源合理布局方向作出科学优化。王若禹等(2022)在分析“四水四定”概念内涵的基础上，总结水资源管理理念和管控经验，并提出了“四水四定”水资源管控的基本理论和管理准则。刘海娇等(2022)基于 DPSIR 模型[①]构建了“四水四定”协调性评价指标体系和评价模型，并选取济南市作为研究区进行了协调性评价，证明了该指标体系和评价模型的结果符合实际情况。

① 该模型包含驱动力(Drive)、压力(Pressure)、状态(State)、影响(Influence)、响应(Response)五个维度。

2.水资源优化配置和调度研究进展

水资源配置是指在一定区域内，对水资源进行合理的分配，从而达到高效用水和提高水资源利用率的目的。水资源调度是指在保证工程安全及用水需求的前提下，依据水利工程的运用规划制定供水策略的一种控制运用方法，是实现水资源配置的一项重要手段。水资源优化配置和调度的研究源于20世纪40年代，Masse提出了水资源配置和调度的相关概念，经过Marks、Haimes等学者的不断研究和完善，完成了从理论分析到实际应用的发展。同时，计算机技术的兴起和发展提供了更多有效快捷的算法，使水资源的优化配置和调度问题能够得出可靠的最优解。70年代，Dudley(1971)运用植物生长—土壤水分模型，确定了灌溉用水的季节内最佳分配方式。90年代，Afzal等学者建立了灌溉系统线性规划模型，对不同水质水资源的使用进行优化。Wong和Hugh S.等提出支持地表水、地下水联合运用的多目标多阶段优化管理的方法，在需水预测中要求地下水、当地地表水、外调水等多种水源联合运用，并考虑了地下水恶化的防治措施。Kumar和Arun等建立了污水排放模糊优化模型，提出了流域水质管理的经济和技术上可行的方案。因该模型忽略了不同行业的排放量与污水处理水平不一致的问题，于是他们又提出了一个所有污水排放非歧视性可替代方案，并由污染控制部门来实施。进入21世纪，Robert(2002)利用整个流域的神经网络模型，量化并重新分配了地表水。Wang等(2008)利用合作博弈论方法研究了LMWSR(极小极大缺水比率)技术如何公平分配净收益，以实现水资源的最优经济再分配。Rosegrant等(2000)介绍了一个综合经济的水文模型，并用此模型研究了水资源配置、农民投入选择、农业生产力、非农业用水需求和资源退化之间的相互作用，以评估水资源配置改善和使用效率提高带来的社会和经济收益。

我国水资源具有总量大、人均占有量少的鲜明特点，加之水资源时空分布不均等因素的影响，进行水资源配置和调度是一个行之有效的方法。为了缓解水资源时空分布不均问题，我国在水资源优化配置和调度问题上进行了多方面的研究。从时间尺度看，我国水资源配置研究主要经历了“单纯从水资源量解决工程任务的水资源配置”“基于宏观经济的水资源区域优化配置”“人水和谐发展的水资源配置”三个阶段(申晓晶，2018)。以中国水利水电科学研究院为代表的科研机构最早提出了水资源的评价方法，并将其应用于华北地区的地表、地下水资源评价中(尤祥瑜等，2004)。20世纪80年代，张勇传等(1982)研究了变向探索法在水库优化调度中的应用。施熙灿等(1982)建立了马氏决策规划模型并研究其在水电站水库优化调度中的应用问题。董子敖等

(1983)研究了改变约束法在水电站水库优化调度中的应用。90 年代，周惠成等(1992)提出了模糊优化决策理论，建立了多阶段多目标系统的模糊优化决策模型，并研究了水资源系统多目标模糊优化问题。谢新民等(1994)提出基于大系统理论和传统动态规划技术的水电站水库群优化调度模型与改进目标协调法，有效地克服了动态规划的“维数灾”问题。进入 21 世纪以来，水资源配置研究的空间尺度从早期的水库或灌区等单一控制单元水量配置，拓展到利用不同算法对不同流域或城市进行水资源配置(牟思宇，2021)。如高泽坤等(2022)利用洛伦兹曲线和基尼系数分析方法，研究了洱海灌区水资源配置的均衡性，验证了基尼系数与区位熵结合可以较好地揭示大型灌区的水资源配置的合理性与均衡性。张真等(2022)基于生态优先的配水原则和污染物排放量最小化目标，针对矿区生态恢复过程中水资源配置的多目标、不确定性的特点，构建了多目标不确定性机会约束规划模型，对矿区水资源进行优化配置。李旭杰等(2022)采用人工蜂群算法对水资源优化配置模型进行求解，并将结果与实际应用效果进行验证，验证了人工蜂群算法相较于传统经验式配水方法，可以减少总用水量，提高经济效益，使灌区作物水资源分配情况更加合理，同时可以改善灌区的作物种植结构。陈娟等(2022)采用 MIKE 11 水动力学模块和对流扩散模块，搭建松花江流域哈尔滨以上区域实时水资源调度模型。Liu 等(2022)以上海市青松地区为研究对象，采用原型观测、数值模拟等方法，构建青松地区河网水动力数学模型，评估青松地区水资源调控效果，并提出优化方案。Liang 等(2022)建立了二元水循环过程可视化的框架体系，利用可视化知识地图技术对其进行可视化，并建立了三种不同的水资源调控场景，实现了利用该系统进行水资源调控的实例应用。

3.水资源承载能力研究进展

水资源承载能力是在一定区域内，在一定生态环境质量和生活水平条件下，天然水资源的可供水量能够支持环境、经济与人口协调发展的限度或能力。1921 年，英国人帕克和伯吉斯首次提出“承载力”概念并将其用于研究人口问题，指出在某一地区特定的环境条件下，人口数量存在的最高极限可以通过该地区的食物资源来确定(龙腾锐等，2004)。随着资源短缺与人类社会发展的矛盾不断加剧，承载力概念有了进一步发展，并被应用于自然—社会—经济复合系统中。20 世纪 80 年代初，联合国教科文组织(UNESCO)提出了“资源承载力”的概念，即一个国家或地区的资源承载力是指在可以预见到的期间内，利用本地资源及其自然资源和智力、技术等条件，在保证符合其社会文化准则的物质生活水平条件下，该国家或地区能持续供养的人口数量。1998 年，美国URS公司对佛罗里达Keys流域进行了承载能力研究，并定义了水资源承载能力概念。同时，URS公司通过采用模型方法从生态系统整体和社会经济两方面对Keys流域进行了模拟和评价，判断在人类各种活动影响下Keys流域的生态系统及其构成因子的承受能力的承载能力值。此外，D. Meadows等学者提出了“系统动力学”模型，该模型后来被广泛应用于水资源承载能力研究。Falkenmark(2010)等将较简单的数学计算成功运用到部分发展中国家的水资源使用限度研究，为水资源承载能力的研究奠定了基础。但总体上来看，国外水资源承载能力的研究相对较少。

随着“中国土地资源生产能力及人口承载量研究”项目的开展，我国学者从20世纪80年代首先围绕土地承载能力的各个方面进行了研究，后期又在联合国教科文组织的资助下开始了对自然资源各个方面的研究(余卫东等，2003)。与国外相比，我国的水资源承载能力研究较多，研究成果颇丰。目前我国水资源承载能力的研究方向主要集中在城市水资源承载能力和区域水资源承载能力，研究方法则多种多样，主要有常规趋势法、模糊综合评价法、主成分分析法、系统动力学方法、多目标分析评价法等。例如，Sun等(2022)基于不同维度，采用径向基函数(RBF)神经网络模型和障碍度模型对长江中游水资源承载能力进行检验。Ji等(2022)采用系统动力学方法，确定了河南省水资源承载能力的指标体系，采用层次分析法和熵权法相结合的组合赋权法综合确定各指标的权重，然后采用模糊综合评价法对河南省水资源承载能力进行评价。李治军等(2022)建立了基于PSR模型下的“压力—状态—响应”评价指标体系，依据熵权法与层次分析法相结合的综合赋权法确定指标权重，基于TOPSIS模型计算出相对贴近度，对江苏省水资源承载能力进行综合评价。娄洋(2017)采用常规趋势法，以吉林市可利用水量、国民经济及生态环境等各部门的用水比例为基础，结合建设节水型社会的形势，确定水资源能够承载的工业、农业及人口量等。刘文敏(2018)利用多目标情景分析法分别计算九江市山塘水资源的承载能力，并采用模糊综合评价法进行了承载能力评价。赵新宇等(2018)根据水资源承载能力多目标情景分析法的边界条件以及基本原理，在山塘水资源承载能力情景方案的组合中，选出三种代表性情景进行计算，并用模糊综合评价法进行水资源承载能力评价。杨光等(2018)采用多目标的方法，明确区域人口与区域经济水平、农业发展河道外生态的需水及排污关系，并将其与水利工程能够提供的水资源量及河道纳污能力相关联。

现有的水资源承载能力研究着重研究了水资源可承载人口和社会经济发展的总量规模和结构，这只是表征水资源承载能力大小的一个宏观指标(侯志华,2008)。与水资源承载能力密切相关的区域合理配置研究内容包括水土资源空间配置,水源保护区区域范围内的人口、产业布局等,在水资源承载能力研究中考虑区域分异与空间配置问题,不仅是水资源承载能力研究的一个重要方面——水资源承载力区域差异研究的需要,而且将使水资源承载能力研究成果对社会实践具有更明确的指导作用。

(三)主要研究内容

1.基于"四水四定"的可供水量及水资源承载能力分析

"四水四定"就是以水定需、以水定发展,因此,可供水量及水资源承载能力计算是弄清"家底"的首要问题。本课题将分析评价山东沿黄各地市及胶东四地市水资源开发利用状况,计算不同情景下的可供水量及水资源承载能力,为水资源配置明确合理的供水约束。

2.需水预测及供需平衡分析

课题组根据山东省、沿黄各地市及胶东四地市的发展规划,分析沿黄各地市和胶东四市在生活、生产、生态用水中影响需水的因素,根据各因素的贡献率构建需水预测模型并进行供需平衡分析,为水资源配置研究明确需水约束。

3.水资源高效均衡优化配置研究

为保证水资源的高效利用,解决沿黄各地市和胶东四市用水竞争问题,课题组基于上述确定的可供水量、承载能力和需水量,基于"八七"分水方案山东省平水年的分水指标,构建各地市高效均衡的水资源优化配置模型,确定高效均衡的水资源优化配置方案,为各地市的高质量发展提供决策支持。

4.产业结构和水资源承载能力分析评价

本课题将对比分析水资源高效均衡配置前后各地市产业结构状况、水资源承载能力状况,揭示水资源高效均衡配置对各地市的产业结构和水资源承载能力的影响,确定在"四水四定"原则下各地市高质高效的产业结构发展模式,为黄河流域山东段的生态环境保护和高质量发展提供决策依据。

(四)研究方法与技术路线

基于山东省水资源综合规划、山东省 13 地市水资源情况以及不同水平年水资源需求预测结果,根据高效、均衡等水资源配置原则,在黄河流域山东段开展基于"四水四定"原则的水资源高效均衡优化配置研究,可有效地促进黄河流域生态保护和高质量发展。

在研究过程中，课题组采用“前期分析—需水预测—模型构建—模型求解—优化配置方案确定”等步骤进行，技术路线如图1所示。

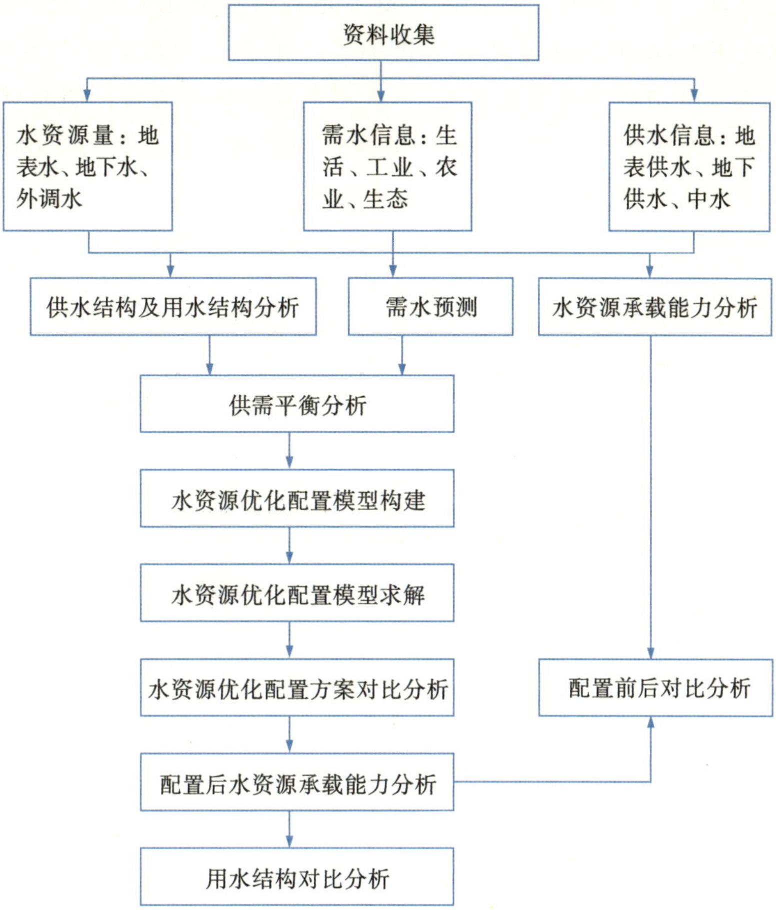

图1　研究技术路线

二、水资源承载能力状况

为了解山东省各地市的水资源情况，对山东省黄河水的供水区（13地市）进行水资源承载能力分析，以期合理利用水资源，缓解水资源短缺问题。

（一）降水量

山东省位于我国东部沿海地区、黄河下游，分属于黄河、淮河、海河三大流域，境内湖泊主要有南四湖、东平湖、白云湖、青沙湖和马踏湖等。山东省北与河北为邻,西与河南为界,南部与安徽、江苏接壤,面积约15.79万km^2。山东省属于暖温带半湿润气候区,四季分明,温差大,雨热同期,降水自东部沿海向西部内陆递减。山东省水资源总量严重不足且时空分布不均,受季风气候的影响年际变化大,对外调水量依赖程度高。山东省人均水资源占有量不足全国的1/6,属于北方严重缺水地区之一,人多地少水缺是需要长期面对的省情,水资源短缺已经成为山东省经济社会健康发展的较大瓶颈制约。山东省各地市降水量采用《山东省水资源综合利用中长期规划》中的数据进行分析。山东省1956～2014年平均降水量680.5mm,受地理位置、地形和气候等自然因素影响,在13地市中,东部沿海地区降水较多,淄博、东营、潍坊、德州、聊城、滨州和菏泽7个地市的降水量多年平均值低于全省年降水量平均值(见表1)。

表1 山东省及13地市降水量

单位:mm

	年均值	不同频率下年降水量			
		丰水年 (P=20%)	平水年 (P=50%)	枯水年 (P=75%)	特枯水年 (P=95%)
全省	680.5	802.2	669.6	574.5	454.3
济南	1386.0	1682.2	1353.7	1123.5	841.6
青岛	688.3	851.0	687.7	573.0	432.0
淄博	679.0	816.1	664.9	558.1	425.9
东营	559.6	676.9	547.0	455.8	343.6
烟台	689.3	823.3	676.0	571.6	441.5
潍坊	654.1	786.3	640.5	537.7	410.3
济宁	697.6	838.5	683.1	573.4	437.6
泰安	711.7	855.5	696.9	585.0	446.4
威海	790.2	949.9	773.8	649.6	495.7
德州	561.6	696.2	544.9	440.6	316.0
聊城	562.4	676.1	550.8	462.3	352.8
滨州	575.3	700.3	561.4	464.3	345.8
菏泽	657.1	789.8	643.3	540.1	412.1

(二)水资源量

水资源量包括地表水资源量、地下水资源量。其中多年平均地表水资源量用天然径流量表示。山东省1956～2014年平均水资源总量308.1亿m^3,人均水资源占有量315m^3,亩均水资源占有量263m^3。13地市中,除烟台、威海人均水资源占有量高于全省人均水资源占有量外，其余地市均低于全省人均水资源占有量。其中，泰安人均水资源占有量略低于全省平均水平，为 311m³；聊城人均水资源占有量最少，为 198m³。除济南、烟台、泰安和威海外，山东 13 地市中 70%的城市亩均水资源占有量低于全省亩均水资源占有量。济宁亩均水资源占有量略低于全省平均水平，淄博、东营和鲁西部的德州、滨州、聊城和菏泽亩均水资源占有量不足 200m³。山东省及 13 地市水资源状况见表 2 和表 3。

表 2　山东省及 13 地市地表水资源量和地下水资源量　　单位：万 m³

	不同频率下地表水资源量					地下水资源量
	年均值	丰水年（P=20%）	平水年（P=50%）	枯水年（P=75%）	特枯水年（P=95%）	
全省	2051149	2916557	1834153	1192054	571466	1688643
济南	132499	196341	112877	66514	26198	146922
青岛	146680	234463	104887	45746	9134	93621
淄博	79378	117734	67535	39705	15512	83832
东营	46827	72500	36859	18819	5411	22640
烟台	254769	376543	217831	129308	51505	130943
潍坊	157924	243859	125074	64518	19030	142929
济宁	99292	157546	77936	38559	10335	139926
泰安	99161	151433	80409	43255	13965	87376
威海	145494	215037	124399	73845	29414	52922
德州	47111	77649	25356	7204	515	120561
聊城	30214	49684	17488	5523	520	117587
滨州	56740	91295	39321	16341	2894	59282
菏泽	63945	90538	57399	37647	18367	178541

表 3　山东省及 13 地市水资源总量　　单位：万 m³

	不同频率下水资源总量				
	年均值	丰水年（P=20%）	平水年（P=50%）	枯水年（P=75%）	特枯水年（P=95%）
全省	3080556	4207005	2847518	1999355	1111859
济南	221360	300902	205148	145201	82185
青岛	192458	290327	159527	89363	31423

续表

	不同频率下水资源总量				
	年均值	丰水年(P=20%)	平水年(P=50%)	枯水年(P=75%)	特枯水年(P=95%)
淄博	125289	168645	116944	84131	49007
东营	64660	94879	55834	33769	13973
烟台	318289	446818	287901	192201	96981
潍坊	243734	348034	217072	139830	65868
济宁	200196	285865	178297	114853	54102
泰安	147564	208930	132459	86876	42385
威海	164346	236625	145117	91869	41777
德州	139346	201414	122499	76870	34336
聊城	120734	168009	110036	74728	38955
滨州	101710	149244	87827	53118	21980
菏泽	214891	278912	204635	155738	100357

1.可供水量

可供水量是指不同水平年、不同保证率情况下，通过各类水利工程设施可提供的水资源量。

根据《山东省水资源综合利用中长期规划》，可供水量包括地表水可供水量、地下水可供水量、外调水量和再生水可供水量等，由于地表水可供水量直接受降水影响，根据该规划要求，地表水可供水量按照平水年($P=50\%$)、枯水年($P=75\%$)、特枯水年($P=95\%$)三种情况进行分析。地下水、外调水、再生水等可供水量受降水直接影响较小，供水量基本稳定，不再按不同保证率(三种情况)进行预测。在含客水的情况下，以 2020 年平水年可供水量分析，菏泽可供水量在全省中占比最高，为 10.15%；其次是济宁，约占全省可供水量的 9.58%；德州市、聊城市、滨州市和济南市占比均在 7%以上；东营市、潍坊市、青岛市、泰安市、淄博市和烟台市占比在 4%～7%；威海市的可供水量占比较少，为 1.99%。山东省及 13 地市不同水平年可供水量(含客水)见表 4。

表 4 山东省及 13 地市不同水平年可供水量(含客水) 单位:亿 m^3

	2020 年可供水量	2025 年可供水量			2030 年可供水量		
		平水年($P=50\%$)	枯水年($P=75\%$)	枯水年($P=95\%$)	平水年($P=50\%$)	枯水年($P=75\%$)	枯水年($P=95\%$)
济南	20.06	18.39	17.54	18.00	19.70	18.80	19.30
青岛	10.05	18.10	17.72	17.16	20.20	19.00	18.40
淄博	10.55	12.87	12.78	12.59	13.90	13.70	13.50
东营	14.73	11.67	11.38	11.10	12.50	12.20	11.90
烟台	9.81	13.91	12.50	11.94	14.90	13.40	12.80
潍坊	14.34	21.76	19.87	19.02	23.30	21.30	20.40
济宁	21.31	25.21	23.79	22.66	27.00	25.50	24.30
泰安	11.31	14.94	14.18	13.61	16.00	15.20	14.60
威海	4.42	6.26	5.50	5.22	6.70	5.90	5.60
德州	19.72	21.29	20.90	20.33	22.80	22.40	21.80
聊城	18.70	20.73	20.43	19.95	22.20	21.90	21.40
滨州	16.69	15.87	15.21	14.55	17.00	16.30	15.60
菏泽	22.59	23.25	22.95	22.75	24.90	24.60	24.40
全省	222.50	269.10	253.65	244.30	288.20	271.90	262.00

根据《山东省水资源综合利用中长期规划》中的外调水量指标表和不同水平年各地市水资源供需平衡表，确定 2030 年各地市在不同保证率下不含客水时的可供水量。同时，根据不同水平年各地市水资源供需平衡表中全省不同保证率下 2020 年和 2030 年的可供水量，取平均值作为全省 2025 年不同保证率下的可供水量。利用 2030 年不同保证率下各地市可供水量与全省可供水量的比例关系，推求 2025 年各地市不同保证率下的可供水量，在上述基础上减去外调入水量，得到不含客水时的可供水量。

在不含客水的情况下，以 2025 年可供水量分析，济宁市可供水量在全省中占比最高，约为 9.37%；其次是潍坊市，约占全省可供水量的 7.99%；济南市、青岛市、烟台市、泰安市和菏泽市占比在 5%～7%；淄博市、德州市和聊城市可供水量占全省的比例在 3%～5%；滨州市、威海市次之，东营市可供水量占比最低，约为 1.08%。山东省及 13 地市年可供水量(不含客水)见表 5。

表 5　山东省及 13 地市年可供水量(不含客水)　　单位:亿 m^3

	2025 年可供水量			2030 年可供水量		
	平水年(*P*=50%)	枯水年(*P*=75%)	枯水年(*P*=95%)	平水年(*P*=50%)	枯水年(*P*=75%)	枯水年(*P*=95%)
济南	11.71	10.86	10.32	13.02	12.12	11.62
青岛	15.23	14.09	13.53	16.57	15.37	14.77
淄博	8.48	8.28	8.09	9.40	9.20	9.00
东营	2.39	2.10	1.82	3.22	2.92	2.62
烟台	11.57	10.16	9.60	12.56	11.06	10.46
潍坊	17.69	15.80	14.95	19.23	17.23	16.33
济宁	20.76	19.34	18.21	22.55	21.05	19.85
泰安	13.73	12.97	12.40	14.79	13.99	13.39
威海	5.24	4.48	4.20	5.68	4.88	4.58
德州	9.52	9.13	8.56	11.03	10.63	10.03
聊城	9.21	8.91	8.43	10.68	10.38	9.88
滨州	5.80	5.14	4.48	6.93	6.23	5.53
菏泽	13.19	12.89	12.69	14.84	14.54	14.34
全省	221.48	206.50	197.43	240.28	224.48	214.88

通过表 4 和表 5 可以看出,与含客水时相比,当不考虑客水时,济南、东营、德州、聊城、滨州和菏泽可供水量占全省的比例明显降低,外调水是主要的供水来源,黄河、长江为城市的供水提供了有力支撑。

2.2020 年供水结构

根据《2020 年山东省水资源公报》,统计山东省及 13 地市各水源供水量。由表 6 可知,2020 年 13 地市除了泰安没有引黄河水,其他地市黄河水是主要水源。特别是东营、滨州和德州,跨流域调水占比达到 77.54%、81.73%和 61.23%。2020 年山东省及 13 地市供水结构见表 7 和图 2。

表 6　2020 年山东省及 13 地市供水量统计　　单位:亿 m^3

	地表水供水量	地下水供水量	跨流域调水	其他水源	供水总量
济南	5.01	6.89	6.33	1.82	20.05
青岛	2.87	2.15	4.04	1.00	10.06
淄博	1.25	5.01	3.87	0.42	10.55

续表

	地表水供水量	地下水供水量	跨流域调水	其他水源	供水总量
东营	2.49	0.74	11.43	0.08	14.74
烟台	4.46	3.61	1.59	0.15	9.81
潍坊	5.92	7.03	0.58	0.81	14.34
济宁	9.26	8.25	1.78	2.02	21.31
泰安	4.73	4.99	0.00	1.58	11.30
威海	2.70	0.90	0.66	0.16	4.42
德州	1.57	5.60	12.08	0.48	19.73
聊城	2.07	7.86	8.07	0.70	18.70
滨州	1.26	0.92	13.64	0.87	16.69
菏泽	1.60	12.12	8.66	0.21	22.59
全省	62.58	74.96	73.09	11.87	222.50

表7　2020年山东省及13地市供水结构　　单位:%

	地表水占比	地下水占比	跨流域调水占比	其他水源占比
济南	24.99	34.36	31.57	9.08
青岛	28.56	21.37	40.20	9.95
淄博	11.85	47.49	36.68	3.98
东营	16.89	5.02	77.54	0.54
烟台	45.46	36.80	16.21	1.53
潍坊	41.28	49.02	4.04	5.65
济宁	43.45	38.71	8.35	9.48
泰安	41.86	44.16	0.00	13.98
威海	61.09	20.36	14.93	3.62
德州	7.96	28.38	61.23	2.43
聊城	11.07	42.03	43.16	3.74
滨州	7.55	5.51	81.73	5.21
菏泽	7.08	53.65	38.34	0.93
全省	28.13	33.69	32.85	5.33

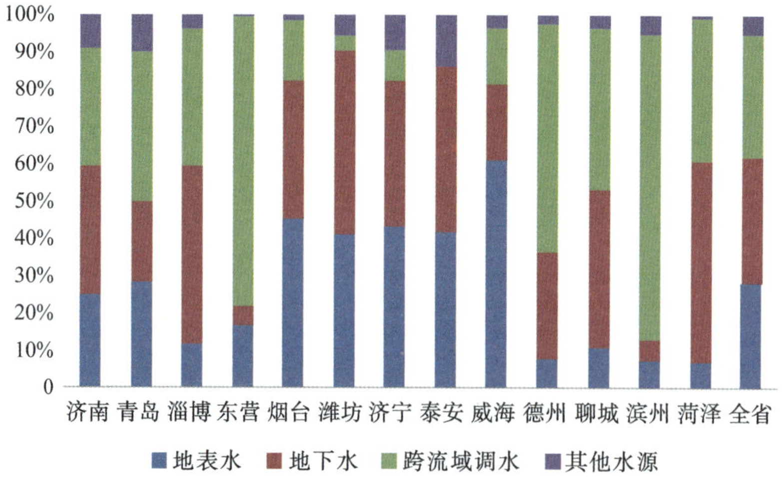

图 2　2020 年山东省及 13 地市供水结构

山东省各地市水资源开发利用程度不同,所利用的水资源类型也不同。威海、烟台、济宁地表水资源丰富,地表水可供利用量占比高;菏泽、聊城、潍坊、济南、淄博地下水资源可利用量占比高;德州、滨州和东营跨流域调水量占比较高。

3.用水结构

根据《2020 年山东省水资源公报》公布的数据,统计沿黄各地市农业、工业、生活用水量及人工生态环境补水量(见表 8),分析山东省及 13 地市用水结构(见图 3)。除了青岛,其他各地市的农业用水量占比较高,特别是济宁、聊城、德州农业用水占用水总量的 72%、79%、82%;人工生态环境补水量占总用水量比重较低,除了东营人工生态环境补水占比达到 33%外,大部分地市人工生态环境补水占比在 3%～9%;淄博、东营、德州、聊城、滨州工业用水量多于生活用水量,其余地市均为居民生活用水量多于工业用水量,全省生活用水量多于工业用水量。

表 8　2020 年山东省及 13 地市用水量　　单位:亿 m^3

	农业用水量	工业用水量	生活用水量	人工生态环境补水量	总用水量
济南	10.07	2.74	4.64	2.61	20.06
青岛	2.54	2.05	4.59	0.88	10.06
淄博	4.62	3.25	1.71	0.97	10.55
东营	6.01	2.38	1.44	4.90	14.73

续表

	农业用水量	工业用水量	生活用水量	人工生态环境补水量	总用水量
烟台	5.95	1.35	2.48	0.03	9.81
潍坊	7.64	2.57	3.26	0.86	14.33
济宁	15.33	2.40	2.84	0.74	21.31
泰安	7.21	1.02	1.86	1.22	11.31
威海	2.06	0.88	1.02	0.46	4.42
德州	16.14	1.58	1.38	0.61	19.71
聊城	14.73	1.74	1.62	0.62	18.71
滨州	10.09	3.39	1.44	1.77	16.69
菏泽	17.45	1.53	2.82	0.78	22.58
全省	134.03	31.91	37.47	19.09	222.50

注：数据来自《2020 年山东省水资源公报》。

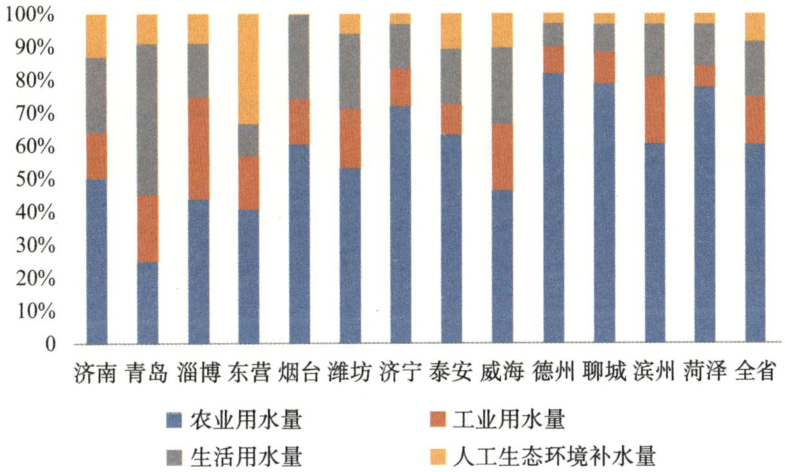

图 3　2020 年山东省及 13 地市用水结构

(三)水资源承载能力分析

下面对《山东省水资源综合利用中长期规划》中不同规划年的用水需求进行承载能力分析，并对各地市水资源的实际承载能力进行分析。

1.水资源承载能力计算

从水量要素方面考虑，水资源承载能力评价通过实物量指标对单因素进行分析，评价方法为对照各实物量指标度量标准直接判断承载能力，分析指标采用用水总量控制指标和地下水开采量控制指标。评价标准见表9。

表9　水资源承载状况分析评价标准

	评价指标	承载能力基线	承载状况评价			
			严重超载	超载	临界状态	不超载
水量	用水总量 W	用水总量指标 W_0	$W \geqslant 1.2W_0$	$W_0 \leqslant W < 1.2W_0$	$0.9W_0 \leqslant W < W_0$	$W < 0.9W_0$
	地下水开采量 G	地下水开采量指标 G_0	$G \geqslant 1.2G_0$ 或超采区浅层地下水超采系数 $\geqslant 0.3$ 或存在山丘区地下水过度开采	$G_0 \leqslant G < 1.2G_0$ 或超采区浅层地下水超采系数介于(0,0.3)或存在山丘区地下水过度开采	$0.9G_0 \leqslant G < G_0$	$G < 0.9G_0$

注:标准来自2016年《全国水资源承载能力监测预警技术大纲》(修订稿)。

2.用水总量控制指标

根据山东省及各地市"十三五""十四五"水利发展规划和水资源综合利用数据,确定山东省及13地市不同水平年的需水量与用水总量控制指标(见表10)。

表10　山东省及13地市不同水平年需水量及用水总量控制指标　单位:亿 m^3

	2020年用水量	2025年				2030年			
		需水总量			用水总量控制指标	需水总量			用水总量控制指标
		平水年(P=50%)	枯水年(P=75%)	特枯水年(P=95%)		平水年(P=50%)	枯水年(P=75%)	特枯水年(P=95%)	
济南	20.06	18.39	17.54	18.00	21.90	20.20	20.80	20.80	21.90
青岛	10.05	18.10	17.72	17.16	20.01	20.40	20.60	20.60	20.01
淄博	10.55	12.87	12.78	12.59	13.95	14.10	14.30	14.30	13.95
东营	14.73	11.67	11.38	11.10	14.83	12.50	12.70	12.70	14.83
烟台	9.81	13.91	12.50	11.94	17.03	15.20	15.30	15.30	17.03
潍坊	14.34	21.76	19.87	19.02	23.38	23.90	24.50	24.50	23.38
济宁	21.31	25.21	23.79	22.66	27.60	27.70	28.60	28.60	27.60
泰安	11.31	14.94	14.18	13.61	16.06	16.30	16.50	16.50	16.06

续表

	2020 年用水量	2025 年				2030 年			
		需水总量			用水总量控制指标	需水总量			用水总量控制指标
		平水年(P=50%)	枯水年(P=75%)	特枯水年(P=95%)		平水年(P=50%)	枯水年(P=75%)	特枯水年(P=95%)	
威海	4.42	6.26	5.50	5.22	6.72	6.80	7.00	7.00	6.72
德州	19.72	21.29	20.90	20.33	22.32	23.30	23.70	23.70	22.32
聊城	18.70	20.73	20.43	19.95	21.75	22.60	23.10	23.10	21.75
滨州	16.69	15.87	15.21	14.55	17.06	17.30	17.50	17.50	17.06
菏泽	22.59	23.25	22.95	22.75	24.99	25.40	25.90	25.90	24.99
全省	222.50	269.10	253.65	244.30	289.22	292.20	299.90	299.90	289.22

3.规划年含客水时水资源承载能力分析

利用水资源承载状况分析评价标准，对《山东省水资源综合利用中长期规划》中不同水平年的用水需求进行承载能力分析。当需水量超过可供水量时，用水总量为可供水量。承载能力分析结果见表 11 和图 4 至图 9。

表 11　山东省及 13 地市不同规划年不同保证率下水资源承载能力

	2025 年			2030 年		
	承载能力			承载能力		
	平水年(P=50%)	枯水年(P=75%)	特枯水年(P=95%)	平水年(P=50%)	枯水年(P=75%)	特枯水年(P=95%)
济南	0.84	0.80	0.82	0.90	0.86	0.88
青岛	0.90	0.89	0.86	1.01	0.95	0.88
淄博	0.92	0.92	0.90	1.00	0.94	0.91
枣庄	0.77	0.71	0.68	0.95	0.88	0.85
东营	0.79	0.77	0.75	0.84	0.82	0.80
烟台	0.82	0.73	0.70	0.87	0.79	0.75
潍坊	0.93	0.85	0.81	1.00	0.94	0.91
济宁	0.91	0.86	0.82	0.98	0.92	0.88
泰安	0.93	0.88	0.85	1.00	0.94	0.91

续表

	2025年			2030年		
	承载能力			承载能力		
	平水年（$P=50\%$）	枯水年（$P=75\%$）	特枯水年（$P=95\%$）	平水年（$P=50\%$）	枯水年（$P=75\%$）	特枯水年（$P=95\%$）
威海	0.93	0.82	0.78	1.00	0.94	0.91
日照	0.99	0.86	0.81	1.02	0.92	0.87
临沂	0.79	0.69	0.62	0.84	0.73	0.67
德州	0.95	0.94	0.91	1.02	1.00	0.98
聊城	0.95	0.94	0.92	1.02	1.01	0.98
滨州	0.93	0.89	0.85	1.00	0.94	0.91
菏泽	0.93	0.92	0.91	1.00	0.94	0.91
全省	0.93	0.88	0.84	1.00	0.94	0.91

注：不超载 | 临界状态 | 超载

图4　2025年 $P=50\%$时山东省水资源承载能力分布图

图 5　2025 年 $P=75\%$ 时山东省水资源承载能力分布图

图 6　2025 年 $P=95\%$ 时山东省水资源承载能力分布图

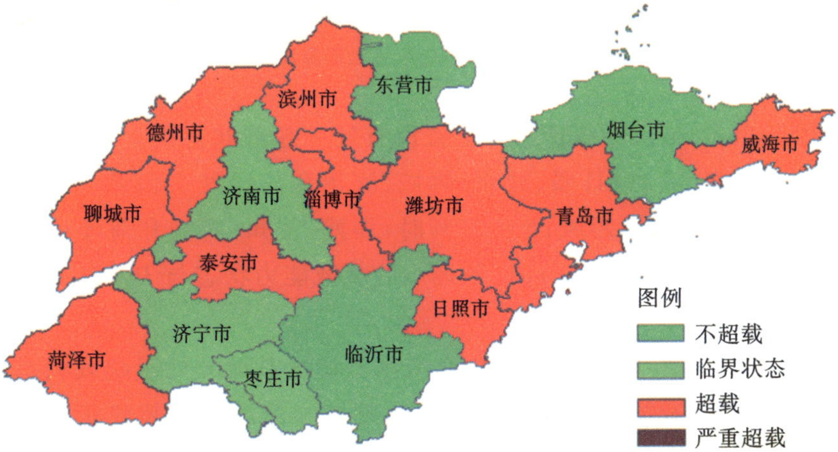

图 7　2030 年 $P=50\%$ 时山东省水资源承载能力分布图

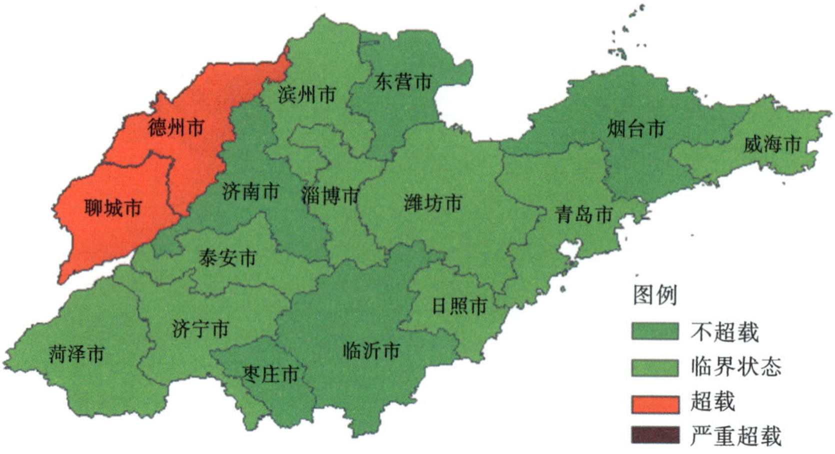

图 8　2030 年 $P=75\%$ 时山东省水资源承载能力分布图

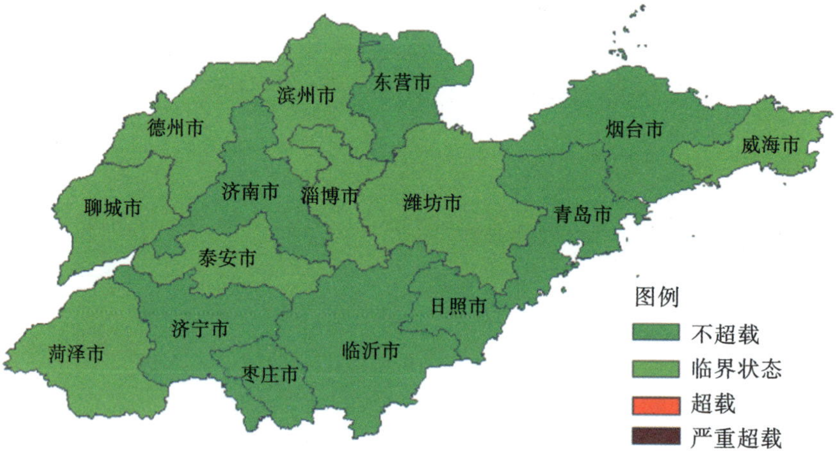

图 9　2030 年 $P=95\%$ 时山东省水资源承载能力分布图

规划年 2025 年，$P=50\%$ 时，全省没有处于超载状态的地市，青岛、淄博、潍坊、济宁、泰安、威海、日照、德州、聊城、滨州和菏泽处于临界状态，济南、枣庄、东营、烟台和临沂不超载；$P=75\%$ 时，淄博、德州、聊城和菏泽处于临界状态，其他地市不超载；$P=95\%$ 时，各地市的承载能力状态与 $P=75\%$ 时各地市的承载能力状态相同。

规划年 2030 年，$P=50\%$ 时，山东省水资源承载能力处于超载状态，青岛、淄博、潍坊、泰安、威海、日照、德州、滨州、聊城和菏泽处于超载状态，济南、枣庄、济宁处于临界状态，其他地市不超载；$P=75\%$ 时，山东省水资源承载能力处于临界状态，德州和聊城处于超载状态，青岛、淄博、潍坊、济宁、泰安、威海、日照、滨州和菏泽处于临界状态，其他地市不超载；$P=95\%$时，山东省水资源承载能力处于临界状态，无超载状态的地市，淄博、潍坊、泰安、威海、德州、聊城、滨州和菏泽处于临界状态，其他地市不超载。

4.规划年不含客水时水资源承载能力分析

规划年 2025 年和 2030 年，在不含客水时水资源承载能力如表 12 所示。

表 12　山东省及 13 地市不同水平年不含客水时水资源承载能力　单位：亿 m^3

	2025 年可供水量			2030 年可供水量		
	平水年（$P=50\%$）	枯水年（$P=75\%$）	特枯水年（$P=95\%$）	平水年（$P=50\%$）	枯水年（$P=75\%$）	特枯水年（$P=95\%$）
济南	0.55	0.51	0.53	0.61	0.57	0.60
青岛	1.09	1.01	0.97	1.19	1.10	1.06
淄博	0.66	0.64	0.63	0.73	0.71	0.70
东营	0.18	0.16	0.14	0.25	0.22	0.20
烟台	0.71	0.62	0.59	0.77	0.68	0.64
潍坊	0.74	0.66	0.62	0.80	0.72	0.68
济宁	0.79	0.74	0.70	0.86	0.80	0.76
泰安	1.01	0.95	0.91	1.09	1.03	0.99
威海	1.19	1.01	0.95	1.29	1.10	1.04
德州	0.44	0.42	0.39	0.51	0.49	0.46
聊城	0.44	0.43	0.41	0.51	0.50	0.48
滨州	0.36	0.32	0.28	0.43	0.38	0.34
菏泽	0.63	0.61	0.60	0.71	0.69	0.68
全省	1.01	0.94	0.90	1.10	1.03	0.98

注：不超载　临界状态　超载

可以看出，在无外调水的情况下，青岛、泰安、威海水资源承载能力多数情况下处于超载状态。全省来看，在无客水调入时，处于临界或超载状态。

5.现状年水资源承载能力分析

地下水供水量采用各地市 2020 年水资源公报中公布的数据，写作本报告时菏泽市尚未公布 2020 年水资源公报，其地下水供水量根据地下水可开采量占全省地下水可开采量的比例计算得出。各地市地下水可开采量以《山东省水资源中长期规划》中的地下水可开采量作为控制指标。2020 年山东省及 13

地市地下水资源承载能力分析结果见表13和图10。由此可知,山东省及13地市2020年地下水资源承载能力均处于不超载状态。

表13　2020年山东省及13地市水资源承载能力

	2020年水资源承载能力	地下水承载能力
济南	0.95	0.72
青岛	0.72	0.36
淄博	0.82	0.68
东营	1.13	0.45
烟台	0.60	0.44
潍坊	0.60	0.65
济宁	0.81	0.71
泰安	0.83	0.68
威海	1.00	0.31
德州	0.91	0.61
聊城	0.90	0.80
滨州	1.03	0.22
菏泽	1.08	0.59
全省	1.00	0.59

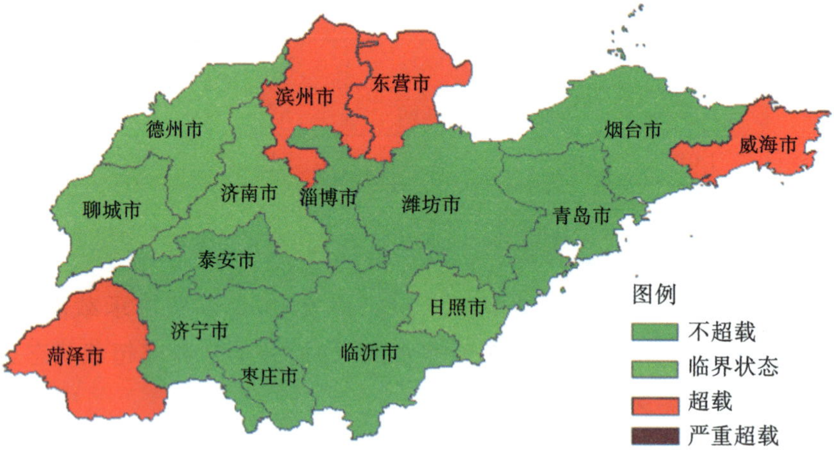

图10　2020年山东省水资源承载能力分布图

根据各地市水资源公报中2020年的实际用水总量，东营、威海、滨州和菏泽水资源超载，济南、德州、聊城、日照处于临界状态，其他地市不超载。

从用水总量和地下水开采利用程度来看，山东省有半数地市水资源处于临界和超载状态。地下水资源虽然均处于不超载状态，但部分地市地下水开采过度，接近地下水资源开采目标。

针对上述存在的问题，可以通过修建水利设施增强雨水储汇能力，加强对雨洪资源的利用，这是破解山东省水资源瓶颈制约最直接、最现实、最有效的方法。对于地下水利用量大的地市，应充分利用地表水源，减少地下水资源的开采量，使超采区地下水位逐步回升。对于主要依靠外调入水量的地市，应完善南水北调东线工程和配套设施，保障引水安全。同时可以强化水资源优化配置的能力，以水定需，以水定发展，充分发挥水资源的潜力。

三、需水预测及供需平衡分析

水资源供需平衡分析是进行水资源优化配置的前提和基础。本部分现状水平年为2020年、规划水平年为2025年和2030年，预测山东13地市不同规划年水资源需水量，进行供需平衡分析，确定各地市不同规划年不同保证率下的缺水量。

(一)需水预测内容(分类)

科学准确的需水量预测结果可以为制定区域水资源供需平衡决策提供合理依据，为未来的水资源合理优化配置提供强力支撑。本部分研究区域的需水预测主要是在现状年(基准年)区域经济社会等的发展基础上，综合考量、分析研究区域的各项规划内容与发展措施，以此为依据预测未来研究区域的生活、生产以及生态等需水量。

对规划年各用水户需水预测，依据《山东省水资源公报》，生活需水预测主要包含影响需水的四个方面，分别是城镇与农村可以维持正常生活水平的需水量以及建筑业与服务业用水。生产需水预测分为工业与农业需水预测。根据研究区域的工业用水情况，工业需水预测需要考虑的影响需水的方面为火(核)电工业、非火(核)电工业的需水预测，农业需水预测中主要影响需水的方面包括耕地灌溉用水与林牧渔畜灌溉用水。生态需水预测中主要影响需水的方面是城乡环境和河湖补水等的灌溉用水量。

(二)需水预测方法

需水预测主要是预测受水区各规划水平年的生活、生产、生态需水量。需水量预测的方法可分为定性预测和定量预测。定性预测主要依据预测者丰富的实践经验,通过现场调查、专家打分、主观评价等途径判断未来需水量变化的趋势,不受数据资料的限制,结果可靠性较低,常与其他方法配合使用。定量预测是在统计数据的基础上,运用数学法或图形法等建立数学计算模型,对未来需水量进行预测,适用于基础数据较全面、对预测结果的准确度要求较高的情况。现有的需水量定量预测方法可以分为两大类,即数学模型法和定额法。

1.数学模型法

数学模型法根据对数据处理方式的不同可分为结构分析法、时间序列法和系统方法。

结构分析法是通过建立预测对象与影响因子的关系模型来预测未来值,包括指标分析法、回归分析法等;时间序列法是基于过去的统计数据来确定其随时间变化的规律,并建立相应的模型预测未来值,包括加权序时平均数法、移动平均法、趋势预测法、指数平滑法等;系统方法是将预测对象的变化视为动态系统,构建系统模型进行预测,包括灰色系统方法、人工神经网络方法等。

2.定额法

定额法是以综合用水定额为基础预测未来用水量,是水资源规划中广泛采用的一种预测方法。用水定额是在一定时期内,用水户生产单位产品或者单位面积、单位产值、人均生活乃至维持健康生态环境等所需合理用水量的限定值。用水定额是随着经济社会发展和科技进步而逐渐变化的,如工业和农业用水定额会因科技进步而逐渐降低,生活用水定额会随着生活质量的不断提高而逐渐提高。

针对本部分现有数据情况,同时考虑预测规划年与现状年的时间距离,选择适于长期预测的指标分析法确定用水定额,再结合增长率法综合确定需水量。

指标分析法是指根据历史数据制定出各种用水定额,然后根据用水定额和对应的其他数据计算未来的需水量。

增长率法是以历年需水量的增长率来预测将来的需水量。其计算公式为:

$$s_i = s_0(1+d)^n \tag{1}$$

式中，s_i 为预测年的需水量（万 m^3）；s_0 为起始年的用水量（万 m^3）；d 为年均增长率（%）；n 为预测年和起始年的差值。

3.规划年需水预测

本部分基准年定为 2020 年，规划年的需水量预测主要分为生活需水、农业需水、工业需水、生态需水预测四部分。采用定额法分别对规划年 2025 年和 2030 年生活、农业、工业、生态需水进行预测。生活需水预测方面，先用增长率法对各地市规划年人口进行预测，再用定额法对生活需水量进行预测。各部分预测值相加得到规划年的总需水量。工业需水预测方面，先用增长率法对各地市规划年工业增加值进行预测，再用定额法对工业需水量进行预测。农业需水预测方面，先用增长率法对各地市规划年的农田灌溉面积、林果面积、牲畜数量和鱼塘面积分别进行预测，再用定额法对农业的各个部分进行需水量预测，各个部分相加得到预测的农业需水量。生态需水预测方面，利用增长率法对各地市规划年的生态需水量进行预测。规划年各地市的总需水量为生活需水、农业需水、工业需水、生态需水量预测的总和。

（1）生活需水预测

①规划年人口预测

根据《山东省统计年鉴》查得各地市 2014～2020 年的人口数，同时根据山东省中长期规划，分析山东省人口发展的规律特点，充分考虑国家、省生育政策，人口发展的惯性作用、机械增长特点，生育意愿等，利用平均增长率法求出近七年的平均增长率，再分别对各地市的人口进行预测，得到各地市规划年的人口数，由式（2）预测得 2025 年、2030 年各地市人口数量（见表 14）。

$$P = P_0 \times (1+\varepsilon)^n \tag{2}$$

式中，P 为规划年人口数量（万人）；P_0 为现状年人口数量（万人）；ε 为自然增长率（%）；n 为预测年限。

表 14 规划年 13 地市人口平均增长率及人口数

	平均增长率（%）	现状年人口数（万人）	2025 年人口数（万人）	2030 年人口数（万人）
济南	4.1	924.2	1127.2	1374.7
青岛	1.7	1010.6	1100.9	1199.3
淄博	0.3	470.6	478.8	487.2
东营	0.7	219.4	227.5	235.9
烟台	2.3	710.4	796.8	893.7

续表

	平均增长率(%)	现状年人口数(万人)	2025年人口数(万人)	2030年人口数(万人)
潍坊	0.3	939.4	951.6	964.0
济宁	0.3	836.1	847.3	858.7
泰安	2.5	547.9	619.8	701.3
威海	0.5	291.1	298.8	306.8
德州	−0.1	561.4	557.3	553.2
聊城	0.1	595.3	598.2	601.2
滨州	0.5	393.0	402.2	411.5
菏泽	0.7	879.9	912.0	945.4
合计	—	8379.3	8918.4	9532.9

②规划年生活需水预测

规划年2025年、2030年，采用定额法对研究区域进行生活需水量预测，根据研究区域内的政府规划文件，结合2016～2020年的用水定额，确定不同规划年的用水定额指标，并结合区域生活习惯、用水水平以及未来生活节水发展规划与措施综合确定。

基于实际用水调查数据分析，结合区域生活用水习惯，考虑到未来人民生活水平及生活质量的提高、生活条件的改善和城市配套公共服务设施的改善等，综合确定规划年2025年、2030年各地市人均生活用水定额。根据2016～2020年平均生活用水定额再结合上述分析得出各地市规划年生活用水定额(见表15)。

根据各地市人口和用水定额预测结果，由式(3)计算各地市各规划年生活需水量(见表16)。

$$W_{生活}=P\times Q\times 365\times 10^{-3} \tag{3}$$

式中，$W_{生活}$为规划水平年城镇生活需水量(万 m^3)；Q 为城镇人均用水定额(L/人·d)。

表15 规划年各地市居民生活用水定额 单位:L/人·d

	2016～2020年平均	2025年	2030年
济南	135.3	140.3	145.3
青岛	124.3	129.3	134.3

续表

	2016～2020 年平均	2025 年	2030 年
淄博	91.3	96.3	101.3
东营	162.1	167.1	172.1
烟台	146.1	150.1	155.1
潍坊	83.5	88.5	93.5
济宁	88.1	93.1	98.1
泰安	149.7	154.7	161.7
威海	99.8	104.8	109.8
德州	68.1	73.1	78.1
聊城	78.7	83.7	88.7
滨州	97.9	102.9	107.9
菏泽	81.2	86.2	91.2

表 16　规划年各地市生活需水量　　单位：万 m^3

	2025 年需水量	2030 年需水量
济南	57720.5	72907.7
青岛	51969.0	58803.6
淄博	16835.1	18019.0
东营	13876.5	14819.5
烟台	43622.9	50559.3
潍坊	30733.9	32892.8
济宁	28798.6	30753.0
泰安	35067.6	41467.5
威海	11432.4	12296.9
德州	14878.0	15779.7
聊城	18265.0	19453.1
滨州	15110.9	16213.4
菏泽	28689.3	31462.8
总需水	366999.7	415428.3

(2)工业需水预测

采用定额法计算，根据《山东省统计年鉴》查出各地市2014～2020年的工业增加值，再用平均增长率法计算出这七年各地市工业增加值增长率。根据计算的工业增加值增长率并结合《山东省重点工业产品用水定额》，预测2025年、2030年的工业增加值。由式(4)分别计算规划年2025年和2030年的工业增加值(见表17)。再用式(5)分别计算规划年2025年和2030年的工业需水量(见表18)。

$$E=E_0\times(1+\mu)^n \tag{4}$$

$$W_{工业}=E\times Q_{工} \tag{5}$$

式中，E为规划年工业增加值(万元)；E_0为现状年工业增加值(万元)；μ为工业增加值年增长率(%)；$W_{工业}$为规划年工业需水量(万m^3)；$Q_{工}$为规划年万元工业增加值用水定额(m^3/万元)。

根据《山东省水资源综合利用中长期规划》和《山东省"十四五"节约用水规划》预测各地市万元工业增加值用水量，根据2016～2020年的万元增加值用水定额平均值预测，按照国家最严格水资源管理制度约束性指标要求，同时考虑到工业产业结构调整以及用水、节水技术水平的提高等，确定2030年全省万元工业增加值用水量下降至7.5m^3以下，由此预测2025年、2030年万元工业增加值用水定额(见表19)。

表17 规划年各地市工业增加值

	年均增长率(%)	现状年工业增加值(亿元)	2025年工业增加值(亿元)	2030年工业增加值(亿元)
济南	4.9	2360.5	2996.0	3802.5
青岛	0.1	3268.4	3292.8	3317.3
淄博	−3.5	1504.8	1259.3	1053.8
东营	−4.1	1615.8	1310.3	1062.6
烟台	−0.2	2727.3	2705.8	2684.4
潍坊	−0.5	1910.2	1865.5	1821.8
济宁	−0.4	1502.0	1471.0	1440.7
泰安	−7.4	670.8	456.5	310.7
威海	−2.1	993.6	894.4	805.1
德州	−0.6	1095.0	1063.5	1033.0
聊城	−7.7	678.0	454.8	305.1

续表

	年均增长率(%)	现状年工业增加值(亿元)	2025年工业增加值(亿元)	2030年工业增加值(亿元)
滨州	−1.4	915.0	854.1	797.4
菏泽	2.9	1191.1	1371.1	1578.3
合计	—	20432.5	19995.1	20012.7

表18　规划年各地市工业需水量　　单位：万 m^3

	2025年工业需水量	2030年工业需水量
济南	20527.1	21287.5
青岛	12226.1	10064.1
淄博	16057.2	10979.6
东营	11399.6	7553.5
烟台	7914.1	6415.3
潍坊	14831.0	11834.3
济宁	13880.6	11107.9
泰安	4108.0	2284.3
威海	4666.5	3432.1
德州	9053.0	7184.7
聊城	6887.3	3775.1
滨州	18695.9	14260.4
菏泽	10366.1	9749.9
合计	150612.5	119928.7

表19　规划年各地市万元工业增加值用水定额　　单位：m^3/万元

	2016～2020年平均万元工业增加值用水定额	2025年万元工业增加值用水定额	2030年万元工业增加值用水定额
济南	11.6	6.9	5.6
青岛	6.3	3.7	3.0
淄博	21.6	12.8	10.4

续表

	2016～2020年平均万元工业增加值用水定额	2025年万元工业增加值用水定额	2030年万元工业增加值用水定额
东营	14.7	8.7	7.1
烟台	5.0	2.9	2.4
潍坊	13.5	8.0	6.5
济宁	16.0	9.4	7.7
泰安	15.2	9.0	7.4
威海	8.8	5.2	4.3
德州	14.4	8.5	7.0
聊城	25.6	15.1	12.4
滨州	37.1	21.9	17.9
菏泽	12.8	7.6	6.2
平均	15.6	9.2	7.5

(3)农业需水预测

农业需水量的计算包括两部分:农田灌溉和林牧渔畜业。其中,农田灌溉包括园地、水浇地和菜田灌溉,林牧渔畜业包括林果地灌溉、草场灌溉、牲畜用水、鱼塘补水。具体的计算内容根据研究区域往年的农业种类而定,采用定额法计算。

①农田灌溉需水量预测

a.农田有效灌溉面积。农田灌溉需水量包括不同规划年份(2025年、2030年)不同地市的有效灌溉面积的需水量。根据2016～2020年的有效灌溉面积计算出平均增长率,结合各地市实际情况,预测2025年、2030年的有效灌溉面积(见表20)。

b.农田灌溉用水定额预测。根据《山东农业用水定额》及《山东省水资源综合利用中长期规划》中农业节水方面的规划,农田灌溉用水定额的确定需综合考虑农业灌溉基础设施、节水灌溉技术、农业节水水平及用水效率等影响因素,因此,根据各地市2014～2020年的农田灌溉用水定额及农业用水情况,确定各地市规划年不同保证率下的农田灌溉用水定额(见表21)。

c.农田灌溉需水预测。由式(6)分别计算2025年、2030年不同保证率下的农田灌溉需水量(见表23)。式(7)为林果灌溉需水量公式。

$$W_{农田}=A_1\times Q_K \tag{6}$$

$$W_{林果}=A_2\times Q_K \tag{7}$$

式中，$W_{农田}$为规划年农田灌溉需水量（万 m^3）；$W_{林果}$为规划年林果灌溉需水量（万 m^3）；A_K为规划年不同作物灌溉面积（万亩），K 为作物种类，其中 $K=1$、2，分别为农田有效灌溉面积、林果有效灌溉面积；Q_K 为规划年不同作物的农业灌溉用水定额（m^3/亩）。

②林牧渔畜业需水量预测

a.林果需水量预测。林果需水量预测包括不同规划年份（2025 年、2030 年）不同地市的有效灌溉面积的需水量。根据 2016～2020 年的林果有效灌溉面积计算各地市林果有效灌溉面积平均增长率，由此预测 2025 年、2030 年林果有效灌溉面积（见表 20）。根据《山东农业用水定额》和各地市的农业情况再结合政府规划文件等资料，确定各地市规划年不同保证率下林果灌溉用水定额（见表 22）。由式（7）分别计算 2025 年、2030 年林果灌溉需水量（见表 23）。

b.畜牧业需水量预测。牲畜需水预测包括大牲畜（牛、马等）需水预测、小牲畜（猪、羊等）需水预测和家禽（鸡、鸭、鹅等）需水预测。根据相关规划，林牧渔畜业需水量采用定额法预测，基于《山东省农业用水定额》和《山东省水资源公报》统计结果，考虑到退耕还果还林政策实施、农业转型升级、农业总产值中畜牧业比重稳步增加等因素，预测 2025 年、2030 年大牲畜、小牲畜、家禽、鱼塘用水定额（见表 24）。根据《山东省水资源综合利用中长期规划》，大、小牲畜存栏量保持稳定增长，林果地面积、鱼塘面积适当增加。结合各个地市的实际情况，预测 2020～2030 年各地市大牲畜、小牲畜、家禽数量年增长率及鱼塘面积的年增长率分别为 1%、1%、2%、2%。

由式（8）计算预测 2025 年、2030 年养殖牲畜的数量和渔塘面积（见表 25）。

$$M_\alpha=m_\alpha(1+\theta_\alpha)^n \tag{8}$$

式中，α 为牲畜和鱼塘类别，其中 $\alpha=1$、2、3、4，分别为大牲畜、小牲畜、家禽、鱼塘；M_α 为规划年牲畜数量（头）；m_α 为现状年牲畜数量（头）；θ_α 为规划年牲畜增长率（%）。

由式（9）计算各地市规划年牲畜和鱼塘需水量（见表 26）。

$$W_\alpha=M_\alpha\times Q_\alpha \tag{9}$$

式中，W_α 为规划年牲畜和鱼塘需水量（万 m^3）；Q_α 为规划年牲畜和鱼塘蓄水定额；其余符号含义同上。

表 20　规划年各地市农田有效灌溉面积和林果有效灌溉面积

	有效灌溉面积平均增长率(%)		2025 年农田有效灌溉面积(万亩)	2030 年农田有效灌溉面积(万亩)	2025 年林果有效灌溉面积(万亩)	2030 年林果有效灌溉面积(万亩)
	农田	林果				
济南	3.5	5.4	349.2	414.8	33.7	36.1
青岛	0.1	0.1	330.5	332.1	68.9	69.4
淄博	-0.3	0.4	125.8	124.2	69.7	71.1
东营	0.9	2.6	205.2	214.2	24.9	26.9
烟台	0.0	1.9	247.1	247.1	127.2	132.8
潍坊	0.2	0.3	539.5	544.6	116.2	118.0
济宁	0.2	1.5	479.7	483.6	35.4	36.4
泰安	0.4	0.2	254.3	260.0	32.3	32.6
威海	0.8	0.0	134.2	139.7	30.6	30.6
德州	1.6	-6.2	566.5	612.7	69.1	69.7
聊城	1.9	9.5	562.3	619.1	61.4	96.7
滨州	0.2	-0.6	383.6	388.0	30.9	31.9
菏泽	0.6	2.0	665.9	685.9	98.9	109.0
合计	—		4843.8	5066.0	799.2	861.2

表 21　规划年各地市不同保证率下农田灌溉用水定额　　单位:m^3/亩

		现状年农田灌溉用水定额	2025 年农田灌溉用水定额	2030 年农田灌溉用水定额
济南	$P=50\%$	149	145	141
	$P=75\%$	174	170	166
青岛	$P=50\%$	100	96	92
	$P=75\%$	126	122	118
淄博	$P=50\%$	125	121	117
	$P=75\%$	150	146	142
东营	$P=50\%$	161	157	153
	$P=75\%$	187	183	179
烟台	$P=50\%$	100	96	118
	$P=75\%$	126	122	118

续表

		现状年农田灌溉用水定额	2025 年农田灌溉用水定额	2030 年农田灌溉用水定额
潍坊	$P=50\%$	149	145	141
	$P=75\%$	174	170	166
济宁	$P=50\%$	149	145	141
	$P=75\%$	174	170	166
泰安	$P=50\%$	149	145	141
	$P=75\%$	174	170	166
威海	$P=50\%$	100	96	92
	$P=75\%$	126	122	118
德州	$P=50\%$	161	157	153
	$P=75\%$	187	183	179
聊城	$P=50\%$	161	157	153
	$P=75\%$	187	183	179
滨州	$P=50\%$	161	157	153
	$P=75\%$	187	183	179
菏泽	$P=50\%$	112	108	104
	$P=75\%$	136	132	128

表 22 规划年各地市不同保证率下林果灌溉用水定额 单位：m^3/亩

		现状年林果灌溉用水定额	2025 年林果灌溉用水定额	2030 年林果灌溉用水定额
济南	$P=50\%$	60	60	60
	$P=75\%$	120	120	120
青岛	$P=50\%$	70	70	70
	$P=75\%$	130	130	130
淄博	$P=50\%$	73	73	73
	$P=75\%$	135	135	135
东营	$P=50\%$	85	85	85
	$P=75\%$	150	150	150
烟台	$P=50\%$	60	60	60
	$P=75\%$	120	120	120

续表

		现状年林果灌溉用水定额	2025 年林果灌溉用水定额	2030 年林果灌溉用水定额
潍坊	P=50%	60	60	60
	P=75%	120	120	120
济宁	P=50%	60	60	60
	P=75%	120	120	120
泰安	P=50%	60	60	60
	P=75%	120	120	120
威海	P=50%	70	70	70
	P=75%	130	130	130
德州	P=50%	85	85	85
	P=75%	150	150	150
聊城	P=50%	60	60	60
	P=75%	120	120	120
滨州	P=50%	85	85	85
	P=75%	150	150	150
菏泽	P=50%	80	80	80
	P=75%	140	140	140

表 23　规划年各地市不同保证率下农田和林果灌溉需水量　单位:万 m^3

		2025 年农田灌溉需水量	2030 年农田灌溉需水量	2025 年林果灌溉需水量	2030 年林果灌溉需水量
P=50%	济南	78042.7	91137.1	2023.0	2164.4
	青岛	17350.6	17846.3	4825.5	4860.1
	淄博	36992.4	42088.3	5091.4	5189.9
	东营	54480.8	57866.7	2113.0	2284.2
	烟台	33355.8	36691.4	7631.5	7969.2
	潍坊	56651.7	61507.5	6975.0	7078.0
	济宁	153978.2	174844.4	2125.6	2184.5
	泰安	53412.1	55319.7	1940.7	1955.6
	威海	19734.7	22151.2	2138.9	2138.9
	德州	171647.5	178445.4	5870.4	5926.0

续表

		2025年农田灌溉需水量	2030年农田灌溉需水量	2025年林果灌溉需水量	2030年林果灌溉需水量
P=50%	聊城	156050.9	158581.5	2401.1	2461.0
	滨州	81138.3	90345.5	2630.1	2708.6
	菏泽	141829.5	155812.7	7913.2	8717.4
	合计	1054665.2	1142637.7	53679.4	55637.8
P=75%	济南	89587.1	105140.4	4046.0	4328.7
	青岛	16439.0	16937.2	8961.6	9025.9
	淄博	35592.9	40624.4	9415.6	9597.7
	东营	55269.2	58803.9	3728.8	4030.9
	烟台	31502.7	34838.3	15262.9	15938.5
	潍坊	54734.0	59635.5	13949.9	14156.1
	济宁	151598.2	172633.4	4251.1	4369.0
	泰安	52650.0	54600.0	3881.5	3911.1
	威海	19906.3	22420.7	3972.2	3972.2
	德州	181049.9	188402.2	10359.5	10457.7
	聊城	167168.2	169954.3	4802.2	4921.9
	滨州	79144.4	88455.5	4641.3	4780.0
	菏泽	140958.5	155363.0	13848.1	15255.4
	合计	1075600.4	1167808.8	101120.7	104745.1

表24 规划年牲畜和鱼塘用水定额

	大牲畜(m^3/头·年)	小牲畜(m^3/头·年)	家禽(m^3/只·年)	鱼塘(m^3/亩·年)
现状年	31	3	0.2	100
2025年	31	3	0.2	100
2030年	31	3	0.2	100

表25 规划年各地市牲畜数量和鱼塘面积

	大牲畜(万头)		小牲畜(万头)		家禽(只)		鱼塘(hm^2)	
	2025年	2030年	2025年	2030年	2025年	2030年	2025年	2030年
济南	25.5	26.8	528.1	555.0	8375.3	9247.0	4752.0	5246.6
青岛	18.9	19.9	685.7	720.7	26864.3	29660.3	3291.3	3633.8

续表

	大牲畜(万头)		小牲畜(万头)		家禽(只)		鱼塘(hm²)	
	2025 年	2030 年	2025 年	2030 年	2025 年	2030 年	2025 年	2030 年
淄博	20.8	21.9	372.2	391.2	5882.1	6494.3	2953.4	3260.8
东营	24.6	25.8	528.6	555.6	12570.8	13879.2	17637.7	19473.4
烟台	21.2	22.3	762.0	800.9	29256.5	32301.5	2972.2	3281.5
潍坊	29.1	30.6	1107.2	1163.6	71598.9	79051.0	6574.8	7259.1
济宁	42.8	45.0	1127.2	1184.7	11976.1	13222.5	39660.8	43788.7
泰安	17.7	18.6	503.6	529.2	16503.1	18220.8	10287.8	11358.6
威海	3.7	3.9	179.6	188.8	9195.5	10152.6	2835.3	3130.4
德州	77.6	81.6	1106.8	1163.3	25401.1	28044.8	6999.9	7728.4
聊城	15.5	16.3	909.0	955.4	44021.9	48603.7	6739.3	7440.7
滨州	69.4	73.0	518.9	545.4	25223.2	27848.5	17109.9	18890.8
菏泽	40.9	43.0	1442.1	1515.6	23463.1	25905.1	16501.6	18219.1
合计	407.7	428.7	9771.0	10269.4	310331.9	342631.3	138316.0	152711.9

表 26 规划年各地市牲畜和鱼塘需水量 单位:万 m³

	大牲畜		小牲畜		家禽		鱼塘	
	2025 年	2030 年	2025 年	2030 年	2025 年	2030 年	2025 年	2030 年
济南	789.4	829.7	1584.2	1665.0	1675.1	1849.4	712.8	787.0
青岛	586.1	616.0	2057.2	2162.1	5372.9	5932.1	493.7	545.1
淄博	644.9	677.8	1116.7	1173.7	1176.4	1298.9	443.0	489.1
东营	762.2	801.1	1585.9	1666.8	2514.2	2775.8	2645.7	2921.0
烟台	656.8	690.3	2286.1	2402.7	5851.3	6460.3	445.8	492.2
潍坊	903.1	949.2	3321.5	3490.9	14319.8	15810.2	986.2	1088.9
济宁	1327.1	1394.8	3381.6	3554.1	2395.2	2644.5	5949.1	6568.3
泰安	548.8	576.8	1510.7	1587.7	3300.6	3644.2	1543.2	1703.8
威海	114.3	120.1	538.9	566.4	1839.1	2030.5	425.3	469.6
德州	2406.7	2529.4	3320.4	3489.8	5080.2	5609.0	1050.0	1159.3
聊城	481.4	505.9	2727.0	2866.1	8804.4	9720.7	1010.9	1116.1

续表

	大牲畜		小牲畜		家禽		鱼塘	
	2025 年	2030 年	2025 年	2030 年	2025 年	2030 年	2025 年	2030 年
滨州	2152.2	2262.0	1556.7	1636.1	5044.6	5569.7	2566.5	2833.6
菏泽	1269.2	1333.9	4326.2	4546.8	4692.6	5181.0	2475.2	2732.9
合计	12642.2	13287.0	29313.1	30808.2	62066.4	68526.3	20747.4	22906.9

③农业总需水量

汇总上述预测结果，可得到规划年各地市不同保证率下农业总需水量（见表 27）。

表 27　规划年各地市不同保证率下农业总需水量　　单位：万 m^3

	$P=50\%$		$P=75\%$	
	2025 年农业需水量	2030 年农业需水量	2025 年农业需水量	2030 年农业需水量
济南	87018.1	104611.3	102135.5	122328.9
青岛	86295.4	115012.3	118244.5	129785.8
淄博	46999.5	49846.0	60567.1	59285.3
东营	68182.1	78150.9	82192.9	83432.3
烟台	71399.6	94278.6	103242.2	105523.0
潍坊	112108.9	159966.3	173611.7	171945.9
济宁	171173.4	177822.8	203135.6	201042.5
泰安	81457.9	108460.6	116436.8	140812.6
威海	32638.0	40901.4	39839.3	44306.8
德州	197504.3	224763.7	226592.7	236647.6
聊城	188591.5	230347.2	224101.8	235594.3
滨州	104901.1	120809.0	133942.8	132191.4
菏泽	168755.7	185240.1	205225.0	206182.6
合计	1417025.5	1690210.2	1789267.9	1869079.0

4.生态需水预测

考虑到山东省城镇化进程逐步放缓，城市绿地、河湖建设等基本完善，河道外生态需水量增速放缓的实际,《山东省水资源综合利用中长期规划》确定全省河道外生态用水量年均增长率为4%左右,计算2025年、2030年各地市生态需水量(见表28)。

表28 规划年各地市生态需水量

单位:万 m^3

	2025年生态需水量	2030年生态需水量
济南	31807.7	38699.0
青岛	10676.1	12989.1
淄博	11788.1	14342.1
东营	59592.1	72502.9
烟台	396.0	481.8
潍坊	10453.2	12717.9
济宁	9013.4	10966.2
泰安	14796.8	18002.5
威海	5628.7	6848.2
德州	7471.5	9090.3
聊城	7508.9	9135.7
滨州	21491.7	26147.9
菏泽	9516.8	11578.6
合计	200141.0	243502.2

5.需水总量

综合以上需水预测结果,规划年2025年、2030年研究区域各地市在保证率50%、75%下的总需水量预测结果见表29。95%保证率下的需水量与75%保证率下的需水量相同。

表 29　规划年各地市不同保证率下生活、工业、农业、生态需水量及总需水量

单位：万 m^3

		2025 年生活需水量	2030 年生活需水量	2025 年工业需水量	2030 年工业需水量	2025 年农业需水量	2030 年农业需水量	2025 年生态需水量	2030 年生态需水量	2025 年需水总量	2030 年需水总量
$P=50\%$	济南	57720.5	72907.7	20527.1	21287.5	87018.1	104611.3	31807.7	38699.0	197073.4	237505.5
	青岛	51969.0	58803.6	12226.1	10064.1	86295.4	115012.3	10676.1	12989.1	161166.6	196869.1
	淄博	16835.1	18019.0	16057.2	10979.6	46999.5	49846.0	11788.1	14342.1	91679.9	93186.7
	东营	13876.5	14819.5	11399.6	7553.5	68182.1	78150.9	59592.1	72502.9	153050.3	173026.8
	烟台	43622.9	50559.3	7914.1	6415.3	71399.6	94278.6	396.0	481.8	123332.6	151735.0
	潍坊	30733.9	32892.8	14831.0	11834.3	112108.9	159966.3	10453.2	12717.9	168127.0	217411.3
	济宁	28798.6	30753.0	13880.6	11107.9	171173.4	177822.8	9013.4	10966.2	222866.0	230649.9
	泰安	35067.6	41467.5	4108.0	2284.3	81457.9	108460.6	14796.8	18002.5	135430.3	170214.9
	威海	11432.4	12296.9	4666.5	3432.1	32638.0	40901.4	5628.7	6848.2	54365.6	63478.6
	德州	14878.0	15779.7	9053.0	7184.7	197504.3	224763.7	7471.5	9090.3	228906.8	256818.4
	聊城	18265.0	19453.1	6887.3	3775.1	188591.5	230347.2	7508.9	9135.7	221252.7	262711.1
	滨州	15110.9	16213.4	18695.9	14260.4	104901.1	120809.0	21491.7	26147.9	160199.6	177430.7
	菏泽	28689.3	31462.8	10366.1	9749.9	168755.7	185240.1	9516.8	11578.6	217327.9	238031.4
	合计	366999.7	415428.3	150612.5	119928.7	1417025.5	1690210.2	200141.1	243502.2	2134778.8	2469069.4

续表

		2025 年生活需水量	2030 年生活需水量	2025 年工业需水量	2030 年工业需水量	2025 年农业需水量	2030 年农业需水量	2025 年生态需水量	2030 年生态需水量	2025 年需水总量	2030 年需水总量
P=75%	济南	57720.5	72907.7	20527.1	21287.5	102135.5	122328.9	31807.7	38699.0	212190.8	255223.1
	青岛	51969.0	58803.6	12226.1	10064.1	118244.5	129785.8	10676.1	12989.1	193115.7	211642.6
	淄博	16835.1	18019.0	16057.2	10979.6	60567.1	59285.3	11788.1	14342.1	105247.5	102626
	东营	13876.5	14819.5	11399.6	7553.5	82192.9	83432.3	59592.1	72502.9	167061.1	178308.2
	烟台	43622.9	50559.3	7914.1	6415.3	103242.2	105523.0	396.0	481.8	155175.2	162979.4
	潍坊	30733.9	32892.8	14831.0	11834.3	173611.7	171945.9	10453.2	12717.9	229629.8	229390.9
	济宁	28798.6	30753.0	13880.6	11107.9	203135.6	201042.5	9013.4	10966.2	254828.2	253869.6
	泰安	35067.6	41467.5	4108.0	2284.3	116436.8	140812.6	14796.8	18002.5	170409.2	202566.9
	威海	11432.4	12296.9	4666.5	3432.1	39839.3	44306.8	5628.7	6848.2	61566.9	66884.0
	德州	14878.0	15779.7	9053.0	7184.7	226592.7	236647.6	7471.5	9090.3	257995.2	268702.3
	聊城	18265.0	19453.1	6887.3	3775.1	224101.8	235594.3	7508.9	9135.7	256763.0	267958.2
	滨州	15110.9	16213.4	18695.9	14260.4	133942.8	132191.4	21491.7	26147.9	189241.3	188813.1
	菏泽	28689.3	31462.8	10366.1	9749.9	205225.0	206182.6	9516.8	11578.6	253797.2	258973.9
	合计	366999.7	415428.3	150612.5	119928.7	1789267.9	1869079.0	200141.1	243502.2	2507021.2	2647938.2

(三)需水结构分析

在规划年生活需水方面,预测研究区域各地市人口增加,除了泰安和德州人口有所减少,研究区域整体人口呈增加趋势,随着各地市居民节水意识和水平的提高,居民生活用水体系的不断完善,人均日需水量相应地减少了,可以求出各地市在不同保证率下生活需水占总体需水量的比例。在工业需水方面,按照国家最严格的水资源管理制度约束性指标要求,同时考虑工业产业的结构调整,以及用水和节水技术的提高,规划年工业需水比例呈现下降趋势,可以求出各地市在不同保证率下工业需水占总体需水量的比例。在农业需水方面,由于山东省是我国的农业大省,在其整体经济结构中,农业经济占据着极大比重,其得天独厚的环境条件以及长期积累的历史经验,使农业发展独具地方特色,因此,农业需水会在规划年中占较大比重,可以求出各地市在不同保证率下农业需水占总体的比例。在生态需水方面,我省城镇化进程稳步推动,城市绿地还有河湖建设需要进一步完善,人们对美好的生态环境需求增强,使得各地市生态需水量占总需水量的比例呈现上升趋势,可以求出各地市在不同保证率下生态需水占总体需水量的比例。

在 $P=50\%$ 保证率下,各地市 2025 年和 2030 年生活、工业、农业、生态需水结构见表 30、图 11 和图 12。

表 30　$P=50\%$ 保证率下各地市不同规划年需水结构　　单位:%

规划年	地市	生活需水占比	工业需水占比	农业需水占比	生态需水占比
2025 年	济南	29.29	10.42	44.16	16.14
	青岛	32.25	7.59	53.54	6.62
	淄博	18.36	17.51	51.26	12.86
	东营	9.07	7.45	44.55	38.94
	烟台	35.37	6.42	57.89	0.32
	潍坊	18.28	8.82	66.68	6.22
	济宁	12.92	6.23	76.81	4.04
	泰安	25.89	3.03	60.15	10.93
	威海	21.03	8.58	60.03	10.35
	德州	6.50	3.95	86.28	3.26
	聊城	8.26	3.11	85.24	3.39
	滨州	9.43	11.67	65.48	13.42
	菏泽	13.20	4.77	77.65	4.38

续表

规划年	地市	生活需水占比	工业需水占比	农业需水占比	生态需水占比
2030年	济南	28.57	8.34	47.93	15.16
	青岛	27.78	4.76	61.32	6.14
	淄博	17.56	10.70	57.77	13.98
	东营	8.31	4.24	46.79	40.66
	烟台	31.02	3.94	64.75	0.30
	潍坊	14.34	5.16	74.96	5.54
	济宁	12.11	4.38	79.19	4.32
	泰安	20.47	1.13	69.51	8.89
	威海	18.39	5.13	66.24	10.24
	德州	5.87	2.67	88.07	3.38
	聊城	7.26	1.41	87.92	3.41
	滨州	8.59	7.55	70.01	13.85
	菏泽	12.15	3.76	79.62	4.47

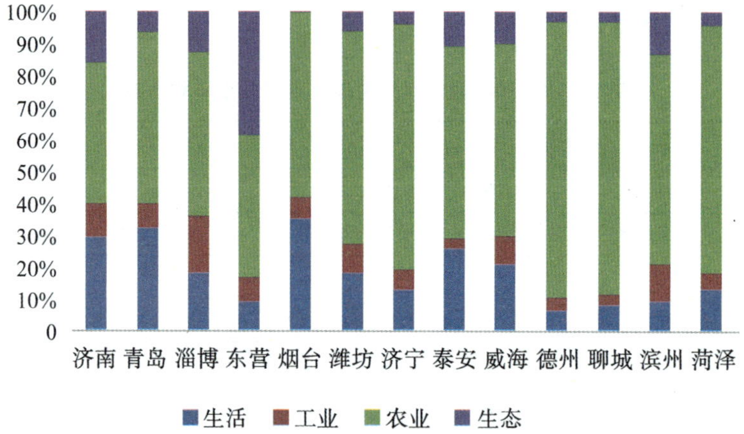

图 11 $P=50\%$保证率下各地市 2025 年需水结构

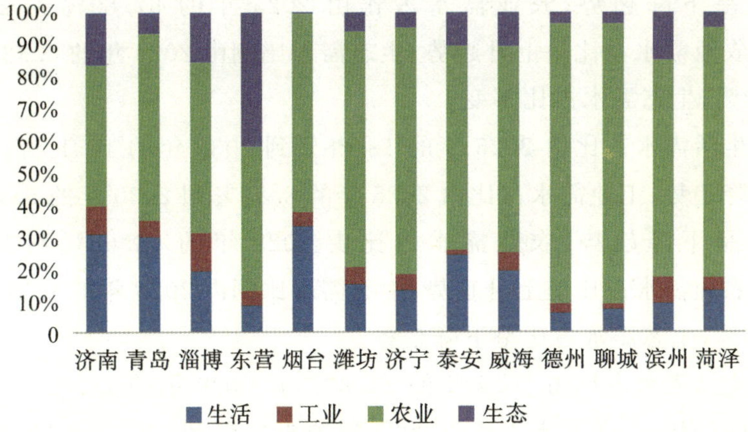

图 12 $P=50\%$保证率下各地市 2030 年需水结构

在 $P=50\%$保证率下，济南生活需水占比由 2025 年的 29.29％到 2030 年的 30.70％，生活需水占比呈上升趋势；工业需水占比由 2025 年的 10.42％到 2030 年的 8.96％，工业需水占比呈下降趋势；农业需水占比由 2025 年的 44.16％到 2030 年的 44.05％，农业需水占比呈下降趋势；生态需水占比由 2025 年的 16.14％到 2030 年的 16.29％，生态需水占比呈上升趋势。

青岛生活需水占比由 2025 年的 35.25％到 2030 年的 29.87％，生活需水占比呈下降趋势；工业需水占比由 2025 年的 7.59％到 2030 年的 5.11％，生活需水占比呈下降趋势；农业需水占比由 2025 年的 53.54％到 2030 年的 58.42％，农业需水占比呈上升趋势；生态需水占比由 2025 年的 6.62％到 2030 年的 6.60％，生态需水占比呈下降趋势。

淄博生活需水占比由 2025 年的 18.36％到 2030 年的 19.34％，生活需水占比呈上升趋势；工业需水占比由 2025 年的 17.51％到 2030 年的 11.78％，工业需水占比呈下降趋势；农业需水占比由 2025 年的 51.26％到 2030 年的 53.49％，淄博的农业需水占比呈上升趋势；淄博生态需水占比由 2025 年的 12.86％到 2030 年的 15.39％，生态需水占比呈上升趋势。

东营生活需水占比由 2025 年的 9.07％到 2030 年的 8.56％，生活需水占比呈下降趋势；工业需水占比由 2025 年的 7.45％到 2030 年的 4.37％，工业需水占比呈下降趋势；农业需水占比由 2025 年的 44.55％到 2030 年的 45.17％，农业需水占比呈上升趋势；生态需水占比由 2025 年的 38.94％到 2030 年的 41.90％，生态需水占比呈上升趋势。

烟台生活需水占比由 2025 年的 35.37％到 2030 年的 33.32％，生活需水比例呈下降趋势；工业需水占比由 2025 年的 6.42％到 2030 年的 4.23％，工业需水占比呈下降趋势;农业需水占比由2025年的57.89%到2030年的62.13%,农业需水占比呈上升趋势;生态需水比例由2025年的0.32%到2030年的0.32%,生态需水占比不变。

潍坊生活需水占比由2025年的18.28%到2030年的15.13%,生活需水占比呈下降趋势;工业需水占比由2025年的8.82%到2030年的5.44%,工业需水占比呈下降趋势;农业需水占比由2025年的66.68%到2030年的73.58%,农业需水占比呈上升趋势;生态需水比例由2025年的6.22%到2030年的5.85%,生态需水占比呈下降趋势。

济宁生活需水占比由2025年的12.92%到2030年的13.33%,生活需水占比呈下降趋势;工业需水占比由2025年的6.23%到2030年的4.82%,工业需水占比呈下降趋势;农业需水占比由2025年的76.81%到2030年的77.10%,农业需水占比呈上升趋势;生态需水占比由2025年的4.04%到2030年的4.75%,生态需水占比呈上升趋势。

泰安生活需水占比由2025年的25.89%到2030年的24.36%,生活需水占比呈下降趋势;工业需水占比由2025年的3.03%到2030年的1.34%,工业需水占比呈下降趋势;农业需水占比由2025年的60.15%到2030年的63.72%,农业需水占比呈上升趋势;生态需水占比由2025年的10.93%到2030年的10.58%,生态需水占比呈下降趋势。

威海生活需水占比由2025年的21.03%到2030年的19.37%,生活需水占比呈下降趋势;工业需水占比由2025年的8.58%到2030年的5.41%,工业需水占比呈下降趋势;农业需水占比由2025年的60.03%,到2030年的64.43%,农业需水占比呈上升趋势;生态需水占比由2025年的10.35%到2030年的10.79%,生态需水占比呈上升趋势。

德州生活需水由2025年的6.50%到2030年的6.14%,生活需水占比呈下降趋势;工业需水占比由2025年的3.59%到2030年的2.80%,工业需水占比呈下降趋势;农业需水占比由2025年的86.28%到2030年的87.52%,农业需水占比呈上升趋势;生态需水占比由2025年的3.26%到2030年的3.54%,生态需水占比呈上升趋势。

聊城生活需水占比由2025年的8.26%到2030年的7.40%,生活需水占比呈下降趋势;工业需水占比由2025年的3.11%到2030年的1.44%,工业需水占比呈下降趋势;农业需水占比由2025年的85.24%到2030年的87.68%,农业需水占比呈上升趋势;生态需水占比由2025年的3.39%到2030年的3.48%,生态需水占比呈上升趋势。

滨州生活需水占比由2025年的9.43%到2030年的9.14%，生活需水占比呈下降趋势；工业需水占比由2025年的11.67%到2030年的8.04%，工业需水占比呈下降趋势；农业需水占比由2025年的65.48%到2030年的68.09%，农业需水占比呈下降趋势；生态需水占比由2025年的13.42%到2030年的14.74%，生态需水占比呈上升趋势。

菏泽生活需水占比由2025年的13.20%到2030年的13.22%，生活需水占比呈下降趋势；工业需水占比由2025年的4.77%到2030年的4.10%，工业需水占比呈下降趋势；农业需水占比由2025年的77.65%到2030年的77.82%，农业需水占比呈上升趋势；生态需水占比由2025年的4.38%到2030年的4.86%，生态需水占比呈上升趋势。

在$P=50\%$保证率下，在13个地市中，济南、淄博、济宁、菏泽的生活需水占比是增加的，其余地市生活需水占比都呈下降趋势；工业需水占总需水比例都呈下降趋势；农业需水占总需水比例，除了济南呈下降趋势，其余12个地市都呈上升趋势；生态需水占总需水比例，除了青岛、潍坊呈下降趋势，烟台保持不变，其余10个地市都呈上升趋势。

在$P=75\%$保证率下，各地市2025年和2030年生活、工业、农业、生态需水结构见表31、图13和图14。

表31　$P=75\%$保证率下各地市不同规划年需水结构　　单位：%

规划年	地市	生活需水占比	工业需水占比	农业需水占比	生态需水占比
2025年	济南	26.9	9.6	48.7	14.8
	青岛	39.0	9.2	43.9	8.0
	淄博	17.8	17.0	52.7	12.5
	东营	8.5	7.0	47.9	36.6
	烟台	21.1	7.1	71.5	0.4
	潍坊	14.2	6.9	74.1	4.8
	济宁	12.5	6.0	77.5	3.9
	泰安	19.2	3.4	65.2	12.2
	威海	20.2	8.2	61.7	9.9
	德州	5.8	3.5	87.7	2.9
	聊城	6.9	2.6	87.6	2.9
	滨州	8.6	10.6	68.6	12.2
	菏泽	12.3	4.4	79.2	4.1

续表

规划年	地市	生活需水占比	工业需水占比	农业需水占比	生态需水占比
2030 年	济南	28.6	8.3	47.9	15.2
	青岛	40.5	6.9	43.6	9.0
	淄博	17.6	10.7	57.8	14.0
	东营	8.3	4.2	46.8	40.7
	烟台	20.4	5.2	74.0	0.4
	潍坊	14.3	5.2	75.0	5.5
	济宁	12.1	4.4	79.2	4.3
	泰安	18.8	1.8	65.2	14.2
	威海	19.9	5.5	63.5	11.1
	德州	5.9	2.7	88.1	3.4
	聊城	7.3	1.4	87.9	3.4
	滨州	8.6	7.6	70.0	13.8
	菏泽	12.1	3.8	79.6	4.5

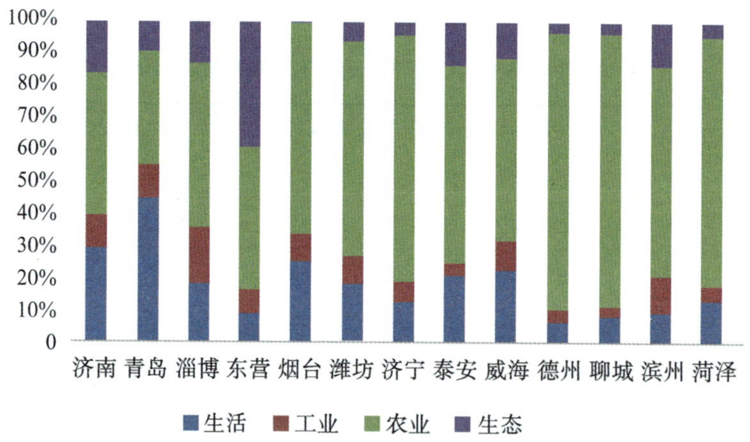

图 13　$P=75\%$保证率下各地市 2025 年需水结构

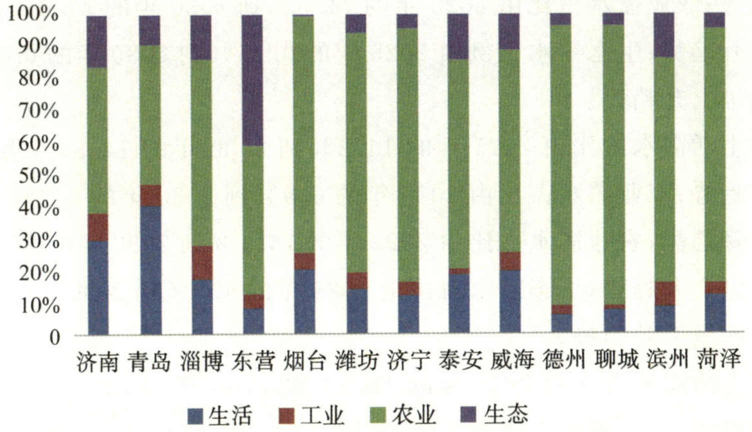

图 14 $P=75\%$保证率下各地市 2030 年需水结构

在 $P=75\%$保证率下，济南生活需水占比由 2025 年的 26.9%到 2030 年的 28.6%，生活需水占比呈上升趋势；工业需水占比由 2025 年的 9.6%到 2030 年的 8.3%，工业需水占比呈下降趋势；农业需水占比由 2025 年的 48.7%到 2030 年的 47.9%，农业需水占比呈下降趋势；生态需水占比由 2025 年的 14.8%到 2030 年的 15.2%，生态需水占比呈上升趋势。

青岛生活需水占比由 2025 年的 39.0%到 2030 年的 40.5%，生活需水占比呈上升趋势；工业需水占比由 2025 年的 9.2%到 2030 年的 6.9%，工业需水占比呈下降趋势；农业需水占比由 2025 年的 43.9%到 2030 年的 43.6%，农业需水占比呈下降趋势；生态需水占比由 2025 年的 8.0%到 2030 年的 9.0%，生态需水占比呈上升趋势。

淄博生活需水占比由 2025 年的 17.8%到 2030 年的 17.6%，生活需水占比呈下降趋势；工业需水占比由 2025 年的 17.0%到 2030 年的 10.7%，工业需水占比呈下降趋势；农业需水占比由 2025 年的 52.7%到 2030 年的 57.8%，农业需水占比呈上升趋势；生态需水占比由 2025 年的 12.5%到 2030 年的 14.0%，生态需水占比呈上升趋势。

东营生活需水占比由 2025 年的 8.5%到 2030 年的 8.3%，生活需水占比呈下降趋势；工业需水占比由 2025 年的 7.0%到 2030 年的 4.2%，工业需水占比呈下降趋势；农业需水占比由 2025 年的 47.9%到 2030 年的 46.8%，农业需水占比呈下降趋势；生态需水占比由 2025 年的 36.6%到 2030 年的 40.7%，生态需水占比呈上升趋势。

烟台生活需水由 2025 年的 21.1%到 2030 年的 20.4%，生活需水占比呈下降趋势；工业需水占比由 2025 年的 7.1%到 2030 年的 5.2%，工业需水占比呈下降趋势;农业需水占比由2025年的71.5%到2030年的74.0%,农业需水占比呈上升趋势;生态需水比例由2025年的0.35%到2030年的0.39%,生态需水占比呈上升趋势。

潍坊生活需水占比由2025年的14.2%到2030年的14.3%,生活需水占比呈上升趋势;工业需水占比由2025年的6.9%到2030年的5.2%,工业需水占比呈下降趋势;农业需水占比由2025年的74.1%到2030年的75.0%,农业需水占比呈上升趋势;生态需水占比由2025年的4.8%到2030年的5.5%,生态需水占比呈上升趋势。

济宁生活需水占比由2025年的12.5%到2030年的12.1%,生活需水占比呈下降趋势;工业需水占比由2025年的6.0%到2030年的4.4%,工业需水占比呈下降趋势;农业需水占比由2025年的77.5%到2030年的79.2%,农业需水占比呈上升趋势;生态需水占比由2025年的3.9%到2030年的4.3%,生态需水占比呈上升趋势。

泰安生活需水占比由2025年的19.2%到2030年的18.8%,生活需水占比呈下降趋势;工业需水占比由2025年的3.4%到2030年的1.8%,工业需水占比呈下降趋势;农业需水占比由2025年的65.21%到2030年的65.20%,农业需水占比呈下降趋势;生态需水比例由2025年的12.2%到2030年的14.2%,生态需水占比呈上升趋势。

威海生活需水占比由2025年的20.2%到2030年的19.9%,生活需水占比呈下降趋势;工业需水占比由2025年的8.2%到2030年的5.5%,工业需水占比呈下降趋势;农业需水占比由2025年的61.7%到2030年的63.5%,农业需水占比呈上升趋势;生态需水比例由2025年的9.9%到2030年的11.1%,生态需水占比呈下降趋势。

德州生活需水占比由2025年的5.8%到2030年的5.9%,生活需水占比呈上升趋势;工业需水占比由2025年的3.5%到2030年的2.7%,工业需水占比呈下降趋势;农业需水占比由2025年的87.7%到2030年的88.1%,农业需水占比呈上升趋势;生态需水比例由2025年的2.9%到2030年的3.4%,生态需水占比呈上升趋势。

聊城生活需水占比由2025年的6.9%到2030年的7.3%,生活需水占比呈上升趋势;工业需水占比由2025年的2.6%到2030年的1.4%,工业需水占比呈下降趋势;农业需水占比由2025年的87.6%到2030年的87.9%,农业需水占比呈上升趋势;生态需水占比由2025年的2.9%到2030年的3.4%,生态需水占比呈上升趋势。

滨州生活需水占比由 2025 年的 8.58%到 2030 年的 8.59%，生活需水占比呈上升趋势；工业需水占比由 2025 年的 10.6%到 2030 年的 7.6%，工业需水占比呈上升趋势；农业需水占比由 2025 年的 68.6%到 2030 年的 70.0%，农业需水占比呈上升趋势；生态需水占比由 2025 年的 12.2%到 2030 年的 13.8%，生态需水占比呈上升趋势。

菏泽生活需水占比由 2025 年的 12.3%到 2030 年的 12.1%，生活需水占比呈下降趋势；工业需水占比由 2025 年的 4.4%到 2030 年的 3.8%，工业需水占比呈下降趋势；农业需水占比由 2025 年的 79.2%到 2030 年的 79.6%，农业需水占比呈上升趋势；生态需水占比由 2025 年的 4.1%到 2030 年的 4.5%，生态需水占比呈上升趋势。

在 $P=75\%$ 保证率下，在 13 个地市中，济南、青岛、潍坊、德州、聊城、滨州的生活需水占比是增加的，其余地市生活需水占比都呈下降趋势；工业需水占总需水比例都呈下降趋势；农业需水占总需水比例，济南、青岛、东营、泰安呈下降趋势，其余 9 个地市都呈上升趋势；生态需水占总需水比例，都呈上升趋势。

综上，规划年随着人口增长和城镇化进程加快，人们的文化水平与节水意识不断提高，在研究区域 13 个地市中，大部分地市生活需水占比都呈现稳定的下降趋势，只有少数地市生活需水占比呈上升趋势。研究区域总体生活用水占比呈下降趋势。随着对工业用水的管控越来越严格，要满足万元工业增加值用水减少的约束性条件，不仅要合理调整和优化高耗水行业布局，还要促进节水技术在工业方面的推广应用和工艺水平提升，在研究区域 13 个地市中，规划年的工业需水占比全都呈现下降趋势。山东省是农业大省，在农业需水量方面一直都占有较大的比重，即使再困难也要保障农田的灌溉，保障农业的稳步发展，因此在规划年，基本上 13 个地市的农业需水占比都呈上升趋势，占比基本都在 40%以上随着城市化进程的加快，城区绿色化、农村生态化的逐步实现，在研究区域的 13 个地市中，规划年大部分城市生态用水比例呈上升趋势。需水结构的变化反映了规划期内 13 地市社会经济发展的进程中居民生活、工业化与生态环保的影响，与这 13 个地市今后的产业结构和社会经济发展趋势基本吻合。

（四）需水预测影响因素分析

在需水预测中需要对生活、工业、农业、生态需水进行预测，最后得到需水总量。需水预测时，有些指标对需水预测有一定的影响。通过生活需水预测可知,根据人口平均增长率可以预测出规划年的人口数量。人口起决定性影响,人口的数量决定生活需水量,预测各地市人口和全省人口呈增长趋势,生活需水量也不断增长。然而,各地市人口数量不是固定不变的,这就要考虑人口流动带来的影响,人口流入的城市生活需水量增多,总需水量增多;人口流出的城市生活需水量减少,总需水量减少,人口与总需水量呈正相关。通过工业需水预测可知,最重要的指标是工业增加值和工业用水定额,工业增加值与工业总产值核算范围是一致的,工业用水定额也就是工业的用水效率指标。从工业需水计算中可以得出,工业产值越高,工业需水就越多;工业用水效率越高,工业需水定额就越低,工业需水就越少。这两个重要的因素影响着工业需水,同时也对总需水预测有着影响,工业产值与总需水量呈正相关,用水效率与总需水呈负相关。通过农业需水预测可知,农业的需水定额对需水量计算有重要的影响,需水定额就是农业的用水效率,农业的用水效率是影响农业需水的重要指标,用水效率越高,农业需水越少;用水效率越低,农业需水越多。农业需水与农业用水效率呈负相关,总需水同样。根据需水预测可以得出人口流动、工业产值、用水效率与需水量的联系,人口流出的城市,需水量减少,人口流入的城市,需水量增加;用水效率与需水量成反比;工业产值与需水量成正比。

(五)供需平衡分析

对规划年2025年、2030年在 $P=75\%$ 和 $P=95\%$ 两种情况下进行水资源供需平衡分析(见表32和表33)。

表32 2025年 $P=75\%$ 和 $P=95\%$ 时的供需平衡分析　　单位:万 m^3

	2025年总供水量		2025年总需水量		缺水量	
	$P=75\%$	$P=95\%$	$P=75\%$	$P=95\%$	$P=75\%$	$P=95\%$
济南	108600	103200	212190.8	212190.8	−103590.8	−108990.8
青岛	140900	135300	193115.7	193115.7	−52215.7	−57815.7
淄博	82800	80900	105247.5	105247.5	−22447.5	−24347.5
东营	21000	18200	167061.1	167061.1	−146061.1	−148861.1
烟台	101600	96000	155175.2	155175.2	−53575.2	−59175.2
潍坊	158000	149500	229629.8	229629.8	−71629.8	−80129.8
济宁	193400	182100	254828.2	254828.2	−61428.2	−72728.2
泰安	129700	124000	170409.2	170409.2	−40709.2	−46409.2

续表

	2025 年总供水量		2025 年总需水量		缺水量	
	$P=75\%$	$P=95\%$	$P=75\%$	$P=95\%$	$P=75\%$	$P=95\%$
威海	44800	42000	61566.9	61566.9	−16766.9	−19566.9
德州	91300	85600	257995.2	257995.2	−166695.2	−172395.2
聊城	89100	84300	256763.0	256763.0	−167663.0	−172463.0
滨州	51400	44800	189241.3	189241.3	−137841.3	−144441.3
菏泽	128900	126900	253797.2	253797.2	−124897.2	−126897.2
合计	1341500	1272800	2507021.1	2507021.1	−1165521.1	−1234221.1

表 33　2030 年 $P=75\%$ 和 $P=95\%$ 时的供需平衡分析　　单位：万 m^3

	2030 年总供水量		2030 年总需水量		缺水量	
	$P=75\%$	$P=95\%$	$P=75\%$	$P=95\%$	$P=75\%$	$P=95\%$
济南	121200	116200	255223.1	255223.1	−134023.1	−139023.1
青岛	153700	147700	211642.6	211642.6	−57942.6	−63942.6
淄博	92000	90000	102626.0	102626.0	−10626.0	−12626.0
东营	29200	26200	178308.2	178308.2	−149108.2	−152108.2
烟台	110600	104600	162979.4	162979.4	−52379.4	−58379.4
潍坊	172300	163300	229390.9	229390.9	−57090.9	−66090.9
济宁	210500	198500	253869.6	253869.6	−43369.6	−55369.6
泰安	139900	133900	202566.9	202566.9	−62666.9	−68666.9
威海	48800	45800	66884.0	66884.0	−18084.0	−21084.0
德州	106300	100300	268702.3	268702.3	−162402.3	−168402.3
聊城	103800	89800	267958.2	267958.2	−164158.2	−178158.2
滨州	62300	55300	188813.1	188813.1	−126513.1	−133513.1
菏泽	145400	143400	258973.9	258973.9	−113573.9	−115573.9
合计	1496000	1415000	2647938.2	2647938.2	−1151938.2	−1232938.2

可以看出，规划年 2025 年、2030 年，在 $P=75\%$ 和 $P=95\%$ 保证率下，13 地市均存在不同程度的缺水情况。受自然条件和城市发展等因素的影响，济南、东营、德州、聊城、滨州和菏泽缺水明显，其余地市也表现出不同程度的缺水情况。由此看来，山东省缺水问题严重，应通过"四水四定"原则进行水资源配置，以解决水资源短缺问题。

四、基于“丰增枯减”的山东省可分配水量

利用黄河的长系列天然径流量和输沙量，分析不同来水条件的来水量和输沙用水量。基于“丰增枯减”原则，确定黄河不同来水条件下山东省的可分配水量。

(一)黄河降雨径流变化特点

根据《黄河流域水资源调查评价》和《黄河水资源公报》收集1956～2021年花园口和利津断面的天然径流量、黄河流域和花园口断面以下流域面积的降水量(见表34、图15至图18)，分析不同时段的降雨、径流变化特点。

径流变化特点：1956～2021年花园口和利津断面多年平均天然径流量分别为524.38亿m^3和524.64亿m^3。1956～2021年花园口多年平均天然径流量比1919～1975年(“八七”分水方案径流系列)多年平均径流量(580亿m^3)减少了9.6%。

1956～1979年花园口和利津断面多年平均天然径流量分别为555.10亿m^3、557.49亿m^3，1980～2000年多年平均天然径流量分别为506.99亿m^3、508.85亿m^3，2001～2021年多年平均天然径流量分别506.67亿m^3、502.89亿m^3。花园口和利津2001～2021年多年平均径流量比1956～1979年的多年平均径流分别减少了8.7%、9.8%，比1980～2000年多年平均径量分别减少了0.06%、2.92%。

“八七”分水方案实施以来，花园口多年平均天然径流(1987～2021年)为489.17亿m^3，1987～2021年多年平均天然径流量比1919～1975年多年平均径流量(580亿m^3)减少了15.7%。因此，黄河天然径流量呈现减少趋势。

降水变化特点：1956～2021年黄河流域多年平均降水量为454.35mm，花园口以下流域多年平均降水量为647.20mm，1956～1979年花园口以下和黄河流域多年平均降水量分别为672.77mm、460.19mm，1980～2000年多年平均降水量分别为619.18mm、432.04mm，2001～2021年多年平均降水量分别为645.99mm、469.97mm。花园口以下和黄河流域2001～2021年多年平均降水量与1956～1979年相比分别减少了4.0%、增加了2.1%，与1980～2000年相比分别增加了4.3%、8.8%。1956～2021年花园口以下和黄河流域多年平均降水量与1956～1979年相比分别减少了3.8%、1.3%，与1980～2000年相比增加了4.5%、5.2%。由此可知，近60多年来黄河流域降水量较为平稳，花园

口以下降水量呈现减少趋势。

表 34 黄河流域多年平均降雨径流统计结果

	花园口径流量(亿 m^3)	利津径流量(亿 m^3)	花园口以下降水量(mm)	黄河流域降水量(mm)
1956～1979 年	555.10	557.49	672.77	460.19
1980～2000 年	506.99	508.85	619.18	432.04
2001～2021 年	506.67	502.89	645.99	469.97
1987～2021 年	489.17	488.19	640.15	452.64
1956～2021 年	524.38	524.64	647.20	454.35

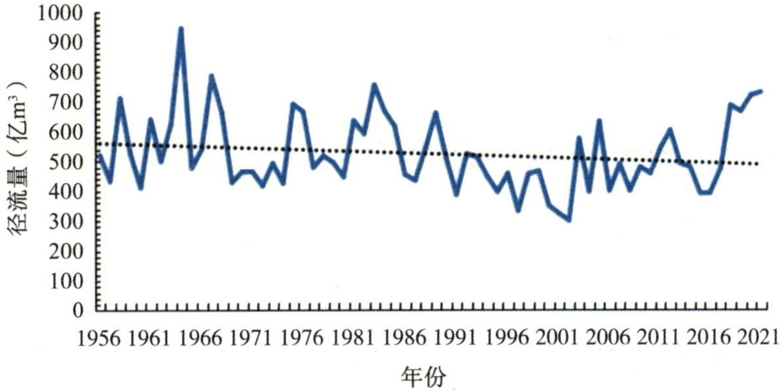

图 15 1956～2021 年黄河流域花园口天然径流量变化趋势

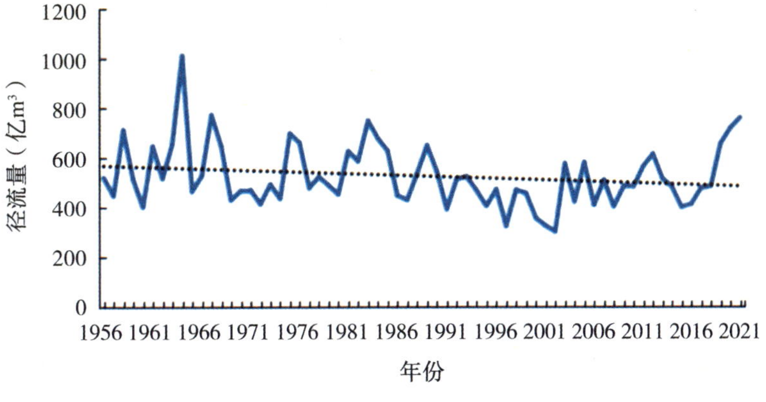

图 16 1956～2021 年黄河流域利津天然径流量变化趋势

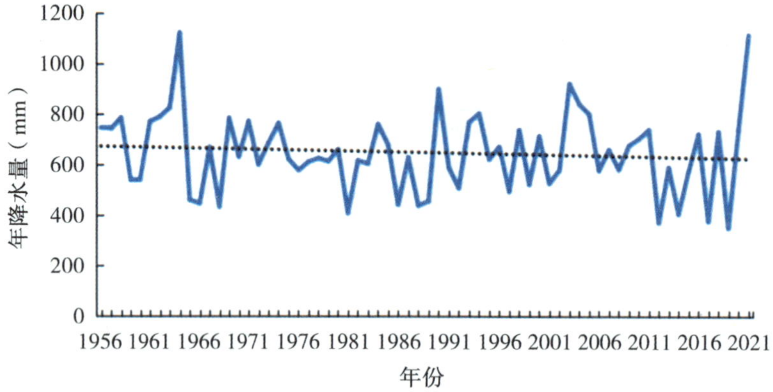

图 17　1956～2021 年黄河流域花园口降水量变化趋势

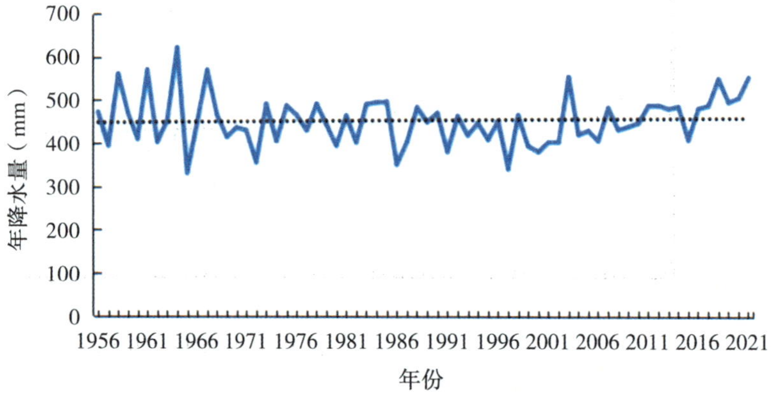

图 18　1956～2021 年黄河流域降水量变化趋势

(二)黄河输沙量变化特点

根据潘启民等(2017)提供的花园口断面 1952～2000 年的输沙量和《黄河水资源公报》2001～2021 年花园口的输沙量(见表 35),分析花园口 1952～2021 年输沙量变化趋势。1952～1959 年花园口多年平均输沙量为 16.83 亿吨,1960～1969 年花园口多年平均输沙量为 11.13 亿吨,1970～1979 年花园口多年平均输沙量为 12.36 亿吨,1980～1989 年花园口多年平均输沙量为 7.74 亿吨,1990～1999 年花园口多年平均输沙量为 6.83 亿吨,2000～2009 年花园口多年平均输沙量为 1.03 亿吨,2010～2021 年花园口多年平均输沙量为 1.39 亿吨。由此可知,输沙量不断减少,特别是 2000 年之后输沙量不到 2 亿吨,呈现显著减少态势(见图 19)。

表 35 黄河流域花园口输沙量变化 单位:亿吨

	花园口输沙量
1952～1959 年	16.83
1960～1969 年	11.13
1970～1979 年	12.36
1980～1989 年	7.74
1990～1999 年	6.83
2000～2009 年	1.03
2010～2021 年	1.39
1980～2021 年	4.11

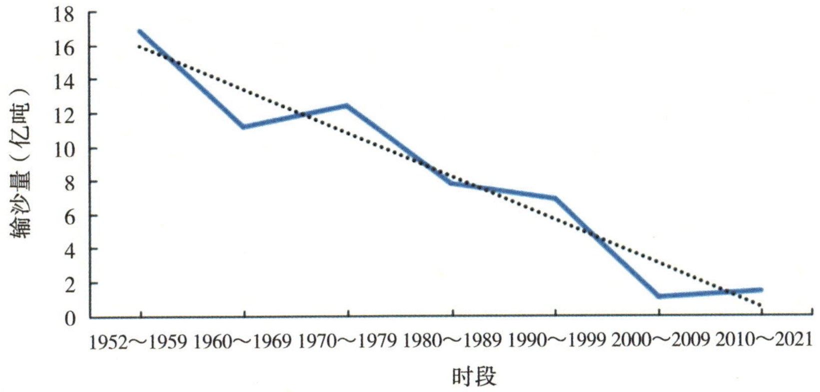

图 19 1952～2021 年黄河流域花园口输沙量变化

(三)考虑输沙量变化和“丰增枯减”原则的可分配水量确定

1.输沙用水量

“八七”分水方案以 1980 年作为基准年，采用 1919～1975 年黄河天然径流系列，将 580 亿 m^3 径流量中的 210 亿 m^3 留作河道内输沙和生态环境用水，370 亿 m^3 在各省份间分配，山东省分配到 70 亿 m^3，占比 18.9%。

制定“八七”方案时黄河下游输沙量多年平均为 16 亿吨，随着时间推移，黄河输沙量不断减少，2000 年以后输沙量不到 2 亿吨。由于黄河下游输沙量发生了显著变化，需要重新确定黄河下游（花园口）河道输沙用水量和生态环境用水。采用式(10)计算输沙水量：

$$W = 22Ws - 42.3Ys + 86.8 \tag{10}$$

式中,W 为汛期花园口输沙水量(亿 m^3);Ws 为来沙量(亿吨);Ys 为下游河道允许淤积量(亿吨)。

不同来沙情况下黄河花园口断面的输沙用水量见表 36。

表 36　不同来沙情况下花园口站输沙用水量

项目	量							
下游假定来沙量(亿吨)	1.39	2	4	6	8	10	12	15
下游河道假定允许淤积量(亿吨)	0	0	0	1.5	2	3	3.5	5
花园口站输沙水量(亿 m^3)	117	131	175	155	178	180	203	205

2.山东省可分配水量

可分配水量是在保证河道内输沙用水和生态环境用水情况下,基于“丰增枯减”原则,对可供水量进行分配。

利用 1956～2021 年花园口天然径流量系列,采用 P-Ⅲ型频率曲线进行适线,推求不同保证率(丰平枯)下的天然径流量(见图 20)。当 $P=25\%$、$P=50\%$、$P=75\%$时,天然径流量分别为 597.69 亿 m^3、508.15 亿 m^3、429.42 亿 m^3。

本部分可供水水量的计算是采用天然径流量扣除河道内最小生态环境需水和输沙用水后的水量(两者取较大值)。输沙用水量根据 2010～2021 年花园口多年平均输沙量(1.39 亿吨)确定为 117 亿 m^3;根据相关文献,黄河最小生态环境需水量为 88.4 亿 m^3。因此,$P=25\%$、$P=50\%$、$P=75\%$不同来水情况下可供水量分别为 480.69 亿 m^3、391.15 亿 m^3、312.42 亿 m^3。

基于“丰增枯减”原则是基于“八七”分水方案中 370 亿 m^3 可供水量,山东省分得 70 亿 m^3,确定黄河不同来水情况下的可供水量,进而确定山东省可分配水量。由此计算得到山东省可分配水量分别为:丰水年为 90.94 亿 m^3,平水年按照“八七”分水方案为 70 亿 m^3,枯水年为 59.11 亿 m^3(见表 37)。

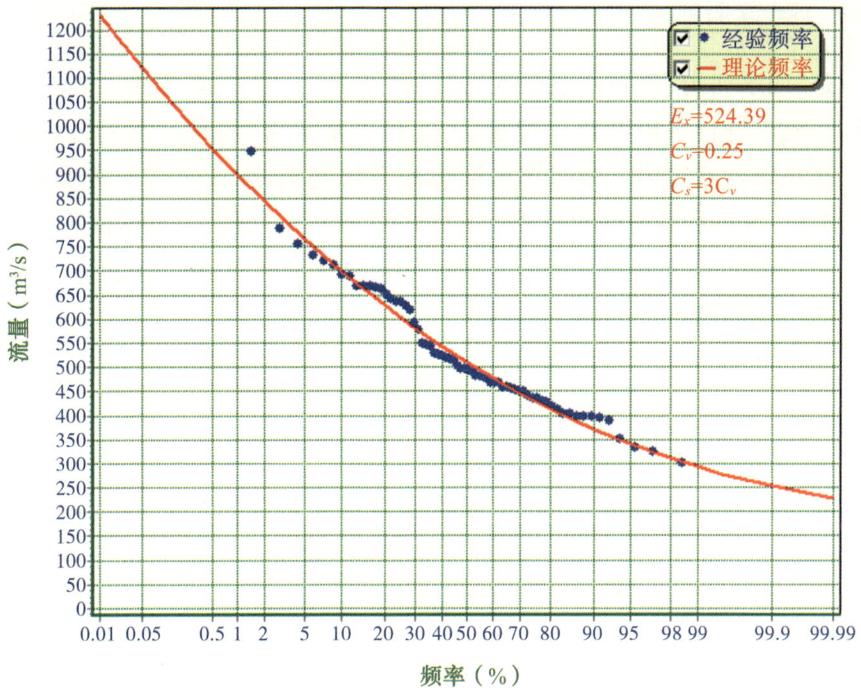

图 20　天然径流量频率曲线

表 37　不同来水情况下山东省可配水量　　单位：亿 m³

项目	不同保证率下的天然径流量		
	（丰水年） $P=25\%$	（平水年） $P=50\%$	（枯水年） $P=75\%$
	597.69	508.15	429.42
可供水量	480.69	391.15	312.42
山东省可分配水量	90.94	74.00	59.11

五、水资源优化配置

基于多目标规划方法，根据水资源优化配置原则，综合考虑山东 13 地市取用水需求和水资源供给状况，建立水资源高效利用和均衡分配的水资源优化配置模型并确定了模型中的各参数，确定沿黄 13 地市不同规划年不同保证率下的优化配置方案。

(一)配置原则

一是"四水四定"原则。根据黄河流域"八七"分水方案,按照"丰增枯减"原则,对13地市进行水资源优化配置,为实现以水定需、以水定发展提供依据。

二是高效配置原则。为实现水资源的高效利用,配置时优先考虑供水效益大的供水户,通过水资源优化配置实现13地市经济、社会、生态综合效益最大。

三是均衡配置原则。为保障13地市供水的公平性,配置水量时综合考虑各地市的用水需求。

(二)模型构建

1.决策变量

本部分对黄河流域山东段13地市的黄河水资源进行高效均衡配置。各地市供水户分为4种,即生活、生态、工业、农业需水。不同地市不同供水户被分配的水量用 Q_{ij} 表示,即黄河水源向受水区 i 中用户 j 的供水量(万 m^3),具体见表38。

表38 决策变量

地市	生活需水	生态需水	工业需水	农业需水
济南	Q_{11}	Q_{12}	Q_{13}	Q_{14}
青岛	Q_{21}	Q_{22}	Q_{23}	Q_{24}
淄博	Q_{31}	Q_{32}	Q_{33}	Q_{34}
东营	Q_{41}	Q_{42}	Q_{43}	Q_{44}
烟台	Q_{51}	Q_{52}	Q_{53}	Q_{54}
潍坊	Q_{61}	Q_{62}	Q_{63}	Q_{64}
济宁	Q_{71}	Q_{72}	Q_{73}	Q_{74}
泰安	Q_{81}	Q_{82}	Q_{83}	Q_{84}
威海	Q_{91}	Q_{92}	Q_{93}	Q_{94}
德州	Q_{101}	Q_{102}	Q_{103}	Q_{104}
聊城	Q_{111}	Q_{112}	Q_{113}	Q_{114}
滨州	Q_{121}	Q_{122}	Q_{123}	Q_{124}
菏泽	Q_{131}	Q_{132}	Q_{133}	Q_{134}

2.目标函数

为实现水资源在山东13地市高效均衡分配，建立两个目标函数。山东13地市水资源优化配置是一个复杂的系统，受经济、社会等多方面的因素影响。山东13地市水资源高效均衡优化配置主要包括三个部分：目标函数的建立、约束条件的确定和模型参数的确定。选择以受水区的供水效益最大化、受水区均衡分配水量作为目标函数，描述了山东13地市的需水、供水过程中的过量和缺水产生的效益，建立了13地市水资源优化配置的高效均衡预测模型。

(1)目标1：受水区的供水效益最大化

目的是13个受水区中每个受水区的生活、生态、农业、工业这四类供水户的综合供水效益最大化，即

$$\max F(X)=\max\sum_{i=1}^{13}\sum_{j=1}^{4}(b_{ij}Q_{ij}-c_{ij}Q_{ij}) \tag{11}$$

式中，Q_{ij}为黄河水向受水区i中用户j的供水量(分配水量)；b_{ij}为受水区i中j供水户的供水效益系数；c_{ij}为受水区i中j供水户的供水费用系数。其中$i=1,2,\cdots,13$，分别为受水区济南、青岛、淄博、东营、烟台、潍坊、济宁、泰安、威海、德州、聊城、滨州、菏泽供水量；$j=1,2,3,4$，分别为各供水户生活、生态、工业、农业供水。

(2)目标2：受水区均衡分配水量

为保证每个受水区均衡发展，流域当局需要在水资源分配过程中考虑均衡。用各个受水区的个人分配水量的基尼系数最小来体现均衡，反映了区域供水的均衡分配：

$$\min G_n=\min\frac{1}{2m\sum_{i=1}^{13}\frac{Q_i}{W_i}}\sum_{a=1}^{13}\sum_{b=1}^{13}\left|\frac{Q_a}{W_a}-\frac{Q_b}{W_b}\right| \tag{12}$$

式中，G_n为分配水量公平的基尼系数；Q_i为i受水区的供水量(分配水量)，W_i为i受水区的需水量；m表示地市个数，文中m为13。

建立高效均衡多目标模型：

$$\begin{cases}\max F(X)=\max\sum_{i=1}^{13}\sum_{j=1}^{4}(b_{ij}Q_{ij}-c_{ij}Q_{ij})\\ \min G_n=\min\frac{1}{2m\sum_{i=1}^{13}\frac{Q_i}{W_i}}\sum_{a=1}^{13}\sum_{b=1}^{13}\left|\frac{Q_a}{W_a}-\frac{Q_b}{W_b}\right|\end{cases} \tag{13}$$

(3)高效均衡分配水量

采用折中规划(Compromise programming)，以寻求多目标规划模型的最

优解,可以对两个互斥的目标进行归一化处理,线性加权集成,建立供水效益驱动、区域均衡协调控制的流域动态均衡模型:

$$\min P = w_1\left[\frac{F(X)^{opt} - F(X)}{F(X)^{opt} - F(X)^{inf}}\right] + w_2\left(\frac{G_n^{opt} - G_n}{G_n^{opt} - G_n^{inf}}\right) \tag{14}$$

式中,P 为流域水量分配的综合效用;$F(X)^{opt}$、$F(X)^{inf}$ 分别为 $F(X)$ 的最优值和最劣值;G_n^{opt}、G_n^{inf} 分别为G_n 的最优值和最劣值;w_1、w_2 为权重系数,且 $w_1 + w_2 = 1$。

约束条件:

①供水约束

$$\sum_{i=1}^{13}\sum_{j=1}^{4} Q_{ij} \leqslant \sum_{i=1}^{13} Q_{ih} \tag{15}$$

式中,Q_{ih} 为黄河流域山东段受水区 i 的黄河水供水指标(可供水量),$\sum_{i=1}^{13} Q_{ih}$ 的值基于黄河来水丰平枯年分别为 90.94 亿m^3、70 亿m^3、59.11 亿m^3。

②需水约束

$$Q_{ij\min} \leqslant Q_{ij} \leqslant Q_{ij\max} \tag{16}$$

式中,Q_{ij} 为黄河水向受水区 i 中供水户 j 的供水量,$Q_{ij\max}$ 为受水区 i 中供水户 j 的需水量,$Q_{ij\min}$ 为受水区 i 中供水户 j 的最低需水量,也就是供水下限。下限值采用不同数值,生活供水的下界均设为城市居民生活保障基本用水量,根据《城市居民生活用水量标准》,居民生活保障基本用水量标准不宜低于 100L/(人·d)。大于生活保障基本用水量标准的,以 100L/(人·d)作为下限;小于生活保障基本用水量标准的,以生活用水全部满足作为下限。根据经验设定,工业供水的下界设为需水量的 45%,农业供水的下界设为需水量的 35%,生态供水的下界设为需水量的 45%。

③非负约束

所有受水区的每个供水户分配的水量即决策变量都为非负值,即

$$Q_{ij} \geqslant 0 \tag{17}$$

(三)模型参数确定

1.供水效益系数

(1)农业供水效益系数

农业供水效益系数计算公式为:

$$B = Vk = (I/W)f \tag{18}$$

式中,B 为农业供水效益;V 为农业单方用水量的增加值;I 为农业增加值;W

为农业供水总量；f 为农业供水分摊系数，山东省农业供水效益分摊系数取 0.3。

计算得到 2015～2019 年 13 地市农业供水效益系数，见表 39 至表 43。

表 39　2015 年 13 地市农业供水效益系数计算成果

地市	农业增加值(万元)	农业供水总量(万 m^3)	分摊系数	农业供水效益系数(元/m^3)
济南	3149865	89000	0.3	10.62
青岛	3790597	24300	0.3	46.80
淄博	1487141	57700	0.3	7.73
东营	1266910	61500	0.3	6.18
烟台	4573184	56700	0.3	24.20
潍坊	4763653	76500	0.3	18.68
济宁	4675703	184700	0.3	7.59
泰安	2819268	68300	0.3	12.38
威海	2246870	23500	0.3	28.68
德州	3071227	162800	0.3	5.66
聊城	3237115	143600	0.3	6.76
滨州	2296165	128500	0.3	5.36
菏泽	2749273	178100	0.3	4.63

表 40　2016 年 13 地市农业供水效益系数计算成果

地市	农业增加值(万元)	农业供水总量(万 m^3)	分摊系数	农业供水效益系数(元/m^3)
济南	3282407	85400	0.3	11.53
青岛	3878385	24300	0.3	47.88
淄博	1549229	56700	0.3	8.20
东营	1310467	60700	0.3	6.48
烟台	4879153	52400	0.3	27.93
潍坊	5003110	70600	0.3	21.26
济宁	4954849	181700	0.3	8.18
泰安	2951015	65500	0.3	13.52
威海	2374171	24400	0.3	29.19
德州	3229342	162800	0.3	5.95
聊城	3462581	144800	0.3	7.17

续表

地市	农业增加值(万元)	农业供水总量(万 m^3)	分摊系数	农业供水效益系数(元/m^3)
滨州	2473513	121700	0.3	6.10
菏泽	2862326	185000	0.3	4.64

表 41　2017 年 13 地市农业供水效益系数计算成果

地市	农业增加值(万元)	农业供水总量(万 m^3)	分摊系数	农业供水效益系数(元/m^3)
济南	2799105	78200	0.3	10.74
青岛	3901922	22600	0.3	51.80
淄博	1454563	49200	0.3	8.87
东营	1500522	59200	0.3	7.60
烟台	5133727	54200	0.3	28.42
潍坊	5222255	66500	0.3	23.56
济宁	5045316	161100	0.3	9.40
泰安	2923073	68900	0.3	12.73
威海	2787298	23000	0.3	36.36
德州	3487039	162900	0.3	6.42
聊城	3141588	143500	0.3	6.57
滨州	2471855	124900	0.3	5.94
菏泽	2954196	164100	0.3	5.40

表 42　2018 年 13 地市农业供水效益系数计算成果

地市	农业增加值(万元)	农业供水总量(万 m^3)	分摊系数	农业供水效益系数(元/m^3)
济南	2864367	75700	0.3	11.35
青岛	4105574	23400	0.3	52.64
淄博	1521678	46400	0.3	9.84
东营	1592845	56300	0.3	8.49
烟台	5424131	52700	0.3	30.88
潍坊	5473780	64200	0.3	25.58
济宁	5238557	158500	0.3	9.92
泰安	3069086	64400	0.3	14.30
威海	2921330	21600	0.3	40.57

续表

地市	农业增加值(万元)	农业供水总量(万 m^3)	分摊系数	农业供水效益系数(元/m^3)
德州	3591802	165600	0.3	6.51
聊城	3287190	144900	0.3	6.81
滨州	2542301	124100	0.3	6.15
菏泽	3112827	176300	0.3	5.30

表 43　2019 年 13 地市农业供水效益系数计算成果

地市	农业增加值(万元)	农业供水总量(万 m^3)	分摊系数	农业供水效益系数(元/m^3)
济南	3605088	95300	0.3	11.35
青岛	4362093	21700	0.3	60.31
淄博	1564337	52200	0.3	8.99
东营	1590291	67800	0.3	7.04
烟台	5857406	53600	0.3	32.78
潍坊	5575583	66400	0.3	25.19
济宁	5413457	153900	0.3	10.55
泰安	3139331	76300	0.3	12.34
威海	3005227	22300	0.3	40.43
德州	3544089	178600	0.3	5.95
聊城	3378549	147200	0.3	6.89
滨州	2522146	122200	0.3	6.19
菏泽	3351816	171000	0.3	5.88

其中,农业增加值是农林牧渔业总增加值,农业供水总量是农林牧渔业总供水量。2015～2019 年 13 地市平均农业供水效益系数见表 44。

表 44　2015～2019 年 13 地市平均农业供水效益系数计算成果　　单位:元/m^3

地市	平均农业供水效益系数
济南	11.12
青岛	51.88
淄博	8.73
东营	7.16
烟台	28.84

续表

地市	平均农业供水效益系数
潍坊	22.85
济宁	9.13
泰安	13.05
威海	35.05
德州	6.10
聊城	6.84
滨州	5.95
菏泽	5.17

(2)工业供水效益系数

工业供水效益系数计算公式为:

$$B=Vf=(I/W)f \tag{19}$$

式中,B 为工业供水效益;V 为工业单方用水量的增产值;I 为工业增加值;W 为工业供水总量;f 为工业供水分摊系数,山东省工业供水效益分摊系数为 0.1。

计算得到 2015~2019 年 13 地市工业供水效益系数,见表 45 至表 49。

表 45　2015 年 13 地市工业供水效益系数计算成果

地市	工业增加值(万元)	工业供水总量(万 m^3)	分摊系数	工业供水效益系数(元/m^3)
济南	18443700	22700	0.1	81.25
青岛	35475980	19800	0.1	179.17
淄博	19595100	31700	0.1	61.81
东营	21904000	20100	0.1	108.98
烟台	29948000	12800	0.1	233.97
潍坊	21823600	26900	0.1	81.13
济宁	16702900	22700	0.1	73.58
泰安	12437700	17600	0.1	70.67
威海	12817000	7600	0.1	168.64
德州	12145300	14500	0.1	83.76
聊城	12738600	19000	0.1	67.05
滨州	10479100	9800	0.1	106.93
菏泽	11126800	14900	0.1	74.68

表46 2016年工业供水效益系数计算成果表

地市	工业增加值(万元)	工业供水总量(万 m^3)	分摊系数	工业供水效益系数(元/m^3)
济南	18788300	22700	0.1	82.77
青岛	36533300	20100	0.1	181.76
淄博	20310600	30600	0.1	66.37
东营	20834040	19300	0.1	107.95
烟台	31140700	13100	0.1	237.72
潍坊	22353200	32600	0.1	68.57
济宁	17116100	22700	0.1	75.40
泰安	12618100	18500	0.1	68.21
威海	13141500	7900	0.1	166.35
德州	12515300	17100	0.1	73.19
聊城	13257000	18700	0.1	70.89
滨州	10352000	10000	0.1	103.52
菏泽	11492900	15400	0.1	74.63

表47 2017年工业供水效益系数计算成果

地市	工业增加值(万元)	工业供水总量(万 m^3)	分摊系数	工业供水效益系数(元/m^3)
济南	20031000	19900	0.1	100.66
青岛	39528700	21400	0.1	184.71
淄博	21830500	30600	0.1	71.34
东营	23090900	12100	0.1	190.83
烟台	33093800	13300	0.1	248.83
潍坊	23075400	24800	0.1	93.05
济宁	18559600	23500	0.1	78.98
泰安	13653200	18000	0.1	75.85
威海	14137900	8000	0.1	176.72
德州	13243600	13400	0.1	98.83
聊城	14139500	19400	0.1	72.88
滨州	11167386	10100	0.1	110.57
菏泽	12812600	15600	0.1	82.13

表 48 2018 年工业供水效益系数计算成果

地市	工业增加值(万元)	工业供水总量(万 m^3)	分摊系数	工业供水效益系数(元/m^3)
济南	21450700	18800	0.1	114.10
青岛	41370800	21300	0.1	194.23
淄博	22995200	33900	0.1	67.83
东营	24988300	22200	0.1	112.56
烟台	34427900	14300	0.1	240.75
潍坊	23419300	24700	0.1	94.81
济宁	19590900	24700	0.1	79.32
泰安	13249700	18100	0.1	73.20
威海	14169900	8800	0.1	161.02
德州	14209500	16300	0.1	87.17
聊城	14439200	19200	0.1	75.20
滨州	10852300	30300	0.1	35.82
菏泽	13795100	16300	0.1	84.63

表 49 2019 年工业供水效益系数计算成果

地市	工业增加值(万元)	工业供水总量(万 m^3)	分摊系数	工业供水效益系数(元/m^3)
济南	21678700	29500	0.1	73.49
青岛	31598600	19100	0.1	165.44
淄博	15454900	33800	0.1	45.72
东营	16177800	25300	0.1	63.94
烟台	27195200	14700	0.1	185.00
潍坊	18943600	23700	0.1	79.93
济宁	15077500	24900	0.1	60.55
泰安	6425500	10600	0.1	60.62
威海	10275900	8600	0.1	119.49
德州	11234400	17200	0.1	65.32
聊城	6911300	20000	0.1	34.56
滨州	9381100	29900	0.1	31.37
菏泽	12306500	15800	0.1	77.89

2015～2019 年 13 地市平均工业供水系数见表 50。

表 50　2015～2019 年 13 地市平均工业供水效益系数计算成果　　单位：元/m^3

地市	平均工业供水效益系数
济南	90.45
青岛	181.06
淄博	62.62
东营	116.85
烟台	229.25
潍坊	83.50
济宁	73.57
泰安	69.71
威海	158.45
德州	81.65
聊城	64.12
滨州	77.64
菏泽	78.79

(3)生活供水效益系数

生活供水效益系数计算公式为：

$$B=r\cdot\frac{e}{p}\cdot f \tag{20}$$

式中，B 为生活供水效益；r 为居民人均可支配收入；e 为恩格尔系数；p 为人均年用水量；f 为生活供水分摊系数，山东省生活供水效益分摊系数为 0.3。

通过《山东省统计年鉴》数据可以计算得出山东省 2015～2019 年的恩格尔系数，见表 51。计算得到 2015～2019 年 13 地市生活供水效益系数，见表 52 至表 56。

表 51　2015～2019 年山东省恩格尔系数

年份	恩格尔系数
2015	0.278
2016	0.276
2017	0.268
2018	0.268
2019	0.265

表 52　2015 年 13 地市生活供水效益系数计算成果

地市	居民人均可支配收入（元）	人均年用水量（m^3）	恩格尔系数	分摊系数	生活供水效益系数（元/m^3）
济南	39888.71	51.45	0.278	0.3	64.66
青岛	40370.24	73.45	0.278	0.3	45.84
淄博	33792.71	46.04	0.278	0.3	61.21
东营	38735.01	54.43	0.278	0.3	59.35
烟台	35907.33	54.21	0.278	0.3	55.24
潍坊	31059.79	45.74	0.278	0.3	56.63
济宁	27887.06	48.64	0.278	0.3	47.82
泰安	28131.59	61.19	0.278	0.3	38.34
威海	36336.10	50.13	0.278	0.3	60.45
德州	21039.28	37.73	0.278	0.3	46.51
聊城	21570.49	44.92	0.278	0.3	40.05
滨州	28388.23	38.39	0.278	0.3	61.67
菏泽	20370.06	50.51	0.278	0.3	33.63

表 53　2016 年生活供水效益系数计算成果

地市	居民人均可支配收入（元）	人均年用水量（m^3）	恩格尔系数	分摊系数	生活供水效益系数（元/m^3）
济南	43052.16	53.18	0.276	0.3	67.03
青岛	43598.01	57.93	0.276	0.3	62.32
淄博	36436.29	47.86	0.276	0.3	63.04
东营	41579.65	58.05	0.276	0.3	59.31
烟台	38743.97	56.23	0.276	0.3	57.05
潍坊	33608.86	40.52	0.276	0.3	68.68
济宁	29986.79	45.13	0.276	0.3	55.02
泰安	30299.38	57.63	0.276	0.3	43.53
威海	39363.22	49.75	0.276	0.3	65.51
德州	22759.62	33.54	0.276	0.3	56.19
聊城	23276.84	51.82	0.276	0.3	37.19
滨州	30583.34	37.89	0.276	0.3	66.83
菏泽	22122.10	47.71	0.276	0.3	38.39

表54　2017年生活供水效益系数计算成果

地市	居民人均可支配收入（元）	人均年用水量（m^3）	恩格尔系数	分摊系数	生活供水效益系数（元/m^3）
济南	46642.42	51.86	0.268	0.3	72.31
青岛	47175.75	57.58	0.268	0.3	65.87
淄博	39410.39	47.00	0.268	0.3	67.42
东营	44763.41	58.10	0.268	0.3	61.94
烟台	41837.11	47.42	0.268	0.3	70.93
潍坊	36286.26	47.23	0.268	0.3	61.77
济宁	32420.40	43.68	0.268	0.3	59.67
泰安	32738.51	47.77	0.268	0.3	55.10
威海	42703.29	51.19	0.268	0.3	67.07
德州	24640.18	28.79	0.268	0.3	68.81
聊城	25231.01	36.66	0.268	0.3	55.33
滨州	32918.53	43.88	0.268	0.3	60.32
菏泽	24116.31	46.34	0.268	0.3	41.84

表55　2018年生活供水效益系数计算成果

地市	居民人均可支配收入（元）	人均年用水量（m^3）	恩格尔系数	分摊系数	生活供水效益系数（元/m^3）
济南	50145.93	52.02	0.268	0.3	77.50
青岛	50817.30	55.65	0.268	0.3	73.42
淄博	42277.13	45.89	0.268	0.3	74.07
东营	47912.36	64.52	0.268	0.3	59.70
烟台	44874.85	38.00	0.268	0.3	94.95
潍坊	39042.38	43.89	0.268	0.3	71.52
济宁	34795.54	42.67	0.268	0.3	65.56
泰安	35195.75	50.34	0.268	0.3	56.21
威海	45895.63	50.30	0.268	0.3	73.36
德州	26561.55	31.98	0.268	0.3	66.78
聊城	27276.02	41.12	0.268	0.3	53.33
滨州	35049.27	58.65	0.268	0.3	48.05
菏泽	26175.97	46.22	0.268	0.3	45.53

表 56　2019 年生活供水效益系数计算成果

地市	居民人均可支配收入(元)	人均年用水量(m^3)	恩格尔系数	分摊系数	生活供水效益系数(元/m^3)
济南	41472.05	49.94	0.265	0.3	66.02
青岛	45452.00	55.06	0.265	0.3	65.63
淄博	37543.00	50.93	0.265	0.3	58.60
东营	40602.16	63.39	0.265	0.3	50.92
烟台	37783.34	48.16	0.265	0.3	62.37
潍坊	32517.60	46.27	0.265	0.3	55.87
济宁	28054.50	33.23	0.265	0.3	67.12
泰安	29690.04	37.23	0.265	0.3	63.40
威海	39592.90	48.76	0.265	0.3	64.55
德州	22608.30	34.33	0.265	0.3	52.36
聊城	21601.91	36.70	0.265	0.3	46.79
滨州	28516.55	50.89	0.265	0.3	44.55
菏泽	20672.94	33.73	0.265	0.3	48.73

2015～2019 年 13 地市平均生活供水效益系数计算成果见表 57。

表 57　2015～2019 年 13 地市平均生活供水效益系数计算成果　单位:元/m^3

地市	平均生活供水效益系数
济南	69.50
青岛	62.62
淄博	64.87
东营	58.24
烟台	68.11
潍坊	62.89
济宁	59.04
泰安	51.32
威海	66.19
德州	58.13
聊城	46.54
滨州	56.28
菏泽	41.62

(4)生态供水效益系数

生态供水效益系数很难精准确定,因为生态供水的效益是间接而复杂的,要充分保证生态供水,不仅涉及经济方面的因素,而且有社会效益存在,因而其效益系数较难确定。参考相关文献并根据各地市农业供水效益系数、工业供水效益系数、生活供水效益系数进行赋值确定。

2025 年和 2030 年各地市各供水户的供水效益依据其多年平均农业、工业、生活、生态供水效益系数确定,见表 58。

表 58 规划年农业、工业、生活、生态供水效益系数 单位:元/m^3

地市	农业供水效益系数	工业供水效益系数	生活供水效益系数	生态供水效益系数
济南	11.12	90.45	69.51	30
青岛	51.88	181.06	62.61	52
淄博	8.73	62.62	64.87	30
东营	7.16	116.85	58.24	30
烟台	28.84	229.25	68.11	40
潍坊	22.85	83.50	62.90	35
济宁	9.13	73.57	59.04	35
泰安	13.05	69.71	51.32	30
威海	35.05	158.45	66.19	40
德州	6.10	81.65	58.13	30
聊城	6.84	64.12	46.54	30
滨州	5.95	77.64	56.28	30
菏泽	5.17	78.79	41.63	25

2.供水费用系数

依据当地水费收费标准确定供水费用系数。13 地市非居民综合供水综合结算价格为 5.73 元/m^3,农业水价为 0.13 元/m^3,生活水价为 2.59 元/m^3。

(四)优化配置方案

1.模型求解

对山东 13 地市分配的黄河水指标进行水资源优化配置计算,以障碍函数内点法作为优化算法求得最优解集后,根据多目标优化模型特点,即在多目标预测中,各个子目标都是矛盾的,一个子目标的优化是以牺牲其他子目标为代价的(例如,为了实现经济效益最大化,必然导致水量分配不均衡);同时,由于多目标预测解不是唯一的,而是由多个解组成的一组次解,因此采用了折中规划,可以根据取不同的权重相当于决策者的偏好求出最优解,不同的决策者有不同的偏好,最后计算得出模型最优配置方案。具体计算过程为,模型求解用MATLAB编码,借助障碍函数内点法作为优化算法分别求解不同目标函数的水资源配置最优解。

先求解单目标最优,再求解大系统综合目标最优,即根据配置目标的不同,分别求解四类最优配置方案,从而作为山东13地市水资源优化配置方案。另外,包括单目标方案求解,即目标1侧重于根据综合效益来分配水资源,目标2侧重于均衡分配水资源,目标3是对综合目标方案的求解。目标3可以通过取不同的权重分别得到高效和均衡的配水方案。本部分着重研究目标3高效均衡配置的不同配水方案。

在面对无约束的优化问题时,可以采用牛顿法等方法来求解。而当面对有约束的问题时,需要更高级的算法。单纯形法可以用来求解带约束的线性规划问题,与之类似的有效集法可以用来求解带约束的二次规划问题,而内点法是另一种用于求解带约束的优化问题的方法。而且无论是面对线性规划问题还是二次规划问题,内点法都显示出了极好的性能。目标1是线性规划函数,目标2是非线性规划函数。采用折中规划的目标3属于二次规划,选择的算法可以很好地求解目标函数,障碍函数法也是一种内点法,称为障碍函数内点法。

2.高效均衡配置方案

通过以上计算,2025年和2030年规划年,在黄河来水丰平枯情况下,不同供水保证率(P)下山东13地市水资源优化配置方案见表59至表70。

表59　2025年黄河来水丰水年P=75%时水资源高效均衡配置方案

方案	权重	地市	本地供水量(万 m^3)	黄河供水量(万 m^3)	需水量(万 m^3)	缺水量(万 m^3)	缺水率(%)
1	(1,0)	济南	108600	82817.79	212193.65	20775.86	9.79
		青岛	140900	47964.42	193103.13	4238.71	2.20
		淄博	82800	18196.96	105241.98	4245.02	4.03
		东营	21000	107719.82	167060.17	38340.35	22.95
		烟台	101600	49367.23	155206.18	4238.95	2.73

续表

方案	权重	地市	本地供水量（万 m^3）	黄河供水量（万 m^3）	需水量（万 m^3）	缺水量（万 m^3）	缺水率（%）
1	(1,0)	潍坊	158000	62316.05	229634.96	9318.91	4.06
		济宁	193400	56270.14	254822.12	5151.98	2.02
		泰安	129700	36394.24	170338.92	4244.68	2.49
		威海	44800	12525.37	61564.20	4238.83	6.89
		德州	91300	118946.41	257986.80	47740.39	18.50
		聊城	89100	119834.00	256773.31	47839.31	18.63
		滨州	51400	103203.08	189236.43	34633.35	18.30
		菏泽	128900	93844.49	253802.16	31057.67	12.24
2	(0.9,0.1)	济南	108600	83417.37	212193.65	20176.28	9.51
		青岛	140900	47964.31	193103.13	4238.82	2.20
		淄博	82800	16498.22	105241.98	5943.76	5.65
		东营	21000	108308.41	167060.17	37751.76	22.60
		烟台	101600	49366.96	155206.18	4239.22	2.73
		潍坊	158000	62953.01	229634.96	8681.95	3.78
		济宁	193400	56841.92	254822.12	4580.20	1.80
		泰安	129700	33447.22	170338.92	7191.70	4.22
		威海	44800	12408.65	61564.20	4355.55	7.07
		德州	91300	119539.78	257986.80	47147.02	18.27
		聊城	89100	120448.70	256773.31	47224.61	18.39
		滨州	51400	103787.93	189236.43	34048.50	17.99
		菏泽	128900	94417.52	253802.16	30484.64	12.01
3	(0.8,0.2)	济南	108600	84095.68	212193.65	19497.97	9.19
		青岛	140900	47963.96	193103.13	4239.17	2.20
		淄博	82800	14990.25	105241.98	7451.73	7.08
		东营	21000	109096.91	167060.17	36963.26	22.13
		烟台	101600	48932.87	155206.18	4673.31	3.01
		潍坊	158000	63721.20	229634.96	7913.76	3.45
		济宁	193400	57135.49	254822.12	4286.63	1.68
		泰安	129700	30298.95	170338.92	10339.97	6.07

续表

方案	权重	地市	本地供水量(万 m³)	黄河供水量(万 m³)	需水量(万 m³)	缺水量(万 m³)	缺水率(%)
3	(0.8,0.2)	威海	44800	11480.74	61564.20	5283.46	8.58
		德州	91300	120356.60	257986.80	46330.20	17.96
		聊城	89100	121473.53	256773.31	46199.78	17.99
		滨州	51400	104581.34	189236.43	33255.09	17.57
		菏泽	128900	95272.49	253802.16	29629.67	11.67
4	(0.7,0.3)	济南	108600	80948.87	212193.65	22644.78	10.67
		青岛	140900	44851.97	193103.13	7351.16	3.81
		淄博	82800	14216.07	105241.98	8225.91	7.82
		东营	21000	116282.59	167060.17	29777.58	17.82
		烟台	101600	46171.35	155206.18	7434.83	4.79
		潍坊	158000	60929.89	229634.96	10705.07	4.66
		济宁	193400	51026.44	254822.12	10395.68	4.08
		泰安	129700	29179.81	170338.92	11459.11	6.73
		威海	44800	9547.11	61564.20	7217.09	11.72
		德州	91300	126161.25	257986.80	40525.55	15.71
		聊城	89100	124540.96	256773.31	43132.35	16.80
		滨州	51400	108687.79	189236.43	29148.64	15.40
		菏泽	128900	96855.90	253802.16	28046.26	11.05
5	(0.6,0.4)	济南	108600	83192.07	212193.65	20401.58	9.61
		青岛	140900	40954.47	193103.13	11248.66	5.83
		淄博	82800	14417.08	105241.98	8024.90	7.63
		东营	21000	117134.35	167060.17	28925.82	17.31
		烟台	101600	40642.49	155206.18	12963.69	8.35
		潍坊	158000	55341.64	229634.96	16293.32	7.10
		济宁	193400	46821.40	254822.12	14600.72	5.73
		泰安	129700	29756.10	170338.92	10882.82	6.39
		威海	44800	9757.84	61564.20	7006.36	11.38
		德州	91300	131171.61	257986.80	35515.19	13.77
		聊城	89100	131558.64	256773.31	36114.67	14.06

续表

方案	权重	地市	本地供水量（万 m^3）	黄河供水量（万 m^3）	需水量（万 m^3）	缺水量（万 m^3）	缺水率（%）
5	(0.6,0.4)	滨州	51400	108474.40	189236.43	29362.03	15.52
		菏泽	128900	100177.90	253802.16	24724.26	9.74
6	(0.5,0.5)	济南	108600	81516.17	212193.65	22077.48	10.40
		青岛	140900	38964.55	193103.13	13238.58	6.86
		淄博	82800	14331.17	105241.98	8110.81	7.71
		东营	21000	116646.26	167060.17	29413.91	17.61
		烟台	101600	40137.75	155206.18	13468.43	8.68
		潍坊	158000	54986.28	229634.96	16648.68	7.25
		济宁	193400	46605.33	254822.12	14816.79	5.81
		泰安	129700	29395.79	170338.92	11243.13	6.60
		威海	44800	9636.97	61564.20	7127.23	11.58
		德州	91300	133699.42	257986.80	32987.38	12.79
		聊城	89100	134507.85	256773.31	33165.46	12.92
		滨州	51400	109857.29	189236.43	27979.14	14.79
		菏泽	128900	99115.16	253802.16	25787.00	10.16
7	(0.4,0.6)	济南	108600	77925.81	212193.65	25667.84	12.10
		青岛	140900	37294.51	193103.13	14908.62	7.72
		淄博	82800	15896.10	105241.98	6545.88	6.22
		东营	21000	111643.59	167060.17	34416.58	20.60
		烟台	101600	42876.21	155206.18	10729.97	6.91
		潍坊	158000	57051.77	229634.96	14583.19	6.35
		济宁	193400	43765.39	254822.12	17656.73	6.93
		泰安	129700	29058.21	170338.92	11580.71	6.80
		威海	44800	9064.41	61564.20	7699.79	12.51
		德州	91300	137525.18	257986.80	29161.62	11.30
		聊城	89100	128881.62	256773.31	38791.69	15.11
		滨州	51400	107421.60	189236.43	30414.83	16.07
		菏泽	128900	110995.60	253802.16	13906.56	5.48
8	(0.3,0.7)	济南	108600	77893.35	212193.65	25700.30	12.11
		青岛	140900	39143.90	193103.13	13059.23	6.76

续表

方案	权重	地市	本地供水量（万 m^3）	黄河供水量（万 m^3）	需水量（万 m^3）	缺水量（万 m^3）	缺水率（%）
8	(0.3,0.7)	淄博	82800	14411.56	105241.98	8030.42	7.63
		东营	21000	117142.43	167060.17	28917.74	17.31
		烟台	101600	40309.93	155206.18	13296.25	8.57
		潍坊	158000	55258.87	229634.96	16376.09	7.13
		济宁	193400	46815.62	254822.12	14606.50	5.73
		泰安	129700	29533.95	170338.92	11104.97	6.52
		威海	44800	9693.19	61564.20	7071.01	11.49
		德州	91300	134445.93	257986.80	32240.87	12.50
		聊城	89100	135257.04	256773.31	32416.27	12.62
		滨州	51400	110077.91	189236.43	27758.52	14.67
		菏泽	128900	99416.32	253802.16	25485.84	10.04
9	(0.2,0.8)	济南	108600	78139.64	212193.65	25454.01	12.00
		青岛	140900	39121.46	193103.13	13081.67	6.77
		淄博	82800	14402.19	105241.98	8039.79	7.64
		东营	21000	117061.21	167060.17	28998.96	17.36
		烟台	101600	40288.95	155206.18	13317.23	8.58
		潍坊	158000	55257.16	229634.96	16377.80	7.13
		济宁	193400	46780.76	254822.12	14641.36	5.75
		泰安	129700	29307.34	170338.92	11331.58	6.65
		威海	44800	9685.63	61564.20	7078.57	11.50
		德州	91300	134252.09	257986.80	32434.71	12.57
		聊城	89100	135347.31	256773.31	32326.00	12.59
		滨州	51400	110251.02	189236.43	27585.41	14.58
		菏泽	128900	99505.22	253802.16	25396.94	10.01
10	(0.1,0.9)	济南	108600	79972.48	212193.65	23621.17	11.13
		青岛	140900	39030.75	193103.13	13172.38	6.82
		淄博	82800	14362.86	105241.98	8079.12	7.68
		东营	21000	117069.56	167060.17	28990.61	17.35
		烟台	101600	40171.97	155206.18	13434.21	8.66

续表

方案	权重	地市	本地供水量（万 m^3）	黄河供水量（万 m^3）	需水量（万 m^3）	缺水量（万 m^3）	缺水率（%）
10	(0.1,0.9)	潍坊	158000	55035.76	229634.96	16599.20	7.23
		济宁	193400	46091.38	254822.12	15330.74	6.02
		泰安	129700	29445.60	170338.92	11193.32	6.57
		威海	44800	9656.75	61564.20	7107.45	11.54
		德州	91300	133956.76	257986.80	32730.04	12.69
		聊城	89100	135071.06	256773.31	32602.25	12.70
		滨州	51400	110008.94	189236.43	27827.49	14.71
		菏泽	128900	99526.13	253802.16	25376.03	10.00
11	(0,1)	济南	108600	81467.29	212193.65	22126.36	10.43
		青岛	140900	38944.37	193103.13	13258.76	6.87
		淄博	82800	14325.58	105241.98	8116.40	7.71
		东营	21000	117003.36	167060.17	29056.81	17.39
		烟台	101600	40104.67	155206.18	13501.51	8.70
		潍坊	158000	55001.62	229634.96	16633.34	7.24
		济宁	193400	46570.58	254822.12	14851.54	5.83
		泰安	129700	29378.44	170338.92	11260.48	6.61
		威海	44800	9629.37	61564.20	7134.83	11.59
		德州	91300	133648.64	257986.80	33038.16	12.81
		聊城	89100	134462.42	256773.31	33210.89	12.93
		滨州	51400	109784.09	189236.43	28052.34	14.82
		菏泽	128900	99079.58	253802.16	25822.58	10.17

注：权重(w_1,w_2)表示目标 1 权重取 w_1，目标 2 权重取 w_2，$w_1+w_2=1$。

表 60　2025 年黄河来水丰水年 $P=95\%$ 时水资源高效均衡配置方案

方案	权重	地市	本地供水量（万 m^3）	黄河供水量（万 m^3）	需水量（万 m^3）	缺水量（万 m^3）	缺水率（%）
1	(1,0)	济南	103200	83294.76	212193.65	25698.89	12.11
		青岛	135300	53576.94	193103.13	4226.19	2.19
		淄博	80900	12850.82	105241.98	11491.16	10.92
		东营	18200	82200.37	167060.17	66659.80	39.90

续表

方案	权重	地市	本地供水量(万 m^3)	黄河供水量(万 m^3)	需水量(万 m^3)	缺水量(万 m^3)	缺水率(%)
1	(1,0)	烟台	96000	54936.69	155206.18	4269.49	2.75
		潍坊	149500	70901.58	229634.96	9233.38	4.02
		济宁	182100	58832.05	254822.12	13890.07	5.45
		泰安	124000	36469.58	170338.92	9869.34	5.79
		威海	42000	15327.94	61564.20	4236.26	6.88
		德州	85600	137100.63	257986.80	35286.17	13.68
		聊城	84300	130204.21	256773.31	42269.10	16.46
		滨州	44800	67064.30	189236.43	77372.13	40.89
		菏泽	126900	106640.15	253802.16	20262.01	7.98
2	(0.9,0.1)	济南	103200	82762.36	212193.65	26231.29	12.36
		青岛	135300	53577.04	193103.13	4226.09	2.19
		淄博	80900	14814.32	105241.98	9527.66	9.05
		东营	18200	79586.87	167060.17	69273.30	41.47
		烟台	96000	52215.74	155206.18	6990.44	4.50
		潍坊	149500	69226.99	229634.96	10907.97	4.75
		济宁	182100	59516.80	254822.12	13205.32	5.18
		泰安	124000	36810.39	170338.92	9528.53	5.59
		威海	42000	15327.80	61564.20	4236.40	6.88
		德州	85600	138153.20	257986.80	34233.60	13.27
		聊城	84300	131194.39	256773.31	41278.92	16.08
		滨州	44800	68371.40	189236.43	76065.03	40.20
		菏泽	126900	107842.69	253802.16	19059.47	7.51
3	(0.8,0.2)	济南	103200	82094.43	212193.65	26899.22	12.68
		青岛	135300	53576.99	193103.13	4226.14	2.19
		淄博	80900	14990.28	105241.98	9351.70	8.89
		东营	18200	78854.93	167060.17	70005.24	41.90
		烟台	96000	50766.75	155206.18	8439.43	5.44
		潍坊	149500	68475.22	229634.96	11659.74	5.08
		济宁	182100	59946.03	254822.12	12776.09	5.01

续表

方案	权重	地市	本地供水量（万 m³）	黄河供水量（万 m³）	需水量（万 m³）	缺水量（万 m³）	缺水率（%）
3	(0.8,0.2)	泰安	124000	36769.48	170338.92	9569.44	5.62
		威海	42000	15328.27	61564.20	4235.93	6.88
		德州	85600	138940.18	257986.80	33446.62	12.96
		聊城	84300	131973.28	256773.31	40500.03	15.77
		滨州	44800	69040.62	189236.43	75395.81	39.84
		菏泽	126900	108643.54	253802.16	18258.62	7.19
4	(0.7,0.3)	济南	103200	80546.58	212193.65	28447.07	13.41
		青岛	135300	52319.43	193103.13	5483.70	2.84
		淄博	80900	16707.76	105241.98	7634.22	7.25
		东营	18200	83727.79	167060.17	65132.38	38.99
		烟台	96000	49333.19	155206.18	9872.99	6.36
		潍坊	149500	67385.19	229634.96	12749.77	5.55
		济宁	182100	60317.77	254822.12	12404.35	4.87
		泰安	124000	36895.02	170338.92	9443.90	5.54
		威海	42000	12398.59	61564.20	7165.61	11.64
		德州	85600	139383.28	257986.80	33003.52	12.79
		聊城	84300	133196.24	256773.31	39277.07	15.30
		滨州	44800	68947.36	189236.43	75489.07	39.89
		菏泽	126900	109141.80	253802.16	17760.36	7.00
5	(0.6,0.4)	济南	103200	82101.14	212193.65	26892.51	12.67
		青岛	135300	53577.03	193103.13	4226.10	2.19
		淄博	80900	14688.10	105241.98	9653.88	9.17
		东营	18200	78839.56	167060.17	70020.61	41.91
		烟台	96000	50792.43	155206.18	8413.75	5.42
		潍坊	149500	68455.99	229634.96	11678.97	5.09
		济宁	182100	59996.82	254822.12	12725.30	4.99
		泰安	124000	36721.62	170338.92	9617.30	5.65
		威海	42000	15328.25	61564.20	4235.95	6.88
		德州	85600	139030.77	257986.80	33356.03	12.93

续表

方案	权重	地市	本地供水量(万 m^3)	黄河供水量(万 m^3)	需水量(万 m^3)	缺水量(万 m^3)	缺水率(%)
5	(0.6,0.4)	聊城	84300	132011.63	256773.31	40461.68	15.76
		滨州	44800	69092.25	189236.43	75344.18	39.81
		菏泽	126900	108764.41	253802.16	18137.75	7.15
6	(0.5,0.5)	济南	103200	82146.63	212193.65	26847.02	12.65
		青岛	135300	53577.08	193103.13	4226.05	2.19
		淄博	80900	14331.07	105241.98	10010.91	9.51
		东营	18200	78838.95	167060.17	70021.22	41.91
		烟台	96000	50883.42	155206.18	8322.76	5.36
		潍坊	149500	68457.13	229634.96	11677.83	5.09
		济宁	182100	60031.38	254822.12	12690.74	4.98
		泰安	124000	36690.08	170338.92	9648.84	5.66
		威海	42000	15328.27	61564.20	4235.93	6.88
		德州	85600	139096.31	257986.80	33290.49	12.90
		聊城	84300	132021.31	256773.31	40452.00	15.75
		滨州	44800	69129.06	189236.43	75307.37	39.80
		菏泽	126900	108869.31	253802.16	18032.85	7.11
7	(0.4,0.6)	济南	103200	80546.57	212193.65	28447.08	13.41
		青岛	135300	50614.29	193103.13	7188.84	3.72
		淄博	80900	16708.78	105241.98	7633.20	7.25
		东营	18200	85737.70	167060.17	63122.47	37.78
		烟台	96000	48103.64	155206.18	11102.54	7.15
		潍坊	149500	67100.45	229634.96	13034.51	5.68
		济宁	182100	61230.88	254822.12	11491.24	4.51
		泰安	124000	36593.30	170338.92	9745.62	5.72
		威海	42000	12996.53	61564.20	6567.67	10.67
		德州	85600	139382.76	257986.80	33004.04	12.79
		聊城	84300	133196.22	256773.31	39277.09	15.30
		滨州	44800	68946.96	189236.43	75489.47	39.89
		菏泽	126900	109141.90	253802.16	17760.26	7.00

续表

方案	权重	地市	本地供水量（万 m^3）	黄河供水量（万 m^3）	需水量（万 m^3）	缺水量（万 m^3）	缺水率（%）
8	(0.3,0.7)	济南	103200	80546.35	212193.65	28447.30	13.41
		青岛	135300	48574.21	193103.13	9228.92	4.78
		淄博	80900	16707.84	105241.98	7634.14	7.25
		东营	18200	84378.49	167060.17	64481.68	38.60
		烟台	96000	50898.01	155206.18	8308.17	5.35
		潍坊	149500	68380.65	229634.96	11754.31	5.12
		济宁	182100	60316.41	254822.12	12405.71	4.87
		泰安	124000	37428.86	170338.92	8910.06	5.23
		威海	42000	12399.51	61564.20	7164.69	11.64
		德州	85600	139383.09	257986.80	33003.71	12.79
		聊城	84300	133196.54	256773.31	39276.77	15.30
		滨州	44800	68947.74	189236.43	75488.69	39.89
		菏泽	126900	109142.30	253802.16	17759.86	7.00
9	(0.2,0.8)	济南	103200	80805.56	212193.65	28188.09	13.28
		青岛	135300	46874.59	193103.13	10928.54	5.66
		淄博	80900	16743.26	105241.98	7598.72	7.22
		东营	18200	87163.55	167060.17	61696.62	36.93
		烟台	96000	48100.05	155206.18	11106.13	7.16
		潍坊	149500	66989.49	229634.96	13145.47	5.72
		济宁	182100	60316.23	254822.12	12405.89	4.87
		泰安	124000	38784.56	170338.92	7554.36	4.43
		威海	42000	13556.11	61564.20	6008.09	9.76
		德州	85600	139416.64	257986.80	32970.16	12.78
		聊城	84300	133197.06	256773.31	39276.25	15.30
		滨州	44800	69026.74	189236.43	75409.69	39.85
		菏泽	126900	109326.17	253802.16	17575.99	6.93
10	(0.1,0.9)	济南	103200	80705.57	212193.65	28288.08	13.33
		青岛	135300	48558.35	193103.13	9244.78	4.79
		淄博	80900	16710.90	105241.98	7631.08	7.25

续表

方案	权重	地市	本地供水量(万 m³)	黄河供水量(万 m³)	需水量(万 m³)	缺水量(万 m³)	缺水率(%)
10	(0.1,0.9)	东营	18200	78172.14	167060.17	70688.03	42.31
		烟台	96000	48100.67	155206.18	11105.51	7.16
		潍坊	149500	68126.83	229634.96	12008.13	5.23
		济宁	182100	61852.28	254822.12	10869.84	4.27
		泰安	124000	40835.17	170338.92	5503.75	3.23
		威海	42000	13897.03	61564.20	5667.17	9.21
		德州	85600	142049.91	257986.80	30336.89	11.76
		聊城	84300	133197.49	256773.31	39275.82	15.30
		滨州	44800	68947.41	189236.43	75489.02	39.89
		菏泽	126900	109146.26	253802.16	17755.90	7.00
11	(0,1)	济南	103200	81485.01	212193.65	27508.64	12.96
		青岛	135300	49182.24	193103.13	8620.89	4.46
		淄博	80900	16709.76	105241.98	7632.22	7.25
		东营	18200	84153.08	167060.17	64707.09	38.73
		烟台	96000	48099.97	155206.18	11106.21	7.16
		潍坊	149500	66992.41	229634.96	13142.55	5.72
		济宁	182100	60316.56	254822.12	12405.56	4.87
		泰安	124000	36593.52	170338.92	9745.40	5.72
		威海	42000	12400.46	61564.20	7163.74	11.64
		德州	85600	143080.42	257986.80	29306.38	11.36
		聊城	84300	133196.71	256773.31	39276.60	15.30
		滨州	44800	68947.53	189236.43	75488.90	39.89
		菏泽	126900	109142.33	253802.16	17759.83	7.30

表 61　2030 年黄河来水丰水年 $P=75\%$ 时水资源高效均衡配置方案

方案	权重	地市	本地供水量(万 m³)	黄河供水量(万 m³)	需水量(万 m³)	缺水量(万 m³)	缺水率(%)
1	(1,0)	济南	121200	108267.47	255221.93	25754.46	10.09
		青岛	153700	53702.94	211628.09	4225.15	2.00
		淄博	92000	5397.65	102620.98	5223.33	5.09

续表

方案	权重	地市	本地供水量（万 m^3）	黄河供水量（万 m^3）	需水量（万 m^3）	缺水量（万 m^3）	缺水率（%）
1	(1,0)	东营	29200	94023.41	178307.11	55083.70	30.89
		烟台	110600	48140.47	163013.80	4273.33	2.62
		潍坊	172300	52787.71	229397.01	4309.30	1.88
		济宁	210500	37709.52	253863.64	5654.12	2.23
		泰安	139900	58386.85	202490.48	4203.63	2.08
		威海	48800	13844.75	66882.72	4237.97	6.34
		德州	106300	145793.76	268692.40	16598.64	6.18
		聊城	103800	106111.39	267969.25	58057.86	21.67
		滨州	62300	83717.12	188806.01	42788.89	22.66
		菏泽	145400	101516.96	258981.58	12064.62	4.66
2	(0.9,0.1)	济南	121200	108267.38	255221.93	25754.55	10.09
		青岛	153700	53703.16	211628.09	4224.93	2.00
		淄博	92000	5814.82	102620.98	4806.16	4.68
		东营	29200	93855.63	178307.11	55251.48	30.99
		烟台	110600	48098.72	163013.80	4315.08	2.65
		潍坊	172300	52851.26	229397.01	4245.75	1.85
		济宁	210500	38148.48	253863.64	5215.16	2.05
		泰安	139900	57532.26	202490.48	5058.22	2.50
		威海	48800	13845.17	66882.72	4237.55	6.34
		德州	106300	142190.45	268692.40	20201.95	7.52
		聊城	103800	108237.58	267969.25	55931.67	20.87
		滨州	62300	86353.90	188806.01	40152.11	21.27
		菏泽	145400	100501.21	258981.58	13080.37	5.05
3	(0.8,0.2)	济南	121200	107491.55	255221.93	26530.38	10.40
		青岛	153700	53703.24	211628.09	4224.85	2.00
		淄博	92000	6036.05	102620.98	4584.93	4.47
		东营	29200	93685.00	178307.11	55422.11	31.08
		烟台	110600	48106.47	163013.80	4307.33	2.64
		潍坊	172300	52515.94	229397.01	4581.07	2.00

续表

方案	权重	地市	本地供水量(万 m^3)	黄河供水量(万 m^3)	需水量(万 m^3)	缺水量(万 m^3)	缺水率(%)
3	(0.8,0.2)	济宁	210500	37670.96	253863.64	5692.68	2.24
		泰安	139900	57996.16	202490.48	4594.32	2.27
		威海	48800	13840.38	66882.72	4242.34	6.34
		德州	106300	141356.92	268692.40	21035.48	7.83
		聊城	103800	108266.78	267969.25	55902.47	20.86
		滨州	62300	87375.29	188806.01	39130.72	20.73
		菏泽	145400	101355.28	258981.58	12226.30	4.72
4	(0.7,0.3)	济南	121200	108206.97	255221.93	25814.96	10.11
		青岛	153700	53703.45	211628.09	4224.64	2.00
		淄博	92000	6156.53	102620.98	4464.45	4.35
		东营	29200	94022.48	178307.11	55084.63	30.89
		烟台	110600	47777.15	163013.80	4636.65	2.84
		潍坊	172300	52295.09	229397.01	4801.92	2.09
		济宁	210500	38338.56	253863.64	5025.08	1.98
		泰安	139900	55549.65	202490.48	7040.83	3.48
		威海	48800	13668.99	66882.72	4413.73	6.60
		德州	106300	140049.03	268692.40	22343.37	8.32
		聊城	103800	108264.68	267969.25	55904.57	20.86
		滨州	62300	89323.44	188806.01	37182.57	19.69
		菏泽	145400	102043.97	258981.58	11537.61	4.45
5	(0.6,0.4)	济南	121200	108265.27	255221.93	25756.66	10.09
		青岛	153700	53703.94	211628.09	4224.15	2.00
		淄博	92000	6035.22	102620.98	4585.76	4.47
		东营	29200	94023.13	178307.11	55083.98	30.89
		烟台	110600	47874.54	163013.80	4539.26	2.78
		潍坊	172300	52273.96	229397.01	4823.05	2.10
		济宁	210500	38202.02	253863.64	5161.62	2.03
		泰安	139900	55085.13	202490.48	7505.35	3.71
		威海	48800	13775.95	66882.72	4306.77	6.44

续表

方案	权重	地市	本地供水量（万 m^3）	黄河供水量（万 m^3）	需水量（万 m^3）	缺水量（万 m^3）	缺水率（%）
5	(0.6,0.4)	德州	106300	140082.39	268692.40	22310.01	8.30
		聊城	103800	108266.52	267969.25	55902.73	20.86
		滨州	62300	89527.34	188806.01	36978.67	19.59
		菏泽	145400	102284.59	258981.58	11296.99	4.36
6	(0.5,0.5)	济南	121200	104901.45	255221.93	29120.48	11.41
		青岛	153700	51970.37	211628.09	5957.72	2.82
		淄博	92000	6069.58	102620.98	4551.4	4.44
		东营	29200	91083.33	178307.11	58023.78	32.54
		烟台	110600	46573.63	163013.80	5840.17	3.58
		潍坊	172300	51144.15	229397.01	5952.86	2.60
		济宁	210500	37833.42	253863.64	5530.22	2.18
		泰安	139900	56553.30	202490.48	6037.18	2.98
		威海	48800	13304.42	66882.72	4778.30	7.14
		德州	106300	153304.40	268692.40	9088.00	3.38
		聊城	103800	104901.45	267969.25	59267.80	22.12
		滨州	62300	86723.43	188806.01	39782.58	21.07
		菏泽	145400	105937.05	258981.58	7644.53	2.95
7	(0.4,0.6)	济南	121200	105943.46	255221.93	28078.47	11.00
		青岛	153700	51394.47	211628.09	6533.62	3.09
		淄博	92000	5945.77	102620.98	4675.21	4.56
		东营	29200	92168.27	178307.11	56938.84	31.93
		烟台	110600	45648.50	163013.80	6765.30	4.15
		潍坊	172300	49920.79	229397.01	7176.22	3.13
		济宁	210500	37476.79	253863.64	5886.85	2.32
		泰安	139900	55575.00	202490.48	7015.48	3.46
		威海	48800	13091.25	66882.72	4991.47	7.46
		德州	106300	150968.58	268692.40	11423.82	4.25
		聊城	103800	107172.65	267969.25	56996.60	21.27
		滨州	62300	87291.23	188806.01	39214.78	20.77
		菏泽	145400	106803.24	258981.58	6778.34	2.62

续表

方案	权重	地市	本地供水量（万 m^3）	黄河供水量（万 m^3）	需水量（万 m^3）	缺水量（万 m^3）	缺水率（%）
8	(0.3,0.7)	济南	121200	106049.90	255221.93	27972.03	10.96
		青岛	153700	51332.53	211628.09	6595.56	3.12
		淄博	92000	5951.33	102620.98	4669.65	4.55
		东营	29200	92193.58	178307.11	56913.53	31.92
		烟台	110600	45632.78	163013.80	6781.02	4.16
		潍坊	172300	50152.04	229397.01	6944.97	3.03
		济宁	210500	37300.83	253863.64	6062.81	2.39
		泰安	139900	55607.51	202490.48	6982.97	3.45
		威海	48800	13404.92	66882.72	4677.80	6.99
		德州	106300	150481.36	268692.40	11911.04	4.43
		聊城	103800	107253.26	267969.25	56915.99	21.24
		滨州	62300	87346.63	188806.01	39159.38	20.74
		菏泽	145400	106693.31	258981.58	6888.27	2.66
9	(0.2,0.8)	济南	121200	106248.95	255221.93	27772.98	10.88
		青岛	153700	51301.73	211628.09	6626.36	3.13
		淄博	92000	5885.29	102620.98	4735.69	4.61
		东营	29200	92357.36	178307.11	56749.75	31.83
		烟台	110600	45770.22	163013.80	6643.58	4.08
		潍坊	172300	50098.05	229397.01	6998.96	3.05
		济宁	210500	37202.02	253863.64	6161.62	2.43
		泰安	139900	55599.96	202490.48	6990.52	3.45
		威海	48800	13085.79	66882.72	4996.93	7.47
		德州	106300	150438.53	268692.40	11953.87	4.45
		聊城	103800	107265.99	267969.25	56903.26	21.23
		滨州	62300	87509.23	188806.01	38996.78	20.65
		菏泽	145400	106636.87	258981.58	6944.71	2.68
10	(0.1,0.9)	济南	121200	104690.14	255221.93	29331.79	11.49
		青岛	153700	51687.49	211628.09	6240.6	2.95
		淄博	92000	6017.73	102620.98	4603.25	4.49

续表

方案	权重	地市	本地供水量（万 m³）	黄河供水量（万 m³）	需水量（万 m³）	缺水量（万 m³）	缺水率（%）
10	(0.1,0.9)	东营	29200	90603.94	178307.11	58503.17	32.81
		烟台	110600	46318.05	163013.80	6095.75	3.74
		潍坊	172300	50810.60	229397.01	6286.41	2.74
		济宁	210500	37621.69	253863.64	5741.95	2.26
		泰安	139900	56615.06	202490.48	5975.42	2.95
		威海	48800	13216.14	66882.72	4866.58	7.28
		德州	106300	151368.86	268692.40	11023.54	4.10
		聊城	103800	108219.04	267969.25	55950.21	20.88
		滨州	62300	86182.20	188806.01	40323.81	21.36
		菏泽	145400	106049.03	258981.58	7532.55	2.91
11	(0,1)	济南	121200	104492.59	255221.93	29529.34	11.57
		青岛	153700	51710.90	211628.09	6217.19	2.94
		淄博	92000	6018.30	102620.98	4602.68	4.49
		东营	29200	90592.88	178307.11	58514.23	32.82
		烟台	110600	46320.88	163013.80	6092.92	3.74
		潍坊	172300	50866.09	229397.01	6230.92	2.72
		济宁	210500	37633.27	253863.64	5730.37	2.26
		泰安	139900	56652.22	202490.48	5938.26	2.93
		威海	48800	13215.02	66882.72	4867.7	7.28
		德州	106300	151423.28	268692.40	10969.12	4.08
		聊城	103800	108267.66	267969.25	55901.59	20.86
		滨州	62300	86282.44	188806.01	40223.57	21.30
		菏泽	145400	105924.47	258981.58	7657.11	2.96

表 62 2030 年黄河来水丰水年 $P=95\%$ 时水资源高效均衡配置方案

方案	权重	地市	本地供水量（万 m³）	黄河供水量（万 m³）	需水量（万 m³）	缺水量（万 m³）	缺水率（%）
1	(1,0)	济南	116200	110642.34	255221.93	28379.59	11.12
		青岛	147700	53689.32	211628.09	10238.77	4.84
		淄博	90000	4851.86	102620.98	7769.12	7.57

续表

方案	权重	地市	本地供水量(万 m^3)	黄河供水量(万 m^3)	需水量(万 m^3)	缺水量(万 m^3)	缺水率(%)
1	(1,0)	东营	26200	110259.04	178307.11	41848.07	23.47
		烟台	104600	48174.58	163013.80	10239.22	6.28
		潍坊	163300	52857.86	229397.01	13239.15	5.77
		济宁	198500	26015.51	253863.64	29348.13	11.56
		泰安	133900	58346.98	202490.48	10243.50	5.06
		威海	45800	13843.70	66882.72	7239.02	10.82
		德州	100300	115742.85	268692.40	52649.55	19.59
		聊城	89800	119348.15	267969.25	58821.10	21.95
		滨州	55300	102716.06	188806.01	30789.95	16.31
		菏泽	143400	92911.77	258981.58	22669.81	8.75
2	(0.9,0.1)	济南	116200	117166.60	255221.93	21855.33	8.56
		青岛	147700	53607.05	211628.09	10321.04	4.88
		淄博	90000	5656.03	102620.98	6964.95	6.79
		东营	26200	144649.04	178307.11	7458.07	4.18
		烟台	104600	43867.76	163013.80	14546.04	8.92
		潍坊	163300	49461.56	229397.01	16635.45	7.25
		济宁	198500	35396.52	253863.64	19967.12	7.87
		泰安	133900	52969.78	202490.48	15620.70	7.71
		威海	45800	12607.39	66882.72	8475.33	12.67
		德州	100300	93269.55	268692.40	75122.85	27.96
		聊城	89800	95331.07	267969.25	82837.18	30.91
		滨州	55300	114741.83	188806.01	18764.18	9.94
		菏泽	143400	90675.84	258981.58	24905.74	9.62
3	(0.8,0.2)	济南	116200	117178.16	255221.93	21843.77	8.56
		青岛	147700	53608.88	211628.09	10319.21	4.88
		淄博	90000	5659.00	102620.98	6961.98	6.78
		东营	26200	144666.89	178307.11	7440.22	4.17
		烟台	104600	43870.82	163013.80	14542.98	8.92
		潍坊	163300	49420.76	229397.01	16676.25	7.27

续表

方案	权重	地市	本地供水量（万 m^3）	黄河供水量（万 m^3）	需水量（万 m^3）	缺水量（万 m^3）	缺水率（%）
3	(0.8,0.2)	济宁	198500	35378.42	253863.64	19985.22	7.87
		泰安	133900	52932.38	202490.48	15658.10	7.73
		威海	45800	12610.88	66882.72	8471.84	12.67
		德州	100300	93284.10	268692.40	75108.30	27.95
		聊城	89800	95346.93	267969.25	82820.32	30.91
		滨州	55300	114751.25	188806.01	18754.76	9.93
		菏泽	143400	90691.54	258981.58	24890.04	9.61
4	(0.7,0.3)	济南	116200	117196.97	255221.93	21824.96	8.55
		青岛	147700	53593.92	211628.09	10334.17	4.88
		淄博	90000	5644.23	102620.98	6976.75	6.80
		东营	26200	144654.10	178307.11	7453.01	4.18
		烟台	104600	43835.48	163013.80	14578.32	8.94
		潍坊	163300	49451.55	229397.01	16645.46	7.26
		济宁	198500	35391.73	253863.64	19971.91	7.87
		泰安	133900	52962.33	202490.48	15628.15	7.72
		威海	45800	12589.93	66882.72	8492.79	12.70
		德州	100300	93291.73	268692.40	75100.67	27.95
		聊城	89800	95346.41	267969.25	82819.84	30.91
		滨州	55300	114748.07	188806.01	18757.94	9.94
		菏泽	143400	90693.54	258981.58	24888.04	9.61
5	(0.6,0.4)	济南	116200	115640.01	255221.93	23381.92	9.16
		青岛	147700	53689.40	211628.09	10238.69	4.84
		淄博	90000	5387.36	102620.98	7233.62	7.05
		东营	26200	142699.81	178307.11	9407.30	5.28
		烟台	104600	43264.33	163013.80	15149.47	9.29
		潍坊	163300	48691.00	229397.01	17406.01	7.59
		济宁	198500	35074.38	253863.64	20289.26	7.99
		泰安	133900	52374.24	202490.48	16216.24	8.01
		威海	45800	12149.82	66882.72	8932.90	13.36

续表

方案	权重	地市	本地供水量(万 m^3)	黄河供水量(万 m^3)	需水量(万 m^3)	缺水量(万 m^3)	缺水率(%)
5	(0.6,0.4)	德州	100300	96599.89	268692.40	71792.51	26.72
		聊城	89800	95708.39	267969.25	82456.86	30.77
		滨州	55300	115466.63	188806.01	18039.38	9.55
		菏泽	143400	92654.74	258981.58	22926.84	8.85
6	(0.5,0.5)	济南	116200	115696.78	255221.93	23325.15	9.14
		青岛	147700	53689.35	211628.09	10238.74	4.84
		淄博	90000	5366.37	102620.98	7254.61	7.07
		东营	26200	142630.60	178307.11	9476.51	5.31
		烟台	104600	43137.89	163013.80	15275.91	9.37
		潍坊	163300	48681.03	229397.01	17415.98	7.59
		济宁	198500	34966.88	253863.64	20396.76	8.03
		泰安	133900	52351.11	202490.48	16239.37	8.02
		威海	45800	12110.68	66882.72	8972.04	13.41
		德州	100300	96727.99	268692.40	71664.41	26.67
		聊城	89800	95766.87	267969.25	82397.38	30.75
		滨州	55300	115530.59	188806.01	17975.42	9.52
		菏泽	143400	92743.86	258981.58	22837.72	8.82
7	(0.4,0.6)	济南	116200	118138.27	255221.93	20883.66	8.18
		青岛	147700	48485.24	211628.09	15442.85	7.30
		淄博	90000	5413.39	102620.98	7207.59	7.02
		东营	26200	131443.72	178307.11	20663.39	11.59
		烟台	104600	43393.11	163013.80	15020.69	9.21
		潍坊	163300	48864.91	229397.01	17232.10	7.51
		济宁	198500	35168.51	253863.64	20195.13	7.96
		泰安	133900	52640.94	202490.48	15949.54	7.88
		威海	45800	12194.30	66882.72	8888.42	13.29
		德州	100300	98416.96	268692.40	69975.44	26.04
		聊城	89800	102328.99	267969.25	75834.26	28.30
		滨州	55300	114988.42	188806.01	18517.59	9.81
		菏泽	143400	97923.24	258981.58	17658.34	6.82

续表

方案	权重	地市	本地供水量（万 m^3）	黄河供水量（万 m^3）	需水量（万 m^3）	缺水量（万 m^3）	缺水率（%）
8	(0.3,0.7)	济南	116200	117540.90	255221.93	21481.03	8.42
		青岛	147700	48454.55	211628.09	15473.54	7.31
		淄博	90000	5412.31	102620.98	7208.67	7.02
		东营	26200	131247.88	178307.11	20859.23	11.70
		烟台	104600	43004.33	163013.80	15409.47	9.45
		潍坊	163300	48720.50	229397.01	17376.51	7.57
		济宁	198500	35163.91	253863.64	20199.73	7.96
		泰安	133900	52634.34	202490.48	15956.14	7.88
		威海	45800	12193.01	66882.72	8889.71	13.29
		德州	100300	98723.06	268692.40	69669.34	25.93
		聊城	89800	103447.83	267969.25	74714.42	27.88
		滨州	55300	114199.10	188806.01	19306.91	10.23
		菏泽	143400	98658.30	258981.58	16923.28	6.53
9	(0.2,0.8)	济南	116200	117808.32	255221.93	21213.61	8.31
		青岛	147700	48517.36	211628.09	15410.73	7.28
		淄博	90000	5434.08	102620.98	7186.90	7.00
		东营	26200	131554.02	178307.11	20553.09	11.53
		烟台	104600	43845.08	163013.80	14568.72	8.94
		潍坊	163300	48476.84	229397.01	17620.17	7.68
		济宁	198500	35252.76	253863.64	20110.88	7.92
		泰安	133900	52704.13	202490.48	15886.35	7.85
		威海	45800	12228.23	66882.72	8854.49	13.24
		德州	100300	98275.35	268692.40	70117.05	26.10
		聊城	89800	102214.31	267969.25	75946.94	28.34
		滨州	55300	115004.86	188806.01	18501.15	9.80
		菏泽	143400	98084.65	258981.58	17496.93	6.76
10	(0.1,0.9)	济南	116200	117790.56	255221.93	21231.37	8.32
		青岛	147700	48471.44	211628.09	15456.65	7.30
		淄博	90000	5430.13	102620.98	7190.85	7.01

续表

方案	权重	地市	本地供水量（万 m³）	黄河供水量（万 m³）	需水量（万 m³）	缺水量（万 m³）	缺水率（%）
10	(0.1,0.9)	东营	26200	131139.47	178307.11	20967.64	11.76
		烟台	104600	43403.37	163013.80	15010.43	9.21
		潍坊	163300	48110.42	229397.01	17986.59	7.84
		济宁	198500	35290.45	253863.64	20073.19	7.91
		泰安	133900	52794.45	202490.48	15796.03	7.80
		威海	45800	12230.98	66882.72	8851.74	13.23
		德州	100300	98660.97	268692.40	69731.43	25.95
		聊城	89800	102785.99	267969.25	75374.26	28.13
		滨州	55300	114713.90	188806.01	18792.11	9.95
		菏泽	143400	98577.86	258981.58	17003.72	6.57
11	(0,1)	济南	116200	116715.71	255221.93	22306.22	8.74
		青岛	147700	48458.09	211628.09	15470.00	7.31
		淄博	90000	5403.70	102620.98	7217.28	7.03
		东营	26200	131329.99	178307.11	20777.12	11.65
		烟台	104600	43439.44	163013.80	14974.36	9.19
		潍坊	163300	47751.73	229397.01	18345.28	8.00
		济宁	198500	35128.70	253863.64	20234.94	7.97
		泰安	133900	52579.04	202490.48	16011.44	7.91
		威海	45800	12176.14	66882.72	8906.58	13.32
		德州	100300	99168.18	268692.40	69224.22	25.76
		聊城	89800	103393.92	267969.25	74765.33	27.90
		滨州	55300	115338.59	188806.01	18167.42	9.62
		菏泽	116200	98516.79	258981.58	44264.79	17.09

表 63　2025 年黄河来水平水年 $P=75\%$ 时水资源高效均衡配置方案

方案	权重	地市	本地供水量（万 m³）	黄河供水量（万 m³）	需水量（万 m³）	缺水量（万 m³）	缺水率（%）
1	(1,0)	济南	108600	63814.41	212193.65	39779.24	18.75
		青岛	140900	52202.89	193103.13	0.24	0.00
		淄博	82800	8831.35	105241.98	13610.63	12.93

续表

方案	权重	地市	本地供水量（万 m³）	黄河供水量（万 m³）	需水量（万 m³）	缺水量（万 m³）	缺水率（%）
1	(1,0)	东营	21000	113300.13	167060.17	32760.04	19.61
		烟台	101600	51279.63	155206.18	2326.55	1.50
		潍坊	158000	49831.44	229634.96	21803.52	9.49
		济宁	193400	49664.97	254822.12	11757.16	4.61
		泰安	129700	40632.41	170338.92	6.51	0.00
		威海	44800	16763.81	61564.20	0.39	0.00
		德州	91300	58884.55	257986.8	107802.25	41.79
		聊城	89100	62837.04	256773.31	104836.27	40.83
		滨州	51400	84444.16	189236.43	53392.27	28.21
		菏泽	128900	47513.22	253802.16	77388.94	30.49
2	(0.9,0.1)	济南	108600	65301.31	212193.65	38292.34	18.05
		青岛	140900	51195.76	193103.13	1007.37	0.52
		淄博	82800	14424.64	105241.98	8017.34	7.62
		东营	21000	114798.69	167060.17	31261.48	18.71
		烟台	101600	49201.39	155206.18	4404.79	2.84
		潍坊	158000	51654.28	229634.96	19980.67	8.70
		济宁	193400	50492.43	254822.12	10929.69	4.29
		泰安	129700	25645.75	170338.92	14993.17	8.80
		威海	44800	13459.49	61564.20	3304.71	5.37
		德州	91300	62348.20	257986.80	104338.60	40.44
		聊城	89100	65074.47	256773.31	102598.84	39.96
		滨州	51400	86686.88	189236.43	51149.55	27.03
		菏泽	128900	49716.69	253802.16	75185.47	29.62
3	(0.8,0.2)	济南	108600	65282.81	212193.65	38310.84	18.05
		青岛	140900	51274.60	193103.13	928.53	0.48
		淄博	82800	14404.24	105241.98	8037.74	7.64
		东营	21000	114791.79	167060.17	31268.37	18.72
		烟台	101600	49250.93	155206.18	4355.25	2.81
		潍坊	158000	51650.17	229634.96	19984.79	8.70

续表

方案	权重	地市	本地供水量（万 m³）	黄河供水量（万 m³）	需水量（万 m³）	缺水量（万 m³）	缺水率（%）
3	(0.8,0.2)	济宁	193400	50502.19	254822.12	10919.93	4.29
		泰安	129700	25614.77	170338.92	15024.15	8.82
		威海	44800	13565.29	61564.20	3198.91	5.20
		德州	91300	62303.67	257986.80	104383.13	40.46
		聊城	89100	65034.74	256773.31	102638.57	39.97
		滨州	51400	86650.57	189236.43	51185.86	27.05
		菏泽	128900	49674.22	253802.16	75227.94	29.64
4	(0.7,0.3)	济南	108600	69335.46	212193.65	34258.19	16.14
		青岛	140900	34997.3	193103.13	17205.83	8.91
		淄博	82800	15003.35	105241.98	7438.63	7.07
		东营	21000	97647.00	167060.17	48413.17	28.98
		烟台	101600	35919.79	155206.18	17686.39	11.40
		潍坊	158000	47897.08	229634.96	23737.88	10.34
		济宁	193400	40947.42	254822.12	20474.70	8.03
		泰安	129700	27169.75	170338.92	13469.17	7.91
		威海	44800	11208.71	61564.20	5555.49	9.02
		德州	91300	79477.44	257986.80	87209.36	33.80
		聊城	89100	80327.27	256773.31	87346.04	34.02
		滨州	51400	92677.44	189236.43	45158.99	23.86
		菏泽	128900	67391.99	253802.16	57510.17	22.66
5	(0.6,0.4)	济南	108600	66031.83	212193.65	37561.82	17.70
		青岛	140900	50694.18	193103.13	1508.95	0.78
		淄博	82800	14486.31	105241.98	7955.67	7.56
		东营	21000	115239.56	167060.17	30820.61	18.45
		烟台	101600	48100.03	155206.18	5506.15	3.55
		潍坊	158000	52152.66	229634.96	19482.30	8.48
		济宁	193400	49610.28	254822.12	11811.85	4.64
		泰安	129700	26136.94	170338.92	14501.98	8.51
		威海	44800	10781.90	61564.20	5982.30	9.72

续表

方案	权重	地市	本地供水量（万 m^3）	黄河供水量（万 m^3）	需水量（万 m^3）	缺水量（万 m^3）	缺水率（%）
5	(0.6,0.4)	德州	91300	63216.17	257986.80	103470.63	40.11
		聊城	89100	65841.39	256773.31	101831.92	39.66
		滨州	51400	87245.17	189236.43	50591.26	26.73
		菏泽	128900	50463.58	253802.16	74438.58	29.33
6	(0.5,0.5)	济南	108600	69228.41	212193.65	34365.24	16.20
		青岛	140900	34885.63	193103.13	17317.50	8.97
		淄博	82800	14997.18	105241.98	7444.80	7.07
		东营	21000	97607.76	167060.17	48452.41	29.00
		烟台	101600	35823.11	155206.18	17783.07	11.46
		潍坊	158000	47871.10	229634.96	23763.85	10.35
		济宁	193400	41046.23	254822.12	20375.89	8.00
		泰安	129700	27157.55	170338.92	13481.37	7.91
		威海	44800	11202.92	61564.20	5561.28	9.03
		德州	91300	79685.05	257986.80	87001.75	33.72
		聊城	89100	80502.83	256773.31	87170.48	33.95
		滨州	51400	92429.73	189236.43	45406.70	23.99
		菏泽	128900	67562.49	253802.16	57339.67	22.59
7	(0.4,0.6)	济南	108600	62220.42	212193.65	41373.23	19.50
		青岛	140900	31354.26	193103.13	20848.87	10.80
		淄博	82800	13479.11	105241.98	8962.87	8.52
		东营	21000	87729.21	167060.17	58330.96	34.92
		烟台	101600	32196.91	155206.18	21409.27	13.79
		潍坊	158000	43025.67	229634.96	28609.29	12.46
		济宁	193400	36891.35	254822.12	24530.77	9.63
		泰安	129700	24408.55	170338.92	16230.37	9.53
		威海	44800	10068.91	61564.20	6695.29	10.88
		德州	91300	100114.56	257986.80	66572.24	25.80
		聊城	89100	100707.93	256773.31	66965.38	26.08
		滨州	51400	82787.33	189236.43	55049.10	29.09
		菏泽	128900	75015.78	253802.16	49886.39	19.66

续表

方案	权重	地市	本地供水量（万 m^3）	黄河供水量（万 m^3）	需水量（万 m^3）	缺水量（万 m^3）	缺水率（%）
8	(0.3,0.7)	济南	108600	62221.31	212193.65	41372.34	19.50
		青岛	140900	31355.74	193103.13	20847.38	10.80
		淄博	82800	13479.10	105241.98	8962.88	8.52
		东营	21000	87730.09	167060.17	58330.08	34.92
		烟台	101600	32196.92	155206.18	21409.26	13.79
		潍坊	158000	43025.34	229634.96	28609.62	12.46
		济宁	193400	36891.34	254822.12	24530.78	9.63
		泰安	129700	24408.53	170338.92	16230.39	9.53
		威海	44800	10068.91	61564.20	6695.29	10.88
		德州	91300	100114.64	257986.80	66572.16	25.80
		聊城	89100	100711.89	256773.31	66961.42	26.08
		滨州	51400	82787.31	189236.43	55049.12	29.09
		菏泽	128900	75008.87	253802.16	49893.29	19.66
9	(0.2,0.8)	济南	108600	62220.42	212193.65	41373.23	19.50
		青岛	140900	31354.26	193103.13	20848.87	10.80
		淄博	82800	13479.11	105241.98	8962.87	8.52
		东营	21000	87729.21	167060.17	58330.96	34.92
		烟台	101600	32196.91	155206.18	21409.27	13.79
		潍坊	158000	43025.67	229634.96	28609.29	12.46
		济宁	193400	36891.35	254822.12	24530.77	9.63
		泰安	129700	24408.55	170338.92	16230.37	9.53
		威海	44800	10068.91	61564.20	6695.29	10.88
		德州	91300	100114.56	257986.80	66572.24	25.80
		聊城	89100	100707.93	256773.31	66965.38	26.08
		滨州	51400	82787.33	189236.43	55049.10	29.09
		菏泽	128900	75015.78	253802.16	49886.38	19.66
10	(0.1,0.9)	济南	108600	62220.42	212193.65	41373.23	19.50
		青岛	140900	31354.26	193103.13	20848.87	10.80
		淄博	82800	13479.11	105241.98	8962.87	8.52

续表

方案	权重	地市	本地供水量（万 m^3）	黄河供水量（万 m^3）	需水量（万 m^3）	缺水量（万 m^3）	缺水率（%）
10	(0.1,0.9)	东营	21000	87729.21	167060.17	58330.96	34.92
		烟台	101600	32196.91	155206.18	21409.27	13.79
		潍坊	158000	43025.67	229634.96	28609.29	12.46
		济宁	193400	36891.35	254822.12	24530.77	9.63
		泰安	129700	24408.55	170338.92	16230.37	9.53
		威海	44800	10068.91	61564.20	6695.29	10.88
		德州	91300	100114.56	257986.80	66572.24	25.80
		聊城	89100	100707.93	256773.31	66965.38	26.08
		滨州	51400	82787.33	189236.43	55049.10	29.09
		菏泽	128900	75015.78	253802.16	49886.38	19.66
11	(0,1)	济南	108600	62220.59	212193.65	41373.06	19.50
		青岛	140900	31354.33	193103.13	20848.80	10.80
		淄博	82800	13479.14	105241.98	8962.84	8.52
		东营	21000	87726.90	167060.17	58333.27	34.92
		烟台	101600	32197.03	155206.18	21409.15	13.79
		潍坊	158000	43025.51	229634.96	28609.45	12.46
		济宁	193400	36891.46	254822.12	24530.66	9.63
		泰安	129700	24408.61	170338.92	16230.31	9.53
		威海	44800	10068.94	61564.20	6695.26	10.88
		德州	91300	100115.7	257986.80	665710	25.80
		聊城	89100	100708.28	256773.31	66965.03	26.08
		滨州	51400	82787.54	189236.43	55048.89	29.09
		菏泽	128900	75015.96	253802.16	49886.20	19.66

表 64　2025 年黄河来水平水年 $P=95\%$ 时水资源高效均衡配置方案

方案	权重	地市	本地供水量（万 m^3）	黄河供水量（万 m^3）	需水量（万 m^3）	缺水量（万 m^3）	缺水率（%）
1	(1,0)	济南	103200	63814.41	212193.65	45179.24	21.29
		青岛	135300	52202.89	193103.13	5600.24	2.90
		淄博	80900	8831.35	105241.98	15510.63	14.74

续表

方案	权重	地市	本地供水量（万 m³）	黄河供水量（万 m³）	需水量（万 m³）	缺水量（万 m³）	缺水率（%）
1	(1,0)	东营	18200	113300.13	167060.17	35560.04	21.29
		烟台	96000	51279.63	155206.18	7926.55	5.11
		潍坊	149500	49831.44	229634.96	30303.52	13.20
		济宁	182100	49664.97	254822.12	23057.15	9.05
		泰安	124000	40632.41	170338.92	5706.51	3.35
		威海	42000	16763.81	61564.20	2800.39	4.55
		德州	85600	58884.55	257986.80	113502.25	44.00
		聊城	84300	62837.04	256773.31	109636.27	42.70
		滨州	44800	84444.16	189236.43	59992.27	31.70
		菏泽	126900	47513.22	253802.16	79388.94	31.28
2	(0.9,0.1)	济南	103200	65301.31	212193.65	43692.34	20.59
		青岛	135300	51195.76	193103.13	6607.37	3.42
		淄博	80900	14424.64	105241.98	9917.34	9.42
		东营	18200	114798.69	167060.17	34061.48	20.39
		烟台	96000	49201.39	155206.18	10004.79	6.45
		潍坊	149500	51654.28	229634.96	28480.68	12.40
		济宁	182100	50492.43	254822.12	22229.69	8.72
		泰安	124000	25645.75	170338.92	20693.17	12.15
		威海	42000	13459.49	61564.20	6104.71	9.92
		德州	85600	62348.20	257986.80	110038.60	42.65
		聊城	84300	65074.47	256773.31	107398.84	41.83
		滨州	44800	86686.88	189236.43	57749.55	30.52
		菏泽	126900	49716.69	253802.16	77185.47	30.41
3	(0.8,0.2)	济南	103200	65282.81	212193.65	43710.84	20.60
		青岛	135300	51274.60	193103.13	6528.53	3.38
		淄博	80900	14404.24	105241.98	9937.74	9.44
		东营	18200	114791.79	167060.17	34068.38	20.39
		烟台	96000	49250.93	155206.18	9955.25	6.41
		潍坊	149500	51650.17	229634.96	28484.79	12.40

续表

方案	权重	地市	本地供水量（万 m^3）	黄河供水量（万 m^3）	需水量（万 m^3）	缺水量（万 m^3）	缺水率（%）
3	(0.8,0.2)	济宁	182100	50502.19	254822.12	22219.93	8.72
		泰安	124000	25614.77	170338.92	20724.15	12.17
		威海	42000	13565.29	61564.20	5998.91	9.74
		德州	85600	62303.67	257986.80	110083.13	42.67
		聊城	84300	65034.74	256773.31	107438.57	41.84
		滨州	44800	86650.57	189236.43	57785.86	30.54
		菏泽	126900	49674.22	253802.16	77227.94	30.43
4	(0.7,0.3)	济南	103200	69335.46	212193.65	39658.19	18.69
		青岛	135300	34997.30	193103.13	22805.83	11.81
		淄博	80900	15003.35	105241.98	9338.63	8.87
		东营	18200	97647	167060.17	51213.17	30.66
		烟台	96000	35919.79	155206.18	23286.39	15.00
		潍坊	149500	47897.08	229634.96	32237.88	14.04
		济宁	182100	40947.42	254822.12	31774.70	12.47
		泰安	124000	27169.75	170338.92	19169.17	11.25
		威海	42000	11208.71	61564.20	8355.49	13.57
		德州	85600	79477.44	257986.80	92909.36	36.01
		聊城	84300	80327.27	256773.31	92146.04	35.89
		滨州	44800	92677.44	189236.43	51758.99	27.35
		菏泽	126900	67391.99	253802.16	59510.17	23.45
5	(0.6,0.4)	济南	103200	66031.83	212193.65	42961.82	20.25
		青岛	135300	50694.18	193103.13	7108.95	3.68
		淄博	80900	14486.31	105241.98	9855.67	9.36
		东营	18200	115239.56	167060.17	33620.61	20.12
		烟台	96000	48100.03	155206.18	11106.15	7.16
		潍坊	149500	52152.66	229634.96	27982.30	12.19
		济宁	182100	49610.28	254822.12	23111.84	9.07
		泰安	124000	26136.94	170338.92	20201.98	11.86
		威海	42000	10781.90	61564.20	8782.30	14.27

续表

方案	权重	地市	本地供水量（万 m^3）	黄河供水量（万 m^3）	需水量（万 m^3）	缺水量（万 m^3）	缺水率（%）
5	(0.6,0.4)	德州	85600	63216.17	257986.80	109170.63	42.32
		聊城	84300	65841.39	256773.31	106631.92	41.53
		滨州	44800	87245.17	189236.43	57191.26	30.22
		菏泽	126900	50463.58	253802.16	76438.58	30.12
6	(0.5,0.5)	济南	103200	69228.41	212193.65	39765.24	18.74
		青岛	135300	34885.63	193103.13	22917.50	11.87
		淄博	80900	14997.18	105241.98	9344.80	8.88
		东营	18200	97607.76	167060.17	51252.41	30.68
		烟台	96000	35823.11	155206.18	23383.07	15.07
		潍坊	149500	478711.00	229634.96	0.00	0.00
		济宁	182100	41046.23	254822.12	31675.89	12.43
		泰安	124000	27157.55	170338.92	19181.37	11.26
		威海	42000	11202.92	61564.20	8361.28	13.58
		德州	85600	79685.05	257986.80	92701.75	35.93
		聊城	84300	80502.83	256773.31	91970.48	35.82
		滨州	44800	92429.73	189236.43	52006.70	27.48
		菏泽	126900	67562.49	253802.16	59339.67	23.38
7	(0.4,0.6)	济南	103200	62220.42	212193.65	46773.23	22.04
		青岛	135300	31354.26	193103.13	26448.87	13.70
		淄博	80900	13479.11	105241.98	10862.87	10.32
		东营	18200	87729.21	167060.17	61130.96	36.59
		烟台	96000	32196.91	155206.18	27009.27	17.40
		潍坊	149500	43025.67	229634.96	37109.29	16.16
		济宁	182100	36891.35	254822.12	35830.77	14.06
		泰安	124000	24408.55	170338.92	21930.37	12.87
		威海	42000	10068.91	61564.20	9495.29	15.42
		德州	85600	100114.56	257986.80	72272.24	28.01
		聊城	84300	100707.93	256773.31	71765.38	27.95
		滨州	44800	82787.33	189236.43	61649.10	32.58
		菏泽	126900	75015.78	253802.16	51886.38	20.44

续表

方案	权重	地市	本地供水量（万 m^3）	黄河供水量（万 m^3）	需水量（万 m^3）	缺水量（万 m^3）	缺水率（%）
8	(0.3,0.7)	济南	103200	62221.31	212193.65	46772.34	22.04
		青岛	135300	31355.74	193103.13	26447.39	13.70
		淄博	80900	13479.10	105241.98	10862.88	10.32
		东营	18200	87730.09	167060.17	61130.08	36.59
		烟台	96000	32196.92	155206.18	27009.26	17.40
		潍坊	149500	43025.34	229634.96	37109.62	16.16
		济宁	182100	36891.34	254822.12	35830.78	14.06
		泰安	124000	24408.53	170338.92	21930.39	12.87
		威海	42000	10068.91	61564.20	9495.29	15.42
		德州	85600	100114.64	257986.80	72272.16	28.01
		聊城	84300	100711.89	256773.31	71761.42	27.95
		滨州	44800	82787.31	189236.43	61649.12	32.58
		菏泽	126900	75008.87	253802.16	51893.29	20.45
9	(0.2,0.8)	济南	103200	62220.42	212193.65	46773.23	22.04
		青岛	135300	31354.26	193103.13	26448.87	13.70
		淄博	80900	13479.11	105241.98	10862.87	10.32
		东营	18200	87729.21	167060.17	61130.96	36.59
		烟台	96000	32196.91	155206.18	27009.27	17.40
		潍坊	149500	43025.67	229634.96	37109.29	16.16
		济宁	182100	36891.35	254822.12	35830.77	14.06
		泰安	124000	24408.55	170338.92	21930.37	12.87
		威海	42000	10068.91	61564.20	9495.29	15.42
		德州	85600	100114.56	257986.80	72272.24	28.01
		聊城	84300	100707.93	256773.31	71765.38	27.95
		滨州	44800	82787.33	189236.43	61649.10	32.58
		菏泽	126900	75015.78	253802.16	51886.38	20.44
10	(0.1,0.9)	济南	103200	62220.42	212193.65	46773.23	22.04
		青岛	135300	31354.26	193103.13	26448.87	13.70
		淄博	80900	13479.11	105241.98	10862.87	10.32

续表

方案	权重	地市	本地供水量（万 m^3）	黄河供水量（万 m^3）	需水量（万 m^3）	缺水量（万 m^3）	缺水率（%）
10	(0.1,0.9)	东营	18200	87729.21	167060.17	61130.96	36.59
		烟台	96000	32196.91	155206.18	27009.27	17.40
		潍坊	149500	43025.67	229634.96	37109.29	16.16
		济宁	182100	36891.35	254822.12	35830.77	14.06
		泰安	124000	24408.55	170338.92	21930.37	12.87
		威海	42000	10068.91	61564.20	9495.29	15.42
		德州	85600	100114.56	257986.8	72272.24	28.01
		聊城	84300	100707.93	256773.31	71765.38	27.95
		滨州	44800	82787.33	189236.43	61649.10	32.58
		菏泽	126900	75015.78	253802.16	51886.38	20.44
11	(0,1)	济南	103200	62220.59	212193.65	46773.06	22.04
		青岛	135300	31354.33	193103.13	26448.80	13.70
		淄博	80900	13479.14	105241.98	10862.84	10.32
		东营	18200	87726.9	167060.17	61133.27	36.59
		烟台	96000	32197.03	155206.18	27009.15	17.40
		潍坊	149500	43025.51	229634.96	37109.45	16.16
		济宁	182100	36891.46	254822.12	35830.66	14.06
		泰安	124000	24408.61	170338.92	21930.31	12.87
		威海	42000	10068.94	61564.20	9495.26	15.42
		德州	85600	100115.70	257986.80	72271.10	28.01
		聊城	84300	100708.28	256773.31	71765.03	27.95
		滨州	44800	82787.54	189236.43	61648.89	32.58
		菏泽	126900	75015.96	253802.16	51886.20	20.44

表 65　2030 年黄河来水平水年 $P=75\%$ 时水资源高效均衡配置方案

方案	权重	地市	本地供水量（万 m^3）	黄河供水量（万 m^3）	需水量（万 m^3）	缺水量（万 m^3）	缺水率（%）
1	(1,0)	济南	121200	79200.05	255221.93	54821.88	21.48
		青岛	153700	57924.99	211628.09	3.10	0.00
		淄博	92000	9039.63	102620.98	1581.35	1.54

续表

方案	权重	地市	本地供水量（万 m^3）	黄河供水量（万 m^3）	需水量（万 m^3）	缺水量（万 m^3）	缺水率（%）
1	(1,0)	东营	29200	118415.20	178307.11	30691.91	17.21
		烟台	110600	51429.28	163013.80	984.52	0.60
		潍坊	172300	57066.25	229397.01	30.76	0.01
		济宁	210500	6109.90	253863.64	37253.74	14.67
		泰安	139900	53216.73	202490.48	9373.75	4.63
		威海	48800	18081.97	66882.72	0.75	0.00
		德州	106300	54644.84	268692.40	107747.56	40.10
		聊城	103800	59225.06	267969.25	104944.19	39.16
		滨州	62300	80627.36	188806.01	45878.65	24.30
		菏泽	145400	55018.73	258981.58	58562.85	22.61
2	(0.9,0.1)	济南	121200	77794.05	255221.93	56227.88	22.03
		青岛	153700	54368.99	211628.09	3559.10	1.68
		淄博	92000	8218.32	102620.98	2402.66	2.34
		东营	29200	115397.17	178307.11	33709.94	18.91
		烟台	110600	52365.13	163013.80	48.67	0.03
		潍坊	172300	53908.24	229397.01	3188.77	1.39
		济宁	210500	24768.06	253863.64	18595.58	7.33
		泰安	139900	51521.95	202490.48	11068.53	5.47
		威海	48800	16862.25	66882.72	1220.47	1.82
		德州	106300	54145.23	268692.40	108247.17	40.29
		聊城	103800	57973.71	267969.25	106195.54	39.63
		滨州	62300	79575.68	188806.01	46930.33	24.86
		菏泽	145400	53101.23	258981.58	60480.35	23.35
3	(0.8,0.2)	济南	121200	77818.01	255221.93	56203.92	22.02
		青岛	153700	54303.51	211628.09	3624.58	1.71
		淄博	92000	6753.59	102620.98	3867.39	3.77
		东营	29200	116246.37	178307.11	32860.74	18.43
		烟台	110600	52412.49	163013.80	1.31	0.00
		潍坊	172300	53676.03	229397.01	3420.98	1.49

续表

方案	权重	地市	本地供水量(万 m³)	黄河供水量(万 m³)	需水量(万 m³)	缺水量(万 m³)	缺水率(%)
3	(0.8,0.2)	济宁	210500	27622.49	253863.64	15741.15	6.20
		泰安	139900	51107.80	202490.48	11482.68	5.67
		威海	48800	14738.53	66882.72	3344.19	5.00
		德州	106300	54462.38	268692.40	107930.02	40.17
		聊城	103800	58250.29	267969.25	105918.96	39.53
		滨州	62300	79292.91	188806.01	47213.10	25.01
		菏泽	145400	53315.58	258981.58	60266.00	23.27
4	(0.7,0.3)	济南	121200	78418.20	255221.93	55603.73	21.79
		青岛	153700	53004.39	211628.09	4923.70	2.33
		淄博	92000	8131.70	102620.98	2489.28	2.43
		东营	29200	114833.04	178307.11	34274.07	19.22
		烟台	110600	51829.82	163013.80	583.98	0.36
		潍坊	172300	53298.70	229397.01	3798.31	1.66
		济宁	210500	33401.80	253863.64	9961.84	3.92
		泰安	139900	50292.54	202490.48	12297.94	6.07
		威海	48800	13935.56	66882.72	4147.16	6.20
		德州	106300	54619.62	268692.40	107772.78	40.11
		聊城	103800	56928.81	267969.25	107240.44	40.02
		滨州	62300	78983.39	188806.01	47522.62	25.17
		菏泽	145400	52322.43	258981.58	61259.15	23.65
5	(0.6,0.4)	济南	121200	89790.05	255221.93	44231.88	17.33
		青岛	153700	39188.09	211628.09	18740.00	8.86
		淄博	92000	7057.07	102620.98	3563.91	3.47
		东营	29200	106174.89	178307.11	42932.22	24.08
		烟台	110600	35005.72	163013.80	17408.08	10.68
		潍坊	172300	36353.37	229397.01	20743.64	9.04
		济宁	210500	28921.47	253863.64	14442.17	5.69
		泰安	139900	41587.93	202490.48	21002.55	10.37
		威海	48800	12015.07	66882.72	6067.65	9.07

续表

方案	权重	地市	本地供水量（万 m^3）	黄河供水量（万 m^3）	需水量（万 m^3）	缺水量（万 m^3）	缺水率（%）
5	(0.6,0.4)	德州	106300	81160.27	268692.40	81232.13	30.23
		聊城	103800	71823.11	267969.25	92346.14	34.46
		滨州	62300	82046.91	188806.01	44459.10	23.55
		菏泽	145400	68876.05	258981.58	44705.53	17.26
6	(0.5,0.5)	济南	121200	87532.74	255221.93	46489.19	18.22
		青岛	153700	37892.37	211628.09	20035.72	9.47
		淄博	92000	6910.42	102620.98	3710.56	3.62
		东营	29200	102750.80	178307.11	46356.31	26.00
		烟台	110600	34131.90	163013.80	18281.90	11.21
		潍坊	172300	37118.08	229397.01	19978.93	8.71
		济宁	210500	28185.83	253863.64	15177.81	5.98
		泰安	139900	40723.95	202490.48	21866.53	10.80
		威海	48800	11765.33	66882.72	6317.39	9.45
		德州	106300	85184.35	268692.40	77208.05	28.73
		聊城	103800	75304.95	267969.25	88864.30	33.16
		滨州	62300	82082.99	188806.01	44423.02	23.53
		菏泽	145400	70416.28	258981.58	43165.30	16.67
7	(0.4,0.6)	济南	121200	81484.12	255221.93	52537.81	20.59
		青岛	153700	35198.00	211628.09	22730.09	10.74
		淄博	92000	6455.53	102620.98	4165.45	4.06
		东营	29200	90785.89	178307.11	58321.22	32.71
		烟台	110600	31852.81	163013.80	20560.99	12.61
		潍坊	172300	34709.48	229397.01	22387.53	9.76
		济宁	210500	26348.49	253863.64	17015.15	6.70
		泰安	139900	38041.57	202490.48	24548.91	12.12
		威海	48800	10990.52	66882.72	7092.20	10.60
		德州	106300	98654.87	268692.40	63737.53	23.72
		聊城	103800	99557.25	267969.25	64612.00	24.11
		滨州	62300	76911.87	188806.01	49594.14	26.27
		菏泽	145400	69009.60	258981.58	44571.98	17.21

续表

方案	权重	地市	本地供水量（万 m^3）	黄河供水量（万 m^3）	需水量（万 m^3）	缺水量（万 m^3）	缺水率（%）
8	(0.3,0.7)	济南	121200	81174.93	255221.93	52847.00	20.71
		青岛	153700	35292.29	211628.09	22635.80	10.70
		淄博	92000	6458.48	102620.98	4162.50	4.06
		东营	29200	90671.8	178307.11	58435.31	32.77
		烟台	110600	31872.64	163013.80	20541.16	12.60
		潍坊	172300	34783.00	229397.01	22314.01	9.73
		济宁	210500	26380.04	253863.64	16983.60	6.69
		泰安	139900	38062.83	202490.48	24527.65	12.11
		威海	48800	10996.66	66882.72	7086.06	10.59
		德州	106300	98931.65	268692.40	63460.75	23.62
		聊城	103800	99483.53	267969.25	64685.72	24.14
		滨州	62300	76791.44	188806.01	49714.57	26.33
		菏泽	145400	69100.70	258981.58	44480.88	17.18
9	(0.2,0.8)	济南	121200	81460.02	255221.93	52561.91	20.59
		青岛	153700	35208.70	211628.09	22719.39	10.74
		淄博	92000	6453.43	102620.98	4167.55	4.06
		东营	29200	90627.42	178307.11	58479.69	32.80
		烟台	110600	31852.69	163013.80	20561.11	12.61
		潍坊	172300	34701.82	229397.01	22395.19	9.76
		济宁	210500	26352.67	253863.64	17010.97	6.70
		泰安	139900	38036.66	202490.48	24553.82	12.13
		威海	48800	10989.60	66882.72	7093.12	10.61
		德州	106300	98703.84	268692.40	63688.56	23.70
		聊城	103800	99709.35	267969.25	64459.90	24.05
		滨州	62300	76880.58	188806.01	49625.43	26.28
		菏泽	145400	69023.23	258981.58	44558.35	17.21
10	(0.1,0.9)	济南	121200	81446.26	255221.93	52575.67	20.60
		青岛	153700	35203.39	211628.09	22724.70	10.74
		淄博	92000	6454.46	102620.98	4166.52	4.06

续表

方案	权重	地市	本地供水量（万 m^3）	黄河供水量（万 m^3）	需水量（万 m^3）	缺水量（万 m^3）	缺水率（%）
10	(0.1,0.9)	东营	29200	90617.40	178307.11	58489.71	32.80
		烟台	110600	31852.31	163013.80	20561.49	12.61
		潍坊	172300	34698.34	229397.01	22398.67	9.76
		济宁	210500	26352.45	253863.64	17011.19	6.70
		泰安	139900	38036.76	202490.48	24553.72	12.13
		威海	48800	10989.02	66882.72	7093.70	10.61
		德州	106300	98665.37	268692.40	63727.03	23.72
		聊城	103800	99767.04	267969.25	64402.21	24.03
		滨州	62300	76883.24	188806.01	49622.77	26.28
		菏泽	145400	69033.95	258981.58	44547.63	17.20
11	(0,1)	济南	121200	81451.83	255221.93	52570.10	20.60
		青岛	153700	35201.64	211628.09	22726.45	10.74
		淄博	92000	6454.14	102620.98	4166.84	4.06
		东营	29200	90609.85	178307.11	58497.26	32.81
		烟台	110600	31850.73	163013.80	20563.07	12.61
		潍坊	172300	34696.62	229397.01	22400.39	9.76
		济宁	210500	26351.15	253863.64	17012.49	6.70
		泰安	139900	38034.88	202490.48	24555.60	12.13
		威海	48800	10988.48	66882.72	7094.24	10.61
		德州	106300	98711.20	268692.40	63681.20	23.70
		聊城	103800	99762.10	267969.25	64407.15	24.04
		滨州	62300	76874.97	188806.01	49631.04	26.29
		菏泽	145400	69012.42	258981.58	44569.16	17.21

表 66　2030 年黄河来水平水年 $P=95\%$ 时水资源高效均衡配置方案

方案	权重	地市	本地供水量（万 m^3）	黄河供水量（万 m^3）	需水量（万 m^3）	缺水量（万 m^3）	缺水率（%）
1	(1,0)	济南	116200	76151.14	255221.93	62870.79	24.63
		青岛	147700	63927.99	211628.09	0.10	0.00
		淄博	90000	7747.38	102620.98	4873.60	4.75

续表

方案	权重	地市	本地供水量(万 m³)	黄河供水量(万 m³)	需水量(万 m³)	缺水量(万 m³)	缺水率(%)
1	(1,0)	东营	26200	108754.08	178307.11	43353.03	24.31
		烟台	104600	53507.92	163013.80	4905.88	3.01
		潍坊	163300	52550.86	229397.01	13546.15	5.91
		济宁	198500	46741.72	253863.64	8621.92	3.40
		泰安	133900	45919.67	202490.48	22670.81	11.20
		威海	45800	21082.41	66882.72	0.31	0.00
		德州	100300	52552.83	268692.40	115839.57	43.11
		聊城	89800	55231.39	267969.25	113937.86	42.52
		滨州	55300	71079.47	188806.01	62426.54	33.06
		菏泽	143400	44753.14	258981.58	70828.44	27.35
2	(0.9,0.1)	济南	116200	77916.32	255221.93	61105.61	23.94
		青岛	147700	51269.18	211628.09	12658.91	5.98
		淄博	90000	8907.65	102620.98	3713.33	3.62
		东营	26200	108298.09	178307.11	43809.02	24.57
		烟台	104600	49194.89	163013.80	9218.91	5.66
		潍坊	163300	50004.55	229397.01	16092.46	7.02
		济宁	198500	49950.34	253863.64	5413.30	2.13
		泰安	133900	47522.04	202490.48	21068.44	10.40
		威海	45800	15949.48	66882.72	5133.24	7.67
		德州	100300	57219.96	268692.40	111172.43	41.38
		聊城	89800	58323.94	267969.25	110845.31	41.36
		滨州	55300	75793.24	188806.01	57712.77	30.57
		菏泽	143400	49650.33	258981.58	65931.25	25.46
3	(0.8,0.2)	济南	116200	78701.16	255221.93	60320.77	23.63
		青岛	147700	49340.07	211628.09	14588.02	6.89
		淄博	90000	8708.66	102620.98	3912.32	3.81
		东营	26200	108047.38	178307.11	44059.73	24.71
		烟台	104600	49337.39	163013.80	9076.41	5.57
		潍坊	163300	50737.02	229397.01	15359.99	6.70

续表

方案	权重	地市	本地供水量（万 m^3）	黄河供水量（万 m^3）	需水量（万 m^3）	缺水量（万 m^3）	缺水率（%）
3	(0.8,0.2)	济宁	198500	49524.51	253863.64	5839.13	2.30
		泰安	133900	47334.40	202490.48	21256.08	10.50
		威海	45800	15482.63	66882.72	5600.09	8.37
		德州	100300	57324.33	268692.40	111068.07	41.34
		聊城	89800	59412.46	267969.25	109756.79	40.96
		滨州	55300	75900.40	188806.01	57605.61	30.51
		菏泽	143400	50149.59	258981.58	65431.99	25.27
4	(0.7,0.3)	济南	116200	75518.38	255221.93	63503.55	24.88
		青岛	147700	52902.40	211628.09	11025.69	5.21
		淄博	90000	9691.64	102620.98	2929.34	2.85
		东营	26200	111749.56	178307.11	40357.55	22.63
		烟台	104600	47390.79	163013.80	11023.01	6.76
		潍坊	163300	51960.45	229397.01	14136.56	6.16
		济宁	198500	44114.04	253863.64	11249.60	4.43
		泰安	133900	47126.76	202490.48	21463.72	10.60
		威海	45800	15999.90	66882.72	5082.82	7.60
		德州	100300	56362.21	268692.40	112030.19	41.69
		聊城	89800	62565.26	267969.25	106603.99	39.78
		滨州	55300	77369.87	188806.01	56136.14	29.73
		菏泽	143400	47248.73	258981.58	68332.85	26.39
5	(0.6,0.4)	济南	116200	83504.14	255221.93	55517.79	21.75
		青岛	147700	46498.94	211628.09	17429.15	8.24
		淄博	90000	9112.36	102620.98	3508.62	3.42
		东营	26200	106392.94	178307.11	45714.17	25.64
		烟台	104600	42578.88	163013.80	15834.92	9.71
		潍坊	163300	48982.89	229397.01	17114.12	7.46
		济宁	198500	39973.51	253863.64	15390.13	6.06
		泰安	133900	47795.58	202490.48	20794.90	10.27
		威海	45800	15226.94	66882.72	5855.78	8.76

续表

方案	权重	地市	本地供水量（万 m³）	黄河供水量（万 m³）	需水量（万 m³）	缺水量（万 m³）	缺水率（%）
5	(0.6,0.4)	德州	100300	59283.35	268692.40	109109.05	40.61
		聊城	89800	68168.30	267969.25	101000.95	37.69
		滨州	55300	71371.64	188806.01	62134.37	32.91
		菏泽	143400	61110.53	258981.58	54471.05	21.03
6	(0.5,0.5)	济南	116200	84610.37	255221.93	54411.56	21.32
		青岛	147700	38417.14	211628.09	25510.95	12.05
		淄博	90000	7582.25	102620.98	5038.73	4.91
		东营	26200	89525.94	178307.11	62581.17	35.10
		烟台	104600	35108.90	163013.80	23304.90	14.30
		潍坊	163300	39807.30	229397.01	26289.71	11.46
		济宁	198500	33271.27	253863.64	22092.37	8.70
		泰安	133900	41356.89	202490.48	27233.59	13.45
		威海	45800	12671.55	66882.72	8411.17	12.58
		德州	100300	88382.26	268692.40	80010.14	29.78
		聊城	89800	79699.45	267969.25	89469.80	33.39
		滨州	55300	80228.54	188806.01	53277.47	28.22
		菏泽	143400	69338.15	258981.58	46243.43	17.86
7	(0.4,0.6)	济南	116200	80108.09	255221.93	58913.84	23.08
		青岛	147700	36815.34	211628.09	27112.75	12.81
		淄博	90000	7268.66	102620.98	5352.32	5.22
		东营	26200	82665.03	178307.11	69442.08	38.95
		烟台	104600	33648.95	163013.80	24764.85	15.19
		潍坊	163300	38068.48	229397.01	28028.53	12.22
		济宁	198500	31886.94	253863.64	23476.70	9.25
		泰安	133900	39502.61	202490.48	29087.87	14.37
		威海	45800	12142.25	66882.72	8940.47	13.37
		德州	100300	97014.12	268692.40	71378.28	26.57
		聊城	89800	97433.76	267969.25	71735.49	26.77
		滨州	55300	76892.83	188806.01	56613.18	29.98
		菏泽	143400	66552.96	258981.58	49028.62	18.93

续表

方案	权重	地市	本地供水量（万 m^3）	黄河供水量（万 m^3）	需水量（万 m^3）	缺水量（万 m^3）	缺水率（%）
8	（0.3，0.7）	济南	116200	80078.12	255221.93	58943.81	23.10
		青岛	147700	36822.90	211628.09	27105.19	12.81
		淄博	90000	7269.74	102620.98	5351.24	5.21
		东营	26200	82654.80	178307.11	69452.31	38.95
		烟台	104600	33646.62	163013.80	24767.18	15.19
		潍坊	163300	38072.17	229397.01	28024.84	12.22
		济宁	198500	31889.68	253863.64	23473.96	9.25
		泰安	133900	39508.44	202490.48	29082.04	14.36
		威海	45800	12143.75	66882.72	8938.97	13.37
		德州	100300	96995.97	268692.40	71396.43	26.57
		聊城	89800	97442.82	267969.25	71726.43	26.77
		滨州	55300	76899.42	188806.01	56606.59	29.98
		菏泽	143400	66575.56	258981.58	49006.02	18.92
9	（0.2，0.8）	济南	116200	80077.22	255221.93	58944.71	23.10
		青岛	147700	36822.98	211628.09	27105.11	12.81
		淄博	90000	7269.76	102620.98	5351.22	5.21
		东营	26200	82654.46	178307.11	69452.65	38.95
		烟台	104600	33646.71	163013.80	24767.09	15.19
		潍坊	163300	38072.29	229397.01	28024.72	12.22
		济宁	198500	31889.80	253863.64	23473.84	9.25
		泰安	133900	39508.54	202490.48	29081.94	14.36
		威海	45800	12143.78	66882.72	8938.94	13.37
		德州	100300	96995.89	268692.40	71396.51	26.57
		聊城	89800	97442.55	267969.25	71726.70	26.77
		滨州	55300	76900.30	188806.01	56605.71	29.98
		菏泽	143400	66575.71	258981.58	49005.87	18.92
10	（0.1，0.9）	济南	116200	80077.40	255221.93	58944.53	23.10
		青岛	147700	36822.92	211628.09	27105.17	12.81
		淄博	90000	7269.75	102620.98	5351.23	5.21

续表

方案	权重	地市	本地供水量（万 m^3）	黄河供水量（万 m^3）	需水量（万 m^3）	缺水量（万 m^3）	缺水率（%）
10	(0.1,0.9)	东营	26200	82654.91	178307.11	69452.20	38.95
		烟台	104600	33646.66	163013.80	24767.14	15.19
		潍坊	163300	38072.23	229397.01	28024.78	12.22
		济宁	198500	31889.76	253863.64	23473.88	9.25
		泰安	133900	39508.48	202490.48	29082.00	14.36
		威海	45800	12143.76	66882.72	8938.96	13.37
		德州	100300	96994.93	268692.40	71397.47	26.57
		聊城	89800	97442.40	267969.25	71726.85	26.77
		滨州	55300	76900.97	188806.01	56605.04	29.98
		菏泽	143400	66575.82	258981.58	49005.76	18.92
11	(0,1)	济南	116200	80077.28	255221.93	58944.65	23.10
		青岛	147700	36822.88	211628.09	27105.21	12.81
		淄博	90000	7269.74	102620.98	5351.24	5.21
		东营	26200	82655.23	178307.11	69451.88	38.95
		烟台	104600	33646.62	163013.80	24767.18	15.19
		潍坊	163300	38072.19	229397.01	28024.82	12.22
		济宁	198500	31889.72	253863.64	23473.92	9.25
		泰安	133900	39508.43	202490.48	29082.05	14.36
		威海	45800	12143.75	66882.72	8938.97	13.37
		德州	100300	96996.28	268692.40	71396.12	26.57
		聊城	89800	97442.28	267969.25	80726.97	30.13
		滨州	55300	76900.08	188806.01	56605.93	29.98
		菏泽	116200	66575.53	258981.58	49006.05	18.92

表 67　2025 年黄河来水枯水年 $P=75\%$ 时水资源高效均衡配置方案

方案	权重	地市	本地供水量（万 m^3）	黄河供水量（万 m^3）	需水量（万 m^3）	缺水量（万 m^3）	缺水率（%）
1	(1,0)	济南	108600	93219.39	212193.65	10374.26	4.89
		青岛	140900	57815.54	193103.13	0.00	0.00
		淄博	82800	8858.60	105241.98	13583.38	12.91

续表

方案	权重	地市	本地供水量（万 m³）	黄河供水量（万 m³）	需水量（万 m³）	缺水量（万 m³）	缺水率（%）
1	(1,0)	东营	21000	80929.49	167060.17	65130.68	38.99
		烟台	101600	50119.68	155206.18	3486.50	2.25
		潍坊	158000	78923.41	229634.96	0.00	0.00
		济宁	193400	42012.98	254822.12	19409.14	7.62
		泰安	129700	26416.27	170338.92	14222.65	8.35
		威海	44800	19566.63	61564.20	0.00	0.00
		德州	91300	28555.41	257986.80	138131.39	53.54
		聊城	89100	29336.81	256773.31	138336.50	53.87
		滨州	51400	57583.98	189236.43	80252.45	42.41
		菏泽	128900	17761.81	253802.16	107140.35	42.21
2	(0.9,0.1)	济南	108600	92314.35	212193.65	11279.30	5.32
		青岛	140900	56084.38	193103.13	0.00	0.00
		淄博	82800	17993.98	105241.98	4448.00	4.23
		东营	21000	79170.93	167060.17	66889.24	40.04
		烟台	101600	50661.56	155206.18	2944.62	1.90
		潍坊	158000	67857.26	229634.96	3777.70	1.65
		济宁	193400	44538.63	254822.12	16883.49	6.63
		泰安	129700	28963.86	170338.92	11675.06	6.85
		威海	44800	15684.88	61564.20	1079.32	1.75
		德州	91300	30561.71	257986.80	136125.09	52.76
		聊城	89100	29193.30	256773.31	138480.01	53.93
		滨州	51400	58102.97	189236.43	79733.46	42.13
		菏泽	128900	19972.20	253802.16	104929.96	41.34
3	(0.8,0.2)	济南	108600	76234.99	212193.65	27358.66	12.89
		青岛	140900	54210.51	193103.13	0.00	0.00
		淄博	82800	17980.93	105241.98	4461.05	4.24
		东营	21000	81239.97	167060.17	64820.20	38.80
		烟台	101600	46001.05	155206.18	7605.13	4.90
		潍坊	158000	70449.61	229634.96	1185.35	0.52

续表

方案	权重	地市	本地供水量(万 m^3)	黄河供水量(万 m^3)	需水量(万 m^3)	缺水量(万 m^3)	缺水率(%)
3	(0.8,0.2)	济宁	193400	52389.21	254822.12	9032.91	3.54
		泰安	129700	31722.07	170338.92	8916.85	5.23
		威海	44800	15210.73	61564.20	1553.47	2.52
		德州	91300	32642.14	257986.80	134044.66	51.96
		聊城	89100	32641.22	256773.31	135032.09	52.59
		滨州	51400	58280.97	189236.43	79555.46	42.04
		菏泽	128900	22096.60	253802.16	102805.56	40.51
4	(0.7,0.3)	济南	108600	82119.47	212193.65	21474.18	10.12
		青岛	140900	47233.40	193103.13	4969.73	2.57
		淄博	82800	18338.82	105241.98	4103.16	3.90
		东营	21000	79788.58	167060.17	66271.59	39.67
		烟台	101600	43435.87	155206.18	10170.31	6.55
		潍坊	158000	65648.60	229634.96	5986.36	2.61
		济宁	193400	46984.20	254822.12	14437.92	5.67
		泰安	129700	37914.69	170338.92	2724.23	1.60
		威海	44800	15985.47	61564.20	778.73	1.26
		德州	91300	33912.00	257986.80	132774.80	51.47
		聊城	89100	34906.58	256773.31	132766.73	51.71
		滨州	51400	60331.61	189236.43	77504.82	40.96
		菏泽	128900	24500.71	253802.16	100401.45	39.56
5	(0.6,0.4)	济南	108600	75904.61	212193.65	27689.04	13.05
		青岛	140900	50211.81	193103.13	1991.32	1.03
		淄博	82800	17322.68	105241.98	5119.30	4.86
		东营	21000	71422.00	167060.17	74638.17	44.68
		烟台	101600	45839.33	155206.18	7766.85	5.00
		潍坊	158000	70357.09	229634.96	1277.87	0.56
		济宁	193400	53453.05	254822.12	7969.07	3.13
		泰安	129700	33047.87	170338.92	7591.05	4.46
		威海	44800	15093.61	61564.20	1670.59	2.71

续表

方案	权重	地市	本地供水量（万 m^3）	黄河供水量（万 m^3）	需水量（万 m^3）	缺水量（万 m^3）	缺水率（%）
5	(0.6,0.4)	德州	91300	36415.43	257986.80	130271.37	50.50
		聊城	89100	36644.01	256773.31	131029.30	51.03
		滨州	51400	57372.09	189236.43	80464.34	42.52
		菏泽	128900	28016.43	253802.16	96885.73	38.17
6	(0.5,0.5)	济南	108600	73467.39	212193.65	30126.26	14.20
		青岛	140900	45871.14	193103.13	6331.99	3.28
		淄博	82800	16831.16	105241.98	5610.82	5.33
		东营	21000	72261.70	167060.17	73798.47	44.17
		烟台	101600	45940.10	155206.18	7666.08	4.94
		潍坊	158000	61367.66	229634.96	10267.30	4.47
		济宁	193400	56462.70	254822.12	4959.42	1.95
		泰安	129700	36029.44	170338.92	4609.48	2.71
		威海	44800	15190.87	61564.20	1573.33	2.56
		德州	91300	31056.86	257986.80	135629.94	52.57
		聊城	89100	38573.56	256773.31	129099.75	50.28
		滨州	51400	65301.18	189236.43	72535.25	38.33
		菏泽	128900	32746.25	253802.16	92155.91	36.31
7	(0.4,0.6)	济南	108600	73407.78	212193.65	30185.87	14.23
		青岛	140900	44593.40	193103.13	7609.73	3.94
		淄博	82800	17313.85	105241.98	5128.13	4.87
		东营	21000	71268.91	167060.17	74791.26	44.77
		烟台	101600	43511.73	155206.18	10094.45	6.50
		潍坊	158000	61866.23	229634.96	9768.73	4.25
		济宁	193400	56439.06	254822.12	4983.06	1.96
		泰安	129700	35830.12	170338.92	4808.80	2.82
		威海	44800	15092.19	61564.20	1672.01	2.72
		德州	91300	32700.35	257986.80	133986.45	51.94
		聊城	89100	39421.26	256773.31	128252.05	49.95
		滨州	51400	67229.54	189236.43	70606.89	37.31
		菏泽	128900	32425.58	253802.16	92476.58	36.44

续表

方案	权重	地市	本地供水量（万 m^3）	黄河供水量（万 m^3）	需水量（万 m^3）	缺水量（万 m^3）	缺水率（%）
8	(0.3,0.7)	济南	108600	72876.31	212193.65	30717.34	14.48
		青岛	140900	44031.61	193103.13	8171.52	4.23
		淄博	82800	17095.71	105241.98	5346.27	5.08
		东营	21000	70683.14	167060.17	75377.03	45.12
		烟台	101600	45066.92	155206.18	8539.26	5.50
		潍坊	158000	61225.21	229634.96	10409.75	4.53
		济宁	193400	55243.54	254822.12	6178.58	2.42
		泰安	129700	35235.53	170338.92	5403.39	3.17
		威海	44800	14901.88	61564.20	1862.32	3.03
		德州	91300	35664.56	257986.80	131022.24	50.79
		聊城	89100	41425.48	256773.31	126247.83	49.17
		滨州	51400	62939.82	189236.43	74896.61	39.58
		菏泽	128900	34710.30	253802.16	90191.86	35.54
9	(0.2,0.8)	济南	108600	50770.06	212193.65	52823.59	24.89
		青岛	140900	36093.61	193103.13	16109.52	8.34
		淄博	82800	13957.50	105241.98	8484.48	8.06
		东营	21000	65844.04	167060.17	80216.13	48.02
		烟台	101600	29658.66	155206.18	23947.52	15.43
		潍坊	158000	39788.81	229634.96	31846.15	13.87
		济宁	193400	36286.35	254822.12	25135.77	9.86
		泰安	129700	23916.24	170338.92	16722.68	9.82
		威海	44800	10916.77	61564.20	5847.43	9.50
		德州	91300	85012.14	257986.80	81674.66	31.66
		聊城	89100	85920.99	256773.31	81752.32	31.84
		滨州	51400	50470.90	189236.43	87365.53	46.17
		菏泽	128900	62463.92	253802.16	62438.24	24.60
10	(0.1,0.9)	济南	108600	50757.04	212193.65	52836.61	24.90
		青岛	140900	35734.20	193103.13	16468.93	8.53
		淄博	82800	13486.54	105241.98	8955.44	8.51

续表

方案	权重	地市	本地供水量（万 m^3）	黄河供水量（万 m^3）	需水量（万 m^3）	缺水量（万 m^3）	缺水率（%）
10	（0.1,0.9）	东营	21000	65749.33	167060.17	80310.84	48.07
		烟台	101600	29761.92	155206.18	23844.26	15.36
		潍坊	158000	40103.91	229634.96	31531.05	13.73
		济宁	193400	36342.95	254822.12	25079.17	9.84
		泰安	129700	24036.51	170338.92	16602.41	9.75
		威海	44800	10818.74	61564.20	5945.46	9.66
		德州	91300	85424.84	257986.80	81261.96	31.50
		聊城	89100	85903.05	256773.31	81770.26	31.85
		滨州	51400	50374.82	189236.43	87461.61	46.22
		菏泽	128900	62606.16	253802.16	62296.00	24.55
11	（0,1）	济南	108600	50711.22	212193.65	52882.43	24.92
		青岛	140900	35781.21	193103.13	16421.92	8.50
		淄博	82800	13888.11	105241.98	8553.87	8.13
		东营	21000	65830.32	167060.17	80229.85	48.02
		烟台	101600	29665.44	155206.18	23940.74	15.43
		潍坊	158000	39996.08	229634.96	31638.88	13.78
		济宁	193400	36343.87	254822.12	25078.25	9.84
		泰安	129700	23962.19	170338.92	16676.73	9.79
		威海	44800	10758.65	61564.20	6005.55	9.75
		德州	91300	85449.03	257986.80	81237.77	31.49
		聊城	89100	85899.17	256773.31	81774.14	31.85
		滨州	51400	50426.64	189236.43	87409.79	46.19
		菏泽	128900	62388.06	253802.16	62514.10	24.63

表 68　2025 年黄河来水枯水年 *P*＝95%时水资源高效均衡配置方案

方案	权重	地市	本地供水量（万 m^3）	黄河供水量（万 m^3）	需水量（万 m^3）	缺水量（万 m^3）	缺水率（%）
1	（1,0）	济南	103200	41825.43	212193.65	67168.22	31.65
		青岛	135300	52203.02	193103.13	5600.11	2.90
		淄博	80900	9205.14	105241.98	15136.84	14.38

续表

方案	权重	地市	本地供水量（万 m^3）	黄河供水量（万 m^3）	需水量（万 m^3）	缺水量（万 m^3）	缺水率（%）
1	(1,0)	东营	18200	83673.74	167060.17	65186.43	39.02
		烟台	96000	21800.98	155206.18	37405.20	24.10
		潍坊	149500	28573.60	229634.96	51561.36	22.45
		济宁	182100	17133.24	254822.12	55588.88	21.81
		泰安	124000	40638.45	170338.92	5700.47	3.35
		威海	42000	16763.60	61564.20	2800.60	4.55
		德州	85600	84578.95	257986.80	87807.85	34.04
		聊城	84300	86191.50	256773.31	86281.81	33.60
		滨州	44800	60215.42	189236.43	84221.01	44.51
		菏泽	126900	48296.94	253802.16	78605.22	30.97
2	(0.9,0.1)	济南	103200	41825.43	212193.65	67168.22	31.65
		青岛	135300	52203.01	193103.13	5600.12	2.90
		淄博	80900	9205.14	105241.98	15136.84	14.38
		东营	18200	83673.74	167060.17	65186.43	39.02
		烟台	96000	21800.98	155206.18	37405.20	24.10
		潍坊	149500	28573.60	229634.96	51561.36	22.45
		济宁	182100	17133.24	254822.12	55588.88	21.81
		泰安	124000	40638.45	170338.92	5700.47	3.35
		威海	42000	16763.60	61564.20	2800.60	4.55
		德州	85600	84578.95	257986.80	87807.85	34.04
		聊城	84300	86191.50	256773.31	86281.81	33.60
		滨州	44800	60215.42	189236.43	84221.01	44.51
		菏泽	126900	48296.94	253802.16	78605.22	30.97
3	(0.8,0.2)	济南	103200	41825.43	212193.65	67168.22	31.65
		青岛	135300	52203.01	193103.13	5600.12	2.90
		淄博	80900	9205.14	105241.98	15136.84	14.38
		东营	18200	83673.74	167060.17	65186.43	39.02
		烟台	96000	21800.98	155206.18	37405.20	24.10
		潍坊	149500	28573.60	229634.96	51561.36	22.45

续表

方案	权重	地市	本地供水量（万 m^3）	黄河供水量（万 m^3）	需水量（万 m^3）	缺水量（万 m^3）	缺水率（%）
3	（0.8,0.2）	济宁	182100	17133.24	254822.12	55588.88	21.81
		泰安	124000	40638.45	170338.92	5700.47	3.35
		威海	42000	16763.60	61564.20	2800.60	4.55
		德州	85600	84578.95	257986.80	87807.85	34.04
		聊城	84300	86191.50	256773.31	86281.81	33.60
		滨州	44800	60215.42	189236.43	84221.01	44.51
		菏泽	126900	48296.94	253802.16	78605.22	30.97
4	（0.7,0.3）	济南	103200	42381.99	212193.65	66611.66	31.39
		青岛	135300	51404.78	193103.13	6398.35	3.31
		淄博	80900	10045.35	105241.98	14296.63	13.58
		东营	18200	85654.17	167060.17	63206.00	37.83
		烟台	96000	24994.22	155206.18	34211.96	22.04
		潍坊	149500	31737.11	229634.96	48397.85	21.08
		济宁	182100	19335.09	254822.12	53387.03	20.95
		泰安	124000	36244.31	170338.92	10094.61	5.93
		威海	42000	7812.99	61564.20	11751.21	19.09
		德州	85600	84805.62	257986.80	87581.18	33.95
		聊城	84300	86444.57	256773.31	86028.74	33.50
		滨州	44800	60556.10	189236.43	83880.33	44.33
		菏泽	126900	49683.69	253802.16	77218.47	30.42
5	（0.6,0.4）	济南	103200	42242.98	212193.65	66750.67	31.46
		青岛	135300	50916.84	193103.13	6886.29	3.57
		淄博	80900	10385.93	105241.98	13956.05	13.26
		东营	18200	81987.22	167060.17	66872.95	40.03
		烟台	96000	29139.32	155206.18	30066.86	19.37
		潍坊	149500	30134.27	229634.96	50000.69	21.77
		济宁	182100	17906.68	254822.12	54815.44	21.51
		泰安	124000	30072.57	170338.92	16266.35	9.55
		威海	42000	7763.36	61564.20	11800.84	19.17

续表

方案	权重	地市	本地供水量（万 m^3）	黄河供水量（万 m^3）	需水量（万 m^3）	缺水量（万 m^3）	缺水率（%）
5	(0.6,0.4)	德州	85600	80834.95	257986.80	91551.85	35.49
		聊城	84300	85431.35	256773.31	87041.96	33.90
		滨州	44800	71248.90	189236.43	73187.53	38.68
		菏泽	126900	53035.62	253802.16	73866.54	29.10
6	(0.5,0.5)	济南	103200	41264.51	212193.65	67729.14	31.92
		青岛	135300	50668.34	193103.13	7134.79	3.69
		淄博	80900	10816.03	105241.98	13525.95	12.85
		东营	18200	86346.68	167060.17	62513.49	37.42
		烟台	96000	24311.41	155206.18	34894.77	22.48
		潍坊	149500	30994.47	229634.96	49140.49	21.40
		济宁	182100	19449.15	254822.12	53272.97	20.91
		泰安	124000	36533.18	170338.92	9805.74	5.76
		威海	42000	8529.51	61564.20	11034.69	17.92
		德州	85600	84807.19	257986.80	87579.61	33.95
		聊城	84300	86698.05	256773.31	85775.26	33.41
		滨州	44800	60702.04	189236.43	83734.39	44.25
		菏泽	126900	49979.44	253802.16	76922.72	30.31
7	(0.4,0.6)	济南	103200	51524.86	212193.65	57468.79	27.08
		青岛	135300	30909.74	193103.13	26893.39	13.93
		淄博	80900	12437.53	105241.98	11904.45	11.31
		东营	18200	61907.07	167060.17	86953.10	52.05
		烟台	96000	31668.52	155206.18	27537.66	17.74
		潍坊	149500	43222.97	229634.96	36911.99	16.07
		济宁	182100	39138.13	254822.12	33583.99	13.18
		泰安	124000	24613.00	170338.92	21725.92	12.75
		威海	42000	10367.38	61564.20	9196.82	14.94
		德州	85600	87549.50	257986.80	84837.30	32.88
		聊城	84300	83761.59	256773.31	88711.72	34.55
		滨州	44800	44966.28	189236.43	99470.15	52.56
		菏泽	126900	69033.43	253802.16	57868.73	22.80

续表

方案	权重	地市	本地供水量（万 m^3）	黄河供水量（万 m^3）	需水量（万 m^3）	缺水量（万 m^3）	缺水率（%）
8	(0.3,0.7)	济南	103200	51525.21	212193.65	57468.44	27.08
		青岛	135300	32405.19	193103.13	25397.94	13.15
		淄博	80900	12585.96	105241.98	11756.02	11.17
		东营	18200	60538.08	167060.17	88322.09	52.87
		烟台	96000	31658.23	155206.18	27547.95	17.75
		潍坊	149500	43282.23	229634.96	36852.73	16.05
		济宁	182100	39138.45	254822.12	33583.67	13.18
		泰安	124000	24613.17	170338.92	21725.75	12.75
		威海	42000	10585.51	61564.20	8978.69	14.58
		德州	85600	87549.45	257986.80	84837.35	32.88
		聊城	84300	83761.96	256773.31	88711.35	34.55
		滨州	44800	44422.95	189236.43	100013.48	52.85
		菏泽	126900	69033.60	253802.16	57868.56	22.80
9	(0.2,0.8)	济南	103200	51540.43	212193.65	57453.22	27.08
		青岛	135300	31190.39	193103.13	26612.74	13.78
		淄博	80900	13101.66	105241.98	11240.32	10.68
		东营	18200	61046.23	167060.17	87813.94	52.56
		烟台	96000	31731.91	155206.18	27474.27	17.70
		潍坊	149500	43222.79	229634.96	36912.17	16.07
		济宁	182100	39137.91	254822.12	33584.21	13.18
		泰安	124000	24779.18	170338.92	21559.74	12.66
		威海	42000	10555.84	61564.20	9008.36	14.63
		德州	85600	87549.31	257986.80	84837.49	32.88
		聊城	84300	83788.52	256773.31	88684.79	34.54
		滨州	44800	44422.62	189236.43	100013.81	52.85
		菏泽	126900	69033.21	253802.16	57868.95	22.80
10	(0.1,0.9)	济南	103200	51525.14	212193.65	57468.51	27.08
		青岛	135300	31504.68	193103.13	26298.45	13.62
		淄博	80900	13105.19	105241.98	11236.79	10.68

续表

方案	权重	地市	本地供水量(万 m³)	黄河供水量(万 m³)	需水量(万 m³)	缺水量(万 m³)	缺水率(%)
10	(0.1,0.9)	东营	18200	56390.33	167060.17	92469.84	55.35
		烟台	96000	32558.16	155206.18	26648.02	17.17
		潍坊	149500	43321.01	229634.96	36813.95	16.03
		济宁	182100	39146.40	254822.12	33575.72	13.18
		泰安	124000	24613.63	170338.92	21725.29	12.75
		威海	42000	10521.66	61564.20	9042.54	14.69
		德州	85600	88449.30	257986.80	83937.50	32.54
		聊城	84300	84708.68	256773.31	87764.63	34.18
		滨州	44800	45322.62	189236.43	99113.81	52.38
		菏泽	126900	69933.21	253802.16	56968.95	22.45
11	(0,1)	济南	103200	51536.88	212193.65	57456.77	27.08
		青岛	135300	30907.87	193103.13	26895.26	13.93
		淄博	80900	13008.74	105241.98	11333.24	10.77
		东营	18200	56937.00	167060.17	91923.17	55.02
		烟台	96000	32636.46	155206.18	26569.72	17.12
		潍坊	149500	43353.71	229634.96	36781.25	16.02
		济宁	182100	39137.92	254822.12	33584.20	13.18
		泰安	124000	24622.35	170338.92	21716.57	12.75
		威海	42000	10522.19	61564.20	9042.01	14.69
		德州	85600	88449.30	257986.80	83937.50	32.54
		聊城	84300	84731.66	256773.31	87741.65	34.17
		滨州	44800	45322.67	189236.43	99113.76	52.38
		菏泽	126900	69933.26	253802.16	56968.90	22.45

表 69　2030 年黄河来水枯水年 $P=75\%$ 时水资源高效均衡配置方案

方案	权重	地市	本地供水量(万 m³)	黄河供水量(万 m³)	需水量(万 m³)	缺水量(万 m³)	缺水率(%)
1	(1,0)	济南	121200	52014.43	255221.93	82007.50	32.13
		青岛	153700	57942.41	211628.09	0.00	0.00
		淄博	92000	6040.33	102620.98	4580.65	4.46

续表

方案	权重	地市	本地供水量（万 m^3）	黄河供水量（万 m^3）	需水量（万 m^3）	缺水量（万 m^3）	缺水率（%）
1	(1,0)	东营	29200	73264.57	178307.11	75842.54	42.53
		烟台	110600	34439.54	163013.80	17974.26	11.03
		潍坊	172300	34592.33	229397.01	22504.68	9.81
		济宁	210500	16220.30	253863.64	27143.34	10.69
		泰安	139900	23983.65	202490.48	38606.83	19.07
		威海	48800	18083.23	66882.72	0.00	0.00
		德州	106300	95700.75	268692.40	66691.65	24.82
		聊城	103800	74686.84	267969.25	89482.41	33.39
		滨州	62300	43615.73	188806.01	82890.28	43.90
		菏泽	145400	60515.89	258981.58	53065.69	20.49
2	(0.9,0.1)	济南	121200	51425.73	255221.93	82596.20	32.36
		青岛	153700	57942.45	211628.09	0.00	0.00
		淄博	92000	6039.70	102620.98	4581.28	4.46
		东营	29200	73786.22	178307.11	75320.89	42.24
		烟台	110600	33691.39	163013.80	18722.41	11.49
		潍坊	172300	35003.74	229397.01	22093.27	9.63
		济宁	210500	15474.63	253863.64	27889.01	10.99
		泰安	139900	23211.91	202490.48	39378.57	19.45
		威海	48800	18083.53	66882.72	0.00	0.00
		德州	106300	96279.67	268692.40	66112.73	24.61
		聊城	103800	74886.30	267969.25	89282.95	33.32
		滨州	62300	44052.45	188806.01	82453.56	43.67
		菏泽	145400	61222.29	258981.58	52359.29	20.22
3	(0.8,0.2)	济南	121200	51423.60	255221.93	82598.33	32.36
		青岛	153700	57942.40	211628.09	0.00	0.00
		淄博	92000	6038.76	102620.98	4582.22	4.47
		东营	29200	73749.72	178307.11	75357.39	42.26
		烟台	110600	33657.10	163013.80	18756.70	11.51
		潍坊	172300	34962.74	229397.01	22134.27	9.65

续表

方案	权重	地市	本地供水量（万 m^3）	黄河供水量（万 m^3）	需水量（万 m^3）	缺水量（万 m^3）	缺水率（%）
3	(0.8,0.2)	济宁	210500	15483.71	253863.64	27879.93	10.98
		泰安	139900	23243.74	202490.48	39346.74	19.43
		威海	48800	18083.40	66882.72	0.00	0.00
		德州	106300	96311.82	268692.40	66080.58	24.59
		聊城	103800	74902.38	267969.25	89266.87	33.31
		滨州	62300	44057.35	188806.01	82448.66	43.67
		菏泽	145400	61243.28	258981.58	52338.30	20.21
4	(0.7,0.3)	济南	121200	65825.82	255221.93	68196.11	26.72
		青岛	153700	39309.76	211628.09	18618.33	8.80
		淄博	92000	6040.42	102620.98	4580.56	4.46
		东营	29200	57364.39	178307.11	91742.72	51.45
		烟台	110600	31353.58	163013.80	21060.22	12.92
		潍坊	172300	33543.12	229397.01	23553.89	10.27
		济宁	210500	24760.19	253863.64	18603.45	7.33
		泰安	139900	36222.28	202490.48	26368.20	13.02
		威海	48800	10584.89	66882.72	7497.83	11.21
		德州	106300	95461.41	268692.40	66930.99	24.91
		聊城	103800	69480.18	267969.25	94689.07	35.34
		滨州	62300	54694.94	188806.01	71811.07	38.03
		菏泽	145400	66459.04	258981.58	47122.54	18.20
5	(0.6,0.4)	济南	121200	65824.94	255221.93	68196.99	26.72
		青岛	153700	39065.54	211628.09	18862.55	8.91
		淄博	92000	6039.41	102620.98	4581.57	4.46
		东营	29200	57364.33	178307.11	91742.78	51.45
		烟台	110600	30112.88	163013.80	22300.92	13.68
		潍坊	172300	32911.15	229397.01	24185.86	10.54
		济宁	210500	25759.59	253863.64	17604.05	6.93
		泰安	139900	36222.17	202490.48	26368.31	13.02
		威海	48800	10548.98	66882.72	7533.74	11.26

续表

方案	权重	地市	本地供水量（万 m^3）	黄河供水量（万 m^3）	需水量（万 m^3）	缺水量（万 m^3）	缺水率（%）
5	(0.6,0.4)	德州	106300	95461.34	268692.40	66931.06	24.91
		聊城	103800	70635.93	267969.25	93533.32	34.90
		滨州	62300	54694.81	188806.01	71811.20	38.03
		菏泽	145400	66458.94	258981.58	47122.64	18.20
6	(0.5,0.5)	济南	121200	65825.08	255221.93	68196.85	26.72
		青岛	153700	33931.17	211628.09	23996.92	11.34
		淄博	92000	6039.82	102620.98	4581.16	4.46
		东营	29200	59588.33	178307.11	89518.78	50.20
		烟台	110600	30112.57	163013.80	22301.23	13.68
		潍坊	172300	33033.41	229397.01	24063.60	10.49
		济宁	210500	25991.57	253863.64	17372.07	6.84
		泰安	139900	36222.15	202490.48	26368.33	13.02
		威海	48800	10571.50	66882.72	7511.22	11.23
		德州	106300	95461.35	268692.40	66931.05	24.91
		聊城	103800	73169.17	267969.25	91000.08	33.96
		滨州	62300	54694.92	188806.01	71811.09	38.03
		菏泽	145400	66458.97	258981.58	47122.61	18.20
7	(0.4,0.6)	济南	121200	65824.91	255221.93	68197.02	26.72
		青岛	153700	33744.27	211628.09	24183.82	11.43
		淄博	92000	6200.85	102620.98	4420.13	4.31
		东营	29200	59684.11	178307.11	89423.00	50.15
		烟台	110600	30112.61	163013.80	22301.19	13.68
		潍坊	172300	32910.32	229397.01	24186.69	10.54
		济宁	210500	25616.37	253863.64	17747.27	6.99
		泰安	139900	37098.92	202490.48	25491.56	12.59
		威海	48800	10624.01	66882.72	7458.71	11.15
		德州	106300	95461.52	268692.40	66930.88	24.91
		聊城	103800	71174.48	267969.25	92994.77	34.70
		滨州	62300	55409.81	188806.01	71096.20	37.66
		菏泽	145400	67237.82	258981.58	46343.76	17.89

续表

方案	权重	地市	本地供水量（万 m^3）	黄河供水量（万 m^3）	需水量（万 m^3）	缺水量（万 m^3）	缺水率（%）
8	(0.3,0.7)	济南	121200	65826.11	255221.93	68195.82	26.72
		青岛	153700	36867.43	211628.09	21060.66	9.95
		淄博	92000	6185.34	102620.98	4435.64	4.32
		东营	29200	60073.92	178307.11	89033.19	49.93
		烟台	110600	30257.42	163013.80	22156.38	13.59
		潍坊	172300	32910.09	229397.01	24186.92	10.54
		济宁	210500	25238.24	253863.64	18125.40	7.14
		泰安	139900	36222.21	202490.48	26368.27	13.02
		威海	48800	10525.03	66882.72	7557.69	11.30
		德州	106300	95461.26	268692.40	66931.14	24.91
		聊城	103800	70317.71	267969.25	93851.54	35.02
		滨州	62300	54754.49	188806.01	71751.52	38.00
		菏泽	145400	66460.76	258981.58	47120.82	18.19
9	(0.2,0.8)	济南	121200	65825.28	255221.93	68196.65	26.72
		青岛	153700	33419.74	211628.09	24508.35	11.58
		淄博	92000	6218.69	102620.98	4402.29	4.29
		东营	29200	58539.29	178307.11	90567.82	50.79
		烟台	110600	30691.36	163013.80	21722.44	13.33
		潍坊	172300	32910.12	229397.01	24186.89	10.54
		济宁	210500	25382.31	253863.64	17981.33	7.08
		泰安	139900	36670.32	202490.48	25920.16	12.80
		威海	48800	10582.60	66882.72	7500.12	11.21
		德州	106300	95775.62	268692.40	66616.78	24.79
		聊城	103800	72702.10	267969.25	91467.15	34.13
		滨州	62300	54694.91	188806.01	71811.10	38.03
		菏泽	145400	67687.65	258981.58	45893.93	17.72
10	(0.1,0.9)	济南	121200	65826.37	255221.93	68195.56	26.72
		青岛	153700	34059.86	211628.09	23868.23	11.28
		淄博	92000	6245.59	102620.98	4375.39	4.26

续表

方案	权重	地市	本地供水量（万 m^3）	黄河供水量（万 m^3）	需水量（万 m^3）	缺水量（万 m^3）	缺水率（%）
10	(0.1,0.9)	东营	29200	57866.70	178307.11	91240.41	51.17
		烟台	110600	30789.67	163013.80	21624.13	13.27
		潍坊	172300	33558.60	229397.01	23538.41	10.26
		济宁	210500	25433.60	253863.64	17930.04	7.06
		泰安	139900	36836.66	202490.48	25753.82	12.72
		威海	48800	10655.22	66882.72	7427.50	11.11
		德州	106300	95461.41	268692.40	66930.99	24.91
		聊城	103800	72675.53	267969.25	91493.72	34.14
		滨州	62300	55118.45	188806.01	71387.56	37.81
		菏泽	145400	66572.34	258981.58	47009.24	18.15
11	(0,1)	济南	121200	65826.71	255221.93	68195.22	26.72
		青岛	153700	33415.91	211628.09	24512.18	11.58
		淄博	92000	6139.27	102620.98	4481.71	4.37
		东营	29200	57364.43	178307.11	91742.68	51.45
		烟台	110600	30112.82	163013.80	22300.98	13.68
		潍坊	172300	33204.02	229397.01	23892.99	10.42
		济宁	210500	25019.62	253863.64	18344.02	7.23
		泰安	139900	36224.96	202490.48	26365.52	13.02
		威海	48800	10474.30	66882.72	7608.42	11.38
		德州	106300	97975.13	268692.40	64417.27	23.97
		聊城	103800	74187.06	267969.25	89982.19	33.58
		滨州	62300	54695.33	188806.01	71810.68	38.03
		菏泽	145400	66460.45	258981.58	47121.13	18.19

表 70 2030 年黄河来水枯水年 $P=95\%$ 时水资源高效均衡配置方案

方案	权重	地市	本地供水量（万 m^3）	黄河供水量（万 m^3）	需水量（万 m^3）	缺水量（万 m^3）	缺水率（%）
1	(1,0)	济南	116200	82121.88	255221.93	56900.05	22.29
		青岛	147700	57927.73	211628.09	6000.36	2.84
		淄博	90000	6055.77	102620.98	6565.21	6.40

续表

方案	权重	地市	本地供水量（万 m³）	黄河供水量（万 m³）	需水量（万 m³）	缺水量（万 m³）	缺水率（%）
1	(1,0)	东营	26200	97157.93	178307.11	54949.18	30.82
		烟台	104600	28009.78	163013.80	30404.02	18.65
		潍坊	163300	24562.25	229397.01	41453.76	18.11
		济宁	198500	8556.59	253863.64	46807.05	18.44
		泰安	133900	21253.89	202490.48	47336.59	23.38
		威海	45800	18082.28	66882.72	3000.44	4.49
		德州	100300	55531.83	268692.40	112860.57	42.00
		聊城	89800	61210.35	267969.25	116958.90	43.65
		滨州	55300	75703.62	188806.01	57802.39	30.61
		菏泽	143400	54926.11	258981.58	60655.47	23.42
2	(0.9,0.1)	济南	116200	65325.81	255221.93	73697.12	28.88
		青岛	147700	57927.84	211628.09	6001.25	2.84
		淄博	90000	6039.37	102620.98	6582.61	6.41
		东营	26200	94475.63	178307.11	57632.48	32.32
		烟台	104600	31755.99	163013.80	26658.81	16.35
		潍坊	163300	18452.11	229397.01	47645.90	20.77
		济宁	198500	7678.87	253863.64	47685.77	18.78
		泰安	133900	22871.88	202490.48	45719.60	22.58
		威海	45800	18081.98	66882.72	3001.74	4.49
		德州	100300	90862.17	268692.40	77531.23	28.85
		聊城	89800	78597.82	267969.25	99572.43	37.16
		滨州	55300	50761.64	188806.01	82745.37	43.83
		菏泽	143400	48268.87	258981.58	67313.71	25.99
3	(0.8,0.2)	济南	116200	49539.26	255221.93	89484.67	35.06
		青岛	147700	37586.26	211628.09	26343.83	12.45
		淄博	90000	6038.90	102620.98	6584.08	6.42
		东营	26200	87095.13	178307.11	65013.98	36.46
		烟台	104600	21448.48	163013.80	36967.32	22.68
		潍坊	163300	22001.76	229397.01	44097.25	19.22

续表

方案	权重	地市	本地供水量（万 m^3）	黄河供水量（万 m^3）	需水量（万 m^3）	缺水量（万 m^3）	缺水率（%）
3	(0.8,0.2)	济宁	198500	6611.81	253863.64	48753.83	19.20
		泰安	133900	19366.04	202490.48	49226.44	24.31
		威海	45800	11733.51	66882.72	9351.21	13.98
		德州	100300	105194.12	268692.40	63200.28	23.52
		聊城	89800	94337.08	267969.25	83834.17	31.28
		滨州	55300	67728.57	188806.01	65779.44	34.84
		菏泽	143400	62419.07	258981.58	53164.51	20.53
4	(0.7,0.3)	济南	116200	65248.39	255221.93	73776.54	28.91
		青岛	147700	35780.55	211628.09	28150.54	13.30
		淄博	90000	6038.09	102620.98	6585.89	6.42
		东营	26200	74326.37	178307.11	77783.74	43.62
		烟台	104600	27564.76	163013.80	30852.04	18.93
		潍坊	163300	29130.11	229397.01	36969.90	16.12
		济宁	198500	20543.48	253863.64	34823.16	13.72
		泰安	133900	29141.37	202490.48	39452.11	19.48
		威海	45800	10433.18	66882.72	10652.54	15.93
		德州	100300	91880.18	268692.40	76515.22	28.48
		聊城	89800	79747.84	267969.25	98424.41	36.73
		滨州	55300	60157.58	188806.01	73351.43	38.85
		菏泽	143400	61108.10	258981.58	54476.48	21.03
5	(0.6,0.4)	济南	116200	65818.42	255221.93	73207.51	28.68
		青岛	147700	34956.94	211628.09	28975.15	13.69
		淄博	90000	6011.78	102620.98	6613.20	6.44
		东营	26200	73200.74	178307.11	78910.37	44.25
		烟台	104600	26720.12	163013.80	31697.68	19.44
		潍坊	163300	30855.20	229397.01	35245.81	15.36
		济宁	198500	19187.31	253863.64	36180.33	14.25
		泰安	133900	27145.59	202490.48	41448.89	20.47
		威海	45800	9401.37	66882.72	11685.35	17.47

续表

方案	权重	地市	本地供水量(万 m^3)	黄河供水量(万 m^3)	需水量(万 m^3)	缺水量(万 m^3)	缺水率(%)
5	(0.6,0.4)	德州	100300	93149.05	268692.40	75247.35	28.00
		聊城	89800	80700.04	267969.25	97473.21	36.37
		滨州	55300	61277.31	188806.01	72232.70	38.26
		菏泽	143400	62676.13	258981.58	52909.45	20.43
6	(0.5,0.5)	济南	116200	70921.89	255221.93	68105.04	26.68
		青岛	147700	30654.85	211628.09	33278.24	15.72
		淄博	90000	5386.40	102620.98	7239.58	7.05
		东营	26200	75600.95	178307.11	76511.16	42.91
		烟台	104600	26060.04	163013.80	32358.76	19.85
		潍坊	163300	28554.50	229397.01	37547.51	16.37
		济宁	198500	21255.59	253863.64	34113.05	13.44
		泰安	133900	31119.68	202490.48	37475.80	18.51
		威海	45800	9153.24	66882.72	11934.48	17.84
		德州	100300	87941.78	268692.40	80455.62	29.94
		聊城	89800	83245.90	267969.25	94928.35	35.42
		滨州	55300	63918.85	188806.01	69592.16	36.86
		菏泽	143400	57286.34	258981.58	58300.24	22.51
7	(0.4,0.6)	济南	116200	67776.35	255221.93	71251.58	27.92
		青岛	147700	31576.22	211628.09	32357.87	15.29
		淄博	90000	5369.94	102620.98	7257.04	7.07
		东营	26200	75516.49	178307.11	76596.62	42.96
		烟台	104600	26483.55	163013.80	31936.25	19.59
		潍坊	163300	28868.14	229397.01	37234.87	16.23
		济宁	198500	21253.57	253863.64	34116.07	13.44
		泰安	133900	31119.68	202490.48	37476.80	18.51
		威海	45800	9136.79	66882.72	11951.93	17.87
		德州	100300	89548.65	268692.40	78849.75	29.35
		聊城	89800	83245.79	267969.25	94929.46	35.42
		滨州	55300	63918.70	188806.01	69593.31	36.86
		菏泽	143400	57286.12	258981.58	58301.46	22.51

续表

方案	权重	地市	本地供水量（万 m^3）	黄河供水量（万 m^3）	需水量（万 m^3）	缺水量（万 m^3）	缺水率（%）
8	(0.3,0.7)	济南	116200	67775.66	255221.93	71253.27	27.92
		青岛	147700	29070.63	211628.09	34864.46	16.47
		淄博	90000	5353.69	102620.98	7274.29	7.09
		东营	26200	75516.88	178307.11	76597.23	42.96
		烟台	104600	26317.64	163013.80	32103.16	19.69
		潍坊	163300	28814.70	229397.01	37289.31	16.25
		济宁	198500	21789.11	253863.64	33581.53	13.23
		泰安	133900	31120.60	202490.48	37476.88	18.51
		威海	45800	9101.99	66882.72	11987.73	17.92
		德州	100300	91788.15	268692.40	76611.25	28.51
		聊城	89800	83245.76	267969.25	94930.49	35.42
		滨州	55300	63918.75	188806.01	69594.26	36.86
		菏泽	143400	57286.44	258981.58	58302.14	22.51
9	(0.2,0.8)	济南	116200	67775.52	255221.93	71254.41	27.92
		青岛	147700	29324.81	211628.09	34611.28	16.35
		淄博	90000	5335.46	102620.98	7293.52	7.11
		东营	26200	75516.60	178307.11	76598.51	42.96
		烟台	104600	25897.16	163013.80	32524.64	19.95
		潍坊	163300	28301.95	229397.01	37803.06	16.48
		济宁	198500	21254.39	253863.64	34117.25	13.44
		泰安	133900	31119.54	202490.48	37478.94	18.51
		威海	45800	9007.55	66882.72	12083.17	18.06
		德州	100300	93116.53	268692.40	75283.87	28.02
		聊城	89800	83245.99	267969.25	94931.26	35.43
		滨州	55300	63918.50	188806.01	69595.51	36.86
		菏泽	143400	57286.01	258981.58	58303.57	22.51
10	(0.1,0.9)	济南	116200	67775.56	255221.93	71255.37	27.92
		青岛	147700	29373.74	211628.09	34563.35	16.33
		淄博	90000	5356.88	102620.98	7273.10	7.09

续表

方案	权重	地市	本地供水量(万 m^3)	黄河供水量(万 m^3)	需水量(万 m^3)	缺水量(万 m^3)	缺水率(%)
10	(0.1,0.9)	东营	26200	75517.21	178307.11	76598.90	42.96
		烟台	104600	25897.00	163013.80	32525.80	19.95
		潍坊	163300	28797.20	229397.01	37308.81	16.26
		济宁	198500	21869.46	253863.64	33503.18	13.20
		泰安	133900	31119.97	202490.48	37479.51	18.51
		威海	45800	9121.51	66882.72	11970.21	17.89
		德州	100300	91819.13	268692.40	76582.27	28.50
		聊城	89800	83245.71	267969.25	94932.54	35.43
		滨州	55300	63918.63	188806.01	69596.38	36.86
		菏泽	143400	57288.01	258981.58	58302.57	22.51
11	(0,1)	济南	116200	67775.52	255221.93	71256.41	27.92
		青岛	147700	28827.42	211628.09	35110.67	16.59
		淄博	90000	5349.64	102620.98	7281.34	7.09
		东营	26200	75516.77	178307.11	76600.34	42.96
		烟台	104600	26147.59	163013.80	32276.21	19.80
		潍坊	163300	28302.36	229397.01	37804.65	16.48
		济宁	198500	21526.59	253863.64	33847.05	13.33
		泰安	133900	31119.87	202490.48	37480.61	18.51
		威海	45800	8993.78	66882.72	12098.94	18.09
		德州	100300	93089.63	268692.40	75312.77	28.03
		聊城	89800	83246.09	267969.25	94933.16	35.43
		滨州	55300	63918.69	188806.01	69597.32	36.86
		菏泽	116200	57286.05	258981.58	58305.53	22.51

(五)配置方案分析

各个城市的本地供水量是确定的,黄河总引水量按照“丰增枯减”原则,分给 13 地市。只是在不同权重下,黄河水分配给各地市的水量不同,13 地市总体的综合效益和基尼系数发生了变化,各地市的缺水量和缺水率也发生了变化。在不同黄河来水情况下,根据 13 地市总体的综合效益和基尼系数变化情况选择方案。各地市的缺水量和缺水率，主要从黄河来水平水年（70 亿 m^3）缺水率方面分析，能清楚地看到各地市缺水的变化。高效和均衡配置，高效是目标 1，表示 13 地市综合经济效益（价值）最大；均衡是目标 2，表示将水公平地分配到各个地市，用基尼系数体现。取了 11 个典型权重，权重从（1,0）、（0.9，0.1）……（0,1），代表从价值优先到公平优先。下文进行不同年份、不同保证率、不同权重下的高效均衡配置结果分析。

（1）2025 年黄河来水平水年，保证率为 75%时的水资源高效均衡配置方案

当权重为（1,0）即完全考虑价值时，水资源优先向高价值地市分配，缺水率差别较大，青岛、威海、泰安等几个价值高的地市缺水率低，有的地市甚至不缺水，像聊城、滨州、菏泽等低价值地市缺水率高，缺水率最高的地市为德州，缺水率为 41.79%。随着价值权重的降低，公平权重增加，水资源分配趋于公平，从权重（0.4,0.6）到（0,1），各地市缺水率变化不大，水资源公平分配。各地市缺水率变化见图 21。

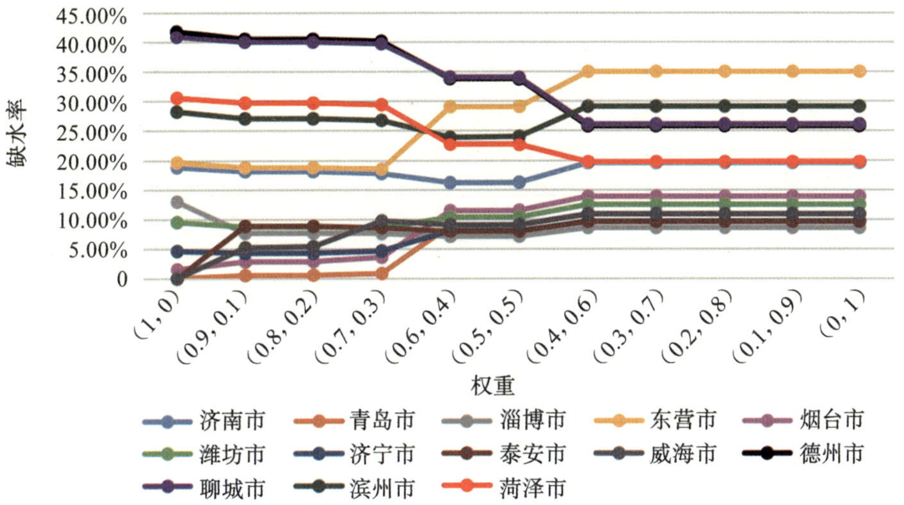

图 21　2025 年黄河来水平水年 $P=75\%$时山东 13 地市缺水率变化

水资源分配不同，13 地市产生的综合效益和基尼系数也不同，具体见表 71 至表 73。

表 71　2025 年黄河来水丰水年 $P=75\%$时水资源高效均衡配置方案产生的综合效益和基尼系数

权重	13 地市产生的综合效益（万元）	基尼系数
（1,0）	23467386.90	0.115732215
（0.9,0.1）	23454923.57	0.108371369

续表

权重	13 地市产生的综合效益(万元)	基尼系数
(0.8,0.2)	23410009.78	0.100498553
(0.7,0.3)	23022914.26	0.014217142
(0.6,0.4)	22544160.29	0.056692140
(0.5,0.5)	22125367.78	0.000461705
(0.4,0.6)	21106874.37	0.000288162
(0.3,0.7)	21103485.30	接近于零
(0.2,0.8)	20895538.57	接近于零
(0.1,0.9)	20444152.92	接近于零
(0,1)	20130653.10	接近于零

表 72　2025 年黄河来水平水年 *P*=75%时水资源高效均衡配置方案产生的综合效益和基尼系数

权重	13 地市产生的综合效益(万元)	基尼系数
(1,0)	21197993.69	0.277514592
(0.9,0.1)	20996620.71	0.211759481
(0.8,0.2)	20988743.65	0.210832729
(0.7,0.3)	20904959.29	0.197405568
(0.6,0.4)	19881323.33	0.062963589
(0.5,0.5)	19873222.48	0.061661789
(0.4,0.6)	19068233.11	接近于零
(0.3,0.7)	19067638.15	接近于零
(0.2,0.8)	19064813.65	接近于零
(0.1,0.9)	19063585.35	接近于零
(0,1)	19035620.78	接近于零

表 73　2025 年黄河来水枯水年 *P*=75%时水资源高效均衡配置方案产生的综合效益和基尼系数

权重	13 地市的产生综合效益(万元)	基尼系数
(1,0)	21270161.48	0.356839145
(0.9,0.1)	20716783.95	0.300926369
(0.8,0.2)	19899799.03	0.265797767
(0.7,0.3)	19622022.09	0.246628336
(0.6,0.4)	19329475.05	0.231566425
(0.5,0.5)	19211235.41	0.201158454

续表

权重	13 地市的产生综合效益(万元)	基尼系数
(0.4,0.6)	19025099.90	0.200379688
(0.3,0.7)	18959293.24	0.108255624
(0.2,0.8)	17136779.26	0.068940161
(0.1,0.9)	17016905.60	接近于零
(0,1)	16988639.07	接近于零

随着价值权重降低,公平权重提高,13 地市产生的综合效益不断降低,基尼系数也不断降低,水资源趋于公平分配。丰平枯水年由于黄河来水情况不一样,综合效益随着水资源量的减少而减少,基尼系数随着水资源量的减少而增大。

(2)2025 年黄河来水平水年,保证率为 95%时的水资源高效均衡配置方案

当权重为(1,0)即完全考虑价值时,水资源优先向高价值地市分配,缺水率的差别较大,青岛、威海、泰安等几个价值高的地市缺水率低,聊城、滨州、菏泽等低价值地市缺水率高,缺水率最高的地市为德州,缺水率达到 44.00%。随着价值权重的降低,公平权重增加,水资源分配趋于公平,从权重(0.5,0.5)到(0,1),各地市缺水率变化不大,水资源公平分配。各地市缺水率变化见图 22。

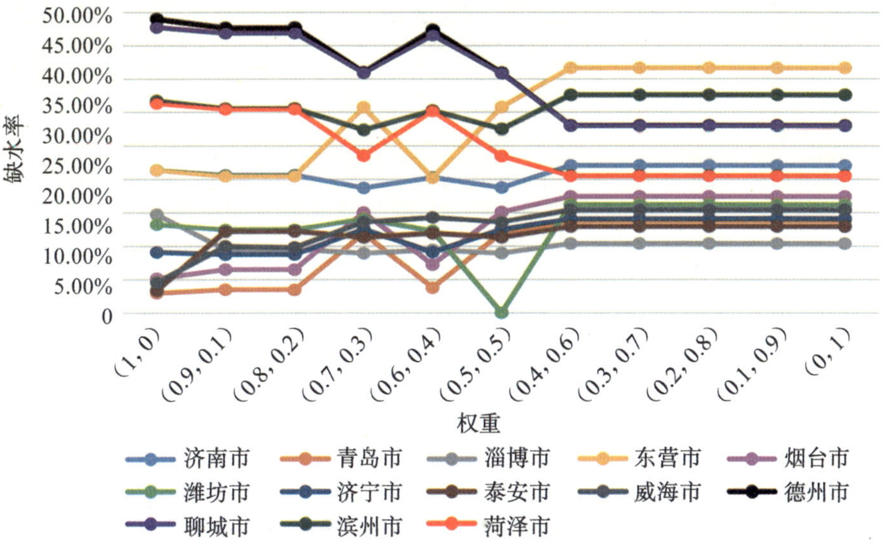

图 22 2025 年黄河来水平水年 $P=95\%$时山东 13 地市缺水率变化

水资源分配不同,13 地市产生的综合效益和基尼系数也不同,具体见表 74 至表 76。

表 74　2025 年黄河来水丰水年 $P=95\%$ 时水资源高效均衡配置方案产生的综合效益和基尼系数

权重	13 地市产生的综合效益(万元)	基尼系数
(1,0)	23967456.92	0.070162878
(0.9,0.1)	23794080.07	0.044879277
(0.8,0.2)	23656465.98	0.046810363
(0.7,0.3)	23647972.26	0.042449319
(0.6,0.4)	23647894.57	0.040553156
(0.5,0.5)	23644415.37	0.027377876
(0.4,0.6)	23539595.89	0.031941357
(0.3,0.7)	23511327.02	0.027525728
(0.2,0.8)	22232947.39	0.022983239
(0.1,0.9)	21404437.21	接近于零
(0,1)	21553226.03	接近于零

表 75　2025 年黄河来水平水年 $P=95\%$ 时水资源高效均衡配置方案产生的综合效益和基尼系数

权重	13 地市产生的综合效益(万元)	基尼系数
(1,0)	22037262.71	0.268883809
(0.9,0.1)	21226871.80	0.190142587
(0.8,0.2)	21103082.38	0.177285951
(0.7,0.3)	21049891.63	0.137668825
(0.6,0.4)	20328790.01	0.104903696
(0.5,0.5)	19629979.22	0.001562334
(0.4,0.6)	19628523.25	0.001459366
(0.3,0.7)	19628206.36	0.001457368
(0.2,0.8)	19424881.22	接近于零
(0.1,0.9)	19423968.88	接近于零
(0,1)	19422698.83	接近于零

表 76　2025 年黄河来水枯水年 $P=95\%$ 时水资源高效均衡配置方案产生的综合效益和基尼系数

权重	13 地市产生的综合效益(万元)	基尼系数
(1,0)	21270161.48	0.356839145
(0.9,0.1)	20716783.95	0.300926369
(0.8,0.2)	19899799.03	0.265797767

续表

权重	13 地市产生的综合效益(万元)	基尼系数
(0.7,0.3)	19622022.09	0.246628336
(0.6,0.4)	19329475.05	0.231566425
(0.5,0.5)	19211235.41	0.201158454
(0.4,0.6)	19025099.90	0.200379688
(0.3,0.7)	18959293.24	0.108255624
(0.2,0.8)	17136779.26	0.068940161
(0.1,0.9)	17016905.60	接近于零
(0,1)	16988639.07	接近于零

随着价值权重降低,公平权重增加,13 地市产生的综合效益不断减少,基尼系数也不断降低,水资源趋于公平分配。丰平枯水年由于黄河来水情况不一样,综合效益随着水资源量的减少而减少,基尼系数随着水资源量的减少而增大。

(3)2030 年黄河来水平水年,保证率为 75%时的水资源高效均衡配置方案

当权重为(1,0)即完全考虑价值时,水资源优先向高价值地市分配,缺水率差别较大,青岛、潍坊、泰安等价值高的地市缺水率低,有的地市甚至不缺水,像聊城、滨州、菏泽等低价值地市缺水率高,缺水率最高的地市为德州,缺水率达到 40.10%。随着价值权重降低,公平权重增加,水资源分配趋于公平,从权重(0.4,0.6)到(0,1),各地市缺水率变化不大,水资源公平分配。各地市缺水率变化见图 23。

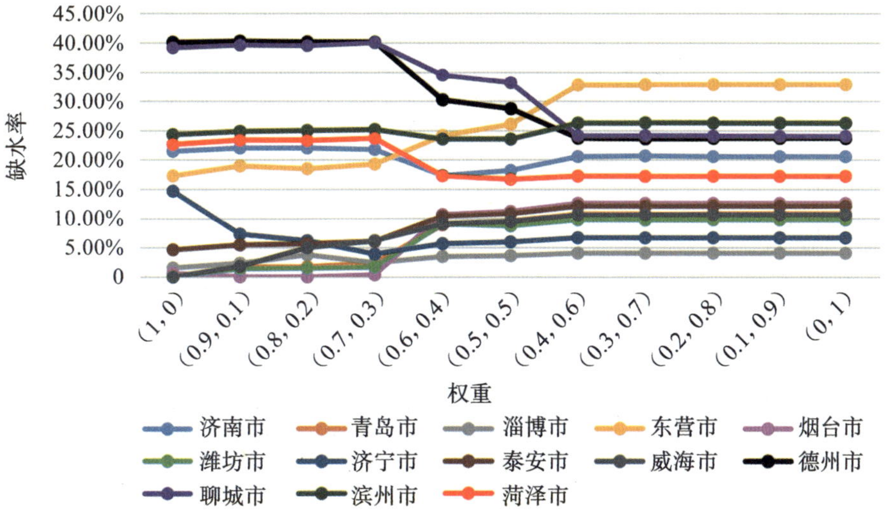

图 23　2030 年黄河来水平水年 $P=75\%$时山东 13 地市缺水率变化

水资源分配不同，13 地市产生的综合效益和基尼系数也不同，具体见表 77 至表 79。

表 77　2030 年黄河来水丰水年 $P=75\%$ 时水资源高效均衡配置方案产生的综合效益和基尼系数

权重	13 地市产生的综合效益(万元)	基尼系数
(1,0)	21138820.03	0.070443977
(0.9,0.1)	21125203.83	0.067214526
(0.8,0.2)	21058102.39	0.066914518
(0.7,0.3)	21004914.14	0.065536954
(0.6,0.4)	20996797.50	0.064917408
(0.5,0.5)	20898610.34	0.041036190
(0.4,0.6)	20065585.83	0.040036190
(0.3,0.7)	20049263.63	接近于零
(0.2,0.8)	19966835.66	接近于零
(0.1,0.9)	19911245.50	接近于零
(0,1)	19852715.36	接近于零

表 78　2030 年黄河来水平水年 $P=75\%$ 时水资源高效均衡配置方案产生的综合效益和基尼系数

权重	13 地市产生综合效益(万元)	基尼系数
(1,0)	20609479.25	0.313611611
(0.9,0.1)	20362050.93	0.249644099
(0.8,0.2)	20334562.96	0.237018664
(0.7,0.3)	20260676.55	0.227656218
(0.6,0.4)	18900255.42	0.069008761
(0.5,0.5)	18819039.83	0.051404313
(0.4,0.6)	17923624.84	0.000854764
(0.3,0.7)	17896017.50	0.000471012
(0.2,0.8)	17854045.93	0.000107651
(0.1,0.9)	17850193.36	接近于零
(0,1)	17335048	接近于零

表 79　2030 年黄河来水枯水年 $P=75\%$ 时水资源高效均衡配置方案产生的综合效益和基尼系数

权重	13 地市产生综合效益(万元)	基尼系数
(1,0)	17412236.18	0.214208991
(0.9,0.1)	17392343.46	0.213995034

续表

权重	13 地市产生综合效益(万元)	基尼系数
(0.8,0.2)	17390154.87	0.210377259
(0.7,0.3)	16062692.93	0.040736558
(0.6,0.4)	16030970.54	0.038148156
(0.5,0.5)	15690575.25	0.033835168
(0.4,0.6)	15519706.20	0.026706485
(0.3,0.7)	15493804.13	0.025634844
(0.2,0.8)	15361080.52	接近于零
(0.1,0.9)	14942514.74	接近于零
(0,1)	14512143.19	接近于零

随着价值权重降低,公平权重增加,13 地市产生的综合效益不断降低,基尼系数也不断降低,水资源趋于公平分配。丰平枯水年由于黄河来水情况不一样,综合效益随着水资源量的减少而减少,基尼系数随着水资源量的减少而增大。

(4)2030 年黄河来水平水年,保证率为 95%时的水资源高效均衡配置方案

当权重为(1,0)即完全考虑价值时,水资源优先向高价值地市分配,缺水率差别较大,青岛、威海、烟台等价值高的地市缺水率低,有的地市甚至不缺水,聊城、滨州、菏泽等低价值地市缺水率高,缺水率最高的地市为德州,缺水率达到 43.11%。随着价值权重降低,公平权重增加,水资源分配趋于公平,从权重(0.3,0.7)到(0,1),各地市缺水率变化不大,水资源公平分配。各地市缺水率变化见图 24。

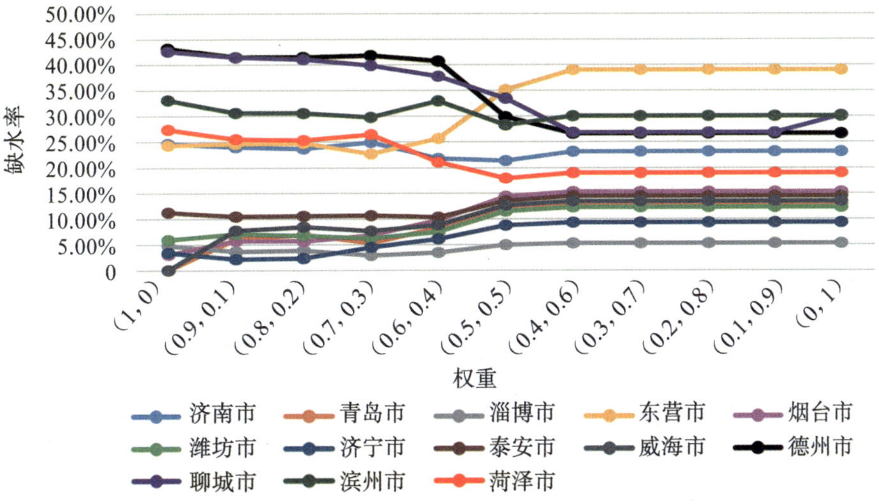

图 24 2030 年黄河来水平水年 $P=95\%$时山东 13 地市缺水率变化

水资源分配不同,13 地市产生的综合效益和基尼系数也不同,具体见表 80 至表 82。

表 80　2030 年黄河来水丰水年 $P=95\%$ 时水资源高效均衡配置方案产生的综合效益和基尼系数

权重	13 地市产生的综合效益(万元)	基尼系数
(1,0)	22763383.89	0.121074883
(0.9,0.1)	22613875.64	0.116568647
(0.8,0.2)	22613157.04	0.116557187
(0.7,0.3)	22611937.52	0.116412693
(0.6,0.4)	22492693.47	0.109920467
(0.5,0.5)	22488420.31	0.109574578
(0.4,0.6)	22102043.64	0.078763658
(0.3,0.7)	21791661.75	接近于零
(0.2,0.8)	21676144.02	接近于零
(0.1,0.9)	21443232.84	接近于零
(0,1)	20631428.23	接近于零

表 81　2030 年黄河来水平水年 $P=95\%$ 时水资源高效均衡配置方案产生的综合效益和基尼系数

权重	13 地市产生的综合效益(万元)	基尼系数
(1,0)	20210812.59	0.264720491
(0.9,0.1)	19079423.07	0.198318042
(0.8,0.2)	19039148.71	0.193164250
(0.7,0.3)	19018879.87	0.134303114
(0.6,0.4)	19016844.95	0.130997109
(0.5,0.5)	17979465.94	0.032007554
(0.4,0.6)	17349002.59	0.000111577
(0.3,0.7)	17337371.30	接近于零
(0.2,0.8)	17334581.54	接近于零
(0.1,0.9)	17332444.14	接近于零
(0,1)	17322062.66	接近于零

表 82 2030 年黄河来水枯水年 $P=95\%$ 时水资源高效均衡配置方案产生的综合效益和基尼系数

权重	13 地市产生的综合效益(万元)	基尼系数
(1,0)	18758131.71	0.248505673
(0.9,0.1)	18757622.76	0.245587951
(0.8,0.2)	16911290.01	0.159728578
(0.7,0.3)	16902649.57	0.054683015
(0.6,0.4)	16876602.81	0.051368924
(0.5,0.5)	16396216.18	0.050376116
(0.4,0.6)	15940764.61	0.047891612
(0.3,0.7)	15517270.76	0.046025245
(0.2,0.8)	15308389.02	0.045034848
(0.1,0.9)	15067706.17	接近于零
(0,1)	14959436.24	接近于零

随着价值权重降低，公平权重增加，13 地市产生的综合效益不断降低，基尼系数不断降低，水资源趋于公平分配。丰平枯水年由于黄河来水情况不一样，综合效益随着水资源量的减少而减少，基尼系数随着水资源量的减少而增大。

综合来看，上述分析共分为丰平枯黄河来水情况下 2025 年 $P=75\%$、2025 年 $P=95\%$、2030 年 $P=75\%$、2030 年 $P=95\%$ 这 12 个情境，每个情境有 11 个方案，因此共有 132 个方案供选择。

随着高效均衡模型中价值权重从 1(价值优先)逐渐到 0(公平优先)，体现了水资源逐渐公平分配，用水价值随着公平提升而递减。随着价值权重从 1 到 0，公平权重从 0 到 1，13 地市的水资源产生的综合效益呈现逐渐减少的趋势，公平性随着价值减少而提升。随着价值权重的增加，基尼系数值增加，随着价值权重的降低，基尼系数值减小。

在 12 种情境下，基于不同权重下的基尼系数值，可以分析出模型对公平权重的敏感性。以 2030 年黄河来水平水年 $P=95\%$ 时水资源高效均衡配置方案不同权重产生的基尼系数为例，权重为(0.6，0.4)时，基尼系数为 0.131，权重变化为(0.5，0.5)时，基尼系数为 0.032。当公平权重占比高时，基尼系数值较小，水资源就实现了公平分配。随着公平权重继续增加，基尼系数虽然变化不大，却一直在递减，13 个地市的综合效益变化也不大，但也是在一直递减。当公平权重占比高时，基尼系数值差别不大，分配到各地市的水量基本相同，方案差别不大,缺水率的变化也不大。这说明本模型的公平权重大于价值权重时,水资源就实现了很公平的分配,决策者可以据此选择合适的权重。

各地市分配水资源时对权重的敏感度不同,缺水率变化幅度不同,可以分为敏感地区和不敏感地区,需选择合适权重的方案。无论目标函数的权重如何,不敏感地区的缺水率波动在10%以下,而缺水率波动在10%以上的为敏感地区。根据13地市缺水率变化图得知敏感地区是青岛、东营、烟台、威海、德州、聊城、菏泽,不敏感地区为济南、淄博、潍坊、济宁、泰安、滨州。决策者在进行方案选择时,可以根据各地市敏感度进行有目的的选择。

高效均衡模型中水资源分配的结果取决于流域当局对高效和公平的偏好。当局通过协商考虑各功能的权重。如果他们追求更多的经济效益,则倾向于选择权重较高的经济效益效率指标,但公平性不可忽视;如果倾向于公平分配,可以选择相应的公平权重较高的方案。

六、配置后水资源承载能力分析

下文对比分析水资源高效均衡配置前后各地市水资源承载能力状况,揭示水资源高效均衡配置对各地市的产业结构和水资源承载能力的影响。

(一)优化配置后水资源承载能力

从水量要素方面考虑,对山东13地市不同规划年、不同黄河来水情况、不同保证率下水资源配置后的可供水量进行水资源承载能力分析,具体结果见表83至表94和图25至图36。

表83　2025年黄河来水丰水年 $P=75\%$ 时不同权重下水资源承载能力

地市	权重										
	(1,0)	(0.9,0.1)	(0.8,0.2)	(0.7,0.3)	(0.6,0.4)	(0.5,0.5)	(0.4,0.6)	(0.3,0.7)	(0.2,0.8)	(0.1,0.9)	(0,1)
济南	0.90	0.91	0.91	0.90	0.90	0.90	0.88	0.88	0.88	0.89	0.89
青岛	1.35	1.35	1.35	1.33	1.30	1.29	1.27	1.29	1.29	1.29	1.29
淄博	0.78	0.77	0.76	0.75	0.76	0.75	0.77	0.76	0.76	0.75	0.75
东营	0.99	0.99	1.00	1.05	1.06	1.06	1.02	1.06	1.06	1.06	1.06
烟台	0.92	0.92	0.92	0.90	0.87	0.87	0.88	0.87	0.87	0.87	0.87
潍坊	0.92	0.92	0.92	0.91	0.89	0.89	0.89	0.89	0.89	0.89	0.89
济宁	0.95	0.96	0.96	0.93	0.92	0.92	0.91	0.92	0.92	0.92	0.92

续表

地市	权重										
	(1,0)	(0.9,0.1)	(0.8,0.2)	(0.7,0.3)	(0.6,0.4)	(0.5,0.5)	(0.4,0.6)	(0.3,0.7)	(0.2,0.8)	(0.1,0.9)	(0,1)
泰安	1.22	1.20	1.18	1.17	1.17	1.17	1.17	1.17	1.17	1.17	1.17
威海	1.30	1.29	1.27	1.23	1.23	1.23	1.22	1.23	1.23	1.23	1.23
德州	0.97	0.97	0.98	1.00	1.03	1.04	1.05	1.04	1.04	1.04	1.04
聊城	1.01	1.01	1.02	1.03	1.06	1.08	1.05	1.08	1.08	1.08	1.08
滨州	0.95	0.95	0.96	0.98	0.98	0.99	0.98	0.99	0.99	0.99	0.99
菏泽	1.06	1.06	1.07	1.07	1.09	1.09	1.14	1.09	1.09	1.09	1.09

注：

不超载	临界状态	超载	严重超载

表 84　2025 年黄河来水丰水年 $P=95\%$ 时不同权重下水资源承载能力

地市	权重										
	(1,0)	(0.9,0.1)	(0.8,0.2)	(0.7,0.3)	(0.6,0.4)	(0.5,0.5)	(0.4,0.6)	(0.3,0.7)	(0.2,0.8)	(0.1,0.9)	(0,1)
济南	0.88	0.88	0.87	0.87	0.87	0.87	0.87	0.87	0.87	0.87	0.87
青岛	1.35	1.35	1.35	1.34	1.35	1.35	1.33	1.32	1.30	1.32	1.32
淄博	0.73	0.74	0.75	0.76	0.74	0.74	0.76	0.76	0.76	0.76	0.76
东营	0.77	0.75	0.75	0.78	0.75	0.75	0.80	0.79	0.81	0.74	0.79
烟台	0.92	0.91	0.90	0.89	0.89	0.89	0.88	0.88	0.88	0.88	0.88
潍坊	0.92	0.91	0.91	0.90	0.91	0.91	0.90	0.91	0.90	0.91	0.90
济宁	0.92	0.92	0.92	0.93	0.93	0.93	0.93	0.93	0.93	0.93	0.93
泰安	1.18	1.18	1.18	1.18	1.18	1.18	1.18	1.19	1.20	1.21	1.20
威海	1.30	1.30	1.30	1.23	1.30	1.30	1.24	1.23	1.26	1.26	1.23
德州	1.03	1.03	1.03	1.04	1.04	1.04	1.04	1.04	1.04	1.05	1.05
聊城	1.03	1.04	1.04	1.05	1.04	1.04	1.05	1.05	1.05	1.05	1.05
滨州	0.69	0.70	0.70	0.70	0.70	0.70	0.70	0.70	0.70	0.70	0.70
菏泽	1.11	1.12	1.12	1.12	1.12	1.12	1.12	1.12	1.12	1.12	1.12

表 85 2030 年黄河来水丰水年 $P=75\%$时不同权重下水资源承载能力

地市	权重										
	(1,0)	(0.9,0.1)	(0.8,0.2)	(0.7,0.3)	(0.6,0.4)	(0.5,0.5)	(0.4,0.6)	(0.3,0.7)	(0.2,0.8)	(0.1,0.9)	(0,1)
济南	1.00	1.00	1.00	1.00	1.00	0.98	0.99	0.99	0.99	0.98	0.98
青岛	1.35	1.35	1.35	1.35	1.35	1.34	1.34	1.33	1.33	1.34	1.34
淄博	0.67	0.67	0.68	0.68	0.68	0.68	0.67	0.67	0.67	0.68	0.68
东营	0.86	0.86	0.86	0.86	0.86	0.84	0.85	0.85	0.85	0.84	0.84
烟台	0.88	0.88	0.88	0.88	0.88	0.87	0.87	0.87	0.87	0.87	0.87
潍坊	0.84	0.84	0.84	0.84	0.84	0.84	0.83	0.83	0.83	0.83	0.83
济宁	0.84	0.84	0.84	0.84	0.84	0.84	0.84	0.84	0.84	0.84	0.84
泰安	1.34	1.34	1.34	1.32	1.32	1.33	1.32	1.32	1.32	1.33	1.33
威海	1.26	1.26	1.26	1.26	1.26	1.25	1.25	1.25	1.25	1.25	1.25
德州	1.07	1.05	1.05	1.04	1.04	1.10	1.09	1.09	1.09	1.09	1.09
聊城	0.92	0.93	0.93	0.93	0.93	0.91	0.92	0.92	0.92	0.93	0.93
滨州	0.79	0.81	0.81	0.82	0.83	0.81	0.81	0.81	0.81	0.81	0.81
菏泽	1.09	1.08	1.09	1.09	1.09	1.11	1.11	1.11	1.11	1.11	1.11

表 86 2030 年黄河来水丰水年 $P=95\%$时不同权重下水资源承载能力

地市	权重										
	(1,0)	(0.9,0.1)	(0.8,0.2)	(0.7,0.3)	(0.6,0.4)	(0.5,0.5)	(0.4,0.6)	(0.3,0.7)	(0.2,0.8)	(0.1,0.9)	(0,1)
济南	1.07	1.10	1.10	1.10	1.09	1.09	1.11	1.10	1.10	1.10	1.10
青岛	1.44	1.44	1.44	1.44	1.44	1.44	1.40	1.40	1.40	1.40	1.40
淄博	0.74	0.74	0.74	0.74	0.74	0.74	0.74	0.74	0.74	0.74	0.74
东营	1.05	1.31	1.31	1.31	1.30	1.30	1.21	1.21	1.21	1.21	1.21
烟台	0.94	0.91	0.91	0.91	0.91	0.90	0.91	0.90	0.91	0.91	0.91
潍坊	0.90	0.89	0.89	0.89	0.88	0.88	0.88	0.88	0.88	0.88	0.88
济宁	0.86	0.89	0.89	0.89	0.89	0.89	0.89	0.89	0.89	0.89	0.89
泰安	1.41	1.38	1.37	1.37	1.37	1.37	1.37	1.37	1.37	1.37	1.37
威海	1.35	1.32	1.32	1.32	1.31	1.31	1.31	1.31	1.31	1.31	1.31
德州	0.89	0.89	0.89	0.89	0.91	0.91	0.92	0.92	0.92	0.92	0.92
聊城	0.89	0.89	0.89	0.89	0.89	0.89	0.93	0.93	0.93	0.93	0.93
滨州	0.97	1.05	1.05	1.05	1.05	1.05	1.05	1.04	1.05	1.05	1.05
菏泽	1.13	1.11	1.11	1.11	1.12	1.12	1.15	1.15	1.15	1.15	1.15

表 87 2025 年黄河来水平水年 $P=75\%$ 时不同权重下水资源承载能力

地市	权重										
	(1,0)	(0.9,0.1)	(0.8,0.2)	(0.7,0.3)	(0.6,0.4)	(0.5,0.5)	(0.4,0.6)	(0.3,0.7)	(0.2,0.8)	(0.1,0.9)	(0,1)
济南	0.79	0.79	0.79	0.80	0.81	0.81	0.78	0.78	0.78	0.78	0.78
青岛	0.97	0.96	0.96	0.96	0.88	0.88	0.86	0.86	0.86	0.86	0.86
淄博	0.66	0.70	0.70	0.70	0.70	0.70	0.69	0.69	0.69	0.69	0.69
东营	0.91	0.92	0.92	0.92	0.80	0.80	0.73	0.73	0.73	0.73	0.73
烟台	0.90	0.89	0.89	0.88	0.81	0.81	0.79	0.79	0.79	0.79	0.79
潍坊	0.89	0.90	0.90	0.90	0.88	0.88	0.86	0.86	0.86	0.86	0.86
济宁	0.88	0.88	0.88	0.88	0.85	0.85	0.83	0.83	0.83	0.83	0.83
泰安	1.06	0.97	0.97	0.97	0.98	0.98	0.96	0.96	0.96	0.96	0.96
威海	0.92	0.87	0.87	0.83	0.83	0.83	0.82	0.82	0.82	0.82	0.82
德州	0.67	0.69	0.69	0.69	0.77	0.77	0.86	0.86	0.86	0.86	0.86
聊城	0.70	0.71	0.71	0.71	0.78	0.78	0.87	0.87	0.87	0.87	0.87
滨州	0.80	0.81	0.81	0.81	0.84	0.84	0.79	0.79	0.79	0.79	0.79
菏泽	0.71	0.71	0.71	0.72	0.79	0.79	0.82	0.82	0.82	0.82	0.82

表 88 2025 年黄河来水平水年 $P=95\%$ 时不同权重下水资源承载能力

地市	权重										
	(1,0)	(0.9,0.1)	(0.8,0.2)	(0.7,0.3)	(0.6,0.4)	(0.5,0.5)	(0.4,0.6)	(0.3,0.7)	(0.2,0.8)	(0.1,0.9)	(0,1)
济南	0.76	0.76	0.75	0.77	0.78	0.75	0.75	0.75	0.75	0.75	0.75
青岛	0.97	0.91	0.90	0.91	0.87	0.84	0.84	0.84	0.84	0.84	0.84
淄博	0.64	0.71	0.66	0.69	0.69	0.68	0.68	0.68	0.68	0.68	0.68
东营	0.88	0.88	0.88	0.88	0.85	0.69	0.69	0.69	0.69	0.69	0.69
烟台	0.86	0.83	0.86	0.81	0.78	0.76	0.76	0.76	0.76	0.76	0.76
潍坊	0.85	0.84	0.83	0.87	0.87	0.83	0.83	0.83	0.83	0.83	0.83
济宁	0.82	0.83	0.82	0.83	0.84	0.81	0.81	0.81	0.81	0.81	0.81
泰安	1.04	1.04	1.01	0.95	0.96	0.94	0.94	0.94	0.94	0.94	0.94
威海	0.92	0.81	0.80	0.82	0.81	0.79	0.79	0.79	0.79	0.79	0.79
德州	0.65	0.67	0.71	0.69	0.70	0.81	0.81	0.81	0.82	0.82	0.82
聊城	0.68	0.69	0.67	0.70	0.71	0.84	0.84	0.84	0.84	0.84	0.84
滨州	0.76	0.78	0.79	0.78	0.80	0.74	0.74	0.74	0.74	0.74	0.74
菏泽	0.68	0.69	0.73	0.72	0.72	0.80	0.80	0.80	0.80	0.80	0.80

表 89　2030 年黄河来水平水年 $P=75\%$ 时不同权重下水资源承载能力

地市	权重										
	(1,0)	(0.9,0.1)	(0.8,0.2)	(0.7,0.3)	(0.6,0.4)	(0.5,0.5)	(0.4,0.6)	(0.3,0.7)	(0.2,0.8)	(0.1,0.9)	(0,1)
济南	0.92	0.91	0.91	0.91	0.96	0.95	0.93	0.92	0.93	0.93	0.93
青岛	1.06	1.04	1.04	1.03	0.96	0.96	0.94	0.94	0.94	0.94	0.94
淄博	0.72	0.72	0.71	0.72	0.71	0.71	0.71	0.71	0.71	0.71	0.71
东营	1.00	0.98	0.98	0.97	0.91	0.89	0.81	0.81	0.81	0.81	0.81
烟台	0.95	0.96	0.96	0.95	0.85	0.85	0.84	0.84	0.84	0.84	0.84
潍坊	0.98	0.97	0.97	0.96	0.89	0.90	0.89	0.89	0.89	0.89	0.89
济宁	0.78	0.85	0.86	0.88	0.87	0.86	0.86	0.86	0.86	0.86	0.86
泰安	1.20	1.19	1.19	1.18	1.13	1.12	1.11	1.11	1.11	1.11	1.11
威海	0.99	0.98	0.94	0.93	0.90	0.90	0.89	0.89	0.89	0.89	0.89
德州	0.72	0.72	0.72	0.72	0.84	0.86	0.92	0.92	0.92	0.92	0.92
聊城	0.75	0.74	0.75	0.74	0.81	0.82	0.93	0.93	0.94	0.94	0.94
滨州	0.84	0.83	0.83	0.83	0.85	0.85	0.82	0.82	0.82	0.82	0.82
菏泽	0.80	0.79	0.80	0.79	0.86	0.86	0.86	0.86	0.86	0.86	0.86

表 90　2030 年黄河来水平水年 $P=95\%$ 时不同权重下水资源承载能力

地市	权重										
	(1,0)	(0.9,0.1)	(0.8,0.2)	(0.7,0.3)	(0.6,0.4)	(0.5,0.5)	(0.4,0.6)	(0.3,0.7)	(0.2,0.8)	(0.1,0.9)	(0,1)
济南	0.88	0.89	0.89	0.88	0.91	0.92	0.90	0.90	0.90	0.90	0.90
青岛	1.06	0.99	0.98	1.00	0.97	0.93	0.92	0.92	0.92	0.92	0.92
淄博	0.70	0.71	0.71	0.71	0.71	0.70	0.70	0.70	0.70	0.70	0.70
东营	0.91	0.91	0.91	0.93	0.89	0.78	0.73	0.73	0.73	0.73	0.73
烟台	0.93	0.90	0.90	0.89	0.86	0.82	0.81	0.81	0.81	0.81	0.81
潍坊	0.92	0.91	0.92	0.92	0.91	0.87	0.86	0.86	0.86	0.86	0.86
济宁	0.89	0.90	0.90	0.88	0.86	0.84	0.83	0.83	0.83	0.83	0.83
泰安	1.12	1.13	1.13	1.13	1.13	1.09	1.08	1.08	1.08	1.08	1.08
威海	0.99	0.92	0.91	0.92	0.91	0.87	0.86	0.86	0.86	0.86	0.86
德州	0.68	0.71	0.71	0.70	0.71	0.85	0.88	0.88	0.88	0.88	0.88

续表

地市	权重										
	(1,0)	(0.9,0.1)	(0.8,0.2)	(0.7,0.3)	(0.6,0.4)	(0.5,0.5)	(0.4,0.6)	(0.3,0.7)	(0.2,0.8)	(0.1,0.9)	(0,1)
聊城	0.71	0.72	0.73	0.74	0.77	0.82	0.90	0.90	0.90	0.90	0.90
滨州	0.74	0.77	0.77	0.78	0.74	0.79	0.77	0.77	0.77	0.77	0.77
菏泽	0.75	0.77	0.77	0.76	0.82	0.85	0.84	0.84	0.84	0.84	0.84

表 91　2025 年黄河来水枯水年 $P=75\%$ 时不同权重下水资源承载能力

地市	权重										
	(1,0)	(0.9,0.1)	(0.8,0.2)	(0.7,0.3)	(0.6,0.4)	(0.5,0.5)	(0.4,0.6)	(0.3,0.7)	(0.2,0.8)	(0.1,0.9)	(0,1)
济南	0.95	0.95	0.87	0.90	0.87	0.86	0.86	0.86	0.75	0.75	0.75
青岛	1.38	1.38	1.38	1.35	1.37	1.34	1.33	1.32	1.27	1.26	1.26
淄博	0.71	0.78	0.78	0.79	0.78	0.77	0.78	0.78	0.75	0.75	0.75
东营	0.78	0.77	0.79	0.77	0.71	0.72	0.71	0.70	0.67	0.67	0.67
烟台	0.93	0.93	0.90	0.90	0.90	0.90	0.90	0.90	0.80	0.80	0.80
潍坊	0.96	0.94	0.95	0.93	0.95	0.91	0.92	0.91	0.82	0.83	0.82
济宁	0.90	0.91	0.94	0.92	0.94	0.95	0.95	0.95	0.88	0.88	0.88
泰安	1.15	1.17	1.19	1.23	1.20	1.22	1.22	1.21	1.13	1.13	1.13
威海	1.39	1.37	1.36	1.38	1.36	1.36	1.36	1.35	1.26	1.26	1.26
德州	0.55	0.56	0.57	0.58	0.59	0.56	0.57	0.59	0.81	0.81	0.81
聊城	0.57	0.57	0.59	0.60	0.61	0.62	0.62	0.63	0.84	0.84	0.84
滨州	0.67	0.67	0.67	0.69	0.67	0.72	0.73	0.70	0.63	0.63	0.63
菏泽	0.70	0.71	0.72	0.73	0.75	0.77	0.77	0.78	0.91	0.91	0.91

表 92　2025 年黄河来水枯水年 $P=95\%$ 时不同权重下水资源承载能力

地市	权重										
	(1,0)	(0.9,0.1)	(0.8,0.2)	(0.7,0.3)	(0.6,0.4)	(0.5,0.5)	(0.4,0.6)	(0.3,0.7)	(0.2,0.8)	(0.1,0.9)	(0,1)
济南	0.68	0.68	0.68	0.69	0.69	0.68	0.73	0.73	0.73	0.73	0.73
青岛	1.34	1.34	1.34	1.34	1.33	1.33	1.20	1.20	1.19	1.19	1.19
淄博	0.70	0.70	0.70	0.71	0.71	0.71	0.73	0.73	0.73	0.73	0.73
东营	0.78	0.78	0.78	0.80	0.77	0.80	0.62	0.60	0.61	0.57	0.58
烟台	0.72	0.72	0.72	0.74	0.77	0.74	0.78	0.78	0.78	0.79	0.79

续表

地市	权重										
	(1,0)	(0.9,0.1)	(0.8,0.2)	(0.7,0.3)	(0.6,0.4)	(0.5,0.5)	(0.4,0.6)	(0.3,0.7)	(0.2,0.8)	(0.1,0.9)	(0,1)
潍坊	0.74	0.74	0.74	0.76	0.75	0.75	0.80	0.80	0.80	0.80	0.80
济宁	0.76	0.76	0.76	0.77	0.76	0.77	0.85	0.85	0.85	0.85	0.85
泰安	1.21	1.21	1.21	1.18	1.13	1.18	1.09	1.09	1.09	1.09	1.09
威海	1.33	1.33	1.33	1.13	1.13	1.14	1.18	1.19	1.19	1.19	1.19
德州	0.78	0.78	0.78	0.79	0.77	0.79	0.80	0.80	0.80	0.80	0.80
聊城	0.82	0.82	0.82	0.82	0.82	0.82	0.81	0.81	0.81	0.81	0.82
滨州	0.65	0.65	0.65	0.65	0.71	0.65	0.55	0.55	0.55	0.55	0.55
菏泽	0.83	0.83	0.83	0.84	0.86	0.84	0.93	0.93	0.93	0.94	0.94

表 93 2030 年黄河来水枯水年 $P=75\%$ 时不同权重下水资源承载能力

地市	权重										
	(1,0)	(0.9,0.1)	(0.8,0.2)	(0.7,0.3)	(0.6,0.4)	(0.5,0.5)	(0.4,0.6)	(0.3,0.7)	(0.2,0.8)	(0.1,0.9)	(0,1)
济南	0.82	0.81	0.81	0.88	0.88	0.88	0.88	0.88	0.88	0.88	0.88
青岛	1.51	1.51	1.51	1.38	1.38	1.34	1.34	1.36	1.34	1.34	1.34
淄博	0.76	0.76	0.76	0.76	0.76	0.76	0.76	0.76	0.76	0.76	0.76
东营	0.79	0.79	0.79	0.66	0.66	0.68	0.68	0.69	0.67	0.67	0.66
烟台	0.89	0.88	0.88	0.87	0.86	0.86	0.86	0.86	0.87	0.87	0.86
潍坊	0.96	0.86	0.86	0.86	0.86	0.86	0.86	0.86	0.86	0.86	0.86
济宁	0.87	0.86	0.86	0.90	0.90	0.90	0.90	0.90	0.90	0.90	0.90
泰安	1.21	1.20	1.20	1.30	1.30	1.30	1.30	1.30	1.30	1.30	1.30
威海	1.51	1.51	1.51	1.34	1.34	1.34	1.34	1.34	1.34	1.35	1.34
德州	0.93	0.93	0.93	0.93	0.93	0.93	0.93	0.93	0.93	0.93	0.94
聊城	0.86	0.86	0.86	0.84	0.84	0.85	0.84	0.84	0.85	0.85	0.86
滨州	0.65	0.65	0.65	0.72	0.72	0.72	0.72	0.72	0.72	0.72	0.72
菏泽	0.98	0.98	0.98	1.01	1.01	1.01	1.01	1.01	1.01	1.01	1.01

表94　2030年黄河来水枯水年 $P=95\%$ 时不同权重下水资源承载能力

地市	权重										
	(1,0)	(0.9,0.1)	(0.8,0.2)	(0.7,0.3)	(0.6,0.4)	(0.5,0.5)	(0.4,0.6)	(0.3,0.7)	(0.2,0.8)	(0.1,0.9)	(0,1)
济南	0.94	0.86	0.78	0.86	0.86	0.88	0.87	0.87	0.87	0.87	0.87
青岛	1.47	1.47	1.33	1.31	1.31	1.28	1.28	1.26	1.27	1.27	1.26
淄博	0.75	0.75	0.75	0.75	0.75	0.74	0.74	0.74	0.74	0.74	0.74
东营	0.95	0.93	0.87	0.77	0.76	0.78	0.78	0.78	0.78	0.78	0.78
烟台	0.81	0.84	0.77	0.81	0.80	0.80	0.80	0.80	0.80	0.80	0.80
潍坊	0.96	0.76	0.77	0.80	0.81	0.80	0.80	0.80	0.80	0.80	0.80
济宁	0.79	0.79	0.78	0.84	0.83	0.84	0.84	0.84	0.84	0.84	0.84
泰安	1.14	1.15	1.13	1.20	1.20	1.21	1.21	1.21	1.21	1.21	1.21
威海	1.51	1.45	1.30	1.27	1.25	1.24	1.24	1.24	1.24	1.24	1.24
德州	0.72	0.88	0.95	0.89	0.89	0.87	0.87	0.89	0.89	0.89	0.89
聊城	0.73	0.81	0.89	0.82	0.82	0.83	0.83	0.83	0.83	0.83	0.83
滨州	0.81	0.65	0.76	0.71	0.72	0.73	0.73	0.73	0.73	0.73	0.73
菏泽	0.94	0.91	0.98	0.97	0.98	0.96	0.96	0.96	0.96	0.96	0.96

不同权重下，(0.5,0.5)是中间权重状态；当权重从(1,0)到(0.6,0.4)时，各地市水资源承载能力状态几乎无变化，选择(0.8,0.2)权重作为代表；(0.2,0.8)同理，因此选择权重(0.8,0.2)、(0.5,0.5)、(0.2,0.8)作为典型情景进行分析。

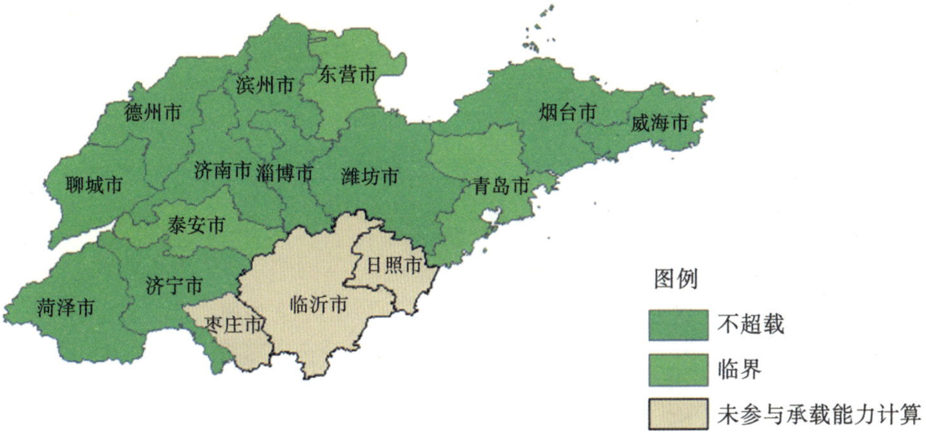

图25　2025年黄河来水平水年供水保证率 $P=75\%$ 配置权重为(0.8,0.2)时各地市承载能力

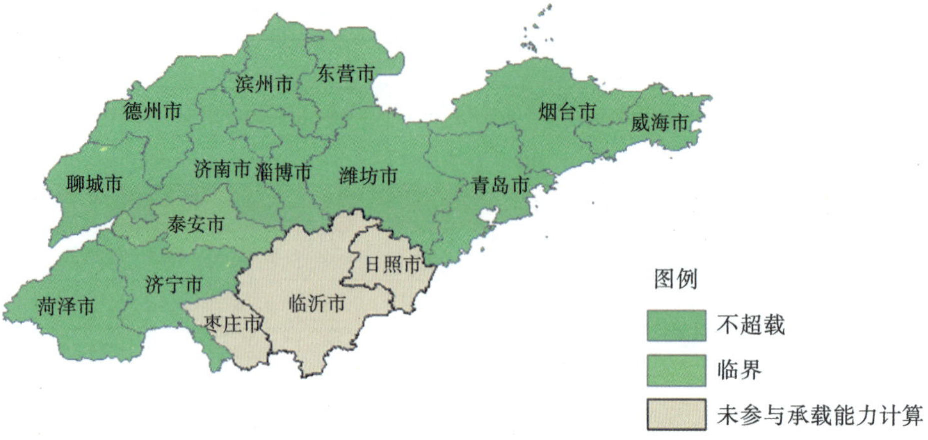

图 26　2025 年黄河来水平水年供水保证率 $P=75\%$ 配置权重为(0.5,0.5)时各地市承载能力

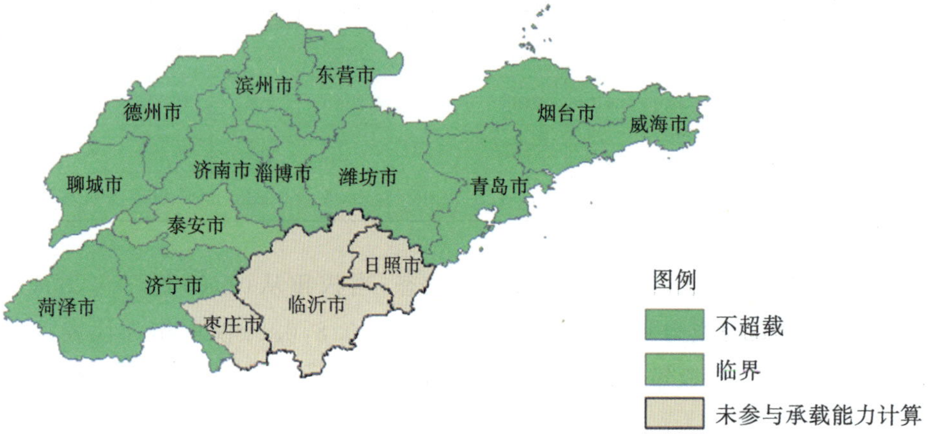

图 27　2025 年黄河来水平水年供水保证率 $P=75\%$ 配置权重为(0.2,0.8)时各地市承载能力

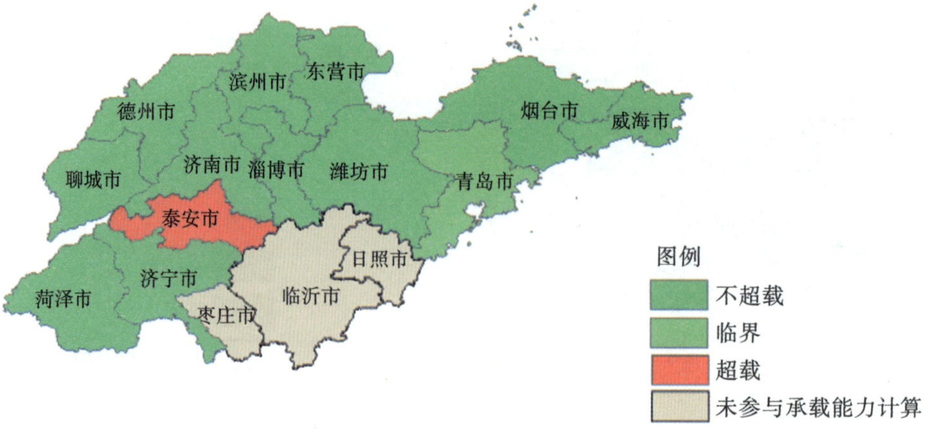

图 28　2025 年黄河来水平水年供水保证率 $P=95\%$ 配置权重为(0.8,0.2)时各地市承载能力

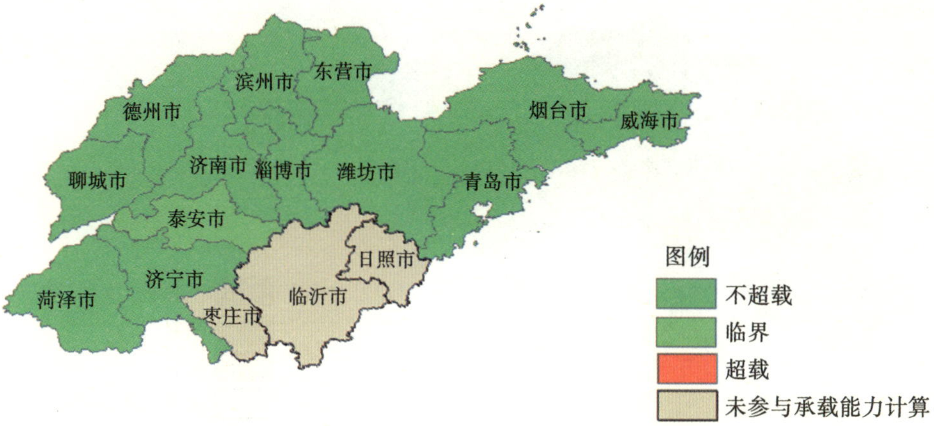

图 29　2025 年黄河来水平水年供水保证率 $P=95\%$ 配置权重为(0.5,0.5)时各地市承载能力

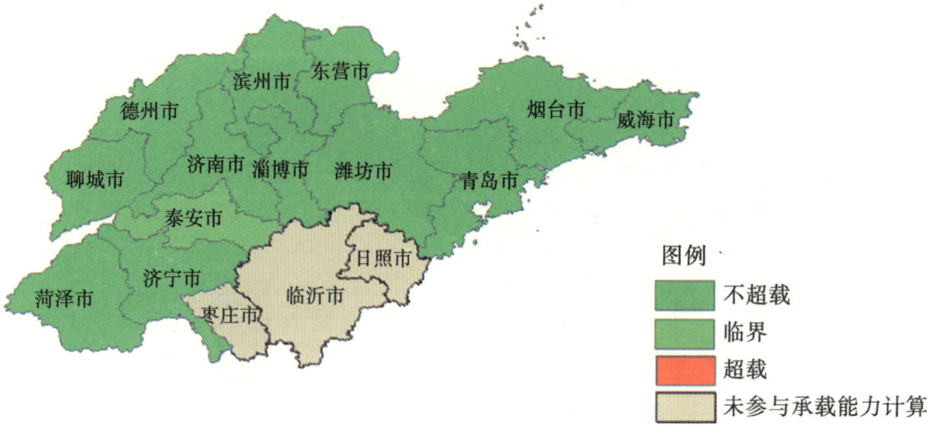

图 30　2025 年黄河来水平水年供水保证率 $P=95\%$ 配置权重为(0.2,0.8)时各地市承载能力

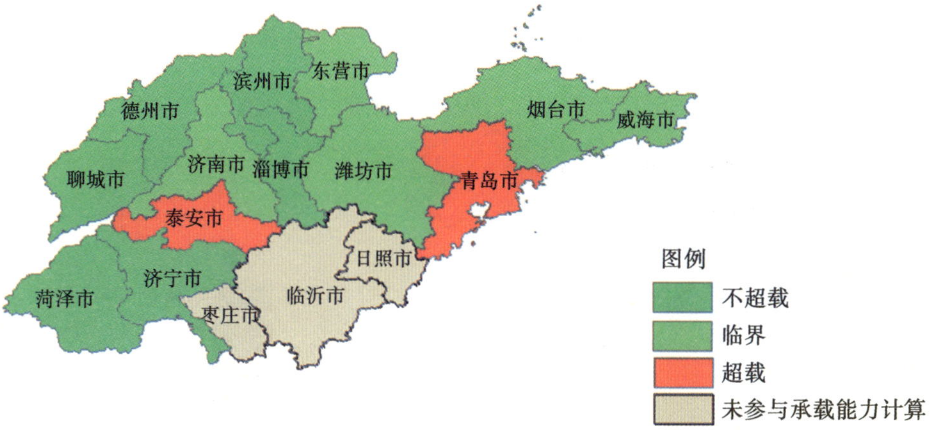

图 31　2030 年黄河来水平水年供水保证率 $P=75\%$ 配置权重为(0.8,0.2)时各地市承载能力

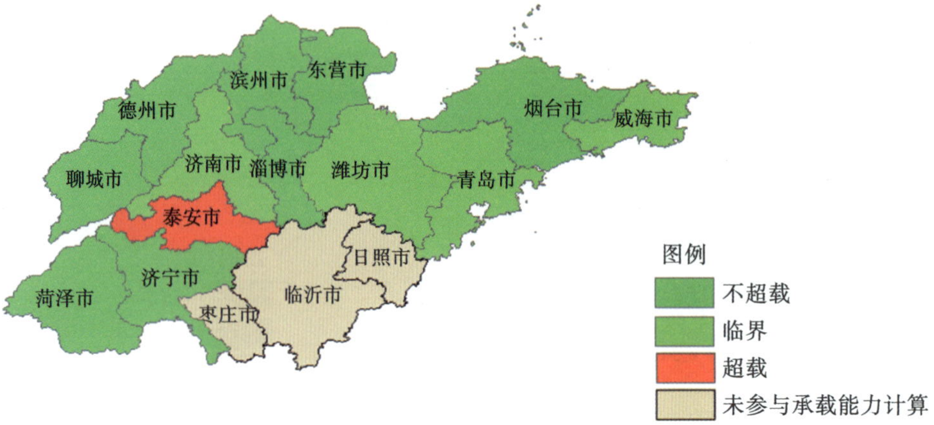

图 32　2030 年黄河来水平水年供水保证率 $P=75\%$ 配置权重为(0.5,0.5)时各地市承载能力

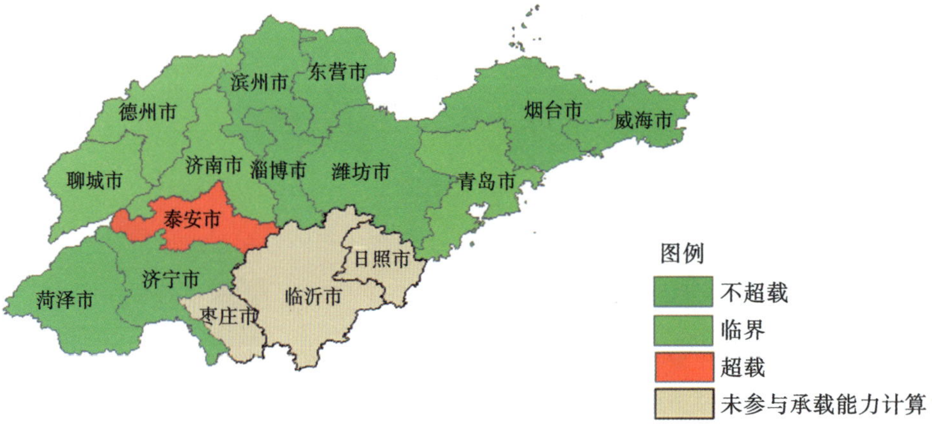

图 33　2030 年黄河来水平水年供水保证率 $P=75\%$ 配置权重为(0.2,0.8)时各地市承载能力

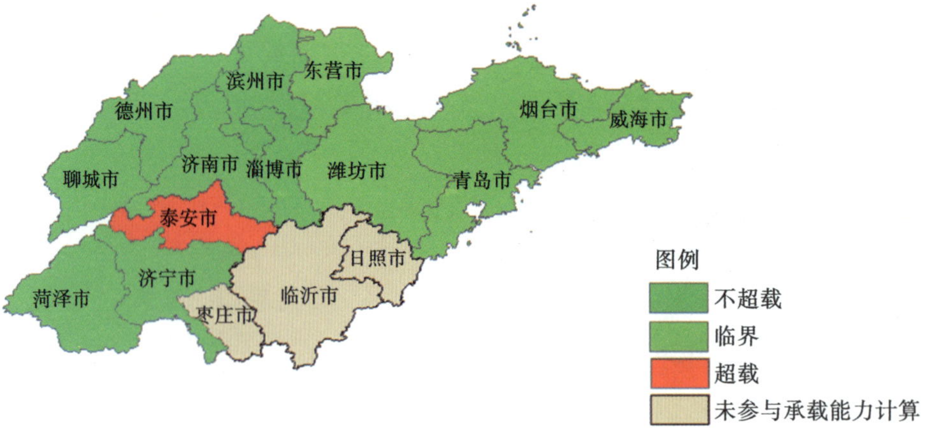

图 34　2030 年黄河来水平水年供水保证率 $P=95\%$ 配置权重为(0.8,0.2)时各地市承载能力

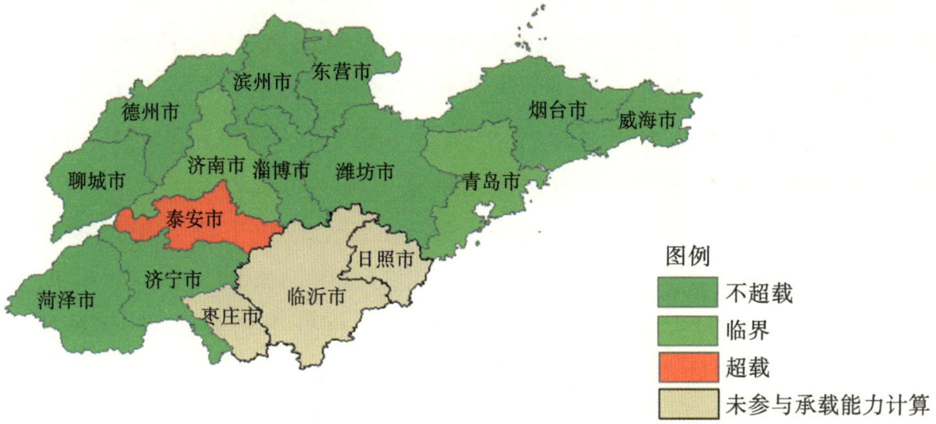

图 35　2030 年黄河来水平水年供水保证率 $P=95\%$ 配置权重为(0.5,0.5)时各地市承载能力

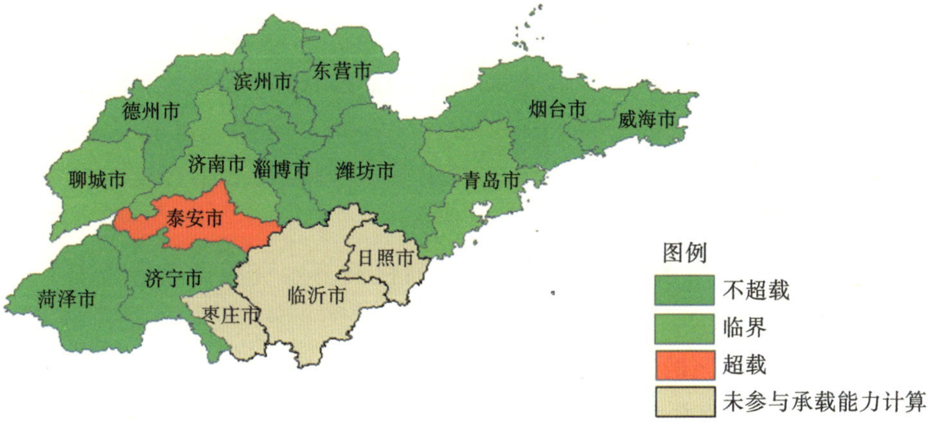

图 36　2030 年黄河来水平水年供水保证率 $P=95\%$ 配置权重为(0.2,0.8)时各地市承载能力

各地市分配水资源时对权重的敏感度不同，水资源承载能力也有所不同。

(1)黄河来水为丰水年(90.94 亿 m^3)，不同权重下水资源高效均衡配置方案下的水资源承载能力

2025 年 $P=75\%$ 时，青岛和威海在各个权重下都处于严重超载状态；泰安在权重为(1,0)和(0.9,0.1)时处于严重超载状态，其余权重下为超载状态；聊城和菏泽一直处于超载状态；德州在(1,0)、(0.9,0.1)、(0.8,0.2)权重下处于临界状态，其余权重下处于超载状态；东营在(1,0)、(0.9,0.1)权重下处于临界状态，其余权重下处于超载状态；济宁一直处于临界状态；烟台和潍坊在权重为(1,0)、(0.9,0.1)、(0.8,0.2)、(0.7,0.3)时处于临界状态，其余权重下不超载；淄博在各个权重下均不超载。

2025 年 $P=95\%$时，青岛和威海在各个权重下都处于严重超载状态；泰安在权重为(0.2,0.8)、(0.1,0.9)、(0,1)时处于严重超载状态，其余权重下为超载状态；聊城和菏泽、德州一直处于超载状态；烟台在(1,0)、(0.9,0.1)、(0.8,0.2)权重下处于临界状态，其余权重下处于不超载状态；济宁和潍坊一直处于临界状态；济南、东营、滨州、淄博在各个权重下均不超载。

2030 年 $P=75\%$时，青岛和威海、泰安在各个权重下都处于严重超载状态；济南在权重为(1,0)、(0.9,0.1)、(0.8,0.2)、(0.7,0.3)、(0.6,0.4)时处于超载状态，其余权重下为临界状态；菏泽、德州一直处于超载状态；聊城处于临界状态；剩余地市均处于不超载状态。

2030 年 $P=95\%$时，青岛和威海、泰安在各个权重下都处于严重超载状态；东营在权重为(1,0)时处于超载状态，其余权重下为严重超载状态；济南和菏泽一直处于超载状态；滨州在(1,0)权重下处于临界状态，其余权重下处于超载状态；烟台总体处于临界状态；德州在(1,0)、(0.9,0.1)、(0.8,0.2)、(0.7,0.3)权重下处于不超载状态，其余为临界状态；聊城在(1,0)、(0.9,0.1)、(0.8,0.2)、(0.7,0.3)、(0.6,0.4)、(0.5,0.5)权重下处于不超载状态，其余处在临界状态；潍坊在(1,0)权重下处于临界状态，其余权重下处于不超载状态；淄博、济宁处于不超载状态。

(2)黄河来水为平水年(70 亿 m^3)，不同权重下水资源高效均衡配置方案下的水资源承载能力

2025 年 $P=75\%$时，泰安在权重为(1,0)时处于超载状态，其余权重下为临界状态；青岛、东营在权重为(1,0)、(0.9,0.1)、(0.8,0.2)、(0.7,0.3)时处于临界状态；威海在(1,0)权重下为临界状态；烟台在(1,0)权重下为临界状态；潍坊在(0.9,0.1)、(0.8,0.2)、(0.7,0.3)权重下为临界状态；其他情况下，各地市均不超载。

2025 年 $P=95\%$时，青岛和威海情况同 $P=75\%$时；泰安在(1,0)、(0.9,0.1)、(0.8,0.2)权重下为超载状态，其余权重下为临界状态；其余情况下，各地市均不超载。

2030 年 $P=75\%$时，整体水资源承载能力不如 2025 年。淄博、济宁、滨州和菏泽在不同权重下均不超载；泰安在权重为(1,0)时严重超载，其余情况下为超载状态；青岛在权重为(1,0)、(0.9,0.1)、(0.8,0.2)、(0.7,0.3)时处于超载状态，其余情况下为临界状态；济南在不同权重下均处于临界状态；东营、烟台、潍坊、威海、德州和聊城根据权重不同，不超载和临界状态均有。

2030 年 $P=95\%$时，泰安均为临界状态；淄博、德州、滨州和菏泽在不同权

重下均不超载；青岛在权重为(1,0)和(0.7,0.3)时处于超载状态，其余权重下为临界状态；济南水资源承载能力得到提高，仅在(0.6,0.4)和(0.5,0.5)权重下处于临界状态；东营、烟台、潍坊、济宁和聊城根据权重的不同不超载和临界状态均有。

(3)黄河来水为枯水年(59.11 亿 m^3)，不同权重下水资源高效均衡配置方案的水资源承载能力

2025 年 $P=75\%$时，青岛和威海在各个权重下都处于严重超载状态；泰安市在各个权重下都处于超载状态；烟台、潍坊、济宁在(0.2,0.8)、(0.1,0.9)、(0,1)权重下处于不超载状态，其余处于临界状态；菏泽在(0.2,0.8)、(0.1,0.9)、(0,1)权重下都处于超载状态，其余权重下不超载；济南在(1,0)、(0.9,0.1)、(0.7,0.3)权重下处于临界状态，其余处于不超载状态；其余地市在各个权重下均不超载。

2025 年 $P=95\%$时，青岛在(0.2,0.8)、(0.1,0.9)、(0,1)权重下处于超载状态，其余处于严重超载状态；泰安和威海在(1,0)、(0.9,0.1)、(0.8,0.2)权重下处于严重超载状态，其余处于超载状态；菏泽在(0.4,0.6)、(0.3,0.7)、(0.2,0.8)、(0.1,0.9)、(0,1)权重下处于临界状态；其余地市不同权重下都处于不超载状态。

2030 年 $P=75\%$时，青岛和威海、泰安在各个权重下都处于严重超载状态；菏泽在(1,0)、(0.9,0.1)、(0.8,0.2)权重下处于临界状态，其余处于超载状态；济宁在(1,0)、(0.9,0.1)、(0.8,0.2)权重下处于不超载状态，其余处于临界状态；德州不同权重下都处于临界状态；其余地市在不同权重下都处于不超载状态。

2030 年 $P=95\%$时，青岛和威海在各个权重下都处于严重超载状态；泰安在(1,0)、(0.9,0.1)、(0.8,0.2)权重下处于超载状态，其余处于严重超载状态；菏泽在各个权重下都处于临界状态；济南和潍坊在(1,0)权重下处于临界状态，其余都处于不超载状态；东营在(1,0)、(0.9,0.1)权重下处于临界状态，其余都处于不超载状态；其余地市在不同权重下都处于不超载状态。

(二)水资源承载能力分析

下文将优化配置后的水资源承载能力与《山东省水资源综合利用中长期规划》(以下简称《规划》)不同规划年的承载能力进行对比分析。选取不同规划年不同黄河来水(丰、平、枯)情况，权重分别为(0.8,0.2)、(0.5,0.5)、(0.2,0.8)，进行水资源承载能力对比分析。分析结果见表 95 至表 100。

表 95　2025 年黄河来水丰水年各地市水资源承载能力对比分析

地市	《规划》中 2025 年水资源承载能力		2025 年优化配置后水资源承载能力					
			(0.8,0.2)		(0.5,0.5)		(0.2,0.8)	
	枯水年($P=75\%$)	特枯水年($P=95\%$)	枯水年($P=75\%$)	特枯水年($P=95\%$)	枯水年($P=75\%$)	特枯水年($P=95\%$)	枯水年($P=75\%$)	特枯水年($P=95\%$)
济南	0.80	0.82	0.91	0.87	0.90	0.87	0.88	0.87
青岛	0.89	0.86	1.35	1.35	1.29	1.35	1.29	1.30
淄博	0.92	0.90	0.76	0.75	0.75	0.74	0.76	0.76
东营	0.77	0.75	1.00	0.75	1.06	0.75	1.06	0.81
烟台	0.73	0.70	0.92	0.90	0.87	0.89	0.87	0.88
潍坊	0.85	0.81	0.92	0.91	0.89	0.91	0.89	0.90
济宁	0.86	0.82	0.96	0.92	0.92	0.93	0.92	0.93
泰安	0.88	0.85	1.18	1.18	1.17	1.18	1.17	1.20
威海	0.82	0.78	1.27	1.30	1.23	1.30	1.23	1.26
德州	0.94	0.91	0.98	1.03	1.04	1.04	1.04	1.04
聊城	0.94	0.92	1.02	1.04	1.08	1.04	1.08	1.05
滨州	0.89	0.85	0.96	0.70	0.99	0.70	0.99	0.70
菏泽	0.92	0.91	1.07	1.12	1.09	1.12	1.09	1.12

注：

不超载	临界状态	超载	严重超载

表 96　2030 年黄河来水丰水年各地市水资源承载能力对比分析

地市	《规划》中 2030 年水资源承载能力		2030 年优化配置后水资源承载能力					
			(0.8,0.2)		(0.5,0.5)		(0.2,0.8)	
	枯水年($P=75\%$)	特枯水年($P=95\%$)	枯水年($P=75\%$)	特枯水年($P=95\%$)	枯水年($P=75\%$)	特枯水年($P=95\%$)	枯水年($P=75\%$)	特枯水年($P=95\%$)
济南	0.86	0.88	1.00	1.10	0.98	1.09	0.99	1.10
青岛	0.95	0.88	1.35	1.44	1.34	1.44	1.33	1.40
淄博	0.94	0.91	0.68	0.74	0.68	0.74	0.67	0.74
东营	0.82	0.80	0.86	1.31	0.84	1.30	0.85	1.21
烟台	0.79	0.75	0.88	0.91	0.87	0.90	0.87	0.91
潍坊	0.94	0.91	0.84	0.89	0.84	0.88	0.83	0.88

续表

地市	《规划》中2030年水资源承载能力		2030年优化配置后水资源承载能力					
			(0.8,0.2)		(0.5,0.5)		(0.2,0.8)	
	枯水年(P=75%)	特枯水年(P=95%)	枯水年(P=75%)	特枯水年(P=95%)	枯水年(P=75%)	特枯水年(P=95%)	枯水年(P=75%)	特枯水年(P=95%)
济宁	0.92	0.88	0.84	0.89	0.84	0.89	0.84	0.89
泰安	0.94	0.91	1.34	1.37	1.33	1.37	1.32	1.37
威海	0.94	0.91	1.26	1.32	1.25	1.31	1.25	1.31
德州	1.00	0.98	1.05	0.89	1.10	0.91	1.09	0.92
聊城	1.01	0.98	0.93	0.89	0.91	0.89	0.92	0.93
滨州	0.94	0.91	0.81	1.05	0.81	1.05	0.81	1.05
菏泽	0.94	0.91	1.09	1.11	1.11	1.12	1.11	1.15

表97 2025年黄河来水平水年各地市水资源承载能力对比分析

地市	《规划》中2025年水资源承载能力		2025年优化配置后水资源承载能力					
			(0.8,0.2)		(0.5,0.5)		(0.2,0.8)	
	枯水年(P=75%)	特枯水年(P=95%)	枯水年(P=75%)	特枯水年(P=95%)	枯水年(P=75%)	特枯水年(P=95%)	枯水年(P=75%)	特枯水年(P=95%)
济南	0.80	0.82	0.79	0.75	0.81	0.75	0.78	0.75
青岛	0.89	0.86	0.96	0.90	0.88	0.84	0.86	0.84
淄博	0.92	0.90	0.70	0.66	0.70	0.68	0.69	0.68
东营	0.77	0.75	0.92	0.88	0.80	0.69	0.73	0.69
烟台	0.73	0.70	0.89	0.86	0.81	0.76	0.79	0.76
潍坊	0.85	0.81	0.90	0.83	0.88	0.83	0.86	0.83
济宁	0.86	0.82	0.88	0.82	0.85	0.81	0.83	0.81
泰安	0.88	0.85	0.97	1.01	0.98	0.94	0.96	0.94
威海	0.82	0.78	0.87	0.80	0.83	0.79	0.82	0.79
德州	0.94	0.91	0.69	0.71	0.77	0.81	0.86	0.82
聊城	0.94	0.92	0.71	0.67	0.78	0.84	0.87	0.84
滨州	0.89	0.85	0.81	0.79	0.84	0.74	0.79	0.74
菏泽	0.92	0.91	0.71	0.73	0.79	0.80	0.82	0.80

表 98　2030 年黄河来水平水年各地市水资源承载能力对比分析

地市	《规划》中 2030 年水资源承载能力		2030 年优化配置后水资源承载能力					
			(0.8,0.2)		(0.5,0.5)		(0.2,0.8)	
	枯水年(P=75%)	特枯水年(P=95%)	枯水年(P=75%)	特枯水年(P=95%)	枯水年(P=75%)	特枯水年(P=95%)	枯水年(P=75%)	特枯水年(P=95%)
济南	0.86	0.88	0.91	0.89	0.95	0.92	0.93	0.90
青岛	0.95	0.88	1.04	0.98	0.96	0.93	0.94	0.92
淄博	0.94	0.91	0.71	0.71	0.71	0.70	0.71	0.70
东营	0.82	0.80	0.98	0.91	0.89	0.78	0.81	0.73
烟台	0.79	0.75	0.96	0.90	0.85	0.82	0.84	0.81
潍坊	0.94	0.91	0.97	0.92	0.90	0.87	0.89	0.86
济宁	0.92	0.88	0.86	0.90	0.86	0.84	0.86	0.83
泰安	0.94	0.91	1.19	1.13	1.12	1.09	1.11	1.08
威海	0.94	0.91	0.94	0.91	0.90	0.87	0.89	0.86
德州	1.00	0.98	0.72	0.71	0.86	0.85	0.92	0.88
聊城	1.01	0.98	0.75	0.73	0.82	0.82	0.94	0.90
滨州	0.94	0.91	0.83	0.77	0.85	0.79	0.82	0.77
菏泽	0.94	0.91	0.80	0.77	0.86	0.85	0.86	0.84

表 99　2025 年黄河来水枯水年各地市水资源承载能力对比分析表

地市	《规划》中 2025 年水资源承载能力		2025 年优化配置后水资源承载能力					
			(0.8,0.2)		(0.5,0.5)		(0.2,0.8)	
	枯水年(P=75%)	特枯水年(P=95%)	枯水年(P=75%)	特枯水年(P=95%)	枯水年(P=75%)	特枯水年(P=95%)	枯水年(P=75%)	特枯水年(P=95%)
济南	0.80	0.82	0.87	0.68	0.86	0.68	0.75	0.73
青岛	0.89	0.86	1.38	1.34	1.34	1.33	1.27	1.19
淄博	0.92	0.90	0.78	0.70	0.77	0.71	0.75	0.73
东营	0.77	0.75	0.79	0.78	0.72	0.80	0.67	0.61
烟台	0.73	0.70	0.90	0.72	0.90	0.74	0.80	0.78
潍坊	0.85	0.81	0.95	0.74	0.91	0.75	0.82	0.80
济宁	0.86	0.82	0.94	0.76	0.95	0.77	0.88	0.85
泰安	0.88	0.85	1.19	1.21	1.22	1.18	1.13	1.09

续表

地市	《规划》中2025年水资源承载能力		2025年优化配置后水资源承载能力					
			(0.8,0.2)		(0.5,0.5)		(0.2,0.8)	
	枯水年(P=75%)	特枯水年(P=95%)	枯水年(P=75%)	特枯水年(P=95%)	枯水年(P=75%)	特枯水年(P=95%)	枯水年(P=75%)	特枯水年(P=95%)
威海	0.82	0.78	1.36	1.33	1.36	1.14	1.26	1.19
德州	0.94	0.91	0.57	0.78	0.56	0.79	0.81	0.80
聊城	0.94	0.92	0.59	0.82	0.62	0.82	0.84	0.81
滨州	0.89	0.85	0.67	0.65	0.72	0.65	0.63	0.55
菏泽	0.92	0.91	0.72	0.83	0.77	0.84	0.91	0.93

表100　2030年黄河来水枯水年各地市水资源承载能力对比分析

地市	《规划》中2030年水资源承载能力		2030年优化配置后水资源承载能力					
			(0.8,0.2)		(0.5,0.5)		(0.2,0.8)	
	枯水年(P=75%)	特枯水年(P=95%)	枯水年(P=75%)	特枯水年(P=95%)	枯水年(P=75%)	特枯水年(P=95%)	枯水年(P=75%)	特枯水年(P=95%)
济南	0.86	0.88	0.81	0.78	0.88	0.88	0.88	0.87
青岛	0.95	0.88	1.51	1.33	1.34	1.28	1.34	1.27
淄博	0.94	0.91	0.76	0.75	0.76	0.74	0.76	0.74
东营	0.82	0.80	0.79	0.87	0.68	0.78	0.67	0.78
烟台	0.79	0.75	0.88	0.77	0.86	0.80	0.87	0.80
潍坊	0.94	0.91	0.86	0.77	0.86	0.80	0.86	0.80
济宁	0.92	0.88	0.86	0.78	0.90	0.84	0.90	0.84
泰安	0.94	0.91	1.20	1.13	1.30	1.21	1.30	1.21
威海	0.94	0.91	1.51	1.30	1.34	1.24	1.34	1.24
德州	1.00	0.98	0.93	0.95	0.93	0.87	0.93	0.89
聊城	1.01	0.98	0.86	0.89	0.85	0.83	0.85	0.83
滨州	0.94	0.91	0.65	0.76	0.72	0.73	0.72	0.73
菏泽	0.94	0.91	0.98	0.98	1.01	0.96	1.01	0.96

可以看出，经过不同权重下水资源配置后，水资源承载能力与《规划》相比有明显不同。

(1)黄河来水为丰水年(90.94亿 m^3)，(0.8,0.2)、(0.5,0.5)、(0.2,0.8)

权重下各地市水资源承载能力对比

2025年$P=75\%$时,《规划》中济南市水资源承载能力为不超载,经过配置后,权重(0.8,0.2)和(0.5,0.5)处于临界状态,(0.2,0.8)为不超载状态;《规划》中青岛、威海水资源承载能力为不超载,经过配置后,都处于严重超载状态;《规划》中淄博水资源承载能力为临界状态,经过配置后,都处于不超载状态;《规划》中东营、泰安水资源承载能力为不超载状态,经过配置后,都处于超载状态;《规划》中烟台水资源承载能力为不超载状态,经过配置后,(0.8,0.2)处于临界状态,(0.5,0.5)和(0.2,0.8)为不超载状态;《规划》中潍坊水资源承载能力为不超载状态,经过配置后,(0.8,0.2)处于临界状态,(0.5,0.5)、(0.2,0.8)为不超载状态;《规划》中济宁水资源承载能力为不超载状态,经过配置后,都处于临界状态;《规划》中德州水资源承载能力为临界状态,经过配置后,(0.8,0.2)处于临界状态,(0.5,0.5)、(0.2,0.8)为超载状态;《规划》中菏泽、聊城水资源承载能力为临界状态,经过配置后,都处于超载状态;《规划》中滨州水资源承载能力为不超载状态,经过配置后,都处于临界状态。

2025年$P=95\%$时,济南在《规划》中和配置后都处于不超载状态;《规划》中青岛、威海水资源承载能力为不超载,经过配置后,都处于严重超载状态;《规划》中淄博水资源承载能力为临界状态,经过配置后,都处于不超载状态;《规划》中烟台水资源承载能力为不超载状态,经过配置后,(0.8,0.2)处于临界状态,(0.5,0.5)和(0.2,0.8)为不超载状态;《规划》中潍坊水资源承载能力为不超载状态,经过配置后,都处于临界状态;《规划》中济宁水资源承载能力为不超载状态,经过配置后,都处于临界状态;《规划》中泰安水资源承载能力为不超载状态,经过配置后,(0.8,0.2)、(0.5,0.5)处于超载状态,(0.2,0.8)为严重超载状态;《规划》中德州水资源承载能力为临界状态,配置后都处于超载状态;《规划》中菏泽、聊城水资源承载能力为临界状态,经过配置后,都处于超载状态;滨州、东营《规划》中和配置后都处于不超载状态。

2030年$P=75\%$时,《规划》中济南水资源承载能力为不超载状态,经过配置后,(0.5,0.5)、(0.2,0.8)处于临界状态,(0.8,0.2)为超载状态;《规划》中青岛、泰安、威海水资源承载能力为临界状态,经过配置后,都为严重超载状态;《规划》中淄博、潍坊水资源承载能力为临界状态,经过配置后,都处于不超载状态;东营、烟台在《规划》中和配置后都处于不超载状态;《规划》中济宁水资源承载能力为临界状态,经过配置后,都处于不超载状态;德州在《规划》中和配置后都处于超载状态;《规划》中聊城水资源承载能力为超载状态,经过配置后,都处于临界状态;《规划》中滨州水资源承载能力为临界状态,经过配置后，都处于不超载状态；《规划》中菏泽市水资源承载能力为临界状态，经过配置后，都处于超载状态。

2030 年 $P=95\%$时，《规划》中济南水资源承载能力为不超载状态，经过配置后，都处于超载状态；《规划》中青岛水资源承载能力为不超载状态，经过配置后，都为严重超载状态；《规划》中泰安、威海水资源承载能力为临界状态，经过配置后，都为严重超载状态；《规划》中淄博、潍坊水资源承载能力为临界状态，经过配置后，都处于不超载状态；《规划》中东营水资源承载能力为不超载状态，经过配置后，都处于严重超载状态；《规划》中烟台水资源承载能力为不超载状态，经过配置后，都处于临界状态；济宁在《规划》中和配置后都处于不超载状态；德州在《规划》中为临界状态，经过配置后，(0.8,0.2)处于不超载状态，(0.5,0.5)和(0.2,0.8)为临界状态；聊城在《规划》中为临界状态，经过配置后，(0.8,0.2)、(0.5,0.5)处于不超载状态，(0.2,0.8)为临界状态；《规划》中滨州水资源承载能力为临界状态，经过配置后，都处于超载状态；《规划》中菏泽水资源承载能力为临界状态，经过配置后，都处于超载状态。

(2)黄河来水为平水年(70 亿 m^3)，(0.8,0.2)、(0.5,0.5)、(0.2,0.8)权重下各地市水资源承载能力对比

2025 年 $P=75\%$时，济南、烟台、济宁、威海和滨州水资源优化配置前后均处于不超载状态；青岛、东营、潍坊仅在权重为(0.8,0.2)的情况下水资源承载能力处于临界状态；《规划》中淄博、德州、聊城和菏泽水资源承载能力处于临界状态，经过优化配置后水资源承载能力均不超载；《规划》中泰安水资源承载能力为不超载，经过配置后，均处于临界状态。

2025 年 $P=95\%$时，《规划》中泰安水资源承载能力为不超载状态，经过配置后，在(0.8,0.2)权重下水资源承载能力处于超载状态，(0.5,0.5)和(0.2,0.8)权重下处于临界状态；潍坊在(0.8,0.2)权重下为不超载状态；其余地市水资源承载能力情况与 $P=75\%$时相同。

2030 年 $P=75\%$时，与《规划》中水资源承载能力相比，淄博、济宁、滨州和菏泽经过配置后，水资源承载能力由临界状态变为不超载状态；济南经过配置后水资源承载能力由不超载状态变为临界状态；青岛经过配置后，水资源承载能力在(0.5,0.5)和(0.2,0.8)下依旧处于临界状态，在(0.8,0.2)权重下处于超载状态；《规划》中潍坊水资源承载处于临界状态，经过优化配置后，在权重为(0.8,0.2)、(0.5,0.5)时处于临界状态，在(0.2,0.8)权重下处于不超载状态；东营和烟台在权重为(0.5,0.5)和(0.2,0.8)下依旧处于不超载状态，但是权重为(0.8,0.2)时处于临界状态；威海仅在权重为(0.2,0.8)时水资源承载

能力不超载,其余情况下均处于临界状态;《规划》中德州和聊城水资源承载能力处于超载状态,经过优化配置后,在(0.8,0.2)和(0.5,0.5)时水资源承载能力不超载,但在(0.2,0.8)的权重下处于临界状态;泰安经过配置后,水资源承载能力由原本的临界状态均变为超载状态。

2030年$P=95\%$时,东营、烟台和泰安水资源承载能力情况与$P=75\%$时相同。与《规划》中水资源承载能力相比,淄博、滨州和菏泽经过配置后,水资源承载能力由临界状态变为不超载状态;济南经过配置后,在(0.5,0.5)(0.2,0.8)权重下水资源承载能力处于临界状态,其余为不超载状态;青岛经过配置后,在三种权重下水资源承载能力均处于临界状态;《规划》中潍坊水资源承载能力处于临界状态,经过优化配置后,在(0.8,0.2)权重下处于临界状态,在(0.5,0.5)、(0.2,0.8)权重下处于不超载状态;《规划》中济宁水资源承载能力处于不超载状态,经过配置后,在(0.8,0.2)权重下处于临界状态,在(0.5,0.5)、(0.2,0.8)权重下处于不超载状态;威海经过配置后,在权重为(0.5,0.5)和(0.2,0.8)时水资源承载能力不超载,在(0.8,0.2)权重下依旧处于临界状态;《规划》中聊城水资源承载能力处于临界状态,经过优化配置后,在(0.8,0.2)和(0.5,0.5)时水资源承载能力不超载,但在(0.2,0.8)的情况下处于临界状态。

(3)黄河来水为枯水年(59.11亿m^3),(0.8,0.2)、(0.5,0.5)、(0.2,0.8)权重下各地市水资源承载能力对比

2025年$P=75\%$时,济南、东营、滨州在《规划》中和配置后都处于不超载状态;《规划》中青岛、威海水资源承载能力为不超载状态,经过配置后,都处于严重超载状态;《规划》中泰安水资源承载能力为不超载状态,经过配置后,都处于超载状态;《规划》中淄博、德州、聊城水资源承载能力为临界状态,经过配置后,都处于不超载状态;《规划》中烟台、潍坊、济宁水资源承载能力为不超载状态,经过配置后,(0.8,0.2)、(0.5,0.5)处于临界状态,(0.2,0.8)为不超载状态;《规划》中菏泽水资源承载能力为临界状态,经过配置后,(0.8,0.2)、(0.5,0.5)处于不超载状态,(0.2,0.8)为临界状态。

2025年$P=95\%$时,济南、东营、滨州在《规划》中和配置后都处于不超载状态;《规划》中青岛水资源承载能力为不超载状态,经过配置后,(0.8,0.2)和(0.5,0.5)时处于严重超载状态,(0.2,0.8)时处于超载状态;《规划》中淄博、德州、聊城、菏泽水资源承载能力为临界状态,经过配置后,都处于不超载状态;《规划》中烟台、潍坊、济宁水资源承载能力为不超载状态,经过配置后依然为不超载状态;《规划》中威海水资源承载能力为不超载状态,经过配置后,(0.8,0.2)处于严重超载状态,(0.5,0.5)、(0.2,0.8)为超载状态;《规划》中泰

安水资源承载能力为不超载状态，经过配置后，(0.8,0.2)处于严重超载状态，(0.5,0.5)、(0.2,0.8)为超载状态。

2030 年 $P=75\%$时，济南、东营、烟台在《规划》中和配置后都处于不超载状态；《规划》中青岛、泰安、威海水资源承载能力为临界状态，经过配置后，都处于严重超载状态；《规划》中淄博、潍坊、济宁、滨州水资源承载能力为临界状态，经过配置后，都处于不超载状态；《规划》中德州水资源承载能力为超载状态，经过配置后，都处于临界状态；《规划》中聊城水资源承载能力为超载状态，经过配置后，都处于不超载状态；《规划》中菏泽市水资源承载能力为临界状态，经过配置后，(0.8,0.2)处于临界状态，(0.5,0.5)、(0.2,0.8)为超载状态。

2030 年 $P=95\%$时，济南、东营、烟台、济宁在《规划》中和配置后都处于不超载状态；菏泽在《规划》中和配置后都处于临界状态；《规划》中威海水资源承载能力为临界状态，经过配置后，都处于严重超载状态；《规划》中青岛水资源承载能力为不超载状态，经过配置后，都处于严重超载状态；《规划》中聊城、滨州水资源承载能力为临界状态，经过配置后，都处于不超载状态；《规划》中淄博、潍坊水资源承载能力都处于临界状态，经过配置后，都处于不超载状态；《规划》中泰安水资源承载能力都处于临界状态，经过配置后，(0.8,0.2)处于超载状态，(0.5,0.5)和(0.2,0.8)处于严重超载状态；《规划》中德州水资源承载能力为临界状态，经过配置后，(0.8,0.2)处于临界状态，(0.5,0.5)、(0.2,0.8)处于不超载状态。

水资源承载能力是在一定区域内，在一定生态环境质量和一定生活水平条件下，天然水资源的可供水量能够支持环境、经济与人口协调发展的限度或能力。衡量水资源承载能力大小的主要依据归根结底是承载的人口数量和经济发展水平等。在水资源超载情况下，居民生活用水、工业用水、农业用水资源紧缺，水资源不能够满足需求。根据《规划》中水资源承载能力，2020 年水资源承载能力能够支撑全省 1.03 亿人口的发展，万元 GDP 用水量和万元工业增加值用水量均有所下降；农田灌溉水有效利用系数达到 0.646。2030 年水资源承载能力能够支撑全省 1.09 亿人口规模，万元 GDP 用水量比 2020 年下降 20%以上；万元工业增加值用水量比 2020 年下降 20%以上，下降到 7.530m^3以下；农田灌溉水有效利用系数达到 0.68。

经过优化配置后，水资源承载能力得到提高，选用人口规模、工业增加值、农田有效灌溉面积作为水资源承载能力的体现指标。居民生活用水定额采用表 15 中预测数值，万元工业增加值用水定额采用表 19 中预测数值，农田灌溉用水定额采用表 21 中预测数值，2025 年、2030 年黄河来水丰水年、平水年、枯水年水资源对各地市人口、工业增加值、农田有效灌溉面积的承载能力见表 101 至表 112。

表 101　2025 年黄河来水丰水年 $P=75\%$ 时优化配置后水资源承载能力

权重	地市	人口规模（万人）	工业增加值（亿元）	农田林果有效灌溉面积（亩）
(0.8,0.2)	济南	1127.20	2974.93	511.04
	青岛	1100.90	3304.34	969.21
	淄博	478.80	1254.45	334.44
	东营	227.50	1310.29	270.35
	烟台	796.80	2728.99	842.68
	潍坊	951.60	1853.86	999.63
	济宁	847.30	1476.65	1194.63
	泰安	619.80	456.43	649.03
	威海	298.80	897.39	317.99
	德州	557.30	1065.05	1008.20
	聊城	598.20	456.17	995.30
	滨州	402.20	853.78	573.37
	菏泽	912.00	1363.95	1362.38
(0.5,0.5)	济南	1127.20	3662.32	504.46
	青岛	1100.90	1486.96	895.45
	淄博	478.80	564.51	329.92
	东营	227.47	4810.28	339.16
	烟台	796.80	1228.05	770.59
	潍坊	951.60	834.24	948.24
	济宁	847.30	664.50	1137.49
	泰安	619.80	205.40	643.72
	威海	298.80	403.83	302.87
	德州	557.30	462.64	1082.30
	聊城	598.20	270.53	1066.78
	滨州	402.16	534.00	602.90
	菏泽	912.00	613.78	1391.67
(0.2,0.8)	济南	1127.17	3868.84	477.35
	青岛	1100.90	1486.96	949.94
	淄博	478.80	564.51	334.44

续表

权重	地市	人口规模（万人）	工业增加值（亿元）	农田林果有效灌溉面积（亩）
(0.2,0.8)	东营	223.92	4812.23	344.03
	烟台	796.80	1228.05	775.75
	潍坊	951.60	834.24	950.02
	济宁	847.30	664.50	1136.05
	泰安	619.80	205.40	645.57
	威海	298.80	403.83	322.98
	德州	557.30	446.88	1086.80
	聊城	598.20	262.09	1073.46
	滨州	402.20	526.93	608.13
	菏泽	912.00	613.78	1395.85

表 102 2025 年黄河来水丰水年 $P=95\%$ 时优化配置后水资源承载能力

权重	地市	人口规模（万人）	工业增加值（亿元）	农田林果有效灌溉面积（亩）
(0.8,0.2)	济南	1127.20	4313.65	432.99
	青岛	1100.90	3304.33	969.32
	淄博	478.80	1254.46	379.82
	东营	227.50	1310.29	135.39
	烟台	796.80	2728.98	811.81
	潍坊	951.60	1853.86	977.59
	济宁	847.30	1476.64	1144.69
	泰安	619.80	456.43	653.56
	威海	298.80	897.39	326.57
	德州	557.30	1065.04	1078.61
	聊城	598.20	456.17	1026.45
	滨州	390.86	853.78	345.42
	菏泽	912.00	1363.94	1448.52
(0.5,0.5)	济南	1127.20	3349.45	434.76
	青岛	1100.90	1486.96	969.32

续表

权重	地市	人口规模（万人）	工业增加值（亿元）	农田林果有效灌溉面积（亩）
(0.5,0.5)	淄博	478.80	564.51	375.31
	东营	227.50	4713.25	137.16
	烟台	796.80	1228.05	812.77
	潍坊	951.60	834.24	977.48
	济宁	847.30	664.50	1145.20
	泰安	619.80	205.40	653.10
	威海	298.80	403.83	326.57
	德州	557.30	483.42	1079.46
	聊城	598.20	273.55	1026.71
	滨州	390.86	539.82	345.90
	菏泽	912.00	613.78	1450.23
(0.2,0.8)	济南	1127.20	3747.79	434.76
	青岛	1100.90	1486.96	923.13
	淄博	478.80	564.51	391.83
	东营	227.50	5839.66	137.16
	烟台	796.80	1228.05	789.96
	潍坊	951.60	834.24	972.34
	济宁	847.30	664.50	1146.89
	泰安	619.80	205.40	678.70
	威海	298.80	403.83	325.77
	德州	557.30	8.60	1104.21
	聊城	598.20	249.51	1035.14
	滨州	390.86	433.68	358.06
	菏泽	912.00	613.78	1453.70

表 103　2030 年黄河来水丰水年 *P*=75%时优化配置后水资源承载能力

权重	地市	人口规模（万人）	工业增加值（亿元）	农田林果有效灌溉面积（亩）
(0.8,0.2)	济南	1374.70	5511.93	554.54
	青岛	1199.30	3354.62	1100.00

续表

权重	地市	人口规模（万人）	工业增加值（亿元）	农田林果有效灌溉面积（亩）
（0.8，0.2）	淄博	487.20	1055.68	415.07
	东营	235.90	1063.84	263.03
	烟台	893.70	2673.01	893.68
	潍坊	964.00	1768.94	1035.78
	济宁	858.70	1442.55	1202.34
	泰安	701.30	308.66	846.13
	威海	306.80	798.13	375.45
	德州	553.20	1026.37	1228.16
	聊城	601.20	280.46	1041.52
	滨州	411.50	788.02	624.78
	菏泽	945.40	1572.55	1548.40
（0.5，0.5）	济南	1374.70	5164.79	541.02
	青岛	1199.30	1509.62	1085.31
	淄博	487.20	475.08	415.30
	东营	235.90	5724.92	228.57
	烟台	893.70	1202.87	880.69
	潍坊	964.00	819.30	1033.15
	济宁	858.70	649.16	1203.32
	泰安	701.30	138.91	837.44
	威海	306.80	359.17	370.91
	德州	553.20	1123.14	1294.91
	聊城	601.20	404.99	1008.76
	滨州	411.50	679.68	558.36
	菏泽	945.40	707.65	1584.19
（0.2，0.8）	济南	1374.70	5231.97	555.85
	青岛	1199.30	1509.62	1083.54
	淄博	487.20	475.08	415.27
	东营	235.90	5129.06	262.78
	烟台	893.70	1202.87	873.89

续表

权重	地市	人口规模(万人)	工业增加值(亿元)	农田林果有效灌溉面积(亩)
(0.2,0.8)	潍坊	964.00	819.30	1024.80
	济宁	858.70	649.16	1201.87
	泰安	701.30	138.91	838.22
	威海	306.80	359.17	371.51
	德州	553.20	884.47	1295.85
	聊城	601.20	235.14	1044.06
	滨州	411.50	764.19	560.10
	菏泽	945.40	707.65	1593.37

表 104　2030 年黄河来水丰水年 *P*=95%时优化配置后水资源承载能力

权重	地市	人口规模(万人)	工业增加值(亿元)	农田林果有效灌溉面积(亩)
(0.8,0.2)	济南	1374.70	3125.33	660.99
	青岛	1199.30	3354.69	1048.35
	淄博	487.20	1055.71	398.32
	东营	235.90	1063.86	464.99
	烟台	893.70	2673.03	806.94
	潍坊	964.00	1820.65	960.89
	济宁	858.70	1442.57	1116.24
	泰安	701.30	308.68	779.48
	威海	306.80	798.16	339.61
	德州	553.20	564.50	946.32
	聊城	601.20	304.44	927.44
	滨州	411.49	796.66	657.41
	菏泽	945.40	1572.55	1449.46
(0.5,0.5)	济南	1374.70	4835.38	652.06
	青岛	1199.30	1509.62	1049.03
	淄博	487.20	475.08	396.26
	东营	235.90	7311.70	453.60

续表

权重	地市	人口规模（万人）	工业增加值（亿元）	农田林果有效灌溉面积（亩）
(0.5,0.5)	烟台	893.70	1202.87	800.73
	潍坊	964.00	819.30	956.44
	济宁	858.70	649.16	1113.76
	泰安	701.30	138.91	775.97
	威海	306.80	359.17	335.37
	德州	553.20	574.37	968.90
	聊城	601.20	405.18	929.78
	滨州	411.50	679.68	674.13
	菏泽	945.40	707.65	1465.50
(0.2,0.8)	济南	1374.70	4751.67	673.40
	青岛	1199.30	1509.62	1014.92
	淄博	487.20	475.08	399.42
	东营	231.77	7102.05	401.49
	烟台	893.70	1202.87	806.72
	潍坊	964.00	819.30	956.70
	济宁	858.70	649.16	1122.67
	泰安	701.30	138.91	785.34
	威海	306.80	359.17	336.39
	德州	553.20	659.87	976.44
	聊城	601.20	361.48	968.83
	滨州	398.06	764.19	676.10
	菏泽	945.40	707.65	1507.23

表 105　2025 年黄河来水平水年 $P=75\%$ 时优化配置后水资源承载能力

权重	地市	人口规模（万人）	工业增加值（亿元）	农田有效灌溉面积（亩）
(0.8,0.2)	济南	1127.19	2974.92	375.62
	青岛	1100.90	3304.34	960.96
	淄博	478.80	1254.46	301.53

续表

权重	地市	人口规模（万人）	工业增加值（亿元）	农田有效灌溉面积（亩）
(0.8,0.2)	东营	227.50	1310.29	306.09
	烟台	796.80	2728.99	810.14
	潍坊	951.60	1853.86	903.71
	济宁	847.30	1476.65	1130.62
	泰安	619.80	456.43	596.73
	威海	298.80	897.39	299.46
	德州	557.30	1065.05	668.06
	聊城	598.20	456.17	663.95
	滨州	402.20	853.78	452.42
	菏泽	912.00	1363.95	985.15
(0.5,0.5)	济南	1127.19	2974.87	405.92
	青岛	1100.90	3304.32	827.27
	淄博	478.80	1254.44	305.46
	东营	227.48	1310.29	184.52
	烟台	796.80	2728.98	700.49
	潍坊	951.60	1853.87	881.46
	济宁	847.30	1476.63	1075.06
	泰安	619.80	456.42	605.62
	威海	298.80	897.36	280.97
	德州	557.30	1065.04	762.79
	聊城	598.20	456.17	748.26
	滨州	402.17	853.78	485.40
	菏泽	912.00	1363.93	1120.35
(0.2,0.8)	济南	1126.11	2974.48	378.23
	青岛	1100.90	3304.14	798.33
	淄博	478.80	1254.29	295.07
	东营	223.47	1309.89	157.21
	烟台	796.80	2728.72	670.77
	潍坊	951.60	1738.51	858.38

续表

权重	地市	人口规模（万人）	工业增加值（亿元）	农田有效灌溉面积（亩）
(0.2,0.8)	济宁	847.30	1359.49	1057.10
	泰安	619.80	456.05	589.47
	威海	298.80	897.22	271.68
	德州	557.30	1064.82	874.46
	聊城	598.20	455.89	861.92
	滨州	400.01	853.24	448.46
	菏泽	912.00	1363.60	1176.83

表 106　2025 年黄河来水平水年 $P=95\%$ 时优化配置后水资源承载能力

权重	地市	人口规模（万人）	工业增加值（亿元）	农田有效灌溉面积（亩）
(0.8,0.2)	济南	1127.20	2974.93	324.53
	青岛	1100.90	3304.34	864.12
	淄博	478.80	1254.46	320.39
	东营	227.50	1310.29	249.72
	烟台	796.80	2728.99	778.06
	潍坊	951.60	1853.86	814.46
	济宁	847.30	1476.65	1029.25
	泰安	619.80	456.42	636.30
	威海	298.80	897.39	264.31
	德州	557.30	1065.05	692.70
	聊城	598.20	456.17	623.27
	滨州	402.20	853.78	435.09
	菏泽	912.00	1363.95	1010.06
(0.5,0.5)	济南	1127.20	2974.91	327.07
	青岛	1100.90	3304.33	764.88
	淄博	478.80	1254.46	342.94
	东营	227.46	1310.29	157.20
	烟台	796.80	2728.98	636.95

续表

权重	地市	人口规模(万人)	工业增加值(亿元)	农田有效灌溉面积(亩)
(0.5,0.5)	潍坊	951.60	1853.84	817.95
	济宁	847.30	1476.63	1010.43
	泰安	619.80	456.43	567.36
	威海	298.80	897.38	257.39
	德州	557.30	1065.04	821.59
	聊城	598.20	456.17	818.30
	滨州	402.19	853.78	430.28
	菏泽	912.00	1363.95	1140.11
(0.2,0.8)	济南	1122.29	2974.40	326.62
	青岛	1100.90	3304.02	764.16
	淄博	478.80	1238.82	344.05
	东营	211.33	1307.52	158.70
	烟台	796.80	2728.82	636.21
	潍坊	951.60	1797.59	819.87
	济宁	847.30	1470.11	1010.13
	泰安	619.80	413.44	569.22
	威海	298.80	844.58	259.40
	德州	557.30	1064.72	830.67
	聊城	598.20	447.48	818.68
	滨州	398.93	853.30	429.09
	菏泽	912.00	1321.38	1141.09

表 107　2030 年黄河来水平水年 $P=75\%$ 时优化配置后水资源承载能力

权重	地市	人口规模(万人)	工业增加值(亿元)	农田有效灌溉面积(亩)
(0.8,0.2)	济南	1374.69	3801.32	398.35
	青岛	1199.30	3354.68	1069.16
	淄博	487.20	1055.70	390.27
	东营	235.90	1063.86	334.62

续表

权重	地市	人口规模（万人）	工业增加值（亿元）	农田有效灌溉面积（亩）
（0.8，0.2）	烟台	893.70	2673.02	894.25
	潍坊	964.00	1820.63	1015.21
	济宁	858.70	1442.57	1116.27
	泰安	701.30	308.67	779.10
	威海	306.80	798.15	347.14
	德州	553.20	1026.38	719.09
	聊城	601.20	304.43	724.63
	滨州	411.49	796.66	474.74
	菏泽	945.40	1572.52	1139.98
（0.5，0.5）	济南	1367.85	3801.27	461.95
	青岛	1199.30	3354.66	930.09
	淄博	487.20	1055.72	391.37
	东营	235.90	1063.86	233.31
	烟台	893.70	2673.01	739.33
	潍坊	964.00	1820.63	915.47
	济宁	858.70	1442.57	1119.67
	泰安	701.30	280.51	717.80
	威海	306.80	798.14	321.94
	德州	553.20	1026.35	890.77
	聊城	601.20	304.43	819.73
	滨州	411.50	796.66	492.71
	菏泽	945.40	1572.55	1273.57
（0.2，0.8）	济南	1367.85	3666.85	380.17
	青岛	1199.30	3337.66	907.78
	淄博	487.20	1053.71	399.70
	东营	235.90	1026.84	317.08
	烟台	893.70	2672.56	720.03
	潍坊	964.00	1784.09	902.34
	济宁	858.70	1440.30	1108.73

续表

权重	地市	人口规模（万人）	工业增加值（亿元）	农田有效灌溉面积（亩）
(0.2,0.8)	泰安	701.30	288.93	701.23
	威海	306.80	797.91	315.38
	德州	553.20	1007.29	970.82
	聊城	601.20	304.40	959.27
	滨州	401.57	776.71	471.90
	菏泽	945.40	1447.26	1268.76

表 108　2030 年黄河来水平水年 $P=95\%$ 时优化配置后水资源承载能力

权重	地市	人口规模（万人）	工业增加值（亿元）	农田有效灌溉面积（亩）
(0.8,0.2)	济南	1374.70	4835.92	354.82
	青岛	1199.30	3354.68	976.25
	淄博	487.20	1055.72	389.95
	东营	235.90	1063.86	269.08
	烟台	893.70	2673.02	817.34
	潍坊	964.00	1820.64	943.29
	济宁	858.70	1442.57	1175.92
	泰安	701.30	308.67	720.22
	威海	306.80	798.15	328.02
	德州	553.20	564.50	688.17
	聊城	601.20	304.43	707.30
	滨州	411.50	796.66	498.05
	菏泽	945.40	1572.55	1099.61
(0.5,0.5)	济南	1374.70	4835.92	402.78
	青岛	1199.30	3354.68	883.69
	淄博	487.20	1055.72	382.02
	东营	235.90	1063.86	131.94
	烟台	893.70	2673.01	696.76
	潍坊	964.00	1820.63	877.45

续表

权重	地市	人口规模（万人）	工业增加值（亿元）	农田有效灌溉面积（亩）
(0.5,0.5)	济宁	858.70	1442.55	1078.01
	泰安	701.30	308.62	684.21
	威海	306.80	798.10	304.20
	德州	553.20	564.49	861.68
	聊城	601.20	304.43	816.59
	滨州	411.50	796.66	522.23
	菏泽	945.40	1572.55	1249.53
(0.2,0.8)	济南	1374.70	4835.36	385.68
	青岛	1199.30	3354.16	870.19
	淄博	487.20	877.28	392.89
	东营	235.90	911.11	131.89
	烟台	893.70	2672.38	684.39
	潍坊	964.00	1799.31	867.83
	济宁	858.70	1442.20	1069.71
	泰安	701.30	308.17	673.10
	威海	306.80	797.88	299.74
	德州	553.20	564.37	909.92
	聊城	601.20	304.16	915.58
	滨州	411.50	754.34	507.87
	菏泽	945.40	1538.20	1229.61

表 109　2025 年黄河来水枯水年 $P=75\%$ 时优化配置后水资源承载能力

权重	地市	人口规模（万人）	工业增加值（亿元）	农田林果有效灌溉面积（亩）
(0.8,0.2)	济南	1127.20	4313.47	488.44
	青岛	1100.90	2871.78	998.79
	淄博	478.80	1254.43	325.90
	东营	227.50	1310.11	164.66
	烟台	796.80	2728.92	783.91

续表

权重	地市	人口规模（万人）	工业增加值（亿元）	农田林果有效灌溉面积（亩）
(0.8,0.2)	潍坊	951.60	1523.06	1029.84
	济宁	847.30	1476.63	1141.78
	泰安	619.80	456.40	632.47
	威海	298.80	897.35	313.82
	德州	557.30	1065.01	505.73
	聊城	598.20	456.17	486.72
	滨州	402.20	853.77	297.21
	菏泽	912.00	1363.93	775.91
(0.5,0.5)	济南	1127.20	3416.54	275.90
	青岛	1100.90	3304.35	837.17
	淄博	478.80	1220.83	301.28
	东营	227.50	1310.30	126.75
	烟台	796.80	2729.00	649.96
	潍坊	951.60	1808.07	836.07
	济宁	847.30	1476.66	1047.06
	泰安	619.80	456.44	586.55
	威海	298.80	897.40	278.62
	德州	557.30	1065.06	798.36
	聊城	598.20	391.05	801.90
	滨州	402.20	687.50	320.08
	菏泽	912.00	1363.96	1081.72
(0.2,0.8)	济南	1127.20	3970.43	465.50
	青岛	1100.90	3304.20	917.32
	淄博	478.80	1254.39	318.02
	东营	227.50	1310.22	126.76
	烟台	796.80	2728.94	783.41
	潍坊	951.60	1646.44	970.61
	济宁	847.30	1390.37	1170.51
	泰安	619.80	386.76	661.50

续表

权重	地市	人口规模（万人）	工业增加值（亿元）	农田林果有效灌溉面积（亩）
(0.2,0.8)	威海	298.80	897.36	313.66
	德州	557.30	1065.02	497.08
	聊城	598.20	456.15	539.47
	滨州	402.20	799.71	342.34
	菏泽	912.00	1363.89	856.59

表 110 2025 年黄河来水枯水年 $P=95\%$ 时优化配置后水资源承载能力

权重	地市	人口规模（万人）	工业增加值（亿元）	农田林果有效灌溉面积（亩）
(0.8,0.2)	济南	1127.20	2974.93	205.69
	青岛	1100.90	3304.34	923.32
	淄博	478.80	1254.46	311.17
	东营	227.50	1310.29	157.21
	烟台	796.80	2728.99	539.65
	潍坊	951.60	1853.86	717.94
	济宁	847.30	1476.65	867.92
	泰安	619.80	456.43	651.39
	威海	298.80	897.39	303.60
	德州	557.30	1065.05	758.39
	聊城	598.20	456.17	753.12
	滨州	402.20	853.78	271.71
	菏泽	912.00	1363.95	959.24
(0.5,0.5)	济南	1127.20	2974.92	227.17
	青岛	1100.90	3304.33	910.74
	淄博	478.80	1254.45	322.20
	东营	227.50	1310.29	161.52
	烟台	796.80	2728.99	560.23
	潍坊	951.60	1853.86	732.18
	济宁	847.30	1476.64	881.55

续表

权重	地市	人口规模(万人)	工业增加值(亿元)	农田林果有效灌溉面积(亩)
(0.5,0.5)	泰安	619.80	456.42	627.24
	威海	298.80	897.39	236.10
	德州	557.30	1065.04	772.14
	聊城	598.20	456.16	768.81
	滨州	402.20	853.77	286.94
	菏泽	912.00	1363.94	971.99
(0.2,0.8)	济南	1127.20	3436.39	295.86
	青岛	1100.90	2631.64	771.48
	淄博	478.80	1182.16	344.19
	东营	227.50	1124.80	126.75
	烟台	796.80	2729.00	621.05
	潍坊	951.60	1845.90	804.49
	济宁	847.30	1476.65	997.36
	泰安	619.80	443.32	558.80
	威海	298.80	897.40	252.71
	德州	557.30	1065.06	774.62
	聊城	598.20	339.02	772.22
	滨州	402.20	591.25	275.91
	菏泽	912.00	1356.99	1116.74

表 111　2030 年黄河来水枯水年 *P*=75%时优化配置后水资源承载能力

权重	地市	人口规模(万人)	工业增加值(亿元)	农田林果有效灌溉面积(亩)
(0.8,0.2)	济南	1374.70	5511.93	200.23
	青岛	1199.30	3354.69	1100.00
	淄博	487.20	1055.72	385.23
	东营	235.90	1063.86	128.46
	烟台	893.70	2673.03	735.31
	潍坊	964.00	1820.65	902.48

续表

权重	地市	人口规模（万人）	工业增加值（亿元）	农田林果有效灌溉面积（亩）
(0.8,0.2)	济宁	858.70	1442.57	1043.15
	泰安	701.30	308.67	611.24
	威海	306.80	798.15	375.49
	德州	553.20	1026.37	952.84
	聊城	601.20	304.43	817.47
	滨州	411.50	796.67	358.24
	菏泽	945.40	1572.55	1201.91
(0.5,0.5)	济南	1374.70	5511.91	274.31
	青岛	1199.30	3354.67	896.52
	淄博	487.20	1055.72	385.24
	东营	235.90	1063.87	128.46
	烟台	893.70	2673.01	705.27
	潍坊	964.00	1820.60	890.86
	济宁	858.70	1124.71	1121.19
	泰安	701.30	308.67	689.42
	威海	306.80	798.14	311.83
	德州	553.20	1026.36	948.09
	聊城	601.20	304.42	807.80
	滨州	411.50	796.66	417.66
	菏泽	945.40	1572.55	1242.66
(0.2,0.8)	济南	1374.70	5511.92	278.73
	青岛	1199.30	3354.68	892.18
	淄博	487.20	892.33	398.47
	东营	235.90	1013.27	128.46
	烟台	893.70	2673.00	710.18
	潍坊	964.00	1820.65	890.11
	济宁	858.70	1036.20	1121.63
	泰安	701.30	306.22	692.23
	威海	306.80	798.13	311.92

续表

权重	地市	人口规模(万人)	工业增加值(亿元)	农田林果有效灌溉面积(亩)
(0.2,0.8)	德州	553.20	1026.35	949.85
	聊城	601.20	304.42	805.19
	滨州	411.50	796.66	417.66
	菏泽	945.40	1329.14	1264.05

表 112 2030 年黄河来水枯水年 $P=95\%$ 时优化配置后水资源承载能力

权重	地市	人口规模(万人)	工业增加值(亿元)	农田林果有效灌溉面积(亩)
(0.8,0.2)	济南	1374.70	3125.32	250.61
	青岛	1199.30	3354.68	876.64
	淄博	487.20	1055.71	371.15
	东营	235.90	1063.85	128.47
	烟台	893.70	2673.03	581.00
	潍坊	964.00	1820.64	770.19
	济宁	858.70	1442.57	917.41
	泰安	701.30	308.67	551.74
	威海	306.80	798.15	296.25
	德州	553.20	564.50	989.18
	聊城	601.20	304.43	898.12
	滨州	411.50	796.66	371.03
	菏泽	945.40	1572.54	1195.47
(0.5,0.5)	济南	1374.70	3125.26	429.55
	青岛	1199.30	3354.68	817.90
	淄博	487.20	992.98	371.15
	东营	235.89	1063.86	170.45
	烟台	893.70	2673.02	620.08
	潍坊	964.00	1820.64	809.66
	济宁	858.70	1442.56	1005.63
	泰安	701.30	308.67	622.54

续表

权重	地市	人口规模（万人）	工业增加值（亿元）	农田林果有效灌溉面积（亩）
(0.5,0.5)	威海	306.80	798.14	274.38
	德州	553.20	564.49	892.80
	聊城	601.20	304.43	836.15
	滨州	411.49	796.66	406.61
	菏泽	945.40	1572.54	1155.37
(0.2,0.8)	济南	1374.70	3125.26	458.74
	青岛	1199.30	3119.42	812.61
	淄博	487.20	724.19	390.48
	东营	235.90	1063.84	168.35
	烟台	893.70	2673.01	618.70
	潍坊	964.00	1447.03	822.77
	济宁	858.70	1442.53	1005.62
	泰安	701.30	308.63	622.54
	威海	306.80	798.12	273.15
	德州	553.20	564.34	947.51
	聊城	601.20	304.38	842.84
	滨州	411.48	796.65	416.65
	菏泽	945.40	1572.54	1155.37

由此可知，通过水资源优化配置后，在不同黄河水来水情况、不同规划年、不同保证率下，各地市水资源所能支撑的人口规模、工业增加值和农田有效灌溉面积是不同的，而且同一规划年、同一保证率下，由于配置权重不同，各地市水资源所能支撑的人口规模、工业增加值和农田有效灌溉面积也不同。上述分析可为各地市不同规划年落实“四水四定”，实现“以水定地、以水定人、以水定产”提供参考。

水资源承载能力反映了水资源系统满足区域内社会经济系统的能力，其与社会系统对自然水资源的开发程度、管理水平息息相关。水资源承载力是有限度的，也是动态的，可通过以下适当的途径提高。

一是强化水资源统一管理。抓好统筹治水，落实河长制，采用各种手段对水资源进行开发、控制、管理和调节，从而实现水资源优化配置。

二是实行计划用水，提倡节约用水。努力做到“以水定城、以水定地、以水定人、以水定产”，树立“以供定需”新理念，在工业、农业、生活和生态上计划用水，并保持社会经济可持续发展。

三是提高居民节水意识，推广、使用节水设施、器具；加大城镇供水管网改造力度，降低管损。

四是制定排放标准，加大水污染治理力度。采取行政、经济、法律和技术手段，积极解决污染问题。实行排污许可制度，减少废弃物的排放量。坚持“谁污染谁治理”的原则，实行强制措施、限期治理。优化城市排污管网和现有的污水处理厂设施，不断提高污水处理率。

五是对现有水利工程进行挖掘配套。根据已建成的水利工程设施，有计划地进行升级改造，提高地表水的蓄水和供水能力。充分利用县域调水工程及南水北调工程水源。

六是完善取水许可制度，严格进行水定额管理。水利管理部门可结合自身实际的水情、市情，因地制宜，统筹兼顾，采取有针对性的管理措施。同时，还可完善相关水资源管理制度，并监督其执行过程，积极开展节水工作，最大限度地提升水资源利用率。

在当今社会发展中，水资源承载能力发挥着至关重要的作用。由于水资源承载能力的影响因素众多，必须从全局入手，综合考虑各方面因素，尤其是要根据实际发展状况，因地制宜，制定有效的具有针对性的政策措施，从而全面提升水资源承载能力。

(三)用水结构分析

1.与“八七”分水方案对比分析

选取不同黄河来水(丰、平、枯)情况下，2025 年供水保证率 $P=75\%$、$P=95\%$，2030 年供水保证率 $P=75\%$、$P=95\%$，权重为(0.8，0.2)、(0.5，0.5)、(0.2，0.8)的典型情景的分配方案，与“八七”分水方案进行对比分析。“八七”分水方案见表 113 和图 37。不同情景下的分配方案对比见图 38 至图 72。

表 113 “八七”分水方案中山东 13 地市分水指标 单位：亿 m^3

	分配水量
济南	7.84
青岛	2.33
淄博	4.00

续表

	分配水量
东营	7.28
烟台	1.37
潍坊	3.07
济宁	4.00
泰安	4.02
威海	0.52
德州	9.77
聊城	7.92
滨州	8.57
菏泽	9.31
合计	70.00

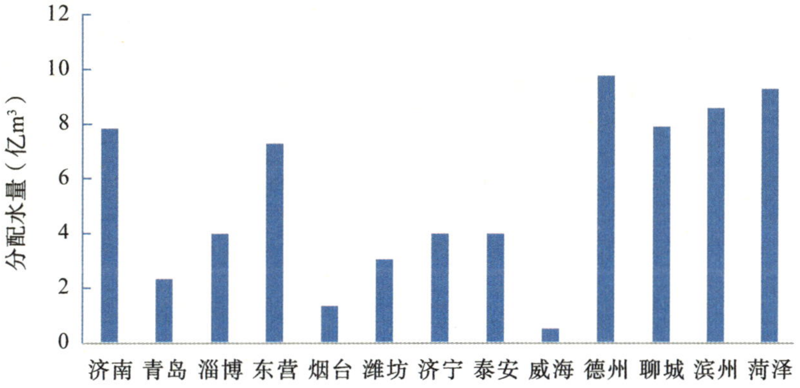

图 37　"八七"分水方案中山东 13 地市分水指标

(1)黄河来水为丰水年(90.94 亿 m^3)，水资源高效均衡配置方案与"八七"分水方案对比分析(见图 38 至图 49)

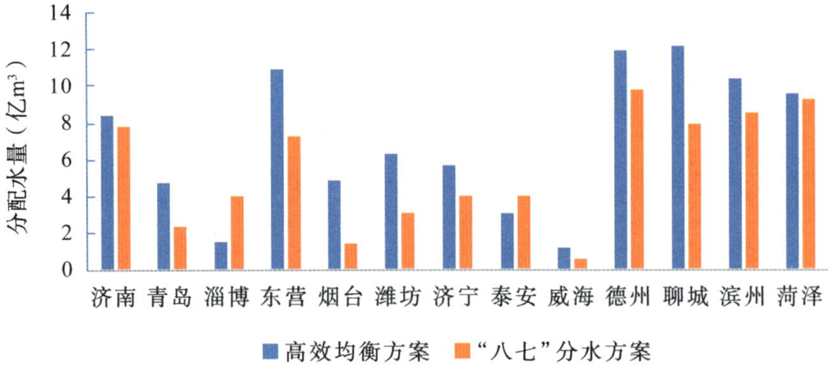

图 38　2025 年黄河来水丰水年 $P=75\%$配置权重为(0.8,0.2)时的方案与“八七”分水方案对比

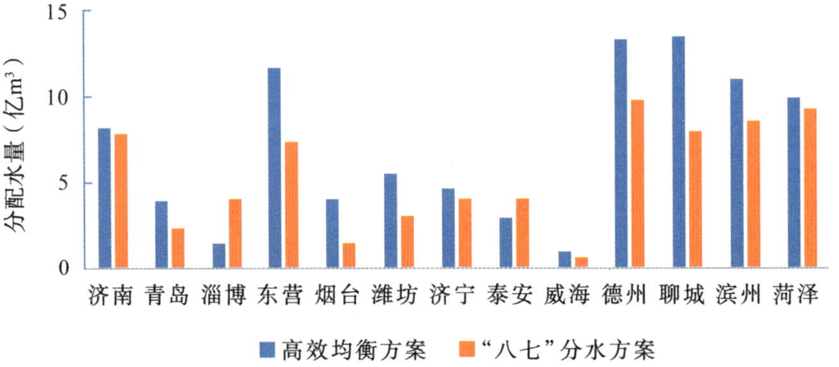

图 39　2025 年黄河来水丰水年 $P=75\%$配置权重为(0.5,0.5)时的方案与“八七”分水方案对比

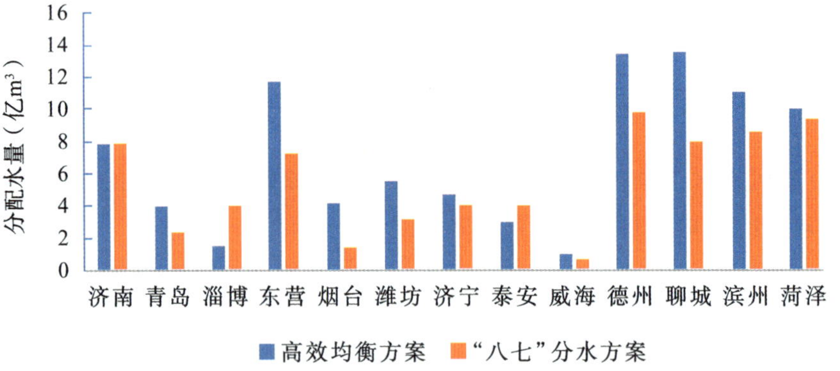

图 40　2025 年黄河来水丰水年 $P=75\%$配置权重为(0.2,0.8)时的方案与“八七”分水方案对比

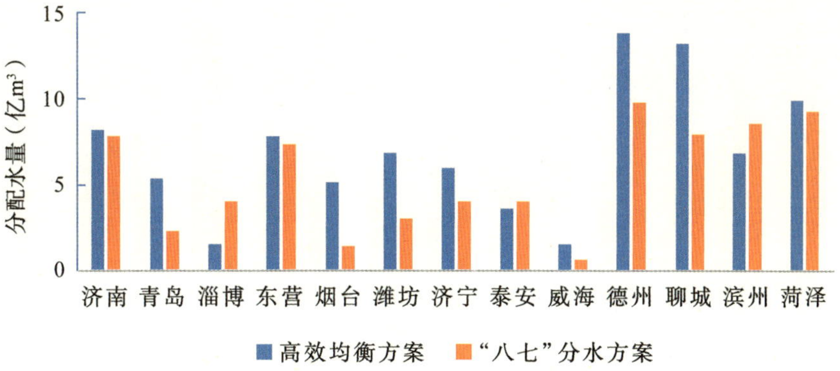

图 41　2025 年黄河来水丰水年 $P=95\%$配置权重为(0.8,0.2)时的方案与"八七"分水方案对比

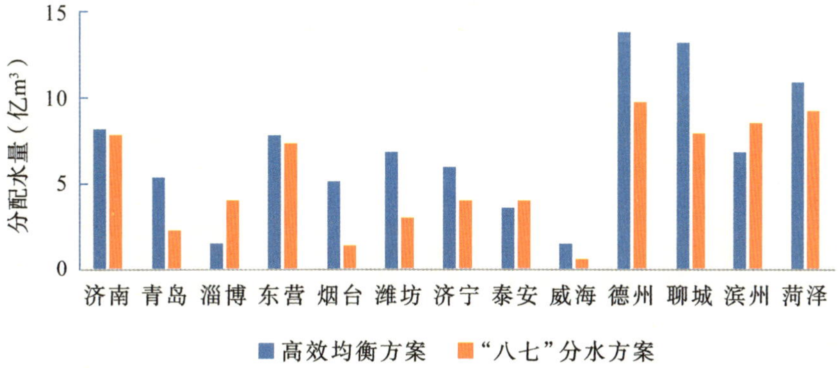

图 42　2025 年黄河来水丰水年 $P=95\%$配置权重为(0.5,0.5)时的方案与"八七"分水方案对比

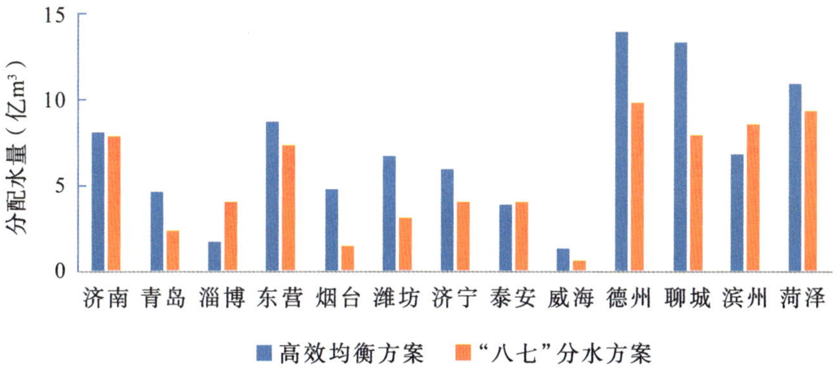

图 43　2025 年黄河来水丰水年 $P=95\%$配置权重为(0.2,0.8)时的方案与"八七"分水方案对比

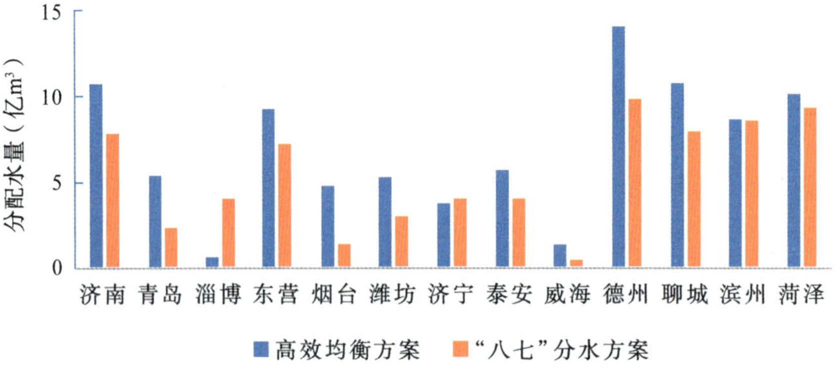

图 44　2030 年黄河来水丰水年 $P=75\%$配置权重为(0.8,0.2)时的方案与“八七”分水方案对比

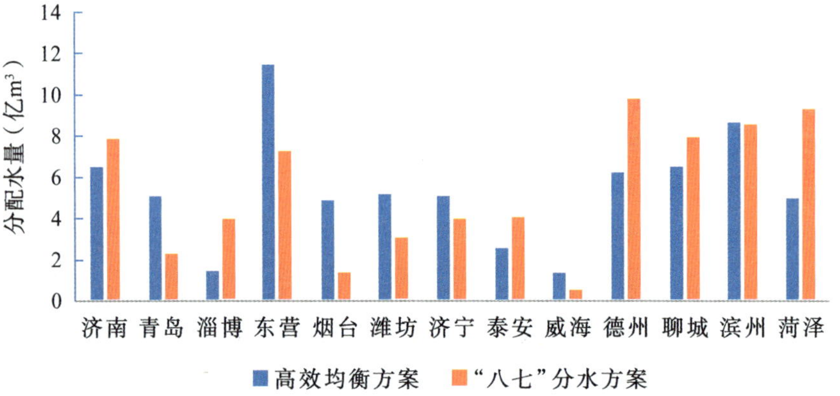

图 45　2030 年黄河来水丰水年 $P=75\%$配置权重为(0.5,0.5)时的方案与“八七”分水方案对比

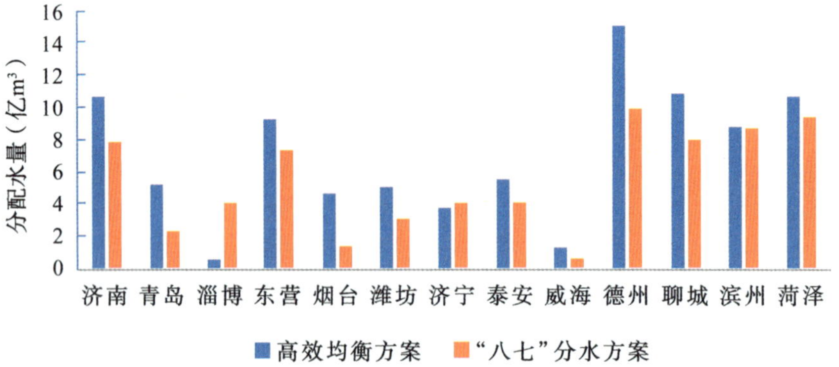

图 46　2030 年黄河来水丰水年 $P=75\%$配置权重为(0.2,0.8)时的方案与“八七”分水方案对比

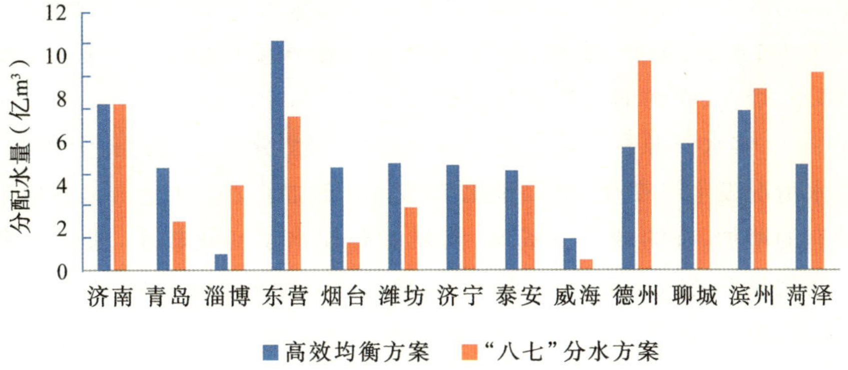

图 47　2030 年黄河来水丰水年 $P=95\%$配置权重为(0.8,0.2)时的方案与"八七"分水方案对比

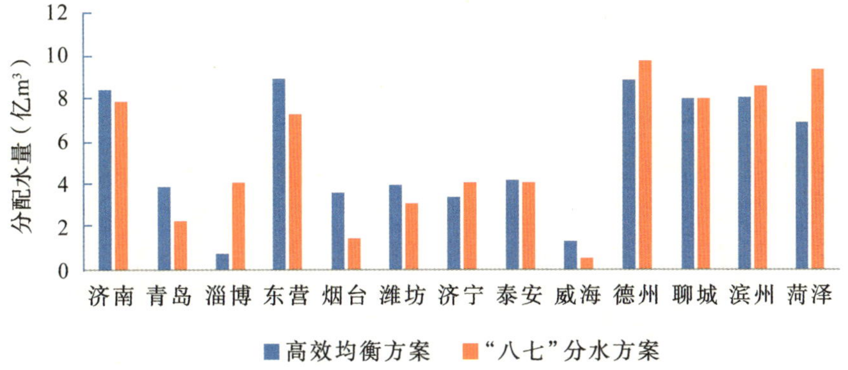

图 48　2030 年黄河来水丰水年 $P=95\%$配置权重为(0.5,0.5)时的方案与"八七"分水方案对比

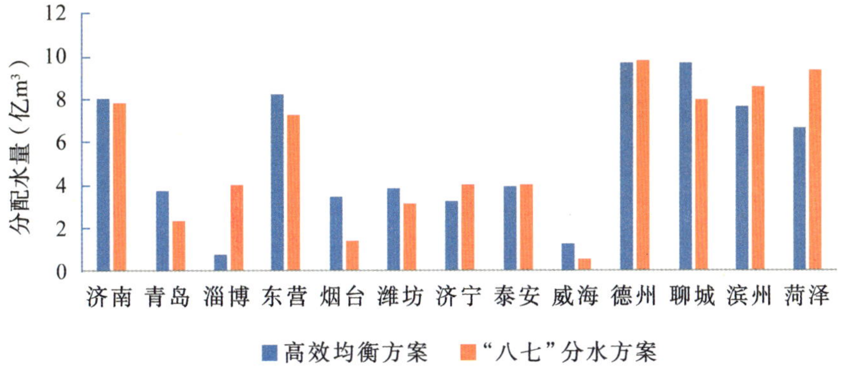

图 49　2030 年黄河来水丰水年 $P=95\%$配置权重为(0.2,0.8)时的方案与"八七"分水方案对比

从中可以看出，本部分的分配方案与"八七"分水方案有差异，主要表现如下。

由 2025 年水资源高效均衡配置方案与"八七"分水方案对比分析知，由于黄河来水情况发生了变化，来水量比 70 亿 m^3增加了 20.94 亿 m^3，各地市的分配水量有的增加,有的减少。菏泽、济南、滨州、威海的分配水量变化较小,在1亿 m^3左右;青岛、济宁、德州、淄博、泰安的分配水量变化在1.5亿～3亿 m^3;东营、聊城、烟台、潍坊的分配水量变化在3亿～5.5亿 m^3。

由2030年水资源高效均衡配置方案与“八七”分水方案对比分析知,由于黄河来水情况发生了变化,来水量比70亿 m^3增加了20.94亿 m^3,各地市的分配水量有的增加,有的减少。威海、滨州的分配水量变化较小,所有方案的分配水量变化没有超过1亿 m^3。其他10地市的分配水量变化较大,泰安、潍坊、青岛、济南、东营、淄博、烟台、聊城、菏泽市的分配水量变化都在1.5亿～3亿 m^3。德州的分配水量变化在3亿～5.5亿 m^3。

(2)黄河来水为平水年(70亿 m^3),水资源高效均衡配置方案与“八七”分水方案对比分析(见图50至图61)

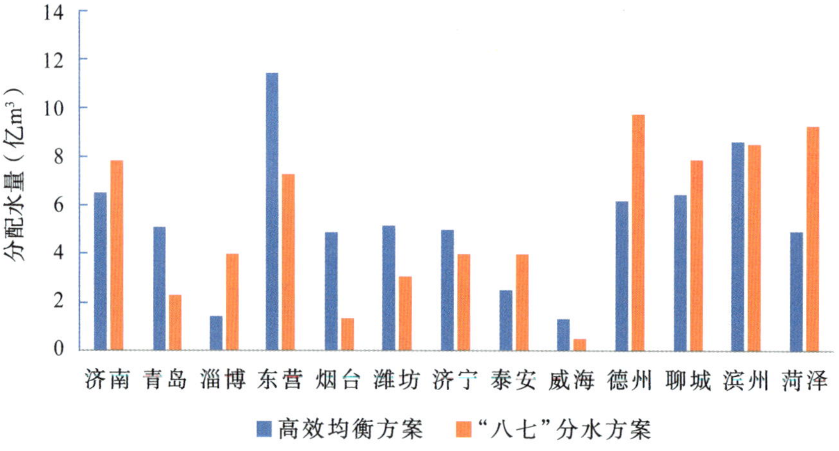

图50 2025年黄河来水平水年 $P=75\%$配置权重为(0.8,0.2)时的方案与“八七”分水方案对比

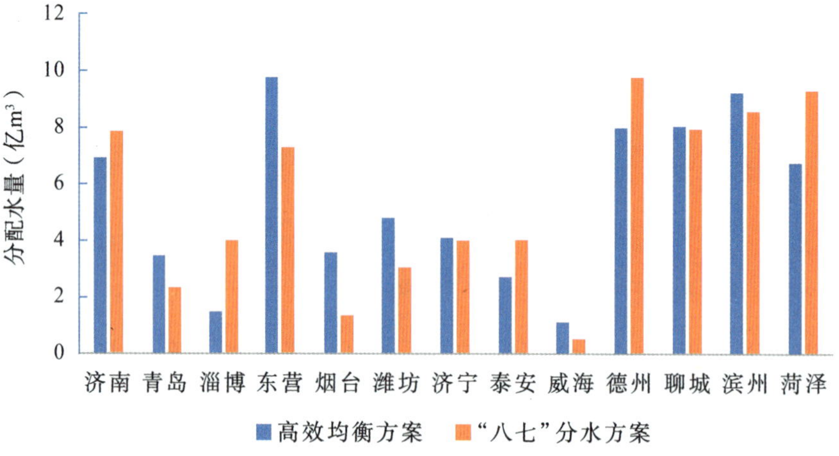

图51 2025年黄河来水平水年 $P=75\%$配置权重为(0.5,0.5)时的方案与“八七”分水方案对比

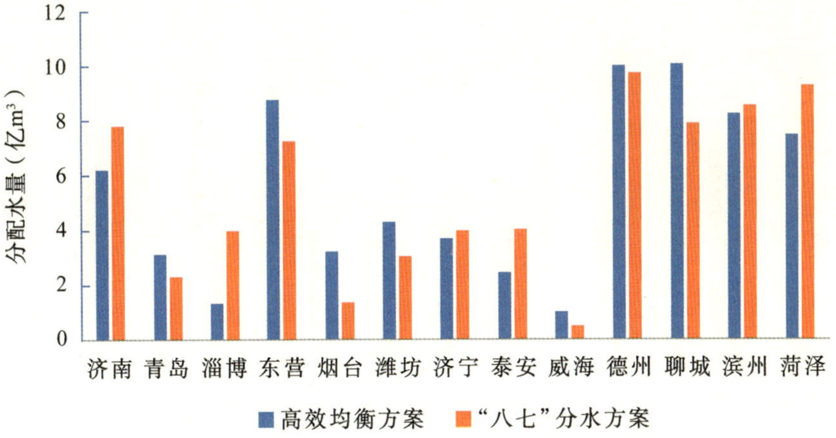

图52　2025年黄河来水平水年 $P=75\%$ 配置权重为(0.2,0.8)时的方案与"八七"分水方案对比

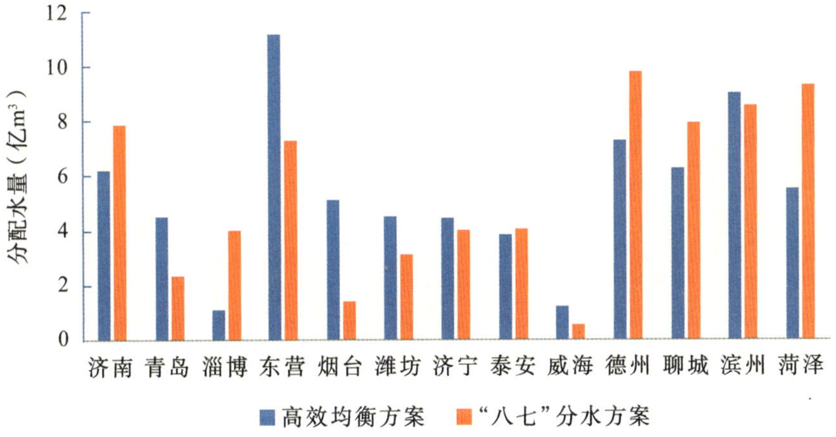

图53　2025年黄河来水平水年 $P=95\%$ 配置权重为(0.8,0.2)时的方案与"八七"分水方案对比

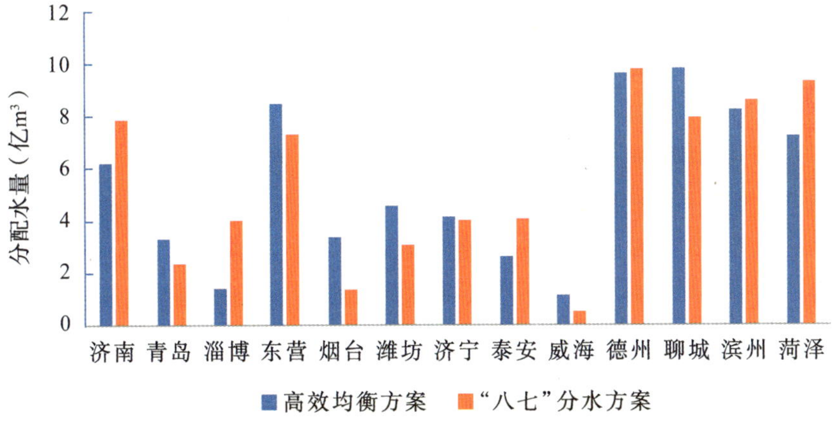

图54　2025年黄河来水平水年 $P=95\%$ 配置权重为(0.5,0.5)时的方案与"八七"分水方案对比

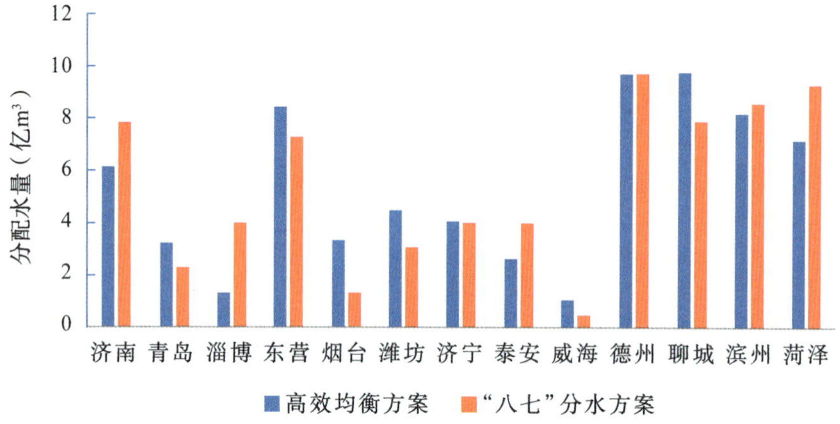

图 55　2025 年黄河来水平水年 $P=95\%$水配置权重为(0.2,0.8)时的方案与“八七”分水方案对比

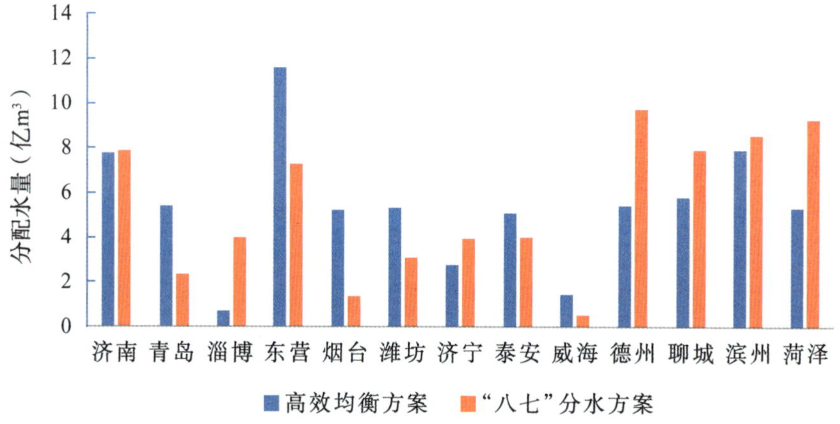

图 56　2030 年黄河来水平水年 $P=75\%$配置权重为(0.8,0.2)时的方案与“八七”分水方案对比

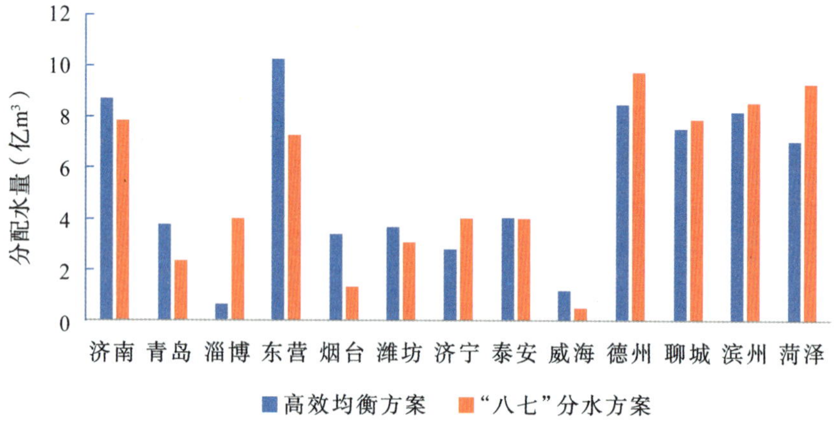

图 57　2030 年黄河来水平水年 $P=75\%$配置权重为(0.5,0.5)时的方案与“八七”分水方案对比

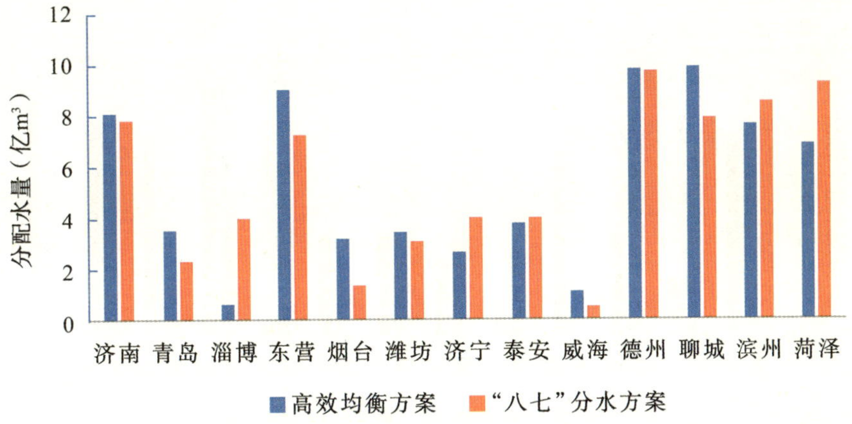

图58　2030年黄河来水平水年 $P=75\%$ 配置权重为(0.2,0.8)时的方案与"八七"分水方案对比

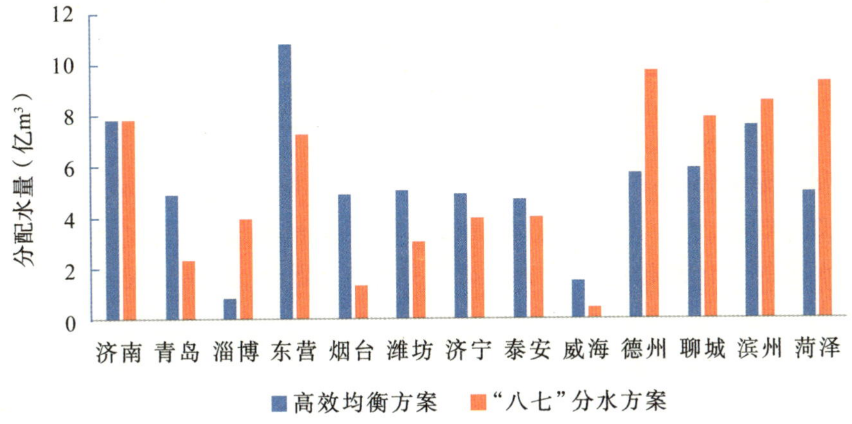

图59　2030年黄河来水平水年 $P=95\%$ 配置权重为(0.8,0.2)时的方案与"八七"分水方案对比

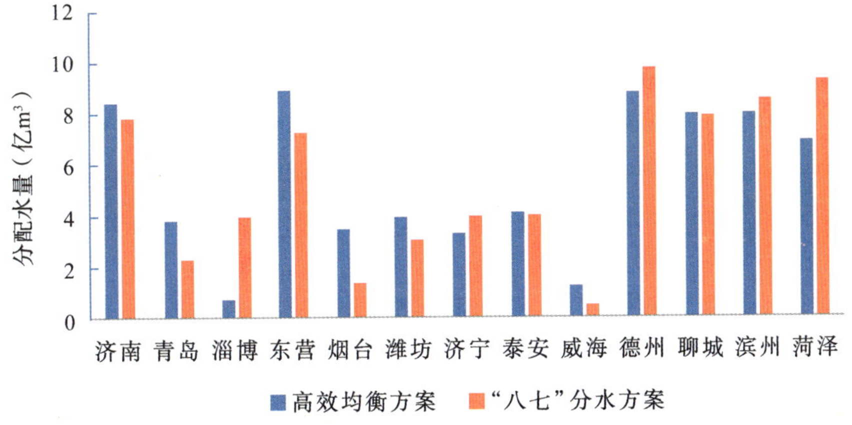

图60　2030年黄河来水平水年 $P=95\%$ 配置权重为(0.5,0.5)时的方案与"八七"分水方案对比

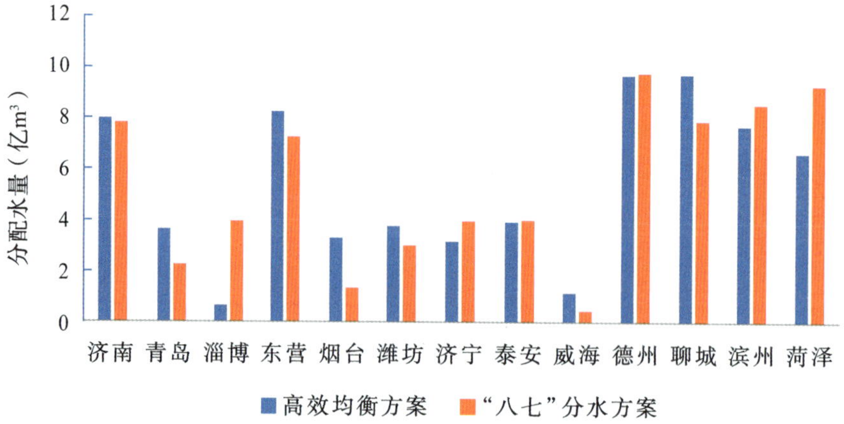

图 61　2030 年黄河来水平水年 $P=95\%$ 配置权重为(0.2,0.8)时的方案与“八七”分水方案对比

从图 50 至图 61 可以看出，本部分的分配方案与“八七”分水方案有差异，主要表现如下。

由 2025 年水资源高效均衡配置方案与“八七”分水方案对比分析知，有的地市分配水量变化较小，有的地市分配水量变化较大。济宁、威海、滨州分配水量的变化较小，所有方案分配水量的变化都没有超过 1 亿 m^3。其他 9 地市的分配水量的变化都超过 1 亿 m^3，特别是东营、烟台、菏泽分配水量的变化超过了 3 亿 m^3。

由 2030 年水资源高效均衡配置方案与“八七”分水方案对比分析知，有的地市分配水量变化较小，有的地市分配水量变化较大。济南、威海、滨州分配水量变化较小，所有方案分配水量的变化都没有超过 1 亿 m^3。其他 9 地市的分配水量变化较大，特别是青岛、淄博、东营、烟台、德州、菏泽的水量变化超过了 3 亿 m^3。

(3)黄河来水为枯水年(59.11 亿 m^3)，水资源高效均衡配置方案与“八七”分水方案对比分析(见图 62 至图 73)

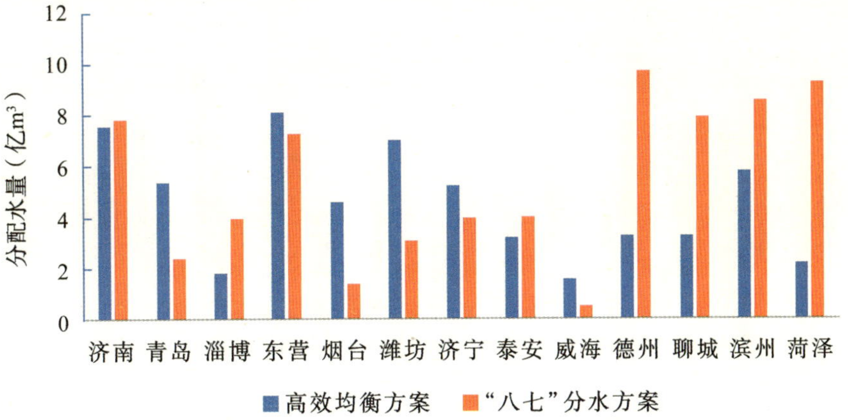

图 62　2025 年黄河来水枯水年 $P=75\%$配置权重为(0.8,0.2)时的方案与"八七"分水方案对比

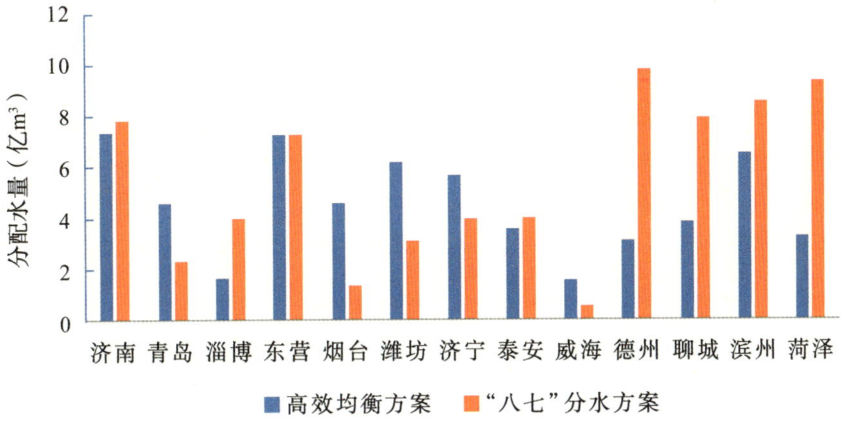

图 63　2025 年黄河来水枯水年 $P=75\%$配置权重为(0.5,0.5)时的方案与"八七"分水方案对比

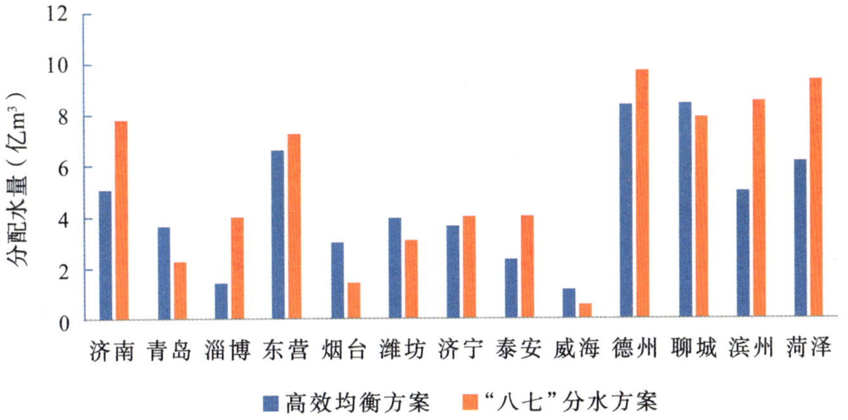

图 64　2025 年黄河来水枯水年 $P=75\%$配置权重为(0.2,0.8)时的方案与"八七"分水方案对比

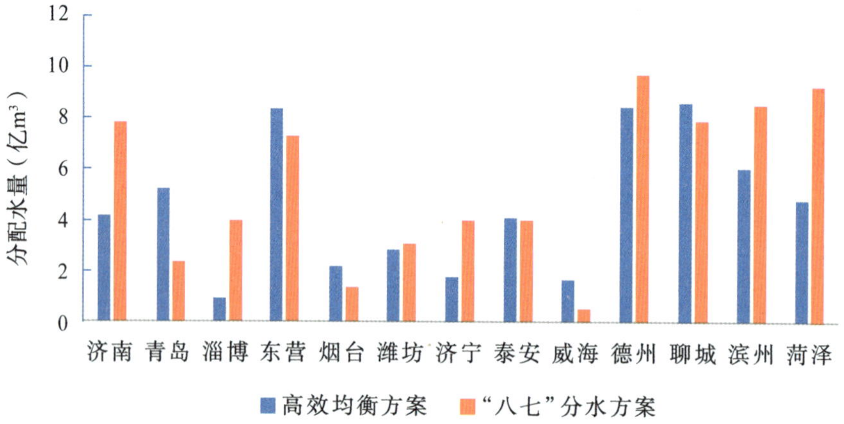

图 65　2025 年黄河来水枯水年 $P=95\%$配置权重为(0.8,0.2)时的方案与“八七”分水方案对比

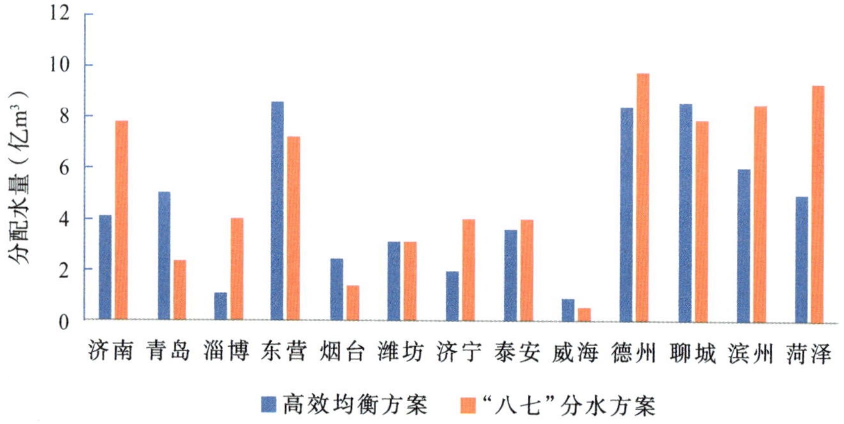

图 66　2025 年黄河来水枯水年 $P=95\%$配置权重为(0.5,0.5)时的方案与“八七”分水方案对比

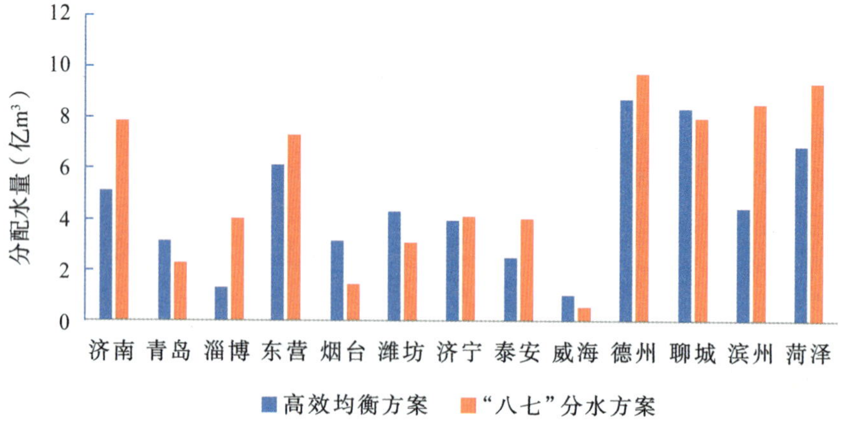

图 67　2025 年黄河来水枯水年 $P=95\%$配置权重为(0.2,0.8)时的方案与“八七”分水方案对比

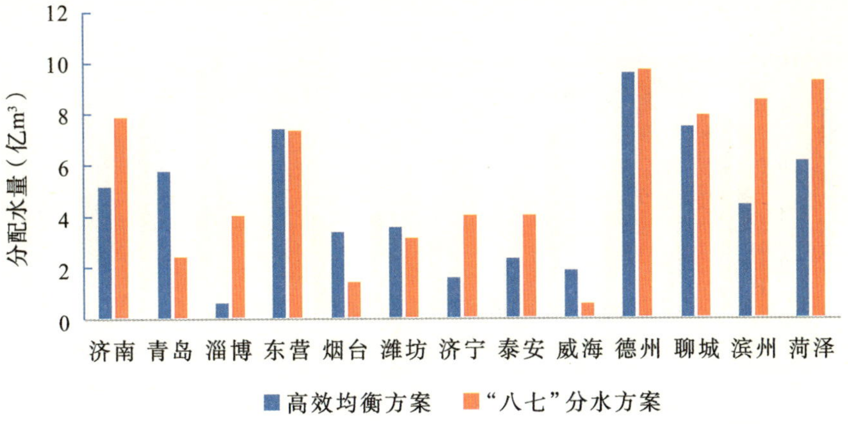

图 68　2030 年黄河来水枯水年 $P=75\%$配置权重为(0.8,0.2)时的方案与"八七"分水方案对比

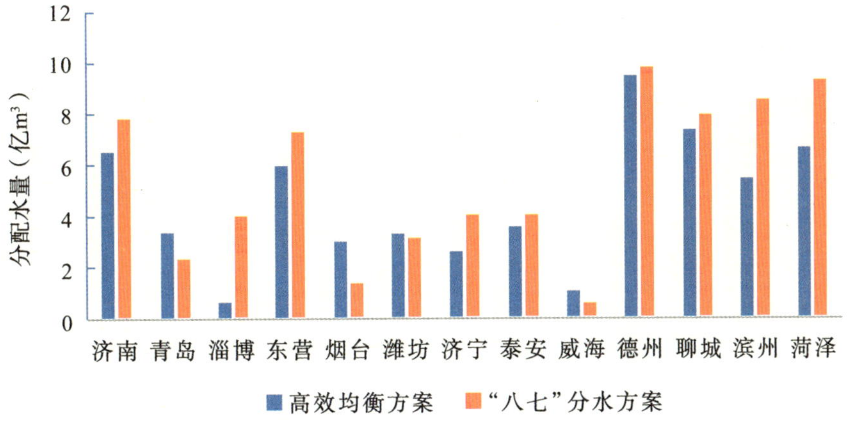

图 69　2030 年黄河来水枯水年 $P=75\%$配置权重为(0.5,0.5)时的方案与"八七"分水方案对比

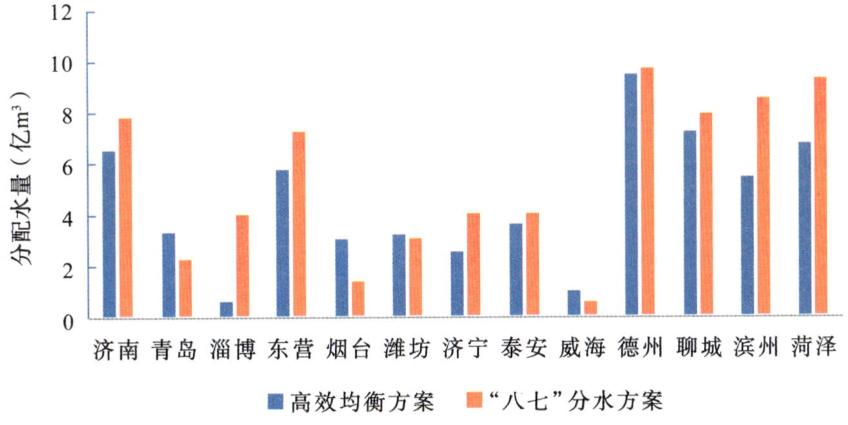

图 70　2030 年黄河来水枯水年 $P=75\%$配置权重为(0.2,0.8)时的方案与"八七"分水方案对比

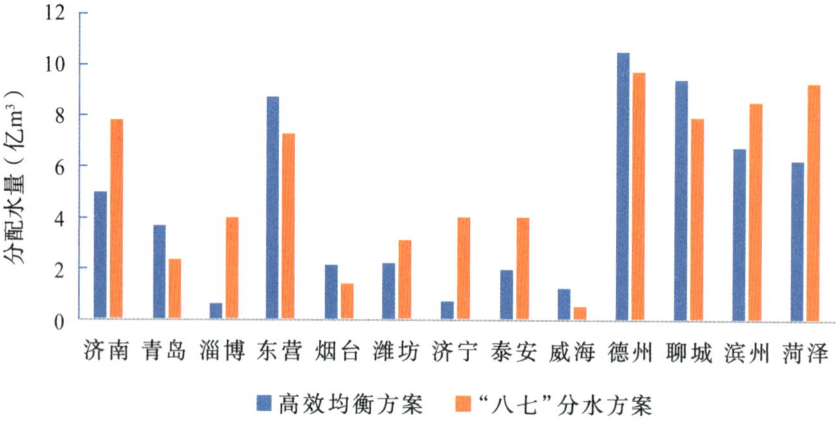

图 71　2030 年黄河来水枯水年 $P=95\%$ 配置权重为(0.8,0.2)时的方案与“八七”分水方案对比

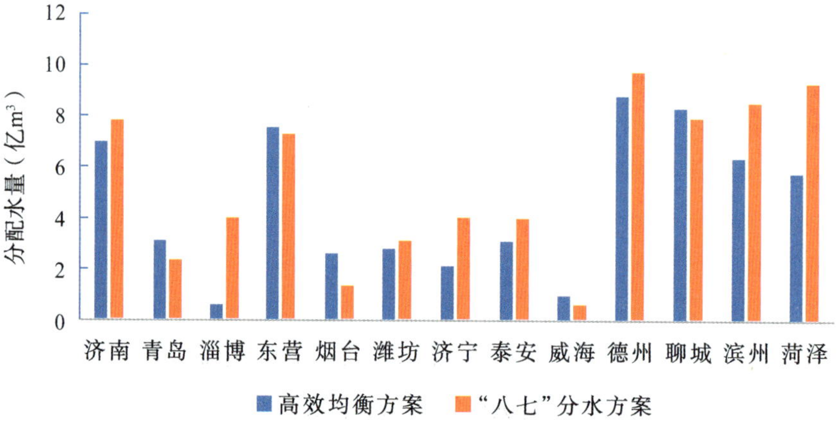

图 72　2030 年黄河来水枯水年 $P=95\%$ 配置权重为(0.5,0.5)时的方案与“八七”分水方案对比

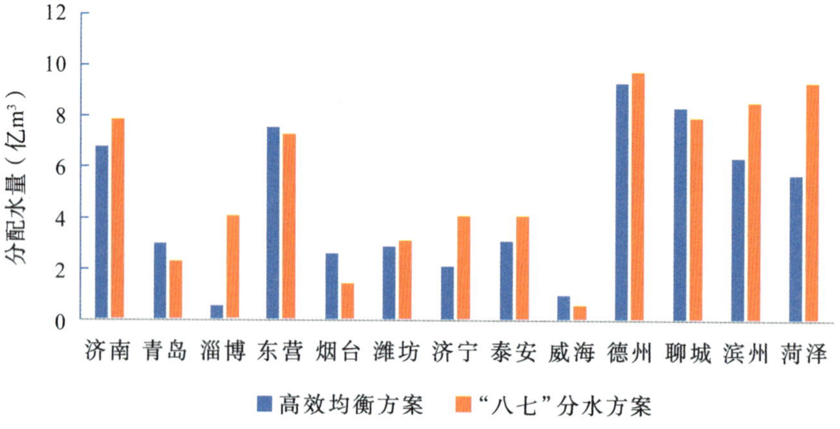

图 73　2030 年黄河来水枯水年 $P=95\%$ 配置权重为(0.2,0.8)时的方案与“八七”分水方案对比

从图 62 至图 73 可以看出，本部分的分配方案与“八七”分水方案有差异，主要表现如下：

由 2025 年水资源高效均衡配置方案与“八七”分水方案对比分析知，由于黄河来水情况发生了变化，来水量比 70 亿 m^3 减少了 10.89 亿 m^3，各地市的分配水量有的增加，有的减少。东营、泰安、威海的分配水量变化较小，在 1 亿 m^3 左右；青岛、济南、淄博、烟台、潍坊、济宁、聊城、滨州的分配水量变化在 1.5 亿～3.5 亿 m^3；德州、菏泽的分配水量变化在 3.5 亿～7 亿 m^3。

由 2030 年水资源高效均衡配置方案与“八七”分水方案对比分析知，由于黄河来水情况发生了变化，来水量比 70 亿 m^3 减少了 10.89 亿 m^3，各地市的分配水量有的增加，有的减少。东营、潍坊、威海、德州、聊城的分配水量变化较小，所有方案分配水量的变化在 1 亿～2 亿 m^3；其他 8 地市分配水量的变化较大，分配水量变化都在 2 亿～3.5 亿 m^3。

2.与 2020 年用水结构对比分析

选取不同黄河来水（丰、平、枯）情况下，2025 年供水保证率 $P=75\%$、$P=95\%$，2030 年供水保证率 $P=75\%$、$P=95\%$，权重为（0.8，0.2）、（0.5，0.5）、（0.2，0.8）的典型情景的分配方案，对其用水结构与 2020 年山东 13 地市用水结构（见图 74）进行对比分析。

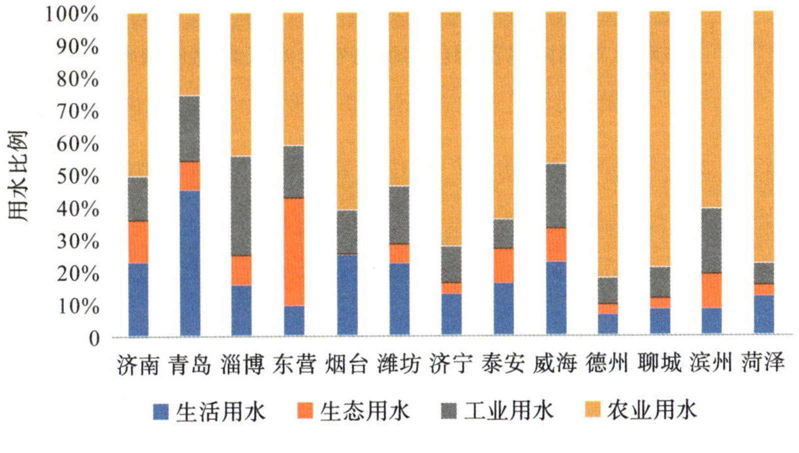

图 74　2020 年山东 13 地市用水结构

（1）黄河来水为丰水年（90.94 亿 m^3），分配方案的用水结构（见图 75 至图 86）与 2020 年山东 13 地市用水结构的对比分析

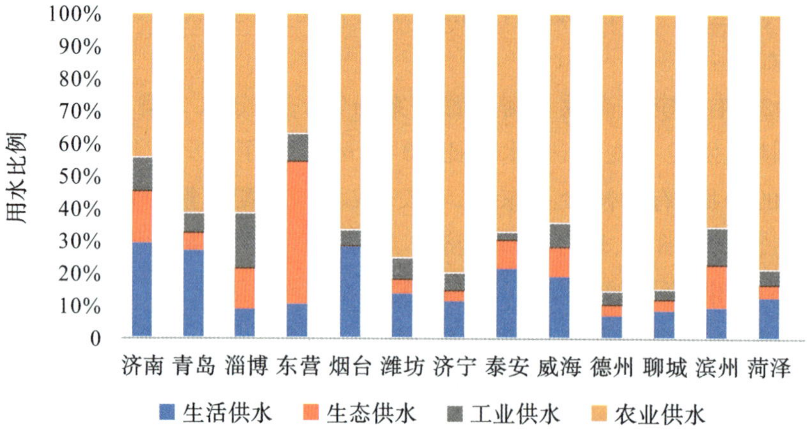

图 75 2025 年黄河来水丰水年 $P=75\%$ 配置权重为(0.8,0.2)时的用水结构

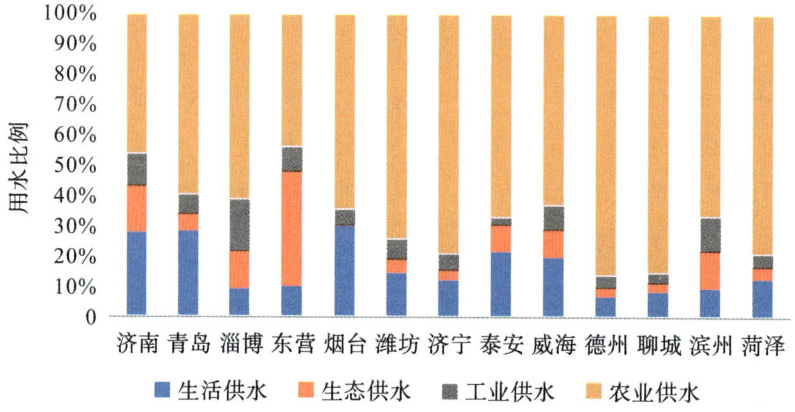

图 76 2025 年黄河来水丰水年 $P=75\%$ 配置权重为(0.5,0.5)时的用水结构

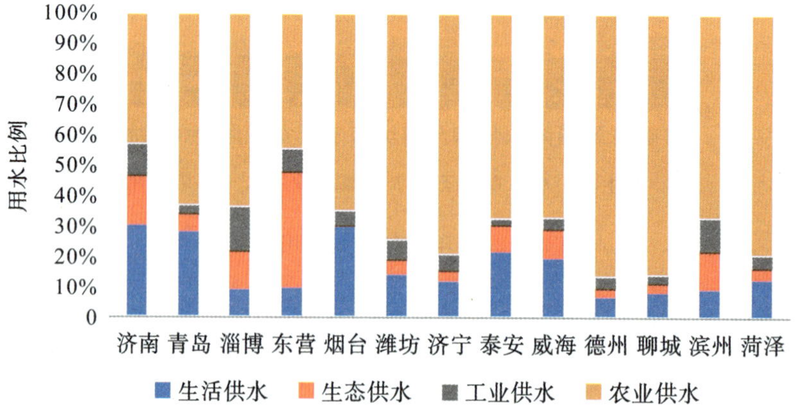

图 77 2025 年黄河来水丰水年 $P=75\%$ 配置权重为(0.2,0.8)时的用水结构

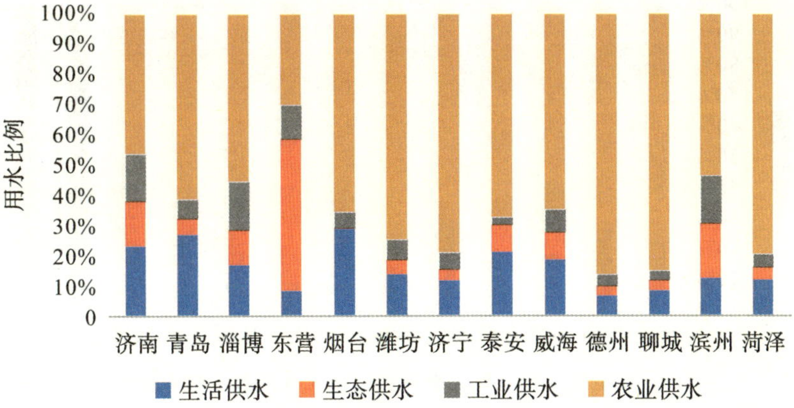

图 78 2025 年黄河来水丰水年 $P=95\%$配置权重为(0.8,0.2)时的用水结构

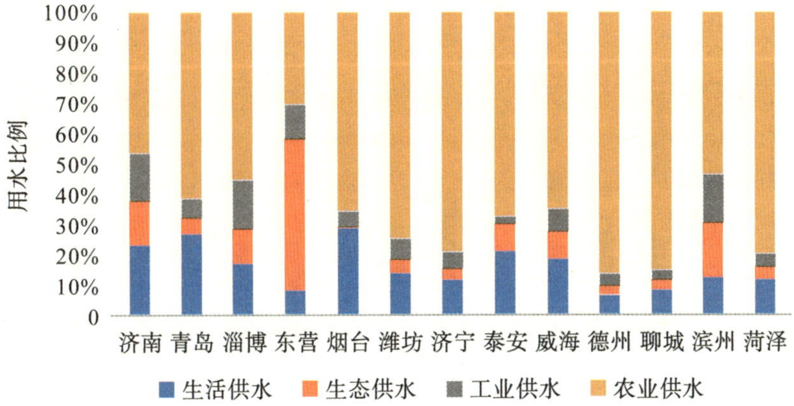

图 79 2025 年黄河来水丰水年 $P=95\%$配置权重为(0.5,0.5)时的用水结构

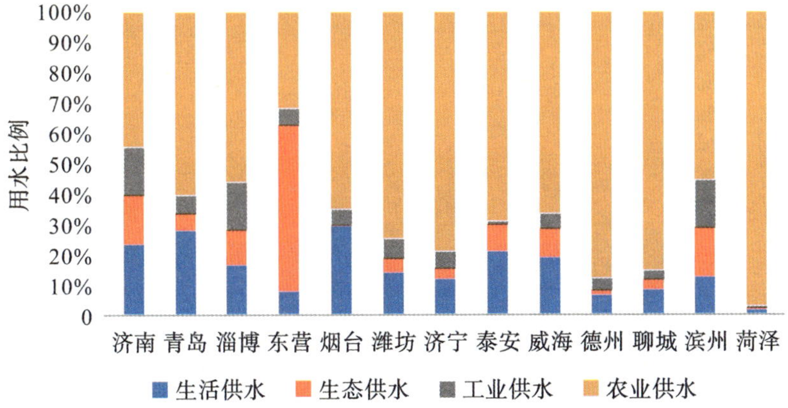

图 80 2025 年黄河来水丰水年 $P=95\%$配置权重为(0.2,0.8)时的用水结构

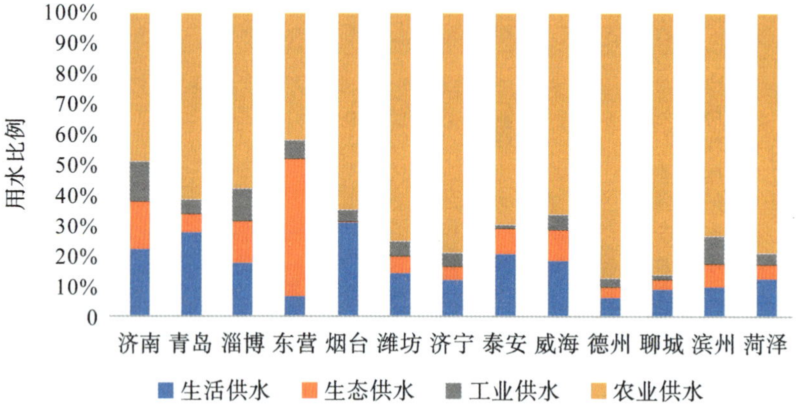

图 81 2030 年黄河来水丰水年 $P=75\%$配置权重为(0.8,0.2)时的用水结构

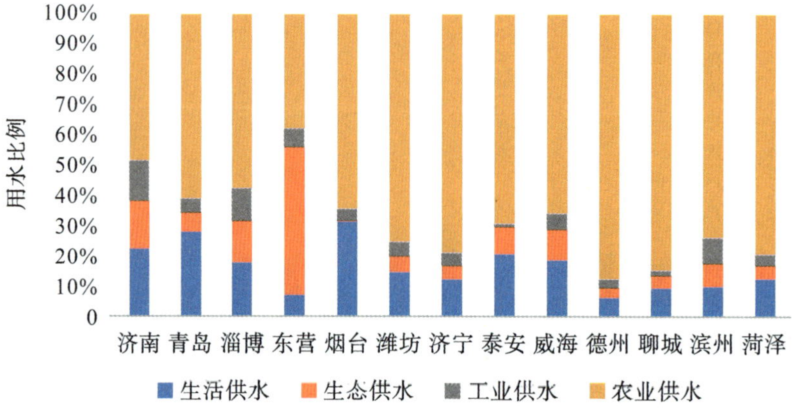

图 82 2030 年黄河来水丰水年 $P=75\%$配置权重为(0.5,0.5)时的用水结构

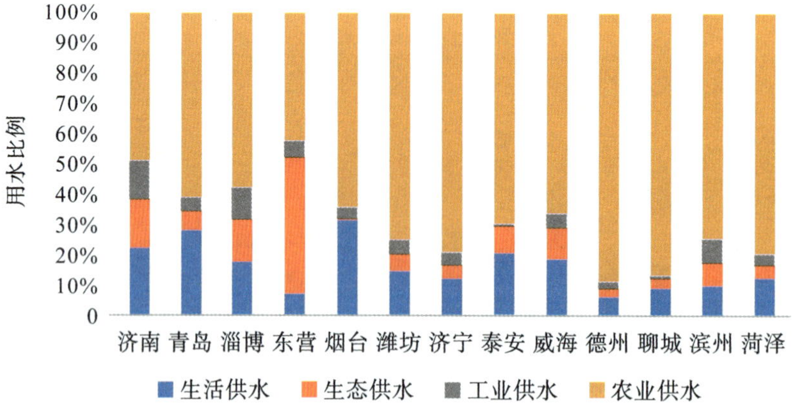

图 83 2030 年黄河来水丰水年 $P=75\%$配置权重为(0.2,0.8)时的用水结构

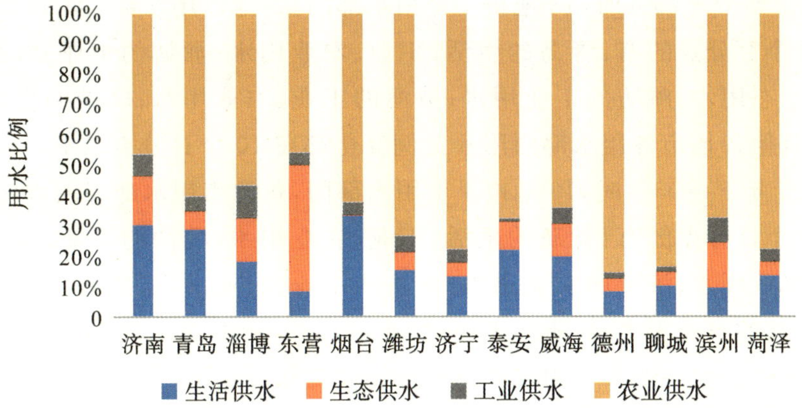

图 84 2030 年黄河来水丰水年 $P=95\%$配置权重为(0.8,0.2)时的用水结构

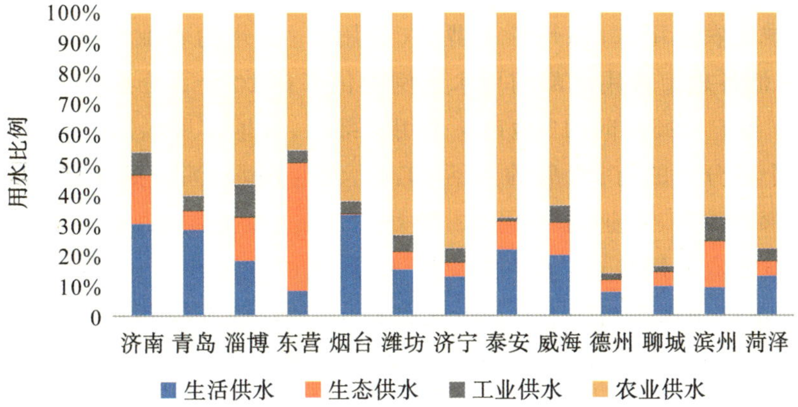

图 85 2030 年黄河来水丰水年 $P=95\%$配置权重为(0.5,0.5)时的用水结构

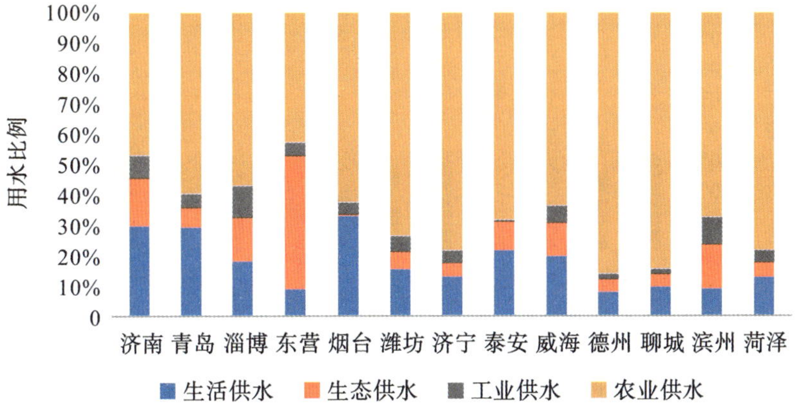

图 86 2030 年黄河来水丰水年 $P=95\%$配置权重为(0.2,0.8)时的用水结构

2025 年 $P=75\%$时,13 地市 4 个用水部门,各地市用水部门用水比例变化超过 10 个百分点的有:青岛的生活、工业、农业用水;淄博的工业、农业用水;东营的生态用水;潍坊的工业用水;威海的工业、农业用水;聊城的生活、生态用水。其他各地市各用水部门用水比例变化都在 10 个百分点以下。

2025 年 $P=95\%$时,13 地市 4 个用水部门,各地市用水部门用水比例变化超过 10 个百分点的有:青岛的生活、工业、农业用水;淄博的工业、农业用水;东营的农业用水;济宁的农业用水;潍坊的工业、农业用水;威海的工业、农业用水;聊城的农业用水;德州的工业、农业用水;滨州的农业用水;菏泽的工业、农业用水。其他各地市各用水部门用水比例变化都在 10 个百分点以下。

2030 年 $P=75\%$时,13 地市 4 个用水部门,各地市用水部门用水比例变化超过 10 个百分点的有:青岛的生活、工业、农业用水;淄博的工业、农业用水;东营的工业用水;潍坊的工业、农业用水;济宁的农业用水;威海的工业、农业用水;聊城的农业用水;德州的工业、农业用水;滨州的农业用水;菏泽的农业用水。其他各地市各用水部门用水比例变化都在 10 个百分点以下。

2030 年 $P=95\%$时,13 地市 4 个用水部门,各地市用水部门用水比例变化超过 10 个百分点的有:青岛的生活、工业、农业用水;淄博的生活、工业、农业用水;东营的生态、工业、农业用水;潍坊的工业、农业用水;威海的工业、农业用水;聊城的农业用水;德州的农业用水;滨州的农业用水;菏泽的农业用水。其他各地市各用水部门用水比例变化都在 10 个百分点以下。

(2)黄河来水为平水年(70 亿 m^3),分配方案的用水结构(见图 87 至图 98)与 2020 年山东 13 地市用水结构的对比分析

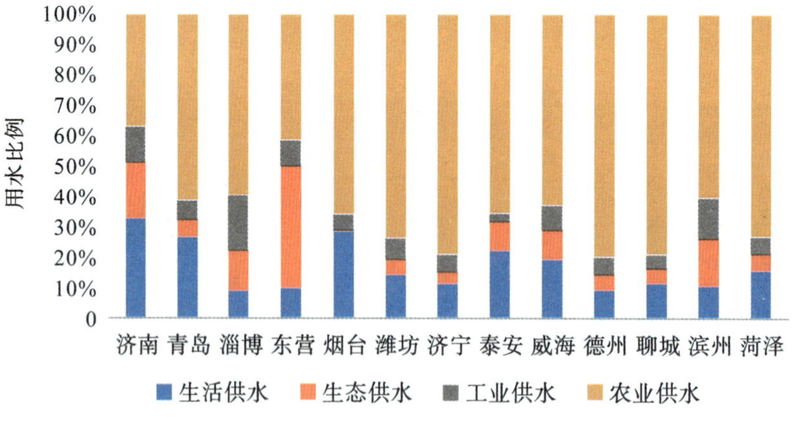

图 87　2025 年黄河来水平水年 $P=75\%$配置权重为(0.8,0.2)时的用水结构

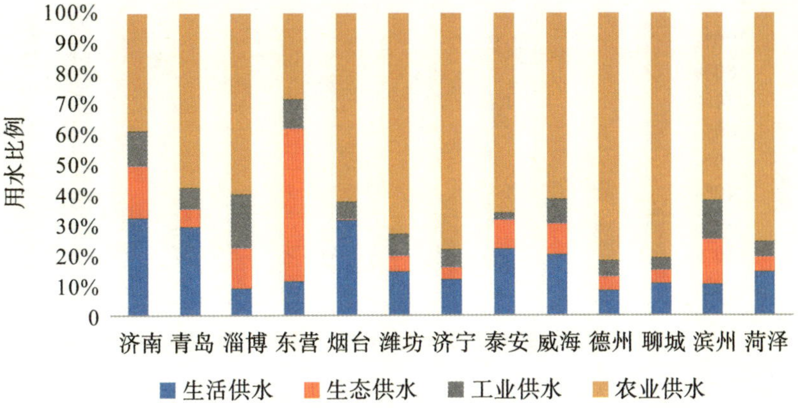

图 88　2025 年黄河来水平水年 $P=75\%$ 配置权重为(0.5,0.5)时的用水结构

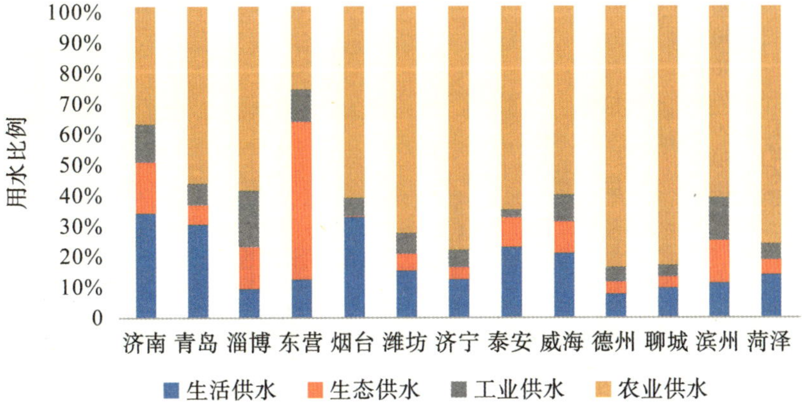

图 89　2025 年黄河来水平水年 $P=75\%$ 配置权重为(0.2,0.8)时的用水结构

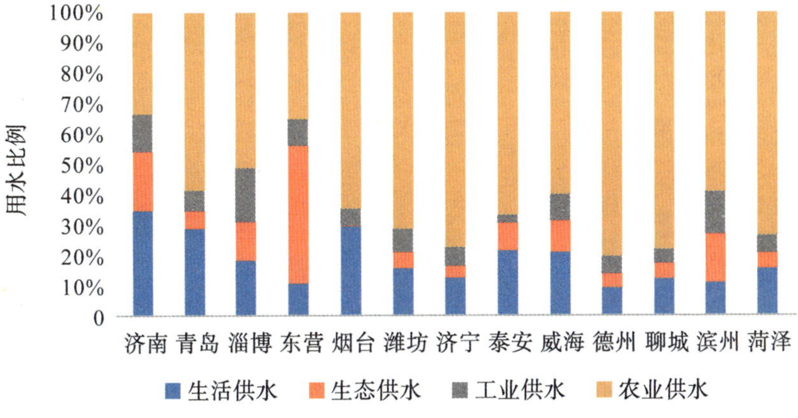

图 90　2025 年黄河来水平水年 $P=95\%$ 配置权重为(0.8,0.2)时的用水结构

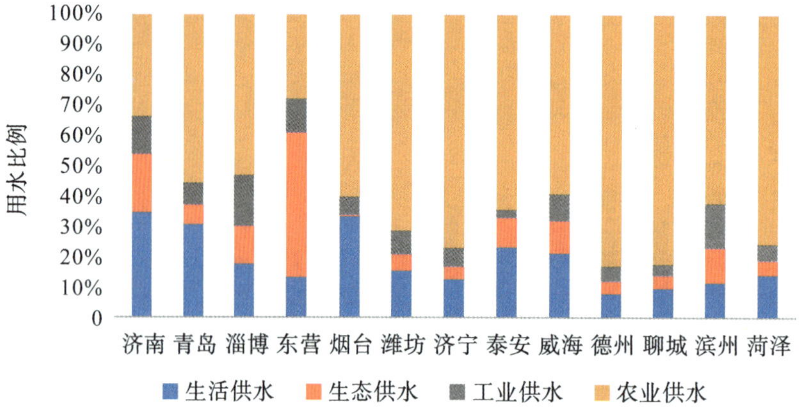

图 91　2025 年黄河来水平水年 $P=95\%$配置权重为(0.5,0.5)时的用水结构

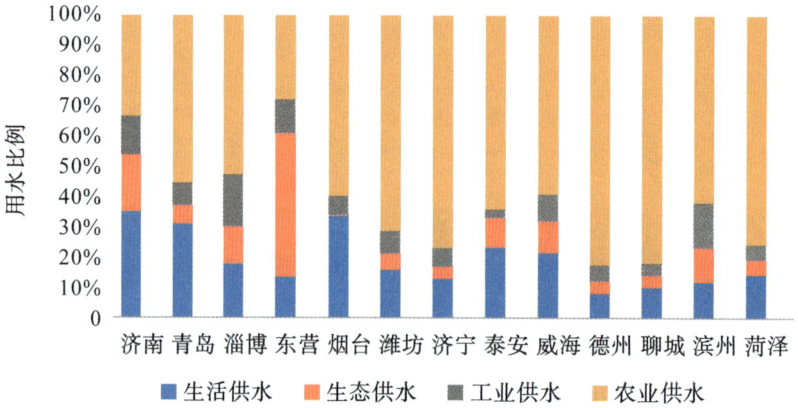

图 92　2025 年黄河来水平水年 $P=95\%$配置权重为(0.2,0.8)时的用水结构

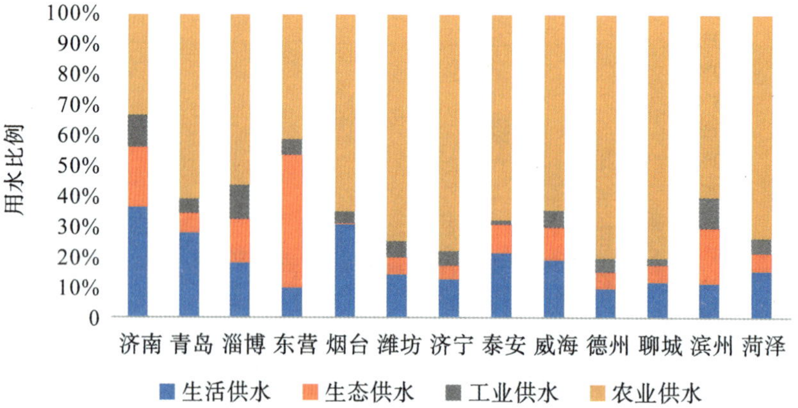

图 93　2030 年黄河来水平水年 $P=75\%$配置权重为(0.8,0.2)时的用水结构

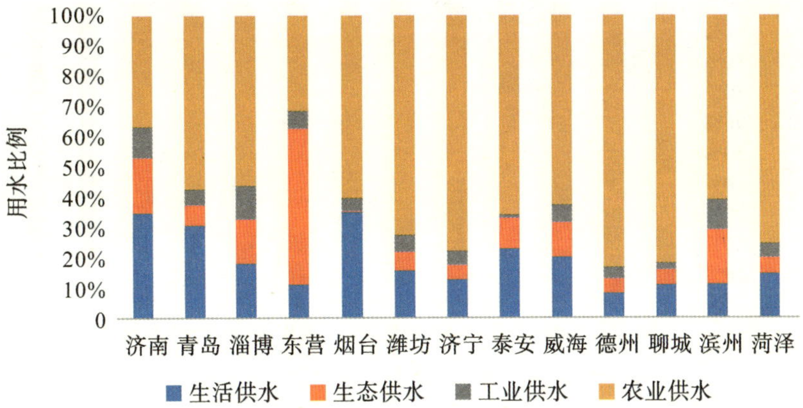

图 94 2030 年黄河来水平水年 $P=75\%$配置权重为(0.5,0.5)时的用水结构

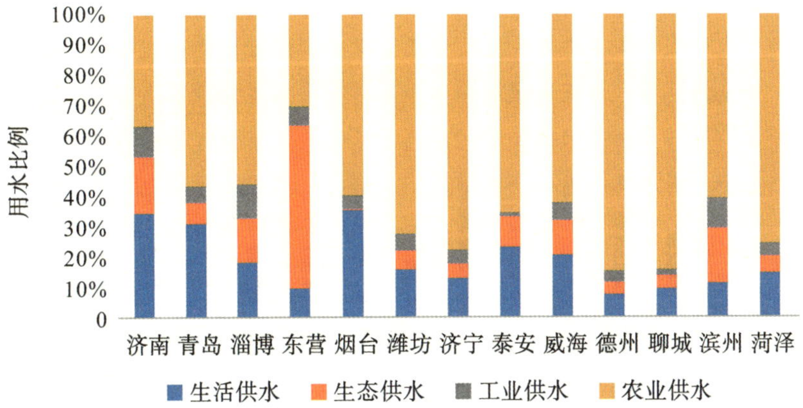

图 95 2030 年黄河来水平水年 $P=75\%$配置权重为(0.2,0.8)时的用水结构

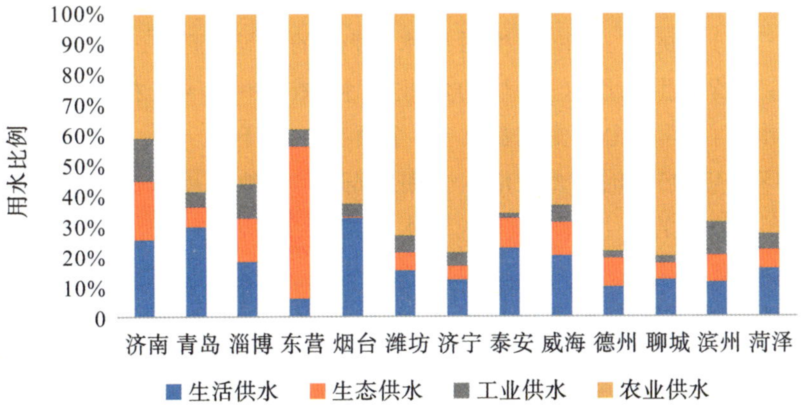

图 96 2030 年黄河来水平水年 $P=95\%$配置权重为(0.8,0.2)时的用水结构

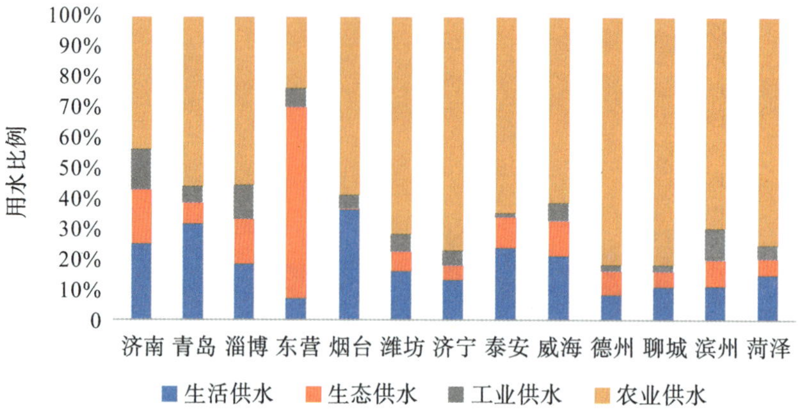

图 97　2030 年黄河来水平水年 $P=95\%$ 配置权重为(0.5,0.5)时的用水结构

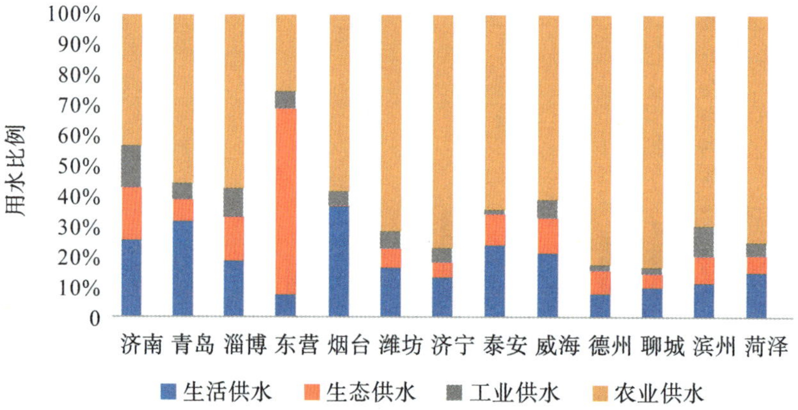

图 98　2030 年黄河来水平水年 $P=95\%$ 配置权重为(0.2,0.8)时的用水结构

2025 年 $P=75\%$ 时，13 地市 4 个用水部门，各地市用水部门用水比例变化超过 10 个百分点的有：济南的生活用水；青岛的生活、工业、农业用水；淄博的工业用水；东营的生态用水；潍坊的农业用水；威海的工业、农业用水。其他各地市各用水部门用水比例变化都在 10 个百分点以下。

2025 年 $P=95\%$ 时，13 地市 4 个用水部门，各地市用水部门用水比例变化超过 10 个百分点的有：济南的生活用水；青岛的生活、工业、农业用水；淄博的工业用水；东营的生态用水；潍坊的农业用水；威海的工业、农业用水。其他各地市各用水部门用水比例变化都在 10 个百分点以下。

2030 年 $P=75\%$ 时，13 地市 4 个用水部门，各地市用水部门用水比例变化超过 10 个百分点的有：济南的生活、农业用水；青岛的生活、工业、农业用水；淄博的工业、农业用水；东营的生态、工业用水；潍坊的工业、农业用水；威海的工业、农业用水。其他各地市各用水部门用水比例变化都在 10 个百分点以下。

2030 年 $P=95\%$时，13 地市 4 个用水部门，各地市用水部门用水比例变化超过 10 个百分点的有：青岛的生活、生态、工业、农业用水；淄博的工业、农业用水；东营的生态、工业用水；潍坊的工业、农业用水；威海的工业、农业用水。其他各地市各用水部门用水比例变化都在 10 个百分点以下。

(3)黄河来水为枯水年(59.11 亿 m^3)，分配方案的用水结构(见图 99 至图 110)与 2020 年山东 13 地市用水结构的对比分析

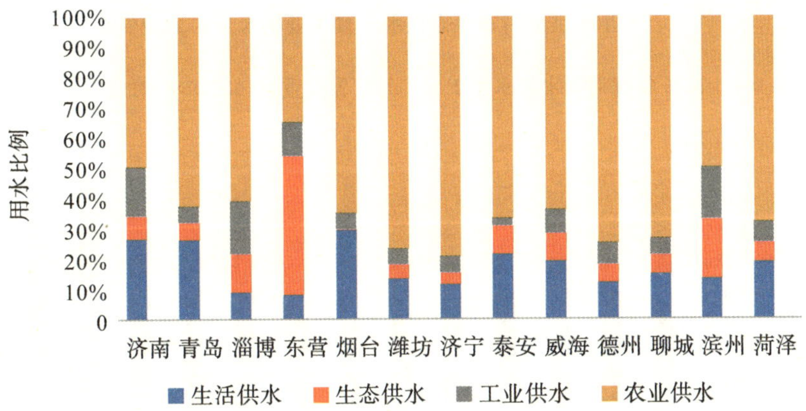

图 99　2025 年黄河来水枯水年 $P=75\%$配置权重为(0.8,0.2)时的用水结构

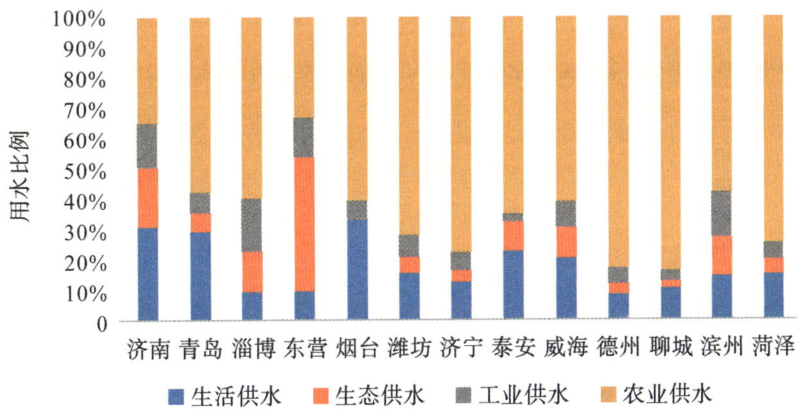

图 100　2025 年黄河来水枯水年 $P=75\%$配置权重为(0.5,0.5)时的用水结构

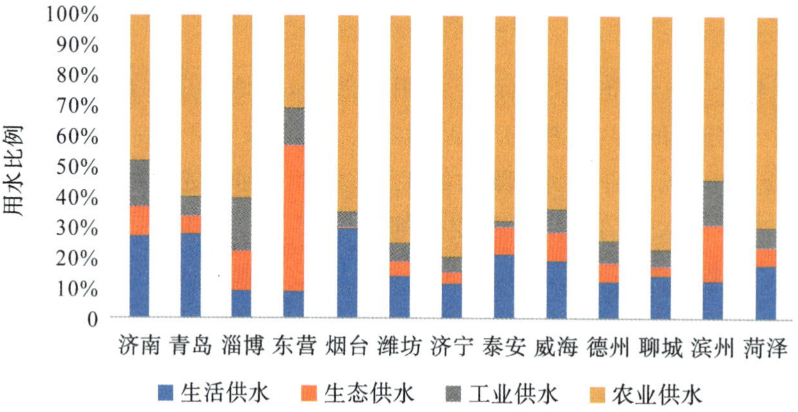

图 101　2025 年黄河来水枯水年 $P=75\%$ 配置权重为(0.2,0.8)时的用水结构

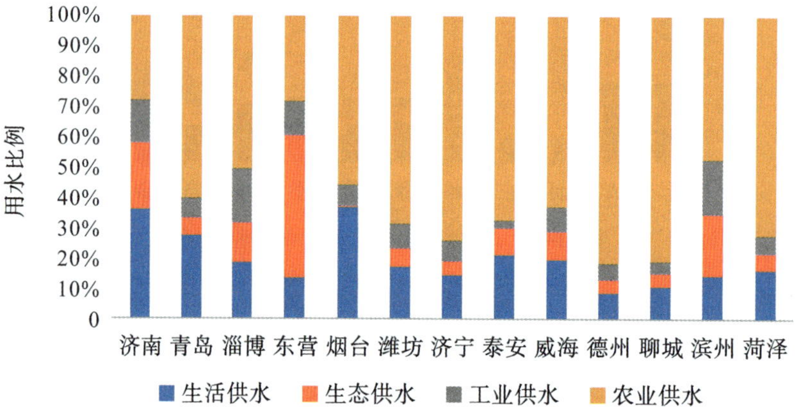

图 102　2025 年黄河来水枯水年 $P=95\%$ 配置权重为(0.8,0.2)时的用水结构

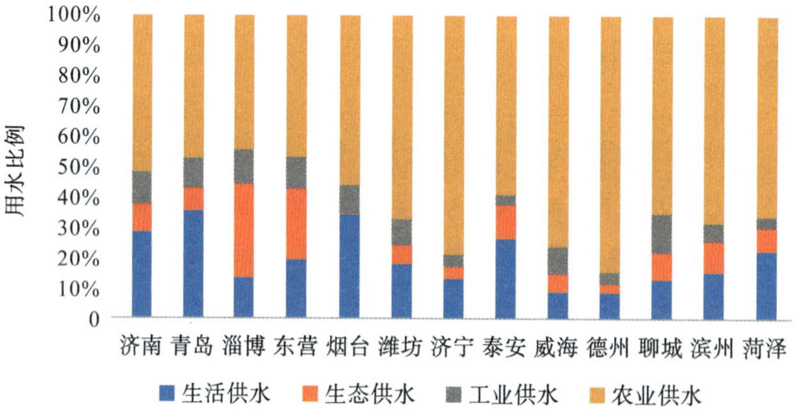

图 103　2025 年黄河来水枯水年 $P=95\%$ 配置权重为(0.5,0.5)时的用水结构

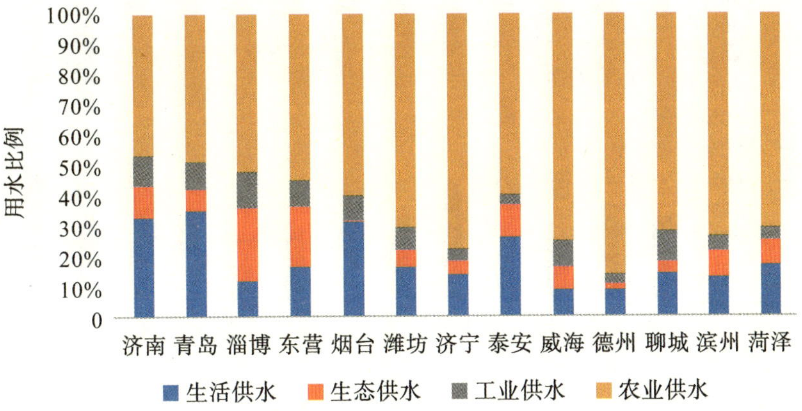

图 104　2025 年黄河来水枯水年 $P=95\%$配置权重为(0.2,0.8)时的用水结构

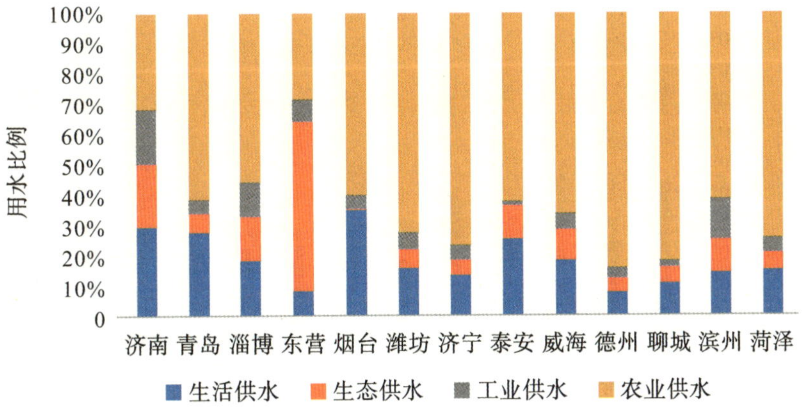

图 105　2030 年黄河来水枯水年 $P=75\%$配置权重为(0.8,0.2)时的用水结构

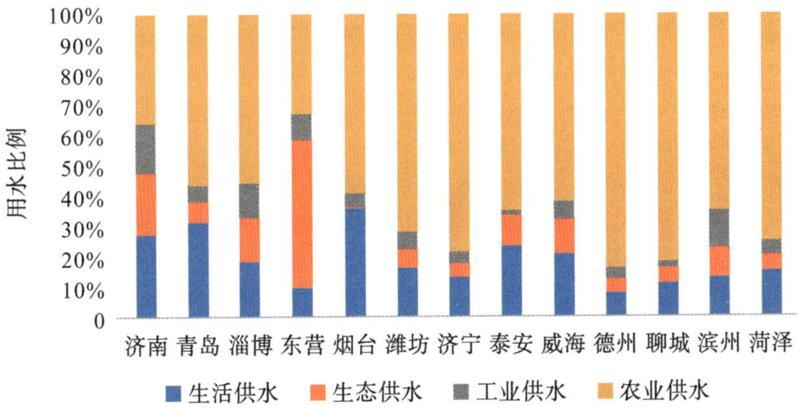

图 106　2030 年黄河来水枯水年 $P=75\%$配置权重为(0.5,0.5)时的用水结构

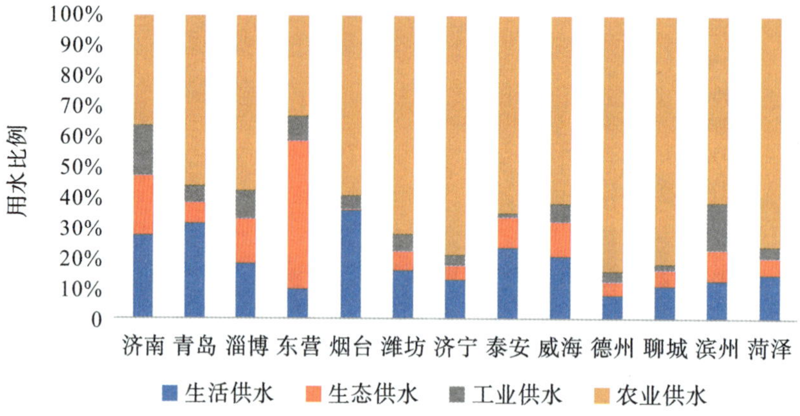

图 107　2030 年黄河来水枯水年 $P=75\%$ 配置权重为(0.2,0.8)时的用水结构

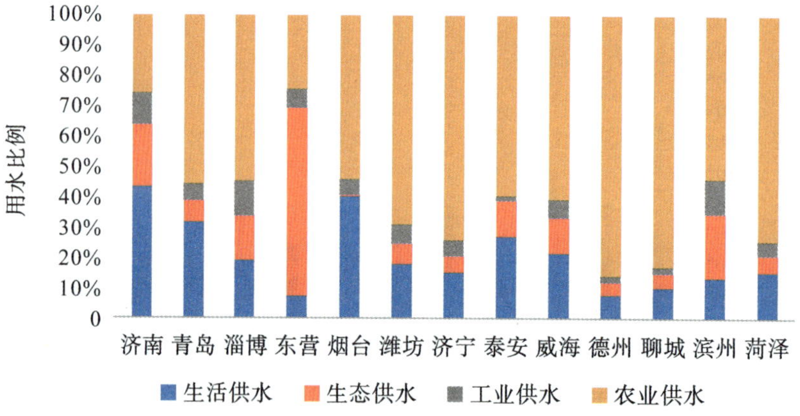

图 108　2030 年黄河来水枯水年 $P=95\%$ 配置权重为(0.8,0.2)时的用水结构

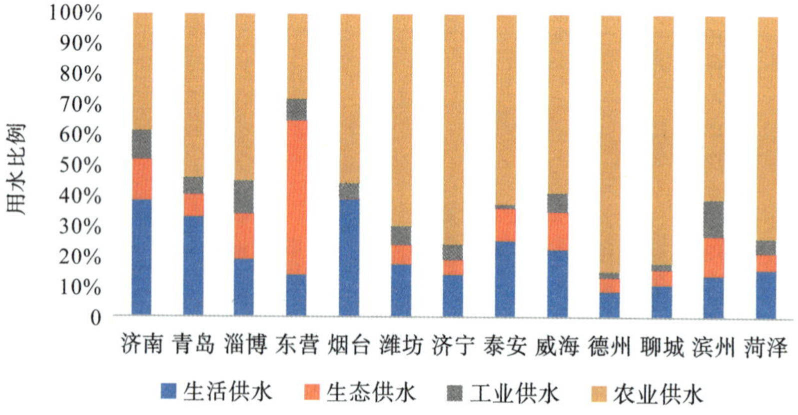

图 109　2030 年黄河来水枯水年 $P=95\%$ 配置权重为(0.5,0.5)时的用水结构

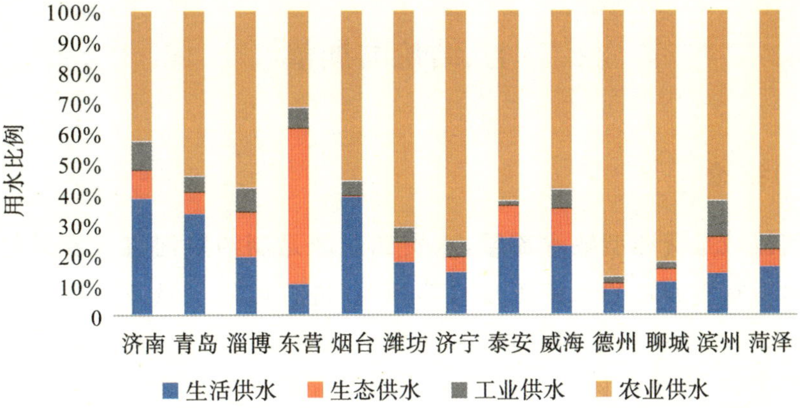

图 110　2030 年黄河来水枯水年 $P=95\%$配置权重为(0.2,0.8)时的用水结构

2025 年 $P=75\%$时，13 地市 4 个用水部门，各地市用水部门用水比例变化超过 10 个百分点的有：济南的生活、农业用水；青岛的生活、工业、农业用水；淄博的工业、农业用水；潍坊的工业、农业用水；菏泽的农业用水。其他各地市各用水部门用水比例变化都在 10 个百分点以下。

2025 年 $P=95\%$时，13 地市 4 个用水部门，各地市用水部门用水比例变化超过 10 个百分点的有：济南的生活、农业用水；青岛的生活、工业、农业用水；淄博的工业用水；东营的农业用水；烟台的生活、农业用水；潍坊的工业用水；威海的工业、农业用水；聊城的农业用水；滨州的农业用水。其他各地市各用水部门用水比例变化都在 10 个百分点以下。

2030 年 $P=75\%$时，13 地市 4 个用水部门，各地市用水部门用水比例变化超过 10 个百分点的有：济南的农业用水；青岛的生活、工业、农业用水；淄博的工业、农业用水；东营的工业、农业用水；潍坊的工业、农业用水；济宁的生态用水；泰安的农业用水；威海的工业、农业用水；聊城的农业用水；德州的农业用水；滨州的农业用水。其他各地市各用水部门用水比例变化都在 10 个百分点以下。

2030 年 $P=95\%$时，13 地市 4 个用水部门，各地市用水部门用水比例变化超过 10 个百分点的有：济南的生活、农业用水；青岛的生活、工业、农业用水；淄博的工业用水；东营的生态、工业用水；烟台的生活、工业用水；潍坊的工业用水；济宁的农业用水；泰安的生活、农业用水；威海的工业、农业用水；聊城的农业用水；德州的农业用水；滨州的农业用水。其他各地市各用水部门用水比例变化都在 10 个百分点以下。

七、结论与展望

(一)结论

黄河流域是资源型缺水流域,水资源短缺是制约黄河流域发展的重要因素。针对山东省面临的水资源短缺等问题,进行可供水量及水资源承载能力分析、需水预测及供需平衡分析、不同来水情况确定与分析、水资源高效均衡优化配置研究、产业结构和水资源承载能力分析评价研究,实现以水定需、以水定发展,可促进13地市用水公平、各用水户用水高效,促进水资源高效公平利用,促进产业结构调整,进而实现黄河流域山东段生态环境保护和社会经济的高质量发展。本课题主要研究成果如下:

第一,针对山东省面临的水资源短缺等问题,基于"四水四定"原则,分析评价山东13地市水资源开发利用状况,计算不同黄河来水(丰、平、枯)情况下的供水量,确定不同情景下的当地水可供水量及水资源承载能力。通过用水总量和地下水两项指标进行水资源承载能力评价。山东省2020年有多个地市水资源处于临界和超载状态。

第二,构建生活、工业、农业、生态需水预测模型,以2020年为基准年,对规划年2025年和2030年生活、农业、工业、生态需水进行预测,并进行供需平衡分析,确定了不同规划年不同保证率下的缺水量。

第三,基于"八七"分水方案山东省丰、平、枯水年的分水指标,利用多目标规划方法构建了山东13地市高效均衡的水资源优化配置模型,确定高效均衡的水资源优化配置方案。分析了水资源配置中高效与均衡的关系,随着高效均衡模型中权重从1(价值优先)逐渐到0(公平优先),能够定量确定水资源配置的高效利用与均衡分配间的关系与变化规律。侧重高效时,选择配置权重分别为(1,0)~(0.6,0.4)的相关方案;侧重均衡时,选择配置权重分别为(0.3,0.7)~(0,1)的相关方案;侧重高效均衡时,选择配置权重为(0.5,0.5)的方案。

第四,对比分析水资源高效均衡配置前后山东13地市产业结构状况、水资源承载能力状况,分析不同来水情况、不同保证率和权重下各地市的水资源承载能力,揭示水资源高效均衡配置对山东13地市的产业结构和水资源承载能力的影响。

高效均衡配置后山东13地市的产业结构有了优化,各地市农业有效灌溉面积增加，第一产业增加值增加，工业用水效率得到提升，工业增加产值增加，人口支撑规模增加。

山东13地市的水资源承载能力在高效均衡优化配置前差别较大，经过高效均衡优化配置后，地市与地市之间承载力差距明显缩小，体现出水资源在各地市之间高效均衡配置的良好效果。

（二）展望

本部分需水预测方法较单一，下一步可进一步分析山东13地市在生活、生产、生态用水中影响需水的因素，根据各因素贡献率，构建需水预测模型，并对需水预测模型中各影响因素进行敏感性分析，找到影响13地市需水的主要因素，为有的放矢的节水措施实施、水资源高效利用、生态环境保护和产业结构调整提供依据。

水资源配置模型中的约束条件，只取了供水约束、需水约束与非负约束，由于资料缺乏，没有考虑输水能力和输水损失的约束，在以后的研究中可加以考虑。

参考文献

[1]杨舒媛，魏保义，王军，等.“以水四定”方法初探及在北京的应用[J].北京规划建设，2016(03)：100-103.

[2]宋志，乐琪浪，陈绪钰，等.水资源承载力评价方法初探以及在“以水四定”中的运用[J].沉积与特提斯地质，2021，41(01)：106-111.

[3]姜尚文，陈英健，洪甘林，等.“以水四定”及其在兰州城市发展中的水资源保障对策思考[J].甘肃水利水电技术，2021，57(10)：6-8，13.

[4]刘章君，成静清，张静文，等.南方丰水地区落实“四水四定”的方法探讨[J].水利发展研究，2022，22(09)：21-25.

[5]陈岩，赵琰鑫，赵越，等.黄河流域“四水四定”推动高质量发展的实现路径[J].环境保护，2022，50(14)：32-35.

[6]张雅萱.“以水四定”背景下县域水资源承载力定量评价[J].中国农村水利水电，2023(03)：60-68，73.

[7]王若禹，赵志轩，黄昌硕，等.“四水四定”水资源管控理论研究进展[J].水资源保护，2023(04)：111-117.

[8]刘海娇，陈学群，刘彩虹，等.基于DPSIR模型的“四水四定”高质量发

展协调性评价 [J]. 人民黄河,2022,44(11):72-77.

[9]尤祥瑜,谢新民,孙仕军,等. 我国水资源配置模型研究现状与展望 [J]. 中国水利水电科学研究院学报,2004(02):53-62.

[10]张勇传,李福生,熊斯毅,等. 变向探索法及其在水库优化调度中的应用 [J]. 水力发电学报,1982(02):1-10.

[11]施熙灿,林翔岳,梁青福,等. 考虑保证率约束的马氏决策规划在水电站水库优化调度中的应用 [J]. 水力发电学报,1982(02):11-21.

[12]董子敖,闫建生,尚忠昌,等. 改变约束法和国民经济效益最大准则在水电站水库优化调度中的应用 [J]. 水力发电学报,1983(02):1-11.

[13]周惠成,陈守煜. 具有模糊约束的多阶段多目标系统模糊优化理论与模型 [J]. 水利学报,1992(02):29-36.

[14]谢新民,周之豪. 水电站水库群经济优化调度数学模型与方法研究 [J]. 水电能源科学,1994,12(01):21-28.

[15]高泽坤,韦彦玲,赵众,等. 基于基尼系数的洱海灌区水资源配置均衡性研究 [J]. 水利规划与设计,2022(11):19-26,60.

[16]张真,张光明,张盼月. 基于多目标不确定性机会约束规划的矿区水资源配置研究 [J]. 水资源与水工程学报,2022,33(05):53-61.

[17]李旭杰,穆营利,吉拥平,等. 基于人工蜂群算法的灌区水资源优化配置方法 [J]. 水利信息化,2022(05):32-37,42.

[18]陈娟,王晓昕,雷德义. 基于 MIKE11 模型的实时水资源调度研究 [J]. 中国防汛抗旱,2022,32(06):45-48.

[19]龙腾锐,姜文超,何强. 水资源承载力内涵的新认识 [J]. 水利学报,2004,35(01):38-45.

[20]余卫东,闵庆文,李湘阁. 水资源承载力研究的进展与展望 [J]. 干旱区研究,2003,20(01):60-66.

[21]李治军,汪超. 基于 PSR 模型-综合赋权法的江苏省水资源承载力评价[J].人民珠江,2022,43(12):120-127.

[22]赵新宇,刘文敏,田童晖,等. 九江市山塘水资源承载能力研究 [J]. 南昌工程学院学报,2018,37(06):48-51.

[23]杨光,董增川,周毅,等. 南京市水资源承载能力研究 [J]. 水电能源科学,2018,36(11):26-29.

[24]侯志华. 水资源承载力研究进展 [J]. 资源开发与市场,2008(03):248-251.

[25]孙国梁，韩石. 提高滕州市水资源承载能力措施浅析 [J]. 治淮，2019(12)：10-11.

[26]周子凯. 提高水资源承载能力的途径与策略探析 [J]. 河南科技，2018(08)：68-69.

[27]潘启民，宋瑞鹏，马志瑾. 黄河花园口断面近60年来水量变化分析 [J]. 水资源与水工程学报，2017，28(06)：79-82.

[28]申冠卿，姜乃迁，李勇，等. 黄河下游河道输沙水量及计算方法研究 [J]. 水科学进展，2006(03)：407-413.

[29]李雪萍. 国内外水资源配置研究概述[J]. 海河水利，2002(05)：13-15.

[30]申晓晶. 基于协同论的水资源配置模型及应用[D]. 北京：中国水利水电科学研究院，2018.

[31]牟思宇. 基于投入产出的区域水足迹核算与水资源配置研究[D]. 北京：中国地质大学(北京)，2021.

[32]娄洋. 吉林市水资源承载能力评价研究[D]. 长春：吉林大学，2017.

[33]郑世武. 黄河三角洲生态环境需水量研究[D]. 青岛：中国海洋大学，2009.

[34]刘文敏. 九江市山塘水资源利用现状及承载能力分析 [D]. 南昌：南昌工程学院，2018.

[35] DUDLEY N J, HOWELL D T, MUSGRAVE W F. Optimal intraseasonal irrigation water allocation [J]. Water Resources Research, 1971, 7(4): 770-788.

[36] MAHAN R C, HORBULYK T M, ROWSE J G, et al. Market mechanisms and the efficient allocation of surface water resources in southern Alberta [J]. Socio Economic Planning Sciences, 2002, 36(01): 25-49.

[37] WANG L Z, FANG L P, HIPEL K W. Basin-wide cooperative water resources allocation [J]. European Journal of Operational Research, 2008, 190(3): 798-817.

[38] ROSEGRANT M W, RINGLER C, MCKINNEY D C, et al. Integrated economic-hydrologic water modeling at the basin scale: The Maipo river basin [J]. Agricultural Economics, 2000, 24(1): 33-46.

[39] LIU J Y, DING R, CHEN Y, et al. Assessment and optimization of water resources regulation for river networks in the tidal plain: A case study of the Qingsong area in Shanghai [J]. Water, 2022, 14(21), doi.10.3390.

[40]LIANG J, XIE J, WANG X, et al. Visualization of multi scenario water resources regulation based on a dualistic water cycle framework [J]. Water, 2022, 14(7).

[41]SUN X R, ZHOU Z X, WANG Y. Water resource carrying capacity and obstacle factors in the Yellow River basin based on the RBF neural network model [J]. Environmental Science and Pollution Research International, 2023, 30(9): 22743-22759.

[42]JI J T, QU X N, ZHANG Q, et al. Predictive analysis of water resource carrying capacity based on system dynamics and improved fuzzy comprehensive evaluation method in Henan Province [J]. Environmental Monitoring and Assessment, 2022, 194(7): 1-19.

[43]MASS A, HUFSCHMIDT M M, DORFMAN R, et al. Design of water resources systems[M]. Cambridge: Harvard University Press, 1962.

[44]AFZAL J, NOBLE D H, WEATHERHEAD E K. Optimization model for alternative use of different quality irrigation waters[J]. Journal of Irrigation and Drainage Engineering, 1992, 118(2): 218-228.

[45]WONG H S, SUN NE ZHENG. Optimization of conjunctive use of surface water and groundwater with water quality constraints[A]. Proceedings Annual Water Resource Planning and Management and Conference, 1997: 408-413.

[46]KUMAR A, MINOCHA V K. Fuzzy optimization model for water quality management of a river system[J]. Journal of Water resources Planning and Management, 1999, 205(3): 179-180.

[47]MEADOWS D H, GOLDSMITH E, MEADOW P. The limits to growth[M]. New York: New American Library, 1972.

第三部分 黄河流域产业生态化与生态产业化的战略方向和主要路径研究*

党的二十大报告明确指出，大自然是人类赖以生存发展的基本条件。尊重自然、顺应自然、保护自然，是全面建设社会主义现代化国家的内在要求。必须牢固树立和践行绿水青山就是金山银山的理念，站在人与自然和谐共生的高度谋划发展。近年来，我国生态环境质量得到持续改善，但同时，资源约束、环境污染、生态退化等问题依旧突出，人与生态的各种矛盾仍然巨大，生态文明建设形势较为严峻。2018 年，习近平总书记在全国生态环境保护会议上强调，新时代推进生态文明建设，要积极践行绿水青山就是金山银山的理念，加快建立健全以产业生态化和生态产业化为主体的生态经济体系。“十四五”时期，我国赋予生态文明建设新的使命，将以降碳为重点战略方向，以碳达峰碳中和为重要抓手，广泛形成绿色生产生活方式，推动生态环境根本好转。没有产业的发展，生态文明建设将丧失支撑而无法持续。因此，把握和提升产业生态化和生态产业化水平（以下简称“两化”），推进“两化”协同发展是实现生态环境质量改善由量变到质变的关键一环，是促进经济社会发展全面绿色转型、实现高质量发展的必然要求。

黄河流经青海、四川、甘肃、宁夏、内蒙古、山西、陕西、河南、山东九省区，惠泽人口总量接近 4.21 亿，是我国人口活动和经济发展的重要增长极，也是我国重要的生态屏障，在国家生态安全方面具有十分重要的战略地位。党的十八大以来，黄河流域发展取得显著成效，黄河流域人口众多，地区生产总值

* 承担单位：山东大学黄河国家战略研究院、山东省创新战略研究院；课题负责人：余东华、王晨；课题组成员：王梅娟、李云汉、马路萌、王山、吉元梦、张恒瑜、陈海谦、黄念。本课题研究得到山东省科学技术协会“黄河流域生态保护和高质量发展重大专项”的立项资助，课题的阶段性成果发表在《山东师范大学学报》（社会科学版），在此致以谢意。

由141189.80万亿元增加到286851.70万亿元,占全国经济总量的1/4(见图1)。进入新时代,我国经济由高速增长开始转向高质量发展,黄河流域生态保护和高质量发展上升为重大国家战略。习近平总书记在黄河流域考察时多次强调,黄河流域发展要坚持生态优先、绿色发展,因地制宜、分类施策,共同抓好大保护,协同推进大治理。黄河流域生态保护和高质量发展对促进区域协调可持续发展具有重大意义,对构建双循环新发展格局、推进中国特色社会主义事业、实现中华民族伟大复兴至关重要。

图1 2012～2021年黄河流域地区生产总值及占比

黄河流域是我国重要的生态屏障和经济地带,保护好"母亲河"的生态环境,加快推进生态环境治理和生态文明建设,构建以产业生态化和生态产业化为主体的生态经济体系,是实现黄河流域生态保护和高质量发展的战略举措,也是事关建设幸福黄河、实现中华民族伟大复兴的"国之大者"。习近平总书记对黄河流域生态环境保护和经济社会发展念兹在兹,多次实地考察,作出重要指示。2021年10月22日,习近平总书记在济南主持召开深入推动黄河流域生态保护和高质量发展座谈会并明确提出,沿黄河开发建设必须守住生态保护这条红线,必须严守资源特别是水资源开发利用上限,用强有力的约束提高发展质量和效益。贯彻落实习近平总书记关于黄河流域生态保护和高质量发展的指示精神,协调好生态保护和高质量发展之间的关系,推动黄河流域产业发展的质量变革、效率变革和动力变革,首先需要推动产业生态化转型和生态产业化发展,加快生态资源和生态产品的价值实现,提升产品和服务的生态品质,在生态保护的基础上实现高质量发展。

一、研究现状综述

(一)产业生态化

学界对产业生态化的研究较早,国外学术界对其研究始于20世纪60年代Boulding(1966)提出的“宇宙飞船经济理论”。在此理论的影响下,70年代生态工业园建设拉开了产业生态化研究的序幕。美国学者Gallo Poulos和Frosch(1989)提出“产业生态学”的概念,认为传统产业系统应该学习和模仿自然生态系统的新陈代谢过程,这标志着产业生态学开始走向成熟。90年代后,产业生态学思想逐步传入国内,国内学者从“产业生态”延伸出“产业生态化”的概念(刘则渊和代锦,1994),并在中国掀起产业生态化的研究热潮。

国内学者对“产业生态化”概念的阐释比较完整。陆根尧等(2012)认为,产业生态化是产业发展的一种高级形态,是可持续发展理念的深度延伸,目的是追求更高的“资源使用率”和实现产业与环境的和谐统一,进而建立一个能够促进和实现社会经济系统与自然生态系统之间物质与能量和谐流动的产业体系。杨洋(2019)指出,产业生态化是一个绿色生产概念,旨在以消耗最少的资源来实现更多的产出,降低环境污染,强调经济社会发展与资源环境协调统一。郭付友等(2019)认为,产业生态化是通过变革传统产业运行模式,改变产业系统与生态环境系统之间存在的“中断”,从而最大限度地降低产业运行对生态环境的干扰,最终实现产业系统与环境系统双赢的一种状态。余东华(2022)更加细致阐释了这一概念,以习近平生态文明思想为指导对产业生态化进行了系统界定。

产业生态化具有产业系统与生态环境系统的双维度特征,在对产业生态化程度进行测度评价时需要考虑产业和生态两方面的因素。刘曙光等(2018)、郭思齐和郭付友(2021)从产业系统和生态环境系统两方面构建评价指标体系。张国俊等(2018)、孔芳霞等(2020)、程钰等(2020)以效率作为衡量标准,从产业系统效率和生态系统效率两个维度构建了产业生态化评价指标体系。李华旭和孔凡斌(2016)、任海军和崔婧(2021)利用DEA模型,构建包含投入要素、合意性产出、非合意产出三方面的评价指标体系,使用生态效率这一指标测度产业生态化发展程度。王莹莹等(2020)从产业生产组织的角度出发,将产业生态化划分为产业结构生态化、产业生产方式生态化两个子系统,并以此来评价产业生态化程度。秦曼等(2018)结合海洋产业的自身发展特色,选取涵盖海洋产业结构生态化、海洋产业组织生态化、海洋产业生产方式生态化、海洋产业技术生态化四方面20个指标,构建了海洋产业生态化的评价指标体系。还有一部分学者划分较为细致,将产业生态化划分为经济发展水平、生态环境水平、资源消耗水平、污染排放水平、资源循环利用等五个维度,对区域进行产业生态化评价(沈洁等,2020;魏巍等,2020;吴帆等,2020)。

(二)生态产业化

生态产业化的研究起步较晚,近年来才得到一定的发展并逐渐有了清晰的概念。根据生态资源的形态演化与价值转化,生态产业化过程可划分为生态资源培育、生态资源资产化、生态资产资本化、生态产品与服务市场化等四个环节,各环节相辅相成、不可分割(张轩畅等,2020)。

生态产业化的测度评价仍然处于起步阶段,相关量化分析的成果较少。从指标体系的构建来看,温铁军(2019)提到生态产业化的关键在于把生态环境优势转换为生态农业、生态工业及生态旅游业等生态经济优势。陈长(2019)选取生态农业产业化、生态林业产业化、生态养殖业产业化、生态旅游业产业化四个层面七项指标构建了生态产业化评价指标体系。王莹莹等(2020)将生态产业化划分成生态农业产业化、生态林业产业化、生态牧业产业化、生态渔业产业化、生态旅游业产业化等五个层面。在农、林、牧、渔业的基础上,吴景卿(2021)还认为生态环境污染水平也应该被考虑。

(三)产业生态化与生态产业化耦合协调

日前关于产业生态化与生态产业化的研究集中丁:第一,理论发展与框架研究(谷树忠,2020;余东华,2022)。陈洪波(2020)认为,产业生态化与生态产业化既有各自独立的含义,又相互联系、互为前提。第二,时空特征研究。学者大多从国家视角(方永丽,2021)、省域视角(王珏晗等,2019)出发,考察产业生态化与生态产业化水平的空间分异;部分学者对城市群产业生态化与生态产业化水平进行了探索(曾鹏等,2020)。李扬杰等(2020)从经济发展、生态保护和社会效益的角度,选取21个指标构建评价体系,对长江经济带11个省市的产业生态化水平进行了动态评价。曾鹏和韩晓晗(2020)利用主成分分析法和超效率DEA模型,测算了2003～2016年中国18大城市群的产业生态效率值,探讨了中国区域产业生态效率的时空特征。第三,影响因素及驱动机制研究。斯丽娟(2021)测算了2008～2019年西部地区产业生态化水平及驱动机制。结果表明,经济发展水平、外资水平、环境治理能力、城镇化水平对西部地区产业生态化水平起正向促进作用，而创新水平、产业结构具有负向抑制效应。付洪良和周建华（2020）以湖州为例，论证了区域条件、生态资源、政府行为、农民生态意识等因素对培育和发展乡村生态产业的重要意义。

综上所述，有关产业生态化与生态产业化时空格局对比及耦合协调发展研究还处于起步阶段，少数学者对产业生态化与生态产业化的协同推进情况进行了初步的探讨。陈长（2019）以贵州为例，构建产业生态化与生态产业化协同发展的理论框架，利用耦合度协调模型计算出协同程度。结果显示，贵州省各地市产业生态化与生态产业化协同发展水平呈现出耦合度明显高于耦合发展度。王礼刚（2021）以汉江生态经济带九个城市为研究对象，测度产业生态化与生态产业化水平以及"两化"的耦合度、耦合协调度与同步关系。研究发现，"两化"耦合度在数量上不断增加，耦合类型由磨合阶段过渡为高水平耦合阶段，耦合协调度呈快速增长态势，协调类型由勉强耦合协调类型发展到良好协调发展类型。已有研究对我国局部区域的"两化"情况进行了探索性研究，但是针对黄河流域产业生态化和生态产业化问题的研究还明显不足。

二、产业生态化与生态产业化的科学内涵

习近平总书记在党的二十大报告中强调，要推进美丽中国建设，坚持山水林田湖草沙一体化保护和系统治理，统筹产业结构调整、污染治理、生态保护、应对气候变化，协同推进降碳、减污、扩绿、增长，推进生态优先、节约集约、绿色低碳发展。产业是经济发展的基础，是改善民生的保障，也是生态文明建设的支撑。没有产业的高质量发展，经济发展将因出现"空心化"而难以为继，生态文明建设也将因失去物质支撑而难以持续。协调好产业与生态之间的关系，是生态文明建设和经济高质量发展的题中应有之意，也是推动黄河流域生态保护和高质量发展的基本前提。加快产业生态化转型和生态产业化发展，是协调产业与生态之间关系的基本举措，是实现人与自然和谐发展的基本方式，也是推动经济社会高质量发展的基本路径。

（一）产业生态化

在高质量发展的新阶段，产业生态化是推动我国产业转型升级和提质增效的重要方向。产业生态化是以生态平衡、经济增长、社会和谐、民生改善为主要目标，从研发投入、生产制造、经营销售和组织管理等环节出发，在自然系统承载能力内对生产制造的全流程进行生态化改造，引入环境友好型的新技

术、新工艺和新设备,对特定区域空间内的产业系统、生态系统和社会系统进行系统化的融合、协调和优化,通过各类资源循环利用、高效利用和充分利用,消除资源浪费、环境污染和生态破坏,在实现产出增加和利润增长的同时保持良好的生态环境,实现经济效益、社会效益和生态效益协同进步,促进产业与环境、产业与生态、人与自然的和谐共生。产业生态化要求企业在生产资料和投入要素的采集、投入、生产、制造到产出的全过程中,坚持绿色、低碳、循环和高效原则,在提升经济效益和社会效益的同时实现生态效益,保护自然生态环境,建设人与自然和谐共存的命运共同体(陈洪波,2018)。在产业生态化的基础上,可以引入各种"生态因子",合理定位企业"生态位",进而形成支撑产业高质量发展的产业生态体系。

(二)生态产业化

在黄河流域生态保护和高质量发展的战略背景下,生态产业化是推动大保护、实现大治理的基本途径。生态产业化是"绿水青山"转化为"金山银山"的过程,在这一过程中要将"山、水、林、田、湖、草、沙"等生态资源及其衍生物作为特殊要素、特殊资产和生产投入品,通过资本化操作实现生态资源的转化、应用与增值,盘活生态资源和生态资产,并使其与一、二、三产业融合发展;在此基础上,按照社会化生产、市场化经营、规模化运作的方式来提供生态产品和服务,通过优化资源配置的手段实现生态资源保值增值。生态产业化是保障生态保护可持续发展的必要举措,也是"绿水青山就是金山银山"转化路径的现实体现(谷树忠,2020)。生态产业化的实质是,针对独特的生态资源禀赋和生态环境条件,按照产业化规律、采取市场化方式、进行资本化运营,推动环境保护和生态建设"双轮齐进",通过建立生态保护与经济高质量发展之间的良性循环机制,推动生态要素向生产要素、生态资源向生产资源、生态财富向资本财富转变,促进生态与产业、生态与经济、生态与社会之间的良性循环发展,进而实现经济社会的高质量发展。推动生态产业化,能够在生态保护中增强自我发展能力,推动区域经济由被动接受"输血"向主动"造血"转化,实现经济社会的可持续发展。生态产业化是一项理论性强、政策性强、操作性强的系统工程,必须按照"政府主导、企业和社会各界参与、市场化运作、可持续的生态产品价值实现路径"要求,从实际出发,推动制度创新、试点实践和政策制定。作为生态产品的自然本底和生产载体,自然资源为生态产品的生产和价值实现提供了最基本的物质基础和空间保障,自然资源部门应当成为生态产品价值实现的制度供给者和重要管理者。

（三）产业生态化与生态产业化的融合发展

在推进黄河流域生态保护和高质量发展的具体工作中，产业生态化是一种实现产业高质量发展的模式，生态产业化是一种推动资源价值化转换的方式，产业生态化转型与生态产业化发展是形成生态产业体系和产业生态体系的两种主要路径。虽然生态产业化与产业生态化的界定表述、科学内涵和发展重点有所不同，但是其出发点和落脚点高度一致，都是为了推动经济和社会走向生态优先和绿色发展的现代化道路，都是致力于根据产业发展趋势、经济发展规律和生态经济原理，基于自然环境和生态系统承载能力，构建具有完整生命周期、理顺投入产出关系、实现高效代谢过程、增强和谐生态功能的生态产业体系和产业生态体系。生态产业化和产业生态化都是生态特性和产业特性、生态要素和经济要素、生态属性和经济属性、生态价值和经济价值的优化组合，二者都具有网络型、进化型、复合型和循环型特征，其基本要求都是在遵循生态规律和环境规律的同时，遵循产业规律、经济规律和社会规律（张波和白丽媛，2021）。产业生态化是产业发展到一定阶段后转型升级和提质增效的必然要求，是生态产业化的前提和基础；生态产业化的推进需要以产业生态化为先导，它是巩固、扩大和转化产业生态化成果的保证和路径。产业生态化即通过“生态化”实现产业创新发展和绿色发展，生态产业化即通过“产业化”实现生态产品的价值增值和可持续发展。生态产业化和产业生态化的融合发展，其核心要义就是生态建设产业化和产业发展生态化，推动产业实现绿色低碳发展（Bruel, et al.，2019）。

（四）生态产品价值实现

生态产品价值实现的过程，就是将生态产品所蕴含的内在价值转化为经济效益、社会效益和生态效益的过程。建立健全生态产品价值实现机制，既是贯彻落实习近平生态文明思想、践行“绿水青山就是金山银山”理念的重要举措，也是坚持生态优先、推动绿色发展、建设生态文明的必然要求。生态产品根据公益性程度和供给消费方式，可以分为三种类型。一是公共性生态产品，主要指产权难以明晰界定，生产、消费和受益关系难以明确的公共物品，如清新的空气、宜人的气候、优美的环境等，三江源等重点生态功能区所提供的就是该类能够维系国家生态安全、服务全体人民的公共性生态产品。二是经营性生态产品，主要指产权明确、能直接进行市场交易的私人物品，如生态农产品、旅游产品等。三是准公共性生态产品，主要指具有公共特征，但通过法律或政府规制的管控,能够创造交易需求、开展市场交易的产品,如我国的碳排放权和排污权、德国的生态积分、美国的水质信用等。

作为维系生态安全、保障生态调节功能、提供良好人居环境的自然要素,生态产品具有典型的公共物品特征,其价值实现的路径主要有三种。一是市场路径,主要是针对经营性生态产品。这类生态产品主要表现为通过市场配置和市场交易,实现可直接交易类生态产品的价值。二是政府路径,主要是针对公共性生态产品。这些生态产品具有非排他性和非竞争性,可以依靠财政转移支付、政府购买服务等方式实现生态产品价值。三是政府与市场混合型路径,主要是针对公共性生态产品。这类生态产品通过法律或政府行政管控、给予政策支持等方式,培育交易主体,促进市场交易,进而实现生态产品的价值。推动生态产品价值实现的主要做法包括以下几种。

一是设定生态资源指标,开展产权交易。该模式是针对生态产品的非排他性、非竞争性和难以界定受益主体等基本特征,通过政府管控或设定限额等方式,创造对生态产品的交易需求,引导和激励利益相关方进行交易,是以自然资源产权交易和政府管控下的指标限额交易为核心,将政府主导与市场力量相结合的价值实现路径。

二是推动生态修复,加快生态产品价值提升。该模式是在自然生态系统被破坏或生态功能缺失地区,通过生态修复、系统治理和综合开发,恢复自然生态系统的功能,增加生态产品的供给,并利用优化国土空间布局、调整土地用途等政策措施发展接续产业,实现生态产品价值提升和价值“外溢”。

三是实行生态产业化经营。该模式是综合利用国土空间规划、建设用地供应、产业用地政策、绿色标识等政策工具,发挥生态优势和资源优势,推进生态产业化和产业生态化,以可持续的方式经营开发生态产品,将生态产品的价值附着于农产品、工业品、服务产品的价值中,并转化为可以直接进行市场交易的商品,是市场化的价值实现路径。

四是实施生态补偿。该模式是按照“谁受益、谁补偿,谁保护、谁受偿”的原则,由各级政府或生态受益地区以资金补偿、园区共建、产业扶持等方式向生态保护地区购买生态产品,是以政府为主导的生态价值实现路径。

三、黄河流域产业生态化与生态产业化的测度分析

课题组在前期大量调研的基础上对黄河流域产业生态化与生态产业化的现状进行量化分析。由于受到指标选取和数据可获得性等因素的制约,测度

结果还有待在后续研究中进一步科学化和精准化。

（一）指标体系

测度指标体系的一级指标是系统层，包括产业生态化和生态产业化两个指标。二级指标是准则层，三级指标是指标层。其中，产业生态化主要测度产业系统和生态系统两个方面；生态产业化测度生态资源向农林牧副渔等产业的转化情况。具体指标体系见表1和表2。

表1　产业生态化的测度指标体系

系统层	准则层	指标层		指标意义	单位	正负性
产业生态化	产业系统	产业发展基础	人均 GEP	经济绿色发展水平	亿元	+
			绿色全要素生产率	效率水平	元	+
		产业发展结构	产业结构高级化指数	产业转型升级	%	+
			第三产业增加值/第二产业增加值	工业化发展程度	%	+
		产业发展动力	教育经费占 GDP 比重	人力资本	%	+
			研发支出占财政支出比重	创新能力	%	+
		产业发展绩效	GDP 增长率	产业发展速度	万元	+
			失业率	人力资本	%	−
	生态系统	生态保育水平	人均绿地面积	空间宜居（生态保育）	平方米	+
			建成区绿化覆盖率		%	+
			环境污染治理投资占 GDP 比重（节能环保支出/GDP）		%	+
		污染排放水平	单位 GDP 废水排放量	给生态带来负面影响	吨/万元	−
			单位 GDP 废气 SO_2 排放量		吨/万元	−
			单位 GDP 工业固体废物产生量		吨/万元	−
		资源循环利用水平	一般工业固体废弃物综合利用率	生态环境治理响应（资源循环利用水平、缓解能力）	%	+
			生活垃圾无害化处理率		%	+
			污水处理厂集中处理率		%	+
		资源消耗水平	单位 GDP 能耗	生态资源利用效率	吨标准煤/万元	−
			单位 GDP 水耗		立方米/元	−
			单位 GDP 电耗		千瓦小时/万元	−

表 2　生态产业化的测度指标体系

系统层	准则层	指标层	单位	指标正负性
生态产业化	生态资源产业化	生态产品价值实现率	%	+
	生态农业产业化	生态和高效农业增加值占比	%	+
	生态林业产业化	林业增加总产值	亿元	+
	生态养殖产业化	现代牧业增加总产值占比	%	+
	生态渔业产业化	规范化养殖渔业增加总产值占比	%	+
	生态旅游产业化	国际旅游收入	亿元	+
		生态园区游客收入占比	%	+
	生产对生态环境的影响状况	农林牧渔业用电量消耗	千瓦时	−
		农用塑料薄膜支出	万元	−
		农业机械总动力	马力	+

在设计指标时，要考虑产业绿色、低碳和高质量发展，同时兼顾排污、减碳、扩绿和增效等生态化发展的要求。

(二)测度方法

课题组采用的测度与评价方法是复合熵值法。主观赋权法存在主观随意性较高的问题，会使结果与真实值存在无意识的偏差。因此，采用客观赋权法以更好地规避主观赋权法的缺陷。客观赋权中应用最广的是熵值法，熵值可以判断一个事件的随机性和无序程度，也可以判断指标的离散程度，能较好体现指标信息熵值的效用价值。此外，已有研究发现，相较于熵值法，反熵值法可以有效解决熵值法测量过程中对指标变异过于敏感的缺陷。然而，反熵值法赋权过度平均，多次实验比较之下，选取复合熵值法，即将“熵值法＋反熵值法”进行加权平均所得的权重作为指标体系的最终权重，可信度更高，科学性更强。

1.数据处理

由于指标体系中存在正向、逆向和适度指标，且各指标单位也不同，为了方便统一测算，需要对所有指标进行无量纲化和正向化处理。(1)关于指标的无量纲化，目前有极差法、标准化法和均值化法等三种方法，其中使用最为普遍的是标准化法，但该方法处理后各指标均值为 0，方差为 1，消除了各指标变异程度的差异化特征，不能准确反映原始数据所包含的真实信息，而经过均值化处理的指标数据可以很好地保留各指标变异程度的信息。鉴于此，选用均值化法对原始指标进行无量纲化处理。(2)对于指标的正向化,在实际应用中许多学者常使用对指标取倒数的方法。但已有研究证明,在综合指标评价中取倒数法完全改变了原指标的分布规律,使得评价结果不准确,本课题通过线性变换处理使指标正向化。

2.权重确定

在熵值法中,首先根据原始数据标准化后的数据计算各个指标的信息熵值,然后再根据熵值计算权重。

$$e_i = -\frac{1}{\ln n}\sum_{j=1}^{n} x_{ij}^{*}\ln(x_{ij}^{*}),\quad x_{ij}^{*} = \frac{x'_{ij}}{\sum_{j=1}^{n} x'_{ij}} \tag{1}$$

$$w_{i1} = \frac{z_i}{\sum_{i=1}^{m} z_i},\quad z_i = 1 - e_i \tag{2}$$

上式中,x'_{ij}表示第 i 个指标在第 j 年经过标准化的值,e_i 表示第 i 个指标的信息熵值,z_i表示第 i 个指标的信息效用值,w_{i1} 表示各个指标的熵值权重。

在反熵值法中,首先根据原始指标标准化后的数据计算各个指标的反熵,然后再根据反熵计算权重。

$$h_i = \sum_{j=1}^{n} x_{ij}^{*}\ln(1 - x_{ij}^{*}),\quad x_{ij}^{*} = \frac{x'_{ij}}{\sum_{j=1}^{n} x'_{ij}} \tag{3}$$

$$w_{i2} = \frac{z_i}{\sum_{i=1}^{m} z_i},\quad z_i = 1 - h_i \tag{4}$$

上式中,x'_{ij}表示第 i 个指标在第 j 年经过标准化的值,h_i 表示第 i 个指标的反熵,z_i 表示第 i 个指标的差异系数,w_{i2}表示各个指标的反熵权重。

复合熵值法下的最终权重为:

$$W = 0.5 \times (w_{i1} + w_{i2}) \tag{5}$$

3.数据说明

黄河流域九省区的数据主要来自各省区 2011~2021 年的统计年鉴,省内城市数据来自各城市公布的统计年鉴,部分数据采用“爬虫技术”获取。样本数据的时间跨度为 2010~2020 年。

(三)测度结果分析

1.黄河流域九省区比较分析

采用以上指标体系和评价测算方法,测度了黄河流域九省区的产业生态化和生态产业化复合指数,具体结果如表 3 所示。

表 3 黄河流域九省区产业生态化与生态产业化复合指数(2011～2020 年)

	2011 年	2012 年	2013 年	2014 年	2015 年	2016 年	2017 年	2018 年	2019 年	2020 年
青海	57.18	54.91	52.53	50.35	58.81	58.39	52.08	56.21	59.39	60.48
四川	82.75	85.37	78.80	77.29	79.71	84.16	90.78	91.27	92.54	93.09
甘肃	73.32	63.58	60.47	57.24	55.23	57.27	62.50	65.83	64.52	62.04
宁夏	46.49	55.35	52.08	52.16	49.12	51.43	51.59	52.28	56.24	64.74
内蒙古	60.65	71.16	67.39	64.78	62.49	61.48	66.51	63.59	76.95	74.44
山西	55.07	63.08	58.91	58.00	57.05	56.34	64.12	66.58	65.61	65.56
陕西	85.63	89.62	92.06	83.36	80.77	86.78	93.08	94.61	94.74	91.74
河南	86.58	87.12	92.86	81.77	79.38	80.06	85.63	86.17	98.63	98.87
山东	88.89	86.11	88.45	87.35	85.60	85.98	88.06	88.78	98.32	99.93

从表 3 可以看出,2011～2020 年,黄河流域九省区的产业生态化和生态产业化的总体趋势是波动中上升,这说明我国生态文明建设成效十分显著。然而,省区之间的差距也十分明显。山东、河南、陕西、四川等省在产业生态化上成效明显,青海、甘肃、宁夏、内蒙古、山西等省区在产业生态化和生态产业化方面还需要加大力度。出现省区之间发展不平衡问题的主要原因包括:(1)指标设计中包括了产业生态化和生态产业化的动态变化,黄河中下游地区在产业高质量发展中更具有优势。(2)河源区和上游地区的产业基础较为薄弱,推动产业生态化和生态产业化的基础条件处于相对弱势。(3)生态修复和保护的困难较大,既需要雄厚资金的支撑,也需要绿色低碳技术创新的引领。(4)绿水青山转化为金山银山,还需要完善生态产品价值实现机制。黄河上游地区在"绿水青山"方面成效更显著,但是在"绿水青山转化为金山银山"方面,还需要探索更多更有效的路径。

2.山东省沿黄九城市比较分析

黄河从菏泽的东明县入鲁,先后经过济宁、泰安、聊城、济南、德州、滨州、淄博等市,从东营市的垦利区黄河口镇流入渤海。采用以上指标体系和评价测算方法,测度了黄河山东段九市的产业生态化和生态产业化复合指数,具体结果如表 4 所示。

表 4　山东沿黄河九市产业生态化与生态产业化复合指数(2011～2020 年)

	2011 年	2012 年	2013 年	2014 年	2015 年	2016 年	2017 年	2018 年	2019 年	2020 年
菏泽	88.10	86.31	85.69	83.50	84.27	85.91	88.63	89.01	92.54	95.14
济宁	87.21	83.05	84.19	86.58	85.62	83.59	86.27	87.06	88.61	90.87
泰安	88.96	87.09	86.52	88.06	89.15	88.97	90.08	91.29	92.61	93.41
聊城	87.51	85.82	85.91	86.55	87.62	88.07	91.67	93.83	95.49	99.28
济南	89.67	88.90	87.53	88.37	90.81	93.53	96.77	98.61	99.86	100.65
德州	85.62	83.95	84.08	85.21	85.97	87.68	90.07	92.17	93.53	95.86
滨州	84.93	83.49	83.91	84.62	85.01	86.99	88.76	91.58	94.62	98.95
淄博	83.01	83.62	84.08	85.61	86.15	86.97	87.60	88.43	89.04	90.69
东营	89.65	87.61	88.35	87.09	89.62	91.57	93.16	97.47	99.28	101.32

从表 4 可以看出，淄博、菏泽、滨州、德州、济宁等老工业城市的产业生态化任务较为繁重，泰安、聊城、济南、东营等城市在产业生态化和生态产业化方面走在前列，绿色低碳发展的成效十分显著。东营在生态保护和环境治理上采取了一系列重大举措，有力推动了生态产业化发展。

在对黄河流域产业生态化和生态产业化进行测度的过程中也可以发现，影响产业生态化和生态产业化的主要因素包括产业结构、能源结构、交通运输结构以及居民生产生活中的节能意识等。因而在推动黄河流域产业生态化和生态产业化过程中，需要坚持山水林田湖草沙一体化保护和系统治理，打通生态资源转化为生态要素的通道，统筹产业结构调整、污染治理、生态保护、应对气候变化，做好黄河流域的“水文章”和“碳文章”，协同推进降碳、减污、扩绿、增长，实现经济社会生态优先、节约集约、绿色低碳高质量发展。

四、黄河流域产业生态化和生态产业化的目标定位与基本原则

习近平总书记在 2018 年 5 月召开的全国生态环境保护大会上明确指出，要加快建立健全“以产业生态化和生态产业化为主体的生态经济体系”。这一科学论断对推动黄河流域生态保护和高质量发展具有重大指导意义，也是擘画黄河流域美好发展蓝图的基本遵循。“产业生态化和生态产业化”是我国现阶段既要发展经济又要保护环境背景下的内在要求，是走生态优先、绿色发展的现代化道路的必然选择，也是黄河流域生态保护和高质量发展的重要路径。习近平总书记多次强调，黄河流域各省区要落实好黄河流域生态保护和高质

量发展战略部署,坚定不移走生态优先、绿色发展的现代化道路,将资源利用、环境治理和生态保护放在同等重要的位置,推动经济、社会与环境的平衡与互动发展。习近平总书记的重要指示为确定黄河流域产业生态化和生态产业化的目标定位与基本原则提供了指导思想。

(一)产业生态化和生态产业化的目标定位

良好的生态环境是经济社会绿色高质量发展的内生动力,推动产业生态化和生态产业化融合发展,是全面落实习近平生态文明思想、践行“绿水青山就是金山银山”理念、实现高质量发展的战略举措。在推进黄河流域生态保护和高质量发展中,产业生态化和生态产业化的目标定位包括以下几个方面。

第一,围绕建设高质量发展的重要实验区,加快产业生态化转型和生态产业化发展。绿色低碳和生态优先是高质量发展重要方面,产业生态化和生态产业化是实现产业高质量发展的重要途径。在黄河流域建设高质量发展的重要实验区,需要推动产业发展模式由简单粗放型向内涵集约型和质量效益型转变,质量、动力和效率“三大变革”取得实质性进展,产业结构更加合理、优化和低碳化,产业竞争力显著提升,通过产业高质量发展实现经济高质量发展。

第二,围绕建设中华文化保护传承弘扬的重要承载区,协调好文化与生产、生活与生态之间的关系。高质量发展新阶段,生态优先和绿色发展是先进文化的典型特征,也是黄河文化的基本底色。加快中华文化承载区建设,需要有利于生态保护和环境治理,有利于推动经济社会实现高质量发展。文化是经济社会高质量发展的重要资源,推动文化赋能高质量发展,需要建立清洁安全、高效集约的资源利用方式和绿色发展方式,显著增强文化产业高质量发展能力,提升文化对黄河流域高质量发展的支撑能力和带动能力。

第三,围绕打造大江大河治理的重要标杆,建成一批国家级产业循环经济示范点和生态产业发展示范园区。大江大河治理的基础是生态保护和环境治理,重点领域是产业发展方式和发展模式。产业生态化和生态产业化是实现大江大河长久安澜的基本保障,是改善大江大河生态环境的基本手段。打造大江大河治理的重要标杆,要以绿色产业和生态产业支撑黄河流域高质量发展,形成绿色生态产业发达、生态环境质量优良、经济社会和谐以及产业资源环境统筹协调的新发展格局。

第四,围绕建设国家生态安全的重要屏障,健全完善可持续发展的现代产业体系和“宜居宜业”的生态环境体系。在黄河流域建设国家生态安全的重要屏障,需要重点做好“水文章”和“碳文章”,搞好水生态保护和水环境治理,科学规划碳排放路径，实现绿色低碳发展。建设国家生态安全的重要屏障，需要通过产业生态化和生态产业化，显著提高产业绿色全要素生产率，增强国际竞争力；需要明显改善生态环境质量，基本形成新兴生态产业集群，显著优化产业生态；需要形成具有较强影响力和较高美誉度的绿色区域品牌、绿色生态品牌、绿色产业品牌、绿色产品品牌和绿色制度品牌，建立绿色生态产业发展长效机制，实现产业强、生态美、乡村兴、群众富。

（二）产业生态化和生态产业化的基本原则

以习近平新时代中国特色社会主义思想和新发展理念为指导，坚持“从实际出发，宜水则水、宜山则山，宜粮则粮、宜农则农，宜工则工、宜商则商”的总体思路，确立黄河流域生态保护和高质量发展中产业生态化转型和生态产业化发展的基本原则。

1.生态优先，绿色发展

生态优先、绿色发展是我国建设社会主义现代化国家的基本路径，也是黄河流域产业生态化转型和生态产业化发展的首要原则。全面贯彻落实“绿水青山就是金山银山”的发展理念，着力加强植被恢复、生态保护和环境治理，改善人民群众物质精神生活，保护传承弘扬黄河原生态文化，使黄河成为永远造福人民的幸福河。合理规划人口、城市和产业发展，按照“一带两区五级”的空间布局，科学划定城镇空间、农业空间、生态空间和生态保护红线、永久基本农田保护红线、城镇开发边界，提升资源环境的承载能力，加快培育节约资源、保护环境、绿色发展的空间格局、产业结构和生产方式（张清俐，2021）。

2.因地制宜，协调发展

黄河流域九省区和上中下游的资源禀赋、发展基础和功能分工差异较大。在黄河流域在生态保护和高质量发展中，需要因地制宜，协调好工业化和城市化发展与资源环境承载力之间的关系，根据要素禀赋、自然条件、地理区位和功能分区选择适宜的治理和发展模式，打造各具特色的产业生态化和生态产业化的高质量发展路径，走可持续、绿色低碳和协调发展之路。突出水资源高效利用和水生态有效保护，统筹实施“以水定城、以水定地、以水定人、以水定产”方针，优先发展节水型产业，促进产业发展与水资源节约利用协调互动。科学确立各地区推进产业生态化转型、生态产业化升级和经济社会绿色发展的重点，推进黄河流域不同省区之间的三次产业实现差异化协同发展。

3.质量导向，共享发展

以新发展理念为基本遵循，以高质量发展为主要方向，正确把握和处理改善民生、发展经济与保护生态环境之间的关系，推进发展理念、发展目标、发展路径和发展模式全方位转变，实现黄河流域生产、生活、生态的“三生融合”。面向产业生态化和生态产业化的现实需求，加强黄河流域上中下游的产业协作和产业互补，积极推进黄河流域的产业、市场和基础设施的一体化发展，形成市场圈层、产业链群和交通网络体系。以数字化转型、融合化升级和生态化发展为动力，建构特色化、有竞争力和创新发展的产业链和产业集群，大力发展以提升和展示黄河文明为核心的文化旅游休闲等服务业，形成现代产业体系。构建黄河流域不同区域之间的多维合作机制，建立生态预警联动和生态补偿机制，实现共享发展。

4.健全机制，创新发展

黄河流域不同于长江流域，在产业发展中需要优先考虑生态脆弱性和水土保护，需要在严格保护环境中推动产业合理有序发展，实现生态保护和高质量发展的有机统一。积极探索符合市场规律和未来发展方向的黄河流域产业合作与协同机制、基础设施建设合作与协同机制以及资源开发合作机制，统筹推进科技创新和成果转化，培育富有特色、彰显优势、鼓励创新创业的营商环境和产业生态圈，构建跨区域产业转型升级和绿色发展协调机制，通过产业、资源和基础设施的合作和协同发展，带动黄河流域经济社会均衡协调发展。坚持深化市场化改革方向，加快体制机制创新，推动资源自由流动以提高资源配置效率。深入实施创新驱动发展战略，灵活利用新技术、新业态、新模式和新能源，加快黄河流域传统产业生态化和生态产业化进程，实现产业转型升级和高质量发展。

5.特色引领，融合发展

黄河流域的特色资源丰足，具有实现差异化发展的基础条件。在生态保护和高质量发展中，上游要突出水源地涵养，中游要突出水土保持，下游要突出环境治理，在保护和治理中实现高质量发展。以区域特色为引领，协同推进经济高质量发展与生态高水平保护的内在协同，以产业生态化转型和生态产业化发展为抓手，真正走出一条富有流域特色和地域特色的生态优先、绿色发展的现代化新路子。加快推动产业融合、城乡融合、产城融合和区域融合进程，促进区域分工协作、优势互补发展和产业协同发展，增强区域之间的错位发展、联动发展和差异化发展的能力，培育以技术、文化、品牌、质量、服务、制度为核心的产业竞争优势，实现新型城镇化与乡村振兴“双轮驱动”，以工业化与信息化“两化融合”推动经济高质量发展。

五、黄河流域产业生态化和生态产业化的战略方向

习近平总书记在党的二十大报告中强调指出，我们要加快发展方式绿色转型，实施全面节约战略，发展绿色低碳产业，倡导绿色消费，推动形成绿色低碳的生产方式和生活方式。深入推进环境污染防治，持续深入打好蓝天、碧水、净土保卫战，基本消除重污染天气，基本消除城市黑臭水体，加强土壤污染源头防控，提升环境基础设施建设水平，推进城乡人居环境整治。深入推动黄河流域生态保护和高质量发展，需要以“黄河宁、天下平”和“建设美丽幸福黄河”为总体目标，以打造全民共享的良好生态环境福祉为发展任务，以产业生态化和生态产业化为主要内容，以“山水林田湖草”生命共同体为运行载体，以社会主义生态文明制度体系为制度保障，推动黄河流域产业转型升级和高质量发展。根据经济、科技和产业的发展趋势，可以从以下五个战略方向推动黄河流域产业生态化转型和生态产业化发展。

一是以数字化发展促生态化转型。产业数字化发展是应用以数字技术为代表的新一代信息技术，对产业体系进行提升、改造和融合发展的过程。在物联网、大数据、云计算、区块链、元宇宙等智能化技术快速发展的大背景下，数字化转型和发展已经成为各行各业适应新时代、创造新模式、实现可持续发展的必然趋势和主要路径。数字经济时代，需要把握经济社会发展的新趋势，抓住新一轮科技产业革命带来的契机，采用数字技术推动产业数字化转型和发展，以数字化转型驱动生态化改造，加快产业链、价值链、供应链、创新链等融合发展，优化黄河流域产业生态体系，推动产业组织创新，实现高质量发展（余东华和李云汉，2021）。

二是以绿色化发展促进生态化转型。黄河流域生态环境脆弱，水资源短缺矛盾较为突出，生态本底较差，环境治理和生态保护的任务十分繁重，推动产业生态化转型和生态产业化发展是保护和改善黄河流域生态环境的重要途径。强化生态保护和环境治理，走生态优先、绿色低碳的高质量发展之路，以绿色化发展促生态化转型，才能使“绿水青山”产生巨大的经济效益、社会效益和生态效益，转化为“金山银山”。黄河流域需要抓住“共同抓好大保护，协同推进大治理”的重大历史机遇，通过加强生态保护和环境治理促进全流域高质量发展，通过科学调度水资源保障黄河长治久安，通过绿色低碳和高质量发展改善人民群众生活，通过讲好“黄河故事”保护传承弘扬黄河文化，让黄河成为永久造福中国人民的幸福河。

三是以高新化发展促生态化转型。产业高新化发展包括高端化和新型化两个方面。其中,高端化就是推动产业向全球价值链中高端迈进,通过价值链跃迁使企业攀升到产业链高端环节,提升价值增值能力;新型化就是在大力发展战略性新兴产业的同时,利用新技术、新业态和新模式推动传统产业升级改造,实现提质增效。产业的高新化发展包括生产智能化、清洁低碳化和产业生态化,进而在高新技术的驱动下实现生态化转型。通过产业高新化发展推动产业生态化转型,能够优化产业内部结构,提高产业价值创造能力,提升产业结构的合理化程度和高级化程度,进而增强产业的国际竞争力。

四是以融合化发展促生态化转型。融合化发展包括产业与城市融合发展、产业与产业融合发展、产业与生态融合发展、产业与文化融合发展、文化与旅游融合发展等多个维度。首先要适应数字经济发展的大趋势,加快智能化技术与制造业的融合,大力发展先进制造业,推动物联网、大数据、人工智能等新一代信息技术与制造业融合发展,提高实体经济的智能化水平。以数字生态为依托,加快产业融合发展,重点是推动制造业与服务业之间深度融合发展,加快发展生产性服务业和服务型制造业等新型业态,推动企业通过产业融合向价值链中高端迈进,在提高产业效益的同时降低能耗和排放;加快产业与生态的融合发展,打造产业生态体系和生态产业体系,提升产业价值增值能力。

五是以国际化发展促生态化转型。抓住构建双循环新发展格局的重大契机,通过全方位扩大开放,依托重点园区和重点企业吸引国际要素集聚,引入绿色低碳国际标准,通过生态化转型提升产业国际竞争力。在加快吸引资本、技术、数据等要素集聚的同时,提升本地要素使用效率,降低单位产品的能耗和水耗,着力提升产业的绿色全要素生产率;推动"引进来"与"走出去"相结合,鼓励企业走出国门,开拓国际市场。以国际化要素为"生态因子",优化产业生态体系,积极参与新亚欧大陆桥、RCEP、"中国—东盟"、中蒙俄等国际经济合作走廊建设,深化与"一带一路"沿线国家和地区的基础设施互联互通、经贸合作、双向投资和人文交流,增加与欧美发达经济体的直接经贸交流与合作,畅通黄河流域的对外循环。

六、黄河流域产业生态化和生态产业化的主要路径

产业生态化和生态产业化是实现产业绿色低碳和高质量发展的重要方式。加快产业生态化转型,需要从要素采集、生产制造和组织管理的角度出

发，对产业全流程进行生态化改造，在实现产出增加的同时保持良好的生态环境效益。加快生态产业化发展，需要将生态资源作为特殊资产，通过资本化运作和价值化提升，按照社会化生产和市场化经营的方式来提供生态产品和生态服务，实现生产产品和服务的最大化价值，以实现生态资源的增值和保值（李宏伟等，2020）。推动黄河流域产业生态化和生态产业化的主要路径如下。

（一）强化环境治理和生态修复，形成生态与环境相互促进的协同推进路径

根据水源区、上游、中游、下游、入海口等黄河流域不同区域的差异化特征，制定推动产业生态化和生态产业化的具体路径。在产业生态化和生态产业化过程中，上游要遵循自然规律，聚焦重点区域，加大投入力度，通过自然生态恢复和实施重大生态保护修复工程，加快遏制生态退化趋势，恢复重要生态系统，强化水源涵养功能。中游要突出抓好黄土高原水土保持，全面保护和逐步恢复天然林，持续巩固退耕还林还草、退牧还林还草的成果，加大水土流失综合治理力度，稳步提升城镇化水平，改善中游地区的生态面貌。下游要建设绿色生态走廊，加大黄河三角洲湿地生态系统保护修复力度，促进黄河下游河道生态功能提升和入海口生态环境改善，开展滩区生态环境综合整治，促进生态保护与人口、经济、社会的协调发展。

在环境治理和生态修复的基础上，有序发展资源节约、环境友好、生态保育、优质高效的生态产业，主要包括生态农业、生态制造、生态康养、生态旅游、生态养殖等绿色产业体系，提高黄河流域生态保护和高质量发展的"造血功能"。在产业生态化和生态产业化过程中要做好"水文章"和"碳文章"，坚持节水优先，实施最严格的水资源保护利用制度，细化实化"以水定城、以水定地、以水定人、以水定产"的战略举措。制定好用水规划和方案，统筹地表水与地下水、天然水与再生水、当地水与外调水、常规水与非常规水，优化水资源配置格局，提升配置效率，实现用水方式由粗放低效向节约集约的根本转变，以节约用水，扩大发展空间。

（二）推动产业融合和企业集聚，形成"三生共融"的协同发展路径

加快推进制造业与服务业的深度融合，大力发展生产性服务业和服务型制造业，提升制造业的数字化、服务化和智能化水平。通过产业融合和企业集聚打造良好的产业生态，着眼于黄河流域旅游产业要素、旅游营销、品牌建设以及黄河国家文化公园的建设，推动文化产业与旅游产业的融合发展，加快黄

河文化旅游带建设。推进黄河流域文化资源与旅游资源的整合与协作,打造有国际影响力的高质量黄河文化旅游产品和服务体系。

引导企业集聚发展,以产业集群和生态产业园区的形式将上下游关联产业布局到特定的区域范围内,推动流域产业融合发展,实现企业间的设施共享和资源集约循环利用。以黄河流域中下游产业基础较强地区为重点,搭建产供需有效对接、产业上中下游协同配合,产业链、价值链、创新链、供应链、人才链和资金链等“六链”紧密衔接的战略性新兴产业合作平台,推动产业体系升级和基础能力再造,打造具有较强竞争力的企业集群,推动黄河流域产业“抱团发展”。强调生态优先,围绕“生态+”,推动综合开发和产业集聚,实现一、二、三产业以及生产、生活、生态的融合和可持续发展,逐步形成生产、生活、生态“三生共融”的协同发展路径。

(三)加快创新驱动和文化赋能,形成提质增效的转型升级路径

创新是推动产业生态化和生态产业化协同发展的第一动力,文化是黄河流域产业转型升级和高质量发展的重要引擎。黄河中下游地区要加快布局若干重大科技基础设施,统筹布局建设一批国家重点实验室、产业创新中心、工程研究中心等科技创新平台,加大科技、工程、管理类专业人才培养和引进力度,提升科技创新能力。依托科技创新,抓住新旧动能转换契机,有效利用生态投入资金,推动传统工业转型发展,加快传统产业与新兴产业融合发展,凭借丰富的能源与工业体系,塑造绿色产业链,重点支持各行业的龙头企业、重点企业、绿色示范企业,鼓励企业组织生态技术创新活动。通过创新推动能源转型,逐步降低传统能源占比,增加风、核、太阳能等清洁能源的供给,同时积极发展新一代信息技术、高端装备制造业、新能源与新材料产业,夯实黄河流域生态保护和高质量发展的产业基础。

黄河孕育了兰州、西安、洛阳、开封、济南等文化名城,诞生了西域文化、河洛文化、河湟文化、齐鲁文化等黄河文化,具有发展文化产业、旅游产业与现代高效农业、康养行业的文化底蕴和基础资源。在产业生态化转型和生态产业化发展过程中,可以通过深入挖掘黄河流域文化资源,进一步加快创新驱动和文化传承;通过技术赋能和文化赋能,培育推动黄河流域生态保护和经济高质量发展的新引擎。着力保护黄河流域文化遗产资源,延续历史文脉和民族根脉,深入挖掘黄河文化的时代价值,讲好“黄河故事”,加强公共文化产品和服务供给,以文化赋能推动产业高质量发展。

（四）推动东西联动和南北互补，形成区域协调发展的协同合作路径

在推动黄河流域产业生态化和生态产业化进程中，需要流域东西联动、南北互补、上中下游相互合作，在“绿水青山”的保护和修复、“金山银山”的打造和拓展等方面，建立区域协作和战略合作机制，在“共建”“共创”的基础上实现“共治、共享、共富”。黄河流域各省区之间需要消除行政隔阂，引导各城市之间对生态保护与补偿、产学研合作、开发黄金水道、推动基础设施连通等达成共识，建立协同合作机制和联席会议制度，促使整个区域形成“一盘棋”格局。支持山西、内蒙古、河南、山东等省区深度对接京津冀协同发展，以产业生态化和生态产业化为主要方向，深化科技、金融、新兴产业、能源等领域的合作，健全南水北调中线工程受水区与水源区的对口协作机制。

黄河流域生态保护和高质量发展上升为国家战略之后，沿黄各省区在生态环境保护、流域水土治理、基础设施建设、产业发展转型、科技研发创新等领域都有大规划、大战略、大动作，黄河流域高质量发展格局正在逐步形成。然而，在“软性”基础设施方面，还需要加大研究力度、创新力度和建设力度，尤其是在推进黄河流域生态保护和高质量发展的协同合作机制方面，需要出大招、出真招、出实招、见成效。建议主管部门和黄河流域各省区共同研究，探索建立协同合作机制，奏响黄河流域生态保护和高质量发展的“黄河大合唱”。同时，推动黄河流域与长江流域生态保护合作，实施三江源、秦岭、若尔盖湿地等跨流域重点生态功能区协同保护和修复，加强生态保护政策、项目、机制联动，以保护生态为前提适度引导跨流域产业转移，通过区域间的协同合作打造生态产业发展带。

（五）有序推进生态产品价值实现，形成生态产业化的高质量发展路径

协调好生态保护和高质量发展之间的关系，厘清生态产品“价值化—市场化—产业化”的发展路径，努力将生态优势转换为产业振兴和经济发展的优势（Fsrley & Costanza，2010）。在维持生态系统稳定和平衡的前提下，通过推动生态产品价值实现，全面推进产业生态化和生态产业化，将“绿水青山”生态系统中的服务“盈余”和“增量”转化为经济财富和社会福利。建立纵向与横向、补偿与赔偿、政府与市场有机结合的黄河流域生态产品价值实现机制（见图2），将生态资源转化为高质量发展的经济资源，实现由生态保护向高质量发展的有序转化（沈辉和李宁，2021）。

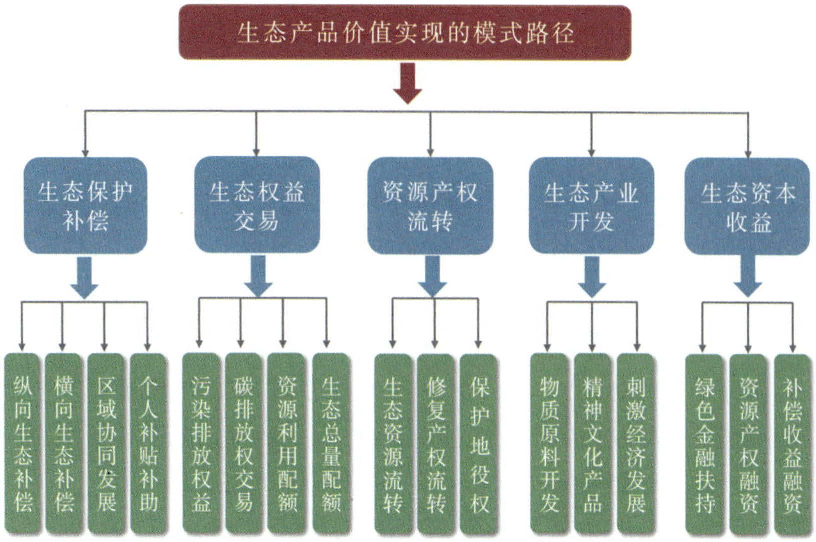

图 2　生态产品价值实现的模式与路径

资料来源：张林波等.国内外生态产品价值实现的实践模式与路径[J].环境科学研究，2021，34(6)：1407-1416.

在黄河流域重点生态功能区实施生态综合补偿试点改革，利用大数据等先进技术和工具，支持流域地区探索开展生态产品价值实现程度的计量核算，逐步推进综合生态补偿朝着标准化、实用化、市场化方向发展。鼓励黄河流域建立开展排污权等初始分配与跨省交易制度，以点带面形成多元化生态补偿政策体系。加快环境立法，依法实行更加严格的黄河流域生态环境损害的赔偿制度，依托生态产品价值核算，开展生态环境损害评估，提高破坏生态环境的违法成本。充分利用国内、国际两个市场，通过生态物质产品、生态文化服务产品、自然资源资产权属等生态产品的市场交易，直接实现生态产品价值。

(六)深化体制机制改革，形成以制度保障为基础的协同转型路径

产业生态化和生态产业化的关键就在于制度创新，实现生态资源的价值化、市场化和产业化，要求对生态资源建立科学合理的所有权确认制度。只有产权明晰和制度明确，才能最大限度地实现生态资源的价值化和产业化。深刻认识生态产品价值属性，完善生态产品价值评估机制、产权确认制度、市场交易机制和生态补偿机制，夯实"两山"转化和生态产品价值实现的制度基础。进入 21 世纪以来，我国区域经济发展出现南北分化新趋势，主要原因在于以黄河流域为代表的北方地区在体制机制改革、市场成熟度和产业结构调整等方面滞后于以长江流域为代表的南方地区。因此，北方地区深化体制机制改革、推动制度创新的任务十分艰巨，需要在产业生态化和生态产业化方面率先

突破。

黄河流域各省区要继续深化体制机制改革，在完善市场资源配置功能的同时，借助国家完善自然资源产权确立制度和自然资源用途管制制度的时机，加快推进自然资源资产的确权、登记和颁证工作。在涉及生态保护的体制机制改革时，需要明晰生态资源所有权归属及其产权主体，规范生态资源和生态资产的使用权，保障生态资源和生态资产的收益权，激活生态资源和生态资产的转让权，理顺生态资源和生态资产的监管权，建立归属清晰、权责明确、监管有效的生态资源和生态资产的产权制度。大力发展绿色信贷、环境与气候基金、生态信托、生态保险、生态效益债券和生态银行等绿色金融产品，建立服务生态产品开发的金融服务体系和制度体系。

（七）扩大对外开放和招商引资，形成生态化转型的开放发展路径

面对百年未有之大变局，构建"以国内大循环为主体、国内国际双循环相互促进"新发展格局，更需要高质量和高水平的深度对外开放。黄河流域各省区可以复制推广自由贸易试验区、国家级新区、国家自主创新示范区和全面创新改革试验区的经验和政策，推进新旧动能转换综合试验区、产业转型升级示范区、新型工业化产业示范基地建设。加强黄河综合治理体系和能力建设，加快构建内外兼顾、陆海联动、东西互济、多向并进的黄河流域开放新格局，提升黄河流域高质量发展水平。

黄河流域生态保护和高质量发展是重大国家战略，上游是我国的重要生态功能区，下游是我国重要的经济发展带，黄河流域的高质量发展是构建双循环新发展格局的重要支撑。流域内各省区要坚持深化改革与扩大开放并重，充分发挥市场在资源配置中的决定性作用，扩大对外开放和招商引资，推动产业生态化转型和生态产业化发展。更好发挥政府作用，推动"有为政府"与"有效市场"相互配合，招商引资与招商引智相互结合，强化生态保护和生态建设，以生态优势融入和服务于全国的双循环新发展格局，提升黄河流域对外开放水平和高质量发展水平。

（八）助力乡村振兴和共同富裕，形成共赢共享的生态转化路径

推动产业生态化和生态产业化融合发展，形成以产业生态化和生态产业化为主体的生态经济体系，是衔接脱贫攻坚和乡村振兴的有效途径，也是吸引广大农村居民投身生态保护和生态建设的重要抓手。为了打造生产发展、生活富裕、生态良好"三生融合"的美丽乡村升级版，要按照产业兴旺、生态宜居、

乡风文明、治理有效、共同富裕的要求,统筹推进农村的经济、文化、社会和生态文明建设,既要使产业发展符合环境保护的要求,又要推动生态产业化,加快生态产品价值实现,让“绿水青山”变成“金山银山”,增强农民的获得感和幸福感。

立足黄河流域乡土特色和地域特点,充分考虑资源环境本底和传统优势,深入实施乡村振兴战略,科学推进乡村规划布局,推广乡土风情建筑,发展乡村休闲旅游,鼓励广大乡村的绿色资源和生态资产转换为城乡都能接受的生态产品和生态服务,打通“绿水青山”向“金山银山”的转化通道,增加当地人民群众收入,实现共同富裕。鼓励有条件地区建设集中连片、生态宜居的美丽乡村,融入黄河流域山水林田湖草沙的自然风貌。从制度保障入手,建立更完善的生态补偿机制、更合理的城乡公共服务体系,保护优质历史建筑与文化,引导各地区走休闲观光、医疗康养与特色种养之路,真正做到宜水则水、宜山则山,宜粮则粮、宜农则农,宜工则工、宜商则商。

七、产业生态化和生态产业化的典型案例与经验借鉴①

党的十八大以来,在习近平生态文明思想的指导下,我国在绿色低碳高质量发展领域取得令人骄傲的成绩,产业生态化和生态产业化领域出现了很多典型案例。在推进黄河流域生态保护和高质量发展的新征程中,要借鉴成功经验,推动黄河流域产业绿色低碳高质量发展。

(一)山东省蒙阴县以绿色 GDP 核算引领产业生态化和生态产业化

蒙阴位于沂蒙山区腹地,是山区县、库区县,是国家重点生态功能区、山东省重要生态屏障,山地丘陵面积占 94%,境内有大小山头 520 座、河流 178 条。蒙山是全省第二高山,云蒙湖是全省第二大水库和临沂市主要饮用水源地。全县生态环境优美、自然资源丰富,林木覆盖率 73%,森林覆盖率 62.2%,居山东省第二位。如何将生态优势转化为经济优势,破解生态产品“难度量、难抵押、难交易、难变现”问题,一直是蒙阴县努力的方向。

近年来,在习近平生态文明思想的指引下,蒙阴县坚持生态立县、生态富民、生态强县“三步走”实践路径,在护好绿水青山的基础上,聚焦“两山”转化,积极开展生态产品价值核算,不断增强优质生态产品有效供给,先行推动生态产品市场化运作,努力把绿水青山作为“第四产业”来经营,为建立健全生态产

① 经典案例根据作者调研所获得的资料和相关网站的宣传资料整理而成。

品价值实现机制提供蒙阴经验，成为全省唯一拥有全国“绿水青山就是金山银山”实践创新基地、国家生态文明建设示范县两块金字招牌的县区。

生态产品价值实现机制的建立，进一步倒逼生态环境保护，良好的生态环境又提高了生态产品质量和供给能力。同时，“绿色银行”为零散闲置资源利用提供了市场化平台，通过对桃墟金水河流域的土地、房屋等集中收储、整合提升，完善基础设施，吸引社会资本 30 亿元，开发建设了金水前城国际旅游度假区，有力盘活了乡村生态资源。通过因地制宜探索与生态产品价值核算相挂钩的“生态贷”模式，实现了生态资源赋能。石马庄乡村振兴项目争取省农发行贷款 2 亿元。同时积极探索农村宅基地和集体经营性建设用地等使用权抵押贷款产品，建立起基于生态占补平衡原则的生态产品市场交易机制和配套支撑体系，推动项目级生态产品市场化交易。桃墟镇百泉峪村作为 GEP（生态系统生产总值）核算和“绿色银行”试点，以开展“三清一增”行动为契机，对分散零碎的生态资源进行集中收储和规模整治，打包形成可开发项目，先后招引蒙山养心园休闲旅游度假村、山东省沂蒙山文化教育培训中心等文旅项目，村集体每年综合旅游收入达 1000 多万元，安置农村剩余劳动力 80 多名，仅提供就业就为村民增收 200 多万元，群众切实享受到了生态红利。生态产品价值实现的实践探索过程，既要注重体制机制创新，通过“政府主导、企业和社会各界参与、市场化运作、可持续发展”模式运行，还要充分调动人民群众的积极性，增加群众参与度，实现生态产品价值生态效益、经济效益和社会效益的有机统一，让更多群众受惠于生态产品价值实现，提升群众的获得感和满意度。蒙阴县在产业生态化和生态产业化中的主要做法如下。

1.全面加强生态环境保护

坚持山水林田湖草沙一体规划、一体保护，以沂蒙山区域山水林田湖草沙一体化保护和修复工程建设为重点，系统推进生态保护和修复。探索形成了“网格化＋标准化＋专班化”大气治理长效机制和“生态净化、就地回用”等 5 种差异化农村污水治理新模式，实行农药采购、配送、标识、价格、管理、废弃包装物回收一体化，在省内率先构建起县、乡、村三级农药监管数字化服务网络。同时，推行“谁投入、谁受益”的荒山绿化开发机制，实行“政府买绿”和“社会造绿”相结合，年均新增造林 2 万亩以上。

2.推动生态资源数据化

聚焦山水林田湖草沙等生态资源以及农村宅基地、农房、古村落等零散资源，借助卫星遥感、区块链等数字化手段，开展生态产品基础信息调查，进一步摸清了各类生态产品数量、质量等底数，形成了生态产品目录清单。整合 GEP

核算、国土“三调”、智慧蒙阴等数据资源，在全国率先建立了“大数据＋生态环境”一体共享的县级生态资源大数据平台，实现了“一屏看蒙阴、一网管全县”。加强与山东省科学院合作，对所有涉生态数据进行精准监测、精准施策，努力推动蒙阴数字化生态标准成为全国样板。

3.建立生态产品价值核算体系

以生态资源数据化为基础，与中国环科院合作，在山东省率先开展县、乡、村三级GEP核算，核算生态产品功能量、价值量，构建了产品供给服务价值、调节服务价值和文化服务价值3个一级指标和12个二级指标的生态产品价值核算指标体系。加强与银行业金融机构合作，构建生态信用制度体系，创新“助栗贷”“楸树贷”等绿色金融产品。2021年9月，山东省首份村级GEP核算报告在蒙阴发布。经中国环科院初步核算，桃墟镇安康村生态产品总价值近1亿元，单位面积生态产品价值为24.26万元/hm^2。有了估值近亿元的GEP核算报告，蒙阴农商银行据此为安康村发放了300万元的“助栗贷”，为树上餐厅等农家乐注入了金融“活水”。

4.打造价值实现高端化平台

在严格保护生态环境的前提下，创新多样化模式和路径，科学合理推动生态产品价值实现。建设“绿色银行”，以GEP核算价值为基础，搭建“绿色银行”交易平台，通过集中收储和规模整治生态资源，打包形成可开发项目库，统一规划、管控、开发和招商，整合提升后推向市场，构建起“资源—资产—资本—资金”的价值转化机制。截至2021年年底，已探索了闲散土地利用型、山水资源赋能型、沟域综合开发型3种生态项目开发类型，已收储待开发项目10个。探索林业碳汇交易，组织专业人员对全县林业碳汇进行了全面摸底，经测算，全县再造林面积20.8万亩，营林面积22.8万亩，所有林木每年产生的碳汇当量为25.4万吨，现货碳汇当量为380.4万吨，期货碳汇当量为507.2万吨。聚焦碳达峰、碳中和，探索建立县域林业碳汇审核、备案交易体系，搭建蒙阴林业碳汇交易平台，完成山东省林业碳汇首单交易，实现碳汇交易“破题”。建立研究机构，与中国科学院、南方科技大学等达成合作，建立“两山”理论产业研究院，围绕“两山”路径转化、生态产品价值实现机制等进行研究谋划，引进高端产业，进一步拓宽“绿水青山就是金山银山”转化通道。

(二)山东省高青县以湿地生态修复和价值实现推动生态产业化发展

高青县天鹅湖慢城湿地位于高青县城东北部，毗邻黄河，总规划面积50km^2，共有天鹅湖湿地观光区、艾李湖生态保护区、安澜湾休闲度假区、慢享乡村集聚区、温泉养生养老区等片区，是一处整合黄河、湿地、温泉等自然资源和太公文化、黄河文化、民俗文化、农耕文化等地域文化资源打造的以原生态湿地景观为基地、以本土文化保护传承为灵魂的综合性慢生活体验区。以前由于地势低洼及黄河洪水的冲刷，形成了大面积盐碱涝洼湿地，粮食收成寥寥，村民只能靠种稻打鱼为生，产业结构单一，基础设施薄弱，增收途径有限，村民人均年收入只有2000元左右，村集体经济收入几乎为零。

经过多年的生态修复和保护治理，成功创建了黄河流域第一个国际慢城，原来的荒芜之地一跃成为今日省内著名、全国知名的"天鹅湖国际慢城"湿地景区龙头。2018年，天鹅湖国际慢城入选"山东省新旧动能转换示范项目"，成为国家3A级旅游景区；2019年6月22日，天鹅湖国际慢城从国内近百个竞争者中脱颖而出，被国际慢城联盟接受为正式成员，成为黄河流域第一个国际慢城；2020年被纳入"山东省黄河文化遗产系统板胡工程"；2021年被山东省文化和旅游厅评为国家4A级旅游景区。近年来，通过进一步打造"百里黄河风情带"和"特色产业聚集带"，积极引导公司和农户开办农家乐、民宿、会务接待中心、特色小镇等"旅游＋"产业实体，培育了以蓑衣樊村为代表的一批美丽乡村示范典型，助力乡村振兴实现了生产美产业强、生态美环境优、生活美家园好"三生三美"融合发展的目标，成为高青县委、县政府贯彻落实"两山论"的生动典范实践。实施乡村振兴战略，生态振兴是根本。"树高千尺源于根深"，生态是人类生存的基础，只有实现生态振兴才能体现文明和谐的乡村振兴，乡村振兴离不开生态振兴，绿色发展是乡村振兴的必由之路。

截至2021年年底，该地恢复湿地面积200万m^2，形成绿化面积160万m^2，建成绿道20km，拥有树木80余种2万余株，绿化率达80%以上。良好的生态环境吸引了100多种鸟类"安家"，成为震旦鸦雀、天鹅等珍稀鸟类的重要栖息地。负氧离子均含量达20000个/m^3，是名副其实的"天然氧吧"。乡村旅游已成为蓑衣樊村村民致富的支柱产业，通过首批32户创业者发挥模范带头作用，已拉动全村80%的住户办起农家乐，全村从事旅游项目经营人员500余人。截至2021年年底，全村共有高标准农家乐24户、民宿18户，农家乐年均收入达到15万元，民宿年均收入达到10万元，全村人均收入3万元以上，村集体经济收入达到30万元，突破"空壳"，稳定增加，完成了"扶贫村"摘帽，短短几年间，蓑衣樊村实现"华丽转身"，今非昔比。围绕乡村旅游，民宿、土特产品、民间手工艺等也从百姓寻常生活变成了创效增收的新产业，"湿地乡村游"每年可接待游客150万人次，带动过万人就业，人均增收2万元以上；自2018年开始，高青县连续3年举办"山东（高青）黄河文化旅游节"。2020年，高青县还承办“第四届中国黄河旅游大会”,来自青海、宁夏、内蒙古等沿黄九省区的100多个区(县、旗)参加活动。在推动产业生态化和生态产业化中,高青县的主要做法如下。

1.开展湿地生态修复,昔日盐碱地变为世界名片

2016年12月,天鹅湖湿地公园正式晋升为省级湿地公园,而对于天鹅湖湿地的提质升级此前已然展开。根据规划,高青天鹅湖省级湿地公园将建成生态保育区、恢复重建区、宣教展示区、合理利用区、管理服务区5个功能区。通过实施湿地保护与恢复工程,完善湿地生态系统保护体系,保护和丰富该区域的生物多样性。依托黄河优质的水利资源、丰富的自然生态资源、独特的历史文化,并结合农业多元化种植,开展湿地科普宣教和湿地休闲游憩活动,建设成为湿地生态系统健康完整、景观资源丰富、自然环境优美、休闲娱乐等为一体的高标准湿地公园。2019年6月,从国际慢城运动发源地意大利奥尔维耶托市传来喜讯,高青县天鹅湖慢城从国内近百个申报城市中脱颖而出,被国际慢城联盟接受为正式成员,标志着高青天鹅湖慢城跻身国际慢城行列!

2.实现土地全部流转,完善基础设施

2011年,蓑衣樊村在全县率先进行土地流转3000余亩,成立淄博大芦湖文化旅游有限公司进行规模经营,全村600余户村民基本入股公司,公司采用盈利分红模式反馈村民。2016年,蓑衣樊村成立了蓑衣樊村合作社,全村只要户口在本村的村民都是合作社的社员,每年都可得到分红。村民也可以入股,再次参与年底分红。合作社的成立,集全村之力发展了乡村旅游,聚起了人气,实现了整村脱贫致富。村里先后投入4000多万元,完善基础设施,美化村居环境。此外,修鱼池、挖藕塘、种稻米,开发了湿地泛舟、稻田钓蟹、果蔬采摘等乡村旅游体验项目,从生态资源到体验场景的转换,蓑衣樊村里的人终于吃上了“生态饭”。

3.大力发展乡村游,助力乡村振兴

遵循“保护与开发并重”的发展理念,蓑衣樊村规划建设天鹅湖湿地观光区、艾李湖生态保护区、安澜湾休闲度假区、慢享乡村集聚区、温泉养生养老区、蓝城桃花源康养文旅项目等,建设了生态廊道、亲水栈道、观鸟平台、游艇码头、音乐广场、风情慢岛,配置了游船、电瓶车、共享单车等慢行系统交通设施。村里先后建设了蓑衣客栈、养生木屋、独立别院以及星级农家乐30余户,能同时接纳200余人住宿,“东方红会议室”可容纳300余人开会,“人民公社大食堂”可同时容纳500余人就餐。蓑衣樊村通过招商引资吸引了北京和深圳的两家公司,计划投入12亿元打造“天鹅湖国际温泉慢城”项目,大力发展乡

村旅游。

(三)山东省东营市广利河生态治理与综合开发案例

2021年5月,东营市被国家自然资源部确定为自然资源领域首批生态产品价值实现机制试点城市,也是黄河流域首家全市域的试点单位。此次试点在东营市全域展开,围绕黄河口、海洋、沿黄以及中心城区四个重点区域,通过探索建立生态保护补偿、生态券、附带生态修复条件的土地出让机制等,探索把“绿水青山”变成“金山银山”的有效路径,让更多的社会资源愿意投入绿水青山的保护建设,最终实现人与自然和谐共生。

广利河西接黄河,东入渤海,全长52.31km,流域面积510km^2,经过几十年的生态治理与综合开发,这条河从污水河华丽蝶变为生态黄金水道,不仅是一条彰显东营河海风情、湿地城市特色的河流,更成为一条新的湿地城市发展轴线,生态产品价值得以彰显。该市的主要做法如下。

1.狠抓生态修复,还原“绿水青山”

20世纪90年代,随着东营城市规模不断扩大、人口快速增加、工业迅猛发展,人与水的矛盾、城市与湿地的矛盾越来越突出,作为当时以城市排涝及排污为主要功能的广利河,长期水质较差,污染严重,成为一条人人避而远之的污水河、臭水河。同时,由于缺少统一整体规划和生态治理,造成广利河沿线垃圾乱堆乱放、河道污水横流,成为环境脏乱差的卫生“死角”,城市规划建设也多避开广利河。

从2007年开始,为全面改善广利河沿线生态环境,东营市委、市政府陆续启动实施了广利河综合治理、城市水系改造、湿地城市建设等重大民生基础设施工程项目。“首先是统筹考虑上下游、干支流、左右岸,实施全流域统一治理。”相关人员介绍,东营市把广利河作为一个整体系统,上游建设引黄沉沙蓄水,中游实施河道清淤、岸坡衬砌,下游进行疏通清淤、拓宽河道,实现生态补水、水清河晏,进而把广利河和溢洪河、清风湖、中心城11条水系52.58km全部贯通,实施水系联通工程,形成水系大循环,让一池活水进城区。

2.多方协力着力治水,优化“水生态”环境

按照“治污水、分雨水、纳洪水、排涝水、用中水、节黄水”六水共治思路,实施广利河生态环境综合治理工程。在对河道进行全面清淤、清障的基础上,东营市实施导污、截污和污水处理厂改造提升工程,实现雨污分流综合改造;实施33处积水点改造、67个内涝严重小区应急排水和68个沿河小区雨水就近入河工程,大大加强中心城区防洪能力;依法拆除两岸违章建筑物,建设生态

驳岸,实施增绿工程,建成融亲水游憩、休闲观光于一体的绿化景观带。

此外,针对沿线零散的荒滩湿地,东营市还进行增绿增湿改造,实施东八路生态环境综合整治提升、东三路生态湿地、天鹅湖湿地等一批重点湿地工程,串珠成链,实现城市河网、水库和湿地“三水相连”,搭建起湿地城市的生态架构。

经过多年的生态治理,广利河水质及沿岸生态环境得到根本改善,水质由劣五类基本稳定在三类标准;沿岸生态环境得到根本改善,区域水系合理贯通,“源头活水”不断注入;打造各类绿地公园 30 个,新增绿地面积 309hm^2,推动城市湿地面积达到 150km^2。广利河逐渐成为一条供市民休闲娱乐、观光游憩的景观河、民生河,更成为一条彰显河海特色、串联沿线景区的生态景观廊道。

3.依河就势,重塑城市发展格局

生态环境得到根本改善的广利河,还起到“筑巢引凤”的作用,成为塑造新型城市发展经济带的关键一环。自 2012 年开始,东营充分利用生态治理成果系统谋划,同步推进区域综合开发,通过资源整合、存量盘活、项目招引、业态植入等手段,在广利河沿岸融入文旅、住宅、软件开发、高端制造等特色产业,将广利河打造成了一个吸纳游客、主客共享的“城市会客厅”。

“从治理河道向经营城市转变,统筹城市布局、交通道路、景观绿化、污染治理。”相关人员说,按照规划,广利河区域被划分为滨水居住区、文化体育区、综合商贸区、文体休闲区、湿地景观与黄河口文化展示区、高科技园与特色住宅区等 6 大片区,实行统一规划、一体建设。搬迁和置换滨河工业用地,改作公共服务设施和居住用地,优化广利河两岸的土地利用结构,为区域科学发展提供土地支撑;结合城市开发与景观塑造,打造 9 个城市功能节点,布局建设高端产业和住宅项目,提高土地利用效率;实施道路联通工程,开展沿线环境整治和景观提升,完善标识系统和交通配套,实现左右岸一体发展;实施水系治理工程,大大加强中心城区防洪能力,将中心城区城市内涝设防标准提高到 50 年一遇。

不仅如此,东营还不断整合优势资源,推进广利河区域生态产品价值实现。坚持“一盘棋”推进旅游开发,整合广利河沿线湿地公园等的管理权,成立广利河生态旅游开发有限公司;将沿岸 2 家国家 4A 级景区、5 家 3A 级景区和 1 家国家城市湿地公园、1 家省级风景名胜区串珠成链,整体开发,塑造成为市民休闲和游客游玩的“黄金水道”,打造生态旅游综合体,展示东营独特的湿地城市风光;精心设计丰富的旅游线路产品,开通水上旅游线路 2 条、夜游线路 2

条，新建扩建游船码头5座，配备游船50余艘，年接待市民游客50余万人次。

结合广利河综合整治工程，建设30余处市民公园绿地；通过实施雨污分流、防洪排涝等基础设施配套工程，沿岸生态生活环境条件显著改善；统筹城市建设和产业发展，在广利河沿岸布局建设高端产业园区以及文旅设施，吸引300余家高端制造、软件开发和文创企业进驻，产业业态日益丰富多样，带动约2万名市民就业创业。由于丰富的生态调节和文化服务，广利河沿岸也变成开发商争抢的“香饽饽”，品位住宅、文化体育、综合商贸、特色商圈、休闲娱乐、医疗教育等优质资源沿河布局，土地不断增值溢价，沿岸居住率达到90%。

通过生态环境治理和综合开发等，广利河蝶变为市民休闲游憩、健身娱乐的生态河，成为集“蓄洪、生态、旅游、人文、景观”于一体的城市湿地风景区，是可游可居可望的城湿融合空间，更成为东营一条全新的生态经济带和城市发展轴，实现了生态效益和经济效益双赢。

（四）河南省淅川县发展生态产业助推生态产业生态化

河南省淅川县地处河南省西南部、豫鄂陕三省结合部，是南水北调中线工程核心水源区和渠首所在地，也是国家重点生态功能区、国家级贫困县和河南省4个深度贫困县之一。丹江口水库48%的水域面积在淅川，全县2820km²国土面积的92.8%处于饮用水源保护区，为建设南水北调工程而搬迁的移民近40万人，特殊的区位和主体功能决定了淅川县在保护生态环境、提供优质生态产品方面的特殊责任。面对保护水源地水质和脱贫攻坚两大任务，淅川县近年来坚持生态优先、绿色发展，持之以恒推进库周生态建设，积极发展生态产业，围绕最优质的生态资源选项目，努力把生态优势转化为产业优势，2019年实现了全县脱贫摘帽，让淅川的“绿水青山”变成了群众脱贫致富的“金山银山”，走出了一条生态保护、经济发展、群众脱贫的“多赢”发展之路。2018年以来，淅川县新建5000亩以上软籽石榴基地2个，3000亩以上杏李、大樱桃示范基地13个，三叶木通、猕猴桃、核桃、元宝枫、梨等产业示范基地8个。2019年，成功举办了第三届中国石榴博览会，“淅川红石榴”已享誉全国，打响了农产品产业的“生态牌”。淅川县电子商务产业园里的25家企业和个人通过互联网渠道销售特色农产品，月销售额达165万元。以水为基，形成了年产30万吨的矿泉水、各类饮料和果汁产品的生产能力，2019年水相关产业实现销售收入3亿元，同时带动了植物、果物提取技术的研发和转化，促进了水生态产品的价值显化和产业发展。以生态旅游为契机，打响“渠首”农产品知名度，生态产品附加值比普通产品增值1倍以上。2021年，全县共建成旅游重点村 36 个,乡村旅游产业园 40 个,农家乐和特色民宿 500 多家,辐射带动 1600 多户贫困户勤劳致富。淅川县推动产业生态化和生态产业化的具体做法如下。

1.开展山水林田湖草系统治理和监控监管,夯实生态产品生产基础

以土地整治夯实自然生态本底。通过移土培肥、梯田建设、土地整治等措施,提升和改造耕地 52.94 万亩,通过种植金银花等完成生态护坡 1.23 万亩,生态化治理库区周边土地,保护和维持库区自然生态系统稳定性。以全域治理维护生态环境。结合石漠化治理、国家储备林建设等,全面推进环丹江口水库生态隔离带建设,2012 年以来全县累计投入资金 24 亿元,每年实施造林不低于 6 万亩,其中完成困难地造林 30 多万亩。整治环保突出问题,大气污染防治等专项行动成效明显,清洁湖泊建设目标全面实现。累计投入 1.5 亿元,加强废弃露天矿山等生态修复,擦亮库区绿色基底,涵养一江清水。以监控监管织密生态屏障。以数字化监控平台为载体,组建水上、林间、乡村环保监控体系,始终保持对破坏生态、污染环境行为的高压态势,确保了丹江口水库的水安全运行。

2.积极探索生态价值产业实现路径

深入推进"生态立县"战略,着力构建生态农业、绿色工业、生态旅游等促进生态产品价值实现的产业体系。立足特殊县情,创新发展生态农业。通过政策奖励扶持、延伸资源产业链、推进绿色农业认定等措施,大力发展符合本地实际的生态农业。推广软籽石榴、樱桃、杏李、油用牡丹、金银花等生态林果及中药材种植,对发展核桃种植产业的免费提供苗木,并每亩一次性补贴 300 元;对发展油用牡丹、林下套种中药材、软籽石榴等水果产业的,每亩分别补贴 400 元、200 元和 300 元;开展双黄连、果酒、饮料等特色农产品深加工项目,建设 5 万吨的果蔬保鲜库,基本实现了生态产业集中区域、重点乡镇都有冷链仓库。依托福森集团等本地龙头制药企业,种植金银花、连翘等传统优势中药材 5 万余亩,实现"种植基地+加工基地+国内外市场"的完整产业链。通过"一减一增",大力推进绿色工业。执行最严格的水源地产业准入政策,减少并逐步退出网箱养殖、禽畜养殖、矿山开采等可能污染水库及周边环境的产业,全县累计取缔养鱼网箱 5 万多箱,拆除规模以上畜禽养殖场 520 多家,关停丹江口水库第一山脊以内的全部矿山企业;同时发展食品加工、智能制造等环境友好型产业,调整优化产业结构,促进全县绿色工业发展。依托绿水青山,全面发展生态旅游、康养、会议等产业。将旅游业作为促进生态产品价值实现的主导产业来培育,将陶岔渠首、汤山国家湿地公园、大观苑、八仙洞、香严寺、坐禅

谷等自然景观和历史人文底蕴融为一体，建设丹江湖，打造环丹江口库区5A级生态旅游区；以"渠首"为名片、水生态产品为价值内核，构建"水旅＋文旅＋农旅＋林旅＋培训基地"的全区域、全要素、全链条旅游产业。同时，由县财政出资，重点建设乡村旅游扶贫示范村12个，将乡村生态旅游与脱贫攻坚、乡村振兴相结合，推动农旅、林旅、文旅深度融合，引导群众依托绿水青山脱贫致富，初步培育出一批乡村旅游示范村、示范园、示范户，实现了生态与发展的双赢。

3.培育生态产品区域公用品牌

构建以"淅有山川"为代表的区域公用品牌体系。升级农产品溯源体系，制定生态产品质量认证管理办法；培育"淅有山川"公用品牌的第三方生态产品质量认证机构，实现认证标准多领域和国标化。积极探索"互联网＋"销售模式，通过整合构建网商、电商、微商相融合的营销体系和品牌推介平台，培育"淅有山川"产品加盟基地，与县域品牌、企业品牌、中国地理标志产品、地理标志农产品等现有品牌相互叠加，共同构筑淅川县生态产品的区域品牌"矩阵"，扩大"淅有山川"生态产品的知名度和影响力。

4.做好水文章，彰显优质水生态产品的价值

借助"南水北调渠首水源地"的优质水生态产品和中药材、有机林果等原材料优势，淅川县积极发展矿泉水、食品饮料等水产业，形成了以福森大健康产业有限公司为代表，以生产夏凉茶、功能饮料、果汁饮料、特医食品为主的产业集群，打造了"福森源"牌草本凉茶、金银花植物饮料、"九月故事"山楂汁和劲驾植物功能饮料等一批省内知名饮料品牌。将淅川本地的金银花、水等原材料与其他产地的材料进行对比分析，淅川本地的原材料品质最优，既降低了企业的生产成本，又从源头上保障了产品质量，有效保证了产品的市场竞争力，淅川生产的饮料产品在省内市场占有率超过了30%。

八、研究结论

黄河流域生态保护和高质量发展是习近平总书记亲自擘画、亲自部署、亲自推动的重大国家战略。在实现第二个百年奋斗目标的伟大征程上，通过加快产业生态化转型和生态产业化发展，对于推动黄河流域生态保护和高质量发展、构建双循环新发展格局和实现共同富裕，具有十分重要的战略意义。

在黄河流域协调好生态保护与高质量发展之间的关系，需要以习近平生态文明思想为指导，推动产业生态化转型和生态产业化发展，坚持走生态优

先、因地制宜、质量导向、健全机制、特色引领的现代化之路,把握好数字化、绿色化、高新化、融合化和国际化发展的战略方向,推动形成生态产业体系和产业生态体系。加快黄河流域产业生态化转型和生态产业化发展,需要坚持正确的政绩观,准确把握保护与发展、发展与安全之间的关系,在发展战略与专项规划、新基建等基础设施建设、法律制度等软环境建设、高端人才等新要素集聚、体制机制改革创新等方面形成支撑体系。在政策体系方面,要严格执行环境保护政策,构建区域协同合作机制,制定和实施导向性产业政策,贯彻实施国家水利政策,实施积极的财政政策和相对宽松的金融政策,改革政绩考核方式,健全碳管理体制机制,从多个维度为黄河流域实现高质量发展创造良好的政策环境。尤其是在产业政策方面,需要紧紧围绕生态优先和绿色发展的总体要求,从供给和需求两端入手,落实好控制能耗总量和能耗强度的措施,严格控制高能耗和高污染项目盲目上马,抓紧有序调整能源生产和能源消费结构,淘汰碳排放量大的落后产能和生产工艺。人类进入工业文明之后,气候变化、生态脆弱和环境恶化一直是威胁人类繁衍生息的重要因素,全球气候变暖、温室效应、地球表层污染、生物多样性下降等开始影响人类正常的生产生活。工业文明带来的负面效应告诫人类,需要建设人与自然生命共同体。建设人与自然和谐共存的命运共同体,首先需要加快产业向生态改善型和环境友好型方向转型升级,带动人类形成生态优先、绿色低碳的生产生活方式。推动黄河流域产业生态化转型和生态产业化发展,及时归纳总结成功经验,对于应对人类面临的共同挑战具有重要的借鉴和推广价值。

参考文献

[1]陈洪波.“产业生态化和生态产业化”的逻辑内涵与实现途径[J].生态经济，2018,34(10)：209-214.

[2]陈长.省域生态产业化与产业生态化协同发展理论、实证:以贵州为例[J].贵州社会科学,2019 (8):122-130.

[3]程钰,李晓彤,孙艺璇,等.我国沿海地区产业生态化演变与影响因素[J].经济地理,2020, 40 (9):133-144.

[4]付洪良,周建华.乡村振兴战略下乡村生态产业化发展特征与形成机制研究:以浙江湖州为例[J].生态经济,2020, 36 (3):118-123.

[5]谷树忠.产业生态化和生态产业化的理论思考[J].中国农业资源与区划，2020(10)：8-14.

[6]郭付友,佟连军,刘志刚,等. 山东省产业生态化时空分异特征与影响因素:基于17地市时空面板数据[J]. 地理研究,2019, 38(9):2226-2238.

[7]秦曼. 生态文明视阈下海洋产业生态化的模式选择[J]. 海洋开发与管理,2017, 34 (11):83-90.

[8]李宏伟、薄凡、崔莉. 生态产品价值实现机制的理论创新与实践探索[J]. 治理研究,2020(4): 34-42.

[9]李扬杰,罗胤晨,文传浩. 现代生态产业体系的业态划分及空间布局初探:以重庆市为例[J]. 重庆三峡学院学报,2020,36 (04):26-32.

[10]刘曙光,王璐,尹鹏,等. 中国地级以上城市产业生态化时空特征及其驱动因素研究[J]. 资源开发与市场,2018,34 (11):1488-1493.

[11]刘则渊,代锦.产业生态化与我国经济的可持续发展道路[J].自然辩证法研究,1994(12):38-42,57.

[12]陆根尧,盛龙,唐辰华.中国产业生态化水平的静态与动态分析:基于省际数据的实证研究[J].中国工业经济,2012(3):147-159.

[13]沈辉,李宁. 生态产品的内涵阐释及其价值实现[J]. 改革, 202(9): 145-155.

[14]沈洁,张永恒,周冰. 黄河流域产业生态化评价及优化路径研究[J]. 人民黄河,2020,42 (10):6-10.

[15]斯丽娟. 西部地区产业生态化时空演进及其驱动机制[J]. 甘肃社会科学,2021 (4):149-156.

[16]杨洋. 京津冀产业生态化效率测评与影响因素研究[J]. 北方经贸, 2019(5):114-118.

[17]余东华,李云汉. 数字经济时代的产业组织创新:以数字技术驱动的产业链群生态体系为例[J]. 改革,2021(7): 24-43.

[18]余东华. 黄河流域产业生态化与生态产业化的战略方向和主要路径[J]. 山东师范大学学报(社会科学版),2022, 67 (1):128-138.

[19]曾鹏,韩晓晗. 中国城市群产业生态化及其空间特征[J]. 统计与决策,2020,36 (8):51-55.

[20]温铁军. 乡村振兴的关键:生态产业化和产业生态化,在路上:乡村复兴论坛文集(四)[M]. 北京:中国建材工业出版社, 2019.

[21]王礼刚. 汉江生态经济带产业生态化与生态产业化耦合协调发展研究[J]. 长江流域资源与环境,2022, 31 (6):1198-1207.

[22]王莹莹,何刚,阮君. 生态产业化与产业生态化协同度研究:以安徽省

为例[J]. 安徽理工大学学报(社会科学版),2020，22 (5):19-23.

[23]张波,白丽媛. “两山理论”的实践路径:产业生态化和生态产业化协同发展研究[J]. 北京联合大学学报(人文社会科学版)，2021(1)：11-19.

[24]张国俊,王珏晗,庄大昌. 广州市产业生态化时空演变特征及驱动因素[J]. 地理研究,2018，37(6):1070-1086.

[25]张清俐. 推动黄河流域产业转型升级:访黄河国家战略研究院副院长余东华教授[N]. 中国社会科学报,2021-1-29.

[26]张林波,虞慧怡、郝超志.国内外生态产品价值实现的实践模式与路径[J]. 环境科学研究，2021(6)：1407-1416.

[27]张轩畅,刘彦随,李裕瑞,等. 黄土丘陵沟壑区乡村生态产业化机理及其典型模式[J]. 资源科学,2020，42 (7):1275-1284.

[28]中共中央,国务院. 黄河流域生态保护和高质量发展规划纲要[N]. 人民日报,2021-10-9.

[29]BOULDING K E. The economics of the coming spaceship earth[M]. Baltimore：John Hopkins University Press，1966:3-14.

[30]BRUEL A，KRONENBERG J，TROUSSIER N，et al. Linking industrial ecology and ecological economics：A theoretical and empirical foundation for the circular economy[J]. Journal of Industrial Ecology，2019，23(1):12-21.

[31]FSRLEY J，COSTANZA R. Payments for ecosystem services：From local to global[J]. Ecological Economics，2010，69(11)：2060-2068.

[32]GALLO POULOS N E，FROSCH R A. Strategies for manufacturing[J]. Scientific American，1989，261(3)：94-102.

第四部分 黄河流域生态保护和高质量发展评估及收敛性分析*

一、黄河流域生态保护和高质量发展评估

(一)引言

自新中国成立以来,党和国家始终心系黄河开发治理,取得了一系列重大成就。但黄河流域仍面临着以下突出问题和困难:资源环境高负荷,水资源压力突出,流域生态环境脆弱,沿黄各省区发展不平衡不充分,这些都极大地制约着黄河流域的高质量发展,难以实现让黄河成为造福人民的幸福河的目标。为了扭转这一非可持续现状,习近平总书记于2019年9月18日在黄河流域生态保护和高质量发展座谈会上首次提出"黄河流域生态保护和高质量发展"的重要论述,作出了加强黄河治理保护,推动黄河流域高质量发展的重大部署。由此,黄河流域生态保护和高质量发展成为继京津冀协同发展、长江经济带、粤港澳大湾区建设、长三角一体化后又一重大国家战略。随后,2020年8月31日,中共中央政治局会议审议《黄河流域生态保护和高质量发展规划纲要》。为此,黄河流域的相关问题引起了广泛的学术关注。聚焦于黄河流域生态保护和高质量发展,现有研究可大致分为以下几类:气候变化(Guo et al.,2022)、空气污染(Jiang et al.,2021a)、流域内生态治理(Liu et al.,2022; Zhang et al.,2022)、区域经济发展(Jiang et al.,2021b)等。尽管这些研究有益于评估黄河流域生态质量或经济效益,但并未将两者协同以有效识别该流域的双赢战略。

生态效率作为评估高质量发展的重要指标,因其被定义为经济增加值与

* 承担单位:山东大学黄河国家战略研究院、山东大学威海前沿交叉科学研究院;课题负责人:张宁;课题组成员:赵玉、黄旭辉、王硕。

环境影响增加值的比率,而可以有效评估黄河流域生态与经济的协同效应。提高生态效率可以使得环境压力与经济增长脱钩,进而解决环境流域现有困境。关于生态效率的研究比比皆是,但均未能提供生态效率的规范定义。特别是在基于前沿面方法估算生态效率时,大量研究借用技术效率(例如,Arabi et al.,2016;Yu et al.,2018;Huang et al.,2018a; Wang et al.,2022)、环境效率(例如,Demiral and Sağlam,2021;Martinsson and Hansson,2021)等以混淆概念,造成了对生态效率的理解偏误。

基于 Schaltegger 和 Sturm(1990)提出的相关概念,本研究利用数据包络分析(Data Envelopment Anaylsis,DEA)提供了标准化的生态效率指标,并将其定义为实际 GDP 对实际环境影响与潜在 GDP 对潜在环境影响的比值。在考虑环境影响时,除了水资源和污染物减排目标的刚性约束外,流域内还面临着"双碳"目标约束,因此 CO_2 排放也应被纳入生产进程中。为了评估黄河流域城市层面的高质量发展水平,本研究分两个阶段进行。首先,提供规范化定义,并利用共同前沿非径向方向距离函数模型解决效率测度中存在的潜在问题,诸如技术异质性(Oh,2010a)、松弛变量(Zhou et al.,2012a;Zhang and Choi,2013)和线性规划不可行解(Oh,2010b)。此外,为了提高运算效率,引入 Porter 等(2011)提出的两期生产技术,可以在将新时间段纳入数据集时保持先前计算的生态效率不发生变化。其次,利用 Malmquist 指数评估动态生态效率,并从技术视角识别黄河流域高质量发展的内在机制。

本研究使用 2008～2017 年黄河流域内城市层面数据集,发现以下重要结果:(1)流域内整体生态效率约为 63.7%,无论经济层面还是环境层面均面临较大的效率损失;(2)生态效率年均增长率约为 5.73%,流域内高质量发展水平持续向好;(3)中部地区城市因其高排放、欠发达的历史特征,产出与排放之间的矛盾比其他地区城市更为严重。

(二)研究背景与文献综述

1.黄河流域研究背景

黄河流域位于东经 96°～119°、北纬 32°～42°,东西长约 1900 公里,南北宽约 1100 公里,流域内面积约为 79.5 万平方公里。它被国内外视为中国重要的生态屏障,是中国西北和北方的重要水源。黄河流域流经青海、四川、甘肃等九省区,最终在山东省汇入渤海。2019 年,黄河流域地区生产总值约为 24.6 万亿元,供养了近 1/3 的中国人口,但其实际人均 GDP 明显低于其他地区。由此可见,流域内经济发展质量有待提升。

黄河流域拥有丰富的能源资源，包括煤炭、石油、天然气和有色金属，但也面临着严重的水资源短缺、生态环境脆弱等挑战。为了解决黄河流域内的不可持续问题，2019 年我国首次提出将“黄河流域生态保护和高质量发展”作为一项重大国家战略并对其进行重要论述。2021 年 10 月，国务院发布《黄河流域生态保护和高质量发展规划纲要》，强调推动绿色低碳转型，全面改善生态环境（包括温室气体的生态影响）。如何全面衡量黄河流域绿色高质量发展水平是中国政府和学者目前较为关注的问题，现阶段学者们倾向于使用生态效率指标以评估经济与环境之间的协同效应。然而，在实际计算的过程中，现有文献对生态效率的处理较为模糊，无法准确且规范地完成测度任务。本研究提供了一个标准化定义，以纠正生态效率估计中长期存在的偏差，这将为政府政策的顶层设计提供重要参考。

2.方法论视角下的文献综述

前沿面方法（Chung et al.，1997；Färe et al.，1993；Zhang and Zhou，2020）、行星边界（Vázquez and Guillén-Gosálbez，2021）、可持续评估方法（Aliff et al.，2019；Mangili et al.，2019）、废物减少模型（Young and Cabezas，1999）、生命周期评价（Bojarski et al.，2008）等是生态效率分析中最受欢迎的测量工具。Vásquez-Ibarra 等（2020）给出了基于生命周期评价和 DEA 方法全面、结构化的文献综述。此外，许多研究采用行星边界、可持续评估方法和废物减少模型以估算生态效率，如 Young 等（2000）和 Ducoli 等（2012）。然而，Lewis（2022）指出，行星边界存在两点不足：阈值的不确定性，环境问题的空间异质性。诸如 SUI 算法和 SOFTSCAPES 模型等可持续评估方法均不能反映投入/产出之间的可替代性。废物减少算法最初应用于化学过程分析，但 Yong 等（2000）认为能源是一种非期望投入，这违背了生产理论的经典公理。而在生产过程中，投入/产出之间的关系不容忽视，且生态效率衡量需要一种理想的生产基准技术，除前沿面方法以外，其他算法并不能完全解决这两个重要问题。

前沿面方法包括参数方法（Huang et al.，2018）与非参数 DEA 方法（Zhang and Choi，2014）两大类。Zhang 等（2022a）指出，参数方法比非参数 DEA 方法更容易违背投入/产出的单调性假设。然而，目前使用 DEA 方法以估计生态效率存在诸多不足。第一，大多数现有研究采用技术效率或环境效率以表征生态效率，这混淆了不同效率概念之间的显著差异。第二，现有 DEA 方法无法同时解决技术异质性（Oh，2010a）、松弛变量（Zhou et al.，2012a）和线性规划不可行解（Oh，2010b）的问题。如果想数据集添加新的时间段，也无法保持先前计算的效率值（Pastor et al.，2011）。因此，本研究开发了两期共同前沿非径向方向距离函数,并为生态效率提供一个规范的定义,这也是进行规范分析的基础。

(三)方法论

1.环境生产技术

假设黄河流域共有 K 个城市,每个城市联合使用 N 个投入来生产 M 个期望产出和 J 个非期望产出,对应矩阵分别为 $\boldsymbol{X}=(x_1,x_2,\cdots,x_n)\in \mathrm{R}_+^N$,$\boldsymbol{Y}=(y_1,y_2,\cdots,y_m)\in \mathrm{R}_+^M$ 和 $\boldsymbol{B}=(b_1,b_2,\cdots,b_j)\in \mathrm{R}_+^J$。为此,多产出环境生产技术可以表示为:

$$\boldsymbol{T}=\{\boldsymbol{X}:\boldsymbol{X}\text{ 可以生产}(\boldsymbol{Y},\boldsymbol{B})\} \tag{1}$$

其中,$\boldsymbol{T}$ 满足生产理论公理以及弱可处置性和零结合性(Färe et al., 2005)。根据上述假设,具备规模报酬不变属性的 $\boldsymbol{T}$ 为:

$$\begin{aligned}\boldsymbol{T}=\{(\boldsymbol{X},\boldsymbol{Y},\boldsymbol{B}):&\sum_{k=1}^{K} z_k\boldsymbol{X}_{nk}\leqslant \boldsymbol{X}_n,\quad n=1,2,\cdots,N\}\\ &\sum_{k=1}^{K} z_k\boldsymbol{Y}_{mk}\geqslant \boldsymbol{Y}_m,\quad m=1,2,\cdots,M\\ &\sum_{k=1}^{K} z_k\boldsymbol{B}_{jk}=\boldsymbol{B}_j,\quad j=1,2,\cdots,J\\ &z_k\geqslant 0,\quad k=1,2,\cdots,K\end{aligned} \tag{2}$$

其中,$\boldsymbol{z}=(z_1,z_2,\cdots,z_k)^T$ 是用于通过凸组合连接投入产出向量的强度变量。当约束 $z_k\geqslant 0$ 成立时,$\boldsymbol{T}$ 表现出规模报酬可变的特征。

2.两期非径向方向距离函数

利用非径向方向距离函数($NDDF$)以表征生产可能性集,这允许引入松弛变量以解决方向距离函数中的效率高估问题。考虑到黄河流域的环境约束和经济目标,假设 $\boldsymbol{g}=(-\boldsymbol{g}_X,\boldsymbol{g}_Y,-\boldsymbol{g}_B)$为方向向量。NDDF 被定义为

$$\vec{\boldsymbol{D}}(\boldsymbol{X},\boldsymbol{Y},\boldsymbol{B})=\sup\{\mathrm{w}^T\beta:(\boldsymbol{X},\boldsymbol{Y},\boldsymbol{B})+\mathrm{g}\cdot \mathrm{diag}(\beta)\} \tag{3}$$

该公式旨在最大化产出的同时最小化投入与排放。w 表示权重向量,β 为无效率值,diag(·)为对角矩阵。

先前研究主要使用全球生产技术以解决线性规划不可行解的问题,而当一个新的时间段被添加到数据集时,全球生产技术的使用会迫使重新计算所有以前的估计,从而导致效率的变化。为了消除这种担忧,我们通过结合 t 期和 $t+1$ 期的生产技术构造一个新的凸组合 $\boldsymbol{T}^B=\mathrm{conv}\{\boldsymbol{T}^t,\boldsymbol{T}^{t+1}\}$。基于已构建的两期环境生产技术通过线性规划方法计算所有 NDDF 值,即:

$$\vec{D}_k^B(X^t, Y^t, B^t) = \sup\left(\sum_{n=1}^{N} w_n\beta_n + \sum_{m=1}^{M} w_m\beta_m + \sum_{j=1}^{J} w_j\beta_j\right)$$

$$\text{s.t.}\begin{cases}\sum_{k=1}^{K} z_k^t X_{nk}^t + \sum_{k=1}^{K} z_k^{t+1} X_{nk}^{t+1} \leqslant X_n^t - \beta_{nk}^t g_{nk}, & n=1,2,\cdots,N \\ \sum_{k=1}^{K} z_k^t Y_{mk}^t + \sum_{k=1}^{K} z_k^{t+1} Y_{mk}^{t+1} \geqslant Y_m^t - \beta_{mk}^t g_{mk}, & m=1,2,\cdots,M \\ \sum_{k=1}^{K} z_k^t B_{jk}^t + \sum_{k=1}^{K} z_k^{t+1} B_{jk}^{t+1} = B_j^t - \beta_{jk}^t g_{jk}, & j=1,2,\cdots,J \\ \sum_{k=1}^{K} z_k^t + \sum_{k=1}^{K} z_k^{t+1} = 1; \quad z_k^t, z_k^{t+1} \geqslant 0; \beta_{nk}^t, \beta_{mk}^t, \beta_{jk}^t \geqslant 0 & \end{cases} \tag{4}$$

在模型(4)中，如果 $\vec{D}_k^B(X^t, Y^t, B^t)=0$，这意味着第 k 个城市的投入产出集合位于生产前沿上。

3.两期共同前沿非径向方向距离函数

由于生产技术的同质性可能导致有偏估计，因此需引入共同前沿方法(meta-frontier Approach)。根据 Oh(2010a)，将样本划分为 H 个子组，每个子组有 K_h 个观测值。在这种情况下，我们定义了三种类型的环境生产技术。首先，我们定义了两期基准生产技术：$T^B=\{X:X$ 可以生产$(Y,B)\}$，它使用全样本作为两期基准生产技术构建。其次，第 h 个子组中的两期基准生产技术被定义为 $T_h^B=\{X^h:X^h$ 可以生产$(Y^h,B^h)\}$。最后，我们定义了当期基准生产技术：$T_h^t=\{X^t:X^t$ 可以生产$(Y^t,B^t)\}$，这是 t 期的生产技术集。

全样本或子组的两期生产技术可以通过模型(4)直接求解，而当期基准生产技术与之略有不同。对于当期基准生产技术，我们可以通过以下 DEA 类型来求解 NDDF：

$$\vec{D}_k(X^t, Y^t, B^t) = \sup\left(\sum_{n=1}^{N} w_n\beta_n + \sum_{m=1}^{M} w_m\beta_m + \sum_{j=1}^{J} w_j\beta_j\right)$$

$$\text{s.t.}\begin{cases}\sum_{k=1}^{K_h} z_k^t X_{nk}^t \leqslant X_n^t - \beta_{nk}^t g_{nk}, & n=1,2,\cdots,N \\ \sum_{k=1}^{K_h} z_k^t Y_{mk}^t \geqslant Y_m^t - \beta_{mk}^t g_{mk}, & m=1,2,\cdots,M \\ \sum_{k=1}^{K_h} z_k^t B_{jk}^t = B_j^t - \beta_{jk}^t g_{jk}, & j=1,2,\cdots,J \\ \sum_{k=1}^{K_h} z_k^t = 1; \quad z_k^t \geqslant 0; \beta_{nk}^t, \beta_{mk}^t, \beta_{jk}^t \geqslant 0 & \end{cases} \tag{5}$$

4.生态效率定义

由于本模型中纳入了四种投入要素(劳动、资本、能源和水资源)、一种期望产出(GDP)和两种非期望产出(CO_2 和 NOx),因此我们将权重向量设置为(1/12,1/12,1/12,1/12,1/3,1/6,1/6)。本研究完全遵循了 Schaltegger 和 Sturm(1990)提出的概念,并基于 DEA 提供了生态效率的规范定义:实际 GDP 对实际环境影响与潜在 GDP 对潜在环境影响的比率。假设 β^*_{gdp}、$\beta^*_{CO_2}$ 和 $\beta^*_{NO_x}$ 是与 GDP、CO_2 和 NOx 排放对应的最优解,则生态效率为:

$$EE=\frac{\dfrac{gdp}{1/2(CO_2+NO_x)}}{\dfrac{gdp+\beta^*_{gdp}gdp}{1/2[(CO_2-\beta^*_{CO_2}CO_2)+(NOx-\beta^*_{NO_x}NO_x)]}}=\frac{1-1/2(\beta^*_{CO_2}+\beta^*_{NO_x})}{1+\beta^*_{gdp}} \tag{6}$$

生态效率指标旨在衡量经济增长与减排的最大可能,该指标位于 0 至 1 之间。生态效率越高,城市就越容易实现生态保护和经济增长的协同发展。如果 $EE=1$,则该城市在生产前沿表现出最佳的生态经济绩效。

5.两期共同前沿非径向 Malmquist 指数

为了研究生态效率随时间的动态变化,我们提出了两期共同前沿非径向 Malmquist 指数:

$$BMNMI_k^{t,t+1}(\boldsymbol{X},\boldsymbol{Y},\boldsymbol{B})=\frac{EE_k^B(\boldsymbol{X}^{t+1},\boldsymbol{Y}^{t+1},\boldsymbol{B}^{t+1})}{EE_k^B(\boldsymbol{X}^t,\boldsymbol{Y}^t,\boldsymbol{B}^t)} \tag{7}$$

其中,$BMNMI_k^{t,t+1}$ 是第 k 个城市从 t 期至 $t+1$ 期的生态效率变化率。

此外,为了研究 BMNMI 的内部驱动机制,从技术视角将其分解为三个重要部分,即:

$$\begin{aligned}BMNMI_k^{t,t+1}(.)&=\frac{EE_k^B(\overset{t+1}{.})}{EE_k^B(\overset{t}{.})}=\frac{EE_k^{t+1}(\overset{t+1}{.})}{EE_k^t(\overset{t}{.})}\times\left[\frac{EE_k^B(\overset{t+1}{.})/EE_k^{t+1}(\overset{t+1}{.})}{EE_k^B(\overset{t}{.})/EE_k^t(\overset{t}{.})}\right]\\&=\frac{EE_k^{t+1}(\overset{t+1}{.})}{EE_k^t(\overset{t}{.})}\times\left[\frac{EE_k^{Bh}(\overset{t+1}{.})/EE_k^{t+1}(\overset{t+1}{.})}{EE_k^{Bh}(\overset{t}{.})/EE_k^{t+1}(\overset{t}{.})}\right]\times\left[\frac{EE_k^B(\overset{t+1}{.})/EE_k^{Bh}(\overset{t+1}{.})}{EE_k^B(\overset{t}{.})/EE_k^{Bh}(\overset{t}{.})}\right]\\&=EC^{t,t+1}\times BPC^{t,t+1}\times TGC^{t,t+1}\end{aligned} \tag{8}$$

其中,效率变化(EC)代表着生态效率变化的追赶效应。当 EC 大于 1 时,意味着效率提高,否则效率降低。最佳实践差距变化(BPC)描述了从 t 期至 $t+1$期的第 h 个子组两期环境生产技术的变化,表征创新效应。技术差距变化(TGC)表示组内前沿与两期共同前沿的距离变化,代表技术领先效应。

(四)数据

本研究收集了2008～2017年黄河流域8省区76个城市的面板数据。投入产出变量数据主要来源于2009～2018年的《中国城市统计年鉴》。假设每个城市使用劳动力、固定资产、能源消耗和供水四种投入,生产GDP、CO_2排放和NOx排放三种产出。同时,假设所有的CO_2排放都来自化石燃料的燃烧。对于每个城市,我们通过将每种能源类型的消费量乘以其碳排放因子来估算CO_2排放量(Wei and Zhang,2020;Cui et al.,2021)。表1提供了样本中所有变量的统计信息。

表1 所有投入产出变量的描述性统计

变量	单位	均值	标准差	最小值	最大值
劳动	万人	43.95	34.15	4.21	207.55
资本	十亿元	129.12	116.58	4.04	777.71
能源	百万吨	20.16	17.13	0.07	116.24
水资源	百万吨	88.62	95.63	3.52	573.96
GDP	十亿元	170.41	154.39	76.00	1103.73
CO_2	百万吨	33.85	19.18	3.72	108.48
NO_x	千吨	81.59	91.32	1.02	924.16

注:研究样本覆盖了黄河流域8个省区76个地级市。城市—年样本量:760个观测值。样本期:2008～2017年。CO_2排放由作者估算,其余变量来源于《中国城市统计年鉴》。

考虑到区域之间发展不平衡,本研究根据城市的地理位置将其划分为东部、中部和西部省份三组子样本。在流域内,东部只有山东省,中部包括河南和山西省,西部由陕西、内蒙古、甘肃、宁夏和青海组成。中国的东部、中部和西部地区是根据经济发展水平和地理位置划分的。这种划分不仅仅是指经济水平,也不完全是地理概念的划分,而是两者的混合。大量文献使用这种标准进行异质性分析,例如,Yu和Zhang(2021)、Zhang和Zhou(2020)。在表2中,我们发现每个群体都具有不同的资源禀赋和经济发展水平,这为使用共同边界方法提供了额外支撑。

表 2 不同地区的资源、生态和经济特征

变量	东部地区		中部地区		西部地区	
	均值	增长率	均值	增长率	均值	增长率
劳动	65.03	3.50%	48.11	3.79%	28.64	3.58%
资本	202.82	15.42%	121.51	18.43%	95.58	18.55%
能源	32.70	5.04%	19.71	3.67%	13.68	11.60%
水资源	133.22	3.60%	75.76	1.60%	76.33	3.29%
GDP	307.53	9.41%	148.48	11.23%	115.02	10.89%
CO_2	42.92	1.76%	32.03	3.25%	30.51	6.31%
NO_x	33.98	20.20%	73.68	45.47%	42.59	35.29%

(五)实证分析

1.按区域划分的生态效率

图 1 提供了流域内生态效率的“平均效应”,其值约为 63.7%,这意味着相对于生产前沿,生态保护与经济增长的效率损失接近 40%。对于不同的子组,首先基于组内前沿衡量生态效率(见表 3)。研究发现,东部城市的生态效率最高(约为 86.9%),而中部城市最低(约为 75.2%)。尽管组内前沿可以提供区域内效率差异的信息,但由于没有统一的衡量基准,无法进行跨组比较。

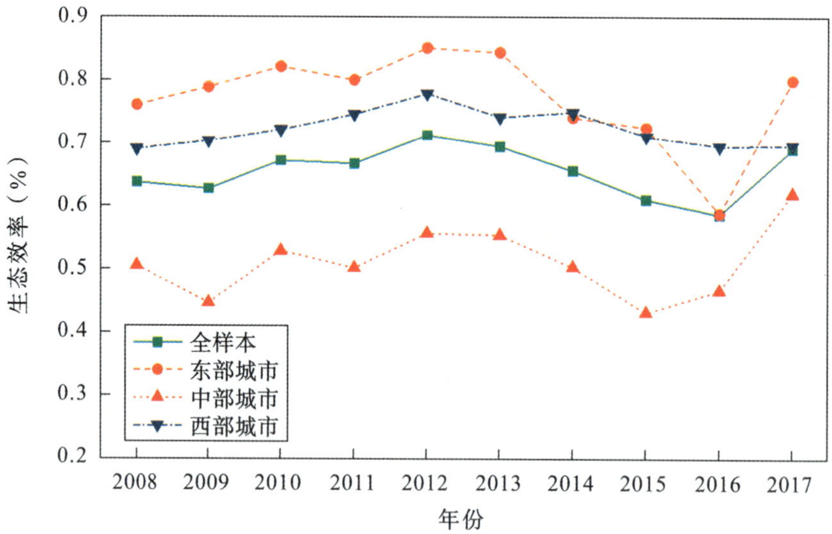

图 1 2008~2017 年黄河流域生态效率趋势

表 3 组内前沿下的生态效率比较

	观测值	均值	标准差	最小值	最大值
全样本	760	0.802	0.246	0.199	1
东部城市	170	0.869	0.192	0.394	1
中部城市	280	0.752	0.275	0.199	1
西部城市	310	0.811	0.235	0.241	1

考虑生产技术异质性可以将所有的城市置于统一的基准下进行比较，我们使用共同前沿方法重新测度了结果。我们发现共同前沿下的生态效率低于组内前沿下的估计。东部城市在两个基准下的生态效率估计值相差很小，这说明东部城市的技术前沿更接近全域生产前沿。具体而言，在共同前沿分析框架下，东部城市的生态效率为 77.0%，比中部城市高 26.0 个百分点，比西部城市高 4.8 个百分点。值得注意的是，虽然东部城市的生态效率与西部城市相当接近，但其原因大相径庭。东部城市的特点是高经济增长、高排放量，而西部城市则相反。中部城市主要由经济增长相对较低但排放较高的城市组成，因此生态效率最低。这也与中部城市地处黄土高原，环境恶劣有关。

本研究还识别了高效城市的分布情况（见图 2），所谓高效城市即生态效率为 1 的城市。2008～2012 年，生态效率分布并未发生较大的变化，仍呈现东部和西部城市较高、中部城市较低的特点。在东部城市中，青岛、威海、烟台、莱芜、东营和淄博在此期间的生态效率均为 1；在中部城市中，仅有周口为高效城市；而在西部城市中，嘉峪关、定西、中卫和固原均属于高效城市。2012 年之后，中央政府不断加强黄河流域治理，流域内城市生态效率也发生了明显的变化。具体地，2016 年黄河流域整体生态效率出现显著下降，东部和中部高效城市数量也大幅缩减（仅有 3 个），而西部的高效城市数量明显增加。2017 年，生态效率出现回升，其间呈现 U 形变化，符合波特假说结论。

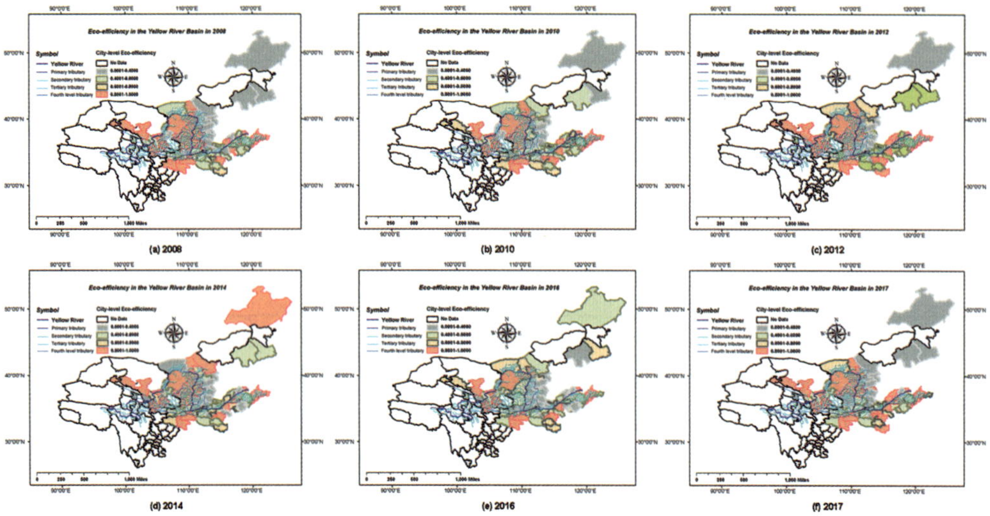

图 2　2008～2017 年黄河流域生态效率地理分布

2.生态效率变化率及其组成成分

2008～2017 年,生态效率年均增长率约为 5.73%,这意味着流域内一个平均水平的城市可以在改善生态环境的同时提高地区 GDP。具体地,生态效率变化率在 2008～2012 年期间较为平稳,2012 年后呈 U 形曲线[见图 3(a)]。东部和中部城市表现出相同的 U 形趋势,而西部城市并未发生较大变化。

图 3(b)至图 3(d)刻画了生态效率变化率的组成成分。年均效率变化为 1.17%,这意味着平均城市与当期基准生产技术的差距缩小。而效率提高原因有二。第一,如果基准生产技术是不断进步的,平均城市的追赶速度会比基准生产技术的进步速度更快;第二,如果基准生产技术退步,则平均城市的效率衰退速度要慢于基准生产技术。异质性结果显示,东部(1.69%)和西部(2.05%)城市的追赶效应明显,而中部城市有所下降。最佳实践缺口率为 2.05%,意味着技术进步。研究期间,政府和公众对环境的关注度似乎是推动技术变革的原因之一。西部城市的技术变化最高,为 2.91%,东部城市的创新效应最低,为 0.99%。一个可能的解释是该地区本身的绿色高质量发展水平较高,增长率难免低下。年均技术缺口变化率约为 6.04%,也意味着全域两期生产技术与组内生产技术的差距正在缩小。2016 年之前,东部城市的该项指标低于其他城市地区,在 2016 年之后出现大幅上升;中部城市该指标最高,这说明其近年来在能源和环境相关技术方面的努力已初步取得成效;西部城市虽然相对稳定,但呈现略微下降的趋势,这也意味着黄河流域上游的技术发展潜力巨大。

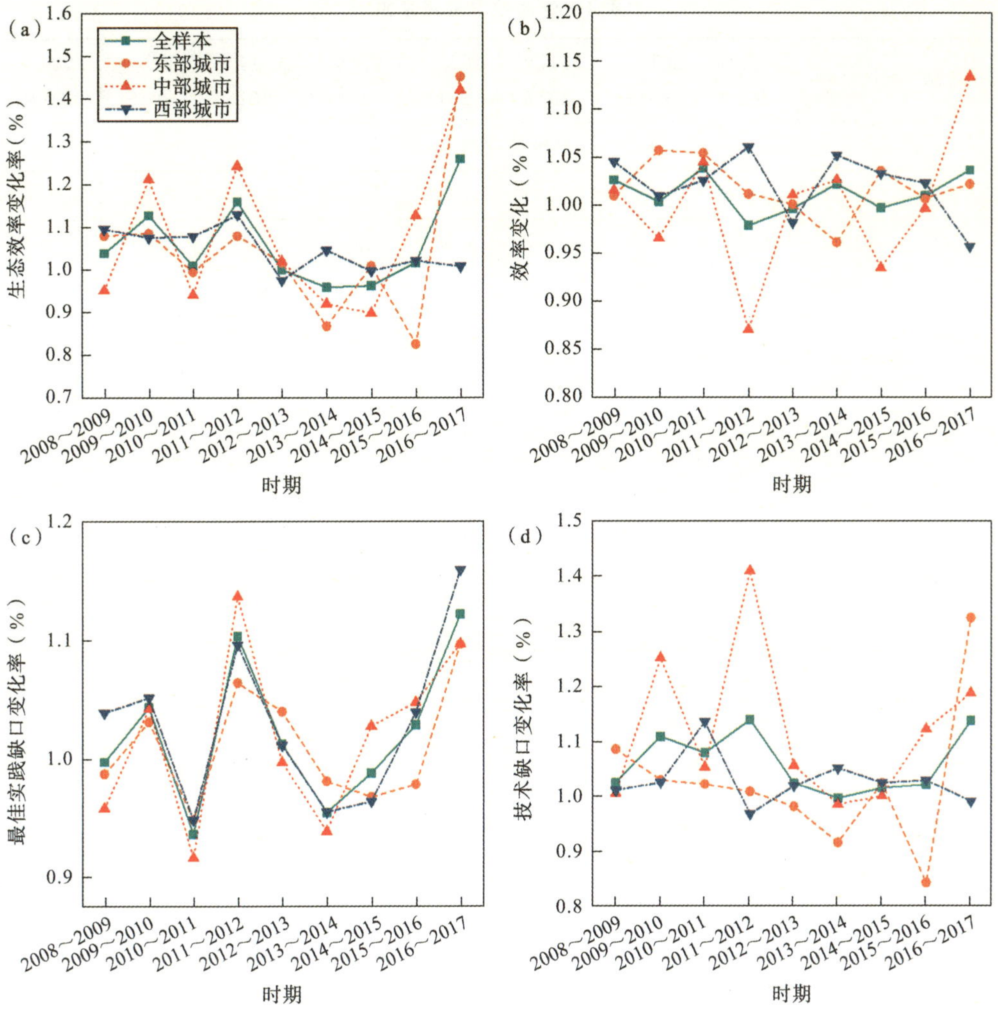

图 3 生态效率变化及其组成部分

3.生态效率增长的主要来源

为确定生态效率增长的内在驱动机理，我们计算了三种重要组成成分(EC、BPC 和 TGC)的贡献。表 4 报告了生态效率的变化来源。2009～2013 年，技术领导力效应(TGC)推动了黄河流域内生态效率的提升，其趋势与生态效率变化趋势一致。这一现状的出现有以下几点潜在原因：第一，革命性生态技术创新的出现；第二，存在足够的技术溢出缩小了城市间的技术差距。2013 年之后，技术领导力效应对生态效率变化的影响有所下降，这可能与新一轮水资源管理在短期内抑制了技术创新有关。

表 4 生态效率变化来源

时期	2008～2009	2009～2010	2010～2011	2011～2012	2012～2013	2013～2014	2014～2015	2015～2016	2016～2017
面板 A:全样本									
EC	0.337	0.318	0.340	0.304	0.329	0.344	0.332	0.330	0.314
BPC	0.327	0.331	0.307	0.343	0.334	0.321	0.329	0.336	0.340
TGC	0.336	0.351	0.353	0.354	0.338	0.335	0.338	0.334	0.345
来源	EC	TGC	TGC	TGC	TGC	EC	TGC	BPC	TGC
面板 B:东部城市									
EC	0.328	0.339	0.349	0.328	0.331	0.336	0.342	0.356	0.298
BPC	0.320	0.331	0.314	0.345	0.344	0.343	0.320	0.346	0.319
TGC	0.352	0.330	0.338	0.327	0.325	0.320	0.338	0.298	0.385
来源	TGC	EC	EC	BPC	BPC	BPC	EC	EC	TGC
面板 C:中部城市									
EC	0.341	0.296	0.347	0.255	0.330	0.348	0.315	0.315	0.332
BPC	0.322	0.320	0.304	0.333	0.325	0.318	0.347	0.331	0.321
TGC	0.337	0.384	0.349	0.413	0.345	0.334	0.338	0.354	0.347
来源	EC	TGC	TGC	TGC	TGC	EC	BPC	TGC	TGC
面板 D:西部城市									
EC	0.338	0.327	0.330	0.340	0.326	0.344	0.342	0.331	0.308
BPC	0.336	0.341	0.304	0.351	0.336	0.312	0.319	0.336	0.373
TGC	0.327	0.332	0.365	0.320	0.338	0.344	0.339	0.333	0.319
来源	EC	BPC	TGC	BPC	TGC	EC	EC	BPC	BPC

表 4 还表明追赶效应(EC)是东部城市生态效率提升的关键驱动力，而创新效应(BPC)和技术领导力效应(TGC)分别是西部和中部城市的生态效率增长的主要来源。本研究还提供了三种技术组成成分的地理分布(见图 4)。研究发现，流域内效率变化排名前 5 位的城市分布在东部和西部，例如德州(12.4%)、乌海(19.4%)和呼伦贝尔(21.8%)；最佳实践缺口变化排名前 5 的城市位于西部，例如乌兰察布(21.3%)和晋中(8.4%)；技术缺口变化排名前 5 的城市位于中部，包括吕梁(30.4%)和临汾(24.5%)。无论是时间维度还是空间维度，结论均是一致的。

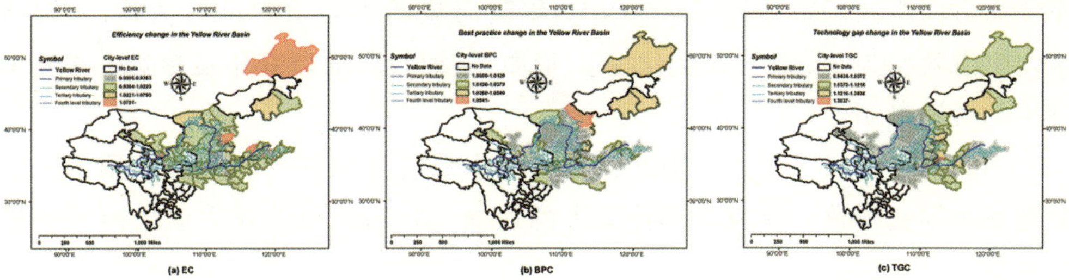

图 4　生态效率变化内部驱动因素的地理分布

(六)讨论

本研究从环境规制视角讨论了实证分析的潜在影响。“十一五”期间，中国政府宣布了一系列约束性规制目标：在 2010 年，能源强度、碳强度以及 SO_2 强度要比 2005 年分别下降 16%、17%和 20%。其间环境流域的生态效率有所提高，这与文献中“环境规制可以提高生产效率”的观点基本一致（Zhang et al.，2022）。2012 年，中央政府颁布了针对黄河流域的新一轮水资源管理制度，明确至 2030 年全国用水总量为 7000 亿 m^3 的目标，这项政策最为直接的影响即水资源投入的缩减，短期内会造成资源错配进而降低生态效率（Lee，2002）。2015 年之后，黄河流域的技术水平显著提高，一方面，短期配置无效有所缓解；另一方面，规制会提高创新。

结论表明环境规制对流域内生态效率的影响呈 U 形特征，这意味着严格的规制不仅增加了减排成本，还提高了绿色绩效水平。除了 U 形关系，也有许多研究认为这种效果可能是线性关系、阈值关系或者倒 U 形关系。例如，Peng 等（2021）利用双重差分法检验了排污权交易试点对企业全要素生产率（TFP）的线性影响；Xie 等（2017）使用面板门槛模型验证了环境规制对绿色 TFP 具有门槛增长作用；Wang 等（2018）证明了环境规制与制造业国际竞争力之间的倒 U 形关系；而 Wu 等（2020）、Wu 和 Lin（2022）均提供了规制与环境绩效之间呈 U 形关系的证据，检验了波特假说。尽管该假说在科学界一直存在争议，但本研究证实的结果也为该假说提供了进一步支撑。

(七)结论

本研究首次提出了基于 DEA 方法的生态效率规范性定义，并对黄河流域的高质量发展水平进行了及时规范的评估。结合 Schaltegger 和 Sturm（1990）提出的生态效率概念以及非参生产理论，本研究提出了一个新型生态效率指数，弥补了现有研究对该概念定义模糊的不足。基于新开发的两期共同前沿非径向方向距离函数，对 2008～2017 年黄河流域生态效率进行估算，发现流域内生态效率为 63.7%，其变化呈 U 形曲线，而技术缺口变化是影响生态效率进步的关键机制。

本研究存在以下几点局限性：第一，技术分解无法捕捉要素的作用；第二，数据缺失问题导致了流域内部分城市的遗漏；第三，流域内技术溢出尚无法进行捕捉。

二、黄河流域生态保护和高质量发展收敛性分析

(一)引言

全要素生产率(TFP)的提高被记录为经济“质量”增长的重要来源(Gong，2020a)，这对相关经济增长政策的设计具有重要意义。它们之间的密切联系激发了经济学家试图揭示 TFP 变化面纱的兴趣(Ball and Norton，2002)。大量研究检验了世界各个国家或地区的 TFP 增长与收敛(例如，Mugera et al.，2012；Huang et al.，2018b；Sheng et al.，2022；Kerner and Wendler，2022)，但谜题仍然存在。一方面，尽管发展中国家实现了对发达国家 TFP 的相对追赶(Coelli and Rao，2005；Bai et al.，2019；Peng et al.，2022；Petrović and Matić，2023)，但其内部区域间的 TFP 水平仍存在巨大差异；另一方面，Kumar 和 Russell(2002)、Acemoglu(2010)、Ball 等(2014)、Sheng 等(2022)认为技术进步对节省劳动是非中性的，因此 TFP 的跨地区差异可能体现在资本深化等相对要素禀赋引致的技术驱动中。尽管如此，鲜有研究检验相对要素禀赋对 TFP 差异的影响(Sheng et al.，2022)，也没有解释要素禀赋在 TFP 收敛中的调节作用。

本研究调查了区域 TFP 收敛以及相对要素禀赋对 TFP 收敛的调节作用，并以中国典型区域黄河流域作为独特的实证对象。其原因有四：第一，黄河流域横跨中国九省区，占国土面积约 37%。2021 年 GDP 总量为 24.7 万亿元，占全国 GDP 总量的 25.11%，是中国的主要区域经济体。第二，黄河流域东西省份社会经济水平和要素禀赋差异巨大(Du et al.，2023；Shen et al.，2023)，存在 TFP 跨地区差异的潜在条件。第三，由于历史 CO_2 排放量和碳强度的差异，黄河流域各地区面临着不同水平的环境监管(Shi and Xu，2018)。各种环境约束对跨城市(绿色)TFP 产生了重大影响(Zhang et al.，2022b)。在“十三五”规划中，山东省需要在 2020 年前将碳强度在 2015 年的基础上降低 20.5%，而青海

省只有12%。跨区域环境法规差异是TFP差异的潜在原因。第四，中国政府在2021年颁布了《黄河流域生产保护和高质量发展规划纲要》，该流域的经济"质量"增长引起了国家的高度重视。

为了解决上文提出的研究问题，本研究采用"三步走"的处理方法。第一，跨城市生产函数形式存在差异，因此传统固定系数的函数形式无法捕捉跨城市、跨时间投入产出的变化关系。基于Gong(2020a,2018)，提出变系数生产函数并利用新增长核算方法测算黄河流域城市层面TFP水平，将其分解为各种投入嵌入型和投入无关型生产率成分，涵盖了所有影响渠道。第二，提高资本深化等相对要素禀赋是发达地区或城市扩大技术差距的重要手段。本研究构建了一个简单的理论模型以阐释TFP增长与要素禀赋之间的联系，并利用OLS(普通最小二乘法)回归(条件收敛框架)识别是否发生收敛、通过哪些渠道收敛以及相对要素禀赋对其的调节作用。第三，本研究将温室气体排放等环境约束纳入生产函数和距离函数以估算跨城市绿色TFP水平，并进一步识别了环境约束下的TFP收敛性。研究发现，传统TFP的平均增长率为－3.14%，其中投入嵌入型生产率为0.36%，投入无关型生产率为－3.50%。在其组成成分中，资本嵌入型和能源嵌入型生产率贡献最大，而产业结构调整是其增长的主要驱动力。通过条件收敛框架，观测到TFP落后城市未能实现生产率的追赶，资本嵌入型和劳动嵌入型生产率的发散反而诱发跨城市生产率的缺口增大，其中相对要素禀赋是推动生产率发散的重要因素。以环境排放为约束的绿色TFP收敛分析也得到一致的结论。

本研究的贡献如下。第一，"实际"生产函数是随城市和时间变化的，因此传统固定系数生产函数形式无法估计可变的生产前沿。本研究放松了固定函数形式，利用变系数模型与新增长核算打开了TFP"黑箱"，将其分解为由投入"质量"增长和纯技术进步构成的各种生产率成分。第二，本研究详细探讨了相对要素禀赋对TFP变化的影响。与Sheng等(2022)不同的是，他们的研究关注于要素禀赋(资本深化)对TFP增长的直接影响，而本研究聚焦于要素禀赋对TFP收敛的调节作用。此外，我们还检验了相对要素禀赋调节TFP收敛的各种渠道。第三，我们的实证经验表明，要素禀赋差异会导致区域TFP发散，这意味着在国家整体TFP收敛的同时(Mugera et al.,2012;Long et al.,2017;Gong,2020b)，区域内可能存在TFP缺口增加的风险。虽然国家层面的TFP增长源于由城市层面的增长驱动的省级层面的TFP的增长，但是更宏观的维度往往会忽视较微观层面的内部差异，造成结论相悖。第四，本研究与提升跨区域绿色绩效追赶效应研究较为相关。本研究估计了两种类型的绿色生产率:环境约束型 TFP 以及传统绿色 TFP。尽管大量研究已经证明环境规制可以提高平均(绿色)TFP(Fu et al.,2021;Zhang et al.,2022),但我们的结论仍显示区域间绿色 TFP 的差距在拉大。本研究还揭示了环境约束对经济“质量”增长各个成分的影响,这对调节环境质量诱发的生产率发散具有重要意义。

(二)理论模型

我们构建一个理论模型以分析相对要素禀赋对 TFP 增长的影响,其中 TFP 使用新增长核算推导。假设所有的投入和产出都是同质的(或所有城市共享相同的生产技术),多投入多产出生产技术被表示为:

$$f(Y_1,\cdots,Y_M,X_1,\cdots,X_N;t)=\exp(\nu) \tag{9}$$

其中,Y 和 X 分别表示产出和投入,ν 表示生产技术和其他外生冲击。对式(9)两边取对数并对其求 t 的偏导,得

$$\sum_m \frac{\partial \ln f(Y,X;t)}{\partial \ln Y_m}\times\frac{\partial \ln Y_m}{\partial t}+\sum_n \frac{\partial \ln f(Y,X;t)}{\partial \ln X_n}\times\frac{\partial \ln X_n}{\partial t}+\frac{\partial \ln f(Y,X;t)}{\partial t}=\frac{\partial \nu}{\partial t} \tag{10}$$

其中,$\partial \ln f(Y,X;t)/\partial t \equiv \lambda_t$ 捕捉的是技术效应,包括生产进步和其他外生生产冲击等。将 $\partial \ln f(Y,X;t)/\partial \ln Y_m$ 记为 λ_{Y_m},$\partial \ln f(Y,X;t)/\partial \ln X_n$ 记为 λ_{X_n},式(10)可以重写为:

$$\sum_m \lambda_{Y_m}\dot{Y}_m+\sum_n \lambda_{X_n}\dot{X}_n+\lambda_t=\frac{\partial \nu}{\partial t} \tag{11}$$

式(11)可以进一步表示为:

$$\begin{aligned}
&\left\{\sum_{m=1}^{M}\frac{p_m Y_m}{\sum_m p_m Y_m}\dot{Y}_m-\sum_{n=1}^{N}\frac{w_n X_n}{\sum_n w_n X_n}\dot{X}_n\right\}\\
&+\left\{\sum_{m=1}^{M}\left(\frac{\lambda_{Y_m}}{\lambda_Y}-\frac{p_m Y_m}{\sum_m p_m Y_m}\right)\dot{Y}_m+\sum_{n=1}^{N}\frac{\lambda_{X_n}}{\lambda_Y}\dot{X}_n+\sum_{n=1}^{N}\frac{w_n X_n}{\sum_n w_n X_n}\dot{X}_n\right\}+\frac{\lambda_t}{\lambda_Y}-\frac{\partial \nu}{\partial t}/\lambda_Y\\
&=T\dot{F}P+\left\{\sum_{m=1}^{M}\left(\frac{\lambda_{Y_m}}{\lambda_Y}-R_m\right)\dot{Y}_m+\sum_{n=1}^{N}\frac{\lambda_{X_n}}{\lambda_Y}\dot{X}_n+\sum_{n=1}^{N}S_n\dot{X}_n\right\}+\frac{\lambda_t}{\lambda_Y}-\frac{\partial \nu}{\partial t}/\lambda_Y\\
&=T\dot{F}P+\sum_{m=1}^{M}\left(\frac{\lambda_{Y_m}}{\lambda_Y}-R_m\right)\dot{Y}_m+\sum_{n=1}^{N}\left(\frac{\lambda_{X_n}}{\lambda_Y}-\frac{\lambda_X}{\lambda_Y}S_n\right)\dot{X}_n+\left(1+\frac{\lambda_X}{\lambda_Y}\right)\sum_{n=1}^{N}S_n\dot{X}_n+\frac{\lambda_t}{\lambda_Y}-\frac{\partial \nu}{\partial t}/\lambda_Y\\
&=T\dot{F}P+\sum_{m=1}^{M}Q_m\dot{Y}_m+\sum_{n=1}^{N}P_n\dot{X}_n+(1-RTS)\sum_{n=1}^{N}S_n\dot{X}_n+\frac{\lambda_t}{\lambda_Y}-\frac{\partial \nu}{\partial t}/\lambda_Y\\
&=0
\end{aligned} \tag{12}$$

因此，跨城市 TFP 可以推导为：

$$T\dot{F}P=(RTS-1)\sum_{n=1}^{N}S_n\dot{X}_n-\sum_{m=1}^{M}Q_m\dot{Y}_m-\sum_{n=1}^{N}P_n\dot{X}_n-\frac{\lambda_t}{\lambda_Y}+\frac{\partial\nu}{\partial t}/\lambda_Y \quad (13)$$

其中，RTS 表示规模报酬。假设产出和投入市场是完全竞争的（或生产商是基于利润最大化进行生产决策的），基于拉格朗日成本最小化和收入最大化，有 $Q_m=0$ 和 $P_n=0$。TFP 的变化可以进一步表示为：

$$T\dot{F}P=(RTS-1)\sum_{n=1}^{N}S_n\dot{X}_n-\frac{\lambda_t}{\lambda_Y}+\frac{\partial\nu}{\partial t}/\lambda_Y \quad (14)$$

式（14）表示 TFP 变化是由规模效应、相对要素禀赋、产出结构变化和技术效应共同决定的。我们进一步施加规模报酬不变的条件，假设影响 TFP 变化但与相对要素禀赋无关的因素保持不变，同时假设存在劳动、资本和能源三种投入。对式（14）求积分，得

$$\ln TFP=\phi_1\ln\left(\frac{K}{L}\right)+\phi_2\ln\left(\frac{K}{E}\right)+C \quad (15)$$

这表明相对要素禀赋（资本深化和资本—能源比率）会影响 TFP 的变化。

（三）方法论

1.新增长核算

标准增长核算模型可以表示为：

$$y_{it}=\alpha_{it}+\beta_1 l_{it}+\beta_2 k_{it}+\beta_3 e_{it} \quad (16)$$

其中，α_{it} 是 t 年 i 城市 TFP，y_{it} 是产出数量，l_{it} 是劳动数量，k_{it} 是资本存量，e_{it} 是能源消耗量，所有变量均为对数形式。产出增长可以表示为 $\Delta y_{it}=\Delta\alpha_{it}+\beta_1\Delta l_{it}+\beta_2\Delta k_{it}+\beta_3\Delta e_{it}$，这意味着产出增长（$\Delta y_{it}=y_{it}-y_{it-1}$）来源于投入数量的变化（$\Delta l_{it}=l_{it}-l_{it-1}$，$\Delta k_{it}=k_{it}-k_{it-1}$，$\Delta e_{it}=e_{it}-e_{it-1}$）和 TFP 的变化（$\Delta\alpha_{it}=\alpha_{it}-\alpha_{it-1}$）。$\beta_1$、$\beta_2$ 和 β_3 分别是劳动、资本和能源的产出弹性。劳动力、资本和能源的数量变化所带来的贡献分别是 $\beta_1\Delta l_{it}/\Delta y_{it}$、$\beta_2\Delta k_{it}/\Delta y_{it}$ 和 $\beta_3\Delta e_{it}/\Delta y_{it}$，而 TFP 所带来的贡献是 $\Delta\alpha_{it}/\Delta y_{it}$。

标准增长核算模型的一个基本假设是所有系数都是固定的，即假设投入的产出弹性不变。在跨城市、跨时间的 TFP 测算中，这一假设往往是不成立的。原因如下：首先，生产结构的调整随着时间的推移是连续的（Chen and Gong，2021；Zhang et al.，2012），因此不同城市应定义为不同的生产函数形式；其次，不同城市的要素禀赋差异会诱发相对稀缺资源的加速替代，以消除技术进步的约束，从而导致投入产出关系的重塑。为此，根据 Gong（2020a，2018），我们放松了产出弹性固定不变的假设条件，提出了一个非线性变系数模型：

$$y_{it}=\alpha_{it}+\beta_{1it}l_{it}+\beta_{2it}k_{it}+\beta_{3it}e_{it}+\varepsilon_{it}=h_0(\theta_{it})+h_1(\theta_{it})l_{it}+h_2(\theta_{it})k_{it}+h_3(\theta_{it})e_{it}+\varepsilon_{it} \tag{17}$$

其中,β_{1it}、β_{2it}和β_{3it}分别是劳动、资本和能源随城市和时间变化的产出弹性。在此,我们假设$h_n(\theta_{it})(n=0,1,2,3)$为线性函数,以估算随城市和时间变化的弹性或投入无关型生产率。对于环境变量,本研究选取了产业结构(Cheng et al., 2020; Gong, 2018)、R&D(Ahmad et al., 2005; Sun and Kumbhakar,2013;Zhang et al.,2012)、贸易(Fiorini et al.,2021;Gong,2020a)和时间趋势的变化。本研究认为,这些增长驱动力通过投入增长和TFP增长对产出产生影响。因此,随城市和时间变化的产出弹性或投入无关型生产率可进一步表示为:

$$\beta_{nit}=\gamma_{it}^{n}+\tau^{n}\theta_{it}+\rho^{n}T_{t}+\mu_{it}^{n},\quad \forall n=0,1,2,3 \tag{18}$$

其中,$\theta_{it}=(Str_{it},R\&D_{it},Trade_{it})$是增长驱动力向量,$\mu_{it}^{n}$是一个均值为0的随机扰动项。

值得注意的是,$h_n(\theta_{it})(n=0,1,2,3)$除了投入的产出弹性外,还隐含了投入"质量"的变化,即技术进步驱动的投入"质量"改进的部分。如果产出弹性是固定的,这部分内容就会嵌入索洛余值中。我们无法区分与投入"质量"改进相关的"投入嵌入型生产率"和反映在与投入无关的技术进步中的"投入无关型生产率"。经典的生产函数可以改写为:

$$y_{it}=\hat{\beta}_1 l_{it}+\hat{\beta}_2 k_{it}+\hat{\beta}_3 e_{it}+(\hat{\beta}_{1it}-\hat{\beta}_1)l_{it}+(\hat{\beta}_{2it}-\hat{\beta}_2)k_{it}+(\hat{\beta}_{3it}-\hat{\beta}_3)e_{it}+\delta_{it}+\varepsilon_{it} \tag{19}$$

根据标准的索洛残差法,TFP的对数可表示为$\alpha_{it}=(\hat{\beta}_{1it}-\hat{\beta}_1)l_{it}+(\hat{\beta}_{2it}-\hat{\beta}_2)k_{it}+(\hat{\beta}_{3it}-\hat{\beta}_3)e_{it}+\delta_{it}$,其中前三部分为投入嵌入型生产率,最后一部分为投入无关型生产率。本研究使用非线性最小二乘估计法来估计式(19)中所有随城市和时间变化的系数。此外,产出增长可分解为:

$$\Delta y_{it}=\underbrace{\sum_{n=1}^{3}\frac{(\hat{\beta}_{nit}+\hat{\beta}_{nit-1})\Delta x_{nit}}{2}}_{\text{投入质量增长}}+\underbrace{\underbrace{\sum_{n=1}^{3}\frac{\Delta\hat{\beta}_{nit}(x_{nit}+x_{nit-1})}{2}}_{\text{投入嵌入型生产率}}+\underbrace{\hat{\delta}_{it}}_{\text{投入无关型生产率}}+\underbrace{\Delta\hat{\varepsilon}_{it}}_{\text{残差}}}_{\text{全要素生产率增长}}, \tag{20}$$

TFP增长可进一步写为:

$$\Delta\widehat{TFP}_{it}=\underbrace{\Delta\hat{\beta}_{1it}(l_{it}+l_{it-1})/2}_{\text{劳动嵌入型生产率}}+\underbrace{\Delta\hat{\beta}_{2it}(k_{it}+k_{it-1})/2}_{\text{资本嵌入型生产率}}+\underbrace{\Delta\hat{\beta}_{1it}(e_{it}+e_{it-1})/2}_{\text{能源嵌入型生产率}}+\underbrace{\hat{\delta}_{it}}_{\text{投入无关型生产率}} \tag{21}$$

根据随城市和时间变化的产出弹性模型[式(18)]以及新增长核算方法[式(20)],我们可以得出所有增长驱动因素对各生产率组成部分的贡献。

2.收敛性测试

运用条件收敛框架分析黄河流域 TFP 收敛以及相对要素禀赋对 TFP 增长的调节作用，假设模型为：

$$\begin{aligned}\ln(\Delta TFP_{it}) = &\alpha_0 + \alpha_1 \ln TFP_{it-1} + \alpha_2 \ln TFP_{it-1} \times \ln\left(\frac{K_{it-1}}{L_{it-1}}\right) \\ &+ \alpha_3 \ln TFP_{it-1} \times \ln\left(\frac{K_{it-1}}{E_{it-1}}\right) + \alpha_4 \ln\left(\frac{K_{it-1}}{L_{it-1}}\right) \\ &+ \alpha_5 \ln\left(\frac{K_{it-1}}{E_{it-1}}\right) + \boldsymbol{X}_{it-1} \cdot \phi + \eta_i + \lambda_t + \mu_{it}\end{aligned} \tag{22}$$

其中，$\ln TFP_{it-1}$是 $t-1$ 期 i 城市 TFP 的对数形式。$\Delta TFP_{it}=(TFP_{it}-TFP_{it-1})/TFP_{it-1}$。$K_{it-1}/L_{it-1}$是资本存量与劳动数量的比率，定义为资本深化。$K_{it-1}/E_{it-1}$是资本存量与能源消耗的比率（资本—能源比率），反映单位能源消耗的资本投入。$\boldsymbol{X}_{it-1}$是控制变量的向量，包括产业结构、劳动工资、市场化程度、城市化程度、贸易依赖比、R&D、供水量和耕地面积。λ_t 是年份固定效应，捕捉的是所有不可观测的时变特征。η_i 是城市固定效应，捕捉的是所有不可观测的时不变城市特征。μ_{it}是均值为 0 的随机扰动项。

在式(22)中，我们主要关注 α_2 和 α_3。它们分别反映了资本深化和资本能源比对 TFP 增长的调节作用。如果 α_2 和 α_3 显著为正，则表明相对要素禀赋通过技术变革加剧了跨城市 TFP 差距，或导致 TFP 发散。此外，α_1 意味着相对要素禀赋以外的条件对 TFP 增长的直接影响。TFP 增长的总影响为 $\alpha_1+\alpha_2\overline{\ln(K/L)}+\alpha_3\overline{\ln(K/E)}$，其中$\overline{\ln(K/L)}$和$\overline{\ln(K/E)}$为均值。

(四)数据

本研究构建了黄河流域城市级社会经济环境数据库，该数据库记录了黄河流域 2006～2017 年 99 个城市的投入产出、基本社会经济、排放等信息。所有变量源于《中国城市统计年鉴》《中国区域经济统计年鉴》《中国统计年鉴》及各城市统计公报等。本研究选取了三种城市投入，包括劳动力的数量、资本存量和能源消耗量。劳动力的数量是在职工人的加总。资本存量采用永续盘存法进行估算(Zhang et al.,2004)。能源消耗量为煤炭、焦炭、石油、天然气等折合为公吨标准煤的加总。每种类型的能源消耗数量数据来自《中国能源统计年鉴》。产出为GDP。我们以 2006 年为基期，使用 GDP 指数将名义 GDP 折算为实际 GDP。

我们收集了三类经济驱动力，包括产业结构、R&D 和贸易。第一，产业结构转型可以在没有技术进步的情况下实现资源从低生产率产业向高生产率产业的重新配置。因此，这一变量会影响投入嵌入型和投入无关型生产率部分。在本研究中,产业结构包括第一产业、第二产业和第三产业的比重,分别定义为第一产业、第二产业和第三产业增加值占 GDP 的比率。第二,R&D 在一定程度上推动了技术进步。一方面,它可以通过各种投入来影响产出;另一方面,它也可能出现在剔除投入质量变化后的残差中。R&D(研发支出比)是指研发投资与总支出的比率。第三,贸易可以降低资源和商品交换的难度,提高边际产品,从而改善产出弹性。此外,贸易还能带来投入无关型生产率的增长,这与城市间的比较优势有关。贸易(贸易依存度)是指进出口总额与国内生产总值的比率。为了检验绿色 TFP 收敛性,我们使用新增长核算和方向性距离函数(DDF)分别估算了各城市的环境约束 TFP 和传统绿色 TFP。因此,我们将环境约束(如 CO_2 排放)纳入生产函数和距离函数。本研究选择 CO_2 排放量作为经济产出的驱动力或 GDP 的副产品,计算方法是每种能源的消耗量乘以其碳排放系数(Cui et al.,2021)。

此外,其他控制变量包括供水、耕地面积、劳动工资、市场化程度和城市化程度。在此,需要澄清两点。首先,我们之所以控制供水量和耕地面积,是因为黄河流域水土流失严重,其生态脆弱性极大地影响了当地的发展。其次,市场化程度和城市化程度分别指从业人员占总人口的比例和城市人口占总人口的比例。

表 5 报告了所有相关变量的汇总统计。黄河流域 99 个城市平均用 40 万从业人员、4840 亿元人民币的资本存量和 1300 万吨的能源消耗生产出 1140 亿元人民币的产出。从区域内异质性来看,东部省份的平均投入产出变量远大于西部省份。例如,前者的平均 GDP 为 2440 亿元人民币,而后者为 780 亿元人民币;前者的资本存量为 9450 亿元人民币,而后者为 3620 亿元人民币。表 6 报告了 Kruskal-Wallis 秩和检验的结果,为区域内 TFP 差异提供了佐证。

表 5 描述性统计

变量	符号	单位	均值	标准差	最小值	最大值
面板 A:产出						
GDP	Y	十亿元	114.41	119.62	5.19	1014.65
面板 B:投入						
资本存量	K	十亿元	484.94	563.23	11.52	4869.91
劳动数量	L	千人	394.50	356.05	42.10	2792.30
能源消耗	E		12.81	13.91	0.33	99.09
面板 C:增长驱动力						
第一产业份额	$Str1$	%	12.95	7.86	0.79	41.74
第二产业份额	$Str2$	%	51.68	11.16	18.79	84.39

续表

变量	符号	单位	均值	标准差	最小值	最大值
第三产业份额	*Str3*	%	35.37	9.53	11.38	74.90
研发支出比	*R&D*	%	18.75	4.06	5.16	32.16
贸易依存度	*Trade*	%	11.40	19.91	0.00	175.48
CO_2排放	*Carbon*	百万吨	27.65	19.74	2.23	108.48
面板 D:其他变量						
供水量	*Water*	百万吨	85.33	112.03	1.90	1118.13
耕地面积	*Land*	千公顷	376.71	273.97	2.84	1813.45
劳动工资	*Wage*	千元/人	38.27	16.02	4.96	137.09
市场化程度	*Market*	%	8.00	6.92	0.98	58.18
城市化程度	*Urban*	%	32.49	20.07	4.35	100.00

注:我们的样本是一个平衡面板,包括2006～2017年黄河流域99个城市(样本量为1188)。第一、二、三产业比重分别定义为第一、二、三产业增加值占GDP的比率。研发与支出比率是指研发投资与总支出的比率。贸易依存度是指进出口总额与国内生产总值的比率。市场化程度和城市化程度分别定义为就业人口与总人口的比率和城市人口与总人口的比率。

表6　Kruskal-Wallis秩和检验的地区差异比较

变量	Chi-squared	*P* 值
GDP	387.68	0.000
劳动	450.22	0.000
资本	242.75	0.000
能源	298.92	0.000

注:我们将99个城市分为东、中、西部三组(Zhang and Zhou,2020),目的是分析黄河流域内各区域变量之间的差异。

(五)实证结果

1.生产率分析

利用传统增长核算法,我们得到劳动、资本和能源的产出弹性分别为0.55、0.43和0.09。表7的列(1)报告了标准方法的经济增长驱动力。资本存量增长率(7.78%)是推动经济增长的主要驱动力,而我们关注的*TFP*增长为－1.07%,阻碍了经济增长。2006～2012年,*TFP*增长量一直处于正值,而2012年之后,*TFP*增长率出现显著的下降,其主要原因是产出增长的下降压缩了除要素增长以外残差的增长空间(见图5)。

表 7 经济增长驱动力

经济增长驱动力	标准模型	新增长核算模型					
	总体	总体	产业结构			R&D	贸易
			第一产业	第二产业	第三产业		
	(1)	(2)	(3)	(4)	(5)	(6)	(7)
A.投入数量	**9.85%**	**11.24%**	~0.00%	~0.00%	~0.00%	~0.00%	~0.00%
劳动	1.57%	1.37%	~0.00%	~0.00%	~0.00%	~0.00%	~0.00%
资本	7.78%	9.62%	~0.00%	~0.00%	~0.00%	~0.00%	~0.00%
能源	0.50%	0.25%	~0.00%	~0.00%	~0.00%	~0.00%	~0.00%
B.全要素生产率	**−1.07%**	**−3.14%**	**−0.11%**	**−0.83%**	**0.70%**	**−0.04%**	**0.02%**
劳动嵌入型生产率	—	−6.53%	−7.17%	−1.70%	−6.32%	~0.00%	−0.01%
资本嵌入型生产率	—	4.24%	3.13%	−1.27%	4.14%	0.04%	0.05%
能源嵌入型生产率	—	2.65%	2.02%	1.50%	1.23%	−0.02%	−0.02%
投入无关型生产率	—	−3.50%	1.68%	0.64%	1.56%	−0.06%	~0.00%
C.残差	~0.00%	−0.68%	—	—	—	—	—
D.经济增长	**8.78%**	**8.78%**	**−0.11%**	**−0.83%**	**0.70%**	**−0.04%**	**0.02%**

注：第(1)列和第(2)列显示了基于标准方法和新增长核算方法的产出增长结果。在第(2)列中，*TFP* 增长可分解为包含投入嵌入型和投入无关型生产率部分。第(3)列至第(7)列报告了产业结构、R&D 和贸易对生产率增长各种渠道的贡献。

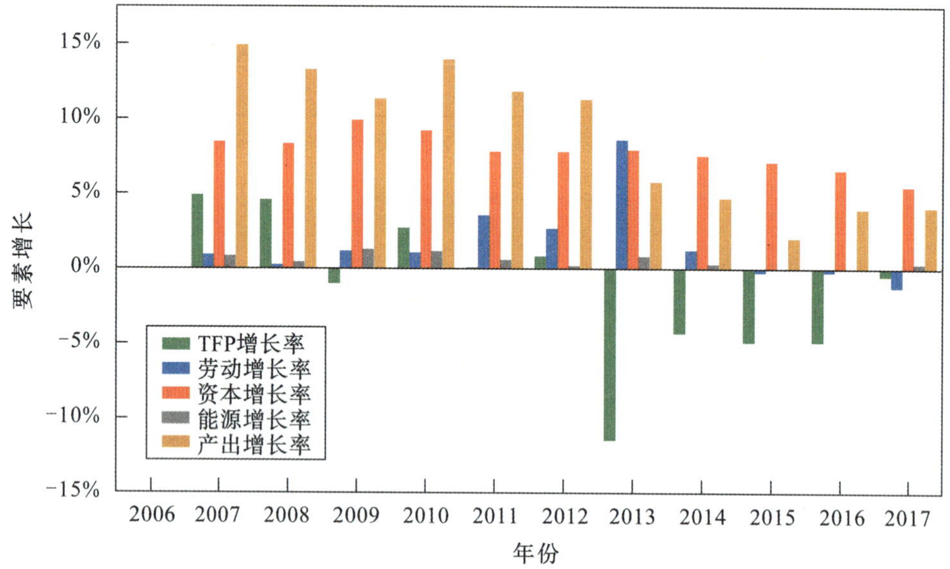

图 5 标准模型的经济增长驱动力

表 8 报告了非线性变系数模型的参数估计值。我们估计了时变的劳动、资本和能源的产出弹性(见图 6)。平均地,劳动、资本和能源弹性分别为 0.45、0.55 和 0.06,这与标准方法估计结果基本一致。2006～2017 年,劳动弹性轻微下降,而资本和能源弹性轻微上升,且资本弹性增长大于能源弹性。这意味着资本深化和资本能源比正不断地推动产出增长。表 7 的第(2)列报告了新增长核算方法的经济增长驱动力。与标准方法不同的是,它不仅能识别出 TFP 增长,还能将其分解为各种投入嵌入型和投入无关型生产率成分,涵盖了所有影响渠道。产出增长(8.78%)主要是由资本存量增长(9.62%)贡献的。平均 TFP 增长率为－3.14%,其中投入嵌入型生产率、投入无关型生产率分别为 0.36%和－3.50%。在三项投入中,资本嵌入型(4.24%)和能源嵌入型(2.65%)的贡献最大。2010 年之前,各种生产率成分的波动较大,而在 2012 年之后资本密集型和能源密集型交替主导生产率的增长(见图 7)。

表 8　非线性变系数模型的参数估计

	投入无关型	劳动嵌入型	资本嵌入型	能源嵌入型
	(1)	(2)	(3)	(4)
ln*Str*1	－0.560** (0.231)	0.189*** (0.029)	－0.131*** (0.027)	－0.101*** (0.029)
ln*Str*2	－0.708 (1.148)	0.141 (0.132)	0.140 (0.107)	－0.205* (0.109)
ln*Str*3	0.627 (0.979)	－0.198* (0.113)	0.190* (0.099)	0.070 (0.089)
ln*R&D*	－3.806 (4.274)	0.015 (0.465)	0.596* (0.307)	－0.122 (0.300)
ln*Trade*	0.218 (1.055)	－0.130 (0.160)	0.327*** (0.100)	－0.179 (0.125)
t	－0.073* (0.039)	0.007 (0.004)	－0.002 (0.003)	－0.003
Interpret	－0.911 (8.041)	0.122 (0.931)	－0.489 (0.787)	0.912 (0.768)

注:本表提供了非线性变化系数模型的估计参数。第(1)列表示经济驱动因素对投入无关型生产率的影响,第(2)列至第(4)列分别为劳动、资本和能源的时变产出弹性。*、** 和 *** 分别表示在 10%、5%和 1%的水平上显著。括号内数字为标准误。

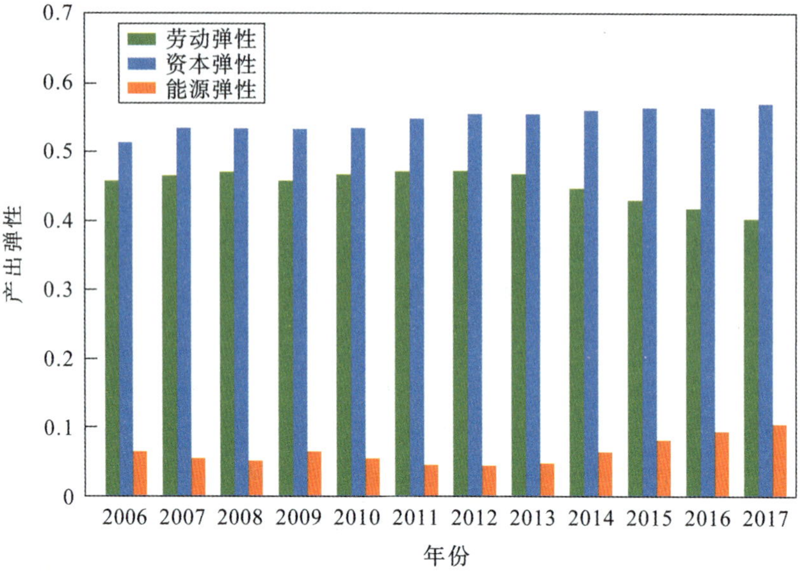

图 6 2006～2017 年三种投入的弹性变化

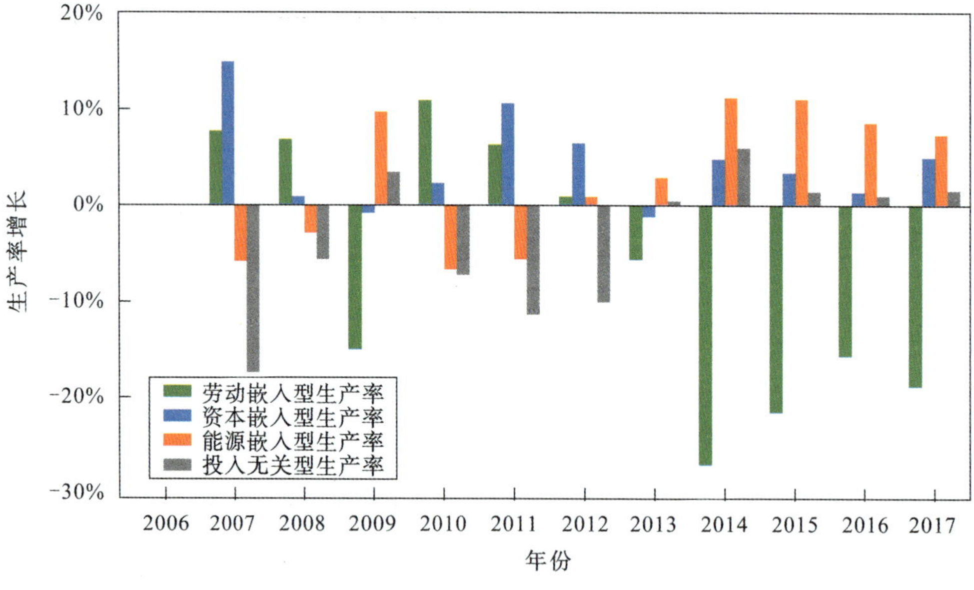

图 7 2006～2017 年新增长核算模型的经济增长驱动力

表 7 的第(3)列至第(7)列报告了增长渠道因素对各种生产率成分的影响。通过改善资本和能源，产业结构调整使经济产出年增长率分别达到 6.00%和 4.75%，同时也减少了对劳动力的依赖。根据不同产业份额，我们发现产业结构的调整主要是由第一和第二产业向第三产业转变(见图 8)。第三

产业是以知识密集型产品或服务为主，通过提高资本和能源效率来替代劳动力以提高经济增速（Knesl，2023）。R&D 主要是驱动资本嵌入型增长（0.04％）以提高生产率。而贸易的影响类似于研发，利用城市的比较优势减少了对劳动力和能源的依赖。综上，产业结构转型是推动 TFP 增长的主要因素，R&D 和贸易贡献相对较小。

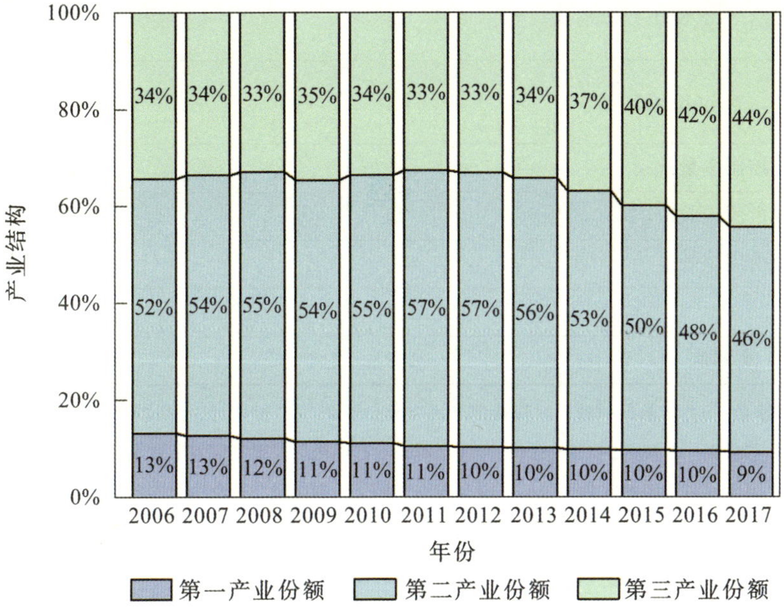

图 8　2006～2017 年产业结构调整

2.收敛性分析

（1）基准模型的生产率发散

表 9 报告了黄河流域城市的 TFP 收敛性以及相对要素禀赋对 TFP 增长的调节作用。在第（1）列中，滞后 TFP 对 TFP 增长有正向作用。这意味着在相同的控制变量水平上，平均滞后期 TFP 增加 1％就会使 TFP 提高 0.18％。黄河流域跨城市 TFP 是发散的，高 TFP 与低 TFP 城市的缺口正在拉大。在第（2）列中，我们观测了相对要素禀赋对 TFP 增长的调节作用。我们发现资本能源比和资本深化相对较高的城市，更容易通过驱动技术进步实现 TFP 的较快增长。利用第（2）列，我们计算了考虑相对要素禀赋的总效应，计算结果为 0.25。两列的结果是相对一致的，都意味着黄河流域落后的城市未能实现 TFP 的赶超，反而引发了跨城市 TFP 差距的扩大。

表9　基准模型的生产率收敛分析

	TFP增长率	
	(1)	(2)
$\ln TFP_{t-1}$	0.182*** (0.033)	0.201** (0.099)
$\ln TFP_{t-1} \times \ln(K/L)_{t-1}$		0.014 (0.017)
$\ln TFP_{t-1} \times \ln(K/E)_{t-1}$		0.032** (0.014)
控制变量	是	是
城市固定效应	是	是
年份固定效应	是	是
R^2	0.4947	0.4982
观测值	1087	1087

注:因变量是 *TFP* 增长的对数。回归模型采用方程[式(22)]进行估计,包括城市固定效应和年份固定效应。表中每一列代表一个单一的 OLS 回归。第(1)列是不考虑相对要素禀赋调节效应的收敛性分析,第(2)列是考虑相对要素禀赋调节效应的收敛性分析。所有列均添加了控制变量。控制变量包括产业结构、劳动工资、市场化程度、城市化程度、研发支出比、贸易依存度、供水和耕地面积。括号内为标准误差。*、** 和 *** 分别表示在10%、5%和1%的水平上显著。

(2)渠道

表10探讨了TFP发散究竟是由哪种生产率成分引发的。我们观测到,资本深化相对较高的城市通过调节资本嵌入型生产率似乎对总体TFP增长有积极的贡献[表10的第(2)列]。资本—能源比相对较高的城市通过调节劳动嵌入型生产率对总体TFP增长有积极的贡献[表10的第(1)列]。整体生产率的发散和能源嵌入型与投入无关型生产率成分无关[表10的第(3)列和第(4)列]。通过计算总效应,我们的论点是劳动嵌入型和资本嵌入型生产率的差异推动了跨城市TFP的发散,而相对要素禀赋在其中发挥了积极作用。这种现象有两种可能的原因。第一,节能减排的推广增加了对高技术人才的需求(Liu et al.,2021)。但鉴于东、西省份社会经济的巨大差异,这些劳动力更偏好于转向发达的东部地区。第二,资本深化加速了技术进步,提高了资本嵌入型生产率的增长。值得注意的是,TFP的差异并不意味着TFP或TFP增长的下降或上升。这仅表明前沿和领先城市的增长速度快于落后城市(Gong,2020)。

表 10　生产率收敛渠道(一)

	劳动嵌入型	资本嵌入型	能源嵌入型	投入无关型
	(1)	(2)	(3)	(4)
$\ln TFP_{t-1}$	0.082 (0.712)	1.034** (0.496)	−0.304 (0.280)	−0.611** (0.264)
$\ln TFP_{t-1}\times\ln(K/L)_{t-1}$	−0.057 (0.124)	0.088 (0.089)	0.014 (0.049)	−0.030 (0.046)
$\ln TFP_{t-1}\times\ln(K/E)_{t-1}$	0.179* (0.099)	−0.187*** (0.071)	−0.006 (0.039)	0.034 (0.037)
控制变量	是	是	是	是
城市固定效应	是	是	是	是
年份固定效应	是	是	是	是
R^2	0.4443	0.3568	0.5344	0.5732
观测值	1087	1087	1087	1087

注:第(1)列的因变量为劳动嵌入型生产率的对数,第(2)列的因变量为资本嵌入型生产率的对数,第(3)列的因变量为能源嵌入型生产率的对数,第(4)列的因变量为投入无关型生产率的对数。回归模型采用方程[式(22)]进行估计,包括城市固定效应和年份固定效应。表中每一列代表一个单独的 OLS 回归。所有列均添加了控制变量。控制变量包括产业结构、劳动工资、市场化程度、城市化程度、研发支出比、贸易依存度、供水和耕地面积。括号内为标准误差。*、** 和 *** 分别表示在 10%、5%和 1%的水平上显著。

(3)稳健性检验

研究中的第一个担忧是收敛分析的模型选择问题。基准回归是使用条件收敛框架估算的(见表 9)。进一步使用 σ 收敛

$$\mathrm{var}(\ln TFP_t)=\phi_1+\phi_2 t+\varepsilon_t \tag{23}$$

和绝对收敛框架

$$\ln(\Delta TFP_{it})=\alpha_0+\alpha_1\ln TFP_{it-1}+\eta_i+\lambda_t+\mu_{it} \tag{24}$$

来测试跨城市 TFP 收敛性。我们观察到,跨城市 TFP 差异随着时间的推移而增加[表 11 第(1)列],并且 TFP 绝对发散[表 11 第(2)列]。结果表明,我们的估计是稳健的。

表 11　生产率收敛渠道(二)

	替代模型		标准模型	绿色 TFP
	TFP 方差	绝对收敛		
	(1)	(2)	(3)	(4)
t	1.096***			
$\ln TFP_{t-1}$		0.129*** (0.033)	0.064 (0.039)	−0.174*** (0.020)
$\ln TFP_{t-1}\times\ln(K/L)_{t-1}$			0.043*** (0.010)	0.082*** (0.020)
$\ln TFP_{t-1}\times\ln(K/E)_{t-1}$			0.019 (0.017)	0.188*** (0.038)
控制变量	否	否	是	是
城市固定效应	否	是	是	是
年份固定效应	否	是	是	是
观测值	1188	1089	1087	1087

注:第(1)列的因变量是 *TFP* 的对数方差,第(2)列至第(4)列的因变量是 *TFP* 增长的对数。在第(1)列中,我们使用收敛来检验是否发生了收敛。在第(2)列中,我们替换使用绝对收敛框架,不加任何控制。在第(3)列中,我们使用标准增长核算来检验 TFP 是否收敛。在第(4)列中,我们将 CO_2 排放量等环境产出纳入距离函数。表中每一列代表一次单独的 OLS 回归。第(3)列和第(4)列添加了控制变量。括号内为标准误差。*、** 和 *** 分别表示在 10%、5%和 1%的水平上显著。

第二个担忧是 TFP 分析的模型选择问题。我们的基准回归是基于新增长核算进行的收敛性分析。在表 11 的第(3)列中,我们使用标准模型的 TFP 进行条件收敛分析。我们发现,跨城市 TFP 也是发散的。相对要素禀赋较高的城市似乎推动 TFP 增长的幅度越大。

最后,我们还对 TFP 和 TFP 增长率等相关变量的平稳性进行了检验。使用 Levin-Lin-Chu 单位根检验法(Levin et al.,2002)和 Im-Pesaran-Shin 单位根检验法(Im et al.,2003),以尽量降低出现虚假回归的可能性。结果两者都拒绝了单位根的零假设。

3.绿色全要素生产率收敛性分析

黄河流域因其生态脆弱和高排放,受到了严格的环境规制。大量研究已经证实了环境规制可以有效控制排放,进而促进 TFP 增长(Fu et al.,2021;He et al.,2020;Zhang et al.,2022)。然而,由于环境规制在区域间的规制强度差异巨大,很可能会出现发达城市绿色 TFP 增速大于落后城市的情形。基于这一目的,我们试图进一步探究跨城市绿色 TFP 的收敛性以及相对要素禀赋对其的影响。在此之前,我们需要计算跨城市 TFP 水平。本研究提供了两种计算绿色 TFP 的方法,一种是基于新增长核算的环境约束型 TFP,另一种是基于 DDF 的传统绿色 TFP。对于环境约束型 TFP,我们将 CO_2 排放视为经济增长的一个额外驱动力。此时,随城市和时间变化的产出弹性或投入无关型生产率可以表示为:

$$\beta_{nit}=\gamma_{it}^{n}+\tau^{n}\theta_{it}(Str_{it},R\&D_{it},Trade_{it},CO_{2it})+\rho^{n}T_{t}+\mu_{it}^{n},\quad \forall n=0,1,2,3 \tag{25}$$

其中,CO_{2it} 是 t 年 i 城市 CO_2 排放的对数形式。结合新的模型[式(22)],我们使用非线性变系数模型就可以估算出每一个城市环境约束型 TFP 的大小。本研究的附录表 A1 提供了环境约束型生产率收敛性分析。我们观测到经济增长的驱动力几乎与表 7 如出一辙。环境约束型 TFP 平均增长率为 −2.73%,其中投入嵌入型生产率和投入无关型生产率分别为 −1.66% 和 −1.07%。不同的是,我们新加入了 CO_2 排放,降低了 TFP 增长,这就意味着受环境法规制约的 CO_2 排放量的下降将有利于绿色 TFP 的提高。我们同样观测到跨城市绿色 TFP 是发散的,且相对要素禀赋会加剧这一情形[表 12 的第(1)列和第(2)列]。通过分析绿色 TFP 的收敛渠道,我们发现经济上(但非统计上)资本深化和资本与能源比率相对较高的城市,通过提升资本和劳动力的质量,实现了绿色 TFP 的快速增长(见附录表 A2)。对于跨城市绿色 TFP,我们选择 CO_2 排放作为 GDP 的副产品,并使用 DDF 来计算(Zhou et al.,2012b)。在表 7 的第(4)列中,我们观察到资本深化和资本与能源比率相对较高的城市的 TFP 增长较快,这意味着落后城市和富裕城市之间的 TFP 差距在扩大。就总效应而言,估计系数为 0.09,这意味着跨城市 TFP 并没有收敛,而是出现了分化。

表 12 环境约束型生产率收敛性分析(一)

	环境约束型 TFP	
	(1)	(2)
$\ln TFP_{t-1}$	0.151*** (0.032)	0.221** (0.092)
$\ln TFP_{t-1}\times\ln(K/L)_{t-1}$		0.023 (0.016)
$\ln TFP_{t-1}\times\ln(K/E)_{t-1}$		0.030** (0.014)
控制变量	是	是

续表

	环境约束型 TFP	
	(1)	(2)
城市固定效应	是	是
年份固定效应	是	是
观测值	1087	1087

注:因变量是所有列的受环境制约的 TFP 增长的对数。我们使用新的增长核算方法来计算跨城市的环境约束 TFP。本研究选择 CO_2 排放作为环境约束条件。表中每列代表一次单独的 OLS 回归。所有列均添加了控制变量。括号内为标准误差。* 、** 和 *** 分别表示在 10%、5%和 1%的水平上显著。

(六)结论

大量文献证明了发展中国家实现了对发达国家 TFP 的相对追赶,但其内部区域间的 TFP 水平仍存在巨大差异,而这种差异可能体现在相对要素禀赋引致的技术驱动中。基于此,本研究回答了以下几个重要问题。第一,黄河流域内部跨城市 TFP 是否收敛,通过何种渠道收敛?第二,相对要素禀赋如何调节 TFP 增长,通过何种渠道调节?本研究利用新增长核算法计算了跨城市 TFP,并将生产率“黑箱”分解为各种投入嵌入型和投入无关型生产率成分。相较于标准模型,新增长核算模型能够更精确地识别生产率增长的来源与驱动力。基于已估计的 TFP 及其成分,我们识别了黄河流域跨城市 TFP 收敛性。

使用 2006～2017 年黄河流域 99 个城市的面板数据,我们发现城市 TFP 增长为－3.14%,其中投入嵌入型和投入无关型生产率分别为 0.36%和－3.50%。在所有的生产率成分中,资本嵌入型和能源嵌入型生产率作出了较大的贡献,产业结构调整是最为关键的驱动力。就收敛性分析而言,黄河流域跨城市 TFP 并未实现收敛,相反,通过资本嵌入型和能源嵌入型生产率的差异引致跨城市 TFP 缺口的增大。此外,本研究发现,资本深化和资本与能源比率相对较高的城市,TFP 增长更快。一个可能的原因是资本深化和资本与能源比率通过技术驱动加剧了区域生产率发散。最后,我们检验了模型的稳健性。

基于研究结论,提出以下政策建议。第一,投入质量增长是推动黄河流域 TFP 增长的主要动力,但投入无关型生产率(如与要素无关的技术驱动)仍然阻碍着黄河流域高质量发展。需要中国的研究体系提供卓越的技术创新以加快技术进步。第二,跨城市 TFP 缺口拉大体现在相对要素禀赋引致的劳动嵌入型和资本嵌入型生产率的差异上。加快跨城市之间的要素流动是解决这一困境的方法之一。如果不调和跨区域要素质量差异，落后城市就不会实现TFP的追赶。第三，环境问题仍然是制约区域生产率收敛的重要因素，在推动领先和落后城市相互支援的同时，实现经济数量增长向经济质量增长的过渡尤为重要。黄河流域的经济质量发展已经得到了国家关注，这也突显了黄河流域高质量发展在国家发展战略中的重要性，表现了政府对实现黄河流域TFP收敛的决心。

附 录

表 A1 环境约束型生产率收敛性分析(二)

经济增长的驱动力	新增长核算模型						
	总体	产业结构			R&D	贸易	CO_2排放
		第一产业	第二产业	第三产业			
	(1)	(2)	(3)	(4)	(5)	(6)	(7)
A.投入数量	**10.89%**	～0.00%	～0.00%	～0.00%	～0.00%	～0.00%	～0.00%
劳动	1.28%	～0.00%	～0.00%	～0.00%	～0.00%	～0.00%	～0.00%
资本	9.32%	～0.00%	～0.00%	～0.00%	～0.00%	～0.00%	～0.00%
能源	0.29%	～0.00%	～0.00%	～0.00%	～0.00%	～0.00%	～0.00%
B.全要素生产率	**−2.73%**	**−0.33%**	**−0.68%**	**0.53%**	**−0.02%**	**0.03%**	**−7.64%**
劳动嵌入型生产率	−3.96%	−7.41%	−5.06%	3.47%	−0.04%	−0.02%	−8.84%
资本嵌入型生产率	3.96%	2.79%	−0.81%	3.37%	0.03%	0.05%	−5.34%
能源嵌入型生产率	−1.66%	1.98%	2.43%	−0.75%	0.04%	～0.00%	1.19%
投入无关型生产率	−1.07%	2.31%	2.76%	−5.56%	−0.05%	～0.00%	5.35%
C.残差	−0.62%	—	—	—	—	—	—
D.经济增长	**8.78%**	**−0.33%**	**−0.68%**	**0.53%**	**−0.02%**	**0.03%**	**−7.64%**

注：本表显示了基于碳约束的新增长核算方法的产出增长结果。在第(1)列中，有碳约束的TFP增长可分解为投入嵌入型和投入无关型生产率部分。第(2)列至第(7)列显示了产业结构、R&D、贸易和CO_2排放对生产率增长各渠道的贡献。

表 A2　环境约束型生产率收敛渠道

	劳动嵌入型	资本嵌入型	能源嵌入型	投入无关型
	(1)	(2)	(3)	(4)
$\ln TFP_{t-1}$	−0.019 (0.644)	0.667 (0.446)	−0.443* (0.235)	0.016 (0.363)
$\ln TFP_{t-1}\times\ln(K/L)_{t-1}$	−0.120 (0.116)	0.067 (0.080)	−0.000 (0.042)	0.077 (0.065)
$\ln TFP_{t-1}\times\ln(K/E)_{t-1}$	0.141 (0.096)	−0.129* (0.067)	−0.010 (0.035)	0.027 (0.054)
控制变量	是	是	是	是
城市固定效应	是	是	是	是
年份固定效应	是	是	是	是
R^2	0.3494	0.3819	0.4240	0.5732
观测值	1087	1087	1087	1087

注:第(1)列因变量为劳动嵌入型生产率对数,第(2)列因变量为资本嵌入型生产率对数,第(3)列因变量为能源嵌入型生产率对数,第(4)列因变量为投入无关型生产率对数。所有生产率要素都纳入了环境制约因素。回归模型采用方程[式(22)]进行估计,包括城市固定效应和年份固定效应。表中每一列均代表一次单独的 OLS 回归。所有列均添加了控制变量。控制变量包括产业结构、员工工资、市场化程度、城市化程度、研发支出比、贸易依存度、供水和耕地面积。括号内为标准误差。*、**和***分别表示在10%、5%和1%的水平上显著。

参考文献

[1]ACEMOGLU D. When does labor scarcity encourage innovation[J]. Journal of Political Economy, 2010, 118(6): 1037-1078.

[2]AHMAD I, LEELAHANON S, LI Q. Efficient estimation of a semiparametric partially linear varying coefficient model[J]. 2005, 33(1): 258-283.

[3]ALIFF R M R, NURSYAHIRAH S, AFNAN S M, et al. Comparative analysis of cyclohexane production from benzene and hydrogen: Via simulation and sustainability evaluator approach[J]. Materials Today: Proceedings, 2019, 19: 1693-1702.

[4]ARABI B, MUNISAMY S, EMROUZNEJAD A, et al. Eco-efficiency considering the issue of heterogeneity among power plants[J]. Energy, 2016, 111: 722-735.

[5]BAI C, DU K, YU Y, et al. Understanding the trend of total factor carbon productivity in the world: Insights from convergence analysis[J]. Energy Economics, 2019, 81: 698-708.

[6]BALL V E, BUREAU J P, NEHRING R. Levels of farm sector productivity: An international comparison [J]. Journal of Productivity Analysis, 2001, 15: 5-29.

[7]BALL V E, BUTAULT J P, JUAN C S, et al. Productivity and international competitiveness of agriculture in the European Union and the United States[J]. Agricultural Economics, 2010, 41: 611-627.

[8]BALL V E, HALLAHAN C, NEHRING R. Convergence of productivity: An analysis of the catch-up hypothesis within a panel of states[J]. American Journal of Agricultural Economics, 2004, 86(5): 1315-1321.

[9]BALL V E, NORTON G W. Agricultural productivity: Measurement and sources of growth[M]. Boston: Kluwer Academic Publishers, 2002.

[10]BALL V E, SAN-JUAN-MESONADA C, ULLOA C A. State productivity growth in agriculture: Catching-up and the business cycle[J]. Journal of Productivity Analysis, 2014, 42: 327-338.

[11]BOJARSKI A D, GUILLÉN-GOSÁLBEZ G, JIMÉNEZ L, et al. Life cycle assessment coupled with process simulation under uncertainty for reduced environmental impact: Application to phosphoric acid production[J]. Industrial & Engineering Chemistry Research, 2008, 47(21): 8286-8300.

[12]CHEN S, GONG B. Response and adaptation of agriculture to climate change: Evidence from China[J]. Journal of Development Economics, 2021, 148: 102557.

[13]CHENG Z, LIU J, LI L, et al. Research on meta-frontier total-factor energy efficiency and its spatial convergence in Chinese provinces[J]. Energy Economics, 2020, 86: 104702.

[14]CHUNG Y H, FÄRE R, GROSSKOPF S. Productivity and undesirable outputs: A directional distance function approach[J]. Journal of Environmental Management, 1997, 51(3): 229-240.

[15]COELLI T J, RAO D S P. Total factor productivity growth in agriculture: A malmquist index analysis of 93 countries, 1980-2000[J]. Agricultural Economics, 2005, 32: 115-134.

[16]CUI J, WANG C, ZHANG J, et al. The effectiveness of China's regional carbon market pilots in reducing firm emissions[J]. Proceedings of the National Academy of Sciences of the United States of America, 2021, 118 (52), e2109912118.

[17] DEMIRAL E E, SAĞLAM Ü. Eco-efficiency and Eco-productivity assessments of the states in the United States: A two-stage non-parametric analysis [J].Applied Energy, 2021, 303: 117649.

[18]DU L, DONG C, KANG X, et al. Spatiotemporal evolution of land cover changes and landscape ecological risk assessment in the Yellow River Basin, 2015-2020[J]. Journal of Environmental Management, 2023, 332: 117149.

[19]DUCOLI S, FAHIMI A, MOUSA E, et al. ESCAPE approach for the sustainability evaluation of spent lithium-ion batteries recovery: Dataset of 33 available technologies[J]. Data in Brief, 2022, 42: 108018.

[20]FÄRE R, GROSSKOPF S, LOVELL C A K, et al. Derivation of shadow prices for undesirable outputs: A distance function approach[J]. The Review of Economics and Statistics, 1993, 75: 374-380.

[21]FÄRE R, GROSSKOPF S, NOH D W, et al. Characteristics of a polluting technology: Theory and practice[J]. Journal of Econometrics, 2005, 126(2): 469-492.

[22]FIORINI M, SANFILIPPO M, SUNDARAM A. Trade liberalization, roads and firm productivity [J]. Journal of Development Economics, 2021, 153: 102712.

[23]FU S, VIARD V B, ZHANG P. Air pollution and manufacturing firm productivity: Nationwide estimates for China[J]. The Economic Journal, 2021, 131(640): 3241-3273.

[24]GONG B. Agricultural productivity convergence in China[J]. China Economic Review, 2020b, 60: 101423.

[25]GONG B. Agricultural reforms and production in China: Changes in provincial production function and productivity in 1978-2015[J]. Journal of Development Economics, 2018, 132: 18-31.

[26] GONG B. New growth accounting [J]. American Journal of Agricultural Economics, 2020a, 102: 641-661.

[27]GUO B, WEI C, YU Y, et al. The dominant influencing factors of

desertification changes in the source region of Yellow River: Climate change or human activity[J]. Science of The Total Environment, 2022, 813: 152512.

[28]HE G, WANG S, ZHANG B. Watering down environmental regulation in China[J]. The Quarterly Journal of Economics, 2020, 135(4): 2135-2185.

[29]HUANG J, XIA J, YU Y, et al. Composite eco-efficiency indicators for China based on data envelopment analysis[J]. Ecological Indicators, 2018a, 85: 674-697.

[30]HUANG J, YU Y, MA C. Energy efficiency convergence in China: Catch-up, lock-in and regulatory uniformity[J]. Enviromental and Resource Economics, 2018b, 70: 107-130.

[31]IM K S, PESARAN M H, SHIN Y. Testing for unit roots in heterogeneous panels[J]. Journal of Econometrics, 2003, 115(1): 53-74.

[32]JIANG L, ZUO Q, MA J, et al. Evaluation and prediction of the level of high-quality development: A case study of the Yellow River Basin, China[J]. Ecological Indicators, 2021, 129.

[33]JIANG W, GAO W, GAO X, et al. Spatio-temporal heterogeneity of air pollution and its key influencing factors in the Yellow River economic belt of China from 2014 to 2019[J]. Journal of Environmental Management, 2021, 296: 113172.

[34]KERNER P, WENDLER T. Convergence in resource productivity[J]. World Development, 2022, 158: 105979.

[35]KNESL J. Automation and the displacement of labor by capital: Asset pricing theory and empirical evidence[J]. Journal of Financial Economics, 2023, 147(2): 271-296.

[36]KUMAR S, RUSSELL R R. Technological change, technological catch-up, and capital deepening: Relative contributions to growth and convergence[J]. American Economic Review, 2002, 92(3): 527-548.

[37]LEE M. The effect of sulfur regulations on the U.S. electric power industry: A generalized cost approach[J]. Energy Economics, 2002, 24(5): 491-508.

[38]LEVIN A, LIN C F, CHU C S J. Unit root tests in panel data: Asymptotic and finite-sample properties[J]. Journal of Econometrics, 2002, 108(1): 1-24.

[39]LEWIS S L. We must set planetary boundaries wisely[J]. Nature, 2012, 485, 417-417.

[40]LIU C, ZHANG X, WANG T, et al. Detection of vegetation coverage changes in the Yellow River basin from 2003 to 2020[J]. Ecological Indicators, 2022, 138: 108818.

[41]LIU M, TAN R, ZHANG B. The costs of "blue sky": Environmental regulation, technology upgrading, and labor demand in China[J]. Journal of Development Economics, 2021, 150: 102610.

[42]LONG X, SUN M, CHENG F, et al. Convergence analysis of eco-efficiency of China's cement manufacturers through unit root test of panel data[J]. Energy, 2017, 134: 709-717.

[43]MANGILI P V, SANTOS L S, PRATA D M. A systematic methodology for comparing the sustainability of process systems based on weighted performance indicators[J]. Computers & Chemical Engineering, 2019, 130: 106558.

[44]MARTINSSON E, HANSSON H. Adjusting eco-efficiency to greenhouse gas emissions targets at farm level: The case of Swedish dairy farms[J]. Journal of Environmental Management, 2021, 287: 112313.

[45]MUGERA A W, LANGEMEIER M R, FEATHERSTONE A M. Labor productivity convergence in the Kansas farm sector: A three-stage procedure using data envelopment analysis and semiparametric regression analysis[J]. Journal of Productivity Analysis, 2012, 38: 63-79.

[46]OH D. A global malmquist-luenberger productivity index[J]. Journal of Productivity Analysis, 2010a, 34: 183-197.

[47]OH D. A Metafrontier approach for measuring an environmentally sensitive productivity growth index[J]. Energy Economics, 2010b, 32: 146-157.

[48]PASTOR J T, ASMILD M, LOVELL C A K. The biennial Malmquist productivity change index[J]. Socio-Economic Planning Sciences, 2011, 45(1): 10-15.

[49]PENG H R, TAN X, MANAGI S, et al. Club convergence in energy efficiency of Belt and Road Initiative countries: The role of China's outward foreign direct investment[J]. Energy Policy, 2022, 168: 113139.

[50]PENG J, XIE R, MA C, et al. Market-based environmental regulation and total factor productivity: Evidence from Chinese enterprises[J]. Economic Modelling, 2021, 95: 394-407.

[51]PETROVIĆ P, MATĆ M G. Manufacturing productivity in the EU: Why have Central and Eastern European countries converged and Southern EU countries have not[J]. Structural Change and Economic Dynamics, 2023, 65: 166-183.

[52]SCHALTEGGER S, STURM A. Ökologische rationalität: Ansatzpunkte zur Ausgestaltung von ökologieorientierten managementinstrumenten[J]. Die Unternehmung, 1990, 44(4): 273-290.

[53]SHEN J, ZHANG H, ZHAO Y, et al. An examination of the mitigation effect of vegetation restoration on regional water poverty: Based on panel data analysis of 9 provinces in the Yellow River basin of China from 1999 to 2019[J]. Ecological Indicators, 2023, 146: 109860.

[54]SHENG Y, BALL V E, ERICKSON K, et al. Cross-country agricultural TFP convergence and capital deepening: Evidence for induced innovation from 17 OECD countries[J]. Journal of Productivity Analysis, 2022, 58: 185-202.

[55]SHI X, XU Z. Environmental regulation and firm exports: Evidence from the eleventh Five-Year Plan in China[J]. Journal of Environmental Economics and Management, 2018, 89: 187-200.

[56]SUN K, KUMBHAKAR S C. Semiparametric smooth-coefficient stochastic frontier model[J]. Economics Letters, 2013, 120: 305-309.

[57]VÁSQUEZ-IBARRA L, REBOLLEDO-LEIVA R, ANGULO-MEZA L, et al. The joint use of life cycle assessment and data envelopment analysis methodologies for eco-efficiency assessment: A critical review, taxonomy and future research[J]. Science of the Total Environment, 2020, 738: 139538.

[58]VÁZQUEZ D, GUILLÉN-GOSÁLBEZ G. Process design within planetary boundaries: Application to CO_2 based methanol production[J]. Chemical Engineering Science, 2021, 246: 116891.

[59]WANG L, WANG Z, YU J, et al. Hydrological process simulation of inland river watershed: A case study of the Heihe River basin with multiple hydrological models[J]. Water, 2018, 10(4): 421.

[60]WANG R, ZHAO X, ZHANG L. Research on the impact of green finance and abundance of natural resources on China's regional eco-efficiency

[J]. Resources Policy, 2022, 76: 102579.

[61]WEI X, ZHANG N. The shadow prices of CO_2 and SO_2 for Chinese coal-fired power plants: A partial frontier approach[J]. Energy Economics, 2020, 85: 104576.

[62]WHELAN K. Embodiment, productivity, and the age distribution of capital[J]. Journal of Macroeconomics, 2007, 29: 724-740.

[63]WU H, HAO Y, REN S. How do environmental regulation and environmental decentralization affect green total factor energy efficiency: Evidence from China[J]. Energy Economics, 2020, 91: 104880.

[64]WU R, LIN B. Environmental regulation and its influence on energy-environmental performance: Evidence on the Porter hypothesis from China's iron and steel industry[J]. Resources, Conservation and Recycling, 2022, 176: 105954.

[65]XIE R, YUAN Y, HUANG J. Different types of environmental regulations and heterogeneous influence on "green" productivity: Evidence from China[J]. Ecological Economics, 2017, 132: 104-112.

[66]YOUNG D M, CABEZAS H. Designing sustainable processes with simulation: The waste reduction (WAR) algorithm[J]. Computers & Chemical Engineering, 1999, 23(10): 1477-1491.

[67]YOUNG D, SCHARP R, CABEZAS H. The waste reduction (WAR) algorithm: Environmental impacts, energy consumption, and engineering economics[J]. Waste Management, 2000, 20(8): 605-615.

[68]YU Y, HUANG J, ZHANG N. Industrial eco-efficiency, regional disparity, and spatial convergence of China's regions[J]. Journal of Cleaner Production, 2018, 204: 872-887.

[69]YU Y, ZHANG N. Low-carbon city pilot and carbon emission efficiency: Quasi-experimental evidence from China[J]. Energy Economics, 2021, 96: 105125.

[70]ZHANG J, WU, G, ZHANG, J. The estimation of China's provincial capital stock: 1952-2000[J]. Economic Research Journal, 2004, 10: 35-44.

[71]ZHANG N, CHOI Y. A note on the evolution of directional distance function and its development in energy and environmental studies 1997-2013[J]. Renewable and Sustainable Energy Reviews, 2014, 33: 50-59.

[72]ZHANG N, CHOI Y. Total-factor carbon emission performance of

fossil fuel power plants in China: A metafrontier non-radial malmquist index analysis[J]. Energy Economics, 2013, 40: 549-559.

[73]ZHANG N, HUANG X, QI C. The effect of environmental regulation on the marginal abatement cost of industrial firms: Evidence from the 11th Five-Year Plan in China[J]. Energy Economics, 2022a, 112: 106147.

[74]ZHANG N, ZHAO Y, WANG N. Is China's energy policy effective for power plants? Evidence from the 12th Five-Year Plan energy saving targets[J]. Energy Economics, 2022b, 112: 106143.

[75]ZHANG N, ZHOU M. The inequality of city-level energy efficiency for China[J]. Journal of Environmental Management, 2020, 255: 109843.

[76]ZHANG R, SUN K, DELGADO M S, et al. Productivity in China's high technology industry: Regional heterogeneity and R&D[J]. Technological Forecasting and Social Change, 2012, 79(1): 127-141.

[77]ZHANG Y, ZHAO Z, FU B, et al. Identifying ecological security patterns based on the supply, demand and sensitivity of ecosystem service: A case study in the Yellow River Basin, China[J]. Journal of Environmental Management, 2022, 315: 115158.

[78]ZHAO Y, MA Y, CHOI Y, et al. The effects of the multi-target policy on green productivity: Evidence from China's Fossil Fuel Power Plants[J]. The Energy Journal, 2023, 45(3): 197-222.

[79]ZHAO Y, ZHONG H, KONG F, et al. Can China achieve carbon neutrality without power shortage? A substitutability perspective [J]. Renewable and Sustainable Energy Reviews, 2023, 182: 113402.

[80]ZHOU P, ANG B W, WANG H. Energy and CO_2 emission performance in electricity generation: A non-radial directional distance function approach [J]. European Journal of Operational Research, 2012a, 221(3): 625-635.

[81]ZHOU P, ANG B W, ZHOU D Q. Measuring economy-wide energy efficiency performance: A parametric frontierApproach[J]. Applied Energy, 2012b, 90(1): 196-200.

第五部分　科技支撑济南新旧动能转换起步区建设研究*

一、科技政策创新支撑研究

(一)国家和省市文件中对科技政策创新的相关论述

自 1995 年中共中央、国务院首次提出"科教兴国"战略,2002 年党的十六大提出"科学发展观",2012 年党的十八大进一步明确实施创新驱动发展战略以来,我国市场化改革与高质量发展对科技政策体系的建立与健全明确提出新要求(刘鸿渊等,2021),以应对经济全球化与市场经济体制改革带来的新挑战。党的二十大报告将"科教兴国战略"作为单独一章加以规划部署,强调创新驱动,全方位塑造我国发展的新动能新优势。我国一直高度重视科技创新,有关科学技术政策不断创新制定,政策体制改革逐步深化(陈劲等,2022),企业科技成果转化、科技人才培养与评价、科技创新激励与支持以及科技金融与税收等各方面均有明确指导。

在企业科技成果转化方面,《中华人民共和国促进科技成果转化法》《实施〈中华人民共和国促进科技成果转化法〉若干规定》和《促进科技成果转移转化行动方案》构成了科技成果转移转化的工作框架(郭山和周洪光,2021)。此外,2017 年 9 月,国务院印发《国家技术转移体系建设方案》,系统化地设计国家技术转移体系框架,力图更好地衔接科技成果转移转化的各个环节。到 2021 年,我国已有 21 个地区根据区域实际情况,按照行动方案与建设方案制定了地方性的鼓励科研成果顺利转移转化的方案。2022 年 10 月,科技部编制

---

* 承担单位:山东大学黄河国家战略研究院、山东大学经济研究院、山东大学发展研究院、山东省创新战略研究院;课题负责人:孙涛;课题组成员:郑启磊、李少星、万俊斌、侯麟科、陈言、李欣泽、周思思、栾翔茹。

并公布《"十四五"技术要素市场专项规划》，强调深入推进赋予科研人员职务科技成果所有权或长期使用权试点，提升科技成果管理向市场配置资源转变（杨伊静，2022）。

在科技人才培养与评价方面，先后发布了《关于深化人才发展体制机制改革的意见》《关于实行以增加知识价值为导向分配政策的若干意见》《关于优化科研管理提升科研绩效若干措施的通知》《国家重点研发计划项目综合绩效评价工作规范（试行）》《关于抓好赋予科研机构和人员更大自主权有关文件贯彻落实工作的通知》等，内容主要聚焦于优化科研项目评审管理、完善科技人才评估方法、健全科研机构评估制度、强化监督评估和诚信管理建设、组织落实保障政策措施落地见效、完善科研人员的薪酬机制等。《山东省自然科学研究系列技术经纪专业职称评审标准条件（试行）》从基本条件、学历资历条件、能力业绩条件等方面对科技人员技术资格职称评审进行了明确。

在科技创新激励与支持方面，为深入实施创新驱动发展战略，先后发布了《关于深化科技体制改革若干问题的决定》（2016）、《关于深化科技奖励制度改革的方案》（2017）、《关于强化实施创新驱动发展战略进一步推进大众创业万众创新深入发展的意见》（2017）、《关于推广支持创新相关改革举措的通知》（2017）、《关于全面加强基础科学研究的若干意见》（2018）等。国务院办公厅《关于推广第二批支持创新相关改革举措的通知》提出，京、津、冀等八个区域和有关省市、部门，在知识产权保护、科技成果转化激励、科技金融创新、军民深度融合、管理体制创新等方面先行先试、大胆创新，取得突破和经验。国务院办公厅《关于推广第三批支持创新相关改革举措的通知》决定在全国或八个改革试验区域内推广第三批 20 项改革举措，着力以改革疏通堵点、破解痛点、攻克难点，健全完善激励机制。

在科技金融与税收方面，先后发布了《关于国有高新技术企业开展股权激励试点工作的指导意见》《关于完善股权激励和技术入股有关所得税政策的通知》《关于完善研究开发费用税前加计扣除政策的通知》《关于高新技术企业职工教育经费税前扣除政策的通知》《关于提高科技型中小企业研究开发费用税前加计扣除比例的通知》等。《"十三五"国家科技创新规划》确定了科技金融的基本性质与主要作用，在法律合规、风险可控的前提下，扶持适应技术创新特征的结构性、复合型金融服务产品，增强对中小企业技术创新活动的金融服务保障力度，鼓励和引导金融机构参与从实验研究、中试到生产的全过程、多元化和差异性的产学研合作创新。现有税收政策惠及范围有待拓宽，应增大对科技中介服务机构的支持力度，丰富资金投入、转化收益等方面的税收优惠细则,促进科技金融产品和服务创新。

(二)国家和省市文件对起步区科技政策创新的相关要求

1.城市发展战略角度

《济南城市发展战略规划(2018～2050年)》将济南新旧动能转换先行区的功能定位为山东新旧动能转换综合试验区的示范样板、国内重要的高新技术产业创新基地、现代绿色智慧新城。改革开放先行区、创新引领先导区、城市治理试验区和“四新”经济新高地的发展定位,为济南市“北跨”发展提供了重要保障。2019年9月,习近平总书记在郑州主持召开黄河流域生态保护和高质量发展座谈会,要求加快建设西安、郑州、济南等中心城市和中原城市群。2021年10月,中共中央、国务院印发《黄河流域生态保护和高质量发展规划纲要》,提出要做好济南新旧动能转换起步区建设的各项工作。随后,国务院批复《济南新旧动能转换起步区建设实施方案》,旨在省市协同推进起步区高速发展。

2022年8月,山东省人民政府发布《济南新旧动能转换起步区发展规划(2021～2035年)》,坚持以技术创新作为经济发展新动力的基础力量,有效整合技术创新要素,健全科技发展体制,逐个击破基础研究、技术攻关、成果转化、科技金融、人才培养环节,构建技术创新发展的全生态链条,以促进高新技术人才聚集、科技成果转移转化。该规划在完善科技创新体制机制、完善创新政策扶持体系、畅通科技成果转移转化渠道、营造良好的创新创业氛围四个方面提出了具体建议。其中包括构建满足科创企业从种子期到成熟期不同阶段信贷需求的产品体系,充分发挥资本市场的直接融资功能,引导社会资本更多地流向科创企业。

2022年9月,《国务院关于支持山东深化新旧动能转换推动绿色低碳高质量发展的意见》提出,推动重大创新平台建设,强化企业创新主体地位,激发人才创新创造活力。在加快创新生态培育方面,出台专项政策支持企业技术创新与科技研发,增强企业特别是国有企业的研发投入力度,建立研发投入可持续增长机制,以及用于保障研发项目顺利进行的研发准备金制度。支持高校、科研院所和企业在领航企业的带领下共建产业创新中心,承接国家重大科技项目,实施“核心关键技术攻关+产业化应用”科技示范工程。鼓励大型企业与中小企业共享共用仪器设备、科研数据和技术验证环境,建设产业链全链融通创新的良好生态。

2022年11月,《济南新旧动能转换起步区“十四五”产业发展规划》发布,成为指导起步区产业发展的纲领性文件,引领建设世界级产业集群和高能级创新平台。坚持把动能转换作为立区之本，积极加快优质产业项目导入，细化“6＋4＋2”的产业主攻方向，更好地以重点产业突破带动起步区产业整体跃升。

2.政策创新发展角度

《关于加快济南新旧动能转换起步区建设的意见》从推动高能级创新平台建设、打造全链条科技创新服务体系、实施关键核心技术攻坚行动、打造人才竞相涌入的创新高地四个方面为起步区建设提供政策支撑。该意见着重提出，聚焦高端高质高效、集聚集群集约的产业发展方向，起步区加快构建以科技创新为核心动力、以战略性新兴产业为引领、以先进制造业为主体、以现代服务业为支撑、以文化产业为重要内容的现代产业体系，打造黄河流域高质量发展核心增长极。为支持新型研发机构更好地开展科研和成果转化，培育壮大新动能，起步区制定出台了《关于促进企业发展的若干政策(试行)》，即“促进企业发展 20 条措施”，重奖科技创新企业。引导要素资源高效集聚、市场主体发展壮大，促进传统产业转型升级、新动能加速培育，推动济南新旧动能转换起步区发展。技术合同交易机构发展方面，在省市奖励的基础上，经备案的高校和科研院所技术转移转化服务机构、其他技术转移转化服务机构分别实现年度技术合同交易额(技术吸纳方为起步区内单位)3000 万元、2000 万元的，按照不超过其年度技术合同交易额 2.5‰给予奖励，单个机构年度奖励最高不超过 20 万元。通过政策引导助推产学研深度融合，激发企业创新活跃度，增强区域科技创新竞争力。

《关于建设济南人才管理改革试验区的实施意见》指出，针对起步区紧缺的专业型人才及高级管理人才，实行专岗特聘，采取兼职兼薪制、年薪制、协议工资制等分配方式，面向全球高薪选聘。起步区发挥济南人才管理改革试验区等优势，编制起步区人才支持政策。在人才落地支持、拓展引才渠道、搭建创新载体和人才激励保障等方面给予全方位支持。当前，在中科新经济科创园内，起步区正在建设国际标准的人才公寓，保障人才安居。

(三)起步区科技政策创新现状与主要问题

1.科技政策支持对起步区建设的重要意义

2021 年，中央经济工作会议首次将科技政策列入年度七大政策中，强化了科技创新在国家现代化建设全局中的重要地位和作用。《济南新旧动能转换起步区发展规划(2021～2035 年)》明确了四大战略定位，确定了起步区的“四新”发展目标，即黄河流域生态保护和高质量发展新示范、绿色智慧宜居的新城区、高水平开放合作新平台、山东新旧动能转换综合试验区新引擎。《济南新旧动能转换起步区"十四五"产业发展规划》阐释了起步区产业发展的总体要求、基本原则和发展目标,并明确了构筑高质量产业体系方向和产业空间布局,提出了"引培一批产业链链主企业、建设一批高能级产业创新平台、释放一批政策和制度创新红利、创新一批数实融合应用场景、推动区域产业协同发展、打造国际一流营商环境"等六大领域的重点任务。

对标起步区发展的总体目标及定位不难发现,科技创新是当前起步区建设和发展的重要路径,而科技政策不仅是推进起步区自主创新能力提升的关键,而且是促进经济稳进提质的重要支撑(王华,2022)。另外,当前起步区的发展基础还相对薄弱,处于发展的早期阶段,推进起步区建设需要大量的财力、人力等的支持,这就要强化起步区的环境建设,从而为企业入驻、项目投资、人才引进等奠定基础,全面提升起步区的吸引力,而科技政策的有效支持能够保证相对较高的推进速度和推进效率。因此,不论是从起步区当前的发展基础还是未来的发展目标考虑,推进起步区科技政策扎实落地,都是保障起步区快速发展的重要前提和基础。

2.科技政策创新现状

2020 年 3 月,为贯彻落实黄河流域生态保护和高质量发展、新旧动能转换战略,积极响应济南市打造山东省绿色建设发展与节能标志城市、国家节能型可持续发展示范城市、国际节能减排生态发展先锋城市的要求,起步区秉承绿色发展理念,打造国际化现代绿色智慧之城,发布了《关于促进济南绿色建设国际产业园发展十条政策》,在财税支持、科技研发、人才支持等方面为起步区绿色创新发展提供了政策保障。2021 年 11 月,为促进企业加快转型升级,推动高端产业要素资源集聚,推进起步区科技创新发展,起步区出台了《关于促进企业发展的若干政策(试行)》,在加大企业招引力度、强化创新生态培育、加速优质企业成长、加强企业金融赋能等方面制定了相关政策,共计 20 条促进企业发展的相关措施,对科技创新企业着重奖励。其中,有 9 条是关于科技创新以及知识产权的政策,占政策项目总数量的近一半,这是起步区通过科技政策引导和推动企业创新发展的重要体现。目前高企奖励、研发费用奖励等正在进行政策兑现程序,科技创新专项政策正在修改完善中。

起步区通过积极贯彻落实国家、省、市级各类科技创新政策,取得了一系列成果。首先,从起步区内科技创新的企业数量来看,高新技术企业数量明显增多,2021 年辖区内高新技术企业累计达到 42 家,2022 年新推荐 52 家企业申报认定高新技术企业;已入库科技型中小企业 82 家;截至 2022 年 6 月,高新技术产业产值占规模以上工业总产值比重达到39.45%，较上一年同期提高6.17个百分点。其次，从科研项目的情况来看，起步区2个项目获2021～2022年度山东省中央引导地方科技发展资金立项，7项课题获省自然科学基金项目立项资助，推荐申报2022年省重大关键技术攻关项目（第二批）指南建议12项，成功备案济南市重大科技创新产品2项，成功认定济南市活动券服务机构1家。最后，从起步区企业基于科技政策获得的科研补助情况来看，辖区企业累计获得省、市级高新技术企业财政补助、研究开发财政补助等各级各类补助资金达1300余万元，为起步区科技创新能力水平的提高提供了支持。

3.科技创新促进政策的主要问题

虽然起步区的科技政策为其科技创新发展提供了较大的帮助和支持，但是当前起步区的建设还在起步阶段，与雄安新区、浦东开发区等先进地区相比，企业培育、人才引进、资金支持等方面的政策支持还不够强劲，对现有的部分科技创新政策的落实还不到位，效果还不明显，是未来科技政策需完善的重点。结合科技政策的现状和实施成效，当前科技政策主要存在以下几个方面的问题。

一是鼓励科技创新的体制机制还不健全。科学合理的科技创新政策能够为进一步深化科技体制改革和完善创新体系提供强有力的支撑和制度保障（程华东和杨剑，2022）。现阶段制约起步区创新发展的政策瓶颈依然存在，主要存在科技创新资源的配置不够优化、对科技资源的利用较为低效、产业关键共性技术供给体系还存在结构性缺陷、企业参与科技创新的参与度和积极性不高、调动和激发员工创新创造的激励机制仍不健全等相关问题。当前，科技创新呈现交叉、融合、渗透、扩散的鲜明特征，颠覆性技术创新不断涌现，科研体系向“开放科学”转型，应当以紧密协同的技术创新组织和先进的管理方式抢抓科技革命先机，通过健全和完善科技创新体制机制，为起步区科技创新能力水平的提高提供强大势能。

二是科技政策扶持精准度有待提升。从起步区的产业布局及发展状况看，当前起步区产业能级偏低，原有产业以化工、食品加工、蔬菜种植为主，近期引入的产业虽然以新能源、会展、高端制造为主，但规模还相对较小。传统产业和企业的占比仍相对较高，处于产业链的低端，向高端产业、产业链高端发展的科技支撑力度明显不够，加大先进高端企业和产业的引进力度仍是起步区建设的重点。因此，结合起步区“十四五”产业发展目标和布局，要提高科技政策对起步区建设扶持的精准度，在产业布局和企业引进中不仅要提高引进的力度，更应进一步聚焦对产业链中端、高端企业的引进，强化高端产业的引领功能。尤其是完善适用于不同科技型企业的创新扶持政策，提高政策的精准施策水平，对于有效推动起步区产业提档升级十分重要。

三是对当前科技政策的充分利用和挖掘还不够。资金支持是推动科学技术进步的关键，在起步区纳入统计的50家企业中，仅有24家企业填报了研发费用申请，还不到全区企业数量的一半，研发费用填报数据仅约1亿元。事实上，全社会的研发投入来自两部分，一部分是政府的研发投入，另一部分是社会的研发投入。大量研究表明，在科技创新起步阶段，政府是科技投入的主力，科技财政政策可以通过降低市场交易成本，促进企业增加研发投入，从而实现企业创新的目的。当前起步区发布的关于鼓励科技创新的政策中，提高科技研发投入的措施较多，但是从具体的利用和实施情况来看，对科技政策的利用不够，政策引导并未发挥出其应有的效果，导致政府研发投入对社会研发资金的带动力不强，企业的研发投入费用占比不高，研发成果数量不多，技术改进和研发的积极性不高，很多科技研发项目还未落地投产。因此，一方面，应继续加大政策对科技研发的支持力度，强化政策的引领和激励作用；另一方面，应强化科技政策对企业和研发机构等的财政补贴方面的服务和落实情况，使政策惠企发挥出应有的效果。

四是政策引才留才力度不足。当前起步区存在人才政策体系尚不完备、人才发展体制机制尚不完善、人才队伍规模小特别是高层次领军人才匮乏、平台载体承载力弱、基础设施配套不健全等问题，对人才尤其是高层次人才以及科研团队的吸引力不足，难以形成科技、人才、资本等高端要素的集聚，将在一定时期内影响起步区的发展。

《济南新旧动能转换起步区建设实施方案》指出，支持起步区复制国家自主创新示范区、自由贸易试验区、全面创新改革试验区和国家级新区的经验政策。因此，相比其他地区，起步区在科技创新发展的过程中具有各级各类政策的集成优势，更要充分利用好、发挥好先行先试作用，为起步区新旧动能转换提供保障。

(四)其他国家级新区和沿黄新城新区科技政策创新案例

1.雄安新区

雄安新区的定位为科技创新之城。中共中央、国务院《关于支持河北雄安新区全面深化改革和扩大开放的指导意见》提出吸纳首都高新技术产业企业疏解转移、推进科技成果权属混合所有制改革、改革科技管理制度和政策决策咨询制度等任务。2020年，国务院批复，在雄安新区等46个城市和地区设立跨境电商综合试验区。随后,《中国(雄安新区)跨境电子商务综合试验区建设实施方案》制定并实施,从培育集聚跨境电子商务市场主体、着力推动跨境电子商务企业对企业(B2B)出口、推进跨境电子商务政策落地见效与创新、完善跨境电子商务服务体系、创新跨境电子商务监管机制、探索跨境电子商务规则标准制定、探索跨境电子商务行业自律等七个方面提出具体举措。2021 年,河北雄安新区管理委员会印发《河北雄安新区关于支持企业创新发展的若干措施》,围绕技术基建、智慧城市建设等重点领域,对研发关键共性技术单位给予最高不超过 500 万元补贴,鼓励企业创新发展。

2.郑东新区

郑东新区实施创新驱动、科教兴省、人才强省战略。《郑州高新技术产业开发区管委会关于 2013 年郑州高新区提升科技创新能力支撑发展方式转变的若干意见》《郑州高新技术产业开发区管委会关于支持科技创新推进大众创新创业的实施意见》从科技金融创新、创新载体建设、培育科技型中小企业、支持研发机构建设、支持科技创业服务平台建设、支持产业技术研究院等技术转移服务机构建设、鼓励创新创业等七个方面提出具体奖励方案,促进提高科技创新能力。2015 年,《郑东新区推进自主创新奖励办法(暂行)》实施,郑东新区设立产业发展专项基金,用于奖励郑东新区辖区注册的科技型企业、高等院校、科研院所及户籍在本区的个人(仅限于专利资助),支持企业自主创新。《郑东新区推进科技创新奖励办法》实施,鼓励科技型企业申报高新技术企业,奖励科技创新荣誉,奖励支持研发平台建设,进一步推动郑东新区科技创新发展,加快创新奖励奖补资金拨付。2022 年,郑东新区公布《郑州中原科技城促进区块链科技创新和产业发展办法》,构建高水平的区域产业载体以推动区块链产业发展。

3.兰州新区

兰州新区用足用好国家新出台的支持科技创新和重要领域减税降费政策,使企业切实享受到政策红利,是谋求更好更快发展的重要手段。2017 年,《兰州新区产业发展扶持及奖励政策》明确规定,入驻项目均可享受投资、信贷、税收和生产等方面的优惠政策。此外,兰州新区实施人才强区战略,出台了高层次人才项目扶持补贴政策《兰州新区高层次人才引进培养扶持办法》《兰州新区促进人才聚集奖励扶持办法》《兰州新区领军人才选拔管理办法》,明确了对人才引进培养、项目扶持、安居就医、子女入学等方面的服务保障政策,吸引、服务和激励优秀人才在兰州新区就业创业。《兰州新区化工产业人才引进培养扶持办法(试行)》明确了化工产业人才的分类及认定范围,围绕引才奖励、生活补贴、科研扶持、学历提升、职称评审等方面出台十条扶持措施，加大人才引进培育力度。

综上，雄安新区、郑东新区、兰州新区制定了众多法规政策扶持企业创新和发展，主要表现在以下几个方面。一是建设用地指标分配向重大产业项目倾斜。有针对性地调整优惠政策，保障区内高端制造业和服务业项目顺利推进。二是实施“激励计划”。鼓励金融机构和融资性担保机构发展创新型金融产品与服务，为民营企业提供资金保障与信贷扶持。符合相关规定的重大项目，在经营风险、信用贷款、融资租赁等方面可享受多项政府扶持优惠政策。三是强化高水平人才服务保障政策。给予高层次人才信贷、经费、办公等方面的支持，并帮助本人及家属解决落户、就医和上学等问题，吸引更多的高层次人才就业定居。

(五)起步区科技政策创新建议

1.提升政策服务水平，推动惠企科技政策直达快享

针对起步区科技创新体制不完善、惠企政策落实不到位等问题，一是完善科技创新体制机制。完善大型科技任务组织实施细则，强化精准发力，找准政策发力点，针对重点领域、关键环节优化资源配置，探索实行科技攻关“揭榜制”、首席专家“组阁制”，激发科技创新活力。二是扩大高新技术企业税收政策受惠群体，形成鼓励、支持、服务创新的社会氛围。探索税收及运营收益按要素投入比例分配的利益共享机制，引导科技创新资源、产业资源跨区域自由、高效、合理流动，吸引更多高新技术企业及科研项目落地起步区。三是建立“清单＋闭环”的工作机制，实行达标即准、免申即享等政策兑付方式，使更多的创新主体能够享受到“网上办”“掌上办”式的非接触服务。

2.畅通科技成果转化渠道，推动科技攻关政策落地见效

起步区具有“四区叠加”的政策集成优势，但是如何使其享有的科技政策发挥出效果、推动科技成果转化为现实生产力，进而加快起步区建设，就必须畅通科技成果转化渠道。一是设立用于科技成果转化和创业孵化的基金，不断完善成果转化收益分配和实施办法以及知识产权股权分红等激励政策，充分激发各类市场主体的积极性和创造性。二是搭建“科研—转化—产业”高效转换机制，探索“一层科创企业＋二层研究院”模式的创新创业综合体。三是探索搭建不同维度的知识产权交易平台，不断丰富交易标的类别，深入开展以知识产权、收益权、专有经营权等为内容的质押，不断拓宽企业融资渠道。四是建立方便快捷的新技术、新产品准入机制，加强中试基地建设，完善检验检

测服务，促进已研发科技成果的市场化应用。全力支持起步区打造山东省科技成果转化示范基地，争取在科技成果转化平台、科创飞地、未来产业学院建设方面通过资金扶持、资质认定等给予重点支持。

3.强化协同发力，推动创新平台政策高效集成

当前起步区的科技研发机构，除引进的中科系三个分支机构外，尚无其他国家重点科研院所、高校、重大科技项目，仅有5家新型研发机构，创新载体较少。因此，要强化创新载体建设，加快各类创新主平台集聚。一是完善部门协同、省市县联动对接国家战略、承接国家任务机制，支持体制机制改革试点在起步区先行先试。国家、省重大战略性科创资源优先在起步区布局，围绕起步区“3＋1”产业体系和六大产业主攻方向（智能车、新能源、新材料、中国芯、机器人、元宇宙），优先向起步区推荐相关产业和科研项目资源，尤其在疏解北京非首都功能和对外科技合作方面，可以采取计划项目资助、购买服务等方式，协调对接重大科研平台建设、高端优质资源项目研发、创新载体引进等，支持起步区作为优选承载地，并对引进的重点科研机构、重大科技项目给予“一事一议”支持。二是强化组织重视、政策支持、经费保障等多方力量协同发力，推进起步区科技创新载体平台建设。希望山东省将国家、省层面政策资源向起步区倾斜，加大政策支持，在省级科技计划项目、平台中心建设、试点示范创建投入布局等方面为起步区提供支持。三是建立政企高校多方联合的技术创新体系。加强政府对企业技术、管理和商业模式创新的扶持，鼓励有实力、有担当的企业牵头组建产业与技术创新联盟，共同构建行业共性关键技术攻关平台。

4.创新投融资机制，推动科技创新支撑体系不断优化

目前，起步区的科技创新政策的积极作用逐渐增强，但与江、浙、沪地区相比，仍存在资金短缺、人才不足、平台建设滞后等问题，需要加大对起步区的资金支持力度，强化政策保障支持。一是发挥政府的引领作用，通过财政资金支持带动社会资本对研发的资金投入，提高技术创新水平。二是健全政府对企业科技创新的扶持机制，做好科研经费后补助、科技创新券使用和发放等工作。同时，加大科技金融支持力度，在开展科技保险试点、风险补偿、投资基金方面予以重点支持。三是引导企业和金融机构积极参与，创新专项资金“投—补—奖—贴—保—贷”联动应用机制，促进财政科技投入与银行信贷、企业研创资金及社会投资的深度融合。

二、科技人才引育支撑研究

人才是兴邦之本，成事之基。科技是第一生产力，人才是第一资源，创新是第一动力。习近平总书记在党的二十大报告中指出，坚持人才引领驱动，加快建设教育强国、科技强国、人才强国，坚持为党育人、为国育才，全面提高人才自主培养质量，着力造就拔尖创新人才，聚天下英才而用之。深入实施科教兴国战略、人才强国战略、创新驱动发展战略，开辟发展新领域新赛道，不断塑造发展新动能新优势。在经济功能区，科技、人才、产业发展战略具体化为“围绕产业链部署创新链，围绕创新链布局产业链”。积极打造创新人才、技术人才、产业人才综合性人才链，以人才链铰合创新链、产业链。推动创新链、产业链双向融合和深度融合，以创新链之精引领产业链之优，以产业链之强托举创新链之尖。

聚合国家、省、市各级人才政策势能，激发人才创新创业动能，积极探索人才引育创新机制和举措，围绕起步区建设需要打造具有吸引力、具有标识度、赋能性强的人才特区。

(一)起步区人才引育政策和发展现状

1.政策支持情况

基于新旧动能转换起步区正处于建设规划的初级阶段，对科技人才的需求具备迫切性和规模性的特点，现有政策主要从科研院所及产业园区建设层面与人才引进及人才发展的制度机制角度打造全国乃至全球优质人才参与联建起步区的直通车。

2021 年《济南新旧动能转换起步区建设实施方案》(以下简称《实施方案》)明确指出，要提高科技创新支持能力。支持在起步区布局国家重点科研院所、大科学装置、重大科技项目等，加强科技成果转化中试基地建设。鼓励优秀创新型企业牵头，与高校、科研院所和产业链上下游企业联合组建创新创业共同体，建设技术创新中心、制造业创新中心、重点实验室。完善创新激励和成果保护机制，支持起步区科研机构开展赋予科研人员职务科技成果所有权或长期使用权试点。开展黄河生态环境保护科技创新，聚焦于水安全、生态环保等领域，加强科学实验和技术攻关。前瞻布局基于人工智能的计算机视听觉、智能决策控制、新型人机交互等应用技术研发。开展氢能技术研发。加强技术改造和模式创新，推动传统产业优化升级，积极稳妥化解过剩产能，坚决淘汰落后产能。《实施方案》从全局性视角规划起步区的发展目标，并以先进的发展理念为指导，以明确的发展重点为纲要支撑起步区的建设体系。

作为《实施方案》的重要配套政策，2021 年《济南新旧动能转换起步区关于促进企业发展的若干政策(试行)》正式发布。其表明，对经认定新落地的企业、金融机构以及科研机构，自注册起 5 年内，对其年工资薪金总额在 30 万元以上的高管和高技术人才，按照个人工资薪金区级经济贡献，给予 100%奖励。奖励人数不超过该企业缴纳社保总人数的 8%，单个企业不超过 10 人。此项政策不与其他个人工资薪金相关的优惠政策同时适用。

2022 年，山东省政府发布《济南新旧动能转换起步区发展规划(2021～2035 年)》，指出要加快各类人才队伍建设。围绕起步区主导产业发展方向，重点引进一批世界顶级战略科学家、创新创业领军人才和职业经理人。加快搭建人才创新发展平台，加快建设创新创业服务体系。积极探索更加开放、便利的海外科技人才引进和服务管理机制，加大海外引才力度，畅通海外人才引进渠道，加快建设海外人才离岸创新创业基地。以培育行业领军企业为目标，加强优秀企业家队伍建设，提升企业家创新意识和开拓精神。倡导“工匠精神”，壮大高技能人才队伍。

2.创新平台建设情况

起步区的创新科技平台的搭建已初步成形，已有 3 家“中科系”院所入驻起步区，一系列数字经济新科技园区稳步进入筹建状态，已初步培育科技企业数十家，同时，多家科研所的研发创新活动已取得优秀成果。

落地起步区的 3 家“中科系”院所分别是工程热物理研究所、高能物理研究所、计算技术研究所，以此为基础规划打造“中科新经济科创园”，合作成立“四不像”新型研发机构，引入徐建中院士工作站和“万人计划”专家魏龙、朱俊强等 20 余个高端人才团队，突破了一批“卡脖子”关键核心技术；打造京东(山东)数字经济产业园、山东可信云信息技术研究院等创新平台载体。此外，为以新旧动能转换为总抓手有效实现经济发展动力转换，还建设了临空经济区、数字经济产业园、中科新经济科创园、国际招商产业园等经济产业园，同时还引进了新材料产业园、中德(济南)中小企业合作区、中欧装备制造小镇等一批高端产业园区，为可持续发展提供相对完备的产业支持；引导企业加大创新力度，培育高新技术企业 42 家，入库科技型中小企业 47 家，备案省级新型研发机构 4 家，在复合新材料、燃气轮机等领域产出一批市级重大科技创新产品，为高标准高质量建设起步区打下了坚实基础。

按照计划，下一步，济南将聚焦创新资源集聚，强化平台赋能效应。加快推进起步区“中科系”重大科技创新平台建设与发展，强化起步区基础研究布局，支持起步区企业建设市重点实验室，重点支持济南先进动力研究所等“中科系”研究平台建设山东省重点实验室。积极推动“山东大工工程科学计算与仿真技术研究院”和“济南数字化设计产业研究”等高端前沿创新平台落地起步区，为起步区发展提供科技支撑力。为将“五年成形，十年成势，十五年成城”的目标转化为现实，起步区针对研发创新构建了如表1所示的发展规划，从研发经费、专利发明、公共教育投入、大数据应用贡献以及基础设施智慧化水平等多个方面提出了预期性指标。

表1　起步区发展规划主要指标

	指标	2025年	2030年	2035年	指标属性
创新智慧	研发经费投入年均增速(%)	10	15	20	预期性
	万人发明专利拥有量(件)	50	80	100	预期性
	科技进步贡献率(%)	70	75	80	预期性
	公共教育投入占地区生产总值比重(%)	4	4.5	5	预期性
	大数据在城市精细化管理治理和应急管理中的贡献率(%)	80	85	90	预期性
	基础设施智慧化水平(%)	80	85	90	预期性
	高速宽带标准	无线通信全覆盖、千兆入户、万兆入企			预期性

3.项目立项情况

济南市委、市政府以及新旧动能转换起步区的相关领导对起步区的项目发展十分重视，起步区领头项目的推进成果和落地质量会对起步区的后续科技建设产生直接影响。近年来，随着研发科技、绿色发展、医疗资源、产教融合以及产学研发展相关的一系列多样化主题项目有序、稳步开展，深度、高效落实，为起步区后续发展提供了有效源动力。

2019年，济南新旧动能转换先行区①党工委副书记、管委会主任李国祥，绿地集团山东区域管理总部党委书记、总经理薛明辉，深兰科技(上海)有限公司智慧城市产业投资部总经理胡春芳共同签订了《绿地深兰人工智能及自动驾

① 2017年5月，济南新旧动能转换先行区设立。2021年4月，国务院批复同意《济南新旧动能转换起步区建设实施方案》，同年8月19日，济南新旧动能转换起步区正式挂牌成立。起步区相对先行区而言，有更高的定位、更强的功能、更优的政策，区域布局方面也进行了优化调整，黄河北岸的区域面积有所缩减，而黄河以南的区域面积则相应增加。

驶示范小镇项目合作意向协议》。绿地深兰人工智能及自动驾驶示范小镇项目的落地，将有力带动先行区智能制造与高端装备、新能源等产业的发展，并将吸引相关产业领域的顶尖科技资源、项目及人才集聚先行区，推动先行区新能源汽车产业走出一条高端化、品牌化、集聚化的发展之路，助力济南市新旧动能转换和经济高质量发展。

2020 年，济南市委、市政府决定将先行区打造成“济南市绿色城市示范区”，建设全国规模最大的绿色城市建设示范区，推动建筑产业转型升级，促进绿色建设向标准化和产业化方向发展，坚定走绿色、可持续的高质量发展之路。为实现这一战略目标，进一步深化政府、企业、高校、科研机构联合创新，先行区管委会联合济南市住房城乡建设局充分借鉴四川天府新区的清华四川能源互联网研究院、中科院计算所泛在智能研究院、山东产业技术研究院、山东高等技术研究院等成功案例，成立济南黄河绿色研究院。

2020 年，在山东大学支持下，山大二院勇当“北跨”战略的先行者和积极实践者，在先行区落户一座三甲综合医院，必将更好助力先行区经济社会全面发展。为把高水平医疗资源纳入起步区，满足百姓医疗需求，同时将周边中等医院以医联体形式统筹兼顾一体发展，山东大学和山大二院正全力谋划顶尖学术团队入驻，并将该项目打造成国内一流、国际知名的医疗、教学、科研中心，助力起步区发展成为医疗高地。

2020 年，山东医专、阳光大姐产教融合“阳光健康学院”正式落户济南新旧动能转换先行区阳光大姐标准化示范基地。山东医专和阳光大姐深入合作，创新职业教育办学模式，积极探索“医养教”结合，着力打造“医养护育”服务特色，不断拓展学生就业创业平台，培养出更多高素质、专业化、复合型人才，助力山东省经济社会发展。阳光健康学院在为学生提供更大的就业创业空间，推动家政、康养行业高质量发展的同时，为产业布局储备人才，力争成为职教特色高地建设的亮点，成为全国产教融合的示范标杆，形成真正意义上的家政产学研一体化，实现校企一体化办学，招生招工一体化，科研项目、新专业、新课程及教材一体化研发，实现校企及社会多方共赢，走在职业教育改革前列。

2022 年，为强化产学研协同创新，汇集优质科技成果，济南在起步区打造驻济高校院所科技成果转化基地，重点支持齐鲁工业大学(山东省科学院)在起步区打造新旧动能转换科教产示范区。引导科创城母基金对起步区三家“中科系”院所产业化项目进行股权投资，帮助落地产业项目引进上下游企业，尽快形成产业链条。

2022 年，比亚迪新能源乘用车项目(一期)在起步区崔寨组团落地投产，聚链成群效应初显,在济南市形成新能源汽车及核心零部件全产业链布局,创造就业岗位近两万个。在2023年2月举办的山东省加力提速工业经济高质量发展大会上,比亚迪表示,要力争乘用车项目尽快达产,加速推进在济其他项目。比亚迪智能车零部件配套产业园作为已经正式投产的比亚迪新能源乘用车项目的配套项目,将进一步完善新能源车上下游产业布局,带动产销系统高速运行。

(二)起步区人才引育的重点举措和典型做法

通过对当前起步区科技人才引育现状和已有政策的梳理评估,结合起步区未来发展规划,围绕引进急需紧缺人才、健全人才激励机制、完善基础设施建设、规范制度安排、开展育才培训等五大方面总结起步区稳固人才支撑的重要实施办法。

1.引进急需紧缺人才,与产业结构相适应

实施精准引进机制,围绕起步区主导产业,引进顶级科学家和创新创业人才,快速打通海外科研学者与科技人才的引进渠道,并积极完善各类人才的管理与考核办法,同时,加强优秀企业家队伍建设,提升企业家创新意识和开拓精神。

2022年10月11日,济南新旧动能转换起步区管委会首次发布招聘公告,此次招聘从规模和规格上都称得上首屈一指。招聘面向全球吸纳各类优秀人才,其中近半岗位要求"双一流"或世界前200名高校。岗位设置丰富,涵盖党群工作部、经济发展部、建设管理部、社会事业部等,有关岗位不仅要求人员具有相应的学历,还要求有相关工作的从业经验。与此同时,中科新经济科创园内的济南泛在智能研究院等入驻企业也相继开展有广度且有深度的专业对口人才招聘,从产业优化、设施建设、规模管理等层面为起步区不断集纳新的人才。此次大规模和高规格的招聘将为济南新旧动能转换起步区吸纳骨干型人才,助力起步区快速发展。对比雄安新区的发展情况,截至2021年年末,雄安新区通过社会招聘和校园招聘等方式,引进"双一流"高校高学历人才千余名,院士、专家等高端人才12名,规划建设重点领域人才100余名,实现了"聚天下英才而用之"。济南新旧动能转换起步区此次招聘举措,将对起步区调整人才结构、填补人才空缺发挥重要作用,量身定制的岗位将精准助力起步区的未来发展。

2.健全人才激励机制,实现人才"为我所有"向"为我所用"转变

为更好地吸引人才、聚集人才、留置人才,将人才的科技才能变现为起步

区的创收与发展，政府办公厅构建了“经济贡献越大，奖励补贴越多”的人才持久激励机制，允许高校、科研院所和国有企业的科技人才按规定在起步区兼职兼薪，按劳取酬。完善柔性引才政策措施，突破地域、户籍、人事关系等限制，不改变人才的户籍或国籍，不改变人才与原单位关系，以股权投资、退休返聘、工作站点、项目合作等方式吸引人才到本地工作或创业，实现人才“为我所有”向“为我所用”转变。积极开展起步区自主职称评审，优先保障科技人才和产业人才的职称需要、岗位需要，支持起步区落地科研院所、企业增添博士后科研工作站，积极接收国内外青年科研人员，同时，统筹并落实好博士（后）生活补助发放工作。为实现起步区城乡共同建设的发展目标，政府部门倾力建立健全城市人才入乡激励机制，鼓励各类人才进入乡村、带动乡村，因地制宜创新创业，加速人才、资本和技术等要素在城乡间双向流动。

创新人力资本激励机制，推广《人力资本价值出资管理办法》，对出资者的研发能力、管理才能、营销技能进行综合量化，以此确定其人力资本价值，并运用该价值进行融资和投资。推动人才评价由政府主导向市场主导、企业自评转变，将人才评价权下放至起步区内的各功能区、头部企业。推动全国人力资本产业公共服务平台建设，优化提升“人才有价”评估平台，通过政务云数据端口、数据集的接入，海量数据通过数据采信和大数据算法，刻画社会范围的科技人才特征，做好人才能力的描述性统计，打破人才供给与人才需求之间的信息壁垒，以此解决个人和企业的融资问题。

3.完善基础设施建设，服务发展服务人才

为了更好地吸引人才到该区域创新创业，在住房方面，起步区开工建设了多处人才公寓和租赁住房，保障人才安居，同时还设置了文化广场、社交平台、休闲娱乐等各类场所，保障园区内人才的高品质生活。在教育方面，起步区正加快布局一批中小学、幼儿园，济南起步区起航实验小学（山东省实验小学绿地国博城学校）的首批学生 2022 年开始入学，还引入山东省实验中学鹊华校区，规划建设与国际接轨的中学校园，计划建设能基本贯穿学前教育到高等教育的升学通道。在居民医疗卫生保障方面，输入高质量医疗资源，稳步推进建设山东大学第二医院北院区，并推动专科医疗部门的组建。在交通方面，有序推进重大交通设施建设，新建“四桥四隧”8 条跨河通道，济乐高速南延工程、济南黄河济泺路隧道、凤凰黄河大桥、G309 改扩建工程建成通车，S101 互通立交桥主体贯通，齐鲁黄河大桥即将竣工。此外，在居民养老方面，加快建设黄河体育中心，养老服务中心、老年幸福院等养老方面的基础设施逐步到位。

4.规范制度安排,为人才管理提供保障

起步区以优化人才发展环境为重点,积极探索编制人才支持政策,制定人才分类认定办法,对不同层次的人才采取不同的激励和补贴政策,激发各类人才的创新创业活力。积极实施“揭榜挂帅”制度,针对目前急需解决的难题,选贤举能,不考虑团队的资质、不设立硬性门槛条件,让真正能解决问题并干成实事的科技人才挂帅出征。

维护就业权益,督促用人单位与高校毕业生签订劳动合同或就业协议书,以具有效力的书面形式明确双方的权利与义务,以法律保护毕业生的就业权益。以绝不包庇、警示提醒等措施应对存在歧视、欺诈等行为的招聘单位。

健全专家建言献策机制,在进行重大决策和规划前,邀请科研院所、知名高校等专业人才出谋划策,制定科学合理的激励政策,鼓励专家提供专业咨询和技术服务,促进专家人才在咨询建言、服务社会等方面发挥作用。

5.开展育才培训,激发创新创业活力

多层级水平劳动力培训同步推进。对重点就业群体开展技能培训,持续推动农村劳动力创业就业,2021 年完成就业重点群体技能培训近 4000 人,其中,接受创业培训 429 人,发放各类培训补贴 464.69 万元。帮助高校建设健全针对学生职业规划与就业指导的授课体系,以学生能明确自身能力、思考未来发展方向为结课目标,积极开展就业育人主题教育活动,引导学生树立正确的择业就业观念,培育学生的发展理想。在教育教学过程中注重理论与实践相结合,开展多种形式的模拟实训、职业体验等实践教学,以就业实践帮助学生消化理论知识,组织毕业生提前参加职业能力测评,接受具有个人针对性的建议与指导。高校按 1∶500 的比例配齐配强就业指导教师,旨在全面关照应届生的就业发展与就业情绪。打造一批大学生就业指导名师、优秀职业指导师,编纂优秀就业指导课程和教材。此外,打造创业孵化基地,购买社会服务,引进专业管理团队,负责创业孵化基地的日常运营管理,为创业大学生提供一揽子服务,培育各种初创企业,并提供专项服务。

(三)起步区人才引育的优势与劣势

在准确把握起步区现有人才情况和人才需求目标的基础上,横向对比起步区与国内其他经济、科技新区的区位、定位、特点,明确起步区在人才“引进”和“培育”中的优势与劣势有助于起步区瞄准发展方向,发挥特有优势,吸引有志人才,及时补齐短板,规划精准发展路线,高效实现建设发展。

1.人才引育优势

相较于浦东新区、天津滨海新区以及济南高新区等相对成熟的高新技术区，济南新旧动能转换起步区在区位、动能、建设管理等方面有以下几点特色优势。

一是以黄河特色为基础，绿色发展专业人才匹配度高。目前，济南新旧动能转换起步区正处于启动阶段，起步区的建立是山东半岛城市群在黄河流域发挥龙头带动作用的重要支点，对山东省的动能转化起到示范作用。认真落实黄河流域生态保护和高质量发展国家战略，坚定不移走生态优先、绿色发展的现代化道路，坚持未来眼光、国际标准、黄河特色，加快构建抵御自然灾害防线，全方位贯彻“四水四定”原则，是起步区发展的基本要求。相较于其他省市以及济南高新区，起步区的建设紧紧围绕黄河文化，系统保护黄河文化遗产，深入挖掘黄河文化时代价值，专业人才的对口度高，即对绿色发展相关人才的吸纳度更好。

二是高举新旧动能转换大旗，发展存续动力强。起步区以实现新动能促动未来发展为重点，突出科学研究与创新工作在未来发展中的核心力量，准确把握未来的发展方向。起步区在规划发展中重点关注具有重大引领作用的未来产业的前瞻布局，以改造与支持的方式提升传统产业，促进传统产业优化与升级，以鼓励与探索的方式发展新兴产业，实现新型产业的开创与带动作用，打造传统产业与新型产业互济共通的高起点产业生态链，构建自成规模内含体系的产业集群，致力于建设山东省新旧动能转换核心引擎，达成对省内城市发展的正向辐射与带动效果。

三是组建科学管理体系，建设人才管理改革试验区。构筑新型管理体制。优化起步区管委会机构设置，建立扁平化的大部制，明确权责范围，强化动态管理。创新设立起步区“总师制”，社会化招聘总规划师、总建筑师、总经济师、战略研究总顾问和绿色生态发展总顾问。起步区的用人体系以全员聘任制为基础，对全体管理人员进行绩效考核，从制度角度提升管理人员工作的主动程度与认真程度，以高效体制机制打造共治共享共建的管理系统。以高效的管理体系为基础，打造不同层次的人才引进通道。面对急需人才和高精尖团队，实施“立项管理、一人一策、一队一策”的精准引进机制，最大限度保障高层次人才引进的成功率。建立健全兼收并蓄、化零为整的引才留才用才机制，以人才培养人才，打造高素质人才的培养、留用、产能的孵化体系。

2.人才引育劣势

起步区目前仍处于初级发展阶段，各项工作的基础尚未全部完善，工作计划仍有待细化,工作考核标准也需审慎敲定。通过类比全国范围内相对成熟的高新区,对标济南起步区的建设目标,基于发展现实情况指出起步区在人才引育方面的两点不足之处。

一是人才政策未形成闭环,人才稳定性仍需提高。相较于浦东新区以及济南高新区等高新技术区,起步区人才政策以及人才引育平台搭建不够完善。人才贡献奖励制度、人才配套扶持制度、创业人才支持办法、高层次人才引进激励、人才生活保障条件等方面尚未出台针对起步区人才的具体明细。缺乏对人才落户安家的有效办法以及不同等级人才的优待引进政策。

二是基础设施尚不完善,生活便利度有待提升。目前,起步区的城区框架已有初步规划,城区建设处于提速起势阶段,教育、医疗、养老、托育等家庭及个人生活保障环节尚未成形。聚焦人才所急所需,在满足人才衣、食、住、行的基本需求基础上,完善医疗体系,保障人才的看病保健便利性,教育体系亦有待健全,中小学师资配置与硬件设施条件也是教育水平的重点影响因素。此外,人才享受文化体育、休闲娱乐等专属服务还需要进一步提升。安居保障、配偶安置、子女入学等专项服务也是起步区引育人才、留住人才仍需完善的重要方面。

(四)推进起步区科技人才引育的对策建议

借鉴上海浦东新区、天津滨海新区、济南国家高新区等较为成熟的功能区在科技人才引育方面的先进做法,贯彻落实山东省、济南市在人才引育方面的重要政策文件和建议,结合济南起步区的实际情况,从人才引育、要素支持、服务保障等方面提出相应的对策建议,实现对人才发展全生命周期的覆盖,构建人才发展政策闭环,以助力起步区实现快速发展。

1.人才引育

一是提高人才引育的精准性,构建科学的人才评价体系。在进行人才引进的时候,勿过分关注人才的学历与职称头衔等硬性指标,应重点关注人才的工作经历、能力,考察人才的科技素养与潜在技能是否与起步区发展方向相符合,延揽能为起步区建设发展真正作出贡献的人才。结合起步区产业发展方向和实际发展需要对人才引进进行合理的战略规划,将短期计划和长期计划、具体计划和宏观计划有效地结合在一起,根据实际需要进行动态调整。除此之外,在对人才进行考察的时候,使用多元化评价机制,不仅以学历水平、工作履历以及职业评级等客观指标对人才进行分级划分,对于人才的价值观念、思想素质、道德品质、综合素质等也要进行相应的考核。

二是拓展人才引进渠道，确保引进渠道规范化。进一步拓宽对科技人才、产业人才、管理人才等各类人才的引进方式，除了在官方网站进行起步区的人才引进思想、政策宣传之外，起步区可以联合有关政府部门借助大数据、数字平台对外进行人才政策宣传，实施云端引才工程，开展“云直聘”“云校招”“云签约”等系列云引才活动，提升引才效率。同时，加大校企合作力度，建立校企合作平台，利用柔性引才措施，引导企业按照“不求所有，但求所用”的原则吸引人才，采取咨询讲学、短期挂职、项目合作等方式引进利用高层次人才，这样就能有效拓宽人才引进方式和渠道，让更多优秀的人才参与起步区的建设工作。另外，在人才引进之前，相关单位应制订好人才引进流程步骤的合理安排与翔实计划，如政策的制定、机制的建设、人员的筛选、资料的审核、考试的安排、人员的确定、录取与公示等，对各个环节进行严密部署，真正有效地落实人才引进工作，这样能有效减少工作上的失误与被动，最大限度地实现人才引进目标。

三是构建特色人才品牌，强化起步区人才的品牌形象。突出人才品牌性，打造“鹊华英才”人才品牌，将政策的顶层设计作为重点，通过积极推行各类招才引智活动，大力开展高层次人才的创新和创业大赛，促使人才工作站高效完成起步区挖掘人才、招揽人才、培育人才等工作，力求推出富有含金量和竞争力的人才政策和办法措施，形成以起步区为核心的人才政策标识体系，以此深化起步区人才政策的差异化特征，继而提高起步区人才品牌形象的辨识度。

四是人才引进与培育相平衡。在科技人才的引进过程中，为了更好地发挥人才优势，不仅要注重科技人才的引进，而且要注重做好现有人才的培育工作。人才培育工作首先表现在思想培育上，提升人才对起步区的建设忠诚度和工作黏性，进一步从思想层面推动人才主动适应环境，激发工作积极性。在此基础上要加强人才制度保障，从政策、资金等方面完善人才培育的后勤事务，并不断拓展、创新培育路径，充分利用互联网、大数据等积极探寻人才培育路径。

2.要素支持

一是强化人才载体平台建设。首先，加强创新创业载体建设，瞄准顶尖人才和前沿科技，建设项目孵化中心，为起步区项目提供建设用地、技术平台等一揽子生产要素支持，打造创新创业示范综合体。其次，加强科研合作载体建设，开展与人才服务机构、孵化器、科创平台的合作，通过搭建信息资源共享平台，打通人才、资金和技术的共享渠道，支持人才项目在先进发达地区孵化，待项目成熟后，再到起步区落地产业化，促进起步区内项目研发和成果转化。

二是提供多渠道资金支持和金融服务。突出各类市场主体在人才引进和培育中的地位，在政府提供政策保障和财政支持的同时，注重发挥市场化资源的作用,鼓励社会资本积极参与创新创业,重点支持科技人才创办的起步期工程;完善科研项目资金支持链,对投资创新型、成长型项目的企业和投资机构,按照相应的投入产出评估标准予以相应数额的资金补助。各项项目或企业扶持措施均以起步区的建设发展需要为根本目的,通过评估人才对起步区所作贡献的理论与实际意义给予相应等级的资金支持。

三是发挥第三方专业服务和国际服务支持作用。鼓励一些第三方企业为中小微企业提供专业化的服务支持,给予优秀的服务机构、优秀的职业经理人一定程度的奖励支持,对知识产权向起步区积极转移的项目给予充分的资金保障。另外,积极建设各类国际人才社区,鼓励建设国际人才综合服务中心,对有技术才能的外籍人才申办长久居住证、办理创业工作许可证等事宜提供便利化的跨部门合作。

3.服务保障

一是完善人才分类认定和贡献奖励制度。根据《济南市高层次人才分类认定办法》,起步区应结合自身产业发展需要,根据人才的能力水平和业绩贡献,制定适合园区发展的详尽的人才分类目录,做到定位清晰、层次分明,覆盖不同领域和各发展阶段。同时,要对人才分类进行动态调整,定期修订完善人才分类目录。对不同类别的人才分别给予相应的政策支持,根据人才发展的实际需要提供必要经费保障,设立激励和表彰机制,对优秀人才给予表彰。

二是完善住房、教育和医疗保健等制度。聚焦人才所急所需,建立起步区统一的人才住房、租房和公寓信息公共服务平台,为所引进的人才提供完备的咨询及对接协调服务,引导起步区住房资源有效配置。继续推进实施人才安居工程,形成租售并举的人才住房保障体系,满足不同层次的人才居住需求。积极引进优质教育资源,建设幼儿园、小学、初高中等,形成完善健全的教育体系,对符合条件的人才子女,可以选择就近入学或全市统筹无障碍入读公办学校。对新引进的顶尖人才、海外人才、领军人才等的家属,优先推荐到起步区性质相同或相近的企业工作。强化人才医疗保障,在起步区引入济南市优质医疗资源建设三甲医院的同时,完善社区医疗卫生服务保障,打通人才及其家属就医绿色通道,定期组织专场体检活动或给予医疗保健支持。

三是完善人才退出机制和容错机制。加强起步区内人才管理,健全人才评审考核制度,建立完善人才评估、不合格退出和资金追回机制,实现各类人才管理能进能出。建立各类人才容错机制,鼓励人才创新创业,开展人才招引创新工作,对容错范畴进行合理界定,宽容人才创新创业失败,维持人才创新创业热情。

三、科技平台建设支撑研究

(一)起步区科技平台建设背景与意义

我国经济已由高速增长阶段转向高质量发展阶段，新旧动能转换成为当今时代经济发展的必然选择。山东目前处于由大到强转变的关键时期，实施新旧动能转换任务迫在眉睫。2019 年 9 月 18 日，习近平总书记主持召开黄河流域生态保护和高质量发展座谈会，首次明确了济南作为“黄河流域中心城市”的定位。2020 年 10 月，中共中央、国务院正式印发《黄河流域生态保护和高质量发展规划纲要》，明确提出“支持济南建设新旧动能转换起步区”，标志着起步区建设进入黄河战略总体布局。2021 年 4 月，国务院正式批复《济南新旧动能转换起步区建设实施方案》。按照国务院要求，济南新旧动能转换起步区要立足新发展阶段、贯彻新发展理念、构建新发展格局，加快新旧动能转换，创新城市发展模式，保护生态环境，深化开放合作，完善体制机制，走出一条绿色可持续的高质量发展之路。2022 年 9 月，国务院印发《关于支持山东深化新旧动能转换推动绿色低碳高质量发展的意见》，支持山东在深化新旧动能转换试验基础上，加快推动绿色低碳高质量发展。一系列政策的出台显示出国家对济南新旧动能转换起步区建设的高度重视。

(二)科技平台运行机制

科技服务体系由科技服务机构、科技平台和科技创新人才等要素组成，集知识、技术和资本于一体，能够为社会提供研发设计、企业孵化、技术支持与咨询等专业化服务，是能够促进企业创新和产业转型升级的科技支持系统。其中，科技平台是汇集全方位创新要素，具有完善、高效的共享机制，能支撑起各阶段、各环节创新的科研平台。

济南新旧动能转换起步区的建设离不开科技平台的支撑，《济南新旧动能转换起步区建设实施方案》指出，在增强科技创新支撑能力方面，支持在起步区设立国家重点科研机构、大科学装置、重大科技项目等，加强科技成果转化试点基地建设。鼓励优秀创新型企业率先与高校、科研院所和产业链上下游企业共建创新创业共同体，建设技术创新中心、制造业创新中心和重点实验室等。2022 年 8 月，山东省人民政府办公厅印发《济南新旧动能转换起步区发展规划(2021～2035 年)》，明确把创新作为加快新动能培育的核心动力，高效集聚各创新要素,完善科技创新体系,巩固基础研究,谋划技术攻关,提高成果转化,汇聚科技人才,构建全过程创新生态链,为济南起步区高质量发展提供战略支撑,走出一条科技资源集中、科技成果转化高效的发展之路。

(三)科技平台建设的必要性

1.增强企业竞争力

企业是科技创新的主体,科技平台是科研资源汇集与利用的重要载体,是服务企业、支撑企业科创工作开展的重要平台,是国家创新体系的重要组成部分。济南新旧动能转换起步区科技平台建设有助于提升企业创新能力,为企业带来平台效应与资金效应,能够有效地分散研发风险,降低创新成本,不断增强创新实力。

2.保障济南新旧动能转换起步区建设

新旧动能转换成为构建现代化经济体系的战略选择,而加强对科技平台的科学规划,形成结构合理、功能完善、人才保障健全的科技平台体系将有助于加快传统产业转型升级,培育壮大高新技术产业,形成引领新旧动能转换的强力引擎。建立以政府为主导、以企业为主体、各大高等院校共同参与的协同创新体系对于充分发挥济南中心城市作用、加快新旧动能转换起步区建设、推动宏观经济转型升级与微观企业健康运营发挥着积极的作用。

3.服务国家科技强国战略

科技平台的形成不仅能够推动区域经济转型与发展,而且也有助于解决社会发展中的实际问题。当前,科技强国是我国的重要战略,加快建立现代化科技平台,是提高科技平台服务效能的重要保障,有助于支撑国家创新体系建设,提高我国科技竞争力。

目前,中国经济已由高速增长转向高质量发展阶段。这就要求转变经济发展方式,优化产业结构调整,增加经济发展动力,建设现代经济体系。在新旧动能转换背景下,分析探讨济南市的科技平台建设现状,发现存在的问题,进而明确改进的方向,进一步加强和完善济南市科技平台服务体系,对于充分发挥科技平台对区域科技创新发展的支撑作用具有重要现实意义。

(四)起步区科技平台建设现状

1.科技创新成为新旧动能转换的核心动力

创新在国家现代化建设中占据着核心地位,是引领城市高质量发展的第一动力。科技创新在加快济南新旧动能转换进程、提升产业发展质量方面起着重要的作用。随着信息技术的深刻变革，科技创新对于推动城市新旧动能转换愈发重要。基于创新的城市新发展理念日益清晰，城市更加注重培育创新主体和优化创新环境，把握数字化、智能化发展契机，不断吸引创新要素，激发创新活力，构建“科技＋创新”的新旧动能转换发展模式，大力发展新一代信息技术、数字经济、高端装备制造等战略性新兴产业。科技创新中心成为彰显城市竞争力的核心要点。科技创新中心以服务科技创新、提高科技公共服务水平为宗旨，对创新资源实现高效配置与综合集成、促进各创新要素流动共享发挥着重要作用。

2.起步区平台建设日益完善

在起步区平台建设中，不断对标国际标准，大胆探索，科学调整人员内部结构组成，建立“扁平化”的组织发展模式；提高工作效率，实施“全过程咨询”“招投标制度改革”等举措，缩短招标时间；积极推进流程改革，创新推行“新区特办”机制，实现企业注册登记一站式代办、行政审批服务“区域通办互认”等，持续加速释放发展活力。目前，起步区平台建设的基础设施日益完善，积极主动对接进驻科研院所及企业需求，为入园企业和人才提供全流程、全要素、全生命周期的“一站式”运营服务，相关产业项目陆续落地，片区蓝图已初步显现。

3.大批高端优质项目签约落地，发挥产业集群效应

起步区确定了以新一代信息技术、高端装备制造、新能源新材料和现代服务业为主导的“3＋1”产业发展方向，构建了“1＋4＋16＋N”的规划体系，发展规划、国土空间(分区)规划、生态保护规划、大桥组团控制性详细规划等4个综合性规划成熟完善，并通过省推进起步区建设工作领导小组第一次会议研究审议，其中发展规划已经省政府印发实施；综合交通、市政基础设施、地下空间等16个专项规划形成稳定成果，核心内容被纳入国土空间规划；总体城市设计、文化与特色传承、集约节约用地管理体系等6项研究形成初步成果，“多规合一、互为支撑”的科学规划体系基本形成。签约落地高端优质项目达125个，总投资达3039.5亿元。通过创新突破，以项目为依托，攻克了一系列“卡脖子”技术难题。

4.产学研一体化发展，激发科研成果转化活力

目前起步区已备案省级新型研发机构5家，分别是济南先进动力研究所、济南中科泛在智能计算研究院、济南中科核技术研究院、山东可信云信息技术研究院、山东氢谷新能源技术研究院。这些新型研发机构既不受过去事业单

位发展的条条框框约束,也能集聚享受各类产学研发展主体的支持政策,实行企业化管理、市场化运营。在这些新型研发机构的带动下,起步区科技创新能力显著增强。先进动力研究所空天发动机项目被列入国家部委重大研究项目,20 兆瓦燃气轮机项目完成点火试验,并填补了国内技术空白;济南中科核技术研究院 5 项课题获得国家、省级自然科学基金立项资助;中科新经济科创园高层次人才集聚、高科技成果转化作用已初步显现。起步区初步形成了高精尖项目强势集聚、大中小企业融合发展的喜人局面。下一步,将积极推动与山东大学、齐鲁工业大学等高校合作,搭建科技创新服务平台,通过集聚高校、科研院所、企业、金融、财税、科技服务等机构,为创新创业提供资源支撑,形成集技术研发、政策研究、成果转化、产业项目孵化、人才引进培育交流、金融服务为一体的综合服务平台。

(五)起步区科技平台建设现存问题

近年来,我国围绕科技强国战略,出台了一系列具有中国特色的科技平台标准体系,为科技平台整合、共享、完善、提高提供了有力保障。现阶段,科技平台建设已经取得了较大成就,建立了一批运行、服务高效的国家科技平台,形成了科技资源整合共享的网络体系,对科技资源进行了优化配置与高效利用。但是,科技平台建设中还存在一些不足和问题,例如管理意识淡薄、平台制度不完善、不重视科技平台建设,或者虽然认识到科技平台服务的重要作用,但是缺乏较好的执行力、缺乏较好的监督措施等。因此,应进一步深化科技平台建设,探索科技平台建设的有效模式。

1.旧动能升级改造存在较大阻力

山东省是我国传统的重工业区,在城市转型发展过程中,面临一系列复杂问题。传统经济中的动能在推动山东省的发展过程中已具有坚实的基础,这便导致旧动能的升级改造具有一定的困难与阻力。济南市的新兴经济规模相较于其他发达省会仍较小,新兴产业数量较少,一部分人工智能、互联网技术、云计算和大数据技术并没有在城市发展中得到有效的应用。对于支撑经济发展的新能源、新模式探求深度不足,大多数工业企业并没有设立独立的研发机构,科研水平和研发项目转化率都有较大提升空间。

2.高端人才平台数量比较少,人才承载能力还不够强

虽然山东省目前拥有一大批科技创新平台,为产业转型升级、人才集聚提供了有力支撑,但平台开放性、融合度相对不足,与广东、江苏等先进省份相比,高层次人才新型载体建设相对滞后。具体而言,科研机构方面,除引进的

“中科系”3 个分支机构外，尚无其他国家重点科研院所、高校、重大科技项目，仅有 5 家新型研发机构。平台载体方面，创新载体较少，中科新经济科创园、山东黄河数字经济产业园配套设施正处在加速建设阶段，周边配套基础设施不健全，科技服务体系薄弱。人才政策体系尚不完备，人才发展体制机制尚不完善，人才队伍规模小，特别是高层次领军人才匮乏，平台载体承载力弱，对人才、资本、设施等创新资源的吸引力尚需提升。高层次人才发展平台增量不足，国家海外高层次人才创新创业基地、国家重点实验室、国家实验室等国家级平台数量近几年新增不多，影响与制约了高层次人才的培育与引进。

3.大部分企业尚未成为科技创新的主体，产学研合作创新的组织层次及创新水平不高

技术攻关的关键在企业，然而现阶段企业自主创新能力薄弱，创新观念落后，缺乏改革的内在动力，它们过于注重短期效益，不愿承担高新技术可能失败或更新换代过快等风险。尽管科技意识在逐渐增强，但吸收高等学校、科研院所等优势单位创新成果的能力仍不足，对科技创新缺乏积极性。产学研合作层次不深，仅存在形式上的结合，尚未形成长久性的产学研合作或战略创新联盟；未完全建立产学研协同创新机制，企业、高校、科研机构在创新中的优势没有得到发挥，互补性与合作潜力仍需挖掘；缺乏产学研合作创新的需求导向，创新资源优势尚未转化成产业优势。

(六)国内其他地区科技平台建设发展的经验

1.青岛地区

青岛市将创新作为新旧动能转换工作的核心，持续推进科创平台建设，大力引进创新型人才，加快产学研对接，营造了良好的创新氛围。创新驱动发展初步形成，现代产业体系建设持续推进。青岛市将新兴技术广泛运用到经济发展过程中，把加快培育“四新”经济作为新旧动能转换的主攻方向，提升科技成果转化能力，增强创新对经济发展的支撑引领作用。据统计，截至 2020 年年末，青岛市拥有 9 家国家重点实验室，10 家国家级工程技术研究中心，12 家国家知识产权示范企业，107 家国家知识产权优势企业。此外，青岛市拥有 2 个国家级科技企业孵化器，115 家国家级孵化载体，80 家众创空间，企业创新创业载体服务体系基本形成。新一代信息技术等 13 个产业专班已初步建立，机械装备等千亿级产业集群不断壮大。“四新”经济增加值居山东省首位，占 GDP 比重高于全省平均水平。

2.雄安新区

雄安新区是我国建立的第一个起步区,雄安新区的科技平台建设为济南新旧动能转换起步区科技平台建设起了良好的导向作用。在顶层设计方面,雄安新区积极搭建创新创业平台,加大对基础设施的投入,构建了完善的创新体系。整合北京中关村科学城、怀柔科学城、雄安新区中关村科技园等各地区、各部门的资源,优化科技创新区域布局,建设集信息服务、科学研究、技术开发与应用于一体的公共科技服务平台,形成区域创新合力,为科技服务领域创造了良好的产业发展环境,为科技成果转化提供了便利的条件。在实践层面,优先发展应用型技术创新,不断提升研究成果的转化应用能力。建立产学研相结合的科技项目运行体制,建立连接创新主体与实际应用部门的对接平台,使其能对新技术、新产品进行有效沟通和合作对接,加速科技成果的转化进程。

3.京津冀地区、长三角经济圈、粤港澳大湾区

京津冀地区、长三角经济圈、粤港澳大湾区加速落地区域发展重大战略,高质量发展取得积极进展,创新能力进一步增强,新动能增长势头强劲,为济南新旧动能转换起步区的建设树立了榜样作用。

京津冀地区:创新动能持续释放,高技术制造业、战略性新兴产业增加值2020年和2021年平均分别增长52.5%、43.7%;北京不断提升新一代信息技术、医药健康“双引擎”带动作用,累计生产新冠疫苗50亿剂,为全球抗疫作出重要贡献;天津全社会研发投入强度达到3.4%,新一代超级计算机、组分中药国家重点实验室等天津版“国之重器”加快建设;河北省级重点技改项目完成投资3500亿元,新增省级“专精特新”企业596家。2021年,北京向天津、河北输送技术合同成交额达83.2亿元,协同创新取得明显成效。

长三角经济圈:坚持科技创新与产业提升联动推进,以高新技术产业和数字经济为主的新兴动能加速成长。江苏着力强链、固链、补链、延链,软件、物联网等6个产业集群入围国家先进制造业集群,新增国家专精特新“小巨人”企业172家;浙江省积极推进“5G+工业互联网”工程,启动实施36个产业集群新智造和33家“未来工厂”试点,数字经济核心产业增加值增长20.0%;上海聚焦集成电路、生物医药、人工智能三大产业,制造业产值增长18.3%,高端通用图形芯片实现量产。

粤港澳大湾区:高起点、高标准推进科创高地建设,科技基础设施集群效应显现,创新人才、资本、产业、技术加速聚集,一大批关键核心技术攻关取得进展,为高质量发展提供更多创新动能。中国散裂中子源多物理谱仪通过工

艺测试；全球首颗100公斤0.5米分辨率光学成像卫星——“佛山一号”成功发射；由中国主持的第二个大型中微子实验站——江门中微子实验站即将完成建设。

(七)未来发展的重点任务

科技平台集知识、技术等创新要素于一体，其建设是市场经济发展的实际需要，有助于我国不断完善国家创新体系，提升科技能力与科技资源利用效率。通过完善科技平台建设，为济南新旧动能转换提供有力支撑，为国家综合决策、科学研究等提供优质高效的服务。未来，应进一步加快建设支撑新旧动能转换的科技平台，着力强化部门、地方分层分级区域科技资源整合。

1.强化顶层设计，完善科技平台布局

一是深入推进科技基础条件平台建设，强化支撑服务能力。完善平台运行机制，按照“整合、共享、完善、提高”的平台建设方针，形成一批需求迫切、成效显著的区域公共科技服务平台。按照方向、项目、团队和平台一体化建设的思路，在现有的国家级平台和省级平台基础上，结合学科布局优化与发展需要，围绕确定的重点方向和重大项目，优化配置创新资源，推动创新平台分领域统筹优化布局与交叉支撑。完善创新平台运行管理机制，构建着眼于济南市产业长远发展、支撑学科群特色发展的可持续创新平台。围绕国家战略和山东省产业发展需求，各类国家级创新平台提前谋划布局，建立以提升质量为核心的基地管理体系和运行机制。坚持把动能转换作为立区之本，研究确定以新一代信息技术、高端装备制造、新能源新材料等战略性新兴产业为主体，以现代服务业为支撑的“3＋1”产业发展方向。

二是有序推进科技平台资源整合进程。以重点科技领域的科技平台建设为重点，面向需求持续开展资源整合。对科技平台建设进行统筹部署规划，集聚创新资源，打造创新平台，健全组织管理体系，成立具有权威性的规划协调机构。充分发挥企业、高校、科研院所的资源优势，加快由要素驱动向创新驱动转换，实现资源有效配置。结合济南市资源基础与经济发展的实际需要，推进区域科技平台建设，提供专业化、知识化的专题服务，满足地方产业技术发展的实际需要，进一步打造国家科技成果转移转化示范区。同时，充分运用信息技术、网络化等现代科技手段，推动科技条件、科技资源跨部门、跨领域的优化整合。

三是加大财政科技投入，形成政府、企业和社会共同参与的多元化科技投入格局。加强平台服务能力的评估与绩效评价，采取财政激励等措施，发挥科

技平台对济南新旧动能转换起步区发展的支撑作用。研发经费的投入是提升科技成果的重要保障。首先,充分发挥政府的引导作用,着力构建促进济南新旧动能转换的政策体系和制度环境,正确处理政府和市场的关系,建立符合济南新旧动能转换起步区管理机制和模式的财政投入方式,通过财政直接投资、税收抵扣等措施,引导公共资源与企业对接,形成全社会共同参与促进科技发展的局面。其次,调整和优化科技投入结构,逐步提高科技平台建设经费比重,灵活运用无偿资助、贷款贴息和政府采购等方式,实现财政投入方式的创新,发挥政府资金的杠杆作用。最后,展开调研走访工作,针对不同性质的服务平台,采取不同的投资方式,提高经费使用效率,一方面加强对基础研究的持续投入,另一方面加强对前沿重点领域的谋划布局。同时,持续对科技平台运行进行评估与监测,在关键环节实行定性定量考核,保障平台服务的质量与效果。

2.注重形成产学研一体的区域对接机制,持续打造高水平科技创新平台

聚集学科布局与重点战略方向,深化高等院校、科研院所的科研管理体制机制改革,推动建立优势互补的产学研合作机制。高校与科研院所在科技创新、新旧动能转换领域发挥着重要的作用,应大力支持企业、高校、科研院所联合开展技术攻关研究,推动基础研究与应用研究相结合。依托现有省部级创新平台,围绕行业重大关键共性技术、前沿技术和先进集成技术需求,联合山东省大型龙头企业、行业、高校,共同组建产业技术创新战略联盟、新型产业技术研究院、创新创业共同体等新型研发平台组织,探索实体化运作模式,整合资源联合开展重大成果转移转化。健全技术研发、成果转化和人才培养一体化发展模式,切实提升各类创新载体在新旧动能转换中的核心支撑能力。

3.加强人才队伍建设,为科技平台建设提供有效支撑

一是构建育才、引才、聚才、用才的良好环境。深入实施重大人才工程,注重青年人才培养,引进科技平台管理与技术人才,为科技平台专业化运营提供保障。发挥创新平台的人才集聚优势,依托各类创新平台加强人才引进与培育,提高高层次人才的平台承载力与科技成果转化的平台支撑力。加大人才激励力度,建立定期考核与动态调整机制,构建人才、制度、环境三位一体的人才队伍建设体系。

二是完善产学研人才资源共享与评价考核机制。人才是创新的第一动力,政府应加强引导,建立以企业为主体、以市场为导向、以高校和科研机构为

支撑的产学研协同创新体系。发挥高校和科研院所技术创新主力军作用，设立专项资金支持产学研协同创新体系的建立，激发创新人才的内生动力。加强信息共享，推动人才流动，鼓励协同创新联盟成员间互设人才流动岗位，重视和引导人才增强技术创新意识，实施积极开放的人才交流政策，促进人才双向交流。考核评价是激励人才队伍建设的关键，建立以科技创新能力和创新成果为导向的人才评价指标体系，完善考核评价制度，克服以往考核周期短、过于重视量化等问题。

4.完善区域科技资源共建共享运行机制，加强地区间合作

加强与发达地区科技平台之间的交流合作，实现资源共享、合作共赢、强强联合，充分利用区域优质科技资源，积极推动研究基础设施开放共享，推进与其他起步区科技平台管理机构和组织的交流与合作，借鉴其他起步区科技资源共享模式，加快提高济南科技资源共享管理水平。加强与各地市的合作与交流，发挥辐射带动作用，帮助欠发达地区开发和整合科技资源，推动其科技资源共享平台建设。

5.加快创建综合性国家科学中心，高质量打造国家区域创新高地

考虑产业发展的技术需求，针对重大科学问题，强化以国家重点实验室为引领，省市重点实验室、大科学装置、产业创新平台等协同共进的战略科技力量。满足济南新旧动能转换的迫切需求，以基础科学领域为抓手，推进基础研究、应用研究和技术创新融合发展，发挥济南在全省乃至全国创新网络和创新布局中的先导性、带动性优势。瞄准国内外一流科研院所，推动学科交叉融合，推动区域产学研紧密合作与优势互补，全面提升济南高层次人才培养水平。吸引全球高层次人才汇聚，争取承担国家重大基础和前沿科研任务，加快推动济南新旧动能接续转换。

四、企业研发投入支撑研究

（一）起步区经济发展及企业研发投入现状

1.济南新旧动能转换起步区经济发展现状

济南新旧动能转换起步区对标雄安新区，是目前黄河流域重点开发区域，将在黄河流域生态保护和高质量发展中发挥重要作用。截至 2020 年年底，起步区人口大约 20 万，地区生产总值 53 亿元，低于济南高新区（1291.5 亿元）和莱芜高新区（165.7 亿元）。其中，第一产业 12.8 亿元、第二产业 23.5 亿元、第

三产业 16.7 亿元,三产业的总值比为 24.15∶44.34∶31.51,第二产业占比最高。相比而言,济南高新区以第二产业(48.06%)和第三产业(51.65%)为主,莱芜高新区以第三产业为主导(73.69%)。

2020 年,起步区的一般公共预算收入为 3.91 亿元,但一般公共预算支出达 29.54 亿元。莱芜高新区的相应收入和支出分别为 10.52 亿元和 10.56 亿元,济南高新区的相应收入和支出分别为 130.15 亿元和 113.20 亿元。可以看到,大量的一般公共预算支出在支持起步区的发展。政府性基金也是如此,2020 年起步区获得政府性基金支出 52.33 亿元,是莱芜高新区的 2.63 倍,达到了济南高新区的 76.21%。

在起步区的企业发展上,2019 年,起步区规模以上工业企业有 35 家,而莱芜高新区和济南高新区分别有 123 家和 277 家。起步区、莱芜高新区和济南高新区企业的资产总计分别为 45.59 亿元、172.54 亿元和 1234.39 亿元,工业总产值依次是 44.81 亿元、128.61 亿元和 1136.76 亿元,利税总额分别为 7.78 亿元、7.22 亿元和 111.52 亿元。起步区的工业企业在数量、平均资产规模上低于莱芜高新区和济南高新区,在平均工业总产值、利税总额上远低于济南高新区。2020 年,起步区规模以上工业企业比 2019 年还少 3 家,数量上是济南高新区的 10.56%,但工业总产值只是济南高新区的 3.09%,利税总额是高新区的 4.23%。

济南新旧动能转换起步区是为探索新旧动能转换模式而设立的国家级新型战略新区,要对标雄安、学习浦东;而在发展定位上,莱芜高新区和济南高新区是高新技术产业开发区。济南新旧动能转换起步区与莱芜高新区、济南高新区在定位上具有本质的差别,但上述对比让我们清晰地认识到济南新旧动能转换起步区的区域经济发展现状,即济南在起步区的建设上开始了大量投入,但起步区目前确实处于起步阶段。

2.济南新旧动能转换起步区企业研发投入和发展现状

近年来,起步区在政府和企业层面上对促进企业研发投入做了大量的工作,付出了艰苦的努力,取得了初步的成果。

第一,成立济南新旧动能转换起步区科技创新委员会和大学科技园建设领导小组,加强对起步区科技创新的领导。新成立的起步区科技创新委员会由起步区管委会主任担任主要领导,负责布局科技资源,指导区域创新发展,统筹推进起步区科技创新体系和协同创新能力建设。新成立的大学科技园建设领导小组主要负责编制大学科技园建设方案并报省科技厅。

第二,确定起步区的产业发展和主攻方向,为推动企业研发投入指明了方向，提供了动力。起步区坚持把动能转换作为立区之本，研究确定以“新一代信息技术、高端装备制造、新能源新材料等战略性新兴产业为主体，以现代服务业为支撑”的“3＋1”产业发展方向，以及“智能车、新能源、新材料、中国芯、机器人、元宇宙”六大产业主攻方向。这些产业发展、主攻方向就是将来企业研发投入的主要方向，这些产业发展、主攻方向上引进的企业和相关科研机构就是将来企业研发投入的主体，是加强企业研发投入的根本动力。

第三，提供推动产业布局、促进科技创新和企业研发投入的相关政策支持。起步区制定了《济南新旧动能转换起步区“十四五”产业发展规划》以及产业正面清单、重点产业示图、产业机会清单、产业准入机制“四张清单”；2021 年 11 月，起步区发布了《关于促进企业发展的若干政策（试行）》（济起管发〔2021〕2 号），在强化创新生态培育、加速优质企业成长等方面提供政策支持。科技创新专项政策也在修改完善中。相关政策的陆续出台为企业研发投入提供了有力支持。

第四，加快承载企业研发投入平台建设。起步区的高端装备制造产业园（总投资 1500 亿元）、中科新经济科创园、京东（山东）数字经济产业园正在按计划建设中；与山东省科创集团签订了战略合作协议，将打造科技成果转化和科技生态服务体系，招引、孵化科技型企业，着力打造科技成果转化示范基地。起步区正积极推动与山东大学、齐鲁工业大学等高校合作，建设以科技创新为中心的服务平台，提供政策研究、技术研发、产业项目孵化、人才引进培育交流、金融服务等综合性、一体化服务。这些平台将承载、孵化高新技术企业、新的商业业态，是通过加强企业研发投入产出成果推动区域经济发展建设的主战场。

第五，积极完善以科技创新为核心的服务保障体系。起步区筹备成立科技创新服务联盟，通过现场调研重点企业，帮助企业解决创新发展中遇到的难点、堵点问题。起步区还开展了“企业创新动能提升行动”，积极开展高新技术企业培训、研发投入统计培训。

第六，大力招商引资。起步区以上市公司、总部企业为目标，在长三角、京津冀、粤港澳大湾区等发达地区积极招商，和比亚迪新能源汽车等企业签约了总投资 3360 亿元的 140 个高端优质项目（其中有 43 个世界 500 强、中国 500 强企业项目，29 个央企项目，35 个省企项目）。

经过以上努力，2021 家辖区内累计有 42 家高新技术企业，2022 年有 52 家企业被推荐申报认定高新技术企业；共有 82 家科技型中小企业入库；建成中科新经济科创园、京东（山东）数字经济产业园等创新平台。在研发机构型主体上,起步区已备案省级新型研发机构5家,备案市级重点实验室3个,成功认定市级科技企业孵化器1个。

2021年,起步区有24家企业填报了研发费用,研发费用总计1亿元。2个项目获2021～2022年度山东省中央引导地方科技发展资金立项,7项课题获省自然科学基金项目立项资助。辖区企业累计获得省级、市级高新技术企业财政补助、研究开发财政补助等各级各类补助资金1300余万元。

在政府、企业的努力下,企业研发投入也取得了初步回报,截至2022年6月,高新技术产业产值占规模以上工业总产值的比重达到39.45%,较2021年同期提高了6.17个百分点,并成功备案济南市重大科技创新产品2项。

但是,需要注意的是,目前起步区的研发投入强度(研发费用占地区生产总值的比重)只有1.89%,远低于浦东(4.15%)、天津滨海(3.72%)、广州南沙(3.67%)、重庆两江(3.6%)等新区的水平,也低于全国(2.44%)、山东(2.34%)和济南(2.66%)的平均水平。

(二)企业研发投入对起步区建设的作用

1.理论分析

《济南新旧动能转换起步区发展规划(2021～2035年)》在起步区发展上,提出"五年成形""十年成势""十五年成城""本世纪中叶成'最美家园'"的发展目标。在"五年成形"后的2025年,起步区要形成"动能新、产业兴、生态美、居民富的现代化新城区基本框架"。

企业研发投入能实现"动能新",通过提升企业绩效(李正彪等,2022),促进区域经济增长。企业研发投入将通过完善现有产品和服务、开发新产品和服务、变革现有组织结构和运营流程、创新商业模式和管理机制等手段,形成企业新的发展动能。新动能的形成将提高企业绩效,促进区域经济增长和高质量发展。程铭等(2022)通过实证研究发现,在山东省省会经济圈和胶东经济圈,研发投入对经济增长的贡献度各自为40.1%和39.8%。戴丽娜等(2022)通过对河南省的研究发现,研发投入是河南省经济高质量发展的驱动力,能显著正向影响其经济高质量发展。

企业研发投入促成"产业兴",通过优化产业结构,满足多元化社会需求。通过研发投入取得创新性成果后,企业为社会提供的产品更加多元、质量更加提升、分工和服务更加专业,社会需求得到更细致的满足,区域经济的产业结构自然更加优化。

节约社会资源,保障社会的"生态美"。企业研发投入促使新产品开发,商业模式、管理机制、组织结构、运营流程得到优化，将系统提升企业的全要素生产率（任宇新等，2022），从而节约社会资源，为实现社会的“生态美”打下基础。

助力实现“居民富”。企业是本地税收、就业、居民收入增长的主要贡献者，企业的发展不仅推动经济增长，还能增加税收、就业、居民收入，实现“居民富”。马海涛等（2022）以北京市为例证明在减税背景下，研发类产业能为财政提供较为稳定的税源。

2.案例分析——济南实例

济南新旧动能转换起步区目前处于发展起步阶段，没有大量的数据用于实证分析。但起步区属于济南，济南是起步区存在的外部环境，济南的发展历程能够以历史经验证实企业研发投入确实对本区域经济的发展起到积极的作用。

以济南为实例，使用 1989～2019 年济南规模以上工业企业拥有科技活动单位数、规模以上工业企业 R&D 人员数、规模以上工业企业新产品开发经费支出、济南市 GDP 构建 VAR 模型后发现，济南规模以上工业企业的新产品开发经费支出对济南 GDP 具有显著正向影响，上一年新产品开发经费支出增长率提升 1 个单位，能显著促进济南 GDP 增长率提升 0.16 个单位。[①] 格兰杰因果关系检验认为，规模以上工业企业拥有科技活动单位数、规模以上工业企业 R&D 人员数、规模以上工业企业新产品开发经费支出的增长都是济南 GDP 增长的格兰杰原因，同时，济南 GDP 增长也是济南规模以上工业企业新产品开发经费支出增长的格兰杰原因。从脉冲响应上看，济南 GDP 增长面对其规模以上工业企业新产品开发经费支出的正向冲击在短期内会有正向响应；而济南规模以上工业企业新产品开发经费支出的增长面对济南 GDP 增长的正向冲击，会在短期内呈现下降上升交替而总体略有上升的波动性反应。

基于以上模型，将济南 GDP 替换成一般预算收入再次进行 VAR 模型估计，结果显示：济南规模以上工业企业新产品开发经费支出对济南一般预算收入的影响较为复杂，滞后 1 期的新产品开发经费支出增长率提升 1 个单位，能显著降低济南一般公共预算收入增长率 0.22 个单位[②]，但滞后 2 期的新产品开发经费支出增长率提升 1 个单位，能显著提升济南一般公共预算收入增长

---

① 将“规模以上工业企业新产品开发经费支出”变量改成“规模以上工业企业 R&D 经费内部支出”后，该数值提高到 0.23，而且滞后 3 期也是显著的，其系数值为 0.128，其他变量结果与替换前类似。

② 将“规模以上工业企业新产品开发经费支出”变量改成“规模以上工业企业 R&D 经费内部支出”后，该数值变为 0.399。

率0.23个单位。[①] 从脉冲响应上看,济南一般公共预算收入增长面对其规模以上工业企业新产品开发经费支出的正向冲击在短期内会有负向响应,但会迅速恢复;而济南规模以上工业企业新产品开发经费支出的增长面对济南一般公共预算收入增长的正向冲击,会在短期内呈现上升下降相互交替而总体略有上升的波动性反应。格兰杰因果关系检验发现,规模以上工业企业拥有科技活动单位数、规模以上工业企业R&D人员数、规模以上工业企业新产品开发经费支出的增长都是济南一般公共预算收入增长的格兰杰原因,济南一般公共预算收入增长也是济南规模以上工业企业新产品开发经费支出增长的格兰杰原因。即济南规模以上工业企业新产品开发经费支出(相当于济南规模以上企业的研发投入)和济南GDP、济南一般公共预算收入之间,在格兰杰检验上都表现为互为格兰杰原因的关系。企业的研发投入能促进济南的经济发展,济南的经济发展也有利于企业研发投入的增加。

(三)起步区企业研发投入目标

2021年,起步区24家企业研发费用填报数据共计约1亿元。起步区辖区企业累计获得省、市级高新技术企业财政补助、研究开发财政补助等各级各类补助资金1300余万元。《济南新旧动能转换起步区发展规划(2021～2035年)》对起步区研发经费投入年均增速提出的目标是,到2025年为年均10%,到2030年年均15%,到2035年达到年均20%。

从济南的历史看以上目标具有实现可能:2019年,济南市规模以上工业企业R&D经费支出共计265亿元。1993～2019年27年间每年规模以上工业企业R&D经费内部支出增长率的均值为13.62%,2004～2019年16年间每年增长率的均值为10.37%,2015～2019年每年增长率的均值为7.97%(见图1)。这些只是济南工业企业R&D经费内部支出增长的历史数据,起步区才开始起步发展(企业研发费用才1亿元),发展空间大,国家重视程度高,各类资源投入强,2021～2035年起步区企业研发经费投入年均增速超过济南历史水平,达到10%～20%的速度是可能的,而且是理应实现的。

---

① 将"规模以上工业企业新产品开发经费支出"变量改成"规模以上工业企业R&D经费内部支出"后,该数值变为0.286,其他变量结果与替换前类似。

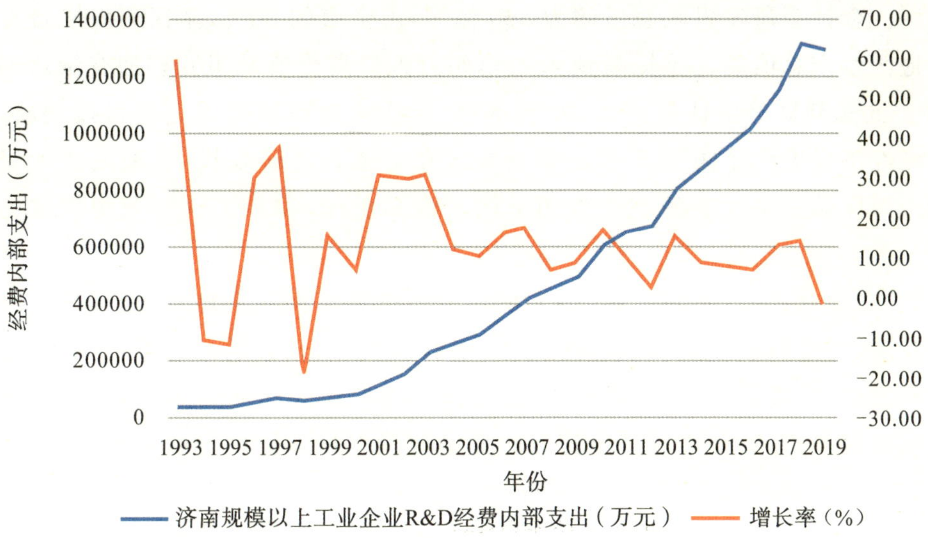

图 1　1993～2019 年济南规模以上工业企业 R&D 经费内部支出及增长情况

资料来源：各年度济南市统计年鉴。

从 VAR 模型预测看也能实现：通过前文针对济南构建的 VAR 模型估计，2020～2035 年，济南规模以上工业企业 R&D 经费内部支出名义增长率为 11.53%～15.78%，其中，2020～2025 年为 10.43%～15.57%，2026～2030 年为 12.00%～16.52%，2031～2035 年为 12.39%～15.30%。[①] 从这一预测看，2020～2035 年，济南规模以上工业企业 R&D 经费内部支出名义增长率可能在 11.53%～15.78%，作为济南重点发展的起步区，其企业研发经费投入年均增长 10%～20%应该只是基本目标。

因此，起步区作为全国第二个起步区，其研发经费年均增长速度在 2035 年前实现 10%～20%十分可能。

（四）企业研发投入支撑新区发展建设的典型案例

1.上海浦东新区案例

上海浦东新区是济南新旧动能转换起步区的学习对象。2021 年，浦东新区地区生产总值 1.54 万亿元，规模以上企业工业总产值 1.24 万亿元，外贸进出口总额 2.39 万亿元，GDP 增长 10%，规模以上企业工业总产值增长 14.8%，财政总收入增长 16.5%，外贸进出口总额增长 13.9%，实到外资增长

① 年均增长率较高的值是基于济南 GDP 构建的 VAR 模型预测，年均增长率较低的值是基于济南一般预算收入构建的 VAR 模型预测。

14.2%。全社会研发投入总量约为560亿元,占全市的30%,全区研发经费支出占地区生产总值的比重提高到4.2%,每万人口高价值发明专利拥有量达到45件。浦东新区经济体量庞大、发展迅速,企业通过研发投入促进科技创新,为区域经济发展作了重要贡献。浦东新区在加强企业研发投入,激发企业研发投入对区域经济发展的积极作用上做了许多工作,积累了许多值得借鉴的经验。

第一,全球视野,不断开放,融入世界。浦东新区面向全球,以全球化思维规划发展,打造科创平台,以全球为视野招商引资,以开放的心态延揽人才,布局高科技产业,提供多元化服务保障。比如,浦东新区面向美国,引入特斯拉在浦东新区设厂,有效带动了上海及相关地区汽车产业链的升级和创新,上海成为特斯拉汽车出口各国的枢纽供给中心。

第二,抓规划引领,抓规划落实。浦东新区为推进高水平改革开放,制定引领区意见实施方案,分解细化成450项任务,促使一批标志性成果成功落地。为促进科创事业发展,打造科创平台,制定并实施了张江科学城建设规划,将面积扩大到220平方公里。

第三,以核心产业方向为导向,抓招商引资。浦东新区确定"中国芯""创新药""蓝天梦""未来车""智能造""数据港"6大产业发展方向,在此6大方向上招商引资,形成产业集聚效应,推动科技创新和经济发展。目前,这6大产业总规模达到上万亿元能级。经过不断努力,浦东新区高新技术企业有4312家,国家级专精特新"小巨人"企业有64家,占全市的25%。

第四,大力引进科研机构,发挥科研机构对企业研发的带动和支持作用。目前,李政道研究所、张江复旦国际创新中心、同济自主智能无人系统科学中心、浙江大学上海高等研究院等科研机构都已经或者将在浦东新区布局,为浦东新区科创事业的发展播撒了种子。

第五,紧抓研发投入的平台建设,构建和提升有利于科创企业发展的产业生态系统。在高科技企业发展平台建设上,积极建设张江科学城,2017～2022年,257个"五个一批"重点项目总投资3800亿元左右;大力推进"南北科创走廊"建设,促使浦东新区2023年规模以上战略性新兴产业制造业产值占工业总产值的比重达到53.9%。在产权保护上,设立运行中国(浦东)知识产权保护中心、自贸试验区国家级版权服务中心。面向全球召开"世界人工智能大会""世界顶尖科学家论坛",成立全国首个海外人才局,建设浦东国际人才港,实施海外人才通行和工作便利度创新政策,建设张江国际社区人才公寓、临港世界顶尖科学家社区,加强全球推广,吸引全球人才,服务全球人才。

第六，优化创新生态，抓科技产业孵化。浦东新区不断优化"热带雨林"创新生态，首先是努力完善创新孵化体系，2021 年建立了孵化器和众创空间 175 家、科技公共技术服务平台 200 家、外资研发中心 256 家、大企业开放创新中心 34 家。其次是改革体制机制，实施了药品上市许可持有人制度、医疗器械注册人制度等改革试点。最后是完善了科技金融服务，设立了浦东科创母基金、小微企业增信基金。

2.天津滨海新区案例

天津滨海新区是全国新区的学习榜样。2021 年，地区生产总值增长 7.5%左右；规模以上企业工业总产值增长 12.6%，有望突破 1 万亿元；一般公共预算收入增长 10.5%；外贸进出口总额增长 8%，累计实际利用外资 225.5 亿美元，外贸进出口总额 6000 亿元，其中出口增长 13%。新一代超级计算机、"PKS 信创体系"等重要领域核心技术取得突破性进展，有效专利达到 7.2 万件。

天津滨海新区在通过企业研发投入促进区域经济发展上的经验和浦东新区类似，总结起来就是看全球、抓招商、抓科研机构、抓承接、抓生态、抓孵化，但和浦东新区不同的是，滨海新区比较重视承接北京的产业。

第一，看全球。天津滨海新区面向欧洲，2023 年，确定空客第二条总装线落户滨海新区，将有效促进本地区飞机零部件制造关联产业和研究的发展。

第二，抓招商。滨海新区通过招商引资，截至 2022 年年初，建成了 8 个国家新型工业化产业示范基地、2 个两千亿级产业集群(汽车及机械装备制造、石油化工)、2 个千亿级产业集群(新一代信息技术、新能源新材料)，以及航空航天产业"三机一箭一星一站"的产业格局。新区围绕"1＋3＋4"现代产业体系，实施创新集聚谷行动，积极建设生物制造谷、中国信创谷、北方声谷、京津冀特色细胞谷。新区金融创新运营示范区加速建设，集聚金融、类金融机构 2700 余家，各类上市公司 46 家。国家租赁创新示范区建设加快推进，金融租赁和融资租赁公司资产总额达 1.9 万亿元，飞机、船舶、海工平台跨境租赁业务总量占全国的 80%以上，成为全球第二大飞机租赁聚集地。新区集聚中国电建、美的等保理企业 640 家，商业保理资产总规模跃居全国第一位。基于互联网的新兴服务业增势强劲，云账户、今日头条、运满满等平台企业加快成长。跨境电商综合试验区建设提速升级。保税维修和再制造蓬勃发展，成为亚太地区重要的航空制造维修基地。滨海新区国家高新技术企业、科技型中小企业分别达 3900 家和 3740 家，"独角兽""瞪羚""雏鹰"和领军(培育)企业超过 2000 家。世界 500 强企业、中央企业和中国民营 500 强企业在新区投资项目均超过 1000 个。

第三,抓科研机构。截至2022年年初,滨海新区聚集了国家合成生物技术创新中心、国家先进计算创新中心等市级以上研发机构528家,建有223家博士后科研工作站和创新实践基地;有1171名高层次人才(包括两院院士、特贴专家等)进驻新区工作。

第四,抓承接。滨海新区建设了五大承接平台,平台功能不断提升,截至2022年年初,累计引进北京项目3919个,协议投资额超万亿元。

第五,抓生态。除了五大项目承接平台外,滨海新区还建成中国(滨海新区)知识产权保护中心,截至2022年年初,成立17个产业(人才)联盟,正在加快建设国家知识产权示范城区。

第六,抓孵化。截至2022年年初,在创新孵化体系建设上,滨海新区有国家级众创空间24家,建有先进计算与关键软件(信创)、细胞生态海河实验室,现代中药创新中心成为首个部市共建的国家级制造业创新中心。在体制机制方面,滨海新区实施了开发区、自贸试验区法定机构改革,建立"三考合一"机制,行政运行体系更加高效。"放管服"改革扎实推进。全面落实"一制三化"改革,政务服务事项"一网通办","最多跑一次"成为常态。全国首创信用承诺审批分级管理,率先推行"一企一证"综合改革,建立了"承诺拿地即开工"服务标准,推行了"一套材料办审批"模式。新区还推进要素市场化改革,推行新型产业用地高效复合利用。实施离岸融资租赁对外债权登记、经营性租赁收取外币租金结汇等一批全国首创性举措,国内首笔跨境人民币保理业务成功落地。创新FT(自由贸易)账户分公司模式,开立账户1100个,累计收支超3600亿元。

3.济南新旧动能转换起步区案例

在通过企业研发投入促进区域发展方面,起步区学习浦东、滨海等各大新区先进经验,探索出了大型研究院所和龙头企业赋能两大驱动模式。

大型研究院所赋能模式——中科新经济科创园:中科新经济科创园主要是学习浦东、滨海等新区,通过引入知名研究院所,通过研究院所的成果转化,孵化产生高新企业和高科技产品,实现企业研发投入对区域经济的推动作用。这种模式可以总结为大型研究院所赋能发展模式。具体表现在,起步区起步发展初期就积极和中科院合作,依托中国科学研究院顶尖科技研发力量,在毗邻新旧动能转换起步区核心区的崔寨高新产业城建设中科新经济科创园,园区定位为科技创新策源地、成果转化助推器、科创人才聚集区,以中科院三大院所研发平台为中心,建立了济南先进动力研究所、济南中科核技术研究院、济南中科泛在智能研究院,发挥科学引领、技术强劲、决策力行的战略优势,着眼先进动力、人工智能、核技术应用等领先产业，致力于建设国际一流、国内顶尖的国家级研发中心、双创示范基地，成为新旧动能转换浪潮中腾跃破浪的旗舰方舟。

龙头企业赋能模式——京东（山东）数字经济产业园：京东（山东）数字经济产业园是京东建立的“园中园”，将京东在研发、数据、经验、培育等方面的能力优势赋能给创新型中小企业，创造新的商业业态，完成创新企业从孵化到成长再到规模化的培育过程。这种模式可以总结为龙头企业赋能模式。京东（山东）数字经济产业园位于起步区崔寨组团，是起步区第一个采用 PPP 模式的园区。园区以数字赋能实体经济和金融赋能实体经济为生态基础，打造引领黄河流域数字经济发展创新集聚。园区以“自然生态、拆分灵活、功能混合”的理念，打造人性化、弹性化、集约化、现代化的集科研、办公、生产、生活、商业等功能为一体的新时代数字经济综合体。园区在区内沿线创新带（以资金募集、创新引领、人才驱动、总部办公为主）、中轴服务带（服务链及支持机构）、产业发展带（产业集聚）整体规划布局了资金链（金融资本、产业基金）、创新链（科技研发、专业平台）、服务链（整体配套、综合服务）、人才链（人才驿站、精英公寓）、产业链（科技孵化、成果转化）相关机构。京东（山东）数字经济产业园将成为数字产业发展孵化的重要基地。

总体来看，起步区在通过企业研发投入促进起步区发展上，目前还处于起步阶段，埋下了种子，路途艰辛，前景美好。

（五）企业研发投入支撑起步区发展的问题与建议

1.存在的问题

（1）自然环境和基础设施需要尽快改善

起步区和济南城区被黄河隔开，绝大部分土地还处于待开发阶段，包括与城区相通的桥梁在内的各种基础设施需要大力建设。受地理环境影响，区域内的风沙相对比较大。这些问题都会影响研究机构、高新企业、研发人才等各种企业研发投入要素在起步区的落地和发展。

（2）用地的性质和行政区划需要根据规划进行调整

起步区的发展需要大规模的建设用地，现在虽然有了整体规划，但大量的用地还是农用地，用地性质不符合开发要求，并且辖区用地不属于同一个行政区域管理，这对高新企业、研发机构的落地造成了直接的障碍。

（3）规划目标具有一定的挑战性，规划落实能力有待提升

《济南新旧动能转换起步区发展规划（2021～2035 年）》将 2025 年起步区

地区生产总值、总人口规模、一般公共预算收入分别确定为600亿元、65万人和80亿元。2020年,起步区的地区生产总值为53亿元,人口约20万人,一般公共预算收入是3.91亿元。如果要达到规划制定的目标,地区生产总值、人口(人口要扩大3.25倍)、一般公共预算收入平均每年要增长63%、27%和83%。

从其他新区的发展历史看,浦东新区GDP从60.24亿元(1990年)增长到608.22亿元(1997年)用了7年时间,人口从133万人(1990年)增长到505万人(3.80倍)用了20年。天津滨海新区GDP由562.4亿元增长到6206.87亿元用了11年。重庆两江新区GDP由2010年的1002亿元增长到2020年的3675亿元,10年增长了2.67倍。2017~2021年4年间,广州南沙新区GDP从3335亿元增加到4949亿元(增长48%)。

对比现有新区的历史发展情况,起步区GDP由53亿元增长到600亿元,只有5年(2020~2025年)的时间来完成,具有一定的挑战性,需要强有力的规划提供保障。

(4)动态的、详细的统计数据收集、公布系统有待建立

从官网统计数据发布情况看,浦东新区官网能找到统计年鉴数据、月报数据、各种普查数据;广州南沙新区官网发布月度统计数据、国民经济与社会发展统计公报,基于广州市政府的数据开放平台开放了各类数据的API服务;重庆两江新区公布了公报数据、普查数据和进度数据。目前起步区网站公布的统计数据信息和浦东等新区还有差距。

(5)招商引资及已入驻企业评价标准中,研发投入标准设置较为困难

招商引资以及对入驻企业进行评价(乃至退出)都需要一定的标准。要发挥企业研发投入对起步区发展的积极作用,可以在招商引资和入驻企业评价标准中加入研发投入的内容。但企业研发是创新和探索性的工作,提供较为清晰、明确、开放、有效的研发投入标准用于招商引资和企业评价还比较困难。

(6)企业研发主体(企业、园区平台、研究机构)较少

企业研发投入的主体是企业、研究机构,承载这些企业和研究机构的平台主要是以科技产品创新、业态创新为特色的产业园区。不管是企业、研究机构,还是创新型产业园区、平台,起步区都需要大力引入,具体表现如下。

第一,起步区辖区存量企业规模小,科技创新能力水平较低,开展研发投入的本土主体基础薄弱。2021年辖区内设立研发机构的现有企业只有4家,企业研发费用核算不健全,研发费用占比不高,知识产权数量有限,对科技创新政策的理解也不够深入。受区划和规划调整、拆迁等因素影响,辖区内企业

增资扩产、技术改造积极性低，招引项目的落地投产仍需时日。

第二，支持企业投入研发的科技创新型、业态创新型平台载体较少。目前正在加速建设中科新经济科创园、山东黄河数字经济产业园及其配套设施，企业研发科技创新型平台、孵化新业态的商业模式创新型平台载体十分缺乏。

第三，缺少大型科研院所入驻。截至 2022 年 10 月，除引进的“中科系”3 个分支机构外，尚无其他国家重点科研院所、高校、重大科技项目，仅有 5 家新型研发机构。

第四，济南市的研发主体也十分不足。截至 2019 年，济南全市规模以上工业企业的 R&D 活动单位数 711 家，只占济南规模以上工业企业总数的 33.02%。规模以上工业企业主办的科技机构只有 409 个，假设一家企业只兴办了 1 家科技机构，则有 81%的规模以上工业企业没有兴办科技机构。

而全国代表性新区中，广州南沙新区 2021 年高新技术企业 744 家，国家级专精特新“小巨人”企业 3 家，累计建成 352 个创新平台、11 家科技企业孵化器。重庆两江新区的高新技术企业 2021 年累计突破 600 家，科技型企业累计达 3304 家，市级“专精特新”“小巨人”“隐形冠军”企业累计 119 家；累计市级重点实验室 17 家，新型高端研发机构 26 家，国家级和实际博士后科研工作站 18 家；两江协同创新区、西工大重庆科创中心、协同创新区融合创新中心快速发展，两江数字经济产业园累计注册数字经济企业 6300 家。

(7)企业研发人力不足，高水平人才较少

起步区 2021 年先后引进各类急需人才 400 余名，新增市级以上重点人才工程人选 9 人，引入 20 余个高端人才团队（包括院士工作站和“万人计划”专家）。2021 年，天津滨海新区驻区两院院士、特贴专家等高层次人才 1171 人；重庆两江新区集聚院士团队 14 个，科研人员超过 1700 人。2019 年，济南规模以上工业企业 R&D 人员 3.40 万人，其中纯研究人员 1.30 万人，R&D 人员折合全时人员 2.33 万人年；企业主办的 409 家科技机构工作人员共 2.10 万人，其中，硕士有 3639 人，博士只有 360 人。不管是起步区还是其所在的济南市，企业研发人才都是紧缺的科创发展要素。

(8)企业研发投入经费不足，资金来源不够多元化

2021 年，起步区 24 家企业共计填报研发经费约 1 亿元，辖区企业累计获得省、市级高新技术企业财政补助、研究开发财政补助等各级各类补助资金 1300 余万元，起步区研发经费投入强度约为 1.89%。济南市层面，2019 年，规模以上工业企业 R&D 经费支出共计 265 亿元，其中，经费内部支出 129.51 亿元、外部支出 5.98 亿元，新产品开发经费支出 132.25 亿元，企业主办的 409 个

科技机构的机构经费支出96.34亿元。济南的研发投入强度大约为2.66%。从企业R&D经费内部支出的来源来看,来自政府的资金2.35亿元,来自企业的资金127.16亿元,没有境外和其他资金来源。

相比之下,2021年,浦东新区全社会研发投入总量为560亿元,占上海的30%,2019年新区全社会研发经费支出相当于地区生产总值的4.15%。"十三五"末期,重庆两江新区R&D经费支出占全区生产总值的比重为3.6%,直管区达到4.3%。2021年,广州南沙新区财政科技投入27.95亿元,增长57.2%,R&D经费支出占GDP比重达3.67%,增长21.9%;国家资金支持项目12个,共获得上级科技部门支持经费0.85亿元。起步区的研发投入强度不仅低于上述其他新区水平,也低于2021年全国(2.44%)、山东(2.34%)和济南(2.66%)的平均水平。

(9)企业科研活动不够活跃,产出成果不多

截至2022年6月,起步区2个项目获2021～2022年度山东省中央引导地方科技发展资金立项,7项课题获省自然科学基金项目立项资助,成功备案济南市重大科技创新产品2项。2022年6月,高新技术产业产值占规模以上工业总产值比重达到39.45%,较2021年同期提高6.17个百分点。济南市层面,2021年,全市规模以上工业企业新产品开发项目数10852项,实现新产品销售收入3089.34亿元,专利申请数14825件,发明专利5718件,注册商标数14517件,形成国家或行业标准539项。

相比而言,浦东新区2020年签订各类技术合同项目8213项,成交金额912亿元,申请专利4.7万件,获专利授权3万件。天津滨海新区2021年全年签订技术合同2959项,增长52.1%;技术合同成交额459.77亿元,增长23.5%。广州南沙新区2021年全年专利授权11510件,增长26.3%,其中发明专利授权1348件,增长44%;技术合同认定成交额近300亿元,增长85%。重庆两江新区有效发明专利总量达3800件。

(10)高新产业布局有待成形

起步区招商引资还在进行,已引入项目还未开展运营,"3+1"产业发展方向和六大产业主攻方向相关产业还未成形,设立科研机构的企业只有4家,分布于生物技术、数控科技、玻璃等有关产业。而浦东新区2021年"中国芯""创新药"等六大产业规模总量达到万亿能级,战略性新兴产业制造业产值占工业总产值的比重达到45%。2021年,天津滨海新区高技术制造业增加值比2020年增长15.5%,工业战略性新兴产业增加值增长10.3%,高技术服务业企业营业收入增长8.5%。重庆两江新区数字经济实现增加值814.68亿元,增长

36.6%，占全市比重超过1/3。广州南沙新区先进制造业增加值增长8.7%，高技术产业工业增加值增长9.3%，汽车制造业产值达1549亿元。

(11)企业投入研发的支撑、服务系统还未建立

广州南沙新区完善实施了“1+1+10+N”产业政策体系，出台实施“科创10条”，发放产业扶持资金63.5亿元，新增减税降费15亿元；创业投资引导基金子基金累计11支，认缴总规模达46.35亿元；完善知识产权综合保护体系，不断营造尊重知识、鼓励创新的良好环境；创建国际化人才特区取得新进展；获批国家海外人才离岸创新创业基地，大湾区(广东)国际人才驿站正式挂牌；在全市率先试行更加便利的人才往来港澳出入境举措；全年兑现人才奖励约7亿元。重庆两江新区出台了科技创新“1+2”政策文件，推出全国首个跨境融资产品“科技跨境贷”，科技金融累计放款14.43亿元；与国家技术转移东部中心共建沪渝协同创新中心，加快建设国家海外人才离岸创新创业基地，联合重科院打造“易智网”技术交易平台，成功举办明月湖国际创新创业大赛；在全市率先开展成渝地区政务服务“跨省通办”、市场综合信用监管、电子印章等试点。而起步区还处于起步阶段，周边配套基础设施不健全，科技服务体系薄弱，对人才、资本、设施等创新资源的吸引力尚需提升。

(12)产业布局和招商引资在大方向上和其他新区趋同

起步区“3+1”(新一代信息技术、高端装备制造、新能源新材料+现代服务业)产业发展方向、六大产业(智能车、新能源、新材料、中国芯、机器人、元宇宙)主攻方向与浦东新区(“中国芯”“创新药”“蓝天梦”“未来车”“智能造”“数据港”)，天津滨海新区[航空航天、石油和化工、装备制造(含汽车、现代冶金)、电子信息、生物医药、新能源新材料、节能环保、轻工纺织]，重庆两江新区(汽车、电子、生命健康)等新区的产业布局总体上趋同，可能在招商引资中与其他新区存在激烈竞争。

2.政策性建议

(1)详细准确地做好用地开发与用地调整计划，做好用地供应与招商引资、数据统计、经济社会发展规划的协同

要以创新为立区战略，为创新做好土地供应。建设用地是企业研发投入促进起步区发展的基础资源。土地资源能精确影响到研发主体、创新要素在起步区落地的时间、发展规划实现的状况和起步区发展的未来。要全面、细致地了解起步区用地现状，详细、准确地制订好用地开发和用地调整计划，明确整个起步区用地的开发时期。统一区域内用地的计划制订、调整和开发管理，将用地开发计划、调整计划与起步区发展规划、数据统计对接，根据用地开发

调整计划招商引资,根据每年能开发的土地建立招商标准开展招商引资工作,匡算未来的GDP增长、投资规模。建立土地全生命周期监管平台,全过程监管产业用地,探索按规划期实施的总量管控模式,建立不同产业用地类型合理转换机制,提升混合用地比例,加大产业用地供给。优化创新型产业用地和复合型用地模式,建立健全各园区、街镇集约用地和新增项目用地挂钩机制。

(2)尽快完善起步区基础设施,特别是环境绿化、美化设施建设

基础设施是起步区经济社会发展的基础,要尽快完善起步区的基础设施建设。起步区位于黄河旁边,相比其他新区,起步区要特别做好自然环境建设,减少黄河边风沙的影响,尽快做好绿化和美化设施建设。

(3)建立高效的管理开发机制,根据规划、用地情况、开发计划制定具体的工作指南、项目清单和控制指南,保障规划落地

起步区发展规划在规划内容上为企业研发提供了保障,促进规划落地就能有力发挥企业研发投入对起步区发展的积极作用。起步区区域内的地块分属不同的行政机关管理,要按程序尽快开展行政区划调整,促进起步区、街镇、园区之间职责分工清晰,事权、财权统一。要完善现有起步区建设领导机制,建立统一开发领导机制,按规定赋予市级经济社会管理权限,下放部分省级经济管理权限,详细研究、熟悉起步区发展规划、用地开发、调整计划,制订起步区开发详细工作计划、工作指南、项目清单和控制指南。明确开发时间表,按时间表以及用地到位的时间、大小、性质招入科创研发型战略性新兴产业和先进制造业企业,并建立督促开发计划有序落地的监督促进机制和团队,跟进每年用地开发情况,解决规划落地的堵点难点,落实主体责任。

(4)打造智慧城市,尽快开展实时、动态数据的收集、统计、公开工作

智慧城市是城市发展的主要方向,数据是城市发展和智慧城市建设的重要资源。要尽快建立实时、动态的数据收集、统计、公开体系,将数据资源融入智慧城市发展,使起步区开发者、管理者、投资者、研究者、工作者以及市民能及时了解起步区的发展,支持智慧城市基于数据实时运转。要积极设置企业研发投入促进企业、起步区发展的相关指标,为企业研发投入驱动起步区发展提供数据资源。

(5)探索企业研发投入评价标准,并运用到招商引资与入驻企业评价当中

完善招商引资标准,融入企业研发投入相关的评判机制,以亩产、效益、能耗、环境、研发为导向,争取引入更多的研发型高科技企业。第一,设置明确的研发投入标准,将其用于招商引资和入驻企业评价。第二,留有开放式探讨机

制，用于一对一探讨特殊高科技企业的引入和入驻评价，反对“一刀切”式使用企业研发投入标准评价企业。

(6)打造各种助力企业研发投入的科创平台和孵化平台，建立企业研发创新策源地

平台主要有供高新技术企业发展的高新技术产业园、供研究所转化研究开发成果的研究成果转化型产业园，以及新模式、新业态孵化的新业态孵化型产业园三种。起步区要基于现有规划，以城市科创区为核心区建立科技创新基本框架，加快布局关键科技基础设施、大科学装置、创新基础平台、孵化器、众创空间、产学研协同创新联合体，落实好此三种科创平台的规划建设，提升现有平台的集中度和显示度。建立新型研发机构、公共研发平台、技术创新中心、新型思想(商业模式)生产中心、重点实验室。成立核心技术突破攻坚小组，紧密依靠起步区、济南市、山东省主要产业链链主，研究主要产业链的核心技术或者可能的“卡脖子”技术，根据起步区相关企业的能力建立研发团队立项研究。建立起步区研发综合服务网络平台，整合研发需求、供给对接、研发成果转化交易、技术转移、科技咨询、研发要素资源库、检验认证、数据交易、企业孵化等服务功能，在人、财、物等方面给予便利，提供经费、人力、信息、咨询、成果推广等相关方面的支持。建立起步区线上创新创业辅导平台，在各大城市设立工作站，建设线上的创新创业服务体系，线上线下开展研发创业指导，吸引各地优秀人才、优秀项目在起步区创业孵化。打造全生命周期创新孵化体系，保障从孵化器到加速器再到产业园区的流畅衔接，培育一批“专精特新”“隐形冠军”“独角兽”企业。以龙头企业驱动模式为中心，首批争取推进5家以上大企业开放创新中心，赋能高质量创新企业200家以上。

(7)广纳研发人才，吸引研发人才，留住研发人才

建立起步区聚才部，专门设立研发人才挖掘工作组，依托第三方人力资源力量共建全球科学家延揽服务中心，制订全球研发人才延揽计划，定期召开科学家大会，在全球发现、吸引人才，建立全球高端人才引进“空降直达”的人才通行、工作便利创新制度[①]，探索建立海外人才离岸创新创业基地。重视主要企业、研究机构的人才延揽、举荐权。打造高端人才特区、顶尖科学家小镇，提供保障性租赁住房。建设社会事业“15分钟服务圈”(教育、卫生、养老、文化、体育)，制订研发人才的后勤保障计划(特别是家人养老、小孩照看、生病看护等)，高质量解决研发人才的后顾之忧。

---

① 浦东新区外籍人士最快5个自然日可获来华工作、居留许可。

(8)构筑有利于企业研发的生态环境

依托科技创新委员会、大学科技园建设领导小组,领导、策划、集中资源打造科技创新生态体系,将起步区打造成济南科学城,建立创新源、产业核、联动廊的产业创新生态体系,建立"雏鹰—瞪羚—领军—独角兽"阶梯式企业发展促进机制。以数字产业化和产业数字化为方向,构建数字经济新业态,促进数据为企业赋能,发展数商企业。建立国际合作咨询委员会、技术交流国际合作中心、技术贸易企业服务中心,重视"一带一路"和东北亚的研发合作。举办国际高科技产品博览会和国际"新特怪奇"产品竞选会、起步区相关产业的专门世界大会。筹划建立起步区知识产权中心、版权服务中心、专利服务中心,建设知识产权示范城区,探索试点知识产权证券化。争取国家药监局药品、医疗器械技术审评检查山东半岛分中心落户起步区。探索药品上市许可持有人制度、医疗器械注册制度等一批科技创新体制机制改革。争取建设济南综合保税区起步区保税展销中心和研发用品、特殊用品入境监管平台。优化科技金融保障,建立山东半岛(研发)资本市场服务中心,实施科创研发母基金、科创产业扶持资金、创业投资引导基金、科创企业增信基金(担保贷款),完善种子、天使、风险投资全链条创投体系,提升知识价值信用贷款规模,支持科技企业利用多层次资本市场直接融资,促进科技与金融有效对接。实行"揭榜挂帅""赛马"等制度,在技术路线决定、经费使用等方面给予科研单位、科学家更广泛的自主权。

(9)优化营商环境,使企业安心投入研发

积极研究探索"一(企)业一证""证照分离""市场准营承诺即入制""市场主体登记确认制""企业名称登记告知承诺制""市场主体退出机制""承诺拿地即开工"服务标准,推行"一套材料办审批"模式、"交地即交证"模式、多元纠纷解决机制等新制度、新机制、新模式。优化办事效率,企业研发及企业和个人其他相关事项线上"一网结"(一个网站全面办结)、线下"一窗结"(一个窗口一次办结),对标浦东新区,新设企业、工程建设项目审批等流程的时限①、流程和费用,压短时间、优化程序、减少费用,探索"智能审批""跨区域通办""信即办"改革,推广电子证照应用,加强事中事后监管。主动落实规定的减税降费措施,让受惠企业"免申即享"。起步区要依法办事,争取能参照经济特区法规,根据起步区创新发展要求,对现有法律、行政法规、部门规章略有变通,保证相关改革有法可依。积极参加国家级新区营商环节评价,争创全国信用体系建

① 浦东新区新设企业最快当天就能设立、2天就可营业,不动产登记5个自然日办结,版权登记最快7个自然日完成。

设示范区。

(10)面向全球,制订“猎狐”计划

对研究机构、全球龙头企业及其主要供应商、代工企业,制订针对性引入计划,一企一案。制订起步区科技型企业倍增计划,根据起步区现有产业主要产业链和产业布局规划,编制起步区产业地图和产业链模型,重点产业实行“链长制”,开展供应链招商,开展固链、强链、延链行动,强调“总部+研发+制造”等融合式招商。争取相关机构优先向起步区推荐相关产业和科研项目资源,尤其在疏解北京非首都功能和对外科技合作方面,协调对接重大科研平台和高端优质资源项目,支持起步区作为优选承载地。发挥国有资本产业的带动作用,建立民营企业科创集聚区。在招商引资中,建立“专家+管家”式企业服务专员制度,加强项目全生命周期管理服务。周期性对企业开展调研活动,主动解决企业的困难。

(11)提高现有企业研发投入的积极性

对现有企业,加强全域科普工作。制订科技型中小企业创新发展行动计划、规模以上工业企业研发机构倍增计划,激发企业研究热情(提供经费激励高层人员参加相关研讨会、博览会),促进企业研发行动,加强技术改造和模式创新,推动传统产业优化升级,积极稳妥化解过剩产能,坚决淘汰落后产能。

参考文献

[1]刘鸿渊,姚娟,彭新艳,等.中国科技政策研究的回顾与展望:1992～2020年中文核心、CSSCI来源期刊的文献计量研究[J].科学管理研究,2021,39(06):17-25.

[2]陈劲,阳镇,张月遥.共同富裕视野下的中国科技创新:逻辑转向与范式创新[J].改革,2022(01):1-15.

[3]郭山,周洪光.31个省级行政区域科技创新政策统计报告:以科技服务业政策为例[J].图书情报导刊,2021,6(11):65-73.

[4]杨伊静.建设高标准技术要素市场　加速科技创新成果转化:科技部印发《“十四五”技术要素市场专项规划》[J].中国科技产业,2022(12):40-41.

[5]王华.以科技政策扎实落地助力经济稳进提质[J].今日科技,2022(08):3.

[6]程华东,杨剑.政策工具视角下安徽省科技创新政策实施效果研究[J].安徽工业大学学报(社会科学版),2022,39(02):15-20.

[7]李正彪,刘洪颖.研发投入对企业绩效的影响:基于Meta分析方法的研

究[J].商学研究,2022,29(04):57-67.

[8]程铭,闫峰,杜廷霞,等.研发投入、创新绩效与经济增长的动态关系研究:基于山东省16个地市面板数据的PVAR实证研究[J].资源与产业,2023,25(1):97-98.

[9]戴丽娜,袁世洁.研发投入对河南省经济高质量发展的影响分析[J].统计理论与实践,2022(06):49-54.

[10]任宇新,张雪琳,吴敬静,等.政府补贴、研发投入与全要素生产率:中国制造业企业的实证研究[J].科学决策,2022(07):44-62.

[11]马海涛,王斐然,黄然.研发经济对区域税收的贡献[J].山西财经大学学报,2022,44(07):85-98.

第六部分 发挥山东半岛城市群龙头作用研究*

本研究聚焦山东半岛城市群龙头作用研究，将山东半岛城市群作为黄河流域生态保护和高质量发展的核心，立足黄河流域城市群协同发展和山东半岛城市群区域一体化发展目标，通过梳理山东半岛城市群发展的政策进展和实践叙事，厘清山东半岛城市群的协同思路，总结其在黄河全流域和山东省域两个维度的协同实践。在此基础上，构建山东半岛城市群的评价指标体系，运用定量分析方法评估山东半岛城市群龙头作用发挥的成效与不足，提出深入推进山东半岛城市群内部高质量发展、增强其在黄河流域城市群中的竞争优势的对策建议，助力山东半岛城市群治理能力与创新效能的提升，具有较高的研究价值和现实意义。

一、山东半岛城市群在黄河流域的重要地位

城市群具有较强的空间和资源承载力，是典型的区域发展载体。山东半岛城市群起步早、发展快，地处黄河流域下游和中国东部沿海，在新时期我国区域发展战略格局和黄河战略布局中占据重要地位，是黄河流域生态保护和高质量发展的重要阵地。黄河战略的提出重塑了山东省在黄河流域的重要地位，山东省正无可争议地成为推动黄河国家战略的出海通道与发展龙头，山东半岛城市群也承担着引领黄河流域城市群发展和提升自身治理效能的重要职责，战略地位凸显。

---

* 承担单位：山东大学黄河国家战略研究院、山东大学政治学与公共管理学院；课题负责人：王佃利；课题组成员：滕蕾、洪扬、尹晶晶、侯璐瑶。

(一)发挥山东半岛城市群龙头作用是落实黄河国家战略的必然选择

随着市场化和城市化进程的加快,单一行政主体难以应对复杂的治理情境,打破行政区之间的空间和行政壁垒,实现跨区域合作,可以拓宽地方的发展空间。城市群是应对全球化、工业化和城镇化的新型地域单元,是高度一体化的城市集合体(秦华和任保平,2021),是人口、经济、生态、文化中心,集聚了区域经济发展的潜力和动能。黄河流域城市群是黄河流域人口高密度集聚区,集中了流域60%以上的人口;是黄河流域高质量发展重心区,集聚了流域70%以上的经济总量;是环境污染综合治理与生态保护重点区,排放了流域70%以上的污染;也是传承黄河文化、弘扬中华文明的重载区,承载中华民族的根和魂。但就目前发展状况来看,黄河流域城市群呈现出集聚程度低、发展不均衡、高端高新产业比重低、建设用地扩张速度慢、越往上游城市群发育程度越低的发展特点,发展水平低于全国城市群的平均水平,不少城市群尚处在发育雏形阶段。因此,从城市群的视角探寻黄河流域高质量发展的实践路径,不仅是黄河流域城市群的发展机遇,也是黄河国家战略的应然要求。

山东半岛城市群是黄河流域唯一的沿海城市群,承载黄河流域的对外开放功能,其地区生产总值、工业总产值、进出口总额等主要经济指标均居沿黄省区首位。在沿黄七大城市群中,山东半岛城市群是唯一处于成熟阶段的城市群,具有明显的辐射带动作用,在陆海统筹、产业发展、乡村振兴、科教文化等方面具备突出优势和天然竞争优势。在地理空间意义上,黄河流域不仅是承载水资源的空间载体,也是由自然—经济—社会组成的系统性极强、整体性极高、协同性密切的区域。在黄河流域城市群布局中,山东半岛城市群具备更好的发展基础空间和资源集聚能力,在衔接黄河流域东西区域发展中发挥重要作用。这也使山东半岛城市群在黄河流域城市群发展布局中占据龙头地位,这是毋庸置疑的基本事实。这不仅是区域发展的需要,更是落实黄河战略、实现黄河流域生态保护和高质量发展的关键动力和有效手段。

山东半岛城市群的区位优势和发展优势为山东半岛城市群龙头作用的发挥奠定了现实基础,除此之外,中央政府的政策指向和发展要求成为山东半岛城市群龙头作用发挥的稳定器和催化剂。自2019年黄河国家战略提出以来,山东半岛城市群的龙头作用在中央和省级政府的政策话语体系中被多次提及,得到上级政府的高度重视。2020年1月,习近平总书记在中央财经委员会第六次会议上作出“发挥山东半岛城市群龙头作用,推动沿黄地区中心城市及城市群高质量发展”的重要指示,明确了山东在黄河国家战略中的责任担当,奠定了山东半岛城市群在黄河流域中的重要地位。在推动黄河流域高质量发展方面，发挥山东半岛城市群龙头作用，上升为国家战略要求。在黄河国家战略提出两年之后，习近平总书记在山东济南主持召开深入推动黄河流域生态保护和高质量发展座谈会，再次要求山东努力“在推动黄河流域生态保护和高质量发展上走在前”。随后，山东省委、省政府先后印发《山东半岛城市群发展规划（2021～2035 年）》和《山东省黄河流域生态保护和高质量发展规划》，明确提出山东半岛城市群的未来发展方向，强化山东半岛城市群在落实黄河战略中的强力支撑作用，并提出山东半岛城市群在推动实现黄河全流域协同合作、协调发展中的龙头引领作用。由此可见，山东半岛城市群在黄河国家战略中被赋予龙头定位，得到了中央和省级政府的政策支持和承认，被赋予更具战略高地的建设任务和时代使命。

（二）山东半岛城市群龙头作用的基本定位

2021 年 10 月，习近平总书记在济南主持召开深入推动黄河流域生态保护和高质量发展座谈会时，对山东作出了“三个走在前”的指示要求，要求山东“努力在服务和融入新发展格局上走在前、在增强经济社会发展创新力上走在前、在推动黄河流域生态保护和高质量发展上走在前”。“三个走在前”的指示要求明确了山东半岛城市群龙头作用的基本定位和具体指向，同时，《山东半岛城市群发展规划（2021～2035 年）》和《山东省国民经济和社会发展第十四个五年规划和 2035 年远景目标纲要》为我们理解山东半岛城市群龙头地位提供了遵循和主要方向。根据中央重要指示精神和政策要求可知，山东省应有主动融入新发展格局和黄河国家战略的战略自觉。高质量建设山东半岛城市群便是山东省向黄河国家战略主动靠拢的体现，不仅要做好山东半岛城市群的自身建设发展，也要为黄河流域城市群高质量发展作出示范。

综观之，理解山东半岛城市群的龙头作用，应从山东半岛城市群自身建设和黄河全流域协同发展的角度来考虑，使山东半岛城市群在实现“自强”的基础上走向“共强”。一方面，从“龙头”作用发挥的向度来看，包括“自强”和“共强”两个向度。“自强”即对内提升城市群发展能级，“共强”即对外协同黄河流域城市群发展。“自强”的实现路径主要分两步走：首先要做大做强中心城市，增强中心城市对周边城市的辐射带动作用，推动城市向内涵提升式发展；其次要加强城市之间的协同联动发展，借助济南和青岛两个中心城市以及省会、胶东、鲁南三个经济圈的力量，进一步将协同一体发展的区域发展格局落到实处。“自强”的行动策略致力于持续提升山东半岛城市群的发展潜能，使其具备融入黄河国家战略和发挥流域治理龙头作用的现实基础能力，进而建设发展成为黄河流域高质量发展的最强引擎。从“共强”的角度来看，山东半岛城市群在黄河国家战略背景下发挥“龙头”作用应着眼于黄河全流域的视角。“在推动黄河流域生态保护和高质量发展上走在前”要求山东半岛城市群应全方位对接沿黄省区和黄河流域城市群，发挥自身的示范引领作用，建立完善与沿黄城市以及沿黄城市群的战略合作机制，实现全流域、多领域的优势互补和高效协同发展，实现更大空间、范围上的区域合作，畅通流域东中西协同联动的通路，提升黄河流域高质量发展的一体化水平。

另一方面，从“龙头”作用发挥的维度来看，包括生态环境保护和高质量发展两个维度及所涵盖的具体领域。2020 年，山东半岛城市群在落实黄河国家战略中的龙头作用得以确定，山东省主动提高战略自觉，紧抓龙头作用发挥，对接山东半岛城市群“龙头”定位，明确到 2035 年，基本建成黄河流域生态保护和高质量发展先行区。提出“严格落实‘四水四定’，聚焦黄河三角洲生态保护修复、沿黄达海基础设施联通、盐碱地改良和综合利用等重点领域，谋划推进一批重大项目，高质量创建黄河口国家公园，提升山东半岛城市群综合竞争力”。由此可见，山东半岛城市群的建设发展方向与黄河国家战略的要求相契合，均遵循生态环境保护和高质量发展两条主线。在此基础上，原山东省委书记刘家义在黄河流域生态保护和高质量发展专题会上，围绕山东半岛城市群龙头作用发挥，紧抓生态保护和高质量发展两个关键，将城市群建设内容细化为动能转换、对外开放、海陆统筹、乡村振兴、区域协调五大方面，倡导全流域的省际联动和城市群的战略自觉意识。之后，《关于〈中共山东省委关于制定山东省国民经济和社会发展第十四个五年规划和二〇三五年远景目标的建议〉的说明》明确了山东半岛城市群的五个“龙头”发展方向：黄河流域生态保护的龙头，动能转换的龙头，改革创新的龙头，对外开放的龙头和发展质效高、核心竞争力强的龙头。这五大“龙头”是山东半岛城市群服务黄河国家战略的工作重心和努力方向，也是评估山东半岛城市群龙头作用发挥成效的主要依据。

山东半岛城市群在黄河流域生态保护和高质量发展中的战略定位凸显，其被赋予的龙头地位和战略使命更加明确。山东半岛城市群聚力提升自身发展能级固然重要，但放眼整个黄河流域的高质量发展，山东半岛城市群更应作为排头兵引领黄河流域城市群协同发展和一体化发展。山东省发展改革委副主任孙来斌表示，山东积极推动区域合作，推动黄河流域跨省合作是发挥山东半岛城市群龙头作用的重要抓手。基于上述判断，本研究将研究视角侧重于“共强”向度，助力山东半岛城市群在整个黄河流域中龙头作用的发挥。

二、山东半岛城市群引领黄河国家战略的实践叙事

发挥山东半岛城市群在黄河全流域的龙头作用，既需要其提升自身发展能级，更需要与黄河流域其他八省区和沿黄城市群合作对接，走“共强”之路。近年来，山东半岛城市群一体化建设持续推进，在宏观空间架构和政策实践上取得新进展，但仍有较大的优化空间。随着2019年黄河国家战略的提出以及2021年深入推动黄河流域生态保护和高质量发展座谈会的召开，山东聚力提升自身实力，呈现出强劲的发展动力和发展势头，对内打造“一群两心三圈”发展格局，对外加强与沿黄城市和城市群的协同发展与合作，通过“抱团”发展，促进全流域城市和城市群的融合互动，实现优势互补和优化资源配置，将龙头带动作用发挥到实处，逐渐拓宽黄河流域的协同治理网络，增强黄河流域高质量发展动力。

(一)山东半岛城市群自身能级提升的探索与进展

山东半岛城市群依托“两核”“三圈”的空间格局实现区域一体化发展和自身发展能级提升。除此之外，山东半岛城市群在黄河流域的区位特征和战略定位，使其在生态保护和高质量发展方面积极发挥示范作用。

1.以经济圈推动城市群一体化发展

经济圈是推进城市群一体化过程中的重要空间单元和基础圈层架构。随着全球化和市场化进程加快，中央政府通过顶层设计推动区域协调发展，鼓励地方合作。在中央政府的指导意见下，山东省于2020年年初明确提出“实施省会、胶东、鲁南三大经济圈的区域发展战略”，以三大经济圈为基础和依托，推动全省区域一体化发展新格局的形成。随后，山东省先后发布了三大经济圈发展的指导意见，进一步明确三个经济圈的范围、目标定位和重点任务，使三大经济圈各有侧重、因地制宜地发展。各经济圈找准自己的发展定位，打造自己的特色和优势，进而立足优势形成省内的三圈联动，构建区域一体化发展新格局。2020年6月，山东省政府在关于建立区域协调发展新机制的有关指导意见中提出产业共兴、设施共联、利益共享、生态共治、市场共建与区域共融等六大区域协调发展路径。区域发展路径的提出是建立区域协调发展机制和实现区域合作长效化的保障。

(1)胶东经济圈一体化发展

胶东经济圈在地理位置上占据优势，包含胶东沿海五大城市。其中，青岛

市是山东半岛城市群建设的核心城市之一,且拥有丰富的海洋资源,为胶东经济圈发展奠定了基础优势。从发展历程来看,胶东经济圈是山东省开展一体化启动最早、程度最高的地区。自 2020 年 1 月 14 日山东省出台《关于加快胶东经济圈一体化发展的指导意见》以来,胶东五市在短期内采取了大量政策行动以推进经济圈一体化建设(见表 1),有利于胶东五市协同合作的正式达成,形成了推进一体化发展的高潮。当前,胶东五市已经在文化旅游、金融市场、政务服务、医疗保障、基础设施建设等方面签订了大量多方合作协议,成立了多个一体化发展联盟,初步搭建起城市群一体化的制度框架。

表 1　2020 年以来胶东经济圈部分一体化政策

时间	协同主体	协同内容
2020 年 5 月 19 日	胶东五市文旅局	《胶东经济圈文化旅游一体化高质量发展合作框架协议》
2020 年 5 月 29 日	胶东五市行政审批服务局	《胶东半岛城市群政务服务帮办代办合作协议》
2020 年 5 月 29 日	胶东五市供销社	《胶东经济圈农产品供销一体化发展战略合作协议》
2020 年 6 月 17 日	胶东五市地方金融监管局	《胶东经济圈一体化金融战略合作协议》
2020 年 6 月 20 日	胶东五市体育局	《胶东经济圈体育协同发展联盟战略合作协议》《胶东经济圈城市足球联盟合作协议》
2020 年 7 月 3 日	胶东五市民政局	《胶东半岛养老服务联盟合作框架协议》
2020 年 7 月 18 日	胶东五市交通运输局	《胶东半岛交通一体化发展备忘录》
2020 年 7 月 24 日	胶东五市医保局	《胶东经济圈医疗保障一体化发展行动方案》
2020 年 7 月 28 日	胶东五市农业农村局	《胶东经济圈农业一体化发展战略合作框架协议》
2020 年 8 月 6 日	胶东五市社科联	正式成立“胶东经济圈一体化发展智库联盟”
2020 年 8 月 7 日	胶东五市卫生健康委	《胶东经济圈卫生健康一体化发展合作框架协议》
2020 年 8 月 12 日	胶东五市社保中心	《胶东经济圈社会保险一体化发展工作合作协议》
2020 年 8 月 13 日	胶东五市市场监管局	《胶东经济圈一体化市场监管合作协议》
2020 年 8 月 27 日	胶东五市教育局	《胶东五市教育协同发展战略合作框架协议》
2020 年 9 月 21 日	胶东五市海洋经济主管部门	《胶东五市海洋经济一体化发展合作协议》

续表

时间	协同主体	协同内容
2020 年 10 月 27 日	胶东五市住房公积金管理中心	《胶东经济圈住房公积金一体化发展合作协议》
2020 年 11 月 24 日	胶东五市	正式成立“胶东经济圈智慧城市发展联盟”
2020 年 11 月 27 日	胶东五市住房和城乡建设局	《胶东五市住房城乡建设一体化发展合作备忘录》
2020 年 11 月 27 日	胶东五市物业管理协会	《胶东五市物业管理行业一体化发展合作备忘录》
2020 年 12 月 8 日	胶东五市大数据局	《大数据一体化发展合作框架协议》
2020 年 12 月 8 日	胶东五市财政部门联合山东高速集团	《山东半岛城市群基础设施投资基金合伙协议》
2020 年 12 月 8 日	胶东五市人社局	《胶东经济圈公共就业与人才服务联盟一体化战略合作框架协议》
2020 年 12 月 8 日	胶东五市发展改革部门	《关于推进胶东经济圈城市信用建设一体化发展合作备忘录》
2021 年 7 月 28 日	青岛市发改委、山东省互联网传媒集团	《助力胶东经济圈一体化战略合作协议》

资料来源：笔者根据公开资料整理而成。

(2)省会经济圈一体化发展

省会经济圈以济南为核心城市，在黄河国家战略和强省会战略的双重战略叠加下，省会经济圈一体化发展迎来新机遇。2020 年 6 月，《关于加快省会经济圈一体化发展的指导意见》(以下简称《指导意见》)发布之后，省会经济圈一体化进程提速推进。在《指导意见》发布一个月之内，省会经济圈工作部署会暨第一次联席会议便已召开，随即明确了工作要点、合作框架协议和联席制度等制度设计。在《指导意见》发布后两个多月时间里，除联系本身就比较密切的德州市之外，济南与其余五地市都已召开合作推进会，且绝大多数都签署了一体化发展战略合作协议。随后，省会经济圈七市以及各市区县之间在具体领域陆续签署一体化合作协议(见表 2)，交通设施加快互联，产业协作不断深化，文旅合作持续拓展，公共服务更加便利，体现出地市推动一体化进程的迫切要求和需求。同时，省会经济圈一体化发展的体制机制不断完善，在省级层面，组建了省会经济圈一体化发展联席会议办公室；在市级层面，各市成立了工作专班。

表 2　2020 年以来省会经济圈部分一体化政策

时间	协同主体	协同内容
2020 年 6 月 18 日	济南、泰安、济宁	《中华文化枢纽文旅协同发展战略合作协议》
2020 年 7 月 17 日	省会经济圈七市、济宁市、菏泽市	成立“山东黄河流域城市文化旅游联盟”
2020 年 8 月 1 日	省会经济圈七市行政服务审批局、工商银行	《省会经济圈企业开办全域通办协议》
2020 年 8 月 10 日	省会经济圈七市住房公积金中心	《省会经济圈住房公积金城际间合作协议》
2020 年 12 月 4 日	省会经济圈七市人社部门	《省会经济圈人力资源一体化发展战略合作协议》
2021 年 2 月 6 日	省会经济圈七市	《省会经济圈交通一体化协同推进合作协议》 《省会经济圈民生事项共建共享合作协议》 《省会经济圈投资促进携手联动合作协议》 《省会经济圈投融资平台共建共享合作协议》
2021 年 3 月 12 日	德州市德城区、济南市济阳区、淄博市高青县、泰安市宁阳县、聊城市高唐县、滨州市沾化县、东营市垦利区行政审批服务局	《省会经济圈政府服务全省通办合作协议》
2021 年 5 月 13 日	省会经济圈七市政协主席	《山东省会经济圈城市政协主席联席会议机制》
2021 年 9 月 15 日	省会经济圈七市市场监督管理局	《省会经济圈一体化发展市场监管协同合作协议》
2021 年 11 月 24 日	济南市历下区、滨州市滨城区	《省会经济圈一体化发展战略合作框架协议》
2022 年 6 月 23 日	省会经济圈七市侨联	《省会经济圈侨联助力推动黄河流域生态保护和高质量发展合作协议》

资料来源:笔者根据公开资料整理而成。

(3)鲁南经济圈一体化发展

鲁南经济圈中的临沂、枣庄、济宁、菏泽四市整体经济实力偏弱且彼此间社会联通性有限,缺少明确的龙头城市。相对而言,鲁南经济圈是山东半岛城市群三大经济圈中基础最薄弱的地区,起步较晚,目前仍处于初步探索阶段。基于此,山东省采取四市依次轮值的推进机制,以平衡各城市之间的利益诉求,推动鲁南经济圈的一体化发展进程(见表 3)。

表3 2020年以来鲁南经济圈部分一体化政策

时间	协同主体	协同内容
2020年7月23日	鲁南经济圈四市文旅局	《鲁南经济圈红色文化旅游合作框架协议》 成立“鲁南经济圈文化旅游联盟”
2002年10月20日	鲁南经济圈四市	《鲁南经济圈政务数据共享协议》
2020年12月11日	鲁南经济圈四市卫健委	《鲁南经济圈卫生健康一体化发展框架协议》
2021年5月13日	鲁南经济圈四市	《鲁南经济圈红色文化旅游合作框架协议》 《共建“鲁南经济圈科技协同创新中心”战略合作框架协议书》 《鲁南经济圈党媒战略合作意向书》 《鲁南经济圈一体化发展法治协作交流协议》
2021年12月14日	鲁南经济圈四市住房公积金管理中心	《鲁南经济圈住房公积金业务异地核查合作协议》
2021年12月28日	鲁南经济圈四市文旅局	《鲁南经济圈四市文化旅游合作联盟框架协议》

资料来源：笔者根据公开资料整理而成。

三大经济圈自设立以来都积极推进区域内一体化发展进程。胶东经济圈以青岛为核心城市，起步最早且发展最完善，合作主体以胶东五市为主；省会经济圈依托济南都市圈建设的基础，以济南为核心城市，促进经济圈内各地市之间的合作，拓展了合作主体的层级范围；鲁南经济圈由于地理区位、经济基础等因素制约，起步较晚，发展相对滞后，目前已达成的合作领域以文旅一体化居多，在合作主体和合作领域上有待进一步拓展完善。总体来看，三大经济圈以签订合作协议和成立合作联盟的形式促成经济圈一体化建设，在客观结果上成为推动山东半岛城市群一体化建设的重要抓手。

2.多措并举实现高质量发展

《山东半岛城市群发展规划（2021～2035年）》指出，高质量建设山东半岛城市群，是更好发挥黄河流域生态保护和高质量发展龙头作用的强力支撑。因此，山东半岛城市群发挥龙头作用要思考的核心问题是“如何实现高质量建设与发展”。通过回顾黄河战略提出以来山东省积极落实的行动实践可以窥探出山东省是如何抓住“黄河机遇”，走在工作前列的，也体现出高质量建设山东半岛城市群的主要思路。从工作范畴来看，山东省全力打造生态保护样板区、长久安澜示范带、绿色低碳发展先行区、对外开放新高地、文化“两创”新标杆，取得了明显成效。这些成效体现在多主体、多维度上：于居民而言，深化了绿色发展理念，生态环境的改善优化了生活环境质量，黄河滩区人民实现了

"安居梦";于黄河流域而言,其生态环境质量和水安全保障能力都得以提升,黄河文化得以传承且深入人心;于山东半岛城市群而言,顺势而上的发展势头进一步强化了高质量发展势头和力度,激发了山东半岛城市群的发展潜能。综合来看,将其工作重点总结为新旧动能转换和生态环境保护两个方面,即做好"碳"和"水"两篇文章,呈现山东半岛城市群的龙头示范作用和战略使命。

(1)新旧动能转换

早在2018年年初,山东新旧动能转换综合试验区就获国务院批复设立,作为一项以新旧动能转换为主题的区域战略,开启了全国的先例和示范。2019年,黄河国家战略的提出为起步区提供了新的发展契机。起步区是《黄河流域生态保护和高质量发展规划纲要》中唯一支持建设的新区,被赋予黄河流域生态环境保护和高质量发展的新示范以及产业转型升级、新旧动能转换的新引擎等发展使命。近五年来,新旧动能转换成为山东省推动高质量发展的重要抓手和载体,也是对国家关于节能减排、双碳目标等生态工作的及时响应。

一方面,山东通过培育壮大"十强"产业,实现产业结构提档升级和新生动能加速成长。自起步区设立以来,山东省明确提出"坚决淘汰落后动能、坚决改造提升传统动能、坚决培育壮大新动能"。山东把新材料产业、高端装备制造、现代医药、新一代信息技术作为工业转型升级四大新兴产业和新旧动能转换重大工程"十强"产业强力推进,新兴产业呈现出蓬勃发展的态势。近五年来,山东省"四新"经济增加值年均增速超过20%,"十强"产业在全省地区生产总值中稳定于50%以上的比重,新旧动能转换由"新"催生了"质"的飞跃,山东省经济发展模式和水平发生了根本性转变。另一方面,山东将创新作为新旧动能转换的引擎,提供动能转换的内在动力。创新的苗头正在凸显,创新的势头逐渐高涨。山东省加强阵地建设,分类建成多家国家重点实验室、省实验室、省重点实验室等,以此为平台和载体,实现技术突破和创新,培育国家级示范企业和企业技术中心,在全国范围内取得"量"的领先。在此基础上,坚持以创新为根本动力,继续深化新旧动能转换和绿色低碳理念,以新动能撬动高质量发展的先行先试。

(2)生态环境保护

新旧动能转换可看作生态保护的重要抓手,从根本上减少动能消耗和环境负担。国务院的相关指导意见也反映出两者的关系:支持山东深化新旧动能转换,推动绿色低碳高质量发展,赋予山东建设绿色低碳高质量发展先行区的重大使命。仅有新旧动能转换还不够,山东应立足自己在黄河流域入海口的区位特征,把好黄河入海的关口,将保黄河安澜、保黄河水量、保黄河水质的生态任务贯彻执行。山东省找准抓住这一使命要义,系统推进黄河流域生态治理。

在体制机制方面,成立专项工作领导小组作为省委议事协调机构,由省委书记、省长任组长,搭建起全省各级各部门就黄河流域生态保护和高质量发展问题进行交流协商的平台。为确保各项任务落地落实,构建"省负总责、市县抓落实"的工作推进机制,省政府负责统筹协调,市县作为第一责任主体开展工作。在制度建设方面,印发《山东省黄河流域生态保护和高质量发展规划》作为山东省落实黄河国家战略的主要遵循,编制专项规划和实施方案作为补充,制定了黄河保护治理、支持黄三角农高区高质量发展等政策措施,制度规划体系逐渐完善。制度建设为现实行动策略提供指导和支持。在现实实践中,山东省实施黄河战略专项监督,开展黄河战略专项巡视,将各市和省有关部门纳入黄河流域生态保护和高质量发展考核。山东省建立省级黄河战略重点项目库,细分为生态保护修复、污染综合治理、防洪能力提升、水资源集约节约利用、产业高效发展、基础设施建设六大类别,分年度谋划推进重点项目建设,着力提高了水资源安全保障能力,打造黄河下游绿色生态廊道,在黄河防洪减灾、滩区脱贫迁建、三角洲湿地保护修复、环境污染综合整治等方面取得显著成效,发挥了示范引领作用。比如,山东在全国率先实现县际流域横向生态补偿全覆盖,黄河干支流 17 个国控监测点位达到或好于Ⅲ类水体的比例为 88.2%;山东省从 2017 年启动黄河滩区脱贫迁建工程,三年时间基本完成全省滩区迁建任务,并着手研究制定进一步巩固滩区迁建成果的后续扶持政策。

(二)山东半岛城市群在黄河流域中的协同治理实践

从《中共山东省委关于制定山东省国民经济和社会发展第十四个五年规划和二〇三五年远景目标的建议》和《山东省黄河流域生态保护和高质量发展规划》中提炼出,"共强"旨在放眼黄河全流域,推动跨省合作,统筹推进黄河流域协同合作、协调发展,实现流域范围内城市和城市群之间的大协同、大治理。自 2019 年黄河国家战略提出以来,山东省依托中心城市济南和山东半岛城市群的龙头带动作用,已协同沿黄城市和城市群开展了多项合作。

1.依托中心城市与合作协议促成省际协同

2019 年黄河国家战略提出以来,习近平总书记多次强调沿黄地区中心城市在加强流域协同和推进黄河流域高质量发展中的作用,这为流域省际协同的达成提供了主体参考。济南是山东半岛城市群的中心城市之一,也是主打"黄河牌"的省会经济圈的核心城市,因此承担着协同引领沿黄九省区城市发展的重要职责。城市之间的横向协同以平等协商为基础,合作协议为区域横向协同提供了支撑和法律保障。在实践中,济南结合沿黄城市的发展情况和特点,形成了基于协议的中心城市点式协同和城市间网络式协同两种协同模式。

(1)基于协议的中心城市点式协同

济南首先与郑州和西安开展协同合作,即济南通过签署协议的形式与作为国家中心城市的郑州、西安开展点对点式的协同合作。2020年6月,济南与两市分别签署了《协同实施黄河流域生态保护和高质量发展战略合作协议》,作为总体性框架协议,搭建起济南与郑州、济南与西安协同落实黄河战略的合作框架;2021年7月,济南、郑州和西安三市人防办共同签署《黄河流域中心城市人民防空战略合作框架协议》,作为专项合作协议促成三市的协同合作向纵深发展。济南、郑州和西安通过总体框架协议和专项合作协议的形式,成为协同落实黄河战略的第一梯队,链接起黄河流域上中下游三大中心城市,促进三大城市群的城市间协同合作,进一步引领带动黄河流域全域城市协同落实黄河战略。

(2)基于协议的城市间网络式协同

济南与省外沿黄城市建立起包含政府、社会组织和企业在内的多元主体协同网络,济南主要承担协同网络中的发起者角色。自黄河战略提出以来,沿黄城市之间主要通过签订合作协议的方式达成省际协同合作(见表4),济南在法治协作、审批服务、产业教育、住房公积金以及绿色装配式产业发展等五个协议的签订中扮演发起者的角色,在协同网络建构中的龙头引领作用凸显。协议签订后,城市间的网络联系加强,网络密度加大,每个城市都建立起与其他城市直接合作的路径,实现城市间资源和服务的互联互通。

表4 济南跨省政府间协议一览表

时间	协议名称	协同主体	协同内容
2020年10月	《沿黄省会(首府)城市黄河流域生态保护和高质量发展法治协作框架协议》	济南市司法局牵头,兰州、银川、呼和浩特、西安、太原、郑州等沿黄省会城市司法局参与	建立沿黄省会(首府)城市间法治规划协作机制、政府立法协作机制、行政执法监督协作机制、矛盾纠纷化解协作机制、律师服务业发展协作机制、公共法律服务协作机制、人才交流培养协作机制、法治资源要素流动协作机制等八项机制

续表

时间	协议名称	协同主体	协同内容
2020 年 11 月	《黄河流域绿色装配式建筑城市联盟合作框架协议》	济南市住建局牵头，包括兰州、银川、呼和浩特、太原、西安、郑州等省会城市在内的 7 省（区）17 市住建局参与	统筹谋划黄河流域城市绿色装配式建筑产业今后的合作和发展，打通绿色装配式建筑产业链“国内大循环”
2020 年 11 月	《黄河流域生态保护和高质量发展审批服务联盟合作协议》《黄河流域生态保护和高质量发展审批服务联盟宣言》	济南市行政审批服务局牵头，太原、呼和浩特、郑州、西安、兰州、银川等沿黄 6 个省会城市的审批服务管理机构参与	推出商事登记“跨省通办”服务模式，打破时间和地域限制，对企业设立登记等 10 项商事登记高频业务事项互通互办，为企业提供更加多元化、立体式的登记服务，降低企业运行成本，释放市场活力，促进各省市经济协同发展
2021 年 5 月	《黄河流域高质量发展公共资源交易跨区域合作联盟章程》	西安市公共资源交易中心牵头，济南、兰州、银川、郑州、太原、呼和浩特、成都等公共资源交易中心参与	建设区块链底层支撑平台，开发具有跨区域合作特色的“区块链＋公共资源交易”应用系统，共同推进区块链在公共资源交易行业的应用场景建设
2021 年 5 月	《黄河流域产教联盟济南宣言》《黄河流域产教联盟章程》	济南牵头，兰州、银川、呼和浩特、太原、西安、郑州、西宁、成都等参与	本着“优势互补、资源共享、互利互惠、共同发展”的原则，重点构建区域高层次人才共享共用机制、职业院校教学（技能）大赛体系，打造区域产教融合校企合作人才培养平台、黄河流域产业职业教育集群化发展平台
2021 年 12 月	《黄河流域城市住房公积金战略合作协议》	济南市公积金中心牵头，太原、呼和浩特、郑州、西安、兰州、西宁、银川等地公积金中心参与	建立长效工作机制、信息共享应用机制、信息查询协同机制以及公积金贷款互认互贷机制

资料来源：笔者根据公开资料整理而成。

济南作为黄河流域中心城市和山东半岛城市群核心城市，在省际协同实践中先行先试，充分发挥龙头带动作用。以济南为龙头的跨省协同依托合作协议，围绕风险小、成本低、合作收益大的领域，采取“小步快跑”的策略，实现了主体间和领域内协同的从无到有，取得积极的成果，逐步形成正向循环，从而为沿黄城市和城市群之间的进一步合作提供更大动力，获得更多支持。

2.依托半岛城市群主动深化省际合作

黄河国家战略提出以来,山东省锚定黄河流域生态保护和高质量发展的战略要求,积极发挥龙头引领作用,采取多种措施强化黄河流域城市群及沿黄省区市的协同合作与协调联动。从历时性角度来看,黄河流域省际合作内容持续深化、领域不断拓宽、体制机制建设逐渐完善,山东省在其中发挥重要作用。

(1)探索尝试:牵头合作并细化跨省合作事项

2020 年 2 月,山东省发改委作为牵头部门,联系沿黄其他 8 个省区的发展改革部门,尝试达成黄河流域省际合作,各省区发改委部门共同商定需要协同推进的重大事项、项目。在此基础上,山东省发改委会同 16 个市和 21 个省有关单位细化落实以上跨省合作事项,经过多轮沟通协商,提出了基础设施、产业联动、对外开放、生态保护、科技协作、文化教育、体制机制协同创新等 7 个领域的近 100 个合作事项,初步明确了完成时限和省内责任单位。这是由山东省发改委牵头沿黄省区部门率先完成的一批跨省合作事项,涵盖生产、生活、文化等多领域内容,通过“点对点”式的对接推动,促使跨省合作事项在黄河流域全面铺开。这是山东省牵头实现黄河流域跨域协同合作的初步尝试,为省际协同合作打开了窗口。

(2)深化推进:推动沿黄城市群联动合作

黄河流域城市间的省际合作为流域协同治理作出了积极探索和成功尝试,依托沿黄城市群展开跨省合作进一步深化了黄河流域协同治理。山东半岛城市群基于自身发展优势和发展动力,在促成黄河流域城市间跨域合作后,又将目光对准沿黄地区城市群的联动合作,并于 2021 年展开实践,将跨域合作的主体单元和范围进一步拓宽。在科技创新领域,加强山东半岛与郑洛新、西安等国家自主创新示范区的对接,实现科创联通,打造黄河科创大走廊。在产业发展领域,与河南联合建设全国绿色生态安全农业示范区,组建鲁陕蒙煤化工产业发展联盟,共建黄河现代产业合作示范带。一年内,山东省主动发掘合作机会,与沿黄其他 8 省区在多个领域达成 100 余项跨省合作事项。山东半岛城市群的龙头作用日渐凸显,山东链接黄河流域上中下游合作的成效日渐突出。由点到面的跨域合作策略和行动实践体现出黄河流域区域分工协作、高效协同发展正在深化推进。

(3)趋于完善:推动建立省际合作联席会议制度

在流域和区域合作中,建立联席会议制度已成为常态。山东省在牵头促进黄河流域省际合作的过程中,推动建立黄河流域生态保护和高质量发展省际合作联席会议制度，牵头成立黄河科创联盟、黄河流域产教联盟、专家协同创新协作联盟、黄河流域自贸试验区联盟等，为合作的长效化和规范化提供了制度保障。其中，山东牵头成立的黄河流域自贸试验区联盟，包括黄河流域12个自贸试验区片区和15个经济功能区，通过发挥自贸试验区制度创新优势，赋能黄河流域高质量发展。2022年，在前期合作的基础上，山东又提出了60项省际合作事项和44项重大活动，推动黄河流域省际合作进一步走深走实。目前，鲁豫黄河流域横向生态保护补偿、陇电入鲁、政务服务"跨省通办"等60余个项目已取得重要进展。

多年来，山东半岛城市群通过一体化建设不断提升自身发展势能，空间发展格局更加明确，城市群内各地市之间的协同实践持续开展并不断提速，取得了较多进展，山东半岛城市群的龙头地位得以巩固。在黄河国家战略背景下，山东半岛城市群与各城市群之间的政策互动趋势更加明显，合作领域不断拓宽，山东半岛城市群的龙头地位进一步提升。

三、山东半岛城市群龙头作用的成效测度与比较

本部分拟回答的问题是：山东半岛城市群的龙头地位与龙头作用具体表现在哪些方面？当前山东半岛城市群在沿黄流域城市群中的龙头作用发挥得如何？山东半岛城市群在未来如何更好地、更有针对性地发挥龙头作用？对上述问题的回答不仅需要明确山东半岛城市群龙头地位与龙头作用的内涵，而且需要从定量方面呈现山东半岛城市群龙头作用的发挥情况。基于此，本研究首先从政策事实与文献梳理中明确城市群龙头作用的内涵以及具体指标。其次，构建龙头作用测度的二级指标体系，运用变异系数法和回归法进行筛选确认。最后，采用熵值法对黄河流域九省区2013～2020年的各维度指标进行测度，并进行横向截面和纵向时序的多维比较，进而揭示山东半岛城市群龙头作用发挥的现状以及未来优化的方向。

（一）山东半岛城市群龙头作用的内涵解构及指标来源

山东半岛城市群在黄河流域中龙头地位的确定既是国家战略规划的主导结果，也是山东半岛在黄河流域中的客观发展条件以及地理区位所致。因此，对于山东半岛城市群龙头作用的内涵解构既要立足于当前政策体系中的具体内容，也要从文献研究中寻求具体的表达，通过二者相互印证、相互整合，构建山东半岛城市群龙头作用的测度指标体系。

1.指标体系的政策来源

2018年1月,国务院批复《山东新旧动能转换综合试验区建设总体方案》,同意设立山东新旧动能转换综合试验区,试验区包含山东省全境,覆盖山东半岛城市群16个城市。2019年8月,国务院发布《中国(山东)自由贸易试验区总体方案》,实施范围涵盖济南、青岛和烟台三个片区。2019年9月,习近平总书记在河南郑州主持召开黄河流域生态保护和高质量发展座谈会时提出,将黄河流域生态保护和高质量发展确立为重大国家战略。2020年1月,习近平总书记在中央财经委第六次会议上指出,要发挥山东半岛城市群龙头作用,推动沿黄地区中心城市及城市群的高质量发展。三大战略举措在山东半岛城市群交汇叠加,使其在生态保护和高质量发展领域的战略地位和龙头作用愈发凸显。国家层面多次强调推动山东半岛城市群发展的重大意义,山东省层面也相继出台一系列政策来为其高质量建设提供规划和指导。本研究基于山东半岛城市群相关政策文本和文献综述,从中总结提炼龙头作用的具体维度和评价指标,构建起符合沿黄九省区发展实际的评价体系,以期验证山东半岛城市群在黄河流域生态保护和高质量发展中所起到的龙头引领作用。

在中央层面,《中华人民共和国国民经济和社会发展第十四个五年规划和2035年远景目标纲要》提出,持续推进山东半岛城市群建设,着力提升半岛的产业分工协作化、基础设施布局协调化、公共服务共享化和生态共建化及环境共治化。加强城市群内部空间结构优化,努力构筑地区生态和安全屏障,打造多节点、多中心、多层级的网络型城市群。《黄河流域生态保护和高质量发展规划纲要》提出,积极推动黄河流域"一周两区五极"式发展动力格局构建,有效促进资源要素的区域性流动和高效聚集。山东半岛城市群作为"五极"之一,既是地区发展的动力源,也是黄河流域人口增长和生产力发展的主要承载体,其不仅在生态建设、环境污染治理、水资源节约、防洪减灾等层面发挥重要作用,在产业升级、科教引领、对外开放和文化建设方面也承担了重要角色。《国务院关于支持山东深化新旧动能转换推动绿色低碳高质量发展的意见》则指出,要切实推进黄河流域生态保护和高质量发展工作,努力发挥好半岛城市群龙头引领作用,推动构建多层次、全方位的黄河流域保护与治理格局,同时,加强生态环境高水平保护、水资源深度节约集约利用和协同推进经济高质量发展等领域的探索创新。

中央层面的政策指向奠定了山东半岛城市群龙头作用的发挥应包含生态环境保护和高质量发展两个维度,而后,从省级层面的政策要求中提炼出龙头作用测度的一级指标。《山东半岛城市群发展规划(2021～2035年)》强调,推动山东半岛城市群高质量发展，以更好推进黄河流域生态保护和高质量发展建设工作，坚持以山东半岛城市群建设为统领，加强黄河中上游地区间协调合作，力求在长久安澜、高效节水、生态保护、绿色低碳等方面取得新进展。其侧重从生态环境保护维度阐释龙头作用。《山东省黄河流域生态保护和高质量发展规划》强调，要在服务构建新发展格局中塑强山东半岛城市群龙头作用，以创新驱动、高质量供给引领和创造新需求，优化提升“一群两心三圈”布局，推动基础设施互联互通和黄河流域合作发展平台建设，主动融入区域重大战略，全面提升山东半岛城市群综合竞争力。其侧重对改革创新、高质量发展层面的龙头作用发挥。此外，《山东省新旧动能转换重大工程实施规划》《济南市新旧动能转换重大工程实施规划》《青岛市新旧动能转换重大工程实施规划》《烟台市新旧动能转换重大工程实施规划》明确了新旧动能转换主要指标，包括质量效益类、创新发展类、对外开放类、环保及民生类，以上政策侧重从动能转换维度阐释龙头作用。为实现自由贸易试验区高质量发展，《山东省人民政府印发关于推进中国（山东）自由贸易试验区贸易投资便利化改革创新若干措施的通知》从投资便利化、贸易便利化、国际物流便利化、金融服务便利化及司法保障等方面提出政策建议，侧重从对外开放维度阐释龙头作用。2020 年 12 月，《关于〈中共山东省委关于制定山东省国民经济和社会发展第十四个五年规划和二〇三五年远景目标的建议〉的说明》发布，明确提出山东半岛城市群的五个“龙头”发展方向：黄河流域生态保护的龙头，动能转换的龙头，改革创新的龙头，对外开放的龙头，发展质效高、核心竞争力强的龙头。这五大“龙头”作用是山东半岛城市群服务黄河战略的工作重心和努力方向，也是本次评估山东半岛城市群龙头作用发挥成效的主要依据。

综上所述，根据中央层面的顶层设计和山东省出台的相关政策，围绕生态保护和高质量发展两大主题，经过层层细分，将龙头作用提炼为五个一级维度，即生态保护、动能转换、改革创新、对外开放、高效竞争，具体二级测度指标则来源于对文献内容的提炼。

2.指标体系的文献来源

通过梳理相关政策，基本明确了龙头作用的五个维度，下面进一步梳理相关文献，确定各个维度中的具体指标。

第一，生态保护维度。韩君等（2021）从单位 GDP 能耗、固体废物综合利用率、单位 GDP 废水排放量、单位 GDP 废气排放量以及碳排放强度来衡量黄河流域绿色发展水平。徐福祥等（2022）采用森林覆盖率、湿地面积占比、自然保护区面积占比、人工造林总面积、人工湿地总面积、累计水土流失治理面积、累计除涝面积来衡量黄河流域九省区生态保护水平。任保平(2022)从城市建成区绿化覆盖率、生活垃圾无害处理率、城市人均日生活用水量来衡量黄河流域绿色发展水平。孙久文等(2022)从生态压力与生态响应两个维度构建了黄河流域生态环境的测度指标。沈路和钱丽(2022)从资源节约、环境污染以及生态优化等三个维度构建了黄河流域环境友好发展的测度指标体系。综合上述各类指标,本研究从绿色环保、污染治理以及水资源保护等维度出发,选择森林覆盖率、工业污染治理投资额占比、人均人工造林面积、人均人工湿地面积、人均累计水土流失治理面积、人均水资源量等指标。

第二,动能转换维度。2017 年,国务院办公厅印发《关于创新管理优化服务培育壮大经济发展新动能加快新旧动能接续转换的意见》,对新动能内涵作了明确界定:诸多新产业、新业态蕴含巨大发展潜力,呈现技术更迭快、业态多元化、产业融合化、组织网络化、发展个性化、要素成果分享化等新特征,以技术创新为引领,以新技术新产业新业态新模式为核心,以知识、技术、信息、数据等新生产要素为支撑的经济发展新动能正在形成。基于对上述概念的理解,学者聚焦新技术、新产业、新业态、新模式四个维度,建立了新旧动能转换的评价指标体系(方大春和裴梦迪,2021;申亮和陈媛媛,2021;朱美峰等,2022),重点测度新动能下的经济活力、创新能力、经济效率等要素。在此基础上,本研究围绕新技术、新产业、新模式、新业态四个维度选择指标,具体包括技术市场占比、高新技术产值占比、信息技术行业产值占比、信息技术固定资产投资占比、电子商务销售额占比。

第三,改革创新维度。改革创新是我国区域发展的根本动力。对于黄河流域而言,改革创新是推动其高质量发展的重要因素。王晓天(2021)从科技创新与技术创新两个维度来衡量改革创新水平。任保平等(2022)从科技支出与人力资源的角度,采用科技支出占比、教育支出占比、高等学校密度等指标来衡量改革创新。高国力等(2022)从研发与实验经费投入占比来衡量创新驱动发展水平。综上,本研究选择科技支出占比、万人授权专利数量、R&D 经费投入强度、万人 R&D 人员全时当量、万人 R&D 人员数、创新产出率等指标来衡量黄河流域各省区的改革创新程度。

第四,对外开放维度。对外开放是区域发展的重要推动力,只有让物质资源在更大空间范围内流通才能提升区域的竞争力,进而推动区域高质量发展。任保平(2022)基于人均实际使用外资、对外贸易依存度、外商直接投资占比、进出口占比等指标来衡量对外开放程度。除此之外,高技术产品出口占比等进出口指标均可以衡量对外开放程度。综上,本研究选择进出口总额占比、高科技进出口贸易占比、人均外商投资、外商企业数、人均外商注册资本等指标衡量黄河流域各省区对外开放程度。

第五,高效竞争维度。高效率发展与核心竞争力是推动区域发展的关键因素。在高效率发展方面,单位GDP的能耗量、单位产出二氧化硫排放量、万元GDP耗水量等指标是常用来衡量发展效率的指标。在核心竞争力方面,常采用经济发展水平、经济增长效率以及产业结构等指标进行衡量。综上,本研究选择万元GDP能耗量、万元GDP耗水量、万元GDP二氧化硫排放量、GDP增长率、人均GDP、产业结构升级等指标来衡量黄河流域各省区的高效竞争水平。

(二)山东半岛城市群龙头作用的测度指标体系构建

1.指标体系的初步构建

基于上述分析,本研究将城市群龙头作用解构为生态保护、动能转换、改革创新、对外开放、高效竞争五个维度,并在各个维度下选择尽可能全面的指标进行阐释,具体的指标选择见表5。

表5　山东半岛城市群龙头作用测度体系

总指标	一级指标	二级指标	指标解释与来源
城市群龙头作用	生态保护	X_1 森林覆盖率(%)	森林覆盖面积/辖区面积×100%
		X_2 工业污染治理投资额占比(%)	工业污染治理投资额占GDP比重
		X_3 人均人工造林面积(公顷/人)	人工造林面积/常住人口
		X_4 人均人工湿地面积(公顷/人)	人工湿地面积/常住人口
		X_5 人均累计水土流失治理面积(公顷/人)	累计水土流失治理面积/常住人口
		X_6 人均水资源量(立方米/人)	供水总量/常住人口
	动能转换	X_7 技术市场占比(%)	技术市场成交额占GDP比重
		X_8 高新技术产值占比(%)	高新技术产业产值占GDP比重
		X_9 信息技术行业产值占比(%)	信息技术产值占GDP比重
		X_{10} 信息技术固定资产投资占比(%)	信息技术固定资产投资额占GDP比重
		X_{11} 电子商务销售额占比(%)	电子商务销售总额占GDP的比重

续表

总指标	一级指标	二级指标	指标解释与来源
城市群龙头作用	改革创新	X_{12}科技支出占比(%)	科技支出/一般公共预算支出×100%
		X_{13}万人授权专利数量(件/万人)	专利授权量/常住人口
		X_{14}R&D经费投入强度(%)	R&D经费投入额度占GDP比重
		X_{15}万人R&D人员全时当量(年)	R&D人员全时当量/常住人口
		X_{16}万人R&D人员数	R&D人员数/常住人口
		X_{17}创新产出率	新产品销售收入/新产品开发经费支出
	对外开放	X_{18}进出口总额占比(%)	货物进出口总额占GDP比重
		X_{19}高科技进出口贸易占比(%)	高科技进出口总额占GDP比重
		X_{20}人均外商投资(万美元/人)	外商投资额度/常住人口
		X_{21}外商企业数(户/万人)	外商企业数量/常住人口
		X_{22}人均外商注册资本(万美元/人)	外商注册资本/常住人口
	高效竞争	X_{23}万元GDP能耗量(吨标准煤/万元)	能耗总量/GDP
		X_{24}万元GDP耗水量(立方米/万元)	供水总量/GDP
		X_{25}万元GDP二氧化硫排放量(吨/万元)	二氧化硫排放量/GDP
		X_{26}GDP增长率(%)	GDP的年增长率
		X_{27}人均GDP(元)	GDP/常住人口
		X_{28}产业结构升级	第三产业增加值/第二产业增加值

2.指标的筛选

依据黄河流域龙头作用的内涵，构建尽可能丰富、全面的测度体系。基于数据可获取性原则，本研究初步选取28项测评指标，但考虑到指标间的重叠性和高度关联性，后续采用Pearson相关性分析和变异系数方法对指标进行进一步的验证和筛选，以保证指标间的相互独立性，该步骤共剔除6项指标，具体操作如下。

首先，通过回归分析得到一组可决系数R^2，R^2的数值越大代表信息相关度越高，据此剔除相应指标。在生态保护维度中，用6个指标分别对其他指标进行回归分析，得到的系列R^2值中最大为0.7539，对应剔除X_3(人均人工造林面积)。同理，动能转换维度中，R^2最大值为0.7706，对应剔除X_9(信息技术行业产值占比)；改革创新维度中，R^2较大值为0.8375、0.8350，对应剔除X_{13}

(万人授权专利数量)以及 X_{14}(R&D 经费投入强度);对外开放维度中,R^2 最大值为 0.8842,对应剔除指标 X_{22}(人均外商注册资本);高效竞争维度中,R^2 最大值为 0.2106,无须作剔除处理。

在此基础上,采用变异系数法进行再次验证和筛选,剔除变异系数值较小的指标。其中,X_{26}(GDP 增长率)的变异系数值为 0.0212<0.1,故对其进行剔除。

经过上述两种方法的筛选,共剔除 6 项指标,最终剩余 22 项指标,具体内容如表 6 所示。

表 6 山东半岛城市群龙头作用测度体系

总指标	一级指标	二级指标	指标类型	权重
城市群龙头作用	生态保护	X_1 森林覆盖率(%)	正向	0.0345
		X_2 工业污染治理投资额占比(%)	正向	0.0357
		X_3 人均人工湿地面积(公顷/人)	正向	0.0926
		X_4 人均累计水土流失治理面积(公顷/人)	正向	0.0451
		X_5 人均水资源量(立方米/人)	正向	0.1288
	动能转换	X_6 技术市场占比(%)	正向	0.0672
		X_7 高新技术产值占比(%)	正向	0.0404
		X_8 信息技术固定资产投资占比(%)	正向	0.0412
		X_9 电子商务销售额占比(%)	正向	0.0264
	改革创新	X_{10} 科技支出占比(%)	正向	0.0323
		X_{11} 万人 R&D 人员全时当量(年)	正向	0.1068
		X_{12} 万人 R&D 人员数	正向	0.0598
		X_{13} 创新产出率	正向	0.0479
	对外开放	X_{14} 进出口总额占比(%)	正向	0.0280
		X_{15} 高科技进出口贸易占比(%)	正向	0.0620
		X_{16} 人均外商投资(万美元/人)	正向	0.0403
		X_{17} 外商企业数(户/万人)	正向	0.0421
	高效竞争	X_{18} 万元 GDP 能耗量(吨标准煤/万元)	负向	0.0177
		X_{19} 万元 GDP 耗水量(立方米/万元)	负向	0.0079
		X_{20} 万元 GDP 二氧化硫排放量(吨/万元)	负向	0.0032
		X_{21} 人均 GDP(元)	正向	0.0203
		X_{22} 产业结构升级	正向	0.0201

3.指标权重的确定

指标权重的确定方法主要有熵值法、变异系数法、泰尔指数法、主成分分析法等客观赋权法和层次分析法等主观赋权法。本研究为减少主观因素对权重决策的影响，主要选取客观赋权法来确定指标权重。在系列客观赋权法中，由于变异系数法和泰尔指数法多适用于单一指标赋权评价，而本研究评价体系涵盖多层次、多维度指标，因此，选用熵值法或主成分分析法进行赋权更为合适。最终，选取熵值法对黄河流域龙头作用水平值进行测度。

构建多维度指标体系的测评分析是目前统计分析中应用较多的方法，其中，测量研究对象指标数值离散程度(即差异程度)是该方法中的关键环节。本研究所采用的熵值法的基本原理为：熵是物理学中热力学的核心概念，衡量的是系统内部混乱、无序性程度。而信息在信息论中是系统秩序的衡量标准，衡量的是系统的有序程度。因此，熵与信息之间是绝对值相等但符号相反的关系。采用熵值法可以得到内部系列指标的信息熵，根据上述熵和信息的特征可知，信息熵越大，即系统内部越无序，代表可获得的信息量越少，效用值小，以此可知该指标权重小；同理，信息熵越小，可得权重越大。指标的信息熵与权重之间的关系推理如图1所示。

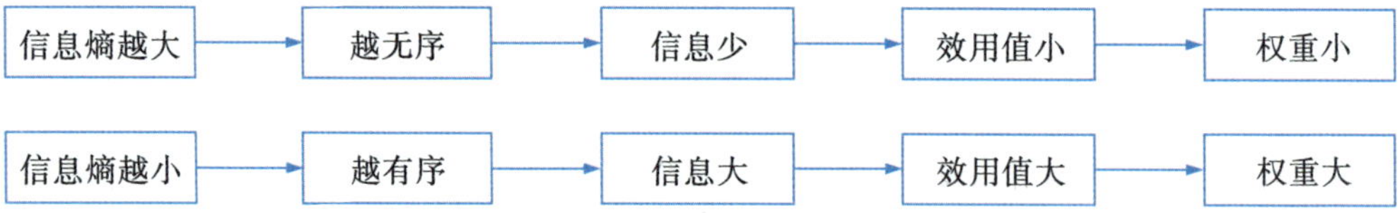

图1　信息熵与指标权重

熵值法的操作思想为：设系统中有 m 个待评价对象，n 项测评指标，由此可形成 $m\times n$ 型矩阵 $\boldsymbol{X}=(x_{ij})_{m\times n}$，其中 $\boldsymbol{X}_{ij}\geqslant 0,0\leqslant i\leqslant m,0\leqslant j\leqslant n$。就某一指标而言，不同评价对象的 x_{ij} 值差距越大，代表该指标对系统的作用越高，说明其权重越大。具体操作步骤如下。

第一步，数据标准化：可减少原始数据不同量纲和数量级对计算产生的影响，本研究采用极差法对正负向指标进行无量纲化处理：

$$\text{正向指标}\quad x_{ij}^{*}=\frac{x_{ij}-\min(x_{1j},x_{2j},\cdots,x_{mj})}{\max(x_{1j},x_{2j},\cdots,x_{mj})-\min(x_{1j},x_{2j},\cdots,x_{mj})}$$

$$\text{负向指标}\quad x_{ij}^{*}=\frac{\max(x_{1j},x_{2j},\cdots,x_{mj})-x_{ij}}{\max(x_{1j},x_{2j},\cdots,x_{mj})-\min(x_{1j},x_{2j},\cdots,x_{mj})}$$

第二步，计算第 j 项指标的熵值：

$$e_j = -k \sum_{i=1}^{m} p_{ij} \ln p_{ij}$$

式中，$p_{ij} = x_{ij} / \sum_{i=1}^{m} x_{ij}$，$k = \ln \frac{1}{m}$。

第三步，计算第 j 项指标的差异性系数：

$$g_j = 1 - e_j$$

第四步，计算第 j 项指标的权重 w_j：

$$w_j = g_j / \sum_{j=1}^{n} g_j$$

第五步，计算系统综合得分：

$$D_i = \sum_{j=1}^{n} w_{ij} x_{ij}^{*}$$

在熵值法的计算中，最终得出的 D_i 数值即可代表测度的黄河流域九省区各维度发展情况。

4.测度结果

通过熵值法的计算，得出二级指标的权重矩阵，权重信息如表 6 所示。用黄河流域九省区龙头作用二级指标数据标准化后的数值乘以对应权重，得出九省区 2013～2020 年 8 年间发展的综合指数（见表 7），并绘制成图（见图 2），以便直观呈现黄河流域各省区发展水平的变化情况。而后通过跨时间和跨区域的比较，判断山东半岛城市群龙头作用的发挥效度。

表 7　2013～2020 年沿黄九省区发展的综合指数

年份	山西	内蒙古	山东	河南	四川	陕西	甘肃	青海	宁夏
2013	0.1543	0.2029	0.2543	0.2219	0.2688	0.2960	0.1469	0.2676	0.1241
2014	0.1544	0.2031	0.2632	0.2333	0.2843	0.3261	0.1491	0.3030	0.1658
2015	0.1619	0.1840	0.2640	0.2459	0.2519	0.3383	0.1538	0.2478	0.1665
2016	0.1759	0.1955	0.2711	0.2474	0.2612	0.3425	0.1714	0.2566	0.1989
2017	0.1798	0.2180	0.2746	0.2434	0.2896	0.3602	0.1623	0.2418	0.2047
2018	0.1992	0.2193	0.2794	0.2432	0.3258	0.3831	0.1651	0.2481	0.1926
2019	0.1813	0.1988	0.2948	0.2242	0.3133	0.3621	0.1608	0.2370	0.1880
2020	0.2377	0.2453	0.4466	0.3071	0.3989	0.4646	0.2030	0.2438	0.2355

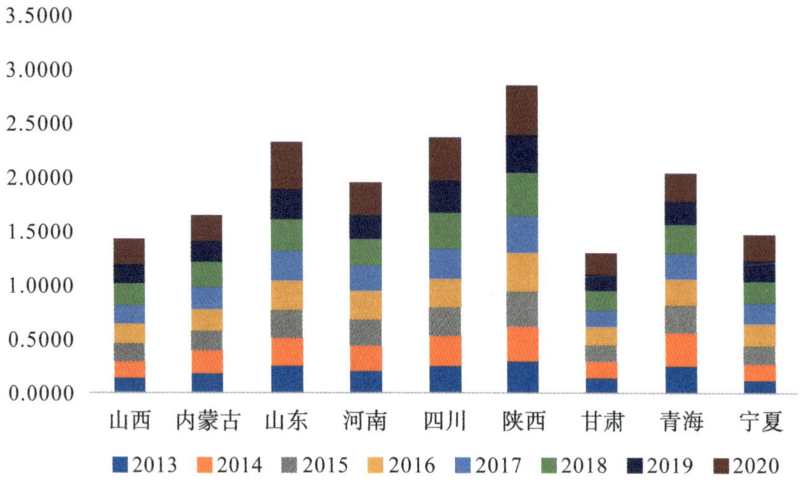

图 2　2013～2020 年沿黄九省区发展的综合指数

从数据来看,黄河流域九省区发展综合指数呈现出以下特征。第一,2013～2020 年,黄河流域九省区的发展水平基本呈上升趋势。其中,上升幅度比较大的有山东、陕西、宁夏、四川等省区,上升幅度比较小的有内蒙古、甘肃等省区,仅青海省的发展水平略有下降。第二,从横向比较来看,发展较好的是陕西省和山东省,二者在黄河流域中占据优势地位,未来将是引领黄河流域发展的重要支撑,发展相对落后的是甘肃、山西、宁夏等省区。第三,从整体来看,沿黄九省区间的发展综合指数存在一定差距,且集中分布于两个区间,综合指数在 0.35～0.50 的有三个省份,其余六省区集中在 0.20～0.35。在基本明确黄河流域九省区综合发展水平的基础上,下文将进一步对龙头作用五个领域的发展情况进行描述。

(1)生态保护方面

从生态保护方面的发展情况看(见表 8 和图 3),黄河流域九省区呈现出以下特征。第一,2013～2020 年,黄河流域九省区的生态保护指数基本呈下降趋势。这说明,2013～2020 年,黄河流域在生态保护方面面临着越来越大的挑战。第二,在黄河流域,生态保护指数下降幅度较大的是青海、四川、内蒙古等,生态保护指数下降幅度较小的是山西、山东、河南、宁夏等。这表明上游省区在黄河流域生态保护方面面临更大的压力。其中可能的原因是,为追求快速的经济发展而忽视了生态环境保护,使得生态保护指数下降。因此,要提升黄河流域上游生态保护的积极性,可能需要与黄河中下游省区建立生态补偿机制,以此来补偿黄河上游因为保护生态而损失掉的经济利益。第三,青海、内蒙古等省区的生态保护指数要远远高于黄河流域的其他省区,而河南、山西、山东等省份的生态环保指数比较低。这表明在黄河流域上游各省区的生态环境质量要优于下游各省区的生态环境质量。这正说明，在黄河流域，处于下游的各省区仍是生态保护的重心。

表 8 2013～2020 年黄河流域九省区生态保护的发展情况

年份	山西	内蒙古	山东	河南	四川	陕西	甘肃	青海	宁夏
2013	0.1219	0.3418	0.1255	0.0881	0.1951	0.1868	0.1533	0.6331	0.2033
2014	0.1045	0.3048	0.1309	0.0940	0.2002	0.1816	0.1444	0.7211	0.2479
2015	0.1047	0.2488	0.1236	0.0855	0.1169	0.1611	0.1134	0.3355	0.2082
2016	0.1098	0.2523	0.1273	0.0936	0.1178	0.1570	0.1287	0.3560	0.2527
2017	0.1198	0.2651	0.1237	0.0886	0.1190	0.1555	0.1264	0.3238	0.1969
2018	0.1264	0.2708	0.1255	0.0954	0.1272	0.1595	0.1287	0.3256	0.1991
2019	0.1199	0.2619	0.1260	0.0930	0.1275	0.1655	0.1270	0.3399	0.1951
2020	0.1153	0.2719	0.1173	0.0858	0.1319	0.1608	0.1356	0.3386	0.1908

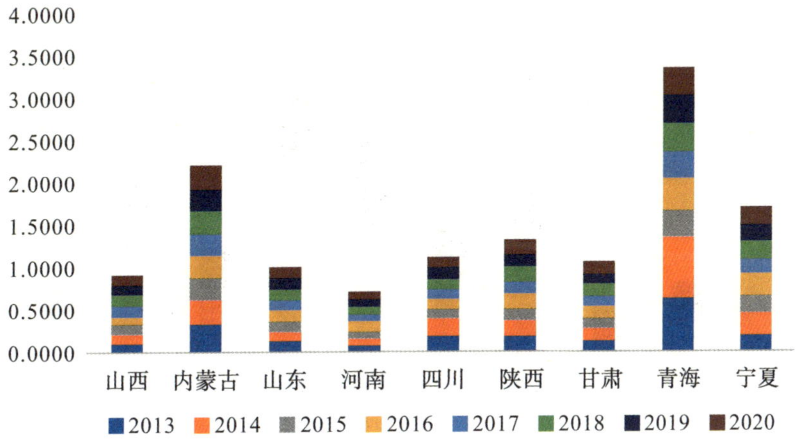

图 3 2013～2020 年沿黄九省区生态保护领域的发展情况

（2）动能转换方面

在动能转换方面，黄河流域九省区呈现出以下特点（见表 9 和图 4）。第一，2013～2020 年，黄河流域各省区的动能转换指数有一定程度的提升，这表明黄河流域各省区在新旧动能转换工作上取得了一定成效。第二，从横向比较上看，在黄河流域，动能转换指数提升较大的是陕西、河南、山东等省份，动能转换指数提升较小的是青海、山西、甘肃等省份。这基本表明，在动能转换方面，黄河流域中下游省区相较于上游省区在新旧动能转换方面具有更大的突破。第三,陕西、四川、青海、山东等省份的新旧动能转换效应较高,而内蒙古、甘肃、山西、宁夏等省区的新旧动能转换程度比较低。整体来看,黄河流域中下游各省区的新旧动能转换程度更高、效应更强,而黄河流域上游各省区的新旧动能转换程度较低。

表 9　2013～2020 年黄河流域九省区动能转换的发展情况

年份	山西	内蒙古	山东	河南	四川	陕西	甘肃	青海	宁夏
2013	0.1161	0.0640	0.2543	0.1962	0.2990	0.3280	0.1682	0.0976	0.0442
2014	0.1272	0.1102	0.2818	0.2379	0.3079	0.3889	0.1837	0.1364	0.1006
2015	0.1678	0.0820	0.3171	0.2930	0.3396	0.4376	0.2164	0.5217	0.1714
2016	0.1708	0.1040	0.3473	0.3110	0.3566	0.4771	0.2538	0.4654	0.2251
2017	0.1452	0.1554	0.3224	0.2781	0.3670	0.4678	0.2159	0.4393	0.2371
2018	0.2213	0.1550	0.3055	0.2709	0.4535	0.4950	0.2335	0.4475	0.1755
2019	0.1949	0.1781	0.3161	0.2312	0.4736	0.5485	0.2238	0.3342	0.1731
2020	0.1915	0.1787	0.4102	0.3042	0.5131	0.6343	0.2466	0.1741	0.1717

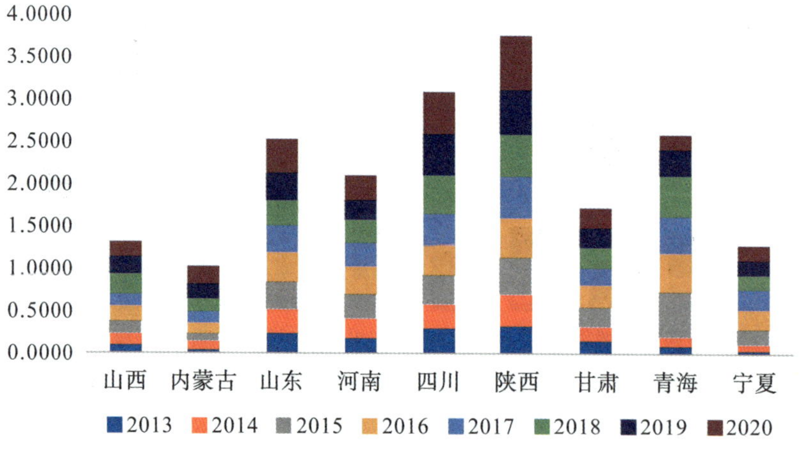

图 4　2013～2020 年沿黄九省区动能转换的发展情况

(3)改革创新方面

在改革创新方面,黄河流域九省区呈现出以下特点(见表 10 和图 5)。第一,2013～2020 年,黄河流域各省区的改革创新指数有一定程度的提升,且在 2020 年各地区都实现了较大程度的指数提升。这就表明,黄河国家战略的出台对各省区改革创新已经产生较好的激励作用。第二,横向比较来看,在黄河流域,2020 年改革创新指数排名前三位的省份依次是山东省、陕西省和四川省，排名靠后的是青海、内蒙古等省份。这基本表明，在改革创新方面，黄河上游的基础水平较差，黄河流域中下游发力更足。第三，2013～2020 年，改革创新发展指数平缓波动上升。从各省区发展指数来看，陕西省的整体改革创新水平是最高的，且其基础水平远超其他八个省区；河南省整体排名第二，四川省位居第三；青海省的改革创新发展指数最低，但也呈现逐步增长特征。以上特征表明，在黄河流域，改革创新的指数增长速度与各地区的原有基础相关性不大，2013 年，九省区间的改革创新发展水平整体相差不大，基础较差的青海、宁夏在 2020 年也实现了相较于 2013 年的三倍增长，未来黄河上游地区仍是改革创新发力的重点。

表 10　2013～2020 年黄河流域九省区改革创新的发展情况

年份	山西	内蒙古	山东	河南	四川	陕西	甘肃	青海	宁夏
2013	0.1735	0.0846	0.1564	0.2888	0.2152	0.3747	0.1140	0.0602	0.0744
2014	0.1607	0.0856	0.1462	0.2766	0.2369	0.3840	0.1148	0.0386	0.0777
2015	0.1277	0.1055	0.1460	0.2614	0.2491	0.3970	0.1384	0.0501	0.1171
2016	0.1135	0.1030	0.1433	0.2444	0.2395	0.3848	0.1366	0.0731	0.1289
2017	0.1534	0.1298	0.1528	0.2467	0.2459	0.3939	0.1304	0.0684	0.1475
2018	0.1379	0.1174	0.1607	0.2443	0.2503	0.3850	0.1024	0.0689	0.1677
2019	0.1029	0.0396	0.1745	0.1819	0.2135	0.2735	0.0826	0.0625	0.1441
2020	0.3088	0.1971	0.5986	0.4690	0.4721	0.5878	0.2103	0.1877	0.3336

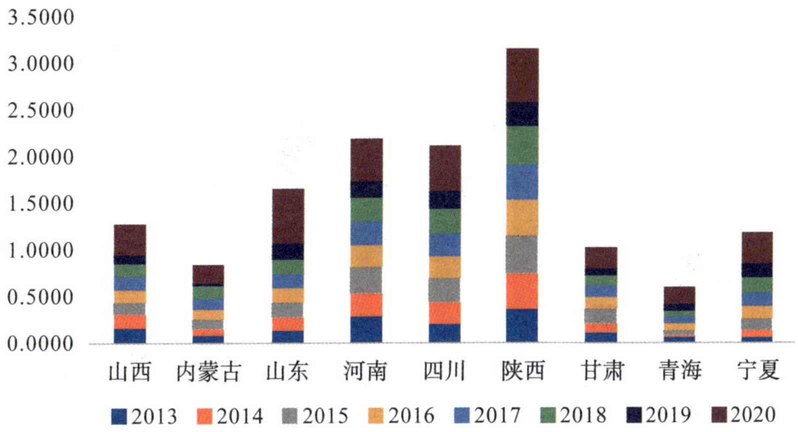

图 5　2013～2020 年沿黄九省区改革创新的发展情况

(4)对外开放方面

在对外开放方面,黄河流域九省区呈现出以下特点(见表 11 和图 6)。第一,2013～2020 年,黄河流域各省区对外开放方面指数整体提升不大,河南和甘肃的对外开放指数在八年间没有明显提升,提升最多的三个省份是陕西、山东和四川,同时这三个省份也是 2020 年对外开放发展水平最高的。这就表明,在对外开放方面,九省区的政府注意力是有所区别的,因此导致部分省份能实现较快提升,部分省份变动不大。第二,山东、陕西和四川的对外开放指数要远远高于黄河流域的其他省区,而甘肃、青海、宁夏等省区的对外开放指数比较低。这也就表明,经过八年的发展,黄河流域对外开放发展已出现较明显的不均衡。

表 11 2013～2020 年黄河流域九省区对外开放的发展情况

年份	山西	内蒙古	山东	河南	四川	陕西	甘肃	青海	宁夏
2013	0.1574	0.0989	0.4968	0.3337	0.3978	0.2849	0.0915	0.0381	0.0758
2014	0.1815	0.1046	0.5041	0.3378	0.4168	0.3774	0.0807	0.0370	0.1502
2015	0.1925	0.1048	0.4724	0.3781	0.3179	0.4085	0.0789	0.0609	0.1129
2016	0.2606	0.1297	0.4612	0.3586	0.3382	0.4011	0.0841	0.0587	0.1023
2017	0.2285	0.1428	0.4835	0.3581	0.4528	0.4858	0.0691	0.0500	0.1982
2018	0.2515	0.1500	0.4989	0.3361	0.5282	0.5780	0.0845	0.0570	0.1433
2019	0.2469	0.1490	0.5533	0.3297	0.4633	0.5291	0.0865	0.0576	0.1585
2020	0.2761	0.1606	0.7393	0.3351	0.5285	0.5830	0.0930	0.0738	0.1570

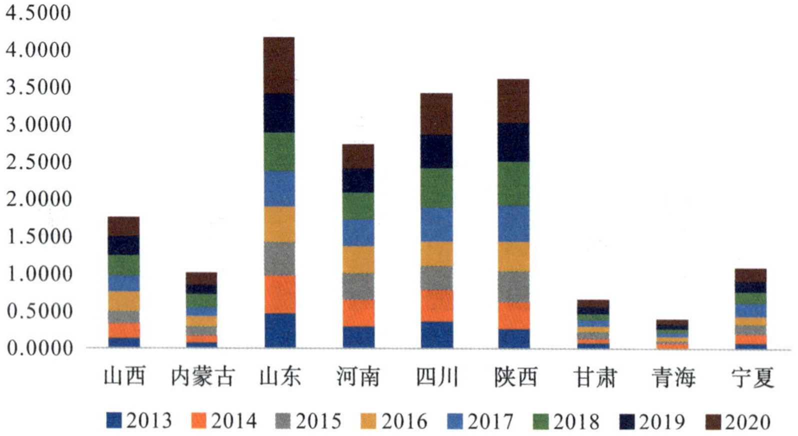

图 6 2013～2020 年沿黄九省区对外开放的发展情况

(5)高效竞争方面

在高效竞争方面,黄河流域九省区呈现出以下特点(见表12和图7)。第一,2013～2020年,黄河流域各省区在高效竞争方面相较于其他四个维度整体水平最高,发展水平也更为均衡。这就表明,沿黄九省区对高效竞争的重视程度极高。第二,横向比较来看,在黄河流域,山东、陕西、四川的高效竞争水平位居前三。排名靠后的是宁夏和青海,但这两个省份2013～2020年高效竞争增长速度却很快,青海2020年高效竞争指数相较于2013年实现了翻番。这基本表明,在高效竞争方面,沿黄九省区都有着较好的基础,尤其是黄河上游省区最近几年的发展速度很快,与黄河中下游的差距正在逐步缩小。

表12　2013～2020年黄河流域九省区高效竞争的发展情况

年份	山西	内蒙古	山东	河南	四川	陕西	甘肃	青海	宁夏
2013	0.3323	0.5593	0.6266	0.4202	0.4205	0.4928	0.3174	0.2305	0.2389
2014	0.3766	0.6084	0.6780	0.4845	0.4724	0.5366	0.3768	0.2963	0.2842
2015	0.4715	0.6034	0.7147	0.5218	0.5319	0.5648	0.4339	0.2977	0.2604
2016	0.5225	0.6454	0.7600	0.5675	0.6037	0.6080	0.5117	0.3916	0.3612
2017	0.5312	0.6492	0.8011	0.6105	0.6736	0.6501	0.5478	0.4386	0.3816
2018	0.5863	0.6683	0.8382	0.6562	0.7337	0.6958	0.5933	0.4819	0.4151
2019	0.5612	0.6364	0.8472	0.7319	0.7940	0.7471	0.6296	0.5586	0.4208
2020	0.6002	0.6674	0.8693	0.7441	0.8244	0.7779	0.6686	0.5817	0.4604

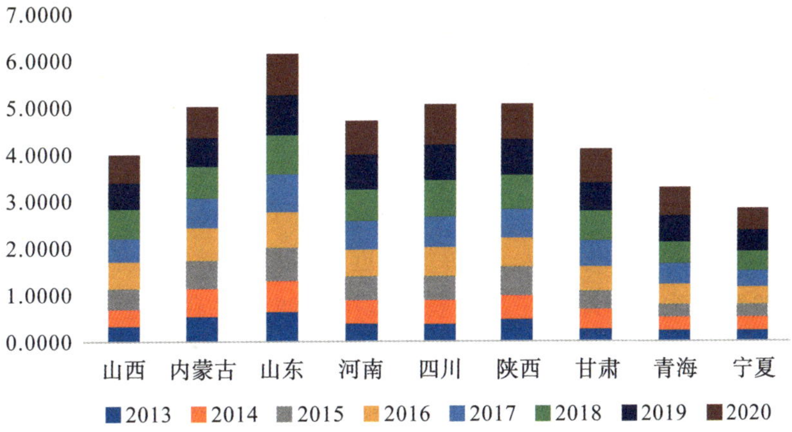

图7　2013～2020年沿黄九省区高效竞争的发展情况

(三)山东省龙头作用发挥的成效与不足

通过数据结果对比可以发现,2020 年山东省发展的综合指数排名第二,比四川省低 0.018,但差距不大,整体显著向好发展。2013～2019 年,山东省整体的综合指数呈现稳步增长的趋势。黄河国家战略提出后的一年时间里,山东省的发展有了明显的提升,体现出山东对黄河国家战略的高度重视,将全省发展自觉融入黄河国家战略中,围绕着生态保护和高质量发展的目标,在多领域均作出努力,有成效也有不足。2020 年,山东省在改革创新、对外开放、高效创新三个领域均位列第一,充分发挥了山东半岛城市群龙头作用。可以说,山东省做到了产业升级有成效、对外开放有实力、科技赋能有基础。但在生态保护、动能转换两个方面,山东省还处于较落后地位,也是未来仍需重点发力补齐的短板。

四、发挥山东半岛城市群龙头作用的进程展望

作为沿黄七个城市群中唯一处于成熟阶段的城市群,山东半岛城市群在黄河国家战略中被赋予了龙头定位,肩负着推动沿黄地区中心城市及城市群高质量发展的时代使命。近年来,山东省从空间格局上科学规划半岛城市群发展,着力提升城市群综合承载力和核心竞争力,主动对接沿黄省区及其中心城市,在推进黄河流域生态保护和高质量发展方面作出探索。在科技赋能、对外开放和高效竞争方面取得显著成效,但自身发展不平衡不充分的问题仍然存在,生态保护和动能转换领域的落后局面亟待改变,对黄河全流域的引领带动作用也有待激发。

在各国推动区域发展的过程中,以“龙头带动＋区域联动”为主要特征的发展模式被普遍证明有效,黄河流域生态保护和高质量发展的实现也有赖于这一科学发展模式的支撑。就黄河流域而言,各省区的发展水平较为均衡,核心竞争力和综合实力相差不大,上游地区近几年的发展势头十分强劲,与中下游地区的差距正在逐渐缩小。在发展过程中要厘清并利用好龙头带动和融合联动之间的关系与规律,推动山东半岛城市群突破短板、练好“内功”,更好发挥对全流域的带动作用,并通过整合流域资源和优化资源配置以促进沿黄九省区融合联动,在增强沿黄城市群综合实力的同时,加快推动黄河流域高质量发展的进程。

因此,山东未来需着力打造山东半岛城市群的龙头地位,切实提升中心城

市的发展能级，加快塑造“一群两心三圈”区域发展形态。同时，基于实际，突出自身优势，发挥好龙头引领和辐射带动作用。从生态保护、动能转换、改革创新、对外开放和高效竞争等方面入手，在生态保护和动能转换两个领域重点发力，深入发掘改革创新、对外开放和高效竞争方面的独特优势，积极深化区域间、流域间的协调合作，加快推进黄河流域城市群的协同创新进程。

（一）补齐高质量发展短板，塑强山东半岛城市群龙头地位

为更好发挥山东半岛对黄河流域的引领作用，强化“龙头地位”，首先需提升自身综合实力。在宏观层面上，统筹规划城市群空间布局和形态，推动区域一体化发展，在“一群两心三圈”建设上求突破、开新局，着力提升山东半岛城市群整体优势。在微观层面上，以生态保护和动能转换为主攻方向，突破制约区域高质量发展的短板，树立流域高质量发展的标杆。

1.优化“一群两心三圈”布局，增强山东半岛城市群综合竞争力

中心城市可以凭借自身强大的经济实力和宏大的人口规模助力城市群整体的资源聚合以及周边区域的发展。然而，山东半岛城市群在 GDP 总量、拥有 GDP 过万亿元城市的数量、科技创新以及金融竞争力等涉及龙头城市群评价的核心指标上表现相对不佳，存在中心城市首位度不高、辐射带动能力不强等问题，需要从中心引领、圈层支撑、融合互动的层面出发，持续改进和优化“一群两心三圈”区域整体布局，不断增强山东半岛城市群综合竞争力。济南和青岛作为山东半岛城市群的两大核心城市，应在城市能级、综合功能等方面增强对周边城市的辐射带动作用，推动城市功能互补、产业协调错位，引领山东半岛城市群快速发展。

一是推动济南、青岛优势互补、错位发展。实施“强省会”战略，积极支持济南建设成为“大强美富通”现代化都市和国家级中心城市，强化其在山东半岛城市群中的引领地位，发挥好黄河流域生态保护和高质量发展中的城市发展示范作用。同时，积极学习全面创新改革试验区、自由贸易试验区、国家自主创新示范区和国家级新区的成功经验和政策措施，探索济南新旧动能转换新路径，加快建成高质量、高标准型新旧动能转换起步区，并努力推动其发展成为黄河流域生态保护和高质量发展的示范区、高水平开放合作的全新平台，以及绿色智慧宜居的全新城区。同时，支持打造青岛成为全球海洋中心城市，强化其开放门户枢纽地位，增强其在全球资源配置、科技创新策源和高端产业发展中的引领作用。促进青岛与黄河流域其他内陆地区的互联互通，畅通合作渠道，依托中国（山东）自由贸易试验区青岛片区、上海合作组织等重大开放

平台,加强与济南、郑州、西安、成都等自贸试验区的合作互联,推进联通黄河流域、服务北方、辐射亚太的进出口货物集散地建设。

二是推动济南与青岛联动发展。首先,构筑一体化的公共服务体系,加快推进公共服务均等化。推动济南都市圈和青岛都市圈内交通网络的一体化建设,打造围绕主城区的一小时通勤圈,畅通户籍迁移、居民证互认互通、社保关系无障碍转移渠道,加强养老服务机构建设,拓宽异地就医直接结算覆盖面,建设教育一体化试验区和公共卫生应急一体化试验区,强化与周边地区的公共服务联动效应。其次,推进现代化产业合作体系建设。支持济南和青岛在新旧动能转换方面取得新突破、形成新优势,坚持以"十强"产业为核心的特色化产业集群建设,共筑济青科创制造大走廊,努力形成以两市为中心的具有强创新力、高竞争力的沿黄东中西区域发展轴带,合力铸就全国高水平协作发展样板。最后,共建改革开放新高地。推进各类改革试点举措集中实施、率先突破和系统整合,共同推动自主创新示范区、自由贸易试验区、国家物流枢纽联盟、城乡融合发展试验区建设,协同打造商品生产、分配、交换和消费各环节路径,计划创建多元化联运集疏体系,畅通资源要素流动,发挥好国内国际双循环枢纽作用。

三是加快山东半岛城市群融合发展。确立济南、青岛在"一群两心三圈"发展格局中的核心地位,加强其对周边地区的辐射作用和对区域整体的引导作用,强联合,聚优势,在明确省会经济圈、胶东经济圈和鲁南经济圈各自分工和优势的基础上,聚焦区域融合,合力推进公共基础设施、产业发展、生态保护、市场、社会的共建共治共享。就省会经济圈而言,支持以济南为核心,加快淄博、泰安、聊城、德州、滨州、东营六市一体化建设,推动济淄、济泰同城化和济齐融合化,着力打造世界级产业基地、全国数字经济高地、国际医养中心和国际文化旅游目的地。胶东经济圈则以青岛为中心,积极推进烟台、威海、潍坊、日照四市融合发展,促进青潍日同城化和烟威同城化,努力创建具有全球影响力的海洋创新中心、对外开放枢纽和黄河流域开放门户。鲁南经济圈要坚持以推动临沂、枣庄、济宁、菏泽融合一体化为主要任务,强化四市协调互通,落实乡村振兴主战略,积极构建乡村振兴先行区、转型发展新高地及淮河流域经济隆起带。

2.补齐生态保护和动能转换短板,推动山东半岛城市群高质量发展

黄河国家战略的中心任务是保护生态环境,而动能转换则是推动黄河流域实现高质量发展最主要的动力。因而,在沿黄城市群建设中,必须高度重视这两个方面,并采取有远见的前瞻性举措,全面推进工作。作为黄河流域高质

量发展的龙头，山东半岛城市群在生态保护和动能转换两大领域的发展水平相对落后，一定程度上阻碍了黄河流域高质量发展的整体进程。生态保护方面，黄河流域所面临的形势愈发严峻，上游地区在追求经济快速发展的过程中，对原先良好的生态保护基础造成了不同程度的破坏，而下游地区生态保护的积极性较弱，目前仍然是黄河流域生态保护工作的重点区域。动能转换方面，黄河流域的新旧动能转换取得了一定成效，但是各省区的发展程度和转换效应还存在较大差异，相较于中下游省份，黄河流域上游省份的新旧动能转换程度更低、效果更微。未来需要以生态保护和动能转换为主攻方向，协同推进生态环境治理和产业转型升级，补齐山东半岛城市群高质量发展的短板。

在生态保护方面，山东半岛城市群要从绿色城镇化和城市生态文明建设等方面入手，缓解人口密度高与生态底子薄之间的矛盾，在筑牢黄河流域高质量发展的生命底线中作出表率。一是要加强山东半岛城市群内部分工，实施分区域生态文明建设。明确胶东板块作为“高效生态经济区”的战略定位，加强黄河三角洲地区自然湿地的保护与恢复，优化海洋产业布局结构，加快优势特色型产业转型，确立并坚守生态保护底线不动摇。强化供给侧结构性改革，加速淘汰鲁南经济带地区高污染、高耗能型产业，配合环境规制，加快形成生态绿色型产业链。利用技术溢出、制度溢出和人才溢出，协同推进省会城市圈生态环境建设，强化省会城市生态建设的示范引领和辐射带动作用，着力转变区域城市生态韧性两极化特征。二是要强化山东半岛城市群协同联动作用，实施跨区域生态建设，加强河湖重点区域的生态保护修复治理工作，尝试构建联动化的跨区域生态补偿机制。同时，通过打造济南—德州、滨州—东营的黄河百里风貌带，强化黄河下游地区的生态屏障功能，建设黄河下游的绿色生态大廊道。为提高预防自然灾害的能力，应优化完善防洪减灾工程体系，有序推进重点河道的修复治理工作，切实提升河道防洪排涝能力，加强黄河干支流河道信息监测，构筑智能防洪抗汛指挥系统，打造“智慧黄河”项目，切实推进黄河下游长久安澜示范带工程。

在动能转换方面，积极整合山东半岛城市群内部相关资源，推动产业间融合、错位、协调发展，以构建产业互补、优势突出、分工明确、合作共赢的新发展格局。一是提升青岛和济南作为双核城市的集聚、辐射功能，引导胶东经济圈和省会经济圈协调发展。加快产业分工转移和产业结构调整，促进核心城市向周边城市输送优势产业资源，推动两大经济圈周边城市实现外部优势资源流入及内部优势资源的外部共享，形成各市产业间功能互补，突出城市群产业资源的差异性、协调性。二是打造适应山东半岛城市群的一体化主导优势产业链,发展集群型产业。首先,充分发挥山东半岛蓝色经济区临海、临港优势,积极培育海洋装备制造、海洋生物养殖等五类关键海洋产业,致力于现代型海洋产业聚集区建设;其次,聚焦黄河三角洲高效生态经济区的生态农业和石油装备制造业建设,努力打造国家级高效生态经济示范区;再次,强化省会城市群经济区内部城市的紧密联系,发挥龙头城市优势,促进高端制造业,如新能源、机械装备、汽车制造等的集群化发展,扩大其辐射范围与作用;最后,依托西部经济隆起带丰富的自然与文化资源,加强现代化化工、能源、农业、文化旅游等产业的发展,构建优势性特色化产业基地。

(二)促进区域融合联动,发挥山东半岛城市群龙头带动作用

区域发展需要龙头地区发挥重要的引擎作用,但仍需与内部地区协同互联才能铸就黄河流域生态保护和高质量发展的最强推力。因此,山东半岛城市群在发挥龙头辐射带动作用的同时,还要进一步找准沿黄省区的"共鸣点"和利益契合点,在生态保护、动能转换、改革创新、对外开放、高效竞争等方面开展全方位的交流合作,通过更多正向溢出作用促进黄河流域城市群均衡发展、融合联动。

1.强化生态文明建设,推动城市群生态保护协作治理

作为黄河流域生态保护的龙头,山东半岛城市群应协同沿黄城市群开展生态环境治理,坚持生态优先、绿色发展的基本原则,在确保黄河长期稳定和安全的基础上,协调好水资源、人口和产业之间的关系,促进整个流域实现高水平和可持续发展。一是改变城市资源使用模式,调整水资源为最关键限制因素。依据"四水四定"政策,结合各功能区实际发展定位,明确水资源调配方案,实现资源利用效率最大化,确保满足重点区域的资源使用需求。通过实施区域水价改革,改变城市用水和农业用水的收费标准,抑制不合理的生产与生活用水需求,推动节水技术在产业发展中的应用和改造,在全社会形成节约用水的良好氛围,从而实现用水方式的转变和用水效率的提高。二是加大环境协同治理力度,构建主要污染物联防联治体系。积极推进大气、水资源、土壤污染的统筹化治理工作,鼓励在领导小组引领下推动建立常态化、协同化的污染物治理机制,并将其纳入官员绩效考核中。同时还要深化环境监测改革,破除地方与部门之间的条块壁垒,建立起统一、有效的环境监测体系,通过监测数据实时掌握环境动态。三是推进区域生态一体化建设,确保跨区域生态建设工作的协调与衔接。整合重要生态系统的管理体系,构筑以山地生态屏障和水系生态廊道为主体的生态安全格局,推进重点生态功能区的土地整治和

环境修复工程的统筹化建设，强化北方地区的生态安全屏障，保障生态补偿机制在黄河流域上中游地区的落地，完成城市群高质量发展的生态资本积累。确保水源涵养、水土保持与污染治理以及湿地保护等生态目标的实现。

2.加快新旧动能转换，共建沿黄现代产业合作示范带

黄河流域的高质量发展需要新旧动能转换和产业转型升级作为支撑，现代化经济体系的构建也对黄河流域的产业发展提出了智能化、绿色化、集群化的新要求。山东半岛城市群作为黄河流域动能转换的龙头，要持续推动新旧动能转换起步区建设，聚焦“十强”优势产业，协同推进产业集群化。同时配合黄河流域生态建设工作，引领沿黄各城市群加快新旧动能转换的步伐，全面实现产业结构调整、产业转型升级、产业集聚融合，探索出绿色化产业振兴新模式，共建沿黄产业合作示范带。

一是以工业互联网为抓手，推动数字赋能传统产业发展。山东半岛城市群在工业互联网发展中具有先发优势，因而要善于借助数字技术，积极推动新旧动能转换。同时，积极推动与关中城市群、中原城市群等周围主要城市群和重要制造业基地在产业链数字化转型升级方面的合作，通过共建数字制造产业园、先进制造业合作示范带和协作实施数字赋能流域产业链工程等方式，培育壮大跨行业、跨领域、跨地区的工业化互联网平台。

二是供给与需求两端同时发力，推动构建流域现代能源体系。在供给端要强化能源的整合开发，善于借助新技术、新方法助推产业升级调整，切实提升能源利用效率和产出效率。同时，各城市群应结合自身实际特征，探索生态产品的价值实现路径，并积极推动黄河流域生态补偿工作，尤其是能源层面的传统能源输出地与输入地之间生态补偿机制的建立与完善。此外，要大力发展战略性新兴产业，统筹推进新能源开发利用，依据各省区资源禀赋布局能源开发，支持山东地区在氢能、风能上的战略布局，强化流域内地区在新能源研发和关键技术上的攻关合作，积极打造能源创新高地。在能源消费方面，要以碳中和、碳达峰为契机，加大节能减排工作力度，推动传统生活方式向绿色、低碳、可持续的生活方式转变。对于重点行业领域，着力实施减污降碳行动，推动绿色低碳化供应链管理体系建设，布局探索重大节能低碳技术产业化工程，重点关注近零碳排放、零能耗建筑、碳捕集利用与封存等绿色技术攻关，及时推广经验。加大绿色产品的开发探索工作，如通过确立节能环保项目特许经营权、绿色工程项目收益权等行政化手段和市场化途径，促进形成产业链、产品全生命周期节能减排新模式。

三是以产业链为主轴，探索新动能合作空间。充分利用黄河流域的多种

产业优势,协同构筑流域先进制造业、现代服务业、产业转型等示范区。支持黄河下游地区优势产业在中西部的土地及人力富集区布局生产线,促进黄河流域上中下游技术、人才等资源要素的流动与合作,并通过产业融合、产业聚集等途径积极建立并完善现代化黄河产业链。基于黄河下游地区数千年的农耕史和丰富的农业文化底蕴,挖掘培育特色生态农业和文化产业,打造生态农业、节水农业、智慧农业及观光农业等新型农业示范区。同时,充分利用黄河流域文化资源,打造“山水圣人”等精品文化旅游项目,创建一批黄河文化公园及人文景观,促进生态与文化的交融互惠。

3.实施创新驱动战略,培育黄河流域科创融合新高地

高质量发展的城市群必然是以创新作为驱动引擎的高能级城市群,同样地,黄河流域及其城市群的高质量发展也离不开创新力量的支撑。必须将创新作为城市群发展的动力源,通过科技创新、产业创新、人居环境创新和体制机制创新等一系列措施,建设创新型城市群,培育黄河流域科技创新高地,推动黄河流域经济发展方式率先实现由资源要素依赖型向创新驱动型转变(盛广耀,2020)。

一是建设科创走廊,打造黄河流域改革创新平台。通过挖掘和利用兰州、西安、郑州、济南、青岛等沿黄城市不同的科技优势,优化沿黄地区的科技产业布局,联合搭建国家级重点实验室、工程研究中心、制造业创新中心等高水平创新平台,共建黄河流域生态保护和高质量发展研究院、人才合作培养基地等,提升山东半岛、郑洛新、西安等国家自主创新示范区协同化水平,整合科技创新资源,提升科技创新效能。

二是以科技创新为核心,推动黄河流域各产业实现能源、技术结构优化。围绕创新总基调,通过技术革新持续提升清洁能源的使用效率。同时,加快产业结构调整和升级,尤其是要提高现代服务业、高端制造业、高新技术产业的比例,为城市群发展提供充足的驱动力。各地巩固好把山东半岛建设成为新旧动能转换先行区和国家蓝色经济创新合作示范区、把中原城市群建设成为中西部地区创新创业先行区、把关中平原城市群建设成为国家创新高地的战略定位。

三是以黄河流域生态保护与资源合理利用为基础,积极推进实践创新。探索校企合作模式,鼓励以市场为导向,整合院校与企业双方的资源,促进院校科研成果转化和企业竞争水平提升,切实推动黄河流域高质量发展进程。

四是以体制机制的改革创新为支撑,推动各省区深化市场化改革。促进资源自由流动与高效配置,集聚和整合各类创新要素,同时转变政府职能,通

过简政放权营造良好的营商环境，保障黄河流域的创新发展。

4.畅通沿黄达海通道，打造高水平对外开放合作平台

黄河流域的高质量发展需要走开放发展、共享发展之路。尽管以城市群为重点的发展模式在地理空间上呈现出非均衡的特点，但城市群在发展过程中必然会与更大的生态系统、经济系统和社会系统进行有效互动。因此，城市群的发展并非封闭或孤立的自我式发展。要实现共享式、开放式的发展模式，应坚持以基础设施建设为先导，探索建立新的协作关系，加强城市群之间的产业、要素和政策协同，充分利用黄河流域的开放门户作用，推动更多高能级开放平台和沿黄达海互联互通大通道在黄河流域建成落地，进一步构建对外开放大格局。

在区域发展规划中，互联互通的基础设施建设是跨域合作和开放发展的基础。以综合交通体系为核心，构建基础设施互联互通网络，将为沿黄地区的交流互动提供畅通的桥梁。为此，应充分发挥山东半岛城市群的沿海优势，加快构建现代化综合通道网络，其中包括公路、铁路、航空等交通通道和粮食通道、能源通道、数据通道等，以此强化区域间的联系和合作，为经济发展提供更加强有力的支持。一方面，要加强交通基础设施建设。首先，在推进郑济高铁建设的基础上，加快连通济南到东营的高铁线路，促进济南、青岛与郑州、西安两大中心城市的交通便利化，谋划建设黄河流域中心城市的高铁大通道，实现与关中城市群、中原城市群的立体交通的快速便捷衔接。其次，整合中欧班列资源，打造一批“欧亚班列＋TIR”陆海快线集结中心；深挖沿海港口资源，充分发挥山东半岛城市群港口优势，联合黄河流域大中城市建设“无水港”“内陆港”，打造“陆海统筹”国际贸易大通道。最后，推动建立覆盖全流域的海陆空交通区域网，构筑“通道＋枢纽＋网络”现代物流体系，建设油气储备基地和管道等一批能源通道，实现交通、物流和能源高速、高效通达。另一方面，要加强新型基础设施建设。实施黄河流域数字同城超高速枢纽工程，推动地区间在5G通信、高速城际铁路、城市轨道交通、大数据中心、人工智能和工业互联网等重要领域的开发合作或协同布局，在黄河流域范围内建设北方大数据中心，推动跨省都市圈互联互通，以及利用工业互联网实现产业链的智能连接等，充分发挥数字技术优势，共同推进“数字黄河”建设，提升黄河流域的发展潜力和竞争力。

山东半岛城市群作为黄河流域重要开放平台，一方面要破除行政壁垒，实现各城市间的共建共享，破除地区内部对外开放合作的瓶颈，开创黄河流域开放合作新局面；另一方面要打造开放平台，高质量推进山东新旧动能转换综合

试验区、中国(山东)自由贸易试验区、中国—上海合作组织地方经贸合作示范区、济南新旧动能转换起步区等国家重要战略平台建设,以RECP为契机深化山东与日韩的制度性合作,争创中日韩地方经贸合作示范区、RECP协定地方经贸合作先行区,巩固优势市场地位和国际供应体系,积极开拓东盟、上合组织、"一带一路"等新兴市场,并扩大外资外贸向好态势。此外,要加快跨境电商综合试验区建设,培育跨境电商平台、产业园、公共海外仓等平台,合力打造数字丝绸之路、创新丝绸之路。

5.深化体制机制创新,完善黄河流域城市群协同模式

黄河流域高质量发展要实现高效的空间治理,管理机制上必须从以行政区划为主的区域管理转向流域管理,必须高度重视黄河流域发展的系统性、整体性与协同性,通过体制机制创新,建立山东半岛城市群与沿黄省区在不同领域的合作联盟或协作契约,充分发挥其引领黄河下游地区乃至整个黄河流域发展的作用,畅通联系渠道,打造全流域有机联络体系,缓解地区发展不平衡不充分问题,促使黄河流域城市群的一体化发展水平再上新台阶。

一是实施城市群扩容,主动融入国家战略。调整黄河三角洲区域范围,将山东全境和河南、河北部分地区等太行山以东的黄河两岸区域纳入其中。同时,对山东半岛城市群范围进行适当升级扩容,打通与流域中部和西部城市的联通渠道,助推黄河流域生态保护和高质量发展同京津冀协同发展、长江经济带发展、长三角一体化发展等其他重大国家战略的协同对接。

二是拓展区域合作范围,加快流域一体化进程。依托济南、郑州、西安等中心城市的区域合作建立互利联盟,进而推动都市圈、城市群协同发展,实现城市组团式发展和城市群网络化演进,推动黄河流域七大城市群在产业、技术等领域开展更广泛的交流合作,推动产业园区共建,打造沿黄城市群高质量与一体化发展示范带。首先,建立和完善沿黄城市群合作机制,推动与关中平原城市群、黄河"几"字弯都市圈、兰州—西宁城市群的协作发展,强化与上游能源富集省份的合作,并与河南毗邻地区探索打造黄河流域高质量发展示范区。同时,搭建跨区域产业合作体系,建设一批"双向飞地"和"共管园区",以促进经济合作与发展。其次,充分发挥黄河流域"出海口"和开放门户作用,推动区域内陆港口与沿海港口务实合作,共同建设50个内陆港,并完善海关互联机制,构建高效便捷的海铁联运物流体系。此外,推动济南、青岛、郑州、西安等城市共同承担国家重大科研项目,共建共享大科学装置。最后,重视齐鲁文化、中原文化、关中文化的交流融合,共同缔造黄河文化历史走廊,做好"文化黄河"建设工作。

三是依托菏泽区位优势，打造协同发展重要枢纽。深挖菏泽位于鲁、苏、豫、皖四省交界的区位优势与战略优势，推动构建鲁豫毗邻地区高质量发展示范区，充分发挥其作为连接黄河流域中西部城市的桥头堡作用，跨流域建设黄河沿岸地区与雄安新区、京津冀、长三角地区战略协同的重要枢纽。

四是加强府际互动，探索制度化合作模式。通过签订战略合作框架协议或成立城市群联盟的形式，探索建立统筹指导、强调成本共担和利益共享、常态化运行的跨区域行政协调机制，搭建沿黄城市群一体化发展的交流与合作平台，以生态保护和高质量发展为切入点探索制度性合作路径。一方面，探索构建高层联席会议制度。包括行政首长联席会议制度、秘书长联席会议制度、地方政府职能部门联席会议制度。各种联席会议原则上可每年上、下半年各召开一次，采取“共同主办，轮流承办”的形式，实行轮值主席制（方雷，2014）。另一方面，积极成立沿黄省会城市联盟。在保持独立自主的前提下，沿黄省会城市达成合作契约，让渡部分管理权限成立超地区行政边界的联盟体，由最高权力机构城市联盟委员会、常设执行机构联盟办公室、专业委员会以及观察团等构成。城市联盟对参与城市的权利义务约束力强，是整合沿黄省会城市构建风险共担、利益共沾共同体的有效平台。高层联席会议和城市联盟作为城市间协同的组织平台，其内部的互动规则和形式化程序对于明确协同各方的角色和责任至关重要，有利于跨边界信息共享和业务合作，解决协同的碎片化问题，促进城市协同水平提升。此外，随着城市协同深度和广度的持续深化，政府主导的推进模式逐渐鞭长莫及，因此，要重视企业和社会组织的力量，积极为企业和社会组织搭建合作平台，发挥市场机制和社会机制在城市协同中的作用，加强政府与企业、社会组织的协同联系，形成政府、企业和社会组织协同发展合力。

参考文献

[1]秦华，任保平.黄河流域城市群高质量发展的目标及其实现路径[J].经济与管理评论，2021，37(6)：26-37.

[2]韩君，杜文豪，吴俊珺.黄河流域高质量发展水平测度研究[J].西安财经大学学报，2021，34(1)：28-36.

[3]徐福祥，徐浩，刘艳芬，等.黄河流域九省（区）生态保护和高质量发展治理水平测度与评价[J].人民黄河，2022，44(6)：11-15.

[4]任保平.黄河流域生态环境保护与高质量发展的耦合协调[J].人民论

坛(学术前沿),2022(6):91-96.

[5]孙久文,崔雅琪,张皓.黄河流域城市群生态保护与经济发展耦合的时空格局与机制分析[J].自然资源学报,2022,37(7):1673-1690.

[6]沈路,钱丽.黄河流域高质量发展水平测度、空间关联及影响因素分析[J].统计与决策,2022,38(13):26-30.

[7]方大春,裴梦迪.我国新旧动能转换测度及影响因素研究[J].当代经济管理,2021,43(1):26-32.

[8]申亮,陈媛媛.山东省新旧动能转换财政支出绩效评价指标体系研究[J].财政科学,2021,64(4):59-68.

[9]朱美峰,吴青龙,张超.省域新旧动能转换水平的统计测度[J].统计与决策,2022,38(11):120-123.

[10]王晓天.中国新旧动能转换的综合指数测度与区域特征分析[J].统计与决策,2021,37(21):71-75.

[11]高国力,贾若祥,王继源,等.黄河流域生态保护和高质量发展的重要进展、综合评价及主要导向[J].兰州大学学报(社会科学版),2022,50(2):35-46.

[12]任保平,付雅梅,杨羽宸.黄河流域九省区经济高质量发展的评价及路径选择[J].统计与信息论坛,2022,37(1):89-99.

[13]盛广耀.黄河流域城市群高质量发展的基本逻辑与推进策略[J].中州学刊,2020(7):21-27.

[14]方雷.地方政府间跨区域合作治理的行政制度供给[J].理论探讨,2014(1):19-23.

第七部分　山东省黄河历史文化资源与文化产业协同发展研究*

2019 年 9 月 18 日，习近平总书记在河南郑州主持召开黄河流域生态保护和高质量发展座谈会时发表重要讲话，指出“要深入挖掘黄河文化蕴含的时代价值，讲好‘黄河故事’，延续历史文脉，坚定文化自信，为实现中华民族伟大复兴的中国梦凝聚精神力量”，正式提出推动黄河流域生态保护和高质量发展的战略构想。2021 年 10 月 22 日，习近平总书记在深入推动黄河流域生态保护和高质量发展座谈会上指出，“要科学分析当前黄河流域生态保护和高质量发展形势，把握好推动黄河流域生态保护和高质量发展的重大问题”，再次强调了黄河流域生态保护和高质量发展作为国家战略的重要地位。山东省作为黄河流域九省区唯一东部沿海大省，是黄河文化的重要承载地，在实施黄河国家战略中肩负着重大使命。但相对于黄河文化的地位与价值，黄河文化资源尚未得到充分挖掘，推进黄河文化资源产业转化是讲好“黄河故事”的必要手段，具有重要的现实意义。

基于此，本研究以山东省黄河历史文化资源与文化产业为研究对象，通过系统梳理黄河历史文化资源内涵，进而对山东省黄河历史文化资源产业化发展的先进经验与现实问题展开分析，并提出黄河历史文化资源产业转化的优化路径。本研究共分为四个部分。第一部分为黄河历史文化资源与文化产业发展的若干理论问题，从学理层面对黄河历史文化资源的概念内涵及基本特征进行了分析，并梳理了山东省黄河历史文化资源的基本情况，讨论了黄河历史文化资源与文化产业协同发展的理论依据，为后续研究奠定了理论基础。

---

* 承担单位：山东大学黄河国家战略研究院、山东大学历史文化学院、山东大学文化产业研究院；课题负责人：邵明华；课题组成员：寇雅婷、陈琪琪、杨甜甜、李大伟、刘玉平、张琴。

第二部分为山东省黄河历史文化资源与文化产业协同发展的主要经验,以“好客山东”为例分析了黄河历史文化资源与旅游产业协同发展的文旅融合创新经验,以“山东手造”为例讨论了黄河历史文化资源与传统手工艺产业协同发展的非遗传承利用情况。第三部分基于协同创新理论视角,结合当前山东省黄河历史文化资源开发现状与文化产业发展情况,从理论要素、主体要素、资源要素、技术要素、产业要素出发,分析当前山东省黄河历史文化资源与文化产业协同发展存在的诸多问题与挑战,包括黄河历史文化资源相关研究滞后,产业转化研究力量薄弱;沿黄区域政策制定缺乏协同理念,多主体合作共识未达成;黄河特色历史文化资源挖掘不足,文化产出效能有待提升;文化资源与数字技术融合度较低,产业转型升级存在困难;黄河文化产业结构趋同现象严重,产业集聚优势有待凸显。第四部分探析山东省黄河历史文化资源与文化产业协同发展的实践路径,从理论基础、主体协同、资源优势、技术支撑、产业赋能五个方面提出了细化黄河历史文化资源相关研究,集成文化产业创新发展力量;强化沿黄区域政策法规协同推进,释放多元主体交流合作效能;深化黄河特色历史文化资源挖掘,推动黄河特色文化产业发展;加强黄河历史文化资源数字利用,赋能文化产业数字化转型升级;优化黄河特色文化产业功能布局,增强特色文化产业集群供给。五大核心要素的协同创新更好地促进山东省黄河历史文化资源与文化产业协同发展,助推黄河文化创造性转化与创新性发展。本研究深入山东省黄河历史文化资源与文化产业发展实际,通过数据整理、案例分析等客观阐述山东省黄河历史文化资源与文化产业协同发展的现实困境,聚焦关键性问题并提出对策建议,以期为推动山东省黄河历史文化创造性转化和创新性发展、山东文化强省建设、黄河流域文化生态保护和高质量发展提供借鉴。

一、黄河历史文化资源与文化产业发展的若干理论问题

黄河是中华民族的母亲河,黄河文化源远流长、博大精深,是中华民族的根与魂。黄河孕育出特色鲜明、内涵丰富的地域文化,产生了类型多样的文化资源,要厘清黄河历史文化资源与文化产业发展问题,需对黄河历史文化及黄河历史文化资源内涵进行深入分析,梳理其主要特征及类型,为后续研究奠定基础。

(一)黄河历史文化资源的概念内涵与基本特征

1.黄河历史文化资源的概念内涵

要了解黄河历史文化资源,需对黄河文化有深刻认知。黄河文化,或称“黄土文化”,概指产生发展于黄河流域的一种地域性文化(安作璋和王克奇,1992),其生发于广袤的中华大地,在世世代代人民的生产生活、文化交流中繁荣发展。对于黄河文化的定义,学界尚未定论。黄河流经九省区,孕育了河湟文化、河套文化、中原文化、齐鲁文化等灿烂辉煌的文化及遗产,但也存在范围宽广、难以定义的问题。一些学者强调黄河与人类的互动,朱伟利(2020)认为,黄河文化是在人类与黄河的互动中产生和发展形成的,它反映了人与河流、人与自然、人与社会的关系。李焕(2021)认为,黄河文化的本质是人的作为和自然的作为之间的一种交流、沟通和转化,是在黄河流域的人们对黄河自然资源条件认知与利用、适应与对抗、影响与改造的过程中形成的。一些学者强调黄河文化的地域性特征及其与黄河流域人民生产实践的关系。徐吉军(1999)认为黄河文化是黄河流域人民在长期的社会实践中所创造的物质财富和精神财富的总和,它包括一定的社会规范、生活方式、风俗习惯、精神面貌和价值取向,以及由此所达到的社会生产力水平等。李振宏和周雁(1997)认为,黄河文化就是缘黄河而起的打上了黄河水文地理特征的一种农业文化,是黄河流域人民在黄河岸边生息、繁衍、奋斗、发展的历史过程中形成的民族性格、文化观念、思想风尚、风俗习惯,是黄河流域人民精神生活的内容、方式和特点。郑燕(2021)认为,黄河文化是人们在长期的历史过程中形成的带有黄河水文地理特征的地域性文化,是中国古代多元文化中最具代表性和影响力的。笔者认为,黄河文化是黄河流域人民在生产生活实践中积累的地域性文化,包括物质文化与精神文化。

关于文化资源的定义,主要分为三种属性。一是文化资源的生产性,胡惠林和李康化(2003)认为,文化资源是人们从事文化生产、文化活动所必需的可资利用的各种文化生产要素。二是文化资源的创造性,赵尔奎和杨朔(2016)认为,文化资源是指人类为开辟、发展和完善自己赖以生存的环境,在改造利用自然、维系社会规范和塑造人类自身的长期时间过程中所创造的人类无差别的劳动成果和丰富的思维活动的物质、精神的存在对象,它在一定条件下可以进行开发、转换为文化资本并给人类带来经济效益和社会效益。三是文化资源的历史性,欧阳友权(2006)认为,文化资源是能够突出原生地区的文化特征及其历史进步活动痕迹,具有地域风情和文明传统价值的一类资源,包括历史遗迹、民俗文化、地域文化、乡土风情、文学历史、民族音乐、宗教文化、自然景观等。其中,向志学和向东(2006)认为,历史文化资源是指人类历史文化遗存诸多实体当中具有独特功能、现代资财价值、能够科学合理开发利用,甚至进行扬弃升华的部分。赵东(2014)认为,历史文化资源主要就是指人类过去发生的事物所产生的影响而成为满足人们精神需求的精神要素以及附着在物质上的精神要素。黄河历史文化资源生发于黄河流域独特的自然环境,发展于黄河流域人民的繁衍生息中,是人们在改造利用自然、维护社会秩序、从事文化活动等的过程中创造的具有地域性与历史性的资源类型。

2.黄河历史文化资源的基本特征

不同文化资源具有不同特色,了解不同文化资源的特征对于其进一步开发与利用具有重要意义。黄河文化是一个多元的、庞大的文化体系,黄河历史文化资源既有精神上、文化上的共性,又有其独特之处。本部分主要介绍黄河历史文化资源的地域性、共生性、包容性、民族性和动态性。

黄河历史文化资源具有地域性。一方水土,一方文化,从文化的空间分布来看,文化资源具有极强的地域性。一个地区的文化资源是该地区在一定的政治、经济和社会历史条件下形成的,并随着该地区历史的科学技术和生产水平的进步及人们思想观念的转变而不断发展(牛淑萍,2012)。黄河自西向东流经青海、四川、甘肃、宁夏、内蒙古、陕西、山西、河南、山东九省区,由于黄河流经地区的广阔和地理环境的复杂,先后跨越了青藏高原、黄土高原、北部草原的河套地区、中下游平原和滨海地区,不同的自然环境和人文环境必然使黄河文化在这种特殊空间条件下成为内容极其丰富、同中有异的文化系统(安作璋和王克奇,1992)。上游的河湟文化是"中原农耕文化与草原游牧文化交融的产物",具有多民族间融合渗透、互补包容的文化内涵;中游的中原文化"具有内敛、节制、中和的文化气质,形成了中正质朴的文化价值取向和尚中的文化观念";下游的齐鲁文化"既有讲究礼乐诚信的儒学传统所体现出来的深厚人文精神,也有重视社会现实功利、以《管子》为代表的经世致用精神"(邵明华和倪吴玥,2021)。

黄河历史文化资源具有共生性。文化共生现象是一种客观存在,不同文明体在不同的自然环境及生产方式基础上所创造的精神世界,丰富了人类智慧的宝库,也造就了世界文明奇观(吴璇和曹劲松,2021)。黄河文化史可以说是一部黄河治理史,长期以来黄河为沿岸人民提供了赖以生存的物质条件,人们既要治理水患、保护生态,又要发展农业、保障生产,人们在顺应自然、消费自然到与自然和谐相处的过程中使黄河文化得到进一步发展,黄河流域各族人民在与不确定性的自然共生过程中逐渐联合起来，形成整体性和集体性的文化，以文化形态推动着人与自然的平衡与和谐，实现了人与自然的和解与互惠（李焕，2021）。半坡遗址、老官台文化遗址、仰韶文化遗址、龙山文化遗址等都是新石器时代不同时期的重要文化遗存，为探究中华文明源头及发展提供了重要研究内容。夏商周、秦、汉、隋、唐等统一国家政权中心均建立在黄河流域，产生了辉煌灿烂的古代文明，黄河历史文化资源几千年来与中华民族和谐共生，见证了中华民族的兴衰起落、繁荣复兴。

黄河历史文化资源具有包容性。黄河流域自古以来就是中国传统农耕文明与游牧文明、中原文化与草原文化、东方文化与西方文化交流融合的枢纽区域，由此形成了黄河文化的包容性（张占仓，2021）。如新石器时代的龙山文化，就是综合大汶口文化和仰韶文化的产物，大汶口文化综合了青莲岗文化和东夷土著文化，而仰韶文化则是河南裴李岗文化、河北磁山文化和陕甘大地湾文化结合的结果（安作璋和王克奇，1992）。这种包容性促进了各民族、各文化之间的沟通与交流，形成了多民族融合发展的黄河文明。在向北融合过程中，黄河文化吸收了蒙古、鲜卑、匈奴、契丹、回纥、女真等少数民族部落文化传统，将草原文明纳入黄河文明发展历程；在向南融合过程中，黄河文化吸纳南方多种文化要素，进一步推进草原文化、黄河文化、长江文化的融合及一体化发展，影响了沿黄人民的生产生活、艺术创造；与此同时，陆上丝绸之路以西安为起点，沿黄河中上游通达西域，推动了中西方商贸、文化交流，激发了黄河文化活力，丰富了黄河历史文化资源的内涵。

黄河历史文化资源具有民族性。民族历来是社会实践的主体和社会文化的载体，直到今天的现代国家，也仍然是民族国家（徐纪律，2004）。黄河流域自古以来便是各民族交流融合、共同生活的地区，黄河上游地区为草原游牧文化与中原农耕文化的交流区。东晋十六国时期，氐族在黄河流域建立前秦政权；魏晋南北朝，鲜卑族曾先后建立了北魏与北周政权，统一北方黄河流域；宋元时期，黄河流域也频现少数民族政权；藏、蒙、回、土、撒拉、东乡、裕固、保安等少数民族至今仍在黄河流域繁衍生息，各民族间的文化交流在黄河流域形成了极具民族特色的历史文化资源，在石窟碑刻、音乐舞蹈、文学作品、绘画艺术等方面均有生动体现。在青海省开展的黄河流域非物质文化遗产调查中，青海省现有非遗名录 2361 项，其中少数民族项目占九成以上，从热贡唐卡到青绣，从河湟剪纸到藏族黑陶，丰富的非物质文化遗产资源体现了青海独具特色的民族文化（吴梦婷和王韩雅馨，2022），民族元素是黄河历史文化资源中不可或缺也难以磨灭的印记。

黄河历史文化资源具有动态性。黄河历史文化资源不是一成不变的，而是随着历史发展进程不断螺旋上升的，黄河文化从舞阳贾湖裴李岗文化遗址出土发现最早的契刻符号，到安阳殷墟出土中国最早的汉字体系甲骨文；从黄帝史官仓颉造字，到李斯规范书写“小篆”“书同文”，许慎编写出世界第一部字典《说文解字》，再到活字印刷术和宋体字的发明和使用，汉字文明的每一步创造创新都发生在黄河流域(李立新，2020)。黄河流域人民经过千百年来的生产实践，孕育了丰富的农耕文化资源，随着生产力的发展，原有的生产器具、生产技术变为了历史遗产、文化遗迹，而更便捷高效的生产工具也在不断被发明创造，如水车曾是黄河流域重要的灌溉工具，如今还增添了观赏及历史教育功能；二十四节气等天文历法形成于人们对天象的观测及农业生产的积累，并在实践中不断修正与发扬，形成了丰富的祭祀、信仰、饮食、节日等民俗文化资源，至今仍具有强大的生命力。

(二)山东省黄河历史文化资源的主要类型分析

认识黄河文化资源，并对黄河文化资源进行梳理、归类，是开发与保护黄河历史文化资源的前提和基础。姚伟钧和任晓飞(2009)从文化资源禀赋与功能角度出发，将文化资源分为有形的物质文化资源、无形的精神文化资源及文化智能资源三个维度。黄永林(2012)将文化资源分为四个层次，即以器物技术为主的表层，以行为为主的浅层，以制度为主的中层，以社会意识为主的深层。其中前者是物质文化，后三者属于精神文化。丹增(2006)从形式上把文化资源划分为有形文化资源和无形文化资源；从内容上把文化资源划分为历史文化资源、民族文化资源、宗教文化资源、地域文化资源等；从文化产业发展的角度，把文化资源划分为可开发资源和不可开发资源等。山东省作为黄河流域九省区唯一东部沿海大省，是黄河文化的重要承载地，本研究根据文化资源的一般性分类，结合黄河文化的主要特点与山东省黄河历史文化资源禀赋的实际情况，将山东黄河历史文化资源分为农耕文化资源、物质文化遗产资源、非物质文化遗产资源、精神文化资源、红色文化资源、自然文化资源六类。

1.农耕文化资源

农耕文化是中国劳动人民几千年生产生活的智慧结晶，反映并体现了中国传统农业发展中的思想理念、生产技术、耕作制度以及中华文明的内涵(邱明明和徐广才，2015)。黄河流域是中华民族农耕文化的重要发祥地之一，黄河下游的冲积平原为农业发展提供了得天独厚的条件，千百年来中华民族在黄河流域繁衍生息，适应不同气候、环境、时令变化，创造出了种类繁多、内涵丰富的农耕文化。新石器时期，农业从刀耕火种转向耜耕阶段，黄河流域人民便掌握了种植粟、水稻等农作物的经验，并创造了大量生产工具，随着生产力的不断进步，农耕文化资源也不断丰富。农耕文化资源在物质上表现为当地特有的农作物及农产品、农业生产工具与科技、农耕景观、饮食文化等，在精神上表现为农业思想、制度与法令、农事民俗与礼仪文化等。

山东是我国重要的农业大省，拥有许多享誉全国的特色农产品，沿黄共有中国农产品地理标志品牌产品 122 个（见表 1），已形成一定的品牌效应，具有经济与文化双重价值。历史上，黄河河道两次流至夏津，形成六次泛滥决口，当地居民在与风沙的抗争中，发现了桑树在防风固沙中的重要作用，人们自康熙年间在夏津掀起了种植桑树的热潮，经千百年的利用和选育，夏津黄河故道古桑树群在防沙治沙、生物多样性保护、生物资源利用、农业景观维持等方面产生多重价值（邓美平，2022）。2018 年 4 月，夏津黄河故道古桑树群被联合国粮农组织评为“全球重要农业文化遗产”，并与乐陵枣林复合系统、章丘大葱栽培系统、岱岳汶阳田农作系统入选中国重要农业文化遗产（见表 2）。鲁菜是中国八大菜系之首，也是黄河流域烹饪文化的代表，丰富的原料物产、发达的铜铁冶炼技术和城市商业文化的优势，更兼通达辐辏的交通往来，使得以齐鲁文化为重心的黄河下游广大地区成为重要的民族文化和饮食文化的发达地区，孔子的中庸之道赋予山东饮食以“和”的最高境界（刘德龙等，2006）。鲁菜从先秦时期开始形成，至唐宋成熟，元明清时期发展完善，在新时期积极创新，焕发新的活力。在精神方面，齐鲁文化是农本与恒产思想的重要来源，中国古代有“四大农书”，分别为西汉的《氾胜之书》、北魏贾思勰的《齐民要术》、元代王祯的《农书》和明末徐光启的《农政全书》（见表 3）。其中前三本都出自山东，反映了齐鲁文化在传统农业发展中的重要地位及贡献，在内容上体现了尊重自然环境、顺应自然时序的生态农业思想，生产、生活、生态良性循环的有机农业观，勤力节用的集约农业思想。相传中国最早的几部农书，如《夏小正》《月令》《神农二十篇》《野老十七篇》等，也都与先秦齐鲁诸子有着密切关系。其中《夏小正》《月令》以及由此衍生的二十四节气，科学地标画了农业耕作的自然时序，对中华农耕文明有着奠基性作用。范蠡的《陶朱公养鱼法》、崔寔的《四民月令》等，宋明时期邢昺的《耒耜岁占》、王象晋的《群芳谱》，清代韩梦周的《养蚕成法》、陆献的《山左蚕桑考》等（王育济，2019），都是具有典型代表性的齐鲁农书，为现代农业的发展提供了一定的参考与指导。二十四节气发源于黄河流域中下游地区人民的天文观测与生产生活实践，是农耕文化资源的重要表现形式之一，人们将太阳在黄道上的周年视运动轨迹划分为二十四等份，每一等份为一个节气，统称二十四节气，用以认知一年中的时令、物候、气候等变化规律，围绕每个节气，组织农事活动，安排日常生活（隋斌和张建军，2020）。围绕着二十四节气，产生了与信仰、祭祀、礼仪、养生等相关的民俗活动，在调节生活方式、尊重自然规律等方面具有指导意义。

表1　山东省沿黄九市中国农产品地理标志品牌产品

地区	产品名称	数量
菏泽市	东明西瓜、单县罗汉参、单县青山羊、鲁西斗鸡、南王店西瓜、曹县芦笋、郓半夏、半堤胡萝卜、黄店玫瑰	9
济宁市	泗水地瓜、香城长红枣、泗水花生、张庄牛心柿、石墙薄皮核桃、马庙金谷、鱼台龙虾、鱼台甲鱼、胡集白梨瓜、瓦屋香椿芽、鲁西黄牛、九仙山葡萄、梁山青山羊、鸡黍红花斑山药、嘉祥细长毛山药、梁山黑猪、灰埠大枣、嘉祥白菊花、柳下邑猪牙皂、嘉祥大蒲莲猪、嘉祥济宁青山羊、嘉祥小尾寒羊、张庄油栗、汶上芦花鸡、鱼台大米、嘉祥红皮大蒜、金乡大蒜、鱼台毛木耳、济宁百日鸡	29
聊城市	东阿黄河鲤鱼、许营西瓜、冠县鸭梨、东阿黑毛驴、阳谷朝天椒、东阿鱼山大米、高唐栝蒌、贾寨葡萄、临清椹果	9
泰安市	宁阳大枣、泰山绿茶、王晋甜瓜、泰山板栗、新泰芹菜、东平湖大青虾、马家寨子香椿、天宝樱桃、肥城桃、东平湖鲤鱼、泰山红茶	11
德州市	齐河西瓜、武城辣椒、乐陵金丝小枣、沙河辛西瓜、庆云大叶香菜、夏津椹果	6
济南市	章丘大葱、平阴玫瑰红苹果、马山栝楼、张夏玉杏、平阴鲜食地瓜、徒河黑猪、平阴玫瑰、龙山小米、明水香稻、曹范核桃、明水白莲藕、鲍家芹菜、文祖花椒、赵八洞香椿、白云湖甲鱼、仁风西瓜、曲堤黄瓜、瓦西黑皮冬瓜、长清茶、历城核桃、北园大卧龙莲藕、灵岩御菊、唐王大白菜、高官寨甜瓜、垛庄板栗、商河大蒜、李桂芬梨、商河魁王金丝小枣	28
淄博市	沂源黑山羊、沂源苹果、沂源全蝎、西长旺白莲藕、鲁村芹菜、沂源花生、祁家芹菜、马踏湖白莲藕、临淄边河小米、蓼坞小米、黛青山软籽石榴	11
滨州市	无棣黑牛、无棣驴、沾化洼地绵羊、沾化白山羊、阳信鸭梨、汪子岛蝎麻鱼、无棣卤虫卵、麻大湖毛蟹、博兴对虾、张高水杏、惠民蜜桃、麻店西瓜、沾化冬枣、三河湖韭菜	14
东营市	黄河口蜜桃、黄河口大闸蟹、黄河口大米、麻湾西瓜、大王秦椒	5

资料来源：中国农产品地理标志品牌形象馆官方网站。

表 2　中国重要农业文化遗产(山东省黄河流域)

名称	入选批次	核心内容
夏津黄河故道古桑树群	第二批(2014 年)	山东夏津黄河故道古桑树群系统,是古树、沙丘、河流、村庄协调共生,农、林、牧一体发展,具有水土保持功能的农业生态系统。遗产地位于夏津县城以东的黄河故道中,面积约 30 万亩。核心区苏留庄镇占地 6000 多亩。2018 年被联合国粮农组织认定为“全球重要农业文化遗产”
乐陵枣林复合系统	第三批(2015 年)	山东乐陵枣林复合系统,是以拥有大片千年以上树龄的古枣树为特色的林粮复合栽培系统。遗产地位于山东省乐陵市,涉及 7 个乡镇(办事处),总面积 50 万亩,中心产区 10 万亩。乐陵小枣栽培始于商周,兴于魏晋,盛于明清,已有 3000 年以上历史。乐陵古枣保留传统的种植方式,实行枣林免耕覆盖,生物和物理防虫,施加有机肥和农家肥,古枣树和其他树种、作物、家禽共同组成了一个良性生态系统
章丘大葱栽培系统	第四批(2017 年)	山东章丘大葱栽培系统,是以传统深沟雍培技术为特色的大葱栽培系统。遗产地位于山东省济南市章丘区,核心保护区为绣惠街道办事处,目前有女郎山 1000 亩精品示范区、1 万亩标准化种植基地。全区大葱种植总面积 12 万亩。章丘区形成了 1000 亩的良种繁育基地,建立了拥有 39 个新品种的大葱种质资源库。2011 年 11 月,章丘大葱当家品种大梧桐搭载“神八”遨游太空 17 天,进行空间诱变育种和筛选试验
岱岳汶阳田农作系统	第五批(2020 年)	山东泰安汶阳田农作系统,是以北方传统大平原农业为特色的农业文化系统。汶阳田地形平坦,土壤肥沃,水源充足,自古就是膏腴之地,粮食产量高,自然灾害少。大汶口文化遗址在该地区被发现,证明了其悠久的农耕文明历史。汶阳田采用种植与养殖相结合的循环农业模式,保持了农业生物多样性;通过废物资源化利用的循环模式,保证了村庄环境卫生和汶阳田肥力持久不衰;通过历史悠久的自流灌溉系统,提高了产量

资料来源:全国农业展览馆官方网站。

表 3　中国古代四大农书

名称	作者	朝代	作者籍贯	主要内容及贡献
《氾胜之书》	氾胜之	西汉	氾水(今山东曹县北)	在总结西汉以前我国农业生产技术经验的基础上,指出了“趣时、和土、务粪、泽、早锄、早获”六条紧密关联的农业生产原则,研究并发展了传统土壤改良的“土化之法”,被称为“氾胜之术”;设计了科学系统的精耕细作农业丰产方法区田法;全面继承“神农之教”古代传统,是汉代最重要的农学著作,是研究我国农业科学发展史的珍贵资料(王宝卿等,2019)

续表

名称	作者	朝代	作者籍贯	主要内容及贡献
《齐民要术》	贾思勰	北魏	青州益都(今山东寿光市)	我国第一部“农业百科全书”,是中国农业发展史上集大成的农学经典。该书援引文献200余种,体系严整宏伟,“起自耕农,终于醯醢。资生之业,靡不毕书”,书中关于土壤耕作,以及农作物、蔬菜、果树、林木等栽培或农产品加工储藏等知识,既科学又实用。除此之外,蕴含其中的因循自然、驯化植物及农本思想,即使放到21世纪的当代,也具有不容忽视的哲理性(张乐,2020)
《农书》	王祯	元	东平(今山东东平县)	综合黄河流域旱田耕作和江南水田耕作的大型农书,在我国农学史上占有重要位置。全书约11万字,插图200多幅,共分“农桑通诀”“百谷谱”“农器图谱”三部分。当时,南北农业生产技术经验能够得到广泛交流,王祯《农书》起了重大作用,对后世农业的发展也有着承前启后、继往开来的深远影响(古代农学家和农书编写组,1986)
《农政全书》	徐光启	明	上海县法华汇(今上海市)	我国保留下来的不可多得的古代农业专著,较为全面地记述了我国古代的农业生产、农业政策、土地制度、土地利用方式、各种耕种方法、农田水利、农具农时、救荒政策和措施等,总结并保存了17世纪以前我国古代劳动人民在农业生产中取得的农业技术和经验,反映了明代农业的最新发展,还收入了部分传入的西方灌溉技术的资料,是我国现存的四大农学古籍中分量最大、内容最全的一种(刘明,2005)

2.物质文化遗产资源

物质文化遗产资源是指黄河历史文化资源中以物质形态表现出来的部分,是黄河历史文化资源的外在表现和根基。《保护世界文化和自然遗产公约》将文化遗产定义为“从历史、艺术或科学角度看具有突出的普遍价值的建筑物、碑雕和碑画,具有考古性质成分或结构、铭文、窟洞以及联合体;从历史、艺术或科学角度看在建筑式样、分布均匀或与环境景色结合方面具有突出的普遍价值的单立或连接的建筑群;从历史、审美、人种学或人类学角度看具有突出的普遍价值的人类工程或自然与人联合工程以及考古地址等地方”,即古迹、建筑群和遗址。黄河历史上在相当长的一段时间里是我国的经济、政治、文化中心，留下了辉煌灿烂的文明成果，拥有丰富的物质文化遗产资源。根据第三次全国文物普查，黄河流域9个省（区）共有不可移动文物30余万处，占全国的39.73%。其中，黄河干支流所流经的69个市（州）共有不可移动文物约16.8万处，包括全国重点文物保护单位1451处，省级文物保护单位4221处，市县级文物保护单位26476处，登记博物馆1325处，世界文化遗产11处，世界文化和自然混合遗产1处，世界灌溉工程遗产3处，全球重要农业文化遗产3处，中国重要农业文化遗产19处，以及国家历史文化名城16处，中国历史文化名镇29处，中国历史文化名村91处，中国传统村落678处。山东省黄河流域拥有泰山、长城、曲阜“三孔”（孔庙、孔林、孔府）、大运河4处世界遗产，焦家遗址、城子崖遗址、大辛庄遗址、东平陵故城、大汶口遗址、临淄齐国故城、曲阜鲁国故城、杨家盐业遗址群等8个大遗址，145处全国重点文物保护单位（见表4）。

表4 山东省沿黄9市全国重点文物保护单位

地市	名称	数量
菏泽	安邱固堆遗址、昌邑故城址、定陶王墓地（王陵）、永丰塔、巨野文庙大成殿、百寿坊及百狮坊、十里铺北堌堆遗址、梁堌堆遗址、金山汉墓群、卧化塔、郓城观音寺塔	11
济宁	曲阜鲁国故城、王因遗址、贾柏遗址、郏国故城、野店遗址、青堌堆遗址、西夏侯遗址、西吴寺遗址、孔林、汉鲁王墓、萧王庄墓群、明鲁王墓、防山墓群、孟母林墓群、嘉祥武氏墓群石刻、曲阜孔庙及孔府、崇觉寺铁塔、孟庙、孟府和孟林、颜庙、卞桥、济宁东大寺、尼山孔庙及书院、曾庙、金口坝、重兴塔、太子灵踪塔、兴隆塔、伏羲庙、光善寺塔（文峰塔）、周公庙、慈孝兼完坊、青山寺、京杭大运河、铁山、岗山摩崖石刻、景灵宫碑、兖州天主教堂、卞国故城遗址、少昊陵及景灵宫遗址、凫山羲皇庙遗址、曲阜师范学校旧址、羊山战斗纪念地	43
聊城	光岳楼、聊城山陕会馆、临清运河钞关、京杭大运河聊城段、隆兴寺铁塔、兴国寺塔、曹植墓、韩氏家族墓地、景阳冈龙山文化遗址、教场铺遗址、尚庄遗址、萧城遗址、土桥闸遗址	13
泰安	大汶口遗址、冯玉祥墓、岱庙、齐长城遗址、泰山石刻、白佛山石窟造像、泰山古建筑群、洪顶山摩崖、宁阳颜子庙和颜林、大汶口古石桥、棘梁山石刻、萧大亨墓地石刻、大运河、徂徕山抗日武装起义旧址、陶山朝阳洞石刻造像	15
德州	苏禄国东王墓、中国大运河—南运河德州段、四女寺枢纽、德州码头	4

续表

地市	名称	数量
济南	孝堂山郭氏墓石祠、四门塔、城子崖遗址、灵岩寺、千佛崖造像、西河遗址、汉济北王墓、小荆山遗址、东平陵故城、洪家楼天主教堂、万字会旧址、赢城遗址、大辛庄遗址、牟国故城遗址、明德王墓地、平阴永济桥、翠屏山多佛塔、长清莲花洞石窟造像、济南纬二路近现代建筑群、原胶济铁路济南站近现代建筑群、原齐鲁大学近现代建筑群、济南泺口黄河铁路大桥、莱芜战役指挥所旧址、焦家遗址、汶阳遗址、刘台子遗址、老庄大佛寺石刻造像、济南万竹园、"五三惨案"遗址、齐长城遗址	30
淄博	临淄齐国故城、桐林遗址、沂源猿人遗址、后李遗址、寨里窑址、史家遗址、磁村瓷窑址、陈庄—唐口遗址、北沈遗址、田齐王陵、临淄墓群、齐长城遗址、蒲松龄故宅、颜文姜祠、四世宫保坊、青城文昌阁、洄村古楼、王渔洋故居、西天寺造像、淄博矿业集团德日建筑群	20
滨州	魏氏庄园、丁公遗址、南北朝至隋代古寺庙遗址、杨家盐业遗址群、丈八佛造像	5
东营	广饶关帝庙大殿、傅家遗址、五村遗址、南河崖盐业遗址群	4

资料来源:国家文物局官方网站,统计时间为截至2021年5月。

3.非物质文化遗产资源

根据联合国教科文组织颁发的《保护非物质文化遗产公约》,非物质文化遗产是指被各社区、群体,有时是个人,视为文化遗产组成部分的各种社会实践、观念表述、表现形式、知识、技能以及相关的工具、实物、手工艺品和文化场所。《中华人民共和国非物质文化遗产法》规定,非物质文化遗产是指各族人民世代相传并视为其文化遗产组成部分的各种传统文化表现形式,以及与传统文化表现形式相关的实物和场所。它包括传统口头文学以及作为其载体的语言;传统美术、书法、音乐、舞蹈、戏剧、曲艺和杂技;传统技艺、医药和历法;传统礼仪、节庆等民俗;传统体育和游艺;其他非物质文化遗产。截至2021年6月,山东省沿黄9市共有国家级非遗代表性项目118项(见表5),省级非遗名录619项;国家级非遗传承人54名,省级249名;国家级非遗生产性保护示范基地1个(东阿阿胶股份有限公司);黄河文化(东营)、龙山文化、泰山文化等9个省级文化生态保护区;39个省级非遗生产性保护示范基地(张九龙,2021)。

表5　山东省沿黄九市国家级非物质文化遗产项目

分类	名称	数量
民间文学	(泰安)泰山传说;(菏泽)麒麟传说、陶朱公传说、牡丹传说、尧的传说、庄子传说;(济宁)梁祝传说、麒麟传说、鲁班传说、孟母教子传说;(济南)孟姜女传说;(淄博)孟姜女传说、牛郎织女传说;(滨州)董永传说	14
传统音乐	(泰安)泰山道教音乐、腊山道教音乐;(菏泽)山东古筝乐、鲁西南鼓吹乐(牡丹区)、菏泽弦索乐、鲁西南鼓吹乐(巨野县)、鲁西南鼓吹乐(单县);(济宁)邹城平派鼓吹乐、鲁西南鼓吹乐(嘉祥县);(聊城)临清驾鼓、鱼山梵呗;(淄博)聊斋俚曲	12
传统舞蹈	(泰安)独杆跷;(菏泽)商羊舞;(聊城)柳林花鼓;(济南)济阳鼓子秧歌、鼓子秧歌、花鞭鼓舞;(济宁)阴阳板;(滨州)阳信鼓子秧歌;(东营)陈官短穗花鼓	9
传统戏剧	(泰安)泰山皮影戏、山东梆子;(菏泽)山东梆子、枣梆、大弦子戏、两夹弦、大平调(牡丹区)、大平调(东明县)、四平调、大平调(成武县)、定陶皮影;(济宁)四平调(金乡县)、山东梆子(嘉祥县);(德州)一勾勾;(济南)济南皮影戏、济南吕剧、莱芜梆子;(淄博)五音戏、鹧鸪戏;(滨州)沾化渔鼓戏、吕剧(博兴县)、吕剧;(东营)东营区吕剧	23
曲艺	(泰安)端鼓腔;(菏泽)山东琴书(菏泽市)、莺歌柳书、山东落子(单县)、山东琴书(郓城县)、山东花鼓;(济宁)山东落子(金乡县)、端鼓腔(微山县)	8
传统体育、游艺、杂技	(泰安)徐家拳;(济宁)梁山梅花拳;(菏泽)佛汉拳;(聊城)聊城杂技、肘捶、查拳;(德州)宁津杂技;(淄博)蹴鞠	8
传统医药	(泰安)孟氏正骨;(济宁)二仙膏制作技艺;(聊城)东阿阿胶制作技艺;(济南)东阿镇"福"牌阿胶制作技艺、宏济堂中医药文化;(滨州)徐氏中医正骨	6
民俗	(泰安)泰山石敢当习俗、泰山东岳庙会习俗、泰山豆腐宴食俗(豆腐传统制作技艺);(济宁)祭孔大典;(济南)芯子、中元节习俗;(淄博)淄博花灯会、抬阁(阁子里芯子)、抬阁(周村芯子);(滨州)胡集书会	10
传统美术	(菏泽)曹州面人、鄄城砖塑、曹县柳编、曹县江米人、曹县木雕;(济宁)嘉祥石雕、曲阜楷木雕刻;(聊城)东昌葫芦雕刻、东昌府木版年画、郎庄面塑、张秋木版年画;(济南)锡雕;(淄博)鲁派内画;(滨州)滨州民间剪纸、惠民泥塑、博兴柳编	16
传统技艺	(菏泽)鲁西南织锦技艺;(济宁)琉璃烧制技艺、鲁锦织造技艺(嘉祥县)、孔府菜烹饪技艺;(聊城)临清贡砖烧制技艺;(德州)德州黑陶烧制技艺、德州扒鸡制作技艺;(济南)亓氏酱香源肉食酱制技艺;(淄博)琉璃烧制技艺、淄博陶瓷烧制技艺、周村烧饼制作技艺、周村丝绸染织技艺	12

资料来源:文化和旅游部官方网站。

4.精神文化资源

精神文化资源是人们精神生活的产物,史鸿文和李萌(2021)将黄河文化精神归纳为黄河流域人民在与黄河打交道过程中所产生的精神体验,黄河流域人民在用黄、利黄、治黄过程中所凝练出来的价值理念与价值导向,黄河流域的农耕文明所带来的生活观念和生存观念。山东是孔孟之乡,也是孙子、管子、墨子、庄子等人的故乡或创业之地,众多的文化名人及其辉煌业绩昭示出齐鲁大地是中国早期文明发展史上的核心地带,是中国乃至东亚地区的文化中心(安作璋和王志民,2004)。山东黄河流域形成了齐鲁文化、泰山文化、海洋文化、大运河文化、红色文化、孙子文化等内涵丰富的精神文化,具有重要的历史与文化价值,产生了大量精神文化资源。齐鲁文化是中华文明的主干,在中华文明发轫的春秋战国时代,齐鲁大地上的鲁、齐先后成为全国的文化中心,并互相融合成为一个文化实体,以其丰富的内容、完整的体系、极大的包容性、适时的先进性、强有力的凝聚性和顽韧的生命力,集中地体现了我们的民族精神,奠定了中华传统文化的基础(于志平和陈立明,2007)。春秋战国时期,齐国和鲁国先后出现了儒、墨、道、兵、阴阳、纵横等思想,形成了诸子百家格局,形成了中华文化的高峰,留下了《春秋》《论语》《孟子》《左传》《孙子兵法》《孙膑兵法》《司马法》《管子》《庄子》《墨子》《尚书》等一系列经典文献。齐鲁文化以儒家文化为主体和核心,承上启下,继往开来,将五千年中华文明连为一条不断的长河,具有极其丰厚的思想内涵,主要是:以人为本,以仁为核心,以德为美,以孝为先,以和为贵,以礼为范,以“中庸”为基本方法,以“三纲”“五常”为主要内容,以天人合一、阴阳和谐为最高境界(王修智,2008)。齐鲁文化具有兼容并蓄、胸襟博大,刚健有为、积极进取,人文关怀、人道精神,崇德重法、德法兼顾等精神特质(杨朝明和于孔宝,2004)。

泰山文化是山东黄河流域重要的精神文化资源之一,起源于原始的自然崇拜。泰山因地处东方、形体高大,符合中国“万物皆相代于东方”的传统观念,使其成为吉祥之山、神灵之宅、紫气之源、万物之所,成为中国神圣之山,成为人与自然精神交往的场所与象征(孟华,2007)。人们在泰山进行祭祀活动,一些帝王前往泰山举行封禅、拜谒等仪式,《孟子》有云“登泰山而小天下”,杜甫也曾写下“会当凌绝顶,一览众山小”的诗篇,泰山在文人墨客眼中不仅具有游览功能,更是精神的寄托。从孔子开始,名人登临泰山、歌咏泰山、寄情言志、抒发情怀,泰山文化因素便逐渐生发、演变、沿袭成为积淀深厚的文化心理,蔓延成为久远的文化风气,成为后人取之不尽的文化资源(孙莉,2006)。孔子曰:“道不行,乘桴浮于海”,表达了要在辽阔的海洋中实现自己满腔抱负的想法(王宝德和李会勋,2012)。山东半岛是中国最大的半岛,海洋文化在山东得以孕育、发展、传承,留存了大量文学艺术资源、民间传说、信仰崇拜等。沈括在《梦溪笔谈》中记载登州海市:"登州海中时有云气,如宫室、台观、城堞、人物、车马、冠盖,历历可见,谓之'海市'。或曰:'蛟蜃之气所为。'疑不然也。"宋代大文豪苏轼,明代兵部尚书袁可立,清代山东学台、诗人施润章,现代作家杨朔等,都有关于登州海市的诗文留世(王颖,2010)。在民间信仰与传说方面,山东海洋文化资源内涵丰富,在渔民的神灵信仰中,作为海神信奉的主要有龙王、天后(海神娘娘)、民间仙姑以及海生动物鲸鱼、海鳖等(叶涛,2002)。随海神信仰而来的,还有与之对应的祭祀活动,主要包括春季祭海、各种庙会和节日中的祭祀、渔业生产中的祭祀等(叶涛,2002)。海洋号子、渔业民俗、航海民俗等不仅具有丰富的文化价值,更是海洋人民长久以来生产经验的积累与生活智慧的体现。

5.红色文化资源

红色文化是在革命战争年代,由中国共产党人、先进分子和人民群众共同创造并极具中国特色的先进文化,蕴含着丰富的革命精神和厚重的历史文化内涵(牛淑萍,2012),包括革命战争遗址、纪念馆、历史名村、革命文物等物质文化资源,革命精神、方针政策、道德传统等精神文化资源。山东省沿黄九市有丰富的红色文化资源,共有国家级抗战纪念设施遗址 13 处(见表 6),红色文化特色村 60 个(见表 7)。沂蒙精神是山东最具代表性的红色文化资源之一,是战争年代在中共中央正确领导下由沂蒙根据地党政军民水乳交融、生死与共铸就的一种革命文化形态和中华民族精神(韩延明,2019)。其基本内涵是"党群同心、军民情深、水乳交融、生死与共",出现了沂蒙红嫂、沂蒙六姐妹、沂蒙母亲等可歌可泣的英雄事迹,《沂蒙山小调》这一耳熟能详的民歌在大江南北唱响,文艺工作者们创作了大量的文艺作品,如于冠西的《南北岱崮保卫战》、白刃的《坚持沂蒙山区》、丁九的《南岩保卫战》、朱瑞的《悼陈若克》、韩希梁的《飞兵在沂蒙山上》等报告文学、通信特写,刘知侠的《铁道游击队》、王希坚的《地覆天翻记》等长篇革命小说,具有深远的文化影响。

表 6　山东省沿黄九市国家级抗战纪念设施遗址

地区	名称	数量
济南市	鲁中抗日战争展览馆	1
淄博市	淄博市革命烈士陵园、黑铁山抗日武装起义纪念馆、马鞍山抗战遗址	3
济宁市	梁山歼灭战遗址纪念园	1

续表

地区	名称	数量
泰安市	泰安市岱岳烈士陵园、肥城烈士陵园、徂徕山抗日武装起义磨山峪旧址	3
德州市	冀鲁边区革命纪念园	1
聊城市	鲁西北革命烈士陵园、苏村烈士陵园	2
菏泽市	鲁西南烈士陵园、湖西革命烈士陵园	2

资料来源:国务院官方网站。

表7 山东省沿黄九市红色文化特色村

地区	名称	数量
济南市	钢城区辛庄街道石湾子村、莱芜区茶业口镇吉山村、莱芜区牛泉镇鹁鸽楼村、南部山区仲宫街道尹家店村、平阴县孔村镇王楼村、新旧动能转换先行区大桥街道鹊山东社区、莱芜区高庄街道塔子村、莱芜区茶业口镇刘白杨村、莱芜区茶业口镇中茶业村、莱芜区大王庄镇独路村、莱芜区苗山镇常庄村、平阴县安城镇兴隆镇村	12
淄博市	博山区源泉镇北崮山村、沂源县西里镇张家泉村、淄川区太河镇罗圈村、博山区博山镇刘家台村、博山区池上镇上郝峪村	5
东营市	广饶县大王镇刘集后村、东营区牛庄镇东隋村、河口区义和镇颐和新村	3
济宁市	鱼台县王庙镇周堂村、金乡县鱼山街道王杰社区、金乡县马庙镇翟庄村、曲阜市石门山镇石门山庄村、邹城市城前镇渠家庄村、邹城市太平镇南亢阜村、泗水县杨柳镇小颜庙村、微山县微山岛镇古留村	8
泰安市	新泰市龙廷镇老瓜峪村、肥城市安临站镇东陆房村、宁阳县东疏镇大伯集村、东平县接山镇常庄三村、岱岳区房村镇磨山峪村、新泰市龙廷镇太公峪村、新泰市东都镇东一社区、东平县接山镇山神庙村	8
德州市	乐陵市黄夹镇东大桑树村、乐陵市大孙乡大孙村、乐陵市朱集镇大常村、禹城市莒镇董屯村、齐河县安头乡后里仁村、齐河县赵官镇北一村、夏津县东李官屯镇房庄	7
聊城市	莘县大张家镇红庙村、阳谷县寿张镇沙河崖村、东昌府区梁水镇河下荣村、茌平区博平镇袁楼村、临清市魏湾镇李圈村、阳谷县定水镇坡里村、莘县大王寨镇杨庄村、冠县梁堂镇赵梁堂村	8
滨州市	博兴县陈户镇陈户村、邹平市焦桥镇孙庄村、滨城区杨柳雪镇杨柳雪村、沾化区泊头镇徐万粮村、阳信县商店镇老观王村、惠民县何坊街道大商联村	6
菏泽市	曹县韩集镇刘岗行政村、经济开发区佃户屯街道张和庄社区、郓城县随官屯镇王官屯社区	3

资料来源:山东省文化和旅游厅官方网站。

6.自然文化资源

黄河流域文化资源带有浓厚的自然烙印,黄河流域人民通过融入自然、开发自然、保护自然形成了独特的黄河文化,山东是黄河流域唯一的河海交汇区,具有丰富的自然文化资源。《山东省黄河流域生态保护和高质量发展规划》表示:山东陆海兼备、河海湖相连,黄河三角洲是我国暖温带最完整的湿地生态系统,对维护黄河下游和黄渤海生态安全十分重要。沿黄地区湿地面积120 万 hm^2,占全省 70%;森林面积 113 万 hm^2,占全省 40%;拥有国家级、省级自然保护地 248 个,面积 9714 平方公里。泰山、沂山等鲁中南山地生物多样性丰富。山东省自然资源厅数据显示,山东省沿黄九市有国家级、省级自然保护区 11 个(见表 8),国家级、省级湿地公园 112 个(见表 9),国家级、省级地质公园 31 个(见表 10)。水文化资源也是黄河流域的重要资源之一,与黄河文化的其他方面相比,黄河水文化深入到黄河水事的维度,反映了人类治理黄河的创造性活动,体现了水事活动的思想精神(徐腾飞等,2022)。济水故道、梯子坝险工、泺口险工、打渔张引黄闸等水利遗产体现了劳动人民面对自然时的勤劳智慧,一些工程至今仍在黄河河道起着重要作用。如今,山东省建成了以京杭大运河、小清河、黄河、徒骇河为基础的“一纵三横”高等级航道网,引黄济青、引黄涵闸等工程在改善生态的同时为地区发展提供了强有力的支撑,产生了巨大的经济效益、生态效益及社会效益,是人与自然和谐相处的生动注解。

表 8　山东省沿黄九市自然保护区名录

地区	名称	数量
济宁市	南四湖省级自然保护区	1
泰安市	泰山省级自然保护区、新泰太平山省级自然保护区、泰安徂徕山省级自然保护区	3
济南市	济南张夏—崮山华北寒武系标准剖面省级地质遗迹自然保护区、平阴大寨山省级自然保护区	2
淄博市	淄博原山省级自然保护区、淄博鲁山省级自然保护区	2
滨州市	滨州贝壳堤岛与湿地国家级自然保护区、无棣马谷山地质遗迹省级自然保护区	2
东营市	黄河三角洲国家级自然保护区	1

资料来源:山东省自然资源厅官方网站。

表 9　山东省沿黄九市湿地公园名录

地区	名称	数量
济南市	济西国家湿地公园、黄河玫瑰湖国家湿地公园、济南白云湖国家湿地公园、莱芜雪野湖国家湿地公园、钢城大汶河国家湿地公园、济阳澄波湖省级湿地公园、商河大沙河省级湿地公园、济南遥墙清荷省级湿地公园、济阳燕子湾省级湿地公园、章丘绣源河省级湿地公园、章丘龙山湖省级湿地公园、平阴锦水河省级湿地公园、平阴浪溪河省级湿地公园、济阳土马河省级湿地公园、长清王家坊省级湿地公园	15
淄博市	山东马踏湖国家湿地公园、博山五阳湖国家级湿地公园、沂源沂河源省级湿地公园、淄博文昌湖省级湿地公园、沂源织女湖省级湿地公园、高青千乘湖省级湿地公园、高青天鹅湖省级湿地公园	7
东营市	垦利天宁湖国家湿地公园、河口区鸣翠湖省级湿地公园、广饶县支脉河省级湿地公园、垦利县兴隆省级湿地公园、利津县沾利河省级湿地公园、东营龙栖湖省级湿地公园、利津东津省级湿地公园、广饶孙武湖省级湿地公园、垦利米荷湾省级湿地公园、利津太平河省级湿地公园	10
济宁市	微山湖国家湿地公园、曲阜孔子湖国家湿地公园、邹城太平国家湿地公园、梁山泊国家湿地公园、泗水泗河源国家湿地公园、金乡金水湖国家湿地公园、兖州兴隆省级湿地公园、鱼台鹿洼省级湿地公园、汶上莲花湖省级湿地公园、邹城北宿省级湿地公园、邹城香城省级湿地公园、运河入湖口省级湿地公园、曲阜崇文湖省级湿地公园、泗水尹城省级湿地公园、汶上大汶河省级湿地公园、泗水青源省级湿地公园、金乡彭越湖省级湿地公园、高新区廖河省级湿地公园、嘉祥老僧堂省级湿地公园、邹城蓝陵省级湿地公园、嘉祥吉祥湖省级湿地公园、梁山运河省级湿地公园、汶上红沙河省级湿地公园、鱼台旧城省级湿地公园	24
泰安市	泰安汶河国家湿地公园、肥城康王河国家湿地公园、东平滨湖国家湿地公园、宁阳大汶河省级湿地公园、新泰青云湖省级湿地公园、宁阳洸河省级湿地公园、泰山卸甲河省级湿地公园	7
德州市	齐河黄河水乡国家湿地公园、禹城徒骇河国家湿地公园、夏津九龙口国家湿地公园、德州减河国家湿地公园、乐陵跃马河国家湿地公园、平原马碱竖河省级湿地公园、武城四女寺省级湿地公园、禹城鳌龙省级湿地公园、德州西陈沟省级湿地公园、古运河九龙湾省级湿地公园、平原马颊河省级湿地公园、乐陵马颊河省级湿地公园、庆云两河三堤省级湿地公园	13
聊城市	东阿洛神湖国家湿地公园、茌平金牛湖国家湿地公园、东昌湖国家湿地公园、聊城小湄河省级湿地公园、阳谷森泉省级湿地公园	5

续表

地区	名称	数量
滨州市	山东黄河岛国家湿地公园、博兴麻大湖国家湿地公园、滨州秦皇河国家湿地公园、滨州小开河国家湿地公园、滨城区三河湖省级湿地公园、邹平黛溪河省级湿地公园、无棣秦口河省级湿地公园、无棣饮马湖省级湿地公园、阳信白杨河省级湿地公园、沾化思源湖省级湿地公园、惠民月亮湖省级湿地公园、滨州北海省级湿地公园、滨州打渔张新河省级湿地公园、滨州白鹭湖省级湿地公园、惠民刘黄沟省级湿地公园、打渔张双台省级湿地公园、滨州龙江省级湿地公园	17
菏泽市	东明黄河国家湿地公园、曹县黄河故道国家湿地公园、单县浮龙湖国家湿地公园、成武东鱼河国家湿地公园、东明庄子湖省级湿地公园、菏泽万福河省级湿地公园、单县东舜河省级湿地公园、成武文亭湖省级湿地公园、郓城宋金河省级湿地公园、巨野新巨龙省级湿地公园、定陶万福河省级湿地公园、鄄城雷泽湖省级湿地公园、巨野洙水河省级湿地公园、定陶菏曹运河省级湿地公园	14

资料来源：山东省自然资源厅官方网站。

表 10　山东省沿黄九市地质公园名录

地区	名称	数量
济南市	山东长清张夏—崮山省级地质公园、山东济南蟠龙山省级地质公园、山东济南华山省级地质公园、济南章丘百脉泉省级地质公园、济南趵突泉泉群省级地质公园、山东济南水帘峡省级地质公园、山东莱芜九龙大峡谷省级地质公园	7
淄博市	山东沂源鲁山国家地质公园、山东马踏湖省级地质公园、淄博淄川潭溪山省级地质公园	3
东营市	山东东营黄河三角洲国家地质公园	1
济宁市	山东邹城峄山省级地质公园、山东金乡羊山省级地质公园、山东梁山省级地质公园、山东泗水龙门山省级地质公园、济宁嘉祥青山省级地质公园、山东曲阜尼山省级地质公园、山东邹城凤凰山省级地质公园	7
泰安市	山东泰山国家地质公园、山东新泰青云山省级地质公园、山东泰安徂徕山龙湾省级地质公园、山东泰安长城岭省级地质公园、山东肥城牛山省级地质公园、山东宁阳神童山省级地质公园、泰安宁阳鹤山省级地质公园、山东东平县东平湖省级地质公园、山东新泰寺山省级地质公园	9
聊城市	聊城东阿鱼山省级地质公园、山东临清黄河故道省级地质公园	2
滨州市	山东无棣碣石山省级地质公园	1
菏泽市	山东巨野金山省级地质公园	1

资料来源：山东省自然资源厅官方网站。

(三)黄河历史文化资源与文化产业协同发展研究

历史文化资源是人类在发展过程中生产与创造的宝贵财富，与自然资源相似，在经过人类的创意生产后被赋予了产品属性与经济价值，进而形成了文化产业。历史文化资源与文化产业关系密切，历史文化资源是文化产业发展的必要前提，文化产业的发展也能反哺历史文化资源的保护与传播。山东是文化大省，文化产业的发展离不开黄河历史文化资源这一丰富的素材库，山东省沿黄九市积极推动黄河历史文化资源保护与产业发展的平衡，实现黄河历史文化资源与文化产业的协同发展。本部分梳理协同理论内涵及应用，整理黄河历史文化资源与文化产业协同发展现状，为后续研究奠定理论基础。

1.协同理论内涵及应用

(1)协同理论的基本内涵

协同理论是20世纪70年代以来逐渐发展形成的新兴理论，由联邦德国斯图加特大学教授赫尔曼·哈肯(Hermann Haken)创立，主要研究远离平衡态的开放系统在与外界有物质或能量交换的情况下，如何通过内部协同作用，自发地出现时间、空间和功能上的有序结构。协同论以现代科学的最新成果——系统论、信息论、控制论、突变论等为基础，吸取了结构耗散理论的大量营养，采用统计学和动力学相结合的方法，通过对不同领域的分析，提出了多维相空间理论，建立了一整套数学模型和处理方案，在从微观到宏观的过渡中描述了各种系统和现象中从无序到有序转变的共同规律(白列湖，2007)。除了在自然科学领域的应用外，协同理论在社会科学中也得以广泛应用，学者们将协同理论与治理理论、创新理论等相结合，产生了协同治理、协同创新等新兴概念。

协同创新本质上是创新，而协同是提高协同创新效果的重要方式。协同创新理论最早由美国麻省理工学院斯隆中心研究员彼得·葛洛(Peter Gloor)于2005年提出。彼得认为协同创新即由自我激励的人员组成网络小组，形成集体愿景，借助网络交流思路、信息及工作状况进行合作，实现共同的目标(李祖超和梁春晓，2012)。而后，有关协同创新的研究日益丰富。一些学者强调协同创新在企业发展中的作用，许庆瑞和谢章澍(2004)提出，创新协同是通过技术创新与制度创新子系统相互作用，形成技术创新、制度创新或两者共同为序参量，主导企业创新发展。胡恩华和刘杰(2007)认为，协同创新是指集群创新企业与群外环境之间既相互竞争、制约，又相互协同、受益，通过复杂的非线性相互作用产生企业自身所无法实现的整体协同效应的过程。一些学者从产学研结合的角度对协同创新进行定义，陈劲和阳银娟(2012)认为，协同创新是企业、政府、知识生产机构(大学、研究机构)、中介机构和用户等以实现重大科技创新为目的,以知识增值为核心,大跨度整合的创新组织模式,是各创新要素的整合和创新资源在系统内的无障碍流动。基于协同理论和治理理论,公共管理领域提出了协同治理这一概念,郑巧和肖文涛(2008)认为,协同治理是指在公共生活过程中,政府、非政府组织、企业、公民个人等子系统构成开放的整体系统,货币、法律、知识、伦理等作为控制参量,借助系统中诸要素或子系统间非线性的相互协调、共同作用,调整系统有序、可持续运作所处的战略语境和结构,产生局部或子系统所没有的新能量,实现力量的增值,使整个系统在维持高级序参量的基础上共同治理社会公共事务,最终达到最大限度地维护和增进公共利益之目的。郁建兴和任泽涛(2012)提出,社会协同治理机制是指政府出于治理需要,通过发挥主导作用,构建制度化的沟通渠道和参与平台,加强对社会的支持培育,并与社会一起,发挥社会在自主治理、参与服务、协同管理等方面的作用。

(2)协同理论在文化产业研究中的应用

在文化产业研究中,协同理论是产业发展与政策制定的重要依据之一。赖茂生等(2009)提出内容产业与文化产业协同发展思路,认为产业协同是相关产业的协同发展,是指多个产业及其下属的相关子产业在发展过程中做到密切配合、互相协调,在日益复杂的分工网络中解决好产业协调发展的问题,在价值创造过程中和市场上最大限度地发挥二者的合力,达到两个产业的优势互补。任海军等(2012)以甘肃省为例,分析生态经济与文化产业协同发展机理,认为生态经济与文化产业相互促进、相互约束,生态经济、文化产业、生态文化的协同发展必定能够催生出一个更加美好和谐的社会形态,即生态社会。郑耀宗(2016)认为,文化创意产业园区体系在发展到一定程度后,成为一个社会学范畴的复杂系统,具备依照协同理论演化发展的特征和机制,有着典型的系统性结构。文化创意产业园区体系的建设必须不断地吸收外部能量,以开放的方式保持系统内部各参与主体合理组织、统一协调,充分发挥园区体系的整体优化功能。解学芳(2015)从国家文化产业治理的角度指出,文化产业发展过程中技术与制度偏离的短板效应折射出协同的重要性。文化产业制度创新是内生制度与外生制度的交互作用与演进,呈现为技术牵引下集聚创新的内在规律,并在技术创新与制度创新交互作用下推动文化产业不断跃迁。应构建基于技术与制度协同驱动的国家文化产业治理体系,将双向度的治理目标、前瞻性的治理制度、五位一体的多元治理主体协同、现代化的文化产业治理方式有机统一,提升国家文化产业治理能力。罗仕鉴等(2022)提出文化产业数字化内生生长与外生协同创新的进化机理,文化产业数字化内生生长要求立足产业内部视角,打造文化产业供给侧结构性改革、文化智能装备制造、文化创作开发、文化数字化治理、文化创客协同等五大引擎。文化产业的外生协同需在文化消费营销创新、文化大数据平台建设和产业融合发展等多点发力,要开展跨界、跨学科、跨组织的循环互动,构建文化产业数字化内外双循环驱动的创新机制,灵活应对数字化时代的新挑战。

2.黄河历史文化资源与文化产业协同发展概况

(1)历史文化资源是文化产业发展的必要前提

历史文化资源与文化产业关系密切,历史文化资源是文化产业发展的基础与前提,发展文化产业,离不开对历史文化资源的开发与保护。学者们认为黄河文化资源是文化产业发展的基础与素材库,对文化产业发展具有积极影响。吕庆华等(2021)认为,文化资源通过产业开发转化成文化产品和服务,进而形成现实的文化产业,文化资源禀赋对文化产业发展有着重要的促进作用。潘锦云和范敏(2017)主张优秀传统文化能够通过浸透效应、示范效应和融合效应推动文化产业发展进而带动区域经济发展。优秀的历史文化资源是文化产业进行内容生产与创造的素材宝库,作为文化生产中的核心资源,文化资源决定了文化产品的独创性,既是最有价值和最稀缺的,也是不可穷尽、无限延伸的(杜超和王松华,2008)。如果没有丰富的文化资源和深厚的文化底蕴作为基础,文化产业就会成为无源之水、无本之木(黄永林和罗忻,2011)。

黄河流域文化产业深入挖掘黄河历史文化资源内涵,多角度协同发力进行文化产品的转化,从而带动文化旅游、影视创作、特色文创等产业的发展。山东省以“山水圣人”文化旅游线路为枢轴,整合黄河沿线资源,大力发展文化旅游。东营市依托黄河入海口这一自然文化资源,打造“黄河入海”旅游品牌。德州市夏津县深入挖掘特色农耕文化资源,重点开发黄河故道古桑树群、德百旅游小镇等景点,讲好“黄河故道”故事,打造“椹果之乡·生态夏津”。济南市以天桥区和新旧动能转换起步区为依托,整合区域内文化文物资源,重点建设黄河文化主题公园,打造济南黄河文化保护传承弘扬新地标,截至2021年4月,起步区已入驻世界500强企业16家,签约项目84个,总投资近3000亿元,正成为国内外客商投资兴业的热土(赵秋丽和杨清波,2022)。依托底蕴深厚的齐鲁文化而创作拍摄的“鲁剧”已成为山东省的文化符号之一,鲁剧依托齐鲁文化这一素材宝库,在政府、制作方、出品方等的多方协同下形成了具有影响力的文化品牌。“万里黄河成就一瓶国井好酒”,淄博市作为酒祖仪狄故里,充分挖掘黄河历史文化资源,推出了“扳倒井”和“国井”两大鲁酒领军品牌，以非遗代表性项目为基础，推出高青草编、高青老粗布、糖画、花鸟字等特色非遗文创产品，以文化促产业发展。泰安市深入挖掘泰山文化时代内涵，印发《泰山文化传承发展示范区建设推进行动计划》，建设泰山博物院、大汶口中华文明探源工程、泰山新闻出版小镇、国际文化大数据（泰山）产业城等示范项目，进一步完善文化产业内外发展链条，打造文化产业集群。

（2）文化产业是历史文化资源传承的重要载体

文化产业是文化资源的重要载体（严荔，2010），范玉刚（2016）认为，文化产业的发展能够进一步促进文化资源的活态开发与保护：文化产业朝健全发展体系迈进的过程中，传统的文化资源将被激活，真正通过产业运作方式在市场消费中进入大众日常生活。与此同时，傅才武（2012）认为，文化产业的发展将会反哺文化行业和生态保护，为文化资源的保护提供价值回报，由此形成文化遗产资源的"在保护中开发、在开发中建设、在建设中保护"的良性循环。解学芳和黄昌勇（2011）认为，工业遗产是发展创意产业的资源平台，创意产业是工业遗产保护的活化，有利于实现工业遗产的可持续保护。

山东省在大力发展文化产业的同时，进一步推进文化资源的活态传承与创新保护。德州市齐河县规划建设齐河黄河文化博物馆群，以中华传统文化为载体，建设黄河文化博物馆、书画艺术馆、根雕博物馆、地矿博物馆、黄河流域古生物化石馆、珍稀动物标本博物馆、盛世瓷器博物馆等 20 个博物馆及展示区，在丰富文化产业业态、完善文化产业链条的同时，推进黄河文化研究，为黄河文化资源的整理与传承提供了载体。城子崖国家考古遗址公园作为济南市唯一一家国家考古遗址公园，通过国家级公园的建设反哺文化资源保护，进一步开展考古发掘与研学教育。淄博市在天鹅湖国际慢城项目的基础上，建设黄河楼博物馆，打造省内黄河博物馆集群，在获取经济利益的同时推进文化发展。滨州市深入把握"以文促旅、以旅彰文"的文旅融合发展路径，建设以黄河文化为特色、以幸福体验为核心的生态黄河文化带，根据各县市区特色，分区差异设计文化主题，打造抗洪、水利、兵学、农耕、民俗、鲁北建筑和渤海革命等文化元素，把黄河风情带打造成黄河文化的集中展示带、体验带（丛萍，2022）。聊城市东阿县阿胶世界景区大力发展研学旅游、中医养生游、高端论坛等，在依托文化资源发展文化产业的同时，也进一步推进了黄河文化、阿胶文化、鱼山梵呗文化等的传播与保护。菏泽市郓城剪纸作为国家级非物质文化遗产，其产品及相关衍生品销往全国各地，出口至 20 余个国家及地区，非遗传承人杨秀玲创作的剪纸作品《黄河情》生动展现了黄河风光与沿岸民俗，是推动黄河历史文化资源创新转化、中华优秀传统文化传播的典型案例。

二、山东省黄河历史文化资源与文化产业协同发展的主要经验

在新时代建设文化强国与增强国家文化软实力背景下,推动经济社会高质量发展,推进文化产业转型升级、提质增效,需明确区域文化资源产业化发展重点,深入利用历史文化资源创造文化产品和服务。千百年来黄河奔流不息,滋润过的区域生发出极具特色的地域风情与民俗民情,黄河文化既是中华优秀传统文化精魂的集成,同时承载着民族情感与国家记忆。山东沿黄流域历史悠久绵长,文化底蕴深厚,遗产遗迹众多,文化资源禀赋优势突出。黄河历史文化资源历来是山东省文化产业发展的重要素材与创意源泉。黄河流域生态保护和高质量发展战略的实施为山东省黄河历史文化资源产业化发展提供了坚实的政策支持,山东省文化和旅游厅立足实际,在顶层设计上作出系统谋划规划,精心组织编制《山东省黄河文化保护传承弘扬规划》《山东省黄河文化旅游带总体规划》《山东省黄河流域非物质文化遗产保护传承弘扬规划》等系列规划。文化产业外生协同强调推进文化产业与旅游业、制造业等多个产业的融合,以增强网络购物、移动社交网络电商、粉丝分享经济等文化营销服务模式的深度融合(罗仕鉴等,2022)。近年来,根植于底蕴深厚、形式多样的黄河历史文化资源,山东省积极开发新业态,激活黄河历史文化资源活力,促进高质量融合业态兴起,形成了黄河文化主题影视创作、黄河文化旅游、黄河文化创意产业等多种形式的文化资源产业化开发。集群创新企业与群外环境之间相互协同、受益,对于文化产业而言,社会文化环境有着突出效用,山东省黄河历史文化资源为文化产业创意生发提供源头活水,而文化产业集群式发展的同时反哺山东省黄河历史文化资源保护、传承与发展,呈现出山东省黄河历史文化资源与文化产业协同发展新动态。下文具体采用宏观分析与个例解读相结合的方式对山东省黄河历史文化资源与旅游发展、与传统手工艺产业协同发展等进行分析。

(一)"好客山东":黄河历史文化资源与旅游产业协同发展

1."好客山东"与山东黄河文化资源

黄河文化不仅是一个不断发展的文化生态系统,而且为现代旅游业拓展出广阔的发展空间(韩若冰和黄潇婷,2021)。山东省沿黄流域文化旅游资源富集,仅世界遗产就拥有 4 处(泰山风景名胜区、曲阜"三孔"景区、齐长城、京

杭大运河山东段），列入中国世界文化遗产预备名单1处（济南泉·城文化景观），国家级非遗代表性名录项目118个，4A、5A级景区总数位于黄河流经九省区第二位。泰山、曲阜“三孔”、“天下第一泉”等享誉海内外，黄河入海口“黄蓝交汇”奇观以及黄河三角洲新生湿地、野生鸟类等丰富独特的文旅资源，也成为山东推动黄河流域生态保护和高质量发展的突出优势。对文化的阐释、解读和呈现不仅是文化旅游与生俱来的特征，更是文化旅游产业发展的关键（王秀伟和白栋影，2021）。“好客山东”文旅品牌与黄河物质文化资源联系紧密，“好客山东”文旅品牌从供给端对山东黄河文化资源深入挖掘并进行创意内容生发，持续完善黄河文化旅游供给内容以提升供给质量，激发文旅消费潜力，释放黄河文旅消费需求。“好客山东”品牌实践经验正是构建多元纷呈、和谐相融的黄河文化彰显区的战略布局的具体典范，将黄河文化之精魂、齐鲁大地之文脉与现代文化旅游相融合，号召各地市精准凝练本地文化特质，总揽性提炼出齐鲁好客文化的品牌价值。

山东省黄河文化旅游经历多重凝练与不断丰富，从主打齐鲁名人文化宣传、彰显人文地理特征的“一山一水一圣人”到迎合北京奥运会全球市场平台的“走近孔子，扬帆青岛”，再到展现齐鲁文化资源优势的“文化圣地”，山东文旅品牌始终紧紧围绕着齐鲁文化主线开展特色文旅品牌建设。“好客山东”文化旅游品牌由山东省旅游局牵头，整合山东省内涵盖省、市、县等各层级的多项旅游资源集中推出，在主流媒体购买时段进行宣传，凭借着视觉冲击力较强的彩色形象标识树立起山东文旅的“新面孔”，以朗朗上口的广告词精准概括齐鲁大地礼仪之邦、热情好客的文化特质。随后，全省各地市迅速围绕“好客山东”主题协同创新开展系列营销推广，提出了各具特色的形象主题口号，构建了“泉城济南、运河古城、亲情沂蒙、逍遥潍坊、文化济宁、江北水城、好运荣成”等一系列区域子品牌矩阵，深刻激活山东黄河文化资源，创造了多处优质文化场景，为山东黄河文旅开创了新的增长极。山东沿黄九市历史遗存丰富，齐鲁大地以农耕文化为肌理，以儒家文化为核心，泰山文化、泉水文化、圣贤文化等地域文化交织交融，构成丰富的山东黄河文化图景。“好客山东”文旅品牌以山东黄河文化为主打内容，如曲阜市围绕儒家文化传播，扎根“三孔”景区，常态化举办春季旅游推介会、春季祭孔、孔子研学旅游节等专题推介和节庆活动，创新推出特殊人群免费游“三孔”、“背论语免费游‘三孔’”、全球孔子学院山东文化旅游推广峰会等文化营销活动（师文静，2021），以儒家文化为基底，逐步构筑慢城“儒客”深度旅游格局。泰安市以泰山为龙头，以“泰山吸引人，泰城留住人”为目标建设泰安文旅新业态，立足泰山作为世界首例文化与自然遗产的文化名片地位，打造泰山文化新高地。青州市则追溯黄河文化非物质文化遗产，将原有古城景区打造成非遗文化交流平台。除各地级市扎根当地黄河文化资源持续推出“好客山东”文旅服务及产品外，山东省在推广“好客山东”文旅品牌的同时，大力实施质量强省和品牌战略，打造“好客山东　好品山东”区域公共品牌，将山东黄河文化融入好品设计与服务，促进文化旅游与传统手工艺产业协同发力。山东旅游推广中心发布“好客山东 XIN 体验”全省优质文旅产品，在推介省内优质旅游产品的同时推出黄河文化旅游主题，让游客跟随着黄河的印记，聆听黄河的故事(范薇，2022)；并在后续推出“探寻齐鲁文脉”黄河文化主题旅游线路，线路以沿黄九市博物馆、国家考古遗址公园与黄河文化演艺场馆为载体(唐晓宁，2022a)，详细展现黄河奔流影响下齐鲁文脉的生发过程，引领游客开展黄河岸边的齐鲁文脉探寻之旅。

黄河文化在千百年发展中凝结的智慧与文明无形之中为文化旅游提供了丰厚的文化资源，而在大众旅游时代的现实条件下“打造具有国际影响力的黄河文化旅游带”也被纳入未来发展远景纲要。文化旅游资源本质是“客观存在于一定地域空间、主要因其所具有的文化价值或赋存的文化元素而对旅游者产生吸引力的能被旅游业利用并产生社会、经济、生态效益的各事物或因素”(许春晓和胡婷，2017)。历史悠久、地域辽阔的黄河流域孕育了极其丰富的自然旅游资源与人文旅游资源。九曲黄河自青藏高原奔腾而来，千百年来绵延赓续、历久弥新，一路孕育了河湟文化、河洛文化、关中文化、齐鲁文化等，更塑造了百折不挠、刚健有为的民族品格。黄河流经九省区，悠久的人居历史积累下所形成的黄河文化资源为现代文旅融合向纵深发展提供了坚实而丰厚的物质依托，从涵盖诸子文化、佛教文化等多元文化形态的世界文化遗产到黄河沿岸名城名镇(村)再到依水而建的水利资源、灌溉遗产，黄河文化资源形态多元、类型多样。以黄河文化资源为主要的旅游吸引物，以多样化且独特的黄河文旅体验项目为主要载体，由此建设独具特色、不可复制的文化旅游产品，以弘扬黄河文化精神，是沿黄地区文旅发展的绝佳机遇。文化资源与文化旅游相互赋能、相互作用，积极探索文化和旅游融合发展规律，促进文化资源保护利用与旅游发展相结合，统筹推进文化和旅游公共服务，已成为当前文旅高度融合背景下的现实要求(叶飞和张婧，2018)。国家“十四五”规划更是明确提出要“坚持以文塑旅、以旅彰文，打造独具魅力的中华文化旅游体验”。“文化产业+旅游业”也在挖掘横向的协同发展机制，打造以文化产业为核心、多产业交互共生的有核无界的新形态(罗仕鉴等，2022)。近年来，山东锚定文旅高质量发展，聚力打造“好客山东”升级版，持续推动文旅资源转换创新，助力文旅产品业态创新，鼓励支持领军企业牵头建立产业协同配套体系，加快推动“文旅＋互联网＋科技”深度融合协同发展，致力于加快文旅服务品质提升、加强产业间开放合作协同发展，构建“文旅＋”融合发展大格局。

2.品牌引领：“好客山东”创新发展的经验借鉴

旅游文化品牌是能够给旅游者带来精神享受的旅游消费承诺，是能够产生增值、溢价的无形资产（毕雪燕和郭凯旋，2020）。山东省从内涵丰富的齐鲁文化中凝练出极具代表性、极具亲和力的好客文化，发掘出山东区域文化旅游品牌的核心所在，以其独创性的“捆绑营销，联合推广”在全国文化旅游业中异军突起。自中央电视台到茶杯杯身，将“好客山东”这一品牌宣传语落实到各渠道，实现了广泛传播。“好客山东”文旅品牌自2007年进行宣传推广以来，山东省旅游规模效益全面提升。山东省人民政府发布的数据显示，山东年接待游客从2012年的4.9亿人次增长到2019年的9.4亿人次，旅游总收入从2012年的4519.7亿元增长到2019年的1.1万亿元，年均分别增长9.7％和13.7％，实现了“万亿产业”的历史性突破。“好客山东”文旅品牌建立以来在商业上获得了明显效益，对文化旅游产业结构调整升级更是贡献突出，培植“雁阵形”产业集群23个、领军企业17个，建成国家级文化产业示范园区（基地）17个、省级149个，尼山圣境、融创文旅城、青岛东方影都等地标性项目相继建成。全省5A级景区达到14个，现有国家级旅游度假区4家，国家级全域旅游示范区8个，全国乡村旅游重点村镇44个，旅游民宿集聚区16个。全省国家级和省级“文旅＋”示范基地已达412家，居全国前列（李明芮，2022）。连续三年高标准举办山东省旅游发展大会、中国国际文化旅游博览会，创新开展“山东人游山东”“好客山东游品荟”等活动，有效释放文旅消费新动能。作为全国首例成功打造的区域旅游整体品牌，“好客山东”文旅品牌的建设与落实，为其他省份提供了区域整体品牌营销的典型示范，同时带动沿黄其他省份深耕自身文化资源，推动黄河流域省份改变原有的罗列资源的粗放式发展路线。近年来沿黄各省区结合自身优势，纷纷推出自己的旅游标语，并且不断拓展品牌效益，推出如老家河南、晋善晋美、神奇宁夏、大美青海、壮丽内蒙古、天府四川、绚丽甘肃等特色文旅品牌，“好客山东”也因此被专家评价为“山东首创，众省效仿”（于欣悦等，2022）。黄河重大国家战略逐步实施下，沿黄各省区也相继结合自身实际制定文旅政策，推动黄河文化旅游向纵深发展。综观“好客山东”文旅品牌建设历程，在体制机制、形象定位、整合营销等层面可提供经验借鉴。

（1）体制机制：创新多主体合作发展

在机制层面,"好客山东"文旅品牌建设走出了一条多主体创新协同合作的特色发展之路。品牌创建始于对时代脉搏的把握,2009年,国务院通过了《关于加快发展旅游业的意见》,明确提出把旅游业培育成国民经济的战略性支柱产业和人民群众更加满意的现代服务业。旅游业作为大众消费行业的经济地位得到空前重视,已由观光旅游向休闲度假转变,单纯依靠旅游资源、景点式的比拼已无法在激烈的市场竞争中占据有利地位。在各地旅游资源分散、宣传资金不足、推广策划水平低下的现实背景下,山东文旅提出建设"好客山东"品牌体系,以"好客山东"这一明确的品牌形象为代表,号召省内各地市整合当地特色文化旅游资源与项目,统筹区域协同发展。山东各地市都选取自身最具特色、最具影响力的黄河历史文化资源,开发相应的创意性文旅产品,并且针对自身目标市场和消费人群进行分类推广。不仅实现区域协同合作,还独特性推出"联合推介,捆绑营销"的营销方式,由山东省旅游局牵头,整合省、市、县三级的财力资源、企业资源、旅游资源和媒体资源,由政府、企业、媒体等文旅产业链多方主体协同发力,集约机制的形成能够调动多方积极性,集中集群式力量进行重点宣传与推广。

(2)形象定位:深化地域性资源挖掘

"好客山东"文旅品牌逐步深化地域优秀文化旅游资源内容挖掘,坚守"好客山东"文旅品牌的整体性,整合全域优质黄河文旅资源,大力实施全域旅游发展战略。其首创性在于紧扣时代脉搏,凝练出山东人崇礼尚宾、淳朴厚道的人文品质,体现了"有朋自远方来,不亦乐乎"的君子情怀,极力塑造山东好客的文化旅游形象,以省为单元打造区域文化旅游品牌并持续创新发展,带动了16地市与数十个县市区协同发力进行旅游品牌建设,结合自身地域优势,积极作为,深度挖掘黄河文化内涵,不断拓展品牌效应,开辟文化和旅游营销"出圈"新路径。针对当前游客注重高旅游品质与新鲜旅游体验,精准迎合市场需求打造系列高品质产品,如精选展现黄河文化精魂的儒家文化等优质文旅资源进行专业化、品牌化包装,并结合不同主体需求推出青少年科普、亲子研学、中老年游学等多种品类的深度文化体验与高品质文旅产品。山东以"好客山东"文旅品牌为整体统领,聚焦山水圣人、红色文化、仙境海岸等优势,推进十大文化旅游目的地品牌和城市品牌建设,并契合数字化时代发展趋势,在数字展演技术基础上推出沉浸式体验项目等多样化文旅项目,如济南方特·东方神画景区的互动式项目棋局博弈、古法变脸、九州风云接连上演,将齐鲁名人贤士文化等优秀文化内容巧妙融合至线上线下相结合的互动体验项目,实现数字技术应用场景的扩容,积极推进"文旅+互联网+科技"深度融合与落地,对黄河文化内容进行创意性再生产。

(3)整合营销:搭建矩阵式推广格局

长期以来,“好客山东”通过独特的标识、响亮的口号以及多平台推广的宣传片等形式展示山东文旅形象,综合利用传统媒体以及社交媒体、短视频平台等新媒体渠道宣传山东省黄河文旅资源,以高度统一的文旅品牌增强山东黄河文旅协同发展的认同感。最早在中央电视台、凤凰卫视等主流媒体平台集中采购宣传板块,利用黄金时段进行广告宣传,历经十年发展期后,“好客山东”持续强化全方位、多维度、广覆盖的宣传推广,率先加入央视“品牌强国工程”。“好客山东”品牌建设整合利用省、市、县、企四级资源和资金,不断完善“捆绑营销”机制,以强化在国内主流媒体的宣传推介。近年来,山东各地聚焦地域特色文化资源,共讲“好客山东”故事,积极利用新媒体矩阵搭建营销新格局。临沂市积极拥抱短视频平台,开展的“沂蒙之夏·嗨游临沂”短视频话题活动收获了1200余万次播放量,助力临沂特色旅游推广。济南则以“潮起新黄河　泉涌新时代”为主题,举办了第九届济南国际泉水节,制作《诗画72泉》系列微纪录片(李晶媛等,2022)。“好客山东”文旅品牌不仅扎根国内旅游市场,同时放眼国际,向海图强。“好客山东”品牌依托自身建立的新媒体矩阵及主流媒体海外平台进行海外营销,并与海内外文化旅游机构账号联动宣传,在社交媒体上创建专属话题,加大对山东文化和旅游品牌的推介力度,展现山东文旅魅力以实现文化“出海”,实现了品牌矩阵化营销传播。其中新主题“好客山东XIN体验”以推介省内优质旅游产品和服务为主,还发起了彰显山东省黄河区位独特性的“沿着黄河遇见海”、展现“鲁风运河”特色的“京杭大运河山东段”两个话题。针对海外社交媒体用户特质,“好客山东”海外社交媒体专门设置了专题栏目《山东冷知识》,固定文化知识板块《论语课堂》和《山东话》,推出“沿着黄河遇见海”专题视频,适时推出二十四节气贴文和专属海报(唐晓宁,2022b)。英文、日文、韩文等多语种融合传播,展现齐鲁文化内涵,介绍各城市特色文化以及旅游品牌形象,通过去中心化的文化营销模式创新提升品牌知名度、美誉度,提供文化消费增值新渠道,助力文化产业与其他产业协同共生。

(4)产业协同:夯实跨界融合联动基础

“好客山东”品牌建设在推动山东文旅高质量发展的同时推动“文旅+互联网+科技”深度融合。公共文化服务建设需要实现对用户文化需求的精准把握、精准推送并且要对用户反馈进行精准解析(罗仕鉴等,2022)。在文旅公共服务层面,“好客山东”旅游公共服务优化提升,实施“好客服务质量提升三年行动”,推动管理服务创新。着力完善配套设施、服务和功能,加快山东省内旅游景区、度假区等便利化旅游设施建设和改造，保证游客出行舒适度，真正彰显黄河文化中好客之胸怀与气度。适应智慧化时代游客出行游玩方式新变化，以数字科技助力文旅发展，加快智慧旅游发展，建设“好客山东　云游齐鲁”智慧文旅平台，进驻文旅企业2000余家，基本实现“一机在手，畅游山东”。智慧文旅平台建设提供云端旅游的技术基础，丰富云上虚拟文旅空间内容，促进科技产业、文化产业、旅游产业多产业协同合作，融合发展。2021年《关于共建共享“好品山东”推动高质量发展若干措施》文件出台，山东规范评价标准、突出“好品”内涵，遴选产生14类223家制造业、农产品、消费品类“好品山东”品牌。“好品山东”与“好客山东”两大齐鲁文化品牌有机协同，促进文化产业、旅游产业与制造业跨界联动，“好品山东”品牌多根植于山东黄河历史文化资源，底蕴深厚、种类齐全丰富、产品质量优良，与文旅产业互助互利，为“好客山东”升级发展提供新的品牌内涵，提供优质附加产品。

(二)“山东手造”：黄河历史文化资源与传统手工艺产业协同发展

1.山东省黄河非物质文化资源产业化基本情况

我国非物质文化遗产积淀深厚、丰富多彩，历经千百年孕育发展，承载着中华民族共同的文化记忆，延续着华夏文明的历史脉络，彰显着中华民族精神的鲜明特征。非物质文化遗产兼具社会价值与经济价值双重属性，是地区民众在长期生产实践中文化元素的积淀，是集体智慧的结晶。伴随着现代文化产业的飞速发展，保持非物质文化遗产生命力依靠原有“束之高阁”的静态保护方式难以满足活态传承的基本要求，加之不少非物质文化遗产本身具备物质生产性质，如手工艺制品、书画作品等，能够借助生产、流通、销售等手段转化为文化产品。非物质文化生产性保护作为一种更具生命力和延续性的保护和传承方式(谭宏，2010)，能够实现文化延续，挖掘遗产潜在的经济价值，激发保护者的积极性，变静态保护为活态保护、被动保护为主动保护(黄永林和纪明明，2018)，已成为政界、学界、业界的共识。黄河流域作为多民族聚居区，中华优秀传统文化资源富集，更是孕育了形式多样、内涵丰富的非物质文化遗产。《“十四五”非物质文化遗产保护规划》明确把“黄河流域非遗保护传承弘扬”写入其中。保护、传承、弘扬黄河文化已成为黄河流域生态保护和高质量发展的主要任务之一，保护黄河特色文化、传承流域宝贵遗产是实现这一目标任务的重要途径。沿黄九省区依河而生、依河而兴，应担当起挖掘、保护、创新发展黄河非物质文化遗产的责任，加强交流合作，合作共赢，协同擘画沿黄文旅产业一体化发展蓝图。

山东是人文大省，也是非遗孕育发扬的沃土，截至2022年6月，全省共普查各类非遗线索120多万条，现有联合国教科文组织认定的“人类非遗代表作名录”项目8个，国家级名录186项，数量居全国第二位（刘英和范薇，2022）。文化资源产业化是文化产业持续发展的物质基础，山东沿黄地市非物质文化遗产和传统手工艺资源富足并逐步开展非物质文化遗产生产性保护及产业化转化，特别是对黄河文化遗产。济南有阿胶制作技艺、五音戏、鼓子秧歌、抬阁四个国家级非物质文化遗产，龙山黑陶、上杠高跷、闵子骞传说、扁鹊传说等省级、市级非遗项目，市级以上与黄河有关的非遗项目271项。东营则把握黄河入海口区位优势，系统挖掘整理全市黄河文化资源，以“黄河口区域性整体保护”为重点，充分发挥广饶齐笔、黄河口草编、杨氏面塑、刘氏布偶等传统艺术的丰富资源优势，开展非遗申报、技艺传承、专利申报等工作并在利津县创新性打造“老街长巷”非遗文化街。滨州积极组织开展非物质文化遗产的普查、挖掘，完善非遗保护名录体系，据统计，全市共有国家级非物质文化遗产项目10项、省级52项。其中，胡集书会、滨州吕剧、惠民泥塑、滨州剪纸等都带有浓郁的黄河“烙印”。德州在具体推进黄河非遗文化保护利用中，开发黑陶、剪纸、红绿彩等非遗项目和文创产品，加快整合黄河号子、打夯小调、绣球灯舞、一勾勾民间曲艺等黄河民俗文化资源，举行黄河民俗表演、黄河物产展销、黄河民歌演唱等活动，并逐步推进齐河黑陶博物馆、红绿彩博物馆、宁津剪纸非遗文化园等非遗项目落地实施。利用“文化和自然遗产日”“文化遗产月”等重大节庆节日组织开展“元宵节民间文艺（非遗）展演”“非遗美食购物节”“董子文化街庙会”“文化和自然遗产日”等地方民俗及非遗宣传展示活动。淄博市则扎根非遗代表性项目，推出高青草编、高青老粗布、糖画、花鸟字等特色非遗文创产品。根据《2021非遗电商发展报告》，2021年，全国有14个非物质文化遗产项目的产业带在淘宝天猫年成交过亿元。山东省则自顶层发力，整合优势文化资源，山东省文化和旅游厅与阿里巴巴、京东、聚匠网等电商平台合力打造线上平台推广非遗产品，在淘宝网开设“山东非遗购物节”专场，在京东非遗购物节开设“好客山东”专场（李睿，2022）。山东依托电商销售渠道，推介山东特色非遗产品并助力部分极具地域特色的农文旅产品向外输出，山东各地还培育大批淘宝村、淘宝镇，形成非遗关联产业协同发展的规模化效应。

从当前山东沿黄地市整体非物质文化遗产企业培育、产业发展来看，一方面，非遗与设计、制造、旅游、演艺等相关产业跨界融合发展，一定程度上推动了产业行业交叉渗透提档升级，涌现出大批以非遗特色产品为主打的地方企业（见表11）。但是，衍生出的新产业、新模式、新业态存在不足。需要将非遗文化与创意生活相连接,注重将现代审美需求融入当地非遗产品设计生产,提高手工艺产品的观赏体验功能,实现非遗产品的现代转型(邵明华,2020a)。另一方面,非遗产业化集聚度和市场化开发程度仍有不足,与落实黄河流域生态保护和高质量发展的结合程度还需进一步提高。在此基础上,挖掘山东沿黄非物质文化遗产的丰富价值和时代内涵,传承文化基因,推进产业化转化,是黄河流域非物质文化遗产保护与传承的必由之路。

表 11　山东省沿黄九市部分非物质文化遗产项目产业化基本情况

分类	项目名称	代表企业名称	分布地区	代表产品
传统医药	二仙膏制作技艺	广育堂国药工业园	济宁	二仙膏
	东阿阿胶制作技艺	东阿阿胶有限公司	聊城	东阿阿胶
	东阿镇“福”牌阿胶制作技艺	山东福胶集团东阿镇阿胶有限公司	济南	“福”牌阿胶
	徐氏中医正骨	滨州市沾化区徐泽三正骨医院	滨州	徐氏中医正骨膏药
	宏济堂中医药文化	山东宏济堂制药有限公司	济南	中成药、配方颗粒等药品
民俗	泰山石敢当习俗	泰山石敢当博物馆	泰安	泰山石、拓片等
	淄博花灯会	淄博周村传统花灯厂	淄博	灯会花灯
	祭孔大典	济宁孔子文旅集团	济宁	“诗礼传家”系列手造产品
传统美术	曹县柳编	山东省雅尚名品家居有限公司	菏泽	草柳编制品
	曹县木雕	山东省曹县云龙木雕工艺有限公司	菏泽	木雕工艺术品
	曲阜楷木雕刻	山东省周广胜木雕有限公司	济宁	木雕制品
	滨州民间剪纸	滨州守艺仁文化传媒有限公司	滨州	滨州民间剪纸及文创衍生品
	鲁派内画	张广庆内画艺术研究院	淄博	内画壶、炫彩琉璃内画瓶
	博兴柳编	中国草柳编文化创意园	滨州	草柳编制品
	肥城桃木雕	肥城市正港木业工艺品厂	泰安	桃木工艺品

续表

分类	项目名称	代表企业名称	分布地区	代表产品
传统技艺	鲁西南织锦技艺	鄄城县鲁锦工艺品有限责任公司	菏泽	手织鲁锦围巾
	鲁锦织造技艺	山东汉纺绣织造有限公司	济宁	手绣鲁锦家居
	费县手绣技艺	山东金昇工艺品有限责任公司	临沂	费县手绣
	孔府菜烹饪技艺	曲阜三孔文旅服务公司	济宁	衍圣公府菜、孔府糕点
	临清贡砖烧制技艺	临清市魏家湾贡砖文化传播展示基地	聊城	临清贡砖
	德州黑陶烧制技艺	德州梁子黑陶文化有限公司	德州	黑陶
	龙山黑陶制作技艺	济南德功龙山黑陶艺术有限责任公司	济南	德功龙山黑陶
	德州扒鸡制作技艺	山东德州扒鸡股份有限公司	德州	德州扒鸡
	亓氏酱香源肉食酱制技艺	山东省亓氏酱香源食品有限公司	济南	亓氏酱香源制作食品
	琉璃烧制技艺	山东金祥琉璃文化艺术有限公司、淄博爱美琉璃制造有限公司、淄博市淄川振华玻璃制品有限公司、淄博康乾琉璃艺术品制造有限公司	淄博	琉璃艺术品，琉璃工艺品，琉璃艺术品，鸡油黄、鸡肝石琉璃烧造技艺产品
	淄博陶瓷烧制技艺	山东省国瓷陶艺书画院、淄博汉青陶瓷有限公司、淄博华光国瓷科技文化有限公司	淄博	淄博陶瓷、梅子青、骨质瓷
	周村烧饼制作技艺	山东周村烧饼有限公司	淄博	周村烧饼
	鲁味斋扒蹄制作技艺	济南鲁味斋食品有限责任公司	济南	鲁味斋扒蹄

2.创意新造："山东手造"传承利用的经验借鉴

要使中华民族最基本的文化基因与当代文化相适应、与现代社会相协调，

“山东手造”正是贯彻落实这一精神的鲜活体现。2022 年 6 月，“山东手造 · 优选 100”企业亮牌 2022 山东省旅游发展大会。“山东手造”是山东省着眼发挥丰厚文化资源特别是传统手工艺资源优势，通过创意新造以推动更多体现山东文化创意和齐鲁文化内涵的产品更好地进入市场、进入生活、走出国门的重要举措；是推动中华优秀传统文化创造性转化、创新性发展，塑造山东省文化创意产业发展新优势的重要抓手(赵晓林，2022)。

“山东手造”实现文化产业与传统工业产品制造相互促进，以“文化创意＋传统工业产品”的模式，启发传统制造业企业加强创意设计，注重产品文化内涵，提高产品质量。“山东手造”绝非只是为传统手工艺制品冠以名号，而是契合时代语境，结合本省发展实际，汲取以往非物质文化遗产保护传承经验教训后的创新尝试。以往部分非遗项目文化内涵挖掘不足，与黄河文化遗产保护利用衔接不够紧密，规模较大，但尚未纳入黄河文化遗产保护利用中统筹考虑，或是忽略对具有物质生产性质的非遗进行创造性转化和创新性发展，不少可以转化为市场产品的非遗只是陈列在展览馆里，没有通过“两创”挖掘呈现出其应有的文化价值和时代价值(涂可国，2020)，市场化程度低，从而很难融入人民群众的生产生活。由此《“山东手造”推进工程实施方案》提出要基本建成集产销、研发、宣传、展示体验于一体的“山东手造”产业体系，到 2025 年形成国内具有重要影响力的手造产业集聚区。当前“山东手造 · 优选 100”工程大致涵盖美术绘制类、织造印染类、雕刻工艺类、编织扎制类、烧制锻造类、漆器绘制类、文房四宝类、美食消费类等八大门类(师文静，2022)。作为目前山东省持续推进的文化产业工程，“山东手造”在立意、布局上占据了有力地位，深耕齐鲁大地，挖掘黄河非物质文化遗产内涵与时代价值，依托非遗或传统工艺，开辟非遗活态传承新形式，遴选出优质手工艺品，打造具备山东地域特色的特殊的传统手工艺品牌，彰显黄河历史文化底色。在山东省政府主导下，激励山东省高校参与服务黄河流域生态保护和高质量发展建设，“中华手造协同创新中心”凭借着学科专业基础与科研创新条件参与推进“山东手造”工程建设，政界、学界、业界多方协同，强化对“山东手造”地域性文化的溯源与研究，推动人才、创新、产业深度融合、协同发力，“山东手造”相关产业链条的建立对于创造工作岗位、拓宽农民就业渠道也有着深刻意义。“山东手造”工程通过手造产品振兴传统工艺，在千万手造工匠、手工技艺与工匠品格的传承下彰显黄河文化精神内涵，以新技术、新业态赋能非物质文化遗产生产产业化转化，释放传统手工艺产业活力，推动文化产业与传统手工艺产业协同发展，并且在政府主导下吸纳学界专业人士参与协同创新，成为黄河文化创造性转化和创新性发展的新动力，为未来沿黄省区非物质文化遗产传承利用提供了产品、精神、产业等层面的建设经验。

(1)产品主导：创意新品展现非遗文化底色

“山东手造”依托非遗产品彰显黄河文化底色，多数产品传承自当地非物质文化遗产，在新时代背景下经过创新改造后生发而来，产品中蕴藏着千百年历史积淀的手工技艺，承载着齐鲁文化底蕴，蕴藏着齐鲁工匠的造物智慧。高密剪纸、临沭柳编、文登鲁绣、德州黑陶、淄博陶琉、莱芜锡雕等手造产品千百年来浸润于儒家、墨家、兵家、阴阳家等齐鲁文化场域之中，逐渐形成了自身独特的造物哲学(许东，2022)。无论是“以物比德”的儒家造物审美观还是“节用为本”的朴素造物价值观，都是黄河非物质文化遗产精神的呈现，从“山东手造”产品的设计、制作生产全过程中凝练出黄河历史文化底蕴。譬如承载着龙山文化精魂的黑陶就诞生于章丘区城子崖遗址，是黄河文化的优秀结晶之一，其采用的古老朴素的制陶艺术展现着原始的审美取向，具备深厚的历史价值。德州黑陶至今仍保持着纯手工制作，以京杭大运河红胶泥为原料；曹州面人乡土气息浓厚，形象逼真，工写结合，以面偶讲述尧舜故事；黄河岸边寻常可见的芦苇、蒲草、柳枝经由精巧工艺编制后形成实用美观的柳编，契合绿色家居市场需求，远销海外。鄄城鲁锦技艺、博兴柳编技艺等“两创”拓展实践都在“山东手造”产品中深度融入黄河元素，以传统手艺为媒介讲述黄河故事。

(2)精神引领：手造工匠演绎齐鲁造物精神

文脉绵长、灿若星河的“山东手造”工艺工序繁复、包罗万象，造就了“山东手造”工艺品超高的审美价值与艺术价值。在非遗手造工艺传承、发展背后，蕴藏着齐鲁匠人千百年来积淀的匠人精神。以东昌葫芦雕刻国家级传承人李玉成、鲁绣传承人牛玉叶、聂氏铜器铸造工艺传承人聂强等人为代表的“山东手造”工匠(杨眉，2022)，历经数代传承，创新手造工艺，展现了坚韧不拔的工匠品格及追求卓越的创造精神。“山东手造”工艺本身就承载着千百年来齐鲁匠人的智慧，匠心传承体现出勤劳质朴、诚信友善、求实创新的山东文化品格，本就是黄河文化中蕴藏的精神价值。“山东手造”手工艺品牌建设在全面推进中华优秀传统文化“两创”、唤醒齐鲁本土审美、推动文化创意产业提档升级的同时，也在演绎齐鲁造物精神，讲述“山东手造”自身的故事。“山东手造”工程的推进，将当代山东文化创意与齐鲁文化内涵相交融，满足新时代人民群众个性化、品质化、情感化消费需求的同时(赵晓林，2022)，也再次体现了黄河历史文化之魅力、山东工匠之精神。

(3)产业升级:协同发展推动新旧动能转换

产业化转化为非物质文化遗产保护传承、传统手工艺延续发展提供了根本动力。现代工业化发展使得生发于传统农耕社会的手工艺技艺遭到长期忽视,然而多数具备生产性质的非物质文化遗产不仅具备高度的历史价值、文化价值、收藏价值,还可以通过中华优秀传统文化"双创"实现再生产。由此,文化产业与传统手工制造业协同发展、相互激励、相互促进,成为激发非物质文化遗产活力的大势所趋,"好品山东"通过"文化创意+传统工业产品"的模式,推动传统手工艺产业从传统的标准化制造模式向"文化制造"跃进。如龙山黑陶在活化演变和创新发展的进程中再次焕发文化生机,龙山黑陶产业基地现有黑陶研制、生产、销售企业76家,黑陶单件年产量40万件(套),产值3.2亿元。文化产业与传统手工艺产业协同发展,推动相关手工艺产业链发展、完备。山东曹县占据黄河冲积平原地理区位优势,是全国著名的优质粮棉林畜生产基地,原生服装产业发达。近年来则切实抓住艺术与实用相结合的汉服市场需求,依托传统服装产业基础赋予其文化内涵,全县多家汉服生产企业紧抓电商热,衍生出独具本地特色的汉服产业集群,形成了一条从创意设计、原材料、款式、制版、印花、生产再到电商销售完整的汉服产业链,曹县汉服凭借着物美价廉特性占据全国三分之一的市场。"山东手造"所依托的非遗产品及传统手工艺多根源于农村,山东手造手工艺品牌的塑造能够带动乡村休闲文化旅游,促进乡村振兴,助力优化乡村产业布局,实现"文化产业+非遗手造+乡村旅游"的协同发展。如青岛市通过非遗专区助力乡村振兴,将流亭猪蹄、即墨老酒等非遗产品推广至社区,在数百家线下社区超市设陈列专区。"山东手造"还与景区相互赋能,搭乘景区游客流量优势提升销量,景区在推动手造项目活态传承的同时丰富园区旅游内容,提升游客地域文化体验感,实现文化产业、传统手工艺产业与旅游业的协同发展,如德州乐陵4A级旅游景区冀鲁边区革命纪念园、千年枣林游览区百枣园内规划设计了"山东手造·'乐'享好品"展台,将农民画、剪纸、田氏古琴、燕陵蜜酒、枣芽茶等当地手造精品引进园区。"山东手造"能够实现对黄河文化创意产业的辐射带动。通过"研学+手造""演艺+手造"等新型消费热点,培育新型业态,推动黄河文化创意产业沿黄地区新旧动能转换。如位于济南泉城路商圈的山东手造展示体验中心占据优越的地理区位,以线上线下相结合的方式全力开展常态化"山东手造"研学之旅,帮助各年龄段群体了解黄河非遗手造内容,深化对黄河文化的认识与体悟,推动更多手造产品走入百姓生活。

三、山东省黄河历史文化资源与文化产业协同发展的问题分析

黄河流域生态保护和高质量发展上升为重大国家战略，为山东省贯彻新发展理念，推动黄河历史文化资源与文化产业协同发展提供了前所未有的历史机遇。在持续推进黄河流域生态保护和高质量发展战略进程中，山东省不同区域黄河历史文化资源特色突出，黄河特色文化产业发展较快，成为展现黄河文化多样性的代表区域。协同创新理论及协同创新模式在文化遗产保护与传承、文化产业发展及相关领域的应用逐渐受到关注。当前中国文化产业的发展存在资源碎片化、配置效率低，企业规模偏小、自主创新能力不足，部门和区域间各自为政、缺乏聚合创新要素的有效机制等问题，而协同创新理论对于解决这些问题具有指导意义和实践价值（范周和言唱，2020）。协同创新是不同创新主体的创新要素有机配合，通过复杂的非线性相互作用产生单独要素所无法实现的整体协同效应的过程（杨耀武和张仁开，2009）。在该理论视角下，山东省黄河历史文化资源与文化产业协同发展需要从理论要素、主体要素、资源要素、技术要素、产业要素出发。其中，理论要素是基础，为黄河历史文化资源与文化产业协同发展提供理论基础；主体要素是前提，从顶层设计的角度统筹协调黄河历史文化资源与文化产业发展；资源要素是关键，是发展黄河特色文化产业的核心要素；技术要素是支撑，推动黄河历史文化资源更好地转化为文化产业优势；产业要素是重点，文化产业集聚效应有助于反作用于黄河历史文化资源，推动其创造性转化与创新性发展。当前，山东省黄河历史文化资源与文化产业协同发展存在诸多问题与挑战，具体表现为：黄河历史文化资源相关研究滞后，产业转化研究力量薄弱；沿黄区域政策制定缺乏协同理念，多主体合作共识未达成；黄河特色历史文化资源挖掘不足，文化产出效能有待提升；文化资源与数字技术融合度较低，产业数字化转型升级存在困难；黄河文化产业结构趋同现象严重，产业集聚程度有待提高。

（一）理论要素：黄河历史文化资源相关研究较为滞后

黄河文化从历史发展和文化发展的不同视角看，有着丰富而多样的内容，形成了多元一体的文化体系。资源是文化的重要载体，研究黄河历史文化资源具有重大的社会价值和学术价值。随着时代的发展，黄河文化被赋予新的时代内涵，其时代价值也在不断提升。近年来，从中央到地方，从学术界到社

会各界,高度关注黄河文化,地理学、历史学、考古学、生态学、民俗学、旅游学等领域均有学者研究黄河文化,但对于黄河历史文化资源概念内涵、基本分类与产业利用等研究相对滞后,专业研究队伍的不完善也严重阻碍了黄河历史文化资源创造性转化与创新性发展。

1.黄河历史文化资源概念内涵及其分类尚未明确

文化资源是文化产业发展的基础要素,厘清黄河历史文化资源概念内涵与基本特征是推动资源开发及产业发展的重要前提。黄河文化源远流长、博大精深,是中华民族的根与魂。在文化演进发展的过程中,黄河文化融合不同地域的草原游牧文化、农耕文化、宗教文化和民族文化,并且黄河流域不同民族文化的交流融合也形成了丰富多样的黄河文化。当前对于黄河文化的定义,学界尚未定论,新石器时期,以山东为核心区域的东夷文化与黄河中上游的马家窑文化、齐家文化、裴李岗文化、老官台文化、仰韶文化等,同为中华文明的发源地,共同构成黄河文化发展伊始的主要形态。秦汉以后,以儒家思想为代表的齐鲁文化取得了黄河文化发展的主导地位,成为中华传统文化主干。在这个过程中,山东沿黄九市孕育出类型多样、内涵丰富的文化资源,同样也存在着难以定义的问题。黄河流经山东省九市,孕育出特色鲜明的地域文化。由于文化资源的分类角度不同,学者们对黄河历史历史文化资源类型作出不同的划分,如从文化资源禀赋与功能角度出发,将文化资源分为有形的物质文化资源、无形的精神文化资源及文化智能资源三个维度(姚伟钧和任晓飞,2009);从文化资源的载体和层次出发,分为物质文化与精神文化(黄永林,2012);从文化资源形式出发,分为有形文化资源和无形文化资源;从内容出发,划分为历史文化资源、民族文化资源、宗教文化资源、地域文化资源等;从文化产业发展的角度出发,把文化资源划分为可开发资源和不可开发资源(丹增,2006)。目前学界对于山东省黄河历史文化资源内涵与基本特征尚未有较为清淅明确的定义,对于资源类型划分尚未形成共识,亟须厘清山东省黄河历史文化资源的概念内涵与类型分类,为后续黄河历史文化资源与文化产业协同发展研究奠定基础。

2.黄河历史文化资源产业转化研究力量薄弱

当前山东省黄河历史文化资源与文化产业协同发展研究的人才队伍建设不够完善,相关学术成果不多。专业人才的缺失,一方面导致当前山东省黄河历史文化资源数量、质量、种类、分布等缺乏科学的统计、分析和评估,沿黄地区很多具有开发价值和潜力的黄河历史文化资源至今没有被充分利用,甚至一些优秀民间文化资源已经有被同化的倾向,出现文化资源的浪费和破坏现象。同时,各研究群体之间的研究成果共享力度不足,导致各地重复建设、黄河文化产品同质化现象突出。另一方面,当前对于黄河历史文化资源与文化产业协同发展研究较为薄弱,在中国知网数据库中,以“黄河”“文化资源”“文化产业”为检索条件,检索时间不限,文献类型不限,得到128条检索结果,其中针对山东省黄河历史文化资源开发或文化产业发展的研究成果约30条。现有研究多侧重于对文化资源价值的评估,侧重于对某一类型文化资源或某一行政区域的文化资源进行分析研究,而缺少对文化资源产业化开发潜力的定量评价研究(田红等,2020)。对于黄河历史文化资源与文化产业协同发展的研究成果较少,且尚未总结出二者协同发展的有效模式与实践路径。此外,多元研究主体的整体认识不统一容易导致黄河历史文化资源保护利用思路的割裂,其研究屏障、机制屏障会影响黄河历史文化资源产业化发展和整体价值释放。

(二)主体要素:黄河历史文化资源产业化发展缺乏协同

主体协同是黄河历史文化资源与文化产业协同发展的关键影响因素。黄河文化涉及地域广、历史跨度长、表现形态多,实施区域协同发展既是推动黄河历史文化资源完整性传承和利用的必要之举,也是推进黄河流域文化产业可持续发展的科学途径。《黄河文化保护传承弘扬规划》提出,要坚持以人为本、服务大局,坚持保护优先、时代传承,坚持统筹谋划、协同推进,坚持因地制宜、分类施策,加强跨区域跨部门协作,促进黄河文化资源有效统筹、共建共享,提高黄河文化保护传承弘扬的系统性和协同性,推动沿黄地区文化和旅游高质量发展,努力实现黄河文化育民惠民利民。《黄河文物保护利用规划》也强调,黄河文物保护利用要坚持“保护优先,合理利用”“因地制宜、分类施策”“统筹谋划、协同推进”“文化引领,全民共享”等原则。这些政策对持续系统加强黄河文化保护传承弘扬提出了明确要求,也为全面推进黄河历史文化资源与文化产业协同发展提供了根本遵循。

1.沿黄区域政策制定缺乏协同理念

山东沿黄区域存在资源竞争、重复建设等现象,其原因在于不同行政区域主体间、区域内不同行政部门间在制定政策规划时缺乏协同理念。当前“横向分部门、纵向分级别”的横纵交错管理体系在行政管理上易导致多元主体行政职能的重合与交叉,出现“各自为战”现象。不同行政区域之间未形成跨区域协同机制,缺乏黄河文化生态保护和高质量发展的专项政策,使得黄河历史文化资源保护利用趋于碎片化。如在黄河历史文化优势资源利用方面,滨州与东营有着紧密的历史渊源和地缘关系,因此两市在地形地貌、自然景观、风土人情、历史文化等各方面有很多相似、相近甚至相同的地方。二者在地理上共临渤海,在人文上共享圣人之功,对于兵圣孙武故居目前主要有两种观点:一种是说孙武是滨州惠民县人,因而滨州的旅游宣传口号是"孙子故里、生态滨州";另一种是说孙武是东营广饶县人,因而东营市政府官网介绍东营为千年兵圣孙武故里。两种说法表现出两市对于圣人资源的竞争,这将导致沿黄地区优势历史文化资源的重叠建设与同质竞争。

2. 多主体合作共识未达成

黄河山东段长628公里,占黄河总长度的11.5%,从东明县入境,流经菏泽、济宁、泰安、聊城、济南、德州、滨州、淄博、东营等9市,各市黄河历史文化资源"家底"丰厚。黄河历史文化资源保护利用涉及多元主体,具体包括政府组织、民间组织、企业、社会个体等。山东省黄河历史文化资源与文化产业协同发展离不开多元主体的协同治理,当前多元主体之间尚未健全协同治理的合作机制。在黄河历史文化资源保护挖掘层面,多元主体因为不同的价值判断和利益需求,未形成协同发展合力,不足以应对资源要素的多样性、自然及人文环境的复杂性等。如研究机构对于黄河文化的研究成果多局限于所在地,很少关注其他区域的黄河文化研究,鲜有跨区域的黄河文化研究(凌文锋和贾红丽,2022)。这在地理空间与文化空间上割裂了山东省黄河历史文化资源的的延续性、整体性,不利于其整体价值的发挥。在黄河历史文化资源产业利用方面,非政府多元主体价值尚未充分发挥,缺乏黄河历史文化资源整体利用与联合开发的合作机制,一些成功经验和手段未能在全省得到充分宣传和推广。此外,由于地方财力、精力所限,缺乏社会力量参与交流合作的有效渠道。

(三)资源要素:黄河特色历史文化资源挖掘转化有待提升

黄河历史文化资源的挖掘利用、产业转化是推动黄河历史文化资源与文化产业协同发展的关键。在漫长的历史发展过程中,黄河流域山东段形成了农耕文化、民俗文化、红色文化、治黄文化、生态文化等独具特色的历史文化资源,其与齐鲁文化、泰山文化、泉水文化交相融合,共同构成黄河文化的重要组成部分。如何在区域协同发展下最大限度地发掘利用好地方特色文化资源,对以特色文化产业实现黄河故事的整体性、层次性、差异化阐释与传播具有重要意义。

1.黄河特色历史文化资源挖掘不足

特色文化资源是明显区别于他人的凝结了“物质劳动和精神劳动，是所有具有精神属性的产品、服务和活动的综合”（向勇，2015），成为推动经济社会转型发展的突破口。山东省在新旧动能转换背景下，特色文化资源成为推动黄河文化产业发展的重要生产要素。《山东省黄河流域生态保护和高质量发展规划》指出，要深入挖掘黄河文化蕴含的哲学思想、人文精神、价值理念、道德规范，高水平建设儒家文化区，弘扬齐鲁优秀文化，推动黄河国家文化公园建设，讲好新时代“黄河故事”山东篇章，构筑黄河文化交流传播阵地。在既有的黄河文化项目建设中，往往存在内容、主题同质化现象，究其深层次原因在于对地方黄河特色历史文化资源挖掘利用不足。在黄河特色历史文化资源挖掘方面，沿黄部分地区未能以独特性和差异性为标准，深度挖掘地方特色历史文化资源并将其转化为黄河文化符号，这将“造成文化基因谱系的断裂、文化多样性的消失”（李军红和许多多，2014）。在特色历史文化资源利用方面，缺乏黄河特色文化产品。以黄河博物馆建设为例，淄博市博物馆以本地的考古学文化或遗址、器物展示黄河文化遗产，而对当地黄河农耕文化、黄河治理文化展示较少；对于黄河下游的滨州和东营来说，治黄与滩涂生态是这两个城市的重要特色，但在博物馆展览中，这些内容目前没有得到充分重视和体现（王霞和汪彬，2022）。

2.黄河特色历史文化资源文化产出效能有待提升

特色文化产业是以文物古迹、历史人物、非物质文化遗产等特色文化资源和自然资源为依托，将传统与现代相结合，运用保护、创新创意等一系列手法，对特色资源进行产业化开发，提供特色文化产品和服务，既充分挖掘特色资源的文化内涵，体现历史文脉延续性，又提高区域经济文化竞争力，推动经济转型升级的一种文化产业形态（邵明华和张兆友，2020）。文化资源是文化产业发展的基础和前提条件，对于特色文化产业而言，具有特色的文化产业资源直接构成了其生命线。文化资源类型不同，文化特色、开发条件、市场潜力、开发效益等也不同，导致其产业化开发潜力也不同。当前山东各地特色历史文化资源的产业转化率较低，资源优势未充分转化为产业优势。从资源角度出发，一方面，沿黄各地特色历史文化资源自发性转化动力不足。山东省传统手工艺分布广、类型多，如东阿阿胶、草柳编、黑陶、鲁锦、工艺地毯、乐器制作、毛笔制作、砚台制作、石雕石刻等民间艺术，其中部分手工艺产品逐渐形成产业，走进消费市场，如依托东阿阿胶制作技艺形成了东阿阿胶有限公司、依托草柳编文化资源形成山东省雅尚名品家居有限公司、依托鲁锦织造技艺形成了山东汉纺绣织造有限公司,但仍有众多传统手工艺产品生产仍以民间工艺为主,家庭小作坊式生产居多。另一方面,黄河历史文化资源 IP 化程度较低。当前山东各地未依托丰富的黄河特色历史文化资源形成具有影响力的 IP 形象,不利于黄河特色历史文化资源与其他优势产业融合。

(四)技术要素:黄河历史文化资源数字化利用存在困难

数字技术是推动黄河历史文化资源与文化产业协同发展的重要支撑。随着互联网、大数据、人工智能、云计算、物联网、5G 等数字技术的迅猛发展,数字经济不断突破时空局限和产业界限,打破传统文化企业边界和成长规律,颠覆传统商业模式和历史文化资源利用方式,逐渐向经济社会各环节、各领域渗透和覆盖(金梦泽,2021),对加快文化产业转型升级和供给侧结构性改革的引领促进作用日益凸显,成为推动黄河历史文化资源与文化产业协同发展的“新引擎”。《“十四五”文化发展规划》提出,加快文化产业数字化布局,推动科技赋能文化产业。在此背景下,数字化建设成为加快黄河历史文化资源与文化产业协同发展的客观要求。当前山东省黄河历史文化资源与数字技术融合不充分,黄河文化产业亟待转型升级,这些问题成为制约山东省黄河历史文化资源与文化产业协同发展的重要因素。

1.黄河历史文化资源与数字技术融合度较低

数字赋能是推动黄河历史文化资源保护传承及产业开发的重要方式,数字技术正在加速“数字”与“文化”的高度融合,数据化技术、多样化工具、叙事化手法共同构成黄河历史文化资源数字化保护利用的组织路径。当前,山东省黄河历史文化资源与数字技术融合度较低,急需将历史文化资源与现代创意生活相连接,推动黄河历史文化资源融入日常生活。黄河历史文化资源保护传承层面,先进技术手段运用不足,黄河历史文化资源蕴含的价值内涵未充分释放。特别是非物质文化遗产的手艺人受自身条件、知识素养等主观因素限制,更倾向于借助传统传承手段,依赖口耳相传、口传心授的方式进行文化传承,传承理念较为单一(周建新,2022)。黄河历史文化资源活化利用层面,山东沿黄地区数字黄河文化产品不够丰富,黄河文化传承载体和传播渠道有限。此外,随着新一轮科技革命和产业变革加速演进,人才尤其是高层次数字人才成为关键变量,人才竞争的激烈程度前所未有。当前,山东沿黄各市存在人才“招不来、留不住”问题,缺乏黄河历史文化资源数字化运用的专精人才、创意人才和复合型人才,严重制约着黄河历史文化资源与文化产业的数字化发展。

2.黄河文化产业数字化转型升级存在困难

数字化转型是影响黄河历史文化资源产业利用效率的重要因素。数字技术作为新一轮科技革命的核心力量,是沿黄地区保护利用黄河历史文化资源的内在要求,更是培育文化产业竞争新优势的推动力量。黄河流域的经济发展方式以农业生产和资源能源开发为主,其发展质量面临较大压力,产业体系以重化工传统产业为主,技术竞争力不强,新产业、新业态发展壮大的动力不足(陆大道和孙东琪,2019)。山东省黄河流域传统型文化产业数量占比较大,且大多处于产业链条中低端,文化产业数字化转型升级压力依然很大。数字技术赋能下,山东沿黄地区文化与科技融合特征显著的文化产业新业态不断涌现,造就了一批新型文化企业,为文化产业发展增添了生机与活力。然而,传统文化产业在黄河流域文化产业的结构体系中仍然占据较大比重,以传统文化产业经营为主的文化企业仍是主流,这使得文化产业数字化转型任重而道远(刘倩和王秀伟,2022)。文化产业数字化不仅是生产技术更新,而且是经营理念、战略与运营等全方位的变革。特别是五粮液、鲁味斋、仰韶、德州扒鸡、周村烧饼等拥有厚重历史文化和世代传承产品的老字号,受到传统业务布局、产品与服务内容、人力投入、资金成本等现实条件约束,普遍面临不敢转、不愿转、不会转等难题。此外,山东部分黄河文化产业虽然有数字化转型的意愿和行动,但多存在浅尝辄止、“夹生饭”现象(刘倩和王秀伟,2022),难以结合时代发展特点将历史文化资源同科技发展充分结合,创造出既具有浓厚的文化魅力又有时代特征的黄河文化产品。

(五)产业要素:黄河特色文化产业集聚优势有待凸显

当前,黄河流域产业经过长期努力实现了巨大发展,但与发达地区相比还存在产业结构低端、规模有限、创新不足、新兴产业亟待发展等问题(高煜,2020)。经济结构更加优化是新时期经济发展的主要目标之一,兼具低污染性、高附加值等特性的文化产业将成为撬动区域经济发展的重要支点。文化产业是典型的以创意为生产要素的知识密集型产业,而创意的产生依赖多元化主体之间异质性思维的碰撞,这使得空间上的高度集聚成为文化产业发展的必然模式(张苏缘和顾江,2022)。文化产业作为山东省新旧动能转换“十强”产业之一,既是满足人民美好生活需要的重要途径,又是黄河历史文化资源保护开发的重要支撑。近年来,山东省文化产业发展整体呈现向好态势,根据 2021 年中国省市文化产业发展指数,山东省综合指数位居全国第五,仅次于北京、广东、浙江、上海(王菡娟,2022)。山东黄河流域文化资源类型丰富、特色鲜明,各级文化产业示范园区、基地逐步建设,为黄河历史文化资源与文化产业协同发展提供了良好的基础,但黄河特色文化产业集聚没有表现出与产业地位相匹配的竞争优势,集聚效应未充分发挥。

1.黄河特色文化产业结构趋同现象严重

产业结构趋同可理解为地方将大量资源投入到少数热门文化产业业态中,造成区域内各地文化产业无论是主导业态还是新兴业态都相似的现象。当前,山东沿黄部分地区之间历史文化资源禀赋相近,由于不同行政管理体系间缺乏统一的资源配置和协调机制,导致黄河特色文化产业结构趋同现象严重。这种毗邻地区间高度趋同或者同质化的产业结构无疑会导致各地无法就黄河特色文化产业的区域间有效分工与合理布局达成共识。具体表现为地方政府围绕文化产业优质资源展开竞争,集中文化资源持续扶持同类型文化产业集群发展,由此导致资源浪费、产业趋同以及潜在的恶性竞争等问题,不可避免地降低黄河特色历史文化资源在区域内以及区域间的配置效率,对黄河特色文化产业集群区域一体化发展产生负面影响(胡慧源和李叶,2022)。此外,区域间文化产业结构趋同,不利于沿黄各地特色文化产业品牌的塑造。当前,山东沿黄地区特色文化产业集聚区中大型企业、龙头企业不多,而是以中小微企业为主体。尽管已经涌现出诸如山东出版集团、山东影视传媒集团等知名文化企业,但在整体数量、规模、经济效益等方面都与江浙沪地区存在很大的差距。其中,国际知名度和美誉度较高的黄河特色文化企业更少,缺乏具有较强竞争力的大型企业集团,难以带动黄河特色文化产业的区域发展和国际化整体水平的提升。

2.黄河特色文化产业集聚程度有待提高

山东省黄河历史文化资源丰富,类型多样,广泛分布在全省不同区域。围绕“十强”产业及传统特色优势产业组织同步推进产业集群化发展,山东省推动形成了一大批文化产业特色集聚区。截至2022年,全省公布三批65家省级特色产业集群,集聚企业7.92万家,年主营业务收入12195.21亿元,带动社会就业244.86万人。这些区域体量较大、产业规模可观,基本具备了功能化集聚特征的省级特色产业集群中有38个分布在沿黄九市,其中包括济南市中(数字经济)特色产业集群、济南高新区(人工智能)特色产业集群、德州陵城区(纺织服装)特色产业集群、聊城东阿县(阿胶)特色产业集群、菏泽牡丹区(绿色休闲食品)特色产业集群、菏泽高新区(现代中药)特色产业集群、菏泽曹县(电子商务)特色产业集群等,在重塑黄河特色文化产业格局中发挥重要带动作用,但总体而言,沿黄地区特色文化产业的集聚程度还有待提高。一方面,由于政府对产业发展缺乏有效的协调，导致黄河特色文化产业集聚区建设在空间上过于分散；另一方面，文化产业发展有其自身的空间聚集规律，通常需要经过较长时间扩大自身规模，并通过并购等方式实现产业链延伸。因此，迄今为止，全省大多数地区并未形成规模大、产业链较为完善、在国内外影响深远的黄河特色文化产业集群。与此同时，山东沿黄各地特色文化产业集聚优势未充分发挥，文化产业产值比重较低。2018 年统计数据显示，在 19 个文化产业示范园区中，规模以上文化产业法人单位 83 家，占全省文化产业法人单位总数的比重极低，且入驻单位以中小企业为主，文化产业收入约 1002 亿元，仅占全省文化产业总收入的 27.3%（孙吉国，2020）。此外，当前山东各地黄河特色文化产业集群未与高校、科研机构等建立普遍的产学研用协同创新网络，各自的研发设备和创新平台等资源相对独立和分散，没有充分整合利用形成合力。

四、山东省黄河历史文化资源与文化产业协同发展的实践路径

黄河流域生态保护和高质量发展作为国家战略，是一项系统的长期工程。山东是黄河流域唯一河海交汇区，是中华文明重要发祥地之一和儒家文化发源地，数量众多、特色鲜明的历史文化资源使其在发展文化产业方面具有得天独厚的优势。历史文化资源重在挖掘，难在转化，贵在创新。推动黄河历史文化资源与文化产业协同发展是讲好黄河故事、延续历史文脉的有效途径，也是推动黄河流域生态保护和高质量发展的重要内容。协同创新理论视角下，山东省黄河历史文化资源开发与文化产业发展是一项整体性任务。黄河历史文化资源与文化产业具有相互依赖、相互促进的关系，在整合和互动维度，推动二者协同创新发展是一个通过系统优化各个创新要素，从沟通到协调再到合作最后协同的过程。立足山东省黄河历史文化资源与文化产业发展基础，将鲁剧、好客山东、山东手造的发展经验转化为实践路径，应从理论研究、主体协同、资源优势、技术支撑、产业赋能等角度协同发力，细化黄河历史文化资源相关研究，集成文化产业创新发展力量；强化沿黄区域政策法规协同推进，释放多元主体交流合作效能；深化黄河特色历史文化资源挖掘，推动黄河特色文化产业发展；加强黄河历史文化资源数字利用，赋能文化产业数字化转型升级；优化黄河特色文化产业功能布局，增强特色文化产业集群供给。五大核心要素协同创新，更好地促进山东省黄河历史文化资源与文化产业协同发展，助推

黄河文化创造性转化与创新性发展。

(一)理论研究:增强黄河历史文化资源及相关理论创新研究

理论研究是实践探索的重要基础。推进山东省黄河历史文化资源与文化产业协同发展,沿黄区域要全面准确把握黄河历史文化资源的丰富内涵与本质特征,从资源禀赋与文化特质出发对黄河历史文化资源进行梳理、归类,为山东省黄河历史文化资源产业利用相关研究奠定基础。加大黄河历史文化资源与文化产业发展的理论研究,不仅需要兼顾上中下游,而且要多学科交叉渗透、多机构交流合作,在一个系统的逻辑框架内,从不同学科、不同视角对黄河历史文化资源与文化产业协同发展相关问题进行深入研究和理论概括,进而讲好黄河故事,更好地服务黄河流域生态保护和高质量发展的重大国家战略需求。

1.厘清黄河历史文化资源概念内涵及其类型

黄河文化源远流长、博大精深,是中华民族的根与魂。黄河流经九省区,长期作为中国社会的政治、经济、文化中心,孕育出特色鲜明、内涵丰富的地域文化与文化资源。要高质高效地开发利用山东省黄河历史文化资源,明确区域文化资源产业化开发的重心,首先必须厘清黄河历史文化资源概念内涵及其资源类型,以明确其开发价值和发展方向。一方面,明确黄河历史文化资源概念内涵,需对黄河文化有深刻认知。本研究认为黄河文化是黄河流域人民在生产生活实践中积累的地域性文化,包括物质文化与精神文化。在此基础上,将黄河历史文化资源定义为:孕育于黄河流域独特的自然环境,发展于黄河流域人民的繁衍生息,是人们在改造利用自然、维护社会秩序、从事文化活动等的过程中创造的具有地域性与历史性的资源类型。黄河历史文化资源同样具有文化资源的一般属性,兼具生产性、创造性、历史性。另一方面,厘清山东省黄河历史文化资源类型分类,需根据其基本特征选择合适的划分标准。不同文化资源具有不同文化特色,黄河历史文化资源数量多、时间跨度大、区域分布广、所属地域不同,了解其基本特征有助于进一步分类。黄河历史文化资源具有地域性、共生性、包容性、民族性和动态性等基本特征,本研究根据文化资源的一般性分类,结合黄河文化的主要特点与山东省黄河历史文化资源禀赋的实际情况,将山东省黄河文化资源分为农耕文化资源、物质文化遗产资源、非物质文化遗产资源、精神文化资源、红色文化资源、自然文化资源六类。

2.完善黄河历史文化资源利用人才队伍建设

人才是一切产业发展的基础,人才既是构成文化产业发展的核心资源,也是各地区产业竞争的焦点(李玉杰等,2012)。解决黄河历史文化资源相关理论研究滞后问题,加强黄河历史文化资源研究的人才队伍建设成为关键。浙江、广东、上海等地纷纷出台文化产业人才专项规划,或在加快本地文化创意产业发展指导意见中将人才问题置于重要位置(张兆友,2021)。加强山东省黄河历史文化资源与文化产业协同发展研究,一方面,各市要进一步强化人才支撑体系。基于山东省黄河历史文化资源与文化产业协同发展工作的人才稀缺现状,应以政府为引领加快构建一支规模适度、结构合理、素质优良的人才队伍。山东沿黄九市应以“高精尖缺”为导向,完善人才引进政策。围绕专业人才的核心诉求,为其在住房、落户、子女入学、社会保险等方面提供更加便利的服务和更具竞争力的待遇。同时,沿黄九市要积极建立黄河文化企业与高校对接的合作委员会,实现学校、企业对学生的共同培养,促进学校的学科建设,为黄河历史文化资源与文化产业协同发展输送对口的专业人才。另一方面,沿黄九市要加大人才主体对于山东省黄河历史文化资源产业利用方面的研究力度。从不同视角对黄河文化进行解读,有助于拓宽黄河历史文化资源与文化产业的发展思路。其中,长期奋战在黄河一线的黄河工作者是研究黄河历史文化资源的重要队伍,在长期的黄河实践活动中能够充分掌握第一手资料,这为黄河历史文化资源及其相关研究提供了极大的便利条件;研究黄河文化的专家、学者应当成为深入研究黄河历史文化资源的主力,其具有深厚的学术积累,更容易在创新研究中取得新的成果;高校教师应成为黄河历史文化资源及其相关研究的有力补充力量。高校教师从事一线教学工作,应当充分发挥文化育人的功能,加强对黄河历史文化资源及相关领域的学术研究。多元研究主体可组建山东省黄河历史文化资源与文化产业协同发展专家咨询委员会,通过搭建专业学术交流合作平台,跨区域联合举办黄河历史文化资源与文化产业协同发展论坛,提高黄河历史文化资源产业利用过程中决策的科学化和民主化水平。

(二)主体协同:推动沿黄多元主体协同共识形成与效能释放

协同治理是应对现代社会大范围、跨区域文化资源保护与利用的有效途径,黄河流域生态保护和高质量发展作为跨省市、跨地区的重大国家战略,需要多元主体协同发力、全面推动。“协同”是指由完全不同性质的大量子系统(诸如电子、原子、分子、细胞、神经原、力学元、光子、器官、动物乃至人类)所构成的各种系统,协同理论认为,在复杂的开放系统中(包括社会经济系统),大量子系统相互作用而产生的整体效应或集体效应满足 $1+1>2$,是系统有序化结构形成的内在驱动力(赫尔曼·哈肯,2005)。基于协同理论的山东省黄河历史文化资源与文化产业发展,强调行政区各方主体以资源共享或优势互补为前提,以历史文化资源保护利用协作发展为目的,以共同参与、共享文化、共担风险为准则(侯兵和黄震方,2015),共同推动黄河历史文化资源与文化产业协同发展。

1.增强沿黄区域政策制定的协同性

黄河历史文化资源与文化产业协同发展需要突破创新主体间的壁垒,通过主体的相互作用和创新要素的高效配置,实现系统优化和价值创造。政府主体在这个过程中起到引导作用,在制定相关政策时应加强不同区域间、部门间的区域协同发展理念,发挥政策合力。首先,为避免"各自为战"现象,要明确管理部门之间的权责划分。由于黄河历史文化资源类型各异、文化产业领域涉及广泛,可根据分类管理与综合管理相结合的思路,增强部门之间的信息交流与沟通,在探索构建综合协调机制的基础上,明确具体牵头部门负主责,并进行管理责任的划分(高宏存和张景淇,2021)。其次,聚焦黄河历史文化资源保护利用地域化、碎片化问题,不同行政区域政府主体应加强政策协同性。当前,山东省组织编制了《山东省黄河文化保护传承弘扬规划》《山东省黄河文化旅游带总体规划》《山东省黄河流域非物质文化遗产保护传承弘扬规划》等系列规划,着力构建"一轴两带贯通、九大组团联动"的发展格局。在此背景下,不同行政区域的政府部门在研究确定重大问题、重大工程、重大事项时,应破除部门之间的信息壁垒,保证政策对接效率,通过协商制定黄河历史文化资源开发与文化产业发展的相关政策。如滨州与东营在黄河历史文化资源上重合度较高,共同拥有圣人资源、吕剧资源等,政府主体应突破行政限制与区域分割,牢固树立黄河历史文化资源与文化产业发展"一盘棋"思想,协同制定相关政策与工作方案。最后,地理位置相邻、资源禀赋相近的区域之间可成立黄河历史文化资源与文化产业协同发展领导小组,共同协商解决跨边界"公共问题"。从生成整体论的角度来看,文化生态区是文化区而非行政区,区域内的部分是由整体引申出来的,由此更加强调整体的延续性、动态性和有机性(郭永平,2020)。如 2019 年 12 月 19 日,山西忻州、陕西榆林、内蒙古鄂尔多斯三市于忻州市河曲县签订了《晋陕蒙(忻榆鄂)黄河区域协同发展框架协议》,有效解决黄河历史文化资源跨边界保护开发问题(郭永平,2021)。

2.推动沿黄区域交流合作机制建立

黄河历史文化资源与文化产业协同发展不是特定行政区或区域的独立行

为，而应是多元主体的相互合作。协同治理强调政府不再仅仅依靠强制力，更多的是通过政府与民间组织、企业等社会组织之间的协商对话、相互合作等方式建立伙伴关系来管理社会公共事务（李汉卿，2014）。首先，要健全山东省沿黄各市和省直部门、黄河河务部门等政府主体协同治理的合作机制。在黄河历史文化资源保护利用方面，现有区域式、分段式、单元式的文化资源保护利用模式容易造成各自为政、分散经营和同质竞争等问题（杨越等，2020），需要兼顾历史文化资源保护方式和文化产业发展属性，探索出与流域文化特征相匹配、与流域发展需求相适应的黄河历史文化资源与文化产业协同发展合作机制。如围绕“好客山东”品牌主题，全省各地共同协商文化旅游品牌发展策略，构建“泉城济南、运河古城、亲情沂蒙、逍遥潍坊、文化济宁、江北水城、好运荣成”等各具地方黄河文化特色的系列区域子品牌矩阵，增强山东省黄河文化保护传承弘扬的系统性。其次，在黄河文化产业发展方面，政府要从战略层面强化协同意识，激发多元主体的协同意愿，统筹所在区域、省市的文化和产业发展大局。要形成政府主导下的企业、社会机构、社会个体等主体共同参与山东省黄河历史文化资源与文化产业协同发展格局。这就要求不同主体找准各自在协同发展中的位置和角色，立足价值判断和利益需求，对协同格局中各自的分工进行战略部署，实现文化、资源和市场的有机共享与优势互补（侯兵和黄震方，2015）。这在一定程度上可避免各地黄河历史文化资源过度竞争、文化项目重复建设、文化产业结构同质化等现象。最后，畅通企业、社会组织和公众等社会力量参与黄河历史文化资源保护开发与文化产业创新发展的有效渠道。基于共建共治共享理念，建立有效协同保护信息传递和处理机制，鼓励不同参与主体根据其职能和角色参与到黄河历史文化资源保护利用的具体实践中，形成多元主体协同保护的主体意识。

（三）资源优势：深化黄河特色历史文化资源开发与特色供给

新时期讲好黄河故事要在保护挖掘黄河历史文化资源的同时，对部分具有黄河特色的历史文化资源进行产业转化，发展黄河特色文化产业。黄河之水孕育了齐鲁文化，悠久的历史沉淀出极其丰富的文化资源，既包括“物质”层面的自然景观（泰山、黄河故道、微山湖、刘公岛、蓬莱阁等）、文化遗产（曲阜明故城、齐长城、大运河、青州古城等），也包括精神层面的文化资源（文献典籍、历史名人等）、非物质文化遗产（滨州剪纸、高密剪纸、莒县过门笺、诸城派古琴、济南皮影戏、泰安皮影戏、胡集书会、黄河口草编等）。充分挖掘利用这些黄河历史文化资源，山东省形成了以“鲁剧”为典型代表的黄河精神文化资源的影视产品创新转化模式,在推动黄河历史文化资源挖掘开发和产业转化方面积累了丰富经验。借鉴鲁剧的发展经验,扎根本土资源特色、文化特色,充分挖掘黄河特色历史文化资源,发展特色文化产业,推动黄河历史文化资源优势转化为文化产业发展优势。

1.加强黄河特色历史文化资源挖掘利用

黄河特色历史文化资源是文创产品生产与文化产业发展的重要素材与创意源泉。黄河流域拥有众多历史文化资源,不同时期和形态的文化遗产资源叠加交错,在传承文化基因的同时展现出中华文化的基本形态。挖掘好、利用好黄河特色历史文化资源是讲好黄河故事的前提条件(常天恺和齐骥,2022)。鲁剧传统创作深耕山东省黄河历史文化资源,依托齐鲁圣地名人佳话史传,创作出一大批精品影视作品。如依托齐鲁历史名人资源,鲁剧创作出《孔子》《孙子》《大舜》《武松》等历史人物剧;通过挖掘山东民族工商业发展的艰辛历程折射齐鲁商埠文化风貌,创作出凸显崇高爱国主义精神的《大染坊》;从普通山东家庭的移民历程着手,生动描述齐鲁儿女艰苦创业的奋斗史,创作出彰显中华民族独立自主、自强不息精神的《闯关东》,该剧也成为鲁剧的标志性代表作。从鲁剧创新发展中可以明确地看到其成功背后离不开对黄河特色历史文化资源的深入挖掘利用。因此,在黄河特色历史文化资源挖掘方面,应深入探析地域历史底蕴、文化特色与资源优势,由此明确黄河特色文化产品定位。如东营市依托黄河入海口这一自然文化资源,突出"黄河入海"文旅品牌;德州市夏津县深入挖掘特色农耕文化资源,打造好"椹果之乡·生态夏津"品牌;淄博市作为酒祖仪狄故里,塑造好"扳倒井"和"国井"鲁酒品牌。在黄河历史文化资源利用方面,打造充分体现地方文化特色的差异性黄河文化产品。关键在于确立黄河文化的基本内涵,研究黄河文化的内在组成,并对其进行创意转化,进而实现文化资源优势向产业发展优势的转变。如山东沿黄地区共有中国农产品地理标志品牌产品 122 个,可选取其中文化特色明显、IP 化能力强的农耕文化资源,创造出具有高辨识度的黄河特色文化产品。具体可依托黄河地理标志商品资源,提炼研发出以"黄河礼物"为核心的系列农产品;依托融合了孔子中庸之道的黄河流域烹饪文化资源,创新研发出以"黄河宴"为核心的特色鲁菜产品;依托夏津黄河故道古桑树群落、乐陵枣林复合系统、章丘大葱栽培系统、岱岳汶阳田农作系统等农业文化遗产,深入挖掘其内含的农业思想、制度与法令、农事民俗与礼仪文化等,形成特色农业文化旅游产品。

2.推动黄河特色历史文化资源产业转化

山东省黄河流域特色历史文化资源丰富,以区域内原有特色历史文化资源为核心，以市场需求为动力，以经济社会效益最大化为目标发展特色文化产业具有重要意义。文化资源禀赋是文化资源产业化开发的基础和前提，基于文化资源的内涵和特征，文化资源产业化开发就是充分利用文化资源禀赋，将文化资源作为生产要素投入文化产品生产，并以市场需求为导向不断规模化，形成文化产业，实现经济效益、社会效益相统一，最终达到文化资源可持续利用的目的。文化资源产业化开发实质上就是文化产业形成和发展的过程，发展特色文化产业成为推动山东省黄河特色历史文化资源优势转化为产业优势的重要途径。首先，增强山东沿黄地区居民主体的黄河文化认同感。黄河沿岸居民传承、保护、发展黄河文化的自发性与主动性对推动黄河特色历史文化资源产业化发展起着重要作用。山东沿黄各地要在突出黄河文化差异性与地域性特征的基础上，创建出以共同文化记忆与文化认同为基础的黄河特色文化品牌，从而唤起居民的地域归属感与文化自信感，真正产生协同推动区域黄河特色历史文化资源产业转化的内聚主动性与外散积极性。其次，增强山东沿黄各地特色历史文化资源内生性产业转化动力。依托各地特色文化资源，特别是传统手工艺，引导传统手工艺产品生产方式由家庭小作坊式转向规模产业化，形成一批以非遗特色产品为主打的地方特色文化企业。最后，推动黄河历史文化资源 IP 化转化。以 IP 思维合理开发利用黄河特色历史文化资源，能有效突破当前特色文化产业发展的地域与行业桎梏，推动黄河特色历史文化资源与其他优势产业融合，为黄河特色文化产业发展带来新的增值空间。第七届中国成都国际非物质文化遗产节首次聚焦“非遗创意设计作品授权”，为以非遗元素为代表的授权方和以酒店、餐饮、鞋服、家居等品类供应商为代表的被授权方搭建了沟通合作桥梁，促成一大批特色文化产业合作。因此，山东各地应找准黄河文化与地域特色文化的交叠之处，提取出黄河特色文化 IP，以 IP 符号形式融入当地文化旅游、影视演艺、文艺创作、动漫游戏等相关产业，实现黄河特色历史文化资源的产业转化。

（四）技术支撑：加强数字技术赋能文化资源活化与产业升级

数字技术为黄河历史文化资源与文化产业协同发展提供了有效的技术手段和必要的工具支撑。黄河历史文化资源通过多种途径和因素转化成为文化产品和文化服务，其中数字技术是至关重要的因素。山东省是全国唯一的新旧动能转换综合试验区，探索形成了科学有效的动能转换路径。为加快推动黄河文化数字化建设，山东省实施省内沿黄九市黄河文化数字化“八个一”提升行动，数字技术正成为黄河历史文化资源与文化产业协同发展的重要推动力。山东省沿黄地区文化旅游资源富集,4A、5A 级景区总数居黄河流经九省区第二位。依托丰富的历史文化资源,山东省将历史文化与现代旅游相融合,叫响“好客山东”文旅品牌。数字技术在加速转化历史文化资源、优化文化旅游品牌形象以及推进产业转型升级等方面起到重要作用。各地在推动黄河历史文化资源开发与文化产业发展时应与时俱进,加大黄河历史文化资源与数字技术融合力度,推动黄河文化产业数字化转型升级,特别是老字号的数字化发展。

1.加大黄河历史文化资源与数字技术融合力度

推动黄河历史文化资源与数字技术融合发展,成为提升黄河历史文化资源转化利用率的重要形式。山东省以黄河历史文化资源为主要的旅游吸引物,以多样化且独特的黄河文旅体验项目为主要载体,推出独具地域文化特色的文化旅游产品,在数字技术的加持下,通过“捆绑营销、联合推广”,打响“好客山东”文化旅游品牌,成为全国首例成功打造的区域协同文化旅游品牌。聚焦“好客山东”文旅品牌建设与实践,各地在利用黄河历史文化资源的过程中应加大数字技术应用。

首先,利用数字技术创新黄河历史文化资源保护传承方式。数字技术具有互通互联、跨界融合、实时互动等特性,通过建设黄河历史文化资源数据中心,将山东黄河流域的自然景观、历史遗迹、文献古籍、博物馆文物以及曲艺民俗等各类文化资源转化为可“永久保存、永续利用”的数据资源,形成“物理分布、逻辑关联、快速连接、高效搜索、全面共享、重点集成”的山东省黄河历史文化资源数据体系。特别是山东省黄河流域分布着众多非物质文化资源,如以泰山传说为代表的民间文学、以鲁西南鼓吹乐为代表的传统音乐、以鼓子秧歌为代表的传统舞蹈、以吕剧为代表的传统戏剧、以琴书为代表的曲艺、以梅花拳为代表的传统体育、以东阿阿胶制作为代表的传统医药、以柳编为代表的传统美术、以黑陶制作为代表的传统技艺等,提升这类黄河文化资源传承过程中的数字化程度,有助于其可视化生产、数字化加工和多元化利用。

其次,利用数字技术创新黄河历史文化资源活态利用方式。一方面,利用区块链、5G、AI 等技术手段推动山东省黄河流域传统非遗文化技艺与数字科技相结合。例如,数字藏品可以通过区块链技术,对艺术品生成唯一的数字凭证,在保护版权的基础上实现数字化发行、购买、收藏和使用,河北博物馆推出馆藏国宝“长信宫灯”的数字藏品,刚上线就被“秒杀”(冯圆芳,2022)。另一方面,借鉴“好客山东”品牌塑造经验,搭建矩阵式推广格局,多维度展现黄河文化基因和历史文脉。综合利用传统媒体以及社交媒体、短视频平台等新媒体渠道宣传山东各地黄河特色历史文化资源，增强日常生活中山东黄河文化的认同感。同时，数字技术有助于加速资源要素流动，能够把市场信息更快、更准确地传递到供给侧，把优质黄河文化产品及服务信息更高效地交换到需求端，提高供需匹配效率，在文化产品供给层面破解人民日益增长的美好生活需要与不平衡不充分的发展之间的矛盾(周清香和何爱平，2020)。

最后，完善黄河历史文化资源数字化利用人才培育体系。如对于济南文化产业集聚水平较高、文化资源开发相对成熟的地区，现阶段的发展任务应当聚焦于差异化定位、突破技术壁垒以及培育引进高端复合型人才。

2.推动数字技术赋能黄河文化产业转型升级

随着数字化的不断推进，数字赋能贯穿文化产业生产、传播、消费及相关活动的整个过程(陈知然等，2022)。数字经济时代，“互联网＋”利用信息通信技术促使互联网与传统产业实现深度融合，通过大数据分析和整合，改造传统产业的生产方式，创造新业态、新技术、新模式，能够为实现经济高质量发展提供创新动力(周清香和何爱平，2020)。数字技术是推动文化产业转型升级的重要动力。立足沿黄地区历史文化资源与文化产业协同发展的实际问题，文化产业应转变经营理念与运营策略，将数字技术贯穿于黄河流域“内容生产—传播推广—消费体验”的数字文化全产业链。

首先，从黄河文化产业生产环节看，数字技术既作为辅助要素介入文化产品生产的全过程，提高黄河文化产品的生产效率与传播速度，又作为创造内容之一，推动形成新型文化业态。其中，以场景再现等为代表的文旅融合、以数娱电竞等为代表的文体融合、以虚拟现实交互设计等为代表的文创融合，成为数字文化产业发展的重要机遇。基于沿黄各地区深厚的历史文化底蕴，各地应综合应用大数据、全息投影、增强现实、虚拟现实等数字媒体技术，将当地历史文化故事、民间传说等黄河文化遗产重现、改编为数字媒体资源，推动“文化＋科技”融合发展(王晓冬和董超，2020)，形成数字文旅、数字演艺、文化直播、电商直销、线上办展、IP 授权转化等新文化业态。

其次，从黄河文化产业传播环节看，数字传输凭借高速度与高精度，既保障文化旅游、影视游戏、文创产品等产业信息的精准高效传播，又通过线上线下相结合的方式拓宽黄河文化产品展示与传播路径。如山东博物馆、齐文化博物院与腾讯合作，将山东博物馆国宝级文物“亚丑钺”授权给腾讯进行文化IP 共创，联动郑板桥的《竹石图》制作出相关影视剧的主题动态海报，有助于人们深入了解与持续关注影视作品。

最后,从文化产业消费环节看,数字技术能够创造虚拟展示空间,使娱乐、参观、旅游等消费活动不再受时间、空间、气候等条件的限制,能够为人们创造多样化的文化消费场景和体验方式。如曹县以农民大规模电商创业就业为核心,以电商平台与服务型政府双向赋能为两翼,探索出“电商＋产业＋贫困户”的电商扶贫模式,推动木制品、农副产品、表演服饰、汉服四大文化产业转型发展。针对山东黄河流域老字号文化企业数字化转型,可支持老字号集聚发展的电商、直播等各类基地,引导老字号企业通过数字技术创新经营模式,鼓励黄河流域新一代非遗传承人通过网络直播模式拓展消费市场。值得注意的是,在推动黄河文化产业数字化转型升级的同时要完善相关法律法规,加强执法队伍建设和加大监管力度,为黄河历史文化资源与文化产业数字化协同发展提供良好的市场环境和法律环境支撑(张兆友,2021)。

(五)产业赋能:推进黄河特色文化产业布局优化与集群供给

历史文化资源与文化产业关系密切,历史文化资源是文化产业发展的重要基础,同样,文化产业的持续健康发展也是历史文化资源价值发挥的重要保障。推动黄河流域特色文化产业协同发展不仅要解决区域之间存在的产业结构趋同问题,而且要破除区域内集聚效应不高问题(胡慧源和李叶,2022)。国家《“十四五”文化发展规划》和《“十四五”文化产业发展规划》均提出推进黄河文化产业带建设的重要理念。山东省黄河流域特色文化产业总体上呈现出特色文化突出、产业类别丰富、地域分布广等特征,已经成为区域文化产业的重要增长点。企业集聚可以产生劳动力市场共享、中间品投入、技术外溢等外部经济,从而实现产业增长和区域经济发展。借鉴其发展经验,通过优化黄河特色文化产业功能布局,增强黄河特色文化产业集群供给,发挥产业集聚效应,进一步促进山东省黄河历史文化资源的保护开发与产业转化。

1.完善黄河特色文化产业功能布局

规模经济理论强调大量相关企业在地理上的集聚能产生竞争优势。地理集聚是文化产业集聚普遍规律的具体表现形式,地理集聚与文化整合极大地促进了区域文化产业空间结构的优化布局与动态升级(章军杰和夏春红,2014)。结合山东省黄河文化产业发展的现实基础和发展潜力,按照分工协作、错位发展的原则,坚持科学谋划、统筹协调、差异化布局、特色化发展的总体思路,优化沿黄各地区特色文化产业集聚发展的总体布局。首先,山东沿黄九市在保护传承的基础上,充分挖掘地方农耕文化资源、物质文化遗产资源、非物质文化遗产资源、精神文化资源、红色文化资源、自然文化资源等，既要做大做强文化制造、影视制作、工艺美术等文化产业，也要加快发展数字文化、文化旅游、创意设计等新兴产业（见表 12）。通过彰显区域特色的文化产业发展战略和产业导向，以延链、补链、强链为主要途径，确定重点发展领域，力争形成一批具有国际竞争力的黄河特色文化产业集群。其次，区域文化内涵是区域文化资源产业化过程中必须寻找和体现的亮点。区域文化内涵越鲜明，地域特色就越突出，也就越易于被认可和被选择，其价值也就越显现，区域优势文化资源才越有可能转化为文化产业优势（单铭磊，2016）。沿黄九市要根据各地区资源、要素禀赋和发展基础做强黄河特色文化产业，加快新旧动能转换，推动文化产业转型升级，建设特色优势现代文化产业体系。在此基础上，形成以优势文化产业为引领，主次分明地发展文化产业，差异化、多元化、特色化的文化产业竞争格局。例如，济南以“齐鲁文化动漫工程”为基础，大力发展具有山东黄河特色的数字动漫产业。

表 12 山东省黄河流域特色文化产业集聚区

类型	内容
数字文化产业	大力培育发展黄河题材的游戏动漫、媒体融合、视频点播、数字文娱、数字音乐、网络文学、网络视听、数字影像、广播电视科技创新等数字文化产业新业态
影视文化产业	深化影视业综合改革，加强影视工业化生产体系建设，打造一批影视新兴产业发展基地，推进黄河文化题材影视的创作、拍摄、制作、放映，培育发展相关网络剧、数字影视、演艺科技、短视频等影视新业态
文化旅游产业	支持实施黄河流域文旅融合“标志性”IP 和金名片培育工程
文化制造产业	支持推动黄河流域文化制造业数字化转型，做大做强先进文体装备制造业，加快打造一批高端文化设备制造基地
创意设计产业	大力发展黄河流域工业设计、建筑设计、时尚设计、广告设计等产业，因地制宜培育生产性设计服务集群
工艺美术产业	支持文房四宝、鲁绣、石雕、木雕、根雕、木玩、民族工艺等特色产业创新发展，打造一批区域黄河特色文化品牌

2.增强黄河特色文化产业集群供给

文化创意产业发展到一定阶段必然会形成产业集群，这种空间组织形成的改变推动了产业结构优化和经济竞争方式的转变（厉无畏和王慧敏，2006）。

特色文化产业集群能够进一步促进黄河历史文化资源的整体保护与活态开发,为黄河流域文化企业及相关主体发展提供新空间,使上下游产业链布局分工更加合理,易于形成规模效应和品牌效应(邵明华,2020b)。黄河特色文化产业集聚有助于形成黄河历史文化资源与文化产业的良性互动发展。为此,政府主体要高度重视黄河特色文化产业集群建设,统筹协调,强化顶层设计,坚持问题导向,加大文化产业集群政策扶持力度。例如,浙江省印发《浙江省产业集聚区产业准入指导意见》,指导全省产业集聚区产业发展,为今后产业集聚区内项目、企业享受政策扶持提供重要标准和依据。同时,山东沿黄各地要完善特色文化产业要素集聚支撑,根据当地黄河文化资源禀赋和文化产业现有基础,因地制宜引导黄河特色文化产业集群合理布局。例如,聊城市东昌府区堂邑镇路庄村全村种植葫芦 3000 多亩,被称为“中国葫芦第一村”,培育建立起东昌工艺葫芦产业基地;菏泽市巨野县通过整合全县书画产业资源,形成 1 个县级农民绘画基地、4 个绘画专业镇、50 个专业村、39 家基层画院。沿黄区域间的资源要素集聚是文化产业集聚的基础。资源要素集聚的重点在于综合考虑各地文化产业发展比较优势,对区域范围内重点文化产业集群的产业地域分工、主导产业选择以及产业配套设计进行重新梳理。在此基础上,做好存量动态调整,在与各方主体协商一致的前提下对同行业、上下游且根植性弱的优质文化产业资源进行跨地区资源整合,从而更好地凝聚地方文化产业集群特色,提高黄河历史文化资源区域配置效率(胡慧源和李叶,2022)。此外,各地区要重视中小文化企业聚集与孵化,力争构建中小文化企业成长的便利通道,加强公共设施载体和线上公共服务平台建设,同时设立创投基金并争取政府补贴,吸引周边中小微文化企业入驻。如山东自贸试验区济南片区成功获批国家文化出口基地后,搭建了全国首个“线上+线下”的黄河流域文化出海公共服务平台,吸引沿黄九省区 500 多家中小文化企业集聚发展(晏澜菲,2022)。

五、结论与展望

黄河文化是中华文明的重要组成部分,保护传承利用好黄河历史文化资源是延续历史文脉的重要载体,也是推动黄河流域生态保护和高质量发展的应有之义。山东省围绕黄河文化保护传承弘扬的使命任务,统筹推进黄河历史文化资源的系统保护利用,积极推动黄河历史文化资源与文化产业协同发展成果融入黄河流域生态保护和高质量发展大局，讲好新时代“黄河故事”。本研究深入山东省黄河历史文化资源开发与文化产业发展实际，通过数据整理、案例分析等客观阐述山东省黄河历史文化资源与文化产业协同发展的现实困境，聚焦关键性问题并提出对策建议，以期为推动山东省黄河文化创造性转化和创新性发展提供借鉴。主要结论如下：首先，厘清黄河历史文化资源概念内涵、基本特征与类型划分是推动黄河历史文化资源开发及文化产业发展的重要基础。黄河文化源远流长、博大精深，是中华民族的根与魂。黄河流经九省区，孕育出特色鲜明、内涵丰富的地域文化，产生了类型多样的文化资源。全面准确把握黄河历史文化资源的丰富内涵与本质特征，从文化资源禀赋与特质出发对黄河历史文化资源进行梳理、归类，为黄河历史文化资源与文化产业协同发展相关研究奠定基础。其次，推动黄河历史文化资源产业利用是新时期保护传承弘扬黄河文化的必然选择。文化资源是文化产业发展的基础与前提，文化产业是文化资源的重要载体。山东省以挖掘各地市特色黄河历史文化资源为基础，并将其转化为丰富的文化产品，从而推进文化旅游、影视创作、特色文创等产业的发展，全方位、多视角诠释黄河文化的内涵、精神实质和时代价值，为黄河文化创造性转化和创新性发展提供了借鉴模式与实践路径。最后，探索黄河流域文化产业发展路径是提高黄河历史文化资源转化效能的现实需要。尽管山东省拥有数量可观、开发潜力巨大的优质黄河历史文化资源，但产业化开发之路仍然任务艰巨，存在着黄河历史文化资源相关理论研究滞后、协同发展格局尚未构建、黄河历史文化资源转化利用率较低、资源利用与产业发展的数字化程度较低、黄河特色文化产业集聚水平有待凸显等问题。对于山东省黄河历史文化资源与文化产业协同发展而言，需要通过政府、文化企业、产业园区、科研机构、社会公众等多元主体协同创新，完成从理论研究到主体要素、资源要素、技术要素、产业要素的全面协同，细化黄河历史文化资源及其产业化相关研究，强化黄河历史文化资源与文化产业协同发展理念，加大黄河历史文化资源挖掘利用与产业转化力度，提高黄河历史文化资源与文化产业发展的数字化程度，优化黄河特色文化产业布局与集群供给，共同讲好山东黄河故事。

山东省立足黄河流域生态保护和高质量发展的历史机遇，在黄河历史文化资源保护传承与文化产业创新发展方面已经取得了长足发展。新时期，山东沿黄各市要坚持区域协调联动，以历史文化资源保护为基本前提，以市场需求为导向，优化资源配置，促进优势互补，协同创新推动山东省黄河历史文化资源与黄河文化产业高质量发展。特别是提高黄河文化产业发展的数字化水平，以数字技术赋能传统文化产业发展，促进实体经济与数字技术加速融合，注重知识产权保护，搭建黄河文化数字消费场景，借助数字技术构建以新动能为主导的“雁阵形”产业集群。此外，山东省沿黄各市要进一步打破城市之间的行政与市场壁垒，协同推进基础设施互联互通，完善城市间的协调与联动机制，加速实现黄河历史文化资源与文化产业一体化发展。新时期，山东要以保护好、传承好、弘扬好黄河文化为根本，以推动黄河历史文化资源与黄河文化精神的产业化表达为任务，把黄河文化融入沿黄地区经济社会发展，为讲好山东“黄河故事”，推动中华优秀传统文化创造性转化和创新性发展贡献力量。

参考文献

[1]胡惠林，李康化.文化经济学[M].上海：上海文艺出版社，2003.

[2]赵尔奎，杨朔.文化资源学[M].西安：西安交通大学出版社，2016.

[3]欧阳友权.文化产业通论[M].长沙：湖南人民出版社，2006.

[4]牛淑萍.文化资源学[M].福州：福建人民出版社，2012.

[5]黄永林.从资源到产业的文化创意：中国文化产业发展现状评述[M].武汉：华中师范大学出版社，2012.

[6]安作璋，王志民.齐鲁文化通史[M].北京：中华书局，2004.

[7]杨朝明，于孔宝.齐鲁文化通史：春秋战国卷[M].北京：中华书局，2004.

[8]哈肯.协同学：大自然构成的奥秘[M].凌复华，译.上海：上海译文出版社，2005.

[9]PETER A. GLOOR. Swarm creativity: Competitive advantage through collaborative innovation networks[M]. Oxford: Oxford University Pres，2006.

[10]王颖.山东海洋文化产业研究[D].济南：山东大学，2010.

[11]张兆友.山东省数字文化产业竞争力研究[D].济南：山东大学，2021.

[12]赵东.资源内涵的新拓展：历史文化资源[J].人文杂志，2014(04)：126-128.

[13]安作璋，王克奇.黄河文化与中华文明[J].文史哲，1992(04)：3-13.

[14]邵明华，倪昊玥.内容构建、空间再造与价值共创：数字技术赋能黄河文旅发展的逻辑与路径[J].文化产业导刊，2021(06)：2-8.

[15]吴璇,曹劲松.新时代文化精神的主体建构[J].南京社会科学,2021(03):164-172.

[16]张占仓.黄河文化的主要特征与时代价值[J].中原文化研究,2021,9(06):86-91.

[17]徐纪律.论文化资源开发利用的时代性和民族性标准[J].社会科学研究,2004(03):61-63.

[18]姚伟钧,任晓飞.中国文化资源禀赋的多维构成与开发思路[J].江西社会科学,2009(06):219-224.

[19]朱伟利.刍议黄河文化的内涵与传播[J].新闻爱好者,2020(01):32-35.

[20]丹增.发展文化产业与开发文化资源[J].求是,2006(01):44-46.

[21]邱明明,徐广才.农耕文化及其产业化发展研究[J].农学学报,2015,5(12):115-120.

[22]邓美平.情系古桑,守望故乡[J].走向世界,2022(06):40-43.

[23]刘德龙,李志刚,赵建民.鲁菜文化的历史源流[J].民俗研究,2006(04):244-257.

[24]隋斌,张建军.二十四节气的内涵、价值及传承发展[J].中国农史,2020,39(06):111-117.

[25]王宝卿,马刚.氾胜之其人其书及其影响研究[J].中国农史,2019,38(05):50-59.

[26]张乐.品读农学古籍　传承农耕文明:评《齐民要术》[J].中国农业资源与区划,2020,41(10):177,203.

[27]古代农学家和农书编写组.古代农学家和农书[J].江西农业大学学报,1986(02):83-94.

[28]刘明.论徐光启的重农思想及其实践:兼论《农政全书》的科学地位[J].苏州大学学报,2005(01):97-100.

[29]史鸿文,李萌.论黄河文化精神的生成逻辑[J].中州学刊,2021(12):152-157.

[30]李焕.黄河文化的本位回归与传承路径:人与自然共生的视角[J].理论导刊,2021(08):123-129.

[31]于志平,陈立明.齐鲁文化及其现代价值[J].中央社会主义学院学报,2007(01):64-68.

[32]王修智.齐鲁文化对山东的深远影响[J].理论前沿,2008(13):27-28.

[33]徐吉军.论黄河文化的概念与黄河文化区的划分[J].浙江学刊,1999(06):134-139.

[34]孟华.和谐:泰山文化的核心[J].泰山学院学报,2007,29(01):13-17.

[35]孙莉.浅论泰山精神[J].东岳论丛,2006(05):205-206.

[36]王宝德,李会勋.蓝色经济区文化产业建设研究[J].山东社会科学,2012(01):9-12.

[37]叶涛.海神、海神信仰与祭祀仪式:山东沿海渔民的海神信仰与祭祀仪式调查[J].民俗研究,2002(03):65-80.

[38]韩延明.摭论沂蒙精神的本源、本质、本色与本分:学习领悟习近平总书记关于沂蒙精神的重要论述[J].理论学刊,2019(01):48-55.

[39]徐腾飞,千析,王弯弯,等.加快推进黄河水文化建设的思路与措施[J].人民黄河,2022,44(S1):5-6.

[40]白列湖.协同论与管理协同理论[J].甘肃社会科学,2007(05):228-230.

[41]许庆瑞,谢章澍.企业创新协同及其演化模型研究[J].科学学研究,2004,22(03):327-332.

[42]胡恩华,刘洪.基于协同创新的集群创新企业与群外环境关系研究[J].科学管理研究,2007(03):23-26.

[43]陈劲,阳银娟.协同创新的理论基础与内涵[J].科学学研究,2012,30(02):161-164.

[44]郑巧,肖文涛.协同治理:服务型政府的治道逻辑[J].中国行政管理,2008(07):48-53.

[45]郁建兴,任泽涛.当代中国社会建设中的协同治理:一个分析框架[J].学术月刊,2012,44(08):23-31.

[46]赖茂生,闫慧,叶元龄,等.内容产业与文化产业整合与协同理论和实践研究[J].情报科学,2009,27(01):12-16,25.

[47]任海军,曹盘龙,王国富.生态经济与文化产业协同发展机理探究:以甘肃省为例[J].甘肃社会科学,2012(03):183-186.

[48]郑耀宗.文化创意产业园区转型升级路径研究:基于协同理论与上海实践[J].企业经济,2016(06):146-150.

[49]解学芳.基于技术和制度协同创新的国家文化产业治理[J].社会科学

研究,2015(02):50-57.

[50]罗仕鉴,王瑶,张德寅.文化产业数字化内生生长与外生协同创新的进化机理研究[J].浙江大学学报(人文社会科学版),2022,52(04):94-104.

[51]吕庆华,林存文,林炳坤.文化资源禀赋与文化产业发展匹配研究:基于69个样本城市数据的实证分析[J].哈尔滨商业大学学报(社会科学版),2021(06):94-104.

[52]潘锦云,范敏.优秀传统文化促进区域经济发展的内在逻辑及实现路径:基于全球文化产业价值链的视角[J].经济问题,2017(10):82-88.

[53]杜超,王松华.文化资源转化与文化产业业态创新[J].同济大学学报(社会科学版),2008(04):99-103.

[54]黄永林,罗忻.文化产业发展核心要素关系研究[J].社会主义研究,2011(05):134-137.

[55]严荔.论文化资源产业化开发[J].现代管理科学,2010(05):85-87.

[56]范玉刚.发掘文化资源,推动创意文化产业发展[J].上海文化,2016(06):5-9,13,124.

[57]傅才武.论文化产业对区域经济社会发展方式转型的作用:以湖北省为例[J].华中师范大学学报(人文社会科学版),2012,51(04):69-76.

[58]解学芳,黄昌勇.国际工业遗产保护模式及与创意产业的互动关系[J].同济大学学报(社会科学版),2011,22(01):52-58.

[59]李伯齐.也谈齐鲁文化与齐鲁文化精神[J].管子学刊,1999(04):45-50,75.

[60]郑燕.黄河故事的IP化打造和产业化开发策略研究[J].东岳论丛,2021,42(09):77-84.

[61]李立,高慧燃.中国传统文化资源与影视剧艺术创作[J].现代传播(中国传媒大学学报),2010(07):51-55.

[62]向志学,向东.谈谈资源和历史文化资源[J].武汉大学学报(人文科学版),2006(03):331-337.

[63]李振宏,周雁.黄河文化论纲[J].史学月刊,1997(06):76-84.

[64]范玉刚,刘长允."鲁剧"品牌崛起的思考:以山东省广电局改革为视角[J].长春市委党校学报,2010(02):40-46.

[65]韩若冰,黄潇婷."日常生活"视角下黄河文化与文旅融合创新发展[J].民俗研究,2021(06):43-52,159.

[66]王秀伟,白栎影.在文化旅游发展中讲好“黄河故事”[J].福建论坛(人文社会科学版),2021(08):31-39.

[67]谭宏.对非物质文化遗产生产性方式保护的几点理解[J].江汉论坛,2010(03):130-134.

[68]黄永林,纪明明.论非物质文化遗产资源在文化产业中的创造性转化和创新性发展[J].华中师范大学学报(人文社会科学版),2018,57(03):72-80.

[69]孙吉国.新旧动能转换背景下山东省文化产业集群发展研究[J].山东干部函授大学学报(理论学习),2020(01):21-31.

[70]李玉杰,李景春,刘志峰.基于恩格尔定律的区域文化产业发展策略[J].企业经济,2012,31(12):104-107.

[71]郭永平.生成整体论视域下文化生态保护区的实践机制研究[J].西南民族大学学报(人文社科版),2020,41(08):31-36.

[72]李汉卿.协同治理理论探析[J].理论月刊,2014(01):138-142.

[73]陈知然,庞亚君,周雪,等.数字赋能文化产业的发展趋势与策略选择[J].宏观经济管理,2022(10):70-76,90.

[74]章军杰,夏春红.地理集聚与文化整合:区域文化产业集群发展的策略选择[J].东岳论丛,2014,35(05):114-118.

[75]单铭磊.地理集聚与文化认同:区域文化资源产业化与可持续发展研究[J].山东社会科学,2016(12):159-164.

[76]厉无畏,王慧敏.创意产业促进经济增长方式转变:机理·模式·路径[J].中国工业经济,2006(11):5-13.

[77]邵明华.我国农村特色文化产业生态升级:基于供给侧的视角[J].深圳大学学报(人文社会科学版),2020a,37(04):66-73.

[78]范周,言唱.大运河文化活化利用的协同创新网络构建研究[J].同济大学学报(社会科学版),2020,31(01):29-39,59.

[79]杨耀武,张仁开.长三角产业集群协同创新战略研究[J].中国软科学,2009(S2):136-139,144.

[80]田红,沈维萍,闫中晓.高质量发展视域下区域文化资源产业化开发潜力评价:以黄河三角洲区域为例[J].重庆社会科学,2020(07):131-144.

[81]凌文锋,贾红丽.近70年国内黄河文化研究知识图谱分析[J].新闻爱好者,2022(10):69-71.

[82]向勇.特色文化资源的价值评估与开发模式研究[J].北京联合大学学

报(人文社会科学版),2015,13(02):44-51.

[83]李军红,许多多.文化资源开发与生态文明建设的耦合研究[J].西藏大学学报(社会科学版),2014,29(02):182-187.

[84]邵明华,张兆友.特色文化产业发展的模式差异和共生逻辑[J].山东大学学报(哲学社会科学版),2020(04):82-92.

[85]陆大道,孙东琪.黄河流域的综合治理与可持续发展[J].地理学报,2019,74(12):2431-2436.

[86]高煜.黄河流域高质量发展中现代产业体系构建研究[J].人文杂志,2020(01):13-17.

[87]张苏缘,顾江.文化产业集聚如何赋能区域产业结构升级:基于城市品牌的中介效应分析[J].江苏社会科学,2022(05):172-181,243-244.

[88]许春晓,胡婷.文化旅游资源分类赋权价值评估模型与实测[J].旅游科学,2017,31(01):44-56,95.

[89]邵明华.农村特色文化产业发展的山东模式[J].山东社会科学,2020b(05):165-171.

[90]张廷兴.山东文化资源的开发利用[J].齐鲁文化研究, 2002,1(00):209-221.

[91]金梦泽.国企改革三年行动后半程的思考和建议[J].广东经济,2021(09):28-31.

[92]周建新.中华优秀传统文化数字化:逻辑进路与实践创新[J].理论月刊,2022(10):82-88.

[93]刘倩,王秀伟.文化产业数字化的关键问题、响应策略与实施路径:基于文化产业创新生态系统的研究[J].西南民族大学学报(人文社会科学版),2022,43(08):150-156.

[94]高宏存,张景淇.多元协同与跨域合作:网络文化社群治理亟需范式变革[J].学术论坛,2021,44(05):115-124.

[95]郭永平.乡土资源、文化赋值与黄河流域高质量发展[J].山西大学学报(哲学社会科学版),2021,44(02):41-48.

[96]常天恺,齐骥.文化记忆视角下讲好黄河故事的理论逻辑与现实路径[J].理论月刊,2022(08):78-85.

[97]杨眉."山东手造",守艺蝶变[J].走向世界,2022(35):16-19.

[98]李祖超,梁春晓.协同创新运行机制探析:基于高校创新主体的视角[J].

中国高教研究,2012(07):81-84.

[99]毕雪燕,郭凯旋.文化传播视域下的黄河流域特色旅游高质量发展研究[J].新闻爱好者,2020(06):62-64.

[100]涂可国.推动山东优秀传统文化创造性转化创新性发展(一):山东“两创”取得的成绩及存在的问题[J].人文天下,2020(19):2-7.

[101]王霞,汪彬.山东省内黄河文化遗产的博物馆展陈传播调研:现状、问题与建议[J].中国博物馆,2022(02):69-73.

[102]杨越,李瑶,陈玲.讲好“黄河故事”:黄河文化保护的创新思路[J].中国人口·资源与环境,2020,30(12):8-16.

[103]侯兵,黄震方.文化旅游实施区域协同发展:现实诉求与路径选择[J].商业经济与管理,2015(11):78-87.

[104]周清香,何爱平.数字经济赋能黄河流域高质量发展[J].经济问题,2020(11):8-17.

[105]王晓冬,董超.以数字化转型推进黄河流域生态保护和高质量发展[J].中国经贸导刊(中),2020(01):4-5.

[106]胡慧源,李叶.长三角文化产业集群一体化发展:现实瓶颈、动力机制与推进路径[J].现代经济探讨,2022(09):117-123.

[107]吴梦婷,王韩雅馨.我省黄河流域非遗项目达2361个[N].西海都市报,2022-01-12(B12).

[108]李立新.深刻理解黄河文化的内涵与特征[N].中国社会科学报,2020-09-21(4).

[109]叶飞,张婧.文化和旅游专题论坛在甘肃敦煌举办[N].中国文化报,2018-09-28(01).

[110]赵秋丽,杨清波,李源.美煞泉城山水好:济南加快推动绿色低碳发展成果显著[N].光明日报,2022-01-09(01).

[111]王育济.发掘齐鲁农书的当代价值(大家手笔)[N].人民日报.2019-04-09(09).

[112]丛萍.滨州:打造黄河流域文旅样板[EB/OL].(2022-10-19)[2023-3-14].http://w.dzwww.com/p/p03yxmIYfGd.html.

[113]师文静.曲阜市:从“老三孔”到“新三孔”,创新让文旅融合更精彩[EB/OL].(2021-09-20)[2022-12-14].https://baijiahao.baidu.com/s?id=1711386226855940463&wfr=spider&for=pc.

[114]范微.聆听黄河故事"好客山东 XIN 体验"发布夏日旅行清单[EB/OL].(2022-07-10)[2022-11-14]. https://baijiahao.baidu.com/s?id=1737895218272543955&wfr=spider&for=pc.

[115]唐晓宁.探黄河,游齐鲁!山东发布10条黄河文化主题旅游线路[EB/OL].(2022a-07-10)[2022-11-14]. https://baijiahao.baidu.com/s?id=1749400021704565409&wfr=spider&for=pc.

[116]中华人民共和国中央人民政府.中共中央办公厅 国务院办公厅印发《"十四五"文化发展规划》[EB/OL].(2022-08-16)[2022-11-14]. http://www.gov.cn/zhengce/2022-08/16/content_5705612.htm.

[117]文旅山东.山东文旅这十年|旅游规模效益全面提升 打造"好客山东"升级版[EB/OL].(2022-10-11)[2022-11-16]. https://m.thepaper.cn/baijiahao_20247937.

[118]李明芮.山东推动文旅高质量发展 绘就"诗"和"远方"新画卷[EB/OL].(2022-10-10)[2022-11-16]. http://www.sd.chinanews.com.cn/2/2022/1010/85034.html.

[119]于欣悦,张弛.好客山东 好品山东 这句新Slogan说透山东的好[EB/OL].(2022-09-11)[2022-11-17]. https://baijiahao.baidu.com/s?id=1743549652715369196&wfr=spider&for=pc.

[120]中华人民共和国中央人民政府.国务院关于加快发展旅游业的意见[EB/OL].(2009-12-01)[2022-11-17]. http://www.gov.cn/gongbao/content/2009/content_1481647.htm.

[121]李晶媛,黎晓倩,高雯雯.拓展文旅营销路径 擦亮"好客山东"品牌[EB/OL].(2022-04-20)[2022-11-17]. http://www.ctnews.com.cn/news/content/2022-04/20/content_122560.html.

[122]唐晓宁.好客山东,我们这样给海外游客"种草"[EB/OL].(2022b-09-30)[2022-11-17]. https://baijiahao.baidu.com/s?id=1745384650667385619&wfr=spider&for=pc.

[123]刘英,范薇.山东22部门联手加强非遗系统性保护 做强山东手造[EB/OL].(2022-08-06)[2022-11-16]. http://sd.people.com.cn/n2/2022/0806/c166192-40069781.html.

[124]李睿.享传统文化,购非遗好物,2022山东非遗购物节火爆来袭[EB/OL].(2022-06-08)[2022-11-16]. https://www.qlwb.com.cn/detail/19444212.html.

[125]师文静."山东手造"品牌影响力增强，接轨烟火气生活[EB/OL].(2022-07-31)[2022-11-16].https://baijiahao.baidu.com/s? id=1739832943333623201&wfr=spider&for=pc.

[126]许东.山东手造的三个维度[EB/OL].(2022-06-05)[2022-11-16].http://news.iqilu.com/shandong/shandonggedi/20220605/5148827.shtml.

[127]中华人民共和国中央人民政府网.《黄河文化保护传承弘扬规划》出台实施》[EB/OL].(2022-06-21)[2022-11-16].http://www.gov.cn/xinwen/2022-06/21/content_5696887.htm.

[128]国家文物局.《黄河文物保护利用规划》全文正式公布[EB/OL].(2022-07-18)[2022-11-16].http://www.ncha.gov.cn/art/2022/7/18/art_722_175826.html.

[129]山东省人民政府.《山东省黄河流域生态保护和高质量发展规划》[EB/OL].(2022-02-15)[2022-12-16].http://www.shandong.gov.cn/art/2022/2/15/art_107851_117497.html.

[130]王菡娟."2021中国省市文化产业发展指数"发布[EB/OL].(2022-05-20)[2022-12-06].https://baijiahao.baidu.com/s? id=1733321693854197392 &wfr=spider&for=pc.

[131]山东省人民政府.山东65家省级特色产业集群集聚企业7.92万家[EB/OL].(2022-03-02)[2022-11-06].http://www.shandong.gov.cn/art/2022/7/5/art_97560_544353.html.

[132]晏澜菲.济南片区:为中国特色产品"出海"保驾护航[EB/OL].(2022-08-23)[2022-11-06].https://baijiahao.baidu.com/s? id=1741915477265905576 &wfr=spider&for=pc.

[133]澎湃新闻.山东文旅这十年 | 旅游规模效益全面提升,打造"好客山东"升级版[EB/OL].(2022-10-11)[2022-12-14].https://m.thepaper.cn/baijiahao_20247937.

[134]赵晓林.木作、黑陶、扎染……济南市8家单位上榜"山东手造·优选100"[EB/OL].(2022-06-28)[2022-12-14].https://news.iqilu.com/shandong/shandonggedi/20220628/5167883.shtml.

[135]联合国教科文组织.《保护非物质文化遗产公约》[EB/OL].(2003-10-17)[2022-12-14].https://unesdoc.unesco.org/ark:/48223/pf0000132540_chi.

[136]中央人民政府.《中华人民共和国非物质文化遗产法》[EB/OL].(2011-02-25)[2022-12-14]. https://www.gov.cn/flfg/2011-02/25/content_1857449.htm.

[137]张九龙.非遗为媒 黄河"手牵"河运大[EB/OL].(2021-12-30)[2022-12-14]. https://finance.sina.com.cn/jjxw/2021-12-30/doc-ikyamrmz2040373.shtml.

[138]山东省人民政府.《2012年山东省国民经济和社会发展统计公报》[EB/OL].(2013-02-28)[2022-12-14]. http://www.shandong.gov.cn/art/2013/2/28/art_305196_10318820.html.

[139]山东省人民政府.《2019年山东省国民经济和社会发展统计公报》[EB/OL].(2020-02-29)[2022-12-14]. http://www.shandong.gov.cn/art/2020/2/29/art_305196_10318829.html.

[140]冯圆芳.文化基因,何以汇成"中国道路"[EB/OL].(2022-01-14)[2022-12-14].https://xh.xhby.net/pc/con/202201/14/content_1020758.html.

第八部分 山东黄河特色文化旅游带建设研究*

党的十八大以来，习近平总书记高度重视黄河流域生态保护和高质量发展，多次强调讲好黄河故事、弘扬黄河文化的重要时代精神价值。2020年10月，中国共产党第十九届中央委员会第五次全体会议通过《中共中央关于制定国民经济和社会发展第十四个五年规划和二〇三五年远景目标的建议》，提出建设长城、黄河、长征、黄河等国家文化公园。在《黄河流域生态保护和高质量发展规划纲要》和《黄河国家文化公园建设实施方案》的指导下，黄河国家文化公园建设工作正式提上日程。2023年7月，国家发展改革委联合多部门印发《黄河国家文化公园建设保护规划》，其中“促进文化和旅游融合”被列为加快推进黄河国家文化公园建设的五大重点任务之一。

旅游行为作为当下日常文化实践方式的一种，区别于观影、阅读等其他传统文化教育行为，在培育文化认同的文化传播、文化感知、文化教育等环节有其特殊的作用机制。文旅融合功能区作为黄河国家文化公园建设的四大主体功能区之一，是将黄河文化所蕴含的家国情感和民族精神与民众日常生活幸福感体验有机统一的重要区域。因此如何拓展深化黄河文旅产品及项目来增强大众对黄河文化的感知与认同，如何在文旅融合的举措中更好地传达中国文化价值和民族精神，已经成为当下推动黄河国家文化公园建设以及黄河流域高质量发展过程中亟待解决的时代命题。

黄河山东段径流菏泽、济宁、泰安、济南、滨州、东营等9市，总长628公里，占黄河总长度的11.5%，滋养了山东大地，孕育了齐鲁文化。山东作为黄河流域九省区唯一的东部沿海大省，无论是地理位置还是源远流长的历史文化，都

---

* 承担单位：山东大学黄河国家战略研究院、山东大学管理学院；课题负责人：黄潇婷；课题组成员：戴靖怡、安红敏、郭宗亮、王德刚、韩若冰、孙晋坤。

具有发展黄河文旅的优势。“地处黄河下游，工作力争上游”表明了山东在推动黄河流域协同发展、服务黄河国家战略中的新发展理念和格局。山东着力构建黄河文化“一轴两带贯通、九大组团联动”的保护发展格局，打造“中华文明保护传承示范区”“文旅产业高质量发展先行区”“黄河文化出海大通道”。2022 年 2 月，中共山东省委、山东省人民政府印发了《山东省黄河流域生态保护和高质量发展规划》，创新提出打造黄河文化旅游长廊的设想。该规划提出了多项推动山东段黄河文化旅游融合发展的规划举措，具体包括深化文化遗产保护、旅游资源开发、旅游品牌打造等领域的合作，实施黄河湿地保护和生态旅游发展计划，推动建设“黄河故道”生态文化旅游协作区，联合推出历史文化游、生态自然游、研学体验游等优质旅游产品，共同开展黄河旅游节庆活动和特色旅游目的地营销推广等；同时也提到了目前山东黄河文化旅游融合力度不够、质量效益亟待提升、深度内涵和时代价值提炼不足、产业利用形式单一、协同发展机制不完善等问题。

目前对于山东黄河文化旅游的研究成果多集中于沿黄城市点位具体的发展现状和提升路径分析。此类研究存在思路方法的同质性，同时也存在缺乏理论深度和创新意义的局限。本研究认为目前山东黄河文旅融合高质量发展研究需要深化理论机理的阐释，理论的深化和提升才能引导实践举措的突破和创新。因此本研究基于深化黄河文化旅游带的理论构建，辅以细化的案例实证研究，以此探索山东黄河文化旅游带建设的可行性方案。

一、地标性自然景观是引领黄河国家文化公园文旅融合区建设的重要载体

重大事件、标志性景观、重点工程等是展示国家文化公园不同区域文化特质的重要节点。在当前黄河国家文化公园建设的过程中，如何让抽象的黄河文化精神和价值获得具体可观可感的形式与内容，选定各种可以提供传播、展示、解说、体验功能的黄河景观载体是提升建设效果的重要环节。黄河基质就是大河流域景观，因此本研究提出黄河自然流域的标志性景观是建构黄河国家文化公园文旅融合功能区的重要节点类型。具体来说，黄河流域内不同地段标志性的自然景观是景观载体体系的核心部分，也是黄河国家文化公园文旅融合功能区建设发展的核心文化旅游吸引物。

横贯中华大地的黄河自西向东径流我国三种地势阶梯，现阶段黄河流经我国九省区，流经多种地形地貌，流域内生态环境特征复杂、整体景观体量大。

黄河源头、黄河第一湾、壶口瀑布、乾坤湾、几字湾、黄河小浪底、黄河入海口等自然资源点位在黄河流域具有突出的代表性和认可度,是展示“母亲河”生态特质的标志性自然景观,这些形象突出的景观往往在群体间具有较强的认可性和可识别性。与此同时,这些标志性的黄河自然景观在人与黄河的互动发展中承载了不同时期的特定事件,已经成为烙印了黄河文化演进的场景。换句话说,黄河自然景观在人的情感与记忆中不断被建构为具有人文意义和家国情怀的场所(吴必虎和王梦婷,2018)。那些关乎中华民族精神和国家文化想象的“文化符号”意涵存在于黄河自然景观的“后台”,而黄河自然景观就是展示“文化符号”的具有原址意义和象征真实意义的“前台”。

黄河标志性自然景观可以使得隐性的“中华民族根和魂”文化意象外显,且成为人们可看见、可感知、可体验的旅游场景载体。但是,无论多么强势的黄河单体景观点位,也无法涵盖和代表整体的黄河流域形象。因此,当前构建新一轮的黄河文化旅游吸引物,要把握住黄河文化所独具的“自然与文化高度融合统一”的基础特征,将黄河流域自然生态环境整体性保护与黄河国家文化公园文化遗产系统性展示结合起来,梳理、评价与整合黄河流域不同省域区段标志性的自然景观,以此为文旅体验线路的节点,引导公众对于黄河文化完整的形象认知和认同体验。

二、“超有机体”理念下“黄河入海”主题引领山东黄河文化旅游带建设

伯克莱学派将超有机体定义为在历史中形成了一个稳定的、“超越个体”覆盖社会群体的文化。这种共享文化超越了个人存在,个人必须接受、服从于它,所以具有“超有机体”特征(唐晓峰等,2008)。黄河文化在时间上跨越了从中华文明早期至今的所有历史时期,它连绵不绝的生命力正在于其承载了包含国家的历史起源、民族精神和国家价值观的中国文化“核心信仰和价值观体系”,是典型的“超有机体”文化样态。本研究认为黄河文化旅游带建设的关键在于在“超有机体”文化理念下运用“升尺度”的方法(安倬霖和周尚意,2022),围绕各省区段核心的黄河文化价值主题,明确区域内黄河文化旅游系统各要素之间的空间分布规律、格局关系和点位特征,对优质文化和旅游要素高位嫁接、有机整合,系统性、融合性规划设计组态化的黄河文旅产品、项目、线路。这是实现文化和旅游融合发展的基本路径,也是建设黄河文化旅游带的题中之义。

如何找准黄河文化与地域文化的交叠之处,挖掘、传承、弘扬黄河山东段

的文化内涵和时代价值，成为山东省讲好黄河故事的重要议题。本研究认为山东黄河文化旅游带建设的理论路径就是围绕“黄河入海”文化主题，梳理山东黄河标志性自然景观点位形象，展示山东沿黄城市区位形象，形成山东黄河流域区段形象，最终构建山东黄河文化符号形象。具体来说，立足齐鲁地域文化标识、黄河文化遗产分布特点，依托黄河河道上的湿地、湖泊、水库等自然风景资源，串联起与黄河文化相关的儒家文化、泰山文化、运河文化、海洋文化、革命文化等旅游资源，进行文化主题式旅游线路的整合规划，实现山东沿黄 9 市文旅产品和线路的空间串联和区域联动。

三、山东黄河特色文化旅游带建设优化路径

（一）依托黄河自然景观资源，加强黄河风景道建设

山东沿黄 9 市有着数量众多、种类丰富且等级较高的文旅资源，尤其是各类国家自然保护区、国家湿地公园、国家森林公园、国家地质公园、国家级水利风景区等自然资源景区有着优势地位。山东省在《山东省旅游产业发展总体规划(2016～2025)》中提出“结合生态保护规划和建设，开辟具有特色的齐鲁风景道”。其中黄河风景道是以黄河进入山东菏泽市的东明县为起点，到东营的垦利区入海，一共涉及山东 9 个地市共 23 个区县。山东黄河风景道将黄河山东段河域两侧距离约 10 公里内的带状区及其涉及的重要旅游目的地作为对象，主要包括风景名胜区、水利风景区、湿地公园、城市公园、山地风景区等自然资源(袁训波，2021)。山东黄河主题文旅线路的规划，仍要将对山东段黄河自然风景的体验放在首要位置，各地市要基于地方黄河景观资源，探寻适宜的黄河风景道旅游发展模式，展示大河风光之旅山东段的景观特色。

（二）依托黄河文化展示区，细化主题文旅产品体系

在黄河国家文化公园建设背景下，黄河文化旅游带建设的重要目的不仅在于规划开发那些文旅价值较高或者发展较为成熟的景区，更重要的是将区域内那些单体价值并不突出但在黄河文化体系中具有特殊价值或有明显关联性的文旅资源，合理地规划到旅游线路中，作为主题性线路整体性、多样性的重要组成部分，进而得到市场的确认和有效开发。换句话说，山东沿黄地区文旅资源线路串联的最根本目的在于，线路的整个构成和呈现具有黄河文化区域尺度上特定的意义和价值，能够有效地将山东沿黄地区的文化与自然、历史

遗迹与文化遗产、历史创造与现代文明、乡村与城市等各种资源整合串联起来,构建起引导旅游者开展文化休闲、生态教育和科学考察的最佳游览线路。

山东是中华文明重要发祥地,自古文脉兴盛。始于石器时代的后李文化、北辛文化、大汶口文化和龙山文化绵延至今已有8000多年历史。黄河文化与儒家文化、泰山文化、运河文化、海洋文化、革命文化交相辉映、有机融合。山东省黄河国家文化公园建设保护规划,在立足齐鲁地域文化特色和黄河文化遗产分布特点的基础上,规划了东夷文化展示区、儒家文化展示区、革命文化展示区和生态入海文化展示区四大特色文化展示区(见图1)。

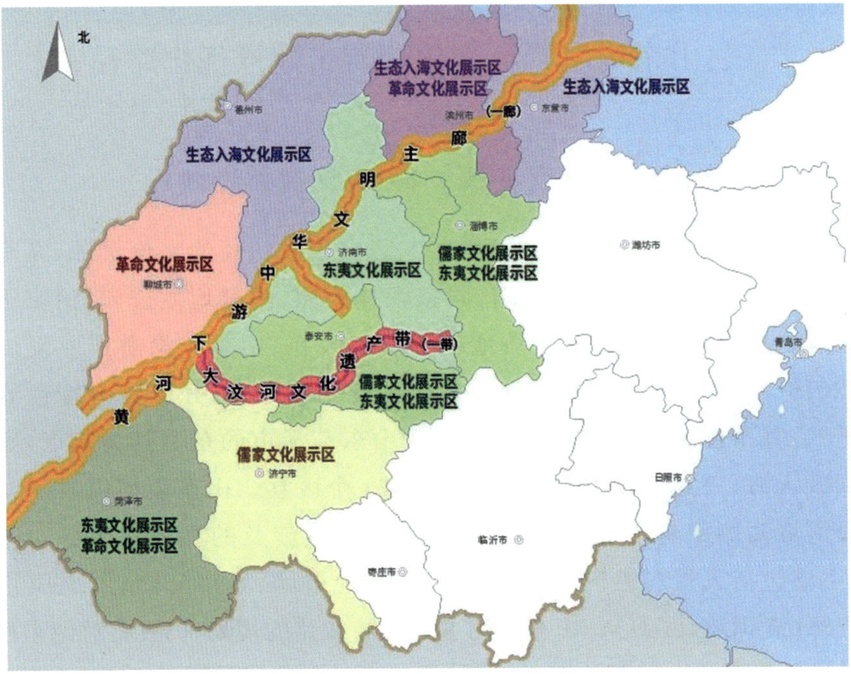

图1 四大特色文化展示区

资料来源:一图读懂|《黄河国家文化公园(山东段)建设保护规划》[EB/OL].(2023-09-01)[2023-10-05]. https://www.sohu.com/a/716846610_121345914.

具体来说,东夷文化展示区主要展示大汶口文化、龙山文化、岳石文化等史前文明,阐释地处黄河下游的山东一带主要孕育了作为黄河文化发展伊始的主要形态,以及华夏文明最早的发源地,主要展示区围绕泰安大汶口遗址、济南龙山文化城子崖遗址、淄博后李遗址等。儒家文化展示区主要围绕国山泰山、圣人孔子和母亲河黄河打造中华文化标志廊道,主要展示区包括曲阜儒家文化遗址遗迹、泰安泰山古建筑群、淄博齐国故城等。革命文化展示区主要对山东片区的沂蒙、渤海红色文化和革命文物进行保护传承,主要展示区在临沂、滨州、菏泽等红色革命历史旧址遗址和纪念馆等。生态入海文化展示区主要围绕大河入海口原生态系统，展示黄河三角洲生态湿地与河海交汇、贝壳成堤的独特景观，并在此基础上阐释黄河文化与海洋文化、石油文化、农耕文化、移民文化等的交融，主要展示区包括东营的黄河口生态及水利风景区以及滨州、德州的湿地公园、森林公园、水利风景区等。

因此，以黄河水域为廊道，山东沿黄各节点地市基于黄河文化展示区规划，通过文化主题旅游线路串联地方旅游资源，阐释黄河文化对齐鲁文化的孕育涵养作用，是构建山东黄河特色旅游产品体系的主要路径。具体来说，山东沿黄节点城市需要依托地方泉水生态文化、大汶河生态文化、儒家文化、革命文化、东夷文化等强势文化主题，根据黄河沿线文旅项目的资源品级、发展现状和潜力等以及与山东黄河文化内涵的紧密程度，加强黄河文化旅游产品开发，细化主题文旅线路，统筹周边资源开发和要素配置，发挥各市区黄河文旅主题线路的文化展示体验功能和旅游休闲功能。例如，济宁、淄博、泰安可以依托重大历史遗址和世界文化遗产，打造“黄河文化遗产体验”线路；东营依托湿地公园、水利风景区、博物馆、石油工业基地等，打造“黄河研学之旅”线路；聊城、菏泽等依托革命文物旧址和经典红色景区，打造“红色文化之旅”线路。通过多条文化主题线路，最终构建起覆盖山东黄河多类型文旅资源、展示山东黄河多维度文化内涵、满足旅游者多层次旅行需求和当地民众多元化文化生活需求的山东黄河特色文旅产品体系。

值得一提的是，山东省沿黄九市应抓住依据黄河文化主题开展节点城市旅游产品规划、区域线路串联、整体旅游品牌打造的机会。例如，泰安、济南、东营等都有较为强势的旅游产品，包括泰山、趵突泉、黄河口生态旅游区等；但与此同时，这些城市也存在旅游市场产品形象固化、强势景区对其他新兴旅游景区“遮蔽”效应明显等问题。另外，德州、滨州、菏泽、聊城等城市缺乏具有强势吸引力的旅游景区。因此，黄河文化旅游带的建设既可以完成对较成熟旅游城市的线路产品更新，也可以激发沿线其他城市的旅游发展潜力，进一步实现山东省文化旅游目的地的产品更新和品牌提升。

(三)依托生态入海文化展示区，深挖黄河口地标文化内涵

山东黄河文化的核心价值主题就是“黄河入海”，因此应将生态入海文化展示区作为山东黄河文化旅游带建设的突破口。黄河文化是中华文化的源头和象征，黄河口文化则是大河奔流、河海交汇的黄河文化代表和地理归宿。黄河口作为一个地标，它所承载的重要内涵不仅是地理意义上的自然景观标志，

而且黄河口文化在黄河文化谱系中具有唯一性和重要性。黄河入海口作为黄河这个具有象征意义和文化价值的“一条大河”入海汇聚点,需要在大陆文明和海洋文明交汇的优势地理位置中阐释它所承载的齐鲁文化、海洋文化、石油文化、移民文化、红色文化等多元文化内涵。总的来说,黄河入海口生态旅游区的建设要在突出湿地生态特色的基础上,实现湿地文化和黄河口地域文化的结合。

生态入海文化展示区作为山东黄河国家文化公园建设保护中重点打造的四大特色文化展示区之一,将东营市规划为主展示区,包括 1 处核心展示园——黄河三角洲生态文化展示园,3 处集中展示带——黄河水闸展示带(马扎子引黄闸—山东打渔张灌区引黄闸)、黄河故道展示带、黄河口生态展示带,7 个特色展示点——东营垦利黄河口水利风景区、利津黄河水利风景区、孙子文化旅游综合体、龙居黄河森林旅游区、铁门关遗址、石油文化旅游体验区、河口孤岛槐树林温泉旅游区。2018 年以来,东营市确立“打造黄河入海文化旅游目的地”的目标定位,全方位推动“黄河入海”文化旅游品牌,让黄河三角洲成为向世界展示黄河文化的标志地。

黄河口文化内涵要不断展示其意义,需要充分利用好东营现有的文化和旅游资源,实现黄河口海洋、石油、红色、生态资源的重新组合与整合利用。借助已有的湿地公园、水利风景区、自然保护区、森林公园、文物古迹、博物馆、工业遗产、工艺传承基地等文旅资源点位(见表 1),以黄河口生态旅游区为引领,整合促成新的东营城市文旅主题线路。例如,东营黄河口生态旅游区结合东营黄河文化馆、鸟类博物馆、孙子文化旅游区、孤岛植物园、黄河口知青小镇、胜利油田科技展览中心等,打造“黄河风光体验研学之旅”线路。

表 1 东营市重点文化旅游资源点位

景区名称	景区特色
黄河口生态旅游区	4A 景区,到山东不可不去的 100 个地方之一
孙子文化旅游区	3A 景区,到山东不可不去的 100 个地方之一
天鹅湖风景区	3A 景区,全国最大的滨海平原水库
清风湖公园	山东最大的城市公园
胜利油田科技展览中心	3A 景区,科普教育基地
孤岛植物园	黄河三角洲规模最大、种类最全的植物公园

续表

景区名称	景区特色
黄河口知青小镇	原黄河农场三分场，黄河口地区最完整、规模最大的新中国早期红色垦区建筑群落
黄河文化馆（国家方志黄河分馆）	国家级文化场馆、黄河文化新地标

四、案例探究：旅游者主体体验视角下黄河口生态旅游区发展现状分析

旅游者作为黄河文旅活动开展的直接体验者，是反观发展效果的最佳微观镜像。黄河文旅提质发展的一个关键环节就在于满足旅游者的旅游需求，提升旅游者的旅游体验。旅游者的具身体验使得自己与旅游情境、黄河景观的联结性逐渐增强，旅游者在知觉、情感、想象力、记忆等多重心理活动下形成对黄河文化认知内容的丰富、文化情感向度的多元以及文化认同程度的强化（吴俊和唐代剑，2018；樊友猛和谢彦君，2019）。目前对于黄河文旅融合的研究多是关注顶层设计、项目规划等旅游产品项目供给端，而忽视了文旅体验的主体即旅游者的具身体验。本研究选取山东黄河文化旅游带最具代表性和影响力的景区——黄河口生态旅游区做深度的案例研究，聚焦于旅游者的具身旅游体验，以随行纪实、调研问卷、半结构采访等获得研究数据，基于旅游者主体旅游体验分析该景区的现状与问题，针对性提出有效的策略建议。

（一）现状与问题分析

结合实地调研情况和问卷研究分析，我们发现目前黄河口生态旅游区主要存在以下几个主要问题。

1.核心旅游产品体验感不稳定，游客满意度不高

关于对景区主要体验项目的好评度，由表 2 可知，游客对新生湿地景观类产品评价较高，占比 32.98％，鸟类观赏占比 31.94％，此数据表明新生湿地与野生鸟类这两大体量自然景观作为黄河口生态旅游区的代表获得大部分游客的认可。与之不同的是，对于重点宣传打造的“黄蓝交汇”即黄河入海的标志区，满意度占比却只有 26.18％。通过与游客沟通发现，对此旅游产品不满的原因主要在于河海交汇景观易受黄河的水流量、风力、潮汐、气候等不可抗力因素的影响，实际观感容易与预期出现偏差。很多游客都表示，特意跑了很远

来看河海交汇景观,但到了才知道要坐船出海看,而且可能因天气而不开船,这导致游客的旅游体验感较低,满意度也因此降低。

表 2 对黄河口生态旅游区体验项目的好评度

	黄蓝交汇	鸟类观赏	新生湿地	油田景观	其他
占比	26.18%	31.94%	32.98%	5.76%	3.14%

2.过度强调湿地生态旅游产品,缺乏文化内涵整体的设定

目前东营塑造"黄河入海"品牌文旅产品时,过度重视黄河口生态旅游区内的湿地自然生态体验,但对湿地文化底蕴重视不足,对地域文化内涵的挖掘尚停留在表面。具体来说,一方面,东营的"湿地文化"不只是黄河口生态旅游区内的湿地,东营广阔的盐碱地、天然草场、滩涂和绵延数百里的海岸线,都是完整的黄河口湿地生态的组成部分。但是目前,东营湿地旅游的宣传推介以及旅游者群体的认可度,仍然集中在黄河口生态旅游区。另一方面,湿地文化不应仅仅包括黄河口湿地,还应包括在黄河口特殊地理环境下衍生出的民俗文化、红色文化、农垦文化、渔业文化以及移民文化等。2022 年 8 月,课题组也曾前往壶口瀑布景区调研。与壶口瀑布景区相比,黄河口旅游区的名号没有打响的一部分原因就在于文化的注入度不够。壶口瀑布依托延安红色文化、陕北民俗文化打造了"黄河精神咏流传""黄河之心,民族之魂"等强势黄河文化定位。与之相比,黄河口旅游区生态旅游产品的文化附加值没有一个整体上文化主题的设定,也没有植入能够引起旅游者共鸣的文化价值观。因此整体的黄河湿地生态旅游产品体验过于单调,导致旅游者无法在游览景区的过程中获得对黄河口的文化感知。虽然目前东营提出"黄河入海,我们回家"的形象定位,与"好客山东"的品牌相联系,但是"我们回家"的定位有些理解上的晦涩,没能有效传达出山东黄河文化的内核价值。

3.景区配套服务存在诸多问题,尚不能满足游客需求

在对游客的需求分析上(见表 3),161 名游客认为景区需要降低旅游产品价格,其中有 133 名游客希望"降低黄河游船的产品价格"。这是因为进入黄河口生态旅游区的门票为 65 元,但在景区陆域是看不到交汇线的,需要再交 199 元的船票钱,坐船往返近 3 个小时才能看到。因此,很多游客都对这部分的船票价格有负面意见,认为定价较高。其他游客反映比较集中的"丰富旅游产品""优化订票渠道""增加餐食"等问题,都反映了景区配套服务的不足,尚不能较好地满足游客的需求。

表 3　对黄河口生态旅游区的体验提升诉求

	丰富旅游产品	加强基础设施建设	降低旅游产品价格	增加餐食	丰富娱乐活动	优化订票渠道
人数	111	53	161	84	123	93

4.东营市其他文旅产品尚未获得市场广泛认可

通过对黄河口生态旅游区的游客访问所知，大部分游客被黄河口生态旅游区“黄蓝交汇”的奇观吸引而来，对东营市的其他景区认知度非常低。很多游客都是选择游览完黄河口生态旅游区后，就返程或者到省内的下一站旅游目的地，例如曲阜、泰安、济南、烟台等。区域内个别景点所传达的文化内涵，必然无法与区域内旅游资源联动所形成的文化渗透效果相比。因此，如何有效地将东营整体的文旅资源进行统一规划开发，并且通过宣传营销获得游客的了解和认可，是当下亟须解决的问题。

(二)提升策略建议

现代市场营销认为，一切产品都是由核心产品、形式产品、期望产品、延伸产品与潜在产品五个产品层次构成。基于前期对黄河口生态旅游区消费者行为分析，本研究认为，基于旅游者多元旅行诉求，需要围绕景区产品的五个层次，全方位提升黄河口生态旅游区体验质量，如图 2 所示。

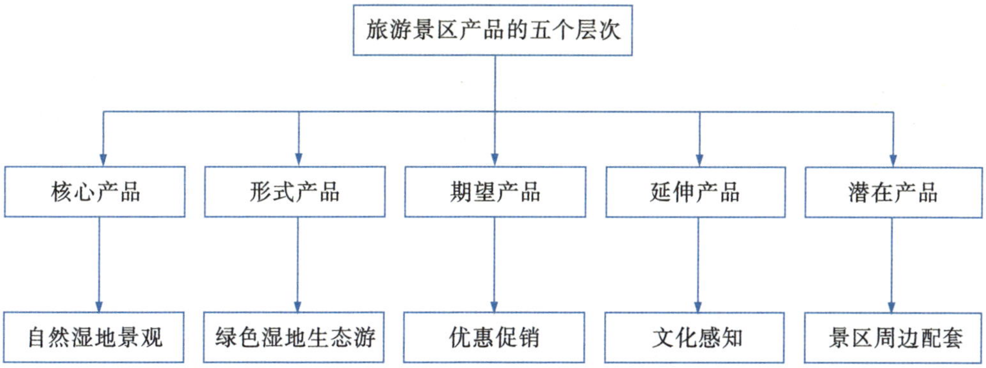

图 2　黄河口生态旅游景区产品的五个层次

1.持续提升核心湿地生态旅游产品的美誉度

自然湿地景观是整个旅游景区的核心产品，需要突出与其他湿地生态旅游景区的差异性，通过提高“黄蓝交汇”“新生湿地”“鸟类观赏”等特色项目的体验感，满足游客的期待。根据前期问卷调查，对于重点宣传打造的“黄蓝交汇”景观，单纯靠游船满足不了游客的观赏欲望，可加设空中游览线路，实现双线路常态化游览“黄蓝交汇”特色景观。对于鸟类观赏，通过搭建观鸟掩体等方式，提升观鸟工程质量，多角度构建观鸟空间布局，在保障游客舒适度与观感的同时，最大限度地减少对大量定居与繁殖的水禽的负面影响，打造黄河口生态旅游区乃至全国观鸟胜地的“制高点”。同时，对翅碱蓬进行生态修复，铺设栈道，修建能使游客近距离、沉浸式游览湿地的步道，增强游客的体验感与参与感。

2.置入文化体验项目，激活湿地生态旅游的文化属性

在调查中，游客表示在黄河口生态旅游区感知到“文化熏陶”的占比仅3.14%，表明景区仍需要深挖黄河文化内涵，讲好“黄河口故事”。黄河口生态旅游区可以把景区的自然生态景观与新时代黄河文化结合起来，深入挖掘海洋文化、石油文化、红色文化、民俗文化等东营文化元素，并对其进行产品和服务的包装设计，全方面丰富生态旅游区的黄河文化沉浸式体验内容。

例如，可以通过“湿地文化＋海洋文化”的模式，将目前东营的祭海节融入景区，举办虎斗牛、陈官短穗花鼓、枣木杠子乱弹、踩文蛤等特色民俗活动，以及黄河口大闸蟹、秋刀鱼、花蛤等特色美食体验活动，让人们了解东营特色的黄色黄河文化与蓝色海洋文化的交融。再如，可以通过“湿地文化＋红色文化”的模式，将黄河口人民在革命斗争中展现出的保卫祖国、家国一体的文化精神在黄河口湿地生态背景中展现出来。黄河口地区是红色革命圣地，为抗日战争和解放战争的胜利作出了巨大贡献，但鲜有人了解东营重要的红色文化。黄河入海口的垦利便是清河区党政机关的旧址，其前身垦区是当时山东六大战略区之一清河区(后改为渤海区)党政机关所在地，这里无边无际的芦苇荡和荆棘丛林成为当时垦区人民抗日杀敌的大战场。垦利的永安镇是当时渤海军区兵工厂、印钞厂、被服厂、《渤海日报》、子弟学校、抗日剧团所在地，被誉为鲁北的“小延安”。这里有山东省最早的农村党支部——刘集党支部，刘集党支部保存下了中国最早的《共产党宣言》中译本。可以参照壶口瀑布景区红色文化演出模式，在景区内合适场地搭建表演舞台，编排黄河口红色文化主题的情景剧等。

3.优化景区内标识体系和解说系统

完善配套导览设施，提升服务效能。一方面，完善导览性标识、指示性标识、介绍性标识、管理性标识、关怀性标识体系，打造集景点介绍、景区导览、交通指示、温馨提示等功能于一体的标识系统。另一方面，黄河口生态景区除了

要对湿地环境、鸟类、植物等生态知识进行设计传播外，还要深入挖掘研究与黄河口有关的历史人物、民间风俗、革命故事等并对其整理包装，编入景区解说词，结合景区现场解说、景区介绍卡、智能语音解说、专业刊物解说及宣传视频解说等五类解说体系，全面提升景区的文化品质。

4.拓展营销渠道，持续强化东营“黄河入海”旅游品牌形象的市场认可度

首先，优化完善景区官方平台的服务功能，充实购票、优惠信息、交通路线引导、餐饮食宿等游客关心的相关资讯。其次，充分利用抖音、快手、小红书等媒体，设计话题、制造热点，吸引游客前来打卡消费。同时依托自媒体平台大数据分析，针对目标游客群体定点精准投放宣传广告。最后，重视线上旅游App作为大众获取旅游信息首选渠道的影响力，借助携程、去哪儿、飞猪、美团、马蜂窝等平台的引流优势，强化东营旅游产品的主题式线路推介。

五、结语

本研究在《黄河流域生态保护和高质量发展规划纲要》和《黄河国家文化公园建设实施方案》以及《山东省黄河流域生态保护和高质量发展规划》的政策指导下，聚焦如何促进黄河国家文化公园（山东段）的文旅融合高质量发展以及提升山东省黄河文化旅游带建设水平，进行了理论探索和实证研究。

第一，在当前黄河国家文化公园建设背景下，黄河文化旅游带的建设要重视黄河文化鲜明的生态文化廊道特征，从重视文化遗产点位的保护和文旅资源点位的开发，向重视由历史和自然相关性而构成的主题性生态文化遗产体系和主题性旅游线路的方向发展。

第二，省域区段应在黄河文化核心价值的主题下，基于标志性自然景观点位规划建设核心展示区，进行本区段的黄河文化生态特色挖掘。新一轮旅游线路规划时，要遴选区域内主题适宜且具有联合开发条件的优质资源，在路线设置上与黄河文化主题进行充分整合，呈现黄河文化生态空间节点的特色和底色。

第三，山东黄河文化旅游带建设的根本路径在于，依托齐鲁地域文化特色，包括儒家文化、泰山文化、运河文化、海洋文化、革命文化等，对沿黄地市景区进行新一轮升尺度、跨区域、聚主题的关联和组合，将重点单体旅游景区纳入更大的黄河生态文化空间环境中进行价值阐释和内涵解读。同时，各地市要合作进行主题式线路的宣传推广，实现相互推介、整体联动，从而提升山东

黄河文化旅游线路的叠加影响力,增强线路集聚效应,最终构建山东特色黄河文化旅游带。

第四,节点景区、标志性景区在旅游线路中发挥重要作用,既影响旅游者在目的地的临时旅行决策规划,也影响旅游者的整体满意度和未来重游率。因此,要重视对山东黄河文化线路体验质量的动态化评测监管,尤其要从旅游者主体视角对重点旅游景区进行评价测度,提升景区美誉度,不断满足旅游者日益增长的文旅消费需求。

参考文献

[1]袁训波.山东黄河风景道旅游发展模式及其效应研究[D]. 济南:山东师范大学,2021.

[2]吴必虎,王梦婷. 遗产活化、原址价值与呈现方式[J]. 旅游学刊,2018,330(9): 3-5.

[3]唐晓峰, 周尚意,李蕾蕾."超级机制"与文化地理学研究[J].地理研究,2008(02):431-438.

[4]安倬霖,周尚意.基于地理学尺度转换的国家文化公园文化遗产保护机制[J].开发研究,2022(01):20-30.

[5]樊友猛,谢彦君.旅游体验研究的具身范式[J].旅游学刊,2019,34(11):17-28.

[6]吴俊,唐代剑.旅游体验研究的新视角:具身理论[J].旅游学刊 2018,33(01):118-125.